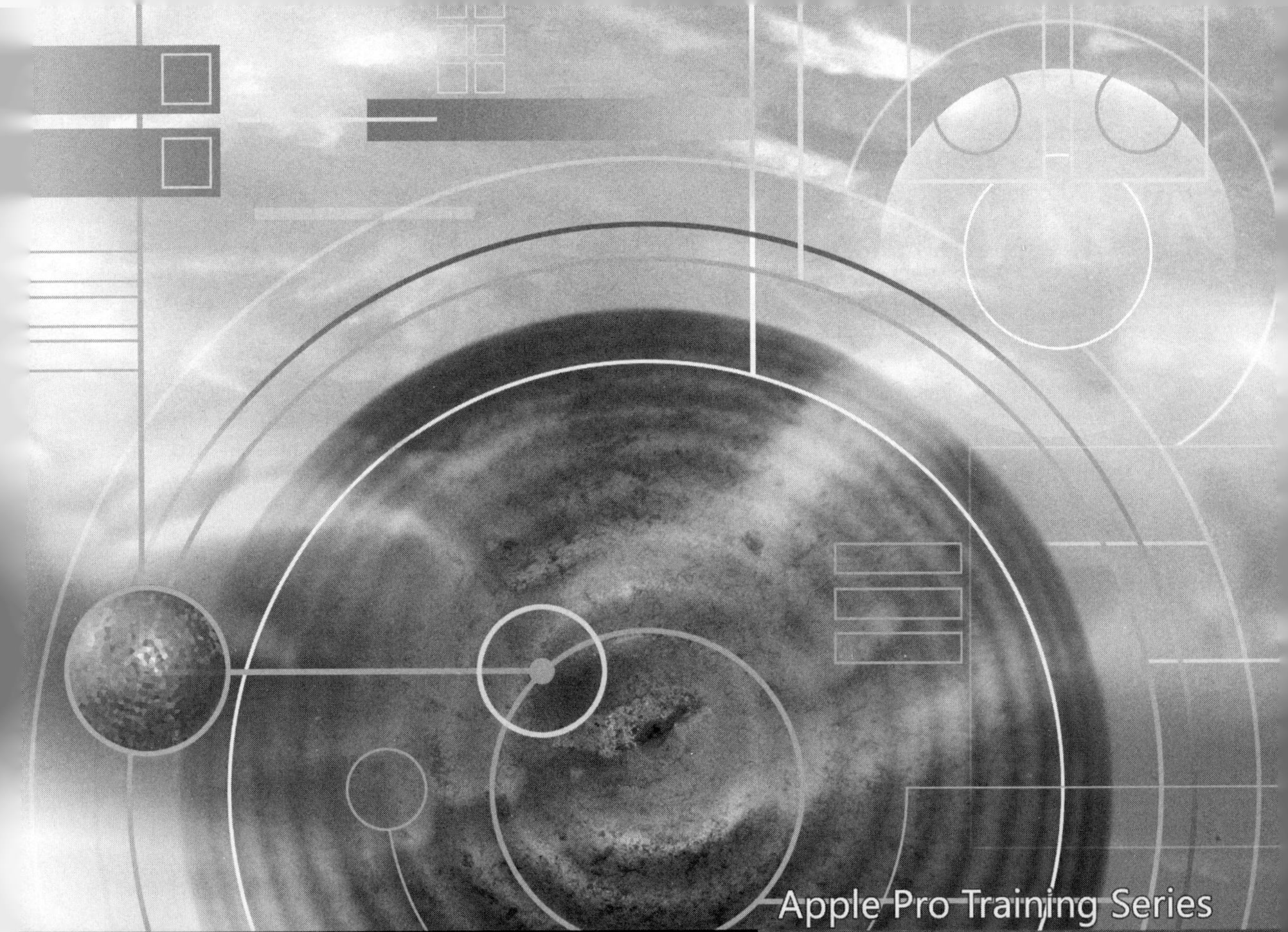

Apple Pro Training Series

苹果专业培训系列教材

苹果 OS X Yosemite Server 全解析

OS X Server Essentials 10.10
Using and Supporting OS X Server on Yosemite

[美]阿克·德雷尔（Arek Dreyer）
本·格雷斯勒（Ben Greisler） 著
魏崴 黄亮 译

電子工業出版社
Publishing House of Electronics Industry
北京·BEIJING

内容简介

这是 Apple Yosemite 201：OS X Server Essentials 10.10培训的官方课程。如果你需要实施搭建、管理或是维护OS X Server Yosemite网络，那么它是一本非常好的入门教材。本书全面覆盖了OS X Server的知识要点，是Apple Pro Training系列丛书之一，该丛书是市场上唯一的 Apple认证教材。本书为技术支持专员、技术协调员及初级系统管理员设计，教你如何在Yosemite上安装及配置OS X Server，从而提供基于网络的服务。你还将学习使用工具来有效地管理和部署OS X Server。除了学习主要的概念及亲自体验整个练习操作外，本书还涵盖了学习目标，帮助你准备业界标准的ACTC认证。

版权贸易合同登记号 图字：01-2015-3071

图书在版编目（CIP）数据

苹果OS X Yosemite Server全解析 / (美) 阿克・德雷尔 (Arek Dreyer) , (美) 本・格雷斯勒(Ben Greisler) 著 ; 魏崴, 黄亮译. -- 北京 : 电子工业出版社, 2017.4

书名原文:Apple Pro Training Series:OS X Server Essentials 10.10:Using and Supporting OS X Server on Yosemite

（苹果专业培训系列教材）

ISBN 978-7-121-31024-9

Ⅰ.①苹… Ⅱ.①阿… ②本… ③魏… ④黄… Ⅲ.①微型计算机－操作系统－教材 Ⅳ.①TP316.84

中国版本图书馆CIP数据核字（2017）第043439号

责任编辑：姜　伟
特约编辑：刘红涛
印　　刷：三河市华成印务有限公司
装　　订：三河市华成印务有限公司
出版发行：电子工业出版社
　　　　　北京市海淀区万寿路173信箱　　邮编：100036
开　　本：787×1092　1/16　印张：29.5　字数：849.6千字
版　　次：2017年4月第1版
印　　次：2017年4月第1次印刷
定　　价：128.00元

参与本书翻译的有：郭彦君。

凡所购买电子工业出版社图书有缺损问题，请向购买书店调换。若书店售缺，请与本社发行部联系，联系及邮购电话：（010）88254888，88258888。

质量投诉请发邮件至 zlts@phei.com.cn，盗版侵权举报请发邮件至dbqq@phei.com.cn。
本书咨询联系方式：（010）88254161～88254167转1897。

感谢我的爱妻 Heather Jagman 的全力支持。

— Arek Dreyer

在此感谢我的太太 Ronit，以及孩子们 Galee 和 Noam 在此项目过程中的陪伴与支持。

— Ben Greisler

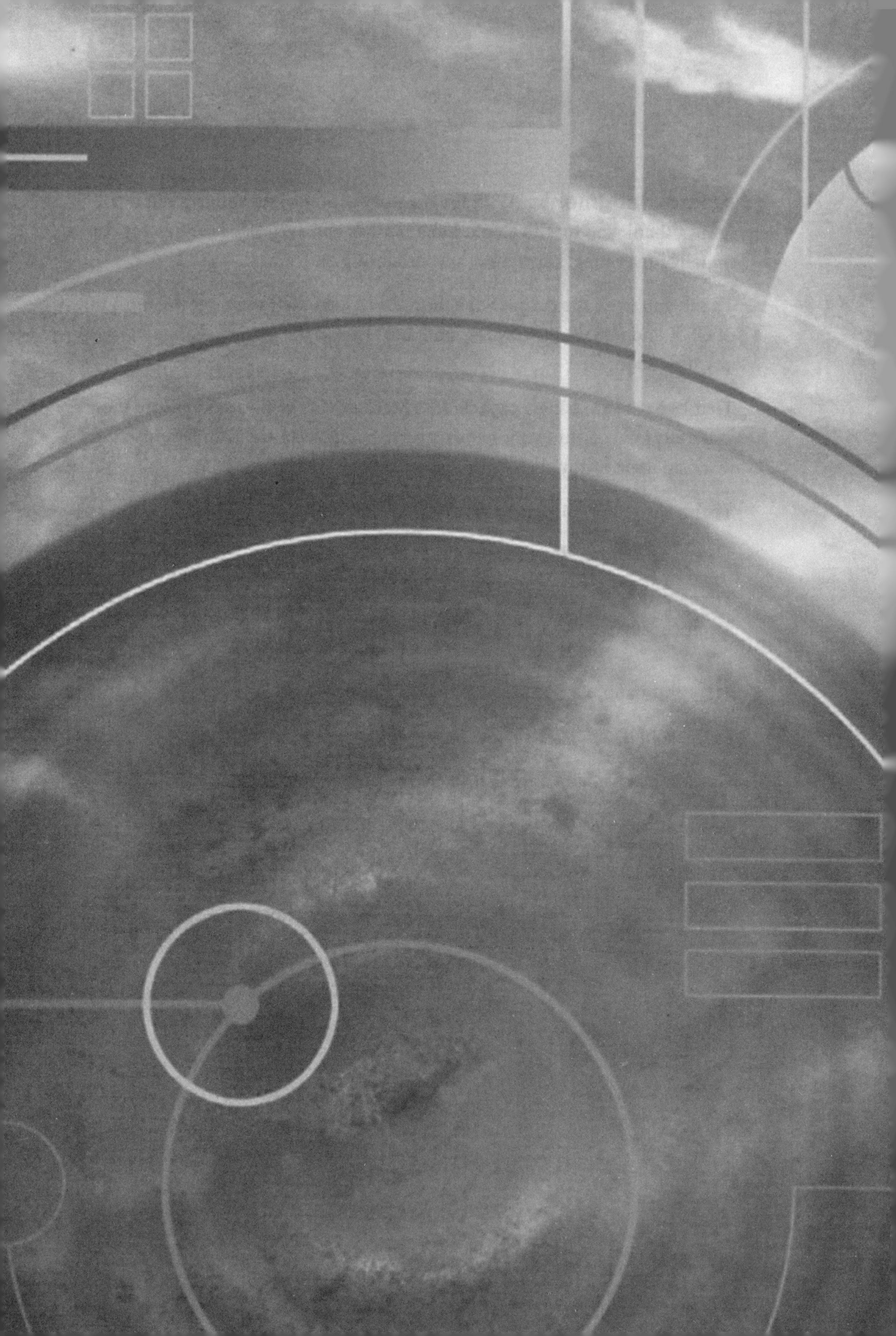

致谢

Steve Jobs仍然让人记忆犹新，感谢Tim Cook、Jonathan Ive 及 Apple 的每一位职员所奉献的、令人感到惊讶和欣喜的持续创新。

感谢能够让客户继续获得最新 OS X 和 iOS 产品的全体人员。保持学习的态度，任何时候都不要松懈。

感谢能力出众的 Lisa McClain 确保这本教材的出版，以及 Scout Festa 和 Kim Elmore 优秀的编辑及制作工作。

还要感谢以下人员，要是没有你们的帮助，这本书就会逊色很多：

Mark Bulthaup
Craig Cohen
Gordon Davisson
Weldon Dodd
Josh Durham
Charles Edge
EdFaulkner
Patrick Gallagher
Scott George
Charlie Heizer
Andre LaBranche
Ben Levy
Tip Lovingood
Jussi-Pekka Mantere
Sean Murphy
Susan Najour
Alby Rose
JohnSigna
Cindy Waller
Simon Wheatley
Kevin White
Josh Wisenbaker
Eric Zelenka

内容导览

文件共享

部署方案的实施

提供网络服务

协作服务的使用

目　录

OS X Server 的配置与监控

账户的配置

通过配置描述文件管理设备

文件共享

部署方案的实施

提供网络服务

协作服务的使用

关于本教材

目标

▶ 了解本教材如何组织内容，从而帮助你进行学习。

▶ 设置进行个人练习的操作环境。

▶ 苹果授权培训及认证介绍。

本教材用于全面了解 OS X Server 的各项功能，并以最有效的方式来对使用 OS X Server 系统的用户提供技术支持。本教材既可用于自学，也可用于有教师辅导的课堂培训。本教材还是为 Apple 官方培训课程 Yosemite 201: OS X Server Essentials 10.10 设计的，该课程是一个为期3天的实践课程，深入探讨如何对 Yosemite OS X Server 进行配置和提供技术支持。本培训课程由 Apple 认证培训讲师进行授课，内容被组织为多个课时，每个课时都包含讲师讲解的内容，以及随后进行的、与讲解内容相关的学生练习操作。

本教材主要面向对 OS X Server 有应用需求的技术协调员及初级系统管理员用户。你将学习到如何安装和配置 OS X Server 来提供基于网络的服务，例如，配置描述文件的分发与管理、文件共享、鉴定，以及协作服务。为了让你真正精通这些技术，本教材还涵盖了所用工具的相关理论知识。例如，你不仅会学习到如何使用 Server 应用程序来管理服务和账户，还会学习到有关描述文件管理的相关理念、对于资源的访问和控制，以及如何根据应用环境来设置和分发描述文件。

你还将学习相关的扩展流程，以帮助了解和应对日益变得复杂的系统环境。即便只有一台 OS X Server 计算机，它也会逐渐演变为一个非常复杂的系统环境，不过，文档和图表的创建可以为扩展流程提供帮助，令增加和调整操作可以与现有的系统进行更好的整合。

学习本教材需要具备 OS X 的相关知识，因为 OS X Server 是安装在 OS X（Yosemite）上的应用程序。因此，应当熟悉 OS X 的基本操作、故障诊断及网络应用技能。在使用本教材进行学习的时候，需要先对 OS X 的相关知识有一个基本的理解，包括如何诊断操作系统故障的知识。如果需要进一步学习了解 OS X 的相关知识，可参考 Peachpit Press 出版的 *Apple Pro Training Series: OS X Support Essentials 10.10*。

NOTE ▶ 除非另有说明，本教材中所有针对 OS X的参考内容都是适用于 10.10 或更高版本的，针对 OS X Server 的参考适用于 4.0 版本，这是本教材编写时可以获得的最新版本。由于会有后续的更新，所以有些屏幕截图、功能及工作流程可能会与页面中所述的略有不同。

学习方法

本教材中的每个课程，都为技术协调员和初级系统管理员介绍了适合他们的应用技能、工具及相关的知识，可以帮助他们通过 OS X Server 来进行网络应用和网络维护工作：

▶ 提供有关 OS X Server 如何工作的知识。

▶ 展示如何使用配置工具 。

▶ 解释故障诊断的方法和流程。

本教材所包含的练习，可让你对管理OS X Server Yosemite 所需的工具进行研究和学习。练习按照循序渐进的方式进行，从安装和设置 OS X Server 开始，逐步进入到更加深入的主题，例如，实现多协议的文件共享、访问控制列表的使用，以及通过 OS X Server 来管理网络账户。进行这些练习操作，需要从尚未运行 OS X Server 的 Mac 计算机开始，而且该服务器并不是正处于工作应用中的服务器。

本教材旨在介绍 OS X Server，但并不意味着只局限于教材中的参考内容。因为 OS X 和 OS X Server 都包含一些开放资源，而且还可通过命令行进行配置，因此无法涵盖所有的可行性操作都在这里进行介绍。对于初次使用 OS X Server 的用户及使用其他服务器操作系统的用户来说，基本上都可以通过本教材迁转到对 OS X Server 的应用；而对于从 OS X Server 旧版本升级到新版本的用户来说，同样可以在本教材中发现有价值的资源。

OS X Server 并不难设置和配置，但是应当提前做好实际应用 OS X Server 的规划。因此，本教材被划分为7个部分：

- 第1篇：OS X Server 的配置与监控，包括 OS X Server 的应用规划、安装、初始配置及监控。
- 第2篇：账户的配置，包括鉴定与授权的定义、访问控制、Open Directory，以及它所能提供的各种功能。
- 第3篇：通过配置描述文件管理设备，介绍了通过描述文件管理器服务来管理设备。
- 第4篇：文件共享，介绍了通过多种协议共享文件的概念，以及通过访问控制列表来控制对文件的访问。
- 第5篇：部署方案的实施，教你如何有效地使用部署服务、NetInstall、高速缓存服务及软件更新服务。
- 第6篇：提供网络服务，介绍网络服务，包括 Time Machine、VPN、DHCP及网站服务。
- 第7篇：协作服务的使用，重点在协作服务的搭建上，首先是邮件服务，然后是 Wiki、日历及通讯录服务，最后是信息服务。

课程结构

本教材中的大部分课程都包含参考内容部分，之后是练习操作部分（高速缓存和软件更新服务课程不包含练习操作）。

NOTE ▶ “NOTE”部分提供了重要的信息来辅助说明一个问题。例如，本教材中有些练习操作可能是带有破坏性的操作，因此，建议使用一台不重要的、非工作用的 OS X 计算机来进行这些练习操作。

参考部分包含教学的基本概念，以及对它们进行解释说明的内容。练习部分通过一步一步的指引操作，来增强你对概念的理解并锻炼你的实际操作技能，无论是自学还是在有培训讲师指导的课堂上进行实践练习都适用。

TIP “TIP”部分提供了有用的提示、技巧或快捷操作信息。例如，每个课程都以一个开篇页作为开始，其中罗列出了该课程的学习目标和所需的资源。

更多信息 ▶ “更多信息”部分提供附加的信息。这些内容仅仅是向读者提供一些具有启发性的内容，并不是要求必须掌握的课程内容。

在整个课程中，你会发现经常需要参考 Apple 技术支持文章。这些文章可以在 Apple 技术支持网站（www.apple.com/support）找到，这是一个免费的在线资源，包含了苹果产品的最新技术信息。我们强烈建议你阅读所推荐的文章，并搜索 Apple 技术支持网站，为你所遇到的问题寻找答案。

我们还建议你学习由 Apple 提供的、针对 OS X Server 的两个额外学习资源：OS X Server 支持（https://www.apple.com/cn/support/osxserver/）和 OS X Server: 高级管理（https://help.apple.com/advancedserveradmin/mac/4.0/）。

打开 www.peachpit.com/redeem 网站下载课程文件和奖励素材（Bonus Materials）。附录A是“课程复习问题&解答”，通过一系列的问题来概括重温每节课程所介绍的内容，是强化所学内容的素材。在查看答案之前，应当首先尝试独立回答每个问题。你可以参考各种 Apple 资源，例如，Apple 技术支持网站和 OS X Server 文档。此外，课程本身还提供了这些问题的答案。“附录B其他资源”，列出了每节课程主题所涉及的 Apple 技术支持文章和建议查阅的文档。“Updates & Errata”文档则包含了本教材的更新和更正信息。

练习设置

本教材是为自学者，以及参加 Apple 授权培训中心（AATC）或面向教育行业培训中心（AATCE）培训课程的培训者所写的，他们按照相同的方法都可以完成大部分练习操作。在AATC或 AATCE，作为培训的一部分，会为参加 Yosemite 201课程的培训者提供相应的练习操作环境。而对于自学者来说，则需要使用他们自己的设备来搭建一个相应的环境才能进行这些练习操作。

NOTE ▶ 有些练习是具有破坏性的（例如，开启 DHCP 服务可能会令本地网络中的其他设备无法对互联网进行访问），并且还有些练习操作，如果操作不当，可能会导致数据丢失或是文件损坏。因此，建议你在一个孤立的网络中，使用你日常工作中并不重要的 OS X 计算机和 iOS 设备来进行这些练习操作。Apple 公司和 Peachpit 出版社对按照本教材所述过程进行操作，直接或间接导致的数据丢失或设备损坏问题不进行负责。

必备条件

为了进行本教材中的练习操作，必须具备以下一些基本条件：

- 两台装有 OS X Yosemite 系统的 Mac 计算机。其中一台 Mac 计算机作为你的“管理计算机”，另一台Mac计算机将安装 OS X Server，作为你的“服务器计算机”或简称“服务器”。当使用你的服务器计算机完成本教材的学习及操作后，应当抹掉启动宗卷并重新安装 OS X，然后再应用于生产环境。
- 一个关联了已通过验证的电子邮件地址的 Apple ID。以便于获得 Apple 推送通知服务（APN）证书、应用于 Server 应用程序的通知服务，以及描述文件管理器服务。如果还没有可用的 Apple ID，那么在进行练习操作的时候，可以在适当的时候创建一个 Apple ID。
- 通过 Mac App Store 获得一份具有有效使用权的 OS X Server 。
- 具备可用的互联网连接，用于获取提醒服务及描述文件管理器服务的 APN 证书。
- 一个孤立的网络或是一个专门针对练习操作所配置的子网。可以通过带有多个以太网接口的 Wi-Fi 路由器来建立一个简单的小型网络。例如，Apple AirPort Extreme 就是一个很好的选择。你可以找到针对练习操作网络的常规设置说明，并且在 www.apple.com/cn/airport-extreme/ 网站你还可以找到配置 AirPort Extreme的具体说明。
- 将小型孤立网络连接到互联网的路由器（例如 AirPort Extreme ）。熟悉路由器的配置是非常有帮助的。
- 两根以太网线缆（用来完成 NetInstall 练习）。每根以太网线缆要将Mac连接到以太网交换机。
- Student Materials 演示文件，通过下载获得。“练习1.1　在你的服务器计算机上安装 OS X Server 前配置OS X”中包含下载说明。

可选择准备的附加资源

对于一个可选择进行的练习，它所需的某些资源，在练习的开始会被列为前提条件。这里有一些示例：

- 需要一台 iOS 设备来测试访问 OS X Server 提供的服务，包括描述文件管理器服务。
- 一个 Wi-Fi 访问热点（最好同样是 AirPort 基站），让 iOS 设备可以通过无线连接访问到你的私网。
- 针对“练习19.1　配置 DHCP 服务（可选）”：在一个额外孤立的网络上提供 DHCP 服务，需要 Mac 计算机（例如，如果你的服务器计算机是一台 Mac Pro）具备额外的内建以太网接口，或者具备一个 USB 至以太网的转接器，或者具备一个 Thunderbolt 至千兆以太网的转接器，以及一台额外的以太网交换机。

如果缺少必要的设备来完成某个练习，建议阅读每一步的操作说明并查看屏幕截图，以帮助读者了解演示的过程。

网络基础设施

如前面所述，练习操作需要一个孤立的网络环境。你应当重现培训课堂的教室环境，这会在接下来的部分中进行介绍，这样就可以尽量避免在练习指令和当前的应用状态之间进行转换调整。

IPv4 地址

由讲师组织的培训课堂网络环境，其网关的 IPv4 地址是 10.0.0.1，子网掩码是 255.255.255.0；如果可能，请使用相同的参数来配置你的内网。

很多消费级的路由器已将网关配置为 192.168.1.1，子网掩码是 255.255.255.0。你可能无法在路由器上去更改这些配置，在大多数情况下，可以将练习中 IPv4 地址的“10.0.0”部分，用当前所用孤立网络的相应参数值来进行替换（例如，student 17 的服务器地址 10.0.0.171 可用 192.168.1.171 来替代）。不过在整个练习过程中都需要记得替换你的网络前缀。

DHCP

培训教室的 DHCP 服务提供 10.0.0.180 ~ 10.0.0.254 范围内的 IPv4 地址。如果可能，使用相同的参数来配置内网 DHCP 服务。了解如何通过 DHCP 来提供指定的 DNS 服务器IP地址将是非常有帮助的。

如果可以配置所在孤立网络中的 DHCP 服务，那么请使用类似的 IPv4 地址范围进行配置。如果无法更改 IPv4 地址范围，那么这有可能是 DHCP 服务要分配给设备使用的 IPv4 地址，已经被服务器计算机或是管理员计算机占用的缘故。这也说明了要让你的网络保持孤立，不要让其他的设备出现在网络中。

域名

本教材中，练习和参考资料所用的互联网域名 pretendco.com、pretendco.private 及mega-globalcorp.com，只适用于学习环境，不要将它们应用于实际工作环境。

本教材所编写的练习都按照这种方式来处理，在孤立的网络中，任何现有的 DNS 服务都应当被忽略掉，这样就可以体验为你的服务器设置它自己的 DNS 服务了。

高级管理

如果你具备服务器高级管理技能，那么可以选用不同的设置，这包括使用组织机构的互联网域名（替代 pretendco.com）、组织机构的 DNS 服务，以及不同的 IPv4 地址，但是需要注意的是，这会给练习操作带来较大的变动，无法按照给定的步骤进行操作，需要根据实际情况进行调整。

练习顺序

本教材中的练习被设计成彼此相对独立的操作，所以你可以不按照顺序进行或者跳过你不感兴趣的练习。但是也有一些练习，必须按照正确的顺序才能够实现，这些练习都会列出相应的前提条件，例如：

- 在进行其他练习前，必须完成“课程1　安装 OS X Server”的所有练习，安装好 OS X Server 并配置管理员计算机。
- 必须完成“练习4.2　配置 Open Directory 证书颁发机构”和“练习 9.1　创建并导入网络账户”，创建好后面练习所要使用的用户账户，否则，如果在练习的前提条件中列出了本课程所需的用户账户，你只能通过 Server 应用程序的用户设置界面来创建这些用户账户了（也可能是组账户）。

Apple 培训和认证

Apple 培训和认证计划的目的是让用户掌握 Apple 的前端技术。认证是一项基准，以证明用户对于 Apple 特定技术所具备的能力，也会让用户在当今不断变化的就业市场具备竞争力。

认证考试可在全球各地的苹果授权培训中心（AATC）进行。

阅读本教材或者参加 Yosemite 201 培训课程，都可以帮助用户准备 OS X Server Essentials 10.10 Exam的考试，并可成为Apple Certified Technical Coordinator。如果通过该科目的认证考试及OS X Support Essentials 10.10的认证考试，可以获得 Apple Certified Technical Coordinator（ACTC）的认证。这是Apple Mac 专业认证计划的第二级认证，Apple Mac 专业认证包括：

- Apple Certified Support Professional（ACSP）认证。该认证可证明对 OS X 核心功能的理解水平，具有配置关键服务、进行基本故障诊断、协助各类用户使用 Mac 计算机基本功能的能力。ACSP 认证适用于桌面计算机专家、技术协调员，以及为 OS X 用户提供服务支持、管理网络或为 Mac 提供技术支持的高级用户。通过OS X Support Essentials 10.10 Exam考试的学员可获得 ACSP 认证。访问http://training.apple.com/certification/osxyosemite 可查看 OS X Support Essentials Exam考前教材。要准备这项考试，可参加 Yosemite 101 培训课程或是阅读《*Apple Pro Training Series: OS X Support Essentials 10.10*》教材。
- Apple Certified Technical Coordinator（ACTC）认证。该认证可证明已掌握了 OS X 和 OS X Server 核心功能基础知识，有能力配置关键服务和进行基本故障诊断。ACTC认证面向 OS X 技术协调人员，以及通过 OS X Server 来维护中小型计算机网络的初级系统管理员。通过OS X Support Essentials 10.10 Exam 和 OS X Server Essentials 10.10 Exam 考试的学员可获得 ACTC 认证。访问http://training.apple.com/certification/osxyosemite 可查看 OS X Server Essentials Exam考前教材。

更多信息 ▶ 要查阅 OS X 技术白皮书和了解有关 Apple 所有认证的更多信息，可访问网站 http://training.apple. com 。

NOTE ▶ 尽管 OS X Server Essentials 10.10 考试中的所有考题都是以本书内容为基础的，但仍需要多花一些时间来学习相关的技术知识。在阅读完本书或是参加完培训课程后，还需要花时间来增强自己对 OS X Server 的熟悉程度，以确保可以顺利通过认证考试。

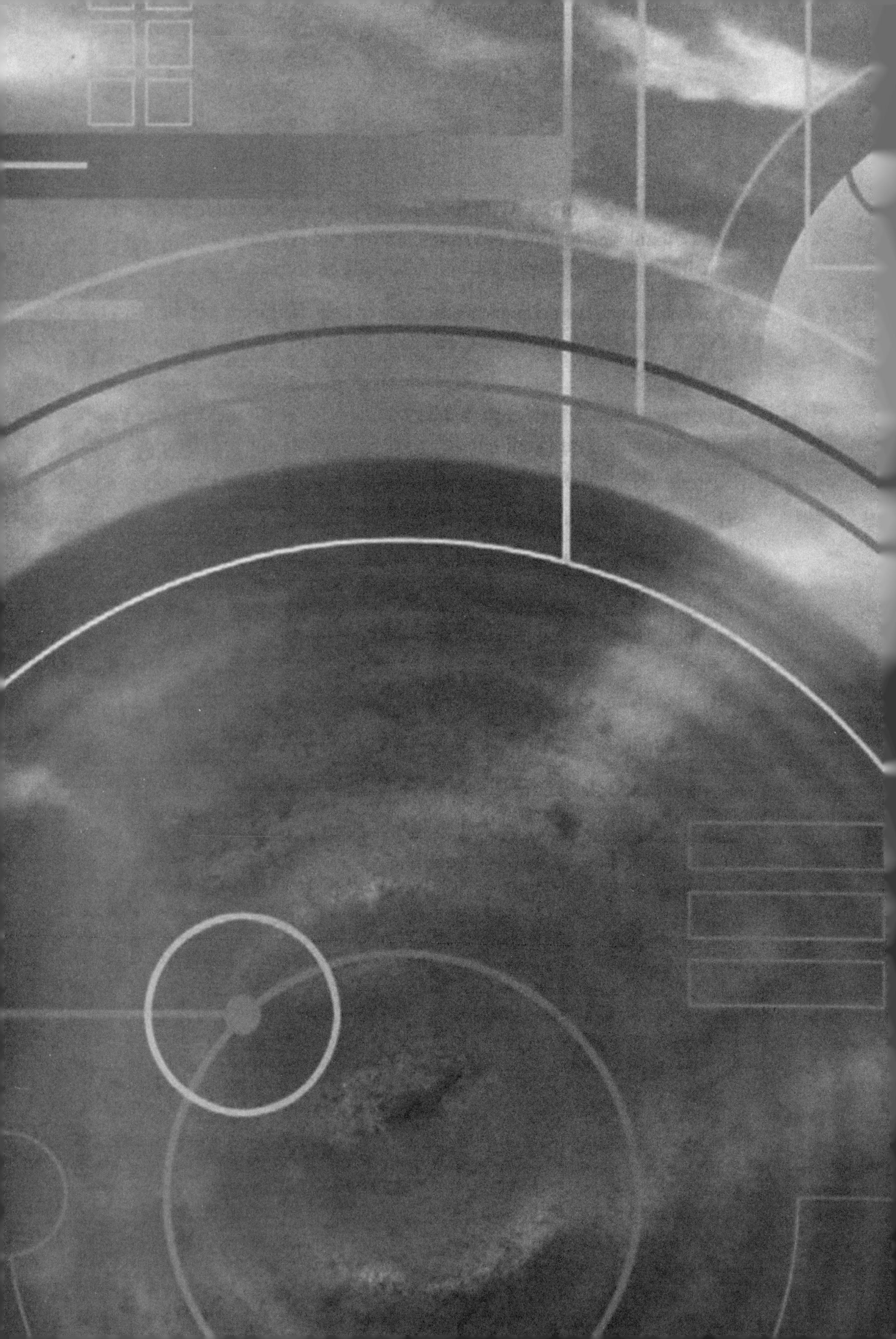

OS X Server 的配置与监控

课程1

OS X Server 的安装

> 目标
>
> ▶ 了解 OS X Server 的运行需求。
>
> ▶ 进行 OS X Server 的初始安装及配置。

无论是商业用户还是教育用户，OS X Server Yosemite 都可以让他们实现协同工作，进行通信、共享信息及访问工作中所需的资源。

OS X Server Yosemite 是 Mac 计算机上运行的 Yosemite 系统中的一个应用程序，如果 Mac 计算机可以运行 Yosemite，那么它也可以运行 OS X Server。你可以通过Server 应用程序来提供服务，或是管理远端 Mac 计算机上正在运行的OS X Server。

虽然可以直接安装和配置 OS X Server，但还是建议将有关 OS X Server 的工作划分为4个阶段来进行：

1 规划与安装——规划服务器如何进行设置、确认和配置硬件、安装 OS X Server 软件，这些都会在本课程中进行介绍。

2 配置——通过 Server 应用程序配置你的服务器。本教材中的所有课程都会使用 Server 应用程序来配置你的服务器。

3 监控——通过 Server 应用程序来监控服务器的工作状态，还可以选择指定一个电子邮件地址来接收特定的警告通知，这会在“课程5　状态和通知功能的使用”中进行介绍。

4 日常维护——通过 Server 应用程序对服务器和账户进行日常的维护及监控。

本课程从规划工作开始，然后是 OS X Server 的初始安装及配置。

参考1.1

OS X Server运行需求评估

在安装 OS X Server 软件前，需要花一些时间来评估你的组织机构对服务器的应用需求及运行 OS X Server 的硬件需求。

了解最低硬件需求

你可以在任何运行 OS X Yosemite，至少具有 2GB 内存（RAM）和 10GB 可用磁盘空间的 Mac 计算机上安装 OS X Server 应用程序，如果计划使用高速缓存服务，那么至少需要 50GB 可用磁盘空间。切记，这些都是最低需求，当你开始使用各种服务的时候，将需要更多的 RAM 和磁盘空间支持。对于一台负载量很大的服务器来说，使用 16GB 或更多的内存都是合情合理的选择。

要运行 Yosemite， Mac 必须是以下机型之一：

- iMac（2007 年中或之后推出的机型）。
- MacBook（2008年末13英寸铝制机型； 2009年初或更新的13英寸机型）。
- MacBook Pro（2007年中/年末或更新机型）。
- MacBook Air（2008年末或更新机型）。
- Mac mini（2009年初或更新机型）。
- Mac Pro（2008年初或更新机型）。
- X S erve（2009年初）。

OS X Server 的一些功能需要使用 Apple ID，还有些功能需要相应的互联网服务提供商的支持。

验证系统需求

在安装 OS X Server 之前，需要确认你的系统符合硬件要求。在销售的每台 Mac 计算机的外包装上都带有标签，你可以在标签上找到 Mac 计算机的硬件信息，或者通过“关于本机”窗口和“系统信息”应用程序找到 Mac 计算机的硬件信息。

要检测一台 Mac 计算机是否能够运行Yosemite，可以通过“关于本机”窗口开始进行检测。接下来的几个图示可以向你展示，确定当前这台计算机是否可以运行 OS X Server Yosemite 的整个过程。

在苹果菜单下选择“关于本机”命令，在这个单一的应用程序窗口中包含了你所需的所有信息。“概览”选项卡显示了 Mac 计算机的机型及内存信息。

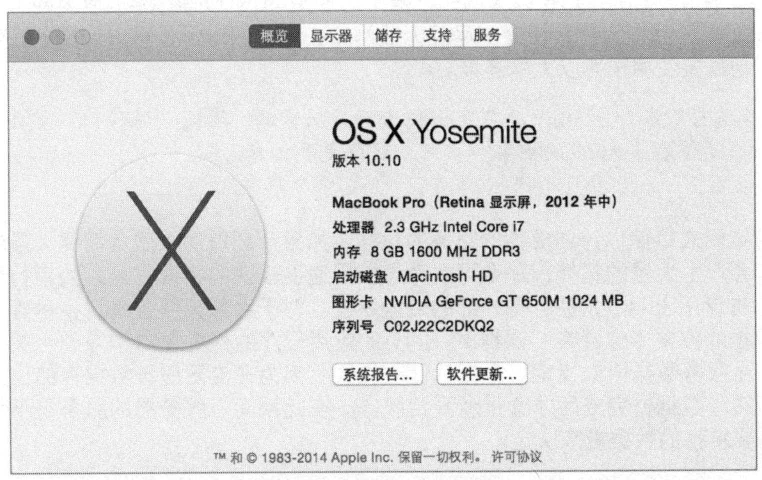

“存储”选项卡显示了可用的存储空间信息。

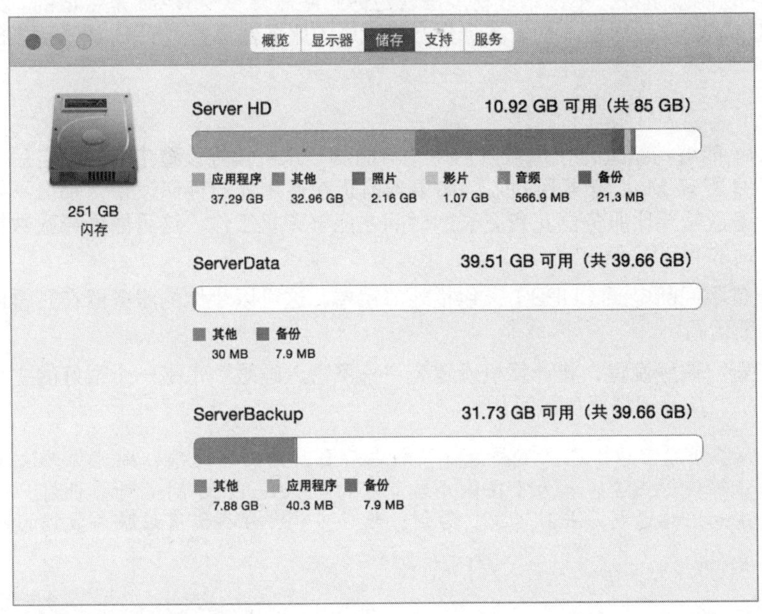

解决其他硬件需求

当选用服务器系统时，常见的需求包括：网络和系统性能、磁盘空间和存储能力，以及 RAM。你可能会发现，使用多台服务器，每台服务器分别运行一些服务，要比在一台服务器上运行所有的服务具有更好的性能。

网络

当确定服务器硬件需求的时候，需要考虑到网络接口的速度。所有能够运行Yosemite的Mac计算机都支持千兆以太网；如果你购买的 Mac 带有内建的以太网接口，那么该接口是支持千兆以太网的。如果你的 Mac 配备的是 Thunderbolt 端口，那么你可以使用 Apple Thunderbolt 至千兆以太网转接器。

你可以将两个以太网接口合并为一个接口来使用，为某些服务提供聚合网络的吞吐量，例如文件服务。

如果目的仅仅是学习和测试，那么你可以考虑使用 Wi-Fi 作为服务器的主网络连接。这就可以考虑使用 MacBook Air，因为它并不配备内建的以太网接口。在这种情况下，你可以使用 Wi-Fi 网络，也可以让 MacBook Air 使用 Apple USB 以太网转接器（可使用 10/100 Base-T 以太网），或是使用 Apple Thunderbolt 至千兆以太网转接器。尽管无线网络在测试的时候是可以使用的，但是对于实际生产环境来说，则需要使用千兆以太网连接。

NOTE ▶ 要提供高速缓存服务和 NetInstall 服务，以太网是必需的。参阅“课程14 NetInstall的使用”和“课程15 缓存源自 Apple的内容”，可以获得更多信息。

磁盘

确认具备足够的磁盘空间来存储你计划提供的服务的数据。如果计划提供的服务需要大量的磁盘空间，例如，邮件服务会产生大量的邮件，那么可以考虑使用速度较快的物理磁盘，如串行连接 SCSI（SAS）磁盘、固态磁盘（SSD），甚至是外部的磁盘系统。对于大部分服务来说，尽管允许你改变服务器存储服务数据的位置（你会在“课程3 Server 应用程序的探究”中学习到相关的内容），但还是建议你在产生服务数据前就指定好数据存储的位置。因为在变更服务数据存储位置的时候会先停止服务，然后转移数据，完成后才会重新开始服务。在此期间，服务器的服务是不可用的，这个时间有多久由需要转移的数据量来决定。

RAM

通常，RAM 越多系统性能就越好，不过本教材没法规定你到底需要多少 RAM 是合适的。如果非要做出一个选择，那么就尽量配置得高一些。实际生产环境中的服务器具备 16GB 或是更多的内存是很常见的。

可用性

为了确保 OS X Server 能够持续运行，你可以启用“节能器”系统偏好设置中的“断电后自动启动”设置（该选项并不是所有 Mac 都可用的）。如果当前正在使用外部存储设备，那么不要使用这个选项，因为存储设备通常要比服务器花费更长的时间才能够联机工作，这可能会导致数据可用性方面的问题。参见下面的 NOTE 信息。

强烈建议为服务器配备不间断电源（UPS），包括外部宗卷，这可以让你的服务器在短暂停电的情况下仍可以保持不间断运行。

检查计算机的“节能器”偏好设置，将计算机设置为“永不进入睡眠”也是一个很好的主意，这就不需要总去唤醒计算机，从而保持服务的可用性。

NOTE ▶ 如果你使用了外部宗卷，那么不要选择“断电后自动启动”选项，因为你无法保证断电后外部宗卷是否能够获得正常的电力（在你开启带有 OS X Server 的 Mac 计算机前，你需要人为地去确认外部宗卷已接通电源并且可用；否则，服务可能会在存储有该服务数据的宗卷前提前启动。）

参考1.2
安装 OS X Server 的准备工作

NOTE ▶ 当前参考资料描述的是OS X Server 的通用安装过程，练习部分提供了详细的分步操作说明，在阅读到本课程末尾处的练习操作前，先不要进行任何操作。

任何运行 Yosemite 的 Mac 都可以运行 OS X Server Yosemite。在“参考1.4 升级或迁移到 OS X Server”中，会进行详细的介绍，只有当计算机运行的是 OS X Yosemite 系统的时候，Mac APP Store 才允许你购买 OS X Server Yosemite。

格式化/分区磁盘

当确认你的计算机符合硬件需求后，你可以在现有的启动磁盘上或是在其他磁盘上安装 Yosemite。在安装软件前，需要确定要使用哪些磁盘设备，以及对这些设备如何进行后续的格式化操作。

磁盘工具位于应用程序文件夹中的实用工具文件夹。通过该工具可以将磁盘划分为一个或多个分区。在进行分区的时候，你需要先为磁盘选取一个分区方案。可用的分区方案包括：

- GUID 分区表：用于启动 Intel 架构的 Mac 计算机。
- Apple 分区图：用于启动 PowerPC 架构的 Mac 计算机。
- 主引导记录：用于启动 DOS 和 Windows 计算机。

NOTE ▶ 要在宗卷上安装 OS X Server，宗卷磁盘必须要格式化为 GUID 分区表。通过磁盘工具应用程序可以查看磁盘的分区方案，该应用程序将此信息显示为分区图方案，而系统信息应用程序将该信息显示为分区图类型。

当选取了分区方案后，你可以将磁盘最多划分为16个逻辑磁盘，每个逻辑磁盘称为一个分区，都可以有它们自己的格式。当你格式化分区以后，该分区就包含了一个宗卷。要进一步了解有哪些可用的宗卷格式，可参考《*Apple Pro Training Series: OS X Support Essentials 10.10*》。

要在宗卷上安装 OS X Server，该宗卷格式必须是以下两类日志式格式之一：

- Mac OS X 扩展（日志式）。
- Mac OS X 扩展（区分大小写 / 日志式）。

通常我们会选用 Mac OS X 扩展（日志式）格式，除非有特殊需求才会选用区分大小写 / 日志式格式。

你也可以为用来存储数据的分区选用其他非日志式的格式，但是对于日志功能来说，当宗卷出现断电或是其他故障后，在对宗卷进行检测的时候，日志可以缩短检测的时间。

使用相互独立的分区，可以将数据与操作系统分开存储。你可以将数据存储在一个单独的宗卷上。对于操作系统来说，有相对独立的宗卷，可以避免用户的文件和数据充满启动宗卷。当以后需要重新安装 OS X 和 OS X Server 的时候，可以抹掉整个启动宗卷并重新安装操作系统，而这不会影响到其他宗卷上的数据。

NOTE ▶ 默认情况下，OS X Server 将很多服务数据存储在启动宗卷的/资源库/Server 目录中，不过在随后的课程中你会了解到，可以通过 Server 应用程序来更改服务数据的存储位置。不管在什么情况下，在抹掉服务器启动宗卷前，你都要确保有一份可靠的服务器备份。

要在一块磁盘上创建多个分区，只需要选择磁盘，从“分区布局”菜单中选取分区数量，并对每个分区进行以下设置：

- 分区名称——在宗卷名称中请使用小写字母、数字字符并去除空格，这样在以后可能出现的共享点故障诊断工作中，可以避免很多麻烦。
- 分区格式——OS X Server 可用的各种分区格式请参见前面的列表。
- 分区大小——同样，OS X Server 的安装至少需要 10 GB 的可用磁盘空间。

NOTE ▶ 在下面的图示中，展示了一个用于备份的宗卷，但是通常情况下，用于备份的目标磁盘应当是另一块不同的物理磁盘。此处图示所展示的仅仅是测试操作。

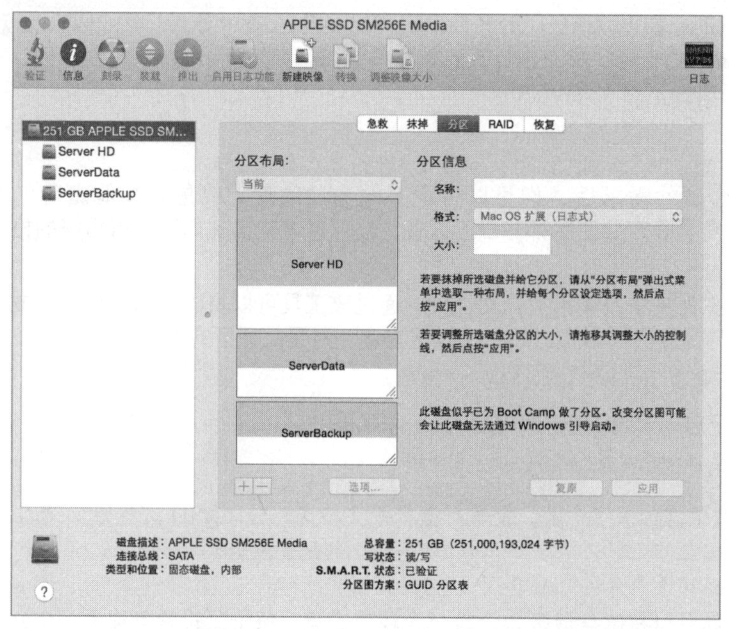

在单击“应用”按钮前，一定要想清楚——磁盘上现有的所有数据都将被抹掉!

具备多个分区并不会提升速度方面的性能，而安装多块磁盘则可提升服务器的性能。在一块磁盘上安装操作系统，并在额外安装的磁盘上存储用户数据，可以缩短操作系统与数据的通信时间。如果你在另一条单独的数据总线上添加第二块磁盘，那么服务器可在每条数据总线上进行相互独立的读写操作。

独立冗余磁盘阵列（RAID）

为了提升可用性或性能，在安装 OS X Server 前，可先在 RAID 宗卷上安装 OS X。但是，由于 OS X 恢复系统分区无法创建在 RAID 宗卷上，所以你需要创建一个外部 OS X 恢复系统，通过启动该系统，你可以使用各种管理和故障诊断工具。要了解更多信息，你可以参考《*Apple Pro Training Series: OS X Support Essentials 10.10*》教材的“课程3　OS X 恢复系统”。

FileVault 全盘加密

由于全盘加密需要在计算机启动后要求用户输入解密的密码，因此对于 OS X Server 的启动磁盘或是存储服务数据的磁盘来说，并不建议使用全盘加密。如果要避免出现对正在运行的OS X Server进行意外的访问，那么应确保做好物理安全方面的工作，避免非授权的用户访问到这台计算机。

配置名称和网络

通常，服务器需要一个静态网络地址，而且为了能够让客户端以一个便于使用的网络地址去访问服务，还需要附带一个 DNS 主机名。早先版本的 OS X Server，需要你在设置的初始阶段就确定服务器的主机名称，但是对于 OS X Server Yosemite来说，除非你启用的服务需要使用主机名，否则是不需要你担心这些细节操作的。

如今，由 OS X Server 提供的很多服务都不需要服务器具备指定的主机名或是静态的 IPv4 地址，因为在本地子网中的客户端，都可以通过零配置网络（通过服务器的 Bonjour 名称）来访问这些服务。

有些服务，例如 Xcode 和 Time Machine 服务，可以让客户端浏览到这些服务；而有些服务，如缓存服务，即使服务器的 IPv4 地址或主机名称发生了改变，也可以为本地子网的客户端自动提供相应的服务。

对于其他服务，例如 Open Directory 和描述文件管理器服务，为了确保客户端能够正常地访问到服务，那么最好为服务器配置静态的 IPv4 地址及相关联的 DNS 主机名。

例如，如果你通过 OS X Server 在本地网络中只提供文件共享和 Wiki 服务，并且客户端可通过服务器的 Bonjour 名称来访问这些服务，那么你就不需要将服务器的地址配置从 DHCP 模式切换到静态 IPv4 地址模式。

尽管如此，还是希望为你的服务器手动分配一个静态的 IPv4 地址，这是最佳的选择，而不要依靠 DHCP 服务来动态分配一个 IPv4 地址。

TIP 要为你的 Mac 配置使用 DNS 服务器，则需要在“网络”偏好设置中单击“高级”按钮，然后选择DNS选项卡。

更多信息▶当 DHCP 提供了搜索域信息，或者手动输入了搜索域信息的时候，OS X 会自动将搜索域文本框中的内容追加到你在应用程序中（例如 Safari）输入的 DNS 名称里。

客户端可直接通过 IPv4 或 IPv6 地址访问服务器上的服务，但是更加常见的是通过各种名称去访问，这些名称包括：

- 计算机名称。
- 本地主机名。
- 主机名。

接下来将对每个名称进行详细说明。

了解计算机名称

“计算机名称”是被客户端所使用的，当服务器所在的本地子网中的客户端通过以下方式进行浏览的时候，会用到计算机名称：

- 通过 Finder 边栏访问服务器所提供的文件共享及屏幕共享服务。
- Apple Remote Desktop（ARD）。
- AirDrop。

计算机名称可包含空格。

如果你的服务器提供文件或屏幕共享服务，那么在同一广播域（通常是一个子网）中的 Mac 用户，可在 Finder 边栏的共享部分看到你的服务器计算机，如下面的实例所示。

了解本地主机名

服务器通过 Bonjour 功能在其所在的本地子网中广播它的服务。“本地主机名”是以.local结尾的名称，遵循DNS名称规则。OS X 会自动移除本地主机名中的特殊字符，并将本地主机名中的空格字符替换为中横线。

更多信息▶要获取有关 Bonjour 零配置网络的更多信息，可参考 www.apple.com/cn/support/bonjour/。

在同一子网中，使用 Bonjour 功能的设备（包括 PC、Mac 计算机及 iOS 设备），可使用服务器的本地主机名来访问服务器上的服务。下图是使用本地主机名访问本地 Wiki 服务的示例。

了解主机名

主机名，或者称为主 DNS 主机名，是可唯一识别服务器的名称，以往称为全称域名（Fully Qualified Domain Name，FQDN）。OS X Server 上的一些服务需要使用 FQDN 才能正常工作，或是能够更好地工作。计算机及设备可以使用服务器的 DNS 主机名来访问服务器上的服务，即使它们并不是在同一个本地子网中也是可以访问的。

如果服务器的主 IPv4 地址存在着一条 DNS 记录，那么 OS X 会自动使用这个 DNS 记录来设置服务器的主机名。否则，OS X 会自动使用服务器的计算机名称来设置基于 Bonjour 的主机名，例如 Locals-Macbook-Pro.local。

当你首次配置 OS X Server 的时候，它会自动以 Mac 系统的主机名来创建一个自签名的安全套接层（SSL）证书，即使主机名是类似于Locals-Macbook-Pro.local 这样的名称也是如此。因此，最好是在 Server 应用程序的初始安装和配置前，就为你的 Mac 配置好所需的主机名。有关证书的内容会在“课程4　SSL 证书的配置”中进行详细介绍。

更多信息▶如果你要使用“更改主机名助理”来更改主机名称，那么相关的内容会在下节进行介绍，Server 应用程序会自动使用新的主机名来创建一个新的自签名 SSL 证书。

如果你所在的网络环境中，已经存在为内网设备提供 DNS 记录的 DNS 服务，那么最好使用现有的 DNS 服务，通过相应的工具，在现有的 DNS 服务中为你的服务器创建 DNS 记录。

如果在你的内网中，没有供设备使用的 DNS 服务，并且在你安装 OS X Server 的时候也没有可用的 DNS 记录，那么不用担心，由于目前没有相应的 DNS 记录可用，那么服务器可以自己提供这些记录，你将在后面的内容中了解到相关情况。

名称和地址的更改

在完成 OS X Server 的初始安装及配置后，你可以通过 Server 应用程序非常方便地更改以下属性信息（在“概览”选项卡中单击“计算机名称”旁边的“编辑”按钮）：

- 计算机名称。
- 本地主机名称。

NOTE ▶ *在系统偏好设置的"共享"选项卡中也可以更改计算机名称和本地主机名。*

通过 Server 应用程序你还可以启动"更改主机名助理"（在"概览"选项卡中单击"主机名称"旁边的"编辑"按钮），可以更改以下属性信息：

- 计算机名称。
- 主机名称。
- 网络地址。

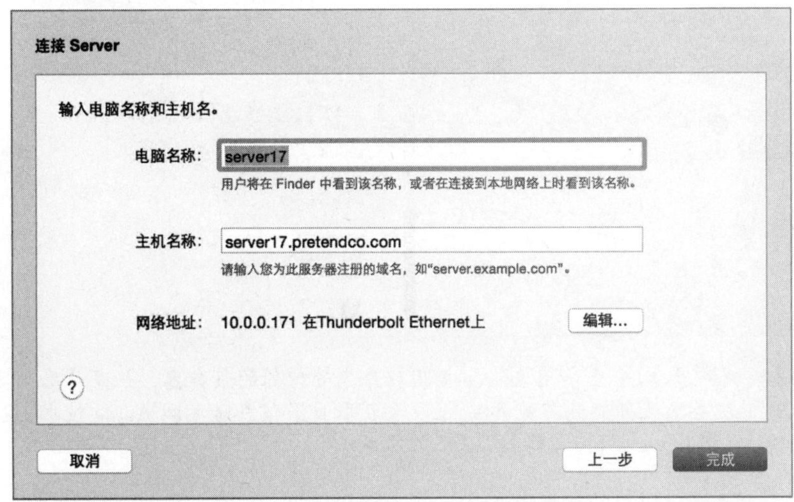

当你使用"更改主机名助理"的时候，如果你在网络偏好设置中指定的 DNS 服务器，无法对你在 IP 地址文本框中输入的 IP 地址实现正向和反向解析，那么 Server 应用程序会询问你是否要开启 DNS 服务。如果你选择开启，那么 Server 应用程序会执行以下配置步骤：

- 在服务器计算机上配置 DNS 服务，为主 DNS 名称提供正向解析的 DNS 记录，为主 IPv4 地址提供反向解析的 DNS 记录。
- 开启 DNS 服务。
- 除了先前指定的DNS服务，还会配置服务器计算机的主网络接口使用它自己提供的 DNS 服务（具体配置为 127.0.0.1，这是一个总是指向计算机自身的环回地址）作为主 DNS 服务。
- 在相应的情况下，移除旧的、默认生成的自签名 SSL 证书，并使用新主机名创建一个新的证书。

这可以确保你的服务器能够正常地进行主机名到 IPv4 地址的解析，以及 IPv4 地址到主机名的解析。

而对于其他不是必须要使用 DNS 记录的计算机和设备来说，如果不配置它们使用你服务器的 DNS 服务，那么就无法通过服务器的主机名来访问服务器上的服务。有关 DNS 的更多内容会在"课程2　提供 DNS 记录"中进行介绍。

OS X Server 的下载

通过 Mac App Store 可以购买和下载 OS X Server 应用程序。如果你的计算机当前运行的不是 OS X Yosemite 系统，那么 Mac App Store 是不允许你购买 OS X Server 的。

NOTE ▶ *该应用程序在 Mac App Store 中称为 OS X Server，但存储在应用程序文件夹中时名为 Server（通过 Mac App Store 完成下载后）。本教材将其称为"Server 应用程序"。*

NOTE ▶ 你可以在另外一台 Mac 上使用 Server 应用程序来管理你的服务器，但是你必须要将 Server 应用程序从你的服务器上复制到其他 Mac 上。要获取更多信息可参阅 Apple 技术支持文章“HT202279　如何使用 Server App 远程管理 OS X Server”。

参考1.3 OS X Server 的安装

当你在服务器计算机上已配置好 OS X ，并且在服务器计算机上已备有 Server 应用程序后，就可以开始OS X Server 的安装了。

当你配置 OS X Server 的时候，要确保有活跃的网络连接，即使只连接到没有与其他任何设备连接的网络交换机也是可以的。

打开 Server 应用程序，如果 Dock 中没有保留 Server 应用程序的快捷方式，那么可以单击 Dock 中的 Launchpad ，然后单击 Server，或者也可以从应用程序文件夹中打开 Server，或是通过 Spotlight 的搜索功能来打开它。在向导窗口中，当你单击“继续”按钮后，将开始 OS X Server 的安装及配置过程。

NOTE ▶ 如果你要使用 Server 应用程序去管理其他已安装和配置好的服务器（而不是在当前的 Mac 上去安装和配置 OS X Server），那么请不要单击“继续”按钮，而是单击“其他 Mac”按钮。

当你单击“继续”按钮后，需要你同意软件许可协议中的条款。就像其他软件一样，仔细阅读软件许可协议。

当你单击“同意”按钮后，需要你提供本地管理员的鉴定信息。当你的鉴定信息被确认后，Server 应用程序会进行自身的配置。当配置过程完成后，Server 应用程序会显示“概览”选项卡。

当 Server 应用程序被安装好后，就不要将它从应用程序文件夹中移动到其他位置了。这样做会导致服务的停止，你的服务器将失去相应的功能。你需要重新安装Server 应用程序才能恢复相应的功能。

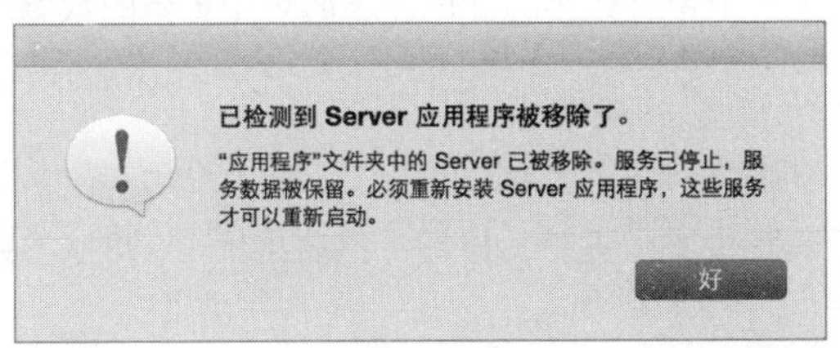

NOTE ▶ 先前版本的 OS X Server（针对于 Mountain Lion），在进行初始化配置的时候会向你显示需要确认的提示信息，并且可能会更改计算机名称和主机名称。相比之下，OS X Server Mavericks 和OS X Server Yosemite 的初始化配置过程就显得更加精简了，不过当你需要使用这些名称的时候，最好还是提前检查一下这些名称的命名情况。

参考1.4
OS X Server 的升级或迁移

如果你当前使用的是运行着Snow Leopard Server、Lion Server、OS X Server Mountain Lion 或是 OS X Server Mavericks的 Mac，并且计算机符合运行 OS X Yosemite 的硬件需求，那么你可以“升级”到 OS X Server Yosemite。此外，你也可以将旧服务器“迁移”到装有OS X Server Yosemite 的 Mac 上，该 Mac 要符合运行 Yosemite 的硬件需求并已预先安装好 OS X Yosemite，然后通过 OS X 设置助理或是迁移助理进行迁移，最后安装 OS X Server Yosemite。

要升级到 OS X Server Yosemite，首先你需要先升级到 Yosemite，然后再安装OS X Server Yosemite。切记，在进行升级操作前，备份任何现有的设置，以便在遇到问题的时候进行恢复。

通过以下步骤进行操作：

1. 确认你的 Mac 可以运行 Yosemite。
2. 确认你具有 OS X Server Mountain Lion、Lion Server 或是最新版本的 Snow Leopard Server。通过“软件更新”可将相应的软件更新到最新的版本。
3. 如果你的OS X Server 计算机自身被配置为 DNS 服务器，那么需要将它“网络”偏好设置中的 DNS 服务器的 IP 地址替换为一个外网 DNS 服务器地址。在升级的过程中，DNS 服务将被关闭，无法提供 DNS 查询。这会导致无法连接到互联网，不过使用一个外网的 DNS 服务器就可以解决这个问题。
4. 从 Mac App Store 中下载 OS X Yosemite。
5. 运行“安装 OS X Yosemite”，将系统升级到 OS X Yosemite。
6. 当运行 OS X Yosemite 系统后，从 Mac App Store 中下载 OS X Server。
7. 通过 Launchpad 或应用程序文件夹打开 Server，安装 OS X Server。

NOTE ▶ 升级服务器软件应当是一项有计划的工作。在应用到生产环境之前，一定要先在测试系统上进行更新测试。在某些情况下，第三方的解决方案无法在新软件中继续正常工作。你应当预先检查更新，先将更新进行隔离，在你进行了测试后，当所有的功能特性或服务都按预期的那样正常工作后，再考虑实施部署，特别是从可允许的、最早版本的操作系统（OS）进行升级或迁移操作的时候更需要如此进行。

更多信息▶参阅 Apple 技术支持文章“HT202848　OS X Server：从 Mavericks 或 Mountain Lion 升级和迁移”，获取详细说明。同时关注Apple 技术支持网站的信息更新和新文章发布。

参考1.5
OS X Server 的更新

当 OS X Server 有可用的更新时，你可以通过 Mac App Store 中下载和安装。

你会注意到 Dock 中的 App Store 图标会显示一个带有数字的标记，表明可用更新的数量。

要安装更新，首先打开 App Store，单击工具栏中的“更新”按钮，然后再单击 OS X Server 更新项目所对应的“更新”按钮。

如果你尚未登录到 Mac App Store，那么会提示你进行登录。

尽管你会看到服务已经停止的提示消息，但是你会发现大多数服务实际上仍在运行。

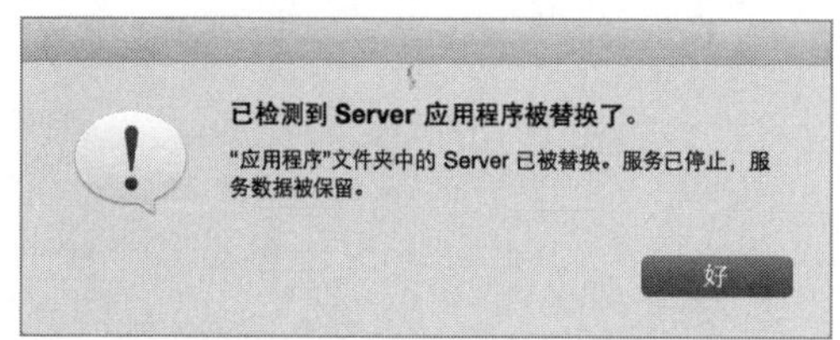

要完成 OS X Server 的更新，需要打开 Server 应用程序，然后在“更新向导”面板中单击“继续”按钮并提供本地管理员的鉴定信息。然后等待服务完成更新操作。

参考1.6
故障诊断

在服务器的安装过程中，一个比较常见的问题是不兼容第三方软硬件配置。当你遇到这类问题时，要对系统的更改操作进行一步步的隔离排查，尽量保持每步操作的变化差异不要太大，进而找到问题所在。

日志的检查

OS X 和 OS X Server 会将事件记录到各个日志文件中。你可以通过“控制台”应用程序或者选择 Server 应用程序边栏中的“日志”项目来查看日志。在下图中，“控制台”应用程序显示了 system.log 的内容。

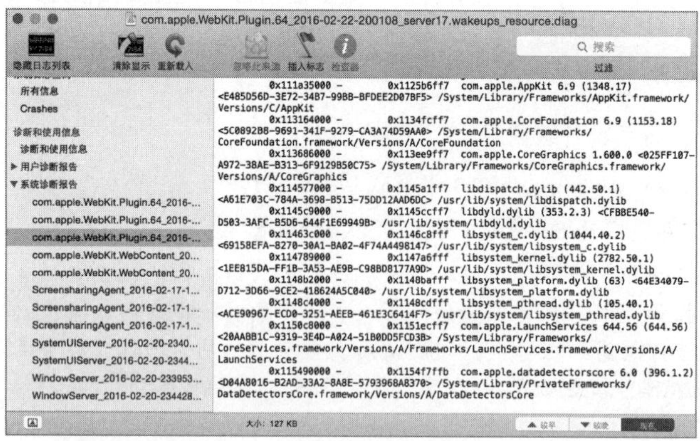

在整个教材中，你会经常通过“控制台”应用程序或 Server 应用程序的“日志”面板来查看各种日志。

练习1.1
安装 OS X Server 前，在服务器计算机上对 OS X 进行配置

▶ **前提条件**

- 你必须具备一台运行 OS X Yosemite，在启动宗卷上从未安装过 OS X Server 的 Mac，并且该 Mac 满足运行 OS X Server 所需的条件。

在本练习中，你将配置你的服务器计算机，准备在计算机上安装 OS X Server。

根据你是自己独立地进行练习操作的，还是在有教师指导的环境下使用已被设置好的 Mac 计算机进行操作的，你将选用两套操作说明中符合实际情况的一套说明来配置本地管理员账户。

在这两种情况下，你都需要使用系统偏好设置来配置网络、共享、App Store及节能器设置。你还要下载整个课程所需的学生素材。最后，你还需要应用任何必需的系统软件更新。

建立学号

在本练习中，你将使用学号来为你的计算机设置唯一的名称和地址。

1 如果你是在有教师指导的环境下进行练习的，那么可以从讲师那里获取你的学号。

如果你是自己独立进行练习的，那么你可以使用 1～17 的任意编号，在本教材的示例中，使用的学号是 17，所以你可以考虑选用 17 作为你的学号。

配置 OS X

从全新安装的 OS X 开始进行操作是最为方便的。如果开机后，你的 Mac 显示了欢迎界面，那么你可以选用“选择1：在你的服务器计算机上通过设置助理配置 OS X”中的说明进行操作。如果你需要使用现有的 OS X 系统进行练习，那么可跳转到“选择2：为服务器计算机配置现有的 OS X 系统”，将你的Mac 配置成预期的状态，完成本练习剩余的操作。

选择1：在你的服务器计算机上通过设置助理配置 OS X

如果你的服务器计算机尚未被配置，那么需要选用这个选项进行操作，这个选项也适用于在有教师指导的环境下进行练习操作的情况。如果你使用的 Mac 已存在账户，那么请选用“选择2：为服务器计算机配置现有的 OS X 系统”进行操作。

确认你的服务器计算机上已安装 Yosemite。如果尚未安装，那么现在通过 Mac App Store、Recovery HD或是教师指定的方法来安装 Yosemite，当进行到出现“欢迎”界面的时候再继续进行操作。

在本节中，你将通过 OS X 设置助理来一步步完成对服务器计算机的系统初始化配置。

1 确认你的计算机已连接到可用的网络连接上。

2 如果需要，开启将要运行 OS X Server 的 Mac。

3 在欢迎界面选择相应的地区并单击“继续”按钮。

4 选择相应的键盘布局并单击“继续”按钮。

设置助理会评估你的网络环境并尝试确定是否已连接到互联网。这会花费一些时间。

5 如果并没有请求你进行有关互联网连接的操作，那么说明计算机的网络设置已通过 DHCP 配置好了，你可以跳转到步骤6继续进行操作。

如果需要你选择 Wi-Fi 网络，则表明可能会存在以下状况，包括：

- 计算机没有连接到以太网。

- 计算机没有内置以太网接口。
- 计算机的以太网接口被连接到一个不提供DHCP 服务的网络。
- 计算机没有接收到 DHCP 配置。
- 计算机的以太网接口被连接到一个没有连通到互联网的网络。

如果你是在有教师指导的环境下进行练习的，询问你的讲师应当如何配置你的计算机。因为这有可能是教室的 DHCP 服务没有开启，或是你的服务器计算机没有连接到教室的网络。

要配置你的 Mac 使用以太网接口，则单击“其他网络”按钮，选择“本地网络（以太网）”单选按钮，并单击“继续”按钮。

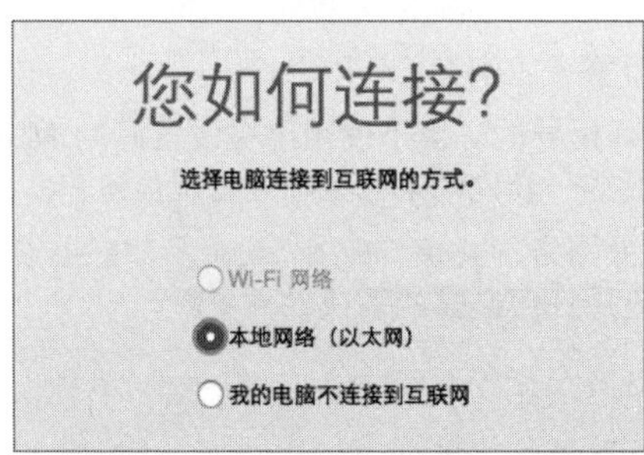

在你的互联网连接界面，将 TCP/IP 的连接类型设置为使用 DHCP，然后单击“继续”按钮。

如果你是自己独立进行练习的，并且计划使用 Wi-Fi 作为主网络连接，那么选取相应的 Wi-Fi 网络并单击“继续”按钮。不要忘记，要进行 NetInstall 练习，你的服务器和你的管理计算机都需要使用以太网连接。

6 当询问你是否要传输信息到这台 Mac 时，选择“现在不传输任何信息”选项并单击“继续”按钮。

7 在“使用你的 Apple ID登录”界面，选择“不登录”选项，并单击“继续”按钮，然后单击“跳过”按钮，确定要跳过使用 Apple ID 进行登录的操作。

注意，如果你使用了 Apple ID 的登录凭证信息，那么有些图示看上去会略有不同，而且可能还会有额外的步骤出现。如果是在有教师指导的环境下进行练习的，建议在此处不输入 Apple ID 信息。

8 在“条款和条件”界面，阅读完具体内容后单击“同意”按钮。

9 在“我已阅读并同意 OS X 软件许可协议”的对话框中单击“同意”按钮。

创建本地管理员账户

NOTE ▶ 在这里指定创建的这个账户非常关键。如果你不按照说明进行操作，那么后续的练习可能会无法按照所编写的步骤进行操作。贯穿本教材，蓝色粗体文字表示你应当按照所示的文本内容进行准确输入。

如果可以从互联网上访问你的服务器，那么应当为 Local Admin 账户选用更加安全的密码。确保记住你所选用的密码，因为当你使用这台计算机的时候，需要经常输入该密码。

NOTE ▶ 在实际使用环境中，你应当总是选用安全性较强的密码。

1 在创建计算机账户界面，输入以下信息：

- 全名：Local Admin。
- 账户名称：ladmin。
- 密码：ladminpw。
- 验证文本框：ladminpw。
- 提示：保持为空白。

2 取消选中“基于当前位置设定时区”复选框。

3 单击“继续”按钮，创建账户。

4 在“选择你的时区”界面，在地图中单击你所在的时区，或者在“最接近的城市”弹出式菜单中选择最接近你的位置，然后单击“继续”按钮。

5 在“诊断与用量”界面，保持选中“将诊断与用量数据发送给 Apple”和“与应用程序开发者共享崩溃数据”复选框，然后单击“继续”按钮。

请跳过下方“选择2”部分的内容，继续进行“确认你的计算机有条件运行 OS X Server”部分的操作。

选择2: 为服务器计算机配置现有的 OS X 系统

该选项操作只适用于自己独立进行练习的情况，并且计算机当前已设置有管理员账户。

NOTE ▶ 你不能使用启动宗卷已安装和配置过 OS X Server 的 Mac。

如果你的计算机尚未进行过配置（也就是说，如果初始管理员账户尚未被创建），那么需要进行“选择1：在你的服务器计算机上通过设置助理配置 OS X”的操作。

通过系统偏好设置创建一个新的管理员账户，如果你的服务器无法访问互联网，那么使用 ladminpw 作为账户密码。

1 如果需要，使用现有的管理员账户登录系统。

2 打开系统偏好设置。

3 在系统偏好设置中单击“用户与群组”选项。

4 在左下角单击锁形图标。

5 在显示的对话框中输入现有管理员账户的密码并单击“解锁”按钮。

6 单击用户列表下方的“添加”（+）按钮。

7 在显示的对话框中输入以下信息：

- 新账户：选择管理员。
- 全名：Local Admin。
- 账户名称：ladmin。

NOTE ▶ 在这里指定创建的账户非常关键。如果你不按照说明进行操作，那么后续的练习可能无法按照所编写的步骤进行操作。如果你已有名为 Local Admin 或 ladmin 的账户，那么这里你只能选用不同的名称，然后记得在剩余的练习操作中使用替代的名称进行操作。贯穿本教材，蓝色粗体文字表示你应当按照所示的文本内容进行准确输入。

8 选择“使用单独的密码”选项。

如果你是在有教师指导的环境下进行练习的，那么在密码和验证文本框中输入 ladminpw。

如果可以从互联网上访问你的服务器，那么应当为 Local Admin 账户选用更加安全的密码。确保记住你所选用的密码，因为当你使用这台计算机的时候，需要经常输入该密码。

9 单击“创建用户”按钮。

10 如果自动登录功能已被开启，那么当询问你是否要关闭该功能时，单击“关闭自动登录”按钮。

11 关闭系统偏好设置并注销登录。

12 在登录界面，选择 Local Admin 账户并输入该账户的密码（ladminpw，或是你先前指定的密码）。

13 按 Return 键登录系统。

14 在“使用你的 Apple ID登录”界面，选择“不登录”选项，并单击“继续”按钮，然后在确认操作的对话框中单击“跳过”按钮。

继续进行下个部分的练习操作。

确认你的计算机有条件运行 OS X Server

在你安装 OS X Server 前，确认你的计算机满足运行 OS X Server 的技术要求。首先要求 Mac 计算机运行 Yosemite。其他的两个要求是至少具备 2GB 的内存，以及至少10GB 的可用磁盘空间。

1 从苹果菜单中选择“关于本机”命令。

2 确认你具有至少 2GB 的内存。

3 如果你的 Mac 计算机存在多个宗卷，“关于本机”窗口中会显示启动磁盘的名称。请记录启动磁盘的名称。

在前面的图示中，由于只有一个宗卷，所以“关于本机”窗口并不显示启动磁盘的名称。

4 单击“存储”选项卡。

5 确认你的启动磁盘至少有 10GB 的可用磁盘空间。

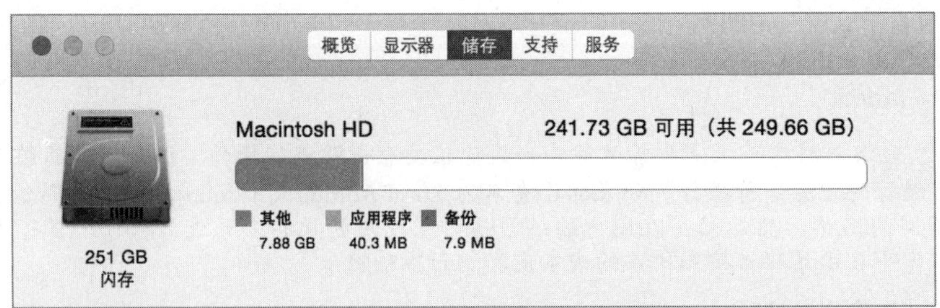

6 如果你的 Mac 计算机只有一个宗卷，那么记录它的名称——这就是你启动宗卷的名称。

7 关闭“关于本机”窗口。

更改启动宗卷的名称

在上节练习中，你记录了启动宗卷的名称。在安装 OS X Server 之前，确认服务器计算机要使用的启动宗卷。你现在可以更改宗卷的名称，但是在安装完 OS X Server 后，就要避免去更改启动宗卷的名称了。

1 在 Finder 中选择“前往” > “计算机”命令。

Finder 窗口将显示现有宗卷。

2 选择启动宗卷。

3 按 Return 键编辑名称。

4 输入 Server HD 作为启动宗卷的新名称。

5 按 Return 键保存名称的更改。

6 按 Command-W 组合键关闭 Finder 窗口。

设置计算机名称并开启远程管理

当你创建了第一个计算机账户后，OS X 会自动配置它的计算机名称，这个计算机名称是由计算机账户名称的首字母加 Mac 计算机的型号名称构成的。此外，还会自动配置本地网络名称，这个名称是根据计算机名称，用连字符替代空格，并加上.local构成的，这会在“共享”偏好设置的本地主机名设置框中显示。

如果 OS X 检测到在相同的子网中存在着重复的本地网络名称，那么它会以静默的方式给它的本地网络名称添加一个数字，直到不再有重复的名称为止。

你将指定一个与你学号相关联的计算机名称，这也会自动更新本地网络名称。

你还将启用远程管理功能，这允许讲师观察你的计算机、控制你的键盘和鼠标、收集信息、将项目复制到你的计算机，如果需要，还可以以其他的方式为你提供帮助。

NOTE ▶ 虽然你知道其他学员计算机的管理员凭证信息，并且从技术上讲可以远程控制他们的计算机，但是请不要通过这种方式来干扰其他人的课堂学习。

设置计算机名称

1 打开系统偏好设置。

2 打开“共享”界面。

3 将计算机名称设置为 servern ，将 *n* 替换为你的学号。

例如，如果你的学号是17，那么计算机名称应当被设置为 server17，所有字符小写且没有空格。

4 按 Return 键。

注意“计算机名称”文本框下方所列出的本地网络名称，它会自动进行更新。

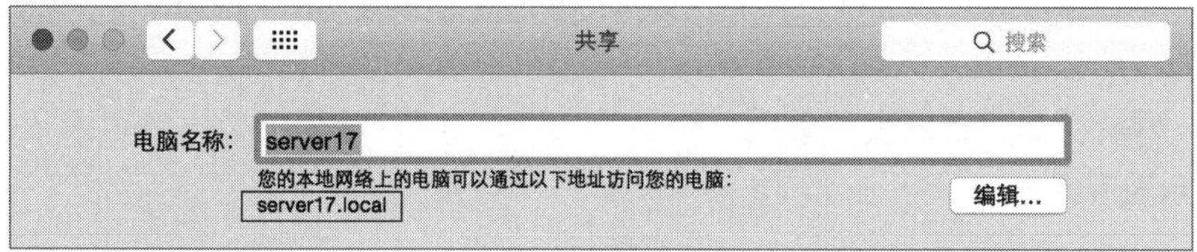

打开远程管理

现在，你将允许你的讲师（和你自己）通过 Apple Remote Desktop 或“屏幕共享”应用程序，从其他 Mac 计算机上远程管理你的服务器计算机。

1 在“远程管理”文字上单击，但是主意不要选中此复选框。

2 在“允许访问”选项组中选择“仅这些用户”单选按钮。

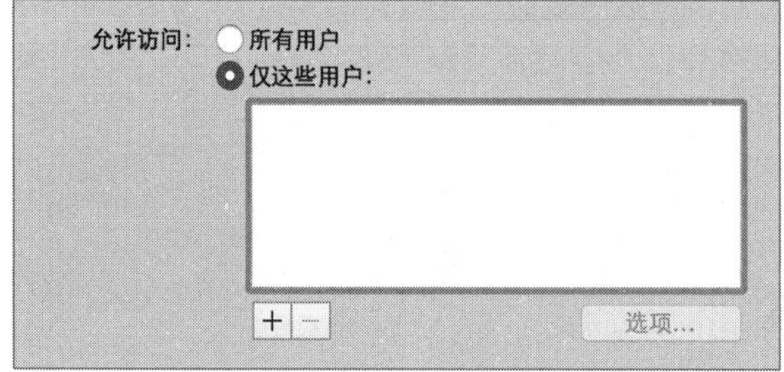

3 单击“添加”（+）按钮，选择 Local Admin 并单击“选择”按钮。

4 在显示的对话框中，按住 Option 键选择“观察”复选框，这会自动勾选所有的复选框，如下图所示。

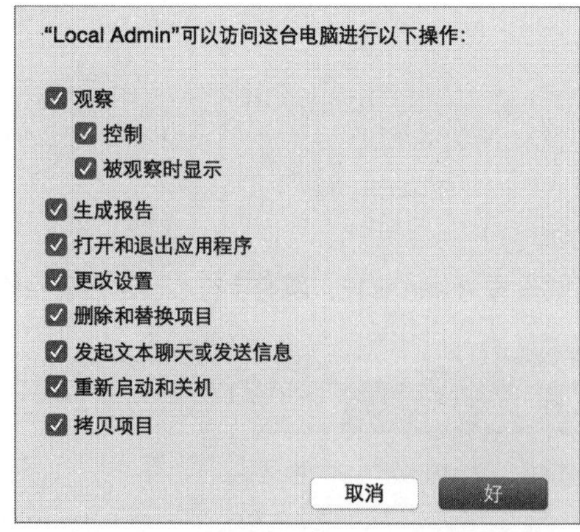

5 单击“好”按钮。

6 选择“远程管理”复选框。

7 确认“共享”界面中显示了“远程管理：打开”字样，并且在文字旁边显示了一个绿色的状态指示灯。

8 单击“全部显示”（看上去像是一个栅格图标）按钮，返回到系统偏好设置的主窗口。

配置网络接口

在初始安装及配置 OS X Server 前，最好先配置好网络设置。为了开始设置，你可以先使用当前环境下的 DNS 服务，但是不要忘记，在进行课堂练习操作的过程中，你最终将通过“更改主机名称助理”进行配置，会开启和使用你服务器自己的 DNS 服务。

NOTE ▶ 本练习操作的编写，只是针对具有一个活跃网络接口的情况，如果你要使用多个网络接口，对于练习操作的完成也不会产生太大的影响。

NOTE ▶ 如前面强制性要求所叙述的，要进行NetInstall练习操作需要使用服务器的以太网接口。但如果你打算跳过NetInstall练习，那么你可以按照下面的说明去配置其他的网络接口，例如 Wi-Fi。

1 在系统偏好设置中单击“网络”选项。

2 在有教师指导的环境下进行练习，将 Mac 计算机内建的以太网接口配置为唯一活跃的网络服务。

NOTE ▶ 为了使用 AirDrop，你也可以保持 Wi-Fi 网络接口的开启，但是不要加入任何网络。

如果你是自己独立进行练习操作的，那么你可以保持其他接口的活跃状态，但是需要注意的是，这可能会让练习内容中所示的窗口状态与你实际看到的状态有所不同。

在网络接口列表中，选择练习中不使用的各个网络接口（应当是除以太网接口以外的所有其他接口），打开“操作”弹出式菜单（单击齿轮图标），并选择“停用服务”命令。

3 如果你要使用多个网络接口，打开“操作”弹出式菜单（单击齿轮图标），并选择“设定服务顺序”命令，拖动相应的服务项目以调整顺序，令主网络接口位于列表的顶端，然后单击“好”按钮。

4 选择处于活跃状态的以太网接口。

5 单击“高级”按钮。

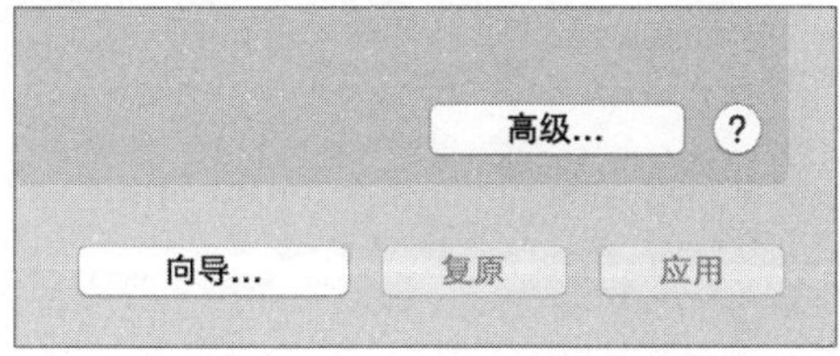

6 单击 TCP/IP 选项卡。

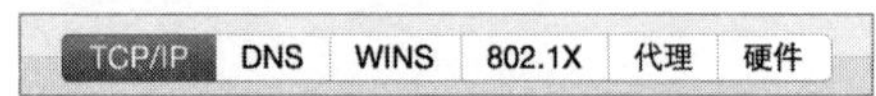

7 在“配置 IPv4”弹出式菜单中选择“手动”命令。

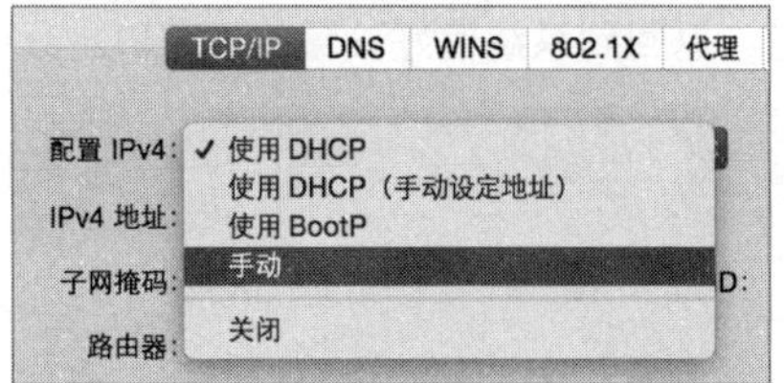

8 在有教师指导的环境下进行练习，请输入以下信息来手动配置教室环境下的以太网接口（IPv4）：

- IP 地址：10.0.0.*n*1（其中 *n* 是你的学号；例如，学生1使用 10.0.0.11，学生6使用 10.0.0.61，学生15 使用 10.0.0.151）。
- 子网掩码：255.255.255.0。
- 路由器：10.0.0.1。

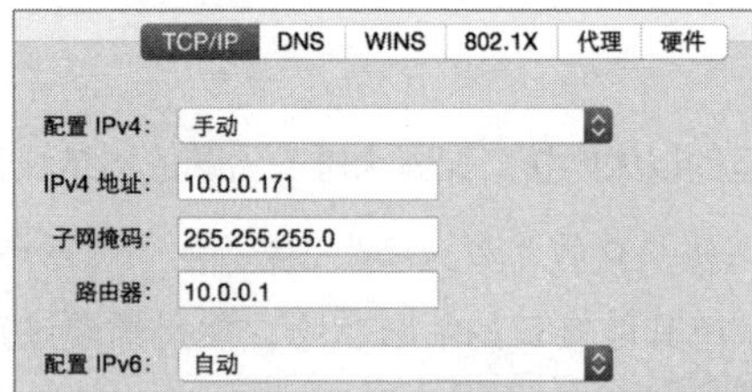

如果你是自己独立进行练习的，并且要选用不同的网络设置，那么请参考前面关于本教材中“练习设置”部分的内容。

9 单击 DNS 选项卡。

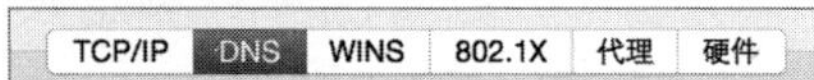

10 尽管你从 DHCP 设置切换到了手动设置，但是更改还没有被应用，所以由 DHCP 分配的值仍然会被列出，但是当你单击“应用”按钮后，这些值就不会再保留了，除非你需要特意添加它们。

更多信息 ▶ 在以前版本的 OS X 中，由 DHCP 提供的 DNS 服务器和搜索域的值会被显示为暗灰色。

11 单击“DNS 服务器”文本框下方的“添加”（+）按钮。

12 输入 10.0.0.1。

如果你是自己独立进行练习的，那么输入该值，或是你所在网络环境下相应的值。

13 如果在 DNS 服务器文本框中还存有其他值，那么选取其他值，然后单击“删除”（－）按钮删除该值。依次删除，直到“DNS 服务器”文本框中只留有10.0.0.1 这一个值。

14 在“搜索域”文本框中，由 DHCP 分配的值也会被列出，单击搜索域文本框下方的“添加”（＋）按钮并输入 pretendco.com 。

如果你是自己独立进行练习的，那么可以输入你所在网络环境下相对应的值。

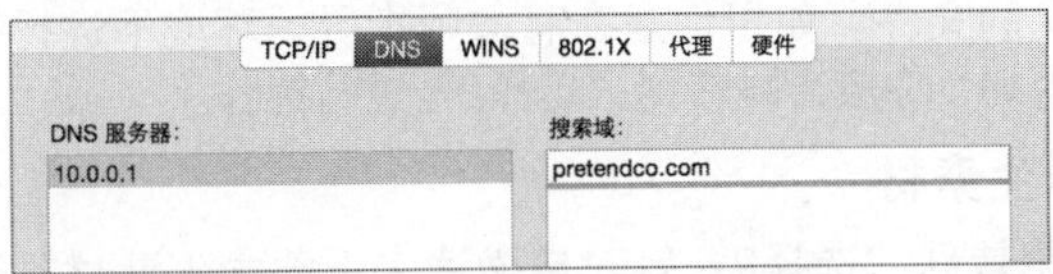

15 如果在“搜索域”文本框中还存有其他值，那么选取其他值，然后单击“删除”（－）按钮删除该项目。依次删除，直到“搜索域”文本框中只留有pretendco.com 这一个值。

16 单击“好”按钮保存更改并返回到网络接口列表。

17 确认设置，然后单击“应用”按钮开始应用该网络配置。

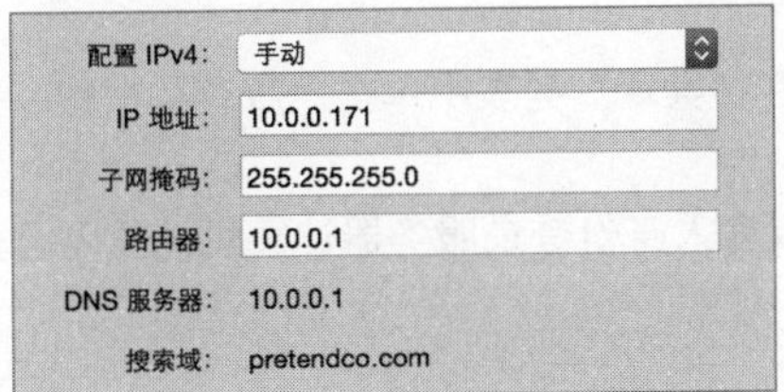

更新软件

运行软件更新，如果本地有可用的缓存服务，那么 Mac 会自动使用该服务下载更新，如果更新通过缓存服务已被下载到你本地的网络中，那么更新会被很快下载到你的 Mac。

1 在系统偏好设置中，单击“显示全部”按钮。

2 打开App Store 偏好设置。

3 选中“安装应用程序更新”复选框。

NOTE ▶ 选中“安装应用程序更新”复选框可以自动安装来自 Mac App Store 的项目。但是你必须手动安装 Server 应用程序的更新，OS X 要避免Server 应用程序被自动更新。因为对于 Server 应用程序的更新会停止服务的提供，并且需要你手动运行Server 应用程序来更新服务。

4 选中“安装 OS X 更新”复选框。

更多信息 ▶ 默认情况下，App Store 偏好设置的“安装系统数据文件和安全性更新”复选框是被选中的，所以重要的系统软件和安全软件更新都是被自动安装的，但是需要重新启动系统的更新除外，它会向你显示一个“有更新项目”的通知。你可以参阅《*Apple Pro Training Series: OS X Support Essentials 10.10*》教材中的“参考4.1自动软件更新”部分的内容，来了解详细情况。

5 如果在窗口底部的按钮是“现在检查”，那么单击“现在检查”按钮。

如果在窗口底部的按钮是“显示检查”，那么单击“显示检查”按钮。

6 如果你是在有教师指导的环境下进行练习的，那么请询问教师需要安装哪些更新；否则，如果有可用的更新项目，单击“更新全部”按钮。

如果没有可用的更新，那么按Command-Q 组合键退出App Store，跳过本节其余部分的操作，并继续“下载学生素材”部分的操作。

7 如果提示有些更新在安装前需要完成下载，那么单击“下载”按钮并重新启动。

8 如果出现需要重新启动你计算机的通知，单击“重新启动”按钮。当你的 Mac 重新启动后，会自动登录系统。

9 退出App Store。

10 退出系统偏好设置。

下载学生素材

为了完成一些练习操作，还需要一些特定的文件。如果你是在有教师指导的环境下进行练习的，那么可按照“选择1”的内容进行操作。否则，你应当跳转到“选择2”进行操作。

选择1：在有教师指导的环境下下载学生素材

如果你是自己独立进行练习的，那么请跳转到“选择2：针对自学读者下载学生素材”进行操作。

如果你是在有教师指导的环境下进行练习的，那么你会连接到教室的服务器去下载课程所要使用的学生素材。复制文件的时候，你应当将文件夹拖到你的“文稿”文件夹中。

1 在 Finder 中选择“文件” > “新建 Finder窗口”命令（或按 Command-N 组合键）。

2 在 Finder 窗口的边栏中单击 Mainserver。

如果 Mainserver 没有显示在 Finder 边栏中，那么在“共享”列表中单击“所有”按钮，并在 Finder 窗口中双击 Mainserver 图标。

由于 Mainserver 允许客人用户访问，因此会自动以客人身份登录服务器计算机并显示可用的共享点。

3 打开“公共”文件夹。

4 将 StudentMaterials 文件夹拖到 Finder 窗口边栏中的“文稿”文件夹。

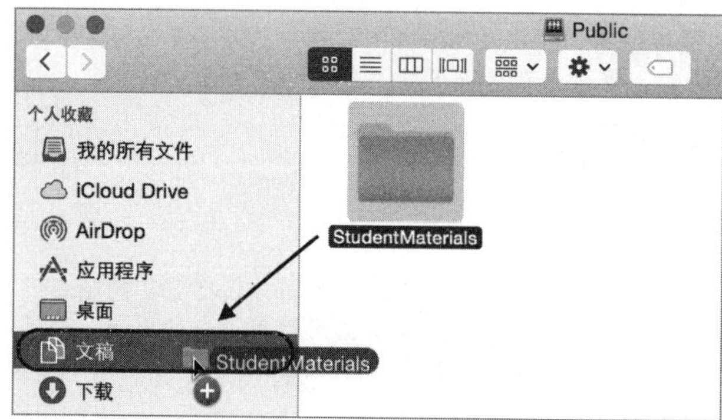

5 当复制操作完成后，单击 Mainserver 旁边的“推出”按钮，断开与 Mainserver 的连接。

在本练习中，你配置了准备安装 OS X Server 的服务器计算机。你已完成本练习的操作，请跳过“选择2”部分的操作。

选择2：针对自学读者下载学生素材

如果你是在有教师指导的环境下进行练习的，那么请跳过这部分的操作。

如果你是自己独立进行练习的，那么需要从电子工业出版的网站上下载素材，将它们放到你的"文稿"文件夹中。

1. 使用 Safari 打开 http://www.fecit.com.cn/files/download/31024.zip 。
2. 单击"下载"按钮。
3. 将相应的文件下载到你的计算机中，将素材存储到"下载"文件夹中。
4. 在 Finder 中选择"文件" > "新建 Finder 窗口"命令（或按 Command-N 组合键）。
5. 选择"前往" > "下载"命令。
6. 双击 StudentMaterials.zip ，解压文件。
7. 将 StudentMaterials 文件夹从"下载"文件夹拖到 Finder 窗口边栏的"文稿"文件夹中。
8. 将 StudentMaterials.zip 文件从"下载"文件夹拖到 Dock 中的"废纸篓"中。

在本练习中，你使用"关于本机"窗口、系统偏好设置及 Finder，在准备安装 OS X Server 的服务器计算机上对 OS X 进行了配置。

练习1.2
在服务器计算机上进行 OS X Server 的初始安装

▶ 前提条件

▸ 完成"练习1.1　安装 OS X Server 前，在服务器计算机上对 OS X 进行配置"。

现在你已配置好你的服务器计算机，是时候在上面安装 OS X Server了，然后对其进行配置，令你可以对它进行远程管理。

安装 Server

建议你从 Mac App Store 下载最新版本的 OS X Server。

如果你是在有教师指导的环境下进行练习的，那么按照下面"选择1"部分的说明进行操作。否则跳转到"选择2"进行操作。

选择1：在有教师指导的环境下复制 Server

在有教师指导的环境下，教室服务器上的 StudentMaterials 文件夹中备有 Server 应用程序，通过以下步骤将 Server 应用程序复制到你服务器计算机的应用程序文件夹中：

1. 在你服务器计算机的 Finder 中，打开一个新的 Finder 窗口，单击 Finder 窗口边栏中的"文稿"文件夹，打开已下载的 StudentMaterials 文件夹，然后再打开 Lesson01 文件夹。
2. 将 Server 应用程序拖到 Finder 窗口边栏的"应用程序"文件夹中。

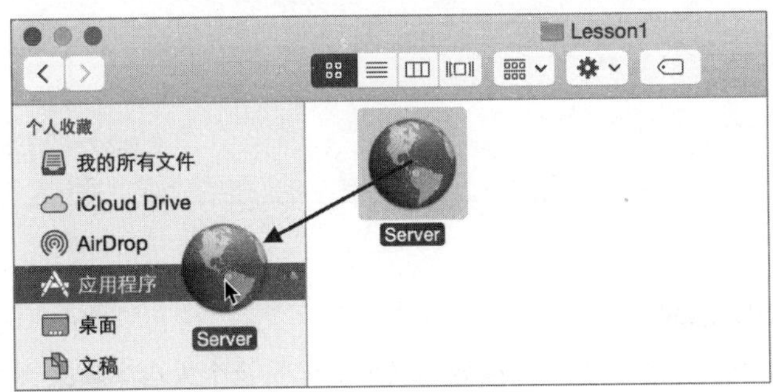

请跳过“选择2”部分的内容，继续进行“打开 Server”部分的操作。

选择2：针对个人自学的读者，在 Mac App Store 中购买或下载 Server

如果你是自己独立进行练习的，那么需要从 Mac App Store 中下载 OS X Server，这会自动将 Server 应用程序存储到“应用程序”文件夹中。

打开 Server

当你的“应用程序”文件夹中已存有 Server 应用程序时，打开 Server 应用程序。

1 在 Dock 中单击 Launchpad。

2 在 Launchpad 中，你可能需要滑动到下一页才能看到 Server 应用程序（可以按住 Command 键并按右方向键，或者，如果你有触控板，在 Launchpad 中双指向左滑动触控板可以切转到下一页）。

3 单击 Server，打开 Server 应用程序。

4 将 Server 应用程序保留在 Dock 中。按住 Dock 中的 Server，然后从出现的菜单中选择“选项”>“在 Dock 中保留”命令。

5 在“若要在此 Mac 上设置 OS X Server，请点继续”界面中，单击“继续”按钮。

6 阅读并同意软件许可协议中的条款。

7 确认选中“使用 Apple 服务来确定此服务器的互联网可连通性”复选框，然后单击“同意”按钮。

8 提供本地管理员账户的凭证信息（用户名 Local Admin，管理员密码 ladminpw）并单击“允许”按钮。

9 等待 OS X Server Yosemite 完成配置。

在完成初始化安装后，Server 应用程序会在服务器面板中显示“概览”选项卡中的内容。

NOTE ▶ 下图中的 IPv4 地址是被刻意掩盖起来的。

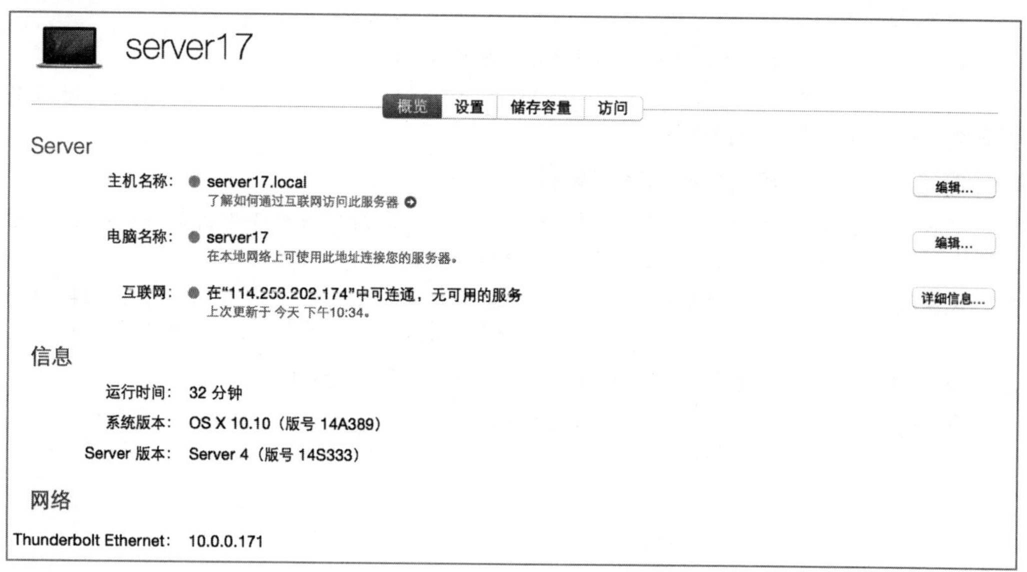

恭喜你，你已成功安装 OS X Server。

配置服务器的主机名称和 DNS 记录

在很多生产环境中都提供了DNS 服务。对于有教师指导环境下的学员及个人自学者来说，可能会有各种不同的网络架构，但本教材都做了精心的设计编写。本教材的操作是让你的服务器提供DNS 服务，你的管理计算机使用该服务器的 DNS 服务，而在实际的工作环境下，通常会有不同的配置。

在安装 OS X Server 前，如果你是按照本教材中的说明进行操作的，那么你已配置你的 Mac 使用了 DNS 服务，但是由于手动分配给 Mac 的 IPv4 地址并不存在对应的 DNS 记录，所以 OS X 自动分配 server*n*.local（其中 *n* 是你的学号）作为主机名称。

NOTE ▶ 即使你所在的网络环境提供了 DNS 记录，为了体验 Server 应用程序如何配置 DNS 服务，那么还是建议你按照本教材中的说明来配置你的服务器计算机，以及你的管理员计算机。

你将更改你服务器的由 Server 应用程序自动配置的主机名称，开启并使用 DNS 服务，然后通过“提醒”功能找到“主机名更改通知”。

NOTE ▶ 为 OS X Server 设置相应的 DNS 记录是最好的方式。本练习所描述的是DNS 记录尚未创建的情况下，一个常见的场景。

更新服务器的主机名并开启 DNS 服务

1. 如果 Server 应用程序窗口显示的不是“概览”选项卡，那么在 Server 应用程序的边栏中选择你的服务器，然后单击“概览”选项卡。
2. 确认服务器的主机名称是 server*n*.local（其中 *n* 是你的学号）。

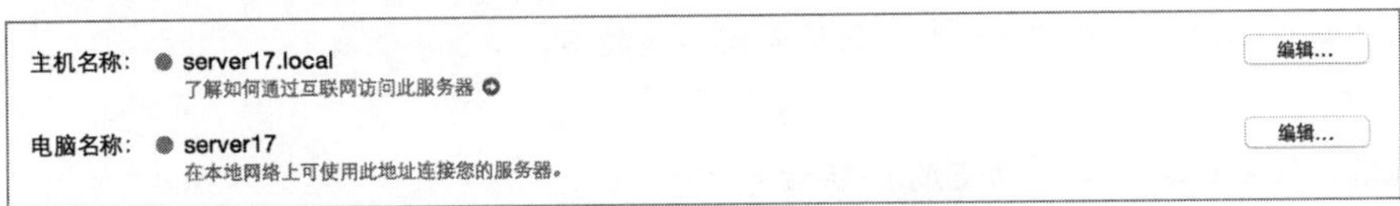

3. 确认服务器的计算机名称是 server*n*（其中 *n* 是你的学号）。
4. 单击“主机名称”旁边的“编辑”按钮来更改主机名称。

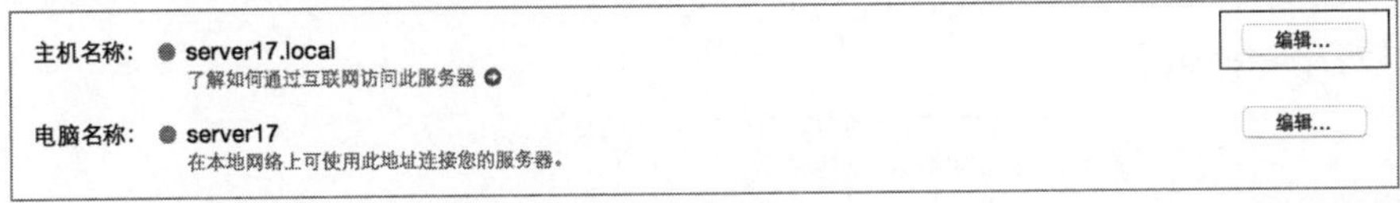

5. 在“更改主机名”窗口中单击“下一步”按钮。
6. 如果你看到“检测到多个网络”面板，那么选择要用于配置服务器标识的网络接口，Server 应用程序将使用分配到所选网络接口的 IPv4 地址（应当是 10.0.0.*n*1，其中 *n* 是你的学号），来创建正向和反向解析记录。单击“下一步”按钮。
7. 在“访问服务器”面板中选择“互联网”单选按钮，并单击“下一步”按钮。

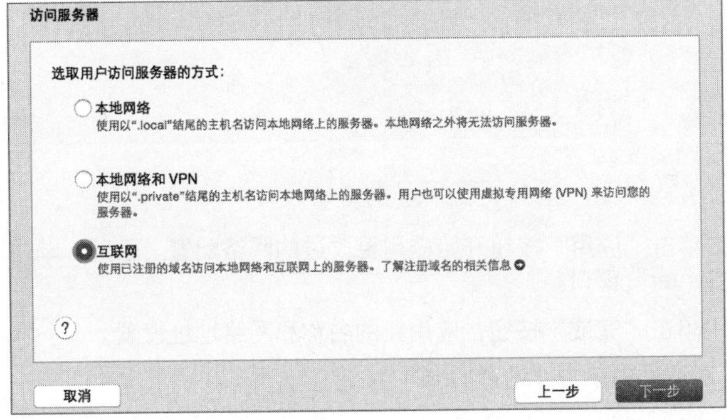

你将在“课程2 提供 DNS”中学习到更多内容。

8 如果需要，将计算机名称设置为 server*n*，其中 *n* 是你的学号。

9 在“主机名称”文本框中输入 server*n*.pretendco.com，其中 *n* 是你的学号。

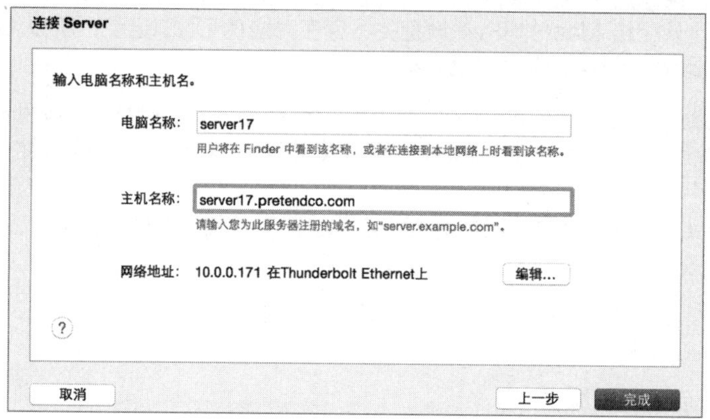

10 在“网络地址”选项的旁边，单击“编辑”按钮可查看你的网络设置。

11 如果存在多个网络接口，并且你要作为主网络接口的网络服务并没有位于网络接口列表的顶端，那么先选中该网络服务，然后再将其拖到网络接口列表的顶端。

12 选择主网络接口并确认它的配置情况，具体设置应当如下：

- 配置 IPv4：手动。
- IP 地址：10.0.0.*n*1（其中 *n* 是你的学号）。
- 子网掩码：255.255.255.0。
- 路由器：10.0.0.1。
- DNS 服务器:10.0.0.1。
- 搜索域：pretendco.com。

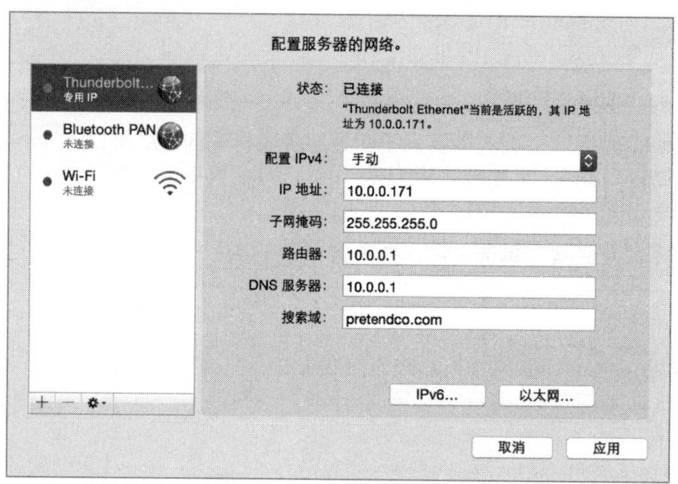

13 如果你对设置做过更改，那么单击“应用”按钮开始应用更改过的网络配置。否则，单击“取消”按钮返回到“正在连接 Server”窗口。

14 在“正在连接 Server”面板中单击“完成”按钮，应用新的名称和网络地址设置。

15 在“你想要设置 DNS 吗？”对话框中单击“设置 DNS”按钮。

16 在“概览”选项卡中，确认主机名称和计算机名称是你所希望的。

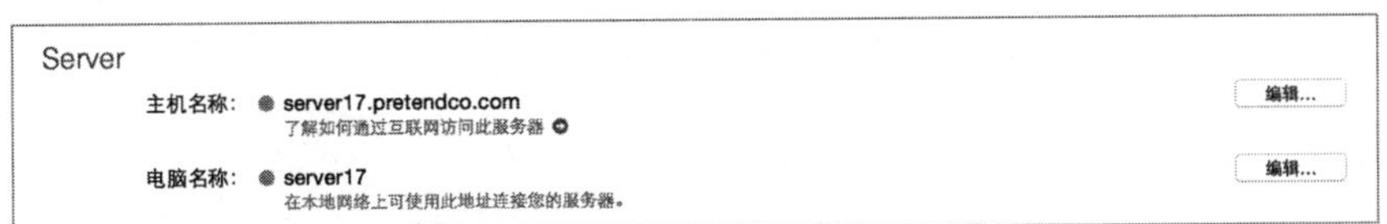

17 在 Server 应用程序的边栏中，确认“高级”部分已经显示出来，并且在 DNS 的旁边显示了绿色的状态指示器，这表明 DNS 服务正在服务器上运行。

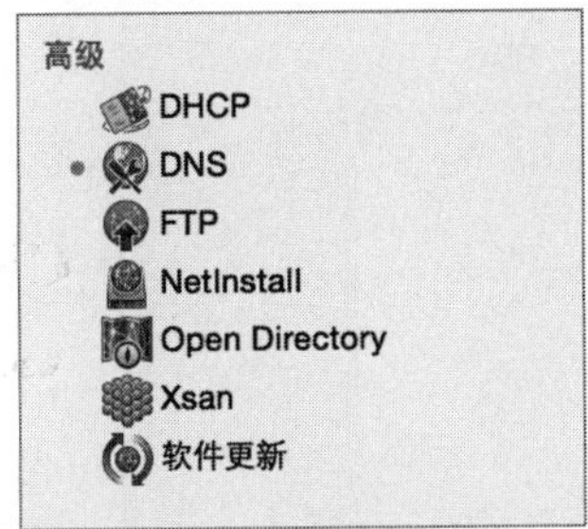

18 打开系统偏好设置并单击“网络”选项。

19 单击“主网络接口”选项，再单击“高级”选项，然后单击 DNS 选项。

对 DNS 服务器文本框进行配置，令其只包含 127.0.0.1

注意，10.0.0.1 也会被列在“DNS 服务器”文本框中。这是因为，在将 127.0.0.1 添加为第一个项目后，Server 应用程序会自动添加原来的 DNS 服务器地址作为后备资源，以防止当前服务器的 DNS 服务被停用或是无法将请求正常转发到其他的 DNS 服务器上。但是由于其他的 DNS 服务器也可能无法回应你的服务器所需的 DNS 记录（例如，回应的是一个公网 IPv4 地址，而不是所需的私网 IPv4 地址），因此你应当将“DNS 服务器”文本框中除 127.0.0.1 以外的其他所有项目都移除。

1 选中 10.0.0.1 项目，然后单击“移除”（–）按钮。

2 确认“DNS 服务器”文本框中只包含 127.0.0.1，“搜索域”文本框中是 pretendco.com。

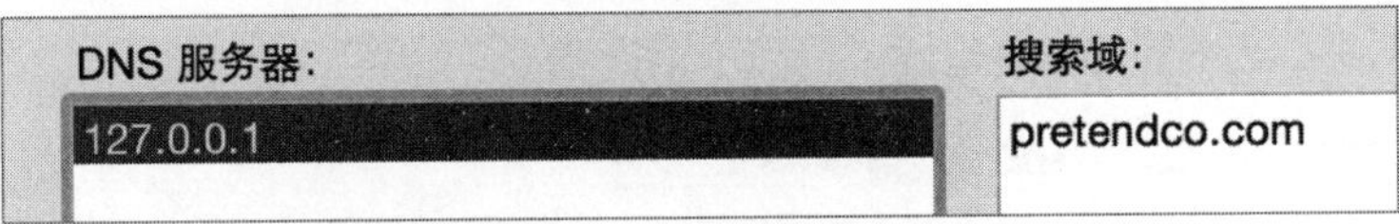

3 单击“好”按钮保存更改并返回到网络接口列表。

4 检查设置，然后单击“应用”按钮应用网络配置。

5 退出系统偏好设置。

查看主机名更改通知

当你更改了服务器的主机名称后，服务器会生成一个与更改操作相关的提醒通知。

1 在 Server 应用程序的边栏中单击“提醒”按钮。

2 双击“主机名更改通知”选项。

3 查看通知中的信息。

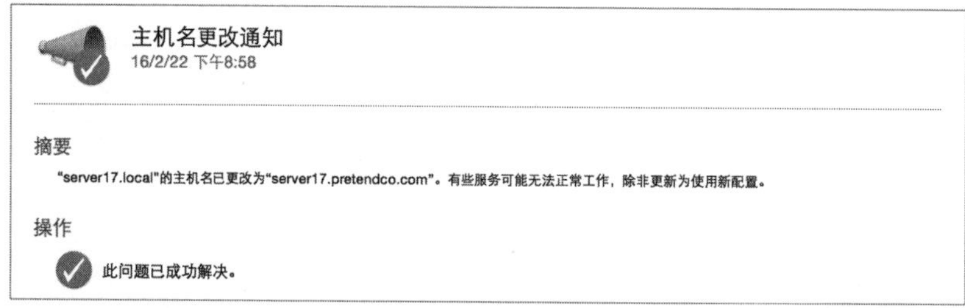

4 单击“完成”按钮。

配置服务器可以进行远程管理

配置你的服务器，让你可以在管理员计算机上通过 Server 应用程序来管理服务器。

1 在 Server 应用程序的边栏中选择你的服务器。

2 单击“设置”选项卡。

3 选中“允许使用服务器进行远程管理”复选框。

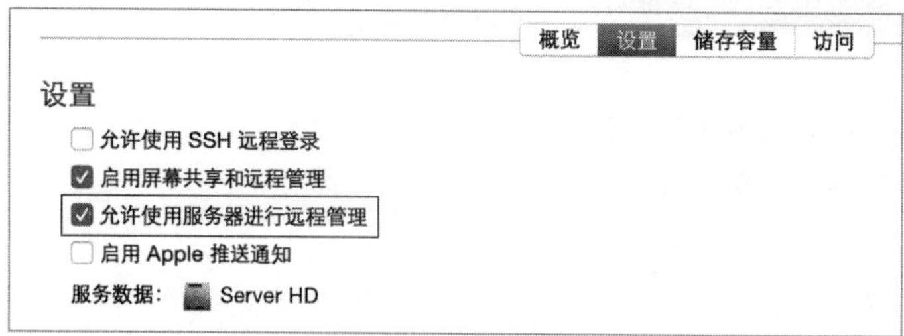

4 由于你接下来要在管理员计算机上打开 Server 应用程序，所以按 Command-Q 组合键退出 Server 应用程序。

建议同一时间只使用一个 Server 应用程序来管理你的服务器。

在本练习中，你使用 Server 应用程序配置了安装有 OS X Server 的服务器，并且通过 Server 应用程序启用了远程管理功能，这可以很好地进行接下来的练习操作了——配置你的管理员计算机。

练习1.3
配置管理员计算机

▶ **前提条件**

- 完成“练习1.1　安装 OS X Server 前，在服务器计算机上对 OS X 进行配置”。
- 完成“练习1.2　在服务器计算机上进行 OS X Server 的初始安装”。
- 你必须具备一台运行 OS X Yosemite 的 Mac，并且在它的启动宗卷上从未安装和配置过 OS X Server。

管理员计算机是你用于打开 Server 应用程序，并通过该程序管理运行中的 OS X Server 的 Mac 计算机。切记，要管理 OS X Server Yosemite，你的管理员计算机必须运行 OS X Yosemite。

在本练习中，你将配置你的管理员计算机，准备使用它来管理你的服务器并远程访问服务器的服务。

这个练习与“练习1.1　安装 OS X Server 前，在服务器计算机上对 OS X 进行配置”的操作非常类似，但是你将配置你的管理员计算机使用以下配置：

- 不同的计算机名称。
- 不同的主 IPv4 地址。
- 使用你的服务器提供的 DNS 服务。

根据你是独立进行练习操作还是在有教师指导的环境下进行练习操作，你将使用两套可选操作中的一个来配置本地管理员账户。

对于两套操作来说，都会使用系统偏好设置来配置网络和共享设置（如果你愿意，还可以根据你的需求来更改节能器设置）。你还会下载本课程需要使用的学生素材。最后，你还会应用必需的系统软件更新，然后使用 Server 应用程序来确认你可以通过它连接到你的服务器。

如果你的管理员计算机尚未被设置，处于欢迎界面，那么按下方“选择1”的内容进行操作。否则，你应当跳转到“选择2：为管理员计算机配置现有的 OS X 系统”进行操作。

选择1：通过设置助理在管理员计算机上配置 OS X

如果你的管理员计算机尚未被配置，那么需要选用这个选项进行操作，在有教师指导的环境下进行练习符合这种情况。如果你使用的 Mac 已经存在账户，那么请跳转到“选择2：为管理员计算机配置现有的 OS X 系统”进行操作。

确认你的管理员计算机上已安装 Yosemite，如果尚未安装，那么现在通过 Mac App Store、OS X 恢复系统或是教师指定的方法来安装 Yosemite，当进行到出现“欢迎”界面的时候再继续进行操作。

下面你将通过 OS X 设置助理来一步步完成对管理员计算机的系统初始化配置。

1 确认你的管理员计算机已连接到可用的网络。

2 如果需要，打开管理员计算机。

3 在“欢迎”界面选择相应的地区并单击“继续”按钮。

4 选择相应的键盘布局并单击“继续”按钮。

设置助理会评估你的网络环境并尝试确定是否已连接到互联网。这会花费一些时间。

5 如果并没有请求你进行有关互联网连接的操作，那么说明计算机的网络设置已通过 DHCP 配置好了，你可以跳转到步骤6继续进行操作。

如果你是在有教师指导的环境下进行练习的，询问你的讲师应当如何配置你的计算机。

如果你是自己独立进行练习的，并且打算使用 Wi-Fi 作为主网络连接，那么选取相应的 Wi-Fi 网络，提供 Wi-Fi 网络的密码，并单击“继续”按钮。不要忘记，要进行 NetInstall 练习，你的服务器和你的管理员计算机都需要使用以太网连接。

6 当询问你是否要传输信息到这台 Mac 时，选择“现在不传输任何信息”选项并单击“继续”按钮。

7 在“使用你的 Apple ID登录”界面，选择“不登录”选项，并单击“继续”按钮，然后单击“跳过”按钮，确定跳过使用 Apple ID 进行登录的操作。注意，如果你提供了 Apple ID 的凭证信息进行登录，那么有些图示看上去会略有不同，而且可能还会有额外的步骤出现。

8 在“条款和条件”界面，阅读完具体内容后单击“同意”按钮。

9 在“我已阅读并同意 OS X 软件许可协议”对话框中单击“同意”按钮。

创建本地管理员账户

NOTE ▶ 在这里指定创建的这个账户非常关键。如果你不按照说明进行操作，那么后续的练习可能无法按照编写的步骤进行操作。

1 在创建计算机账户界面，输入以下信息：

- 全名：Local Admin。
- 账户名称：ladmin。
- 密码：ladminpw。
- （验证输入框）：ladminpw。
- 提示：保持空白。
- 取消选中“基于当前位置设定时区”复选框。
- 取消选中“将诊断与用量数据发送给 Apple”复选框。

NOTE ▶ 在实际工作环境中，你应当选用更加安全的密码。

2 单击“继续”按钮创建本地管理员账户。

3 在“选择你的时区”界面，在地图中单击你所在的时区，或者在“最接近的城市”弹出式菜单中选择最接近的位置，然后单击“继续”按钮。

请跳过“选择2：为管理员计算机配置现有的 OS X 系统”这部分内容，继续进行“设置计算机名称并开启远程管理”部分的操作。

选择2：为管理员计算机配置现有的 OS X 系统

该选项操作只适用于自己独立进行练习的情况，并且计算机当前已设置有管理员账户。

NOTE ▶ 你不能使用启动宗卷已安装过 OS X Server 的 Mac。

如果你的计算机尚未进行过配置（也就是说，如果初始管理员账户尚未建立），那么你需要进行“选择1：通过设置助理在管理员计算机上配置 OS X”的操作。

在系统偏好设置中创建新的管理员账户。

1 如果需要，使用现有的管理员账户登录系统。

2 打开系统偏好设置。

3 在系统偏好设置中单击“用户与群组”选项。

4 在左下角单击锁形图标。

5 在显示的对话框中输入现有管理员账户的密码并单击“解锁”按钮。

6 单击用户列表下方的“添加”（+）按钮。

7 在显示的对话框中输入以下信息：

- 新账户：选择管理员。
- 全名：Local Admin。
- 账户名称：ladmin。

NOTE ▶ 在这里指定创建的这个账户非常关键。如果你不按照说明进行操作，那么后续的练习可能无法按照编写的步骤进行操作。如果你已有名为 Local Admin 或 ladmin 账户，那么你只能选用不同的名称，然后记得在剩余的练习中使用替代的名称进行操作。

8 选择“使用单独的密码”选项。

如果你是在有教师指导的环境下进行练习操作的，那么在密码和验证文本框中输入 ladminpw。

如果你是自己独立地进行练习的，那么可以为 Local Admin 账户选用更加安全的密码。确保记住你所选用的密码，因为当你使用这台计算机的时候，需要经常输入该密码。

可根据你的需求来设置一个密码提示信息。

如果你输入了 Apple ID 信息，那么可以选中或取消选中“允许用户使用 Apple ID 重设密码”复选框，对于练习来说，这不会产生太大的影响。

NOTE ▶ 在实际工作环境中，你应当选用更加安全的密码。

9 单击“创建用户”按钮。

10 如果自动登录功能被开启，并询问你是否要关闭该功能，那么单击“关闭自动登录”按钮。

11 退出系统偏好设置并注销登录。

12 在登录界面，选择 Local Admin 账户并输入该账户的密码（ladminpw，或是你先前指定的密码）。

13 按 Return 键登录系统。

14 在“使用你的 Apple ID登录”界面，选择“不登录”选项，单击“继续”按钮，并在操作确认对话框中单击“跳过”按钮。

继续进行下面的练习操作。

设置计算机名称并开启远程管理

你将指定一个带有学号的计算机名称。如果你是独立地进行练习操作的，那么可以跳过这部分操作。

你还将开启远程管理，允许讲师观察你的计算机、控制你的键盘和鼠标、收集信息、将项目复制到你的计算机，如果需要，还会以其他方式为你提供帮助。

1 打开系统偏好设置。

2 打开“共享”界面。

3 将计算机名称设置为 client*n*，将 *n* 替换为你的学号。

例如，如果你的学号是17，那么计算机名称应当被设置为 client17，所有字符小写且没有空格。

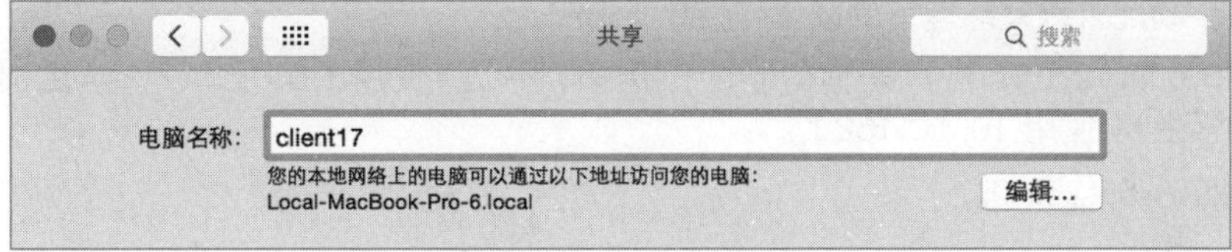

4 按 Return 键令更改生效。

注意“计算机名称”文本框下方列出的本地网络名称，会更新匹配新的计算机名称。

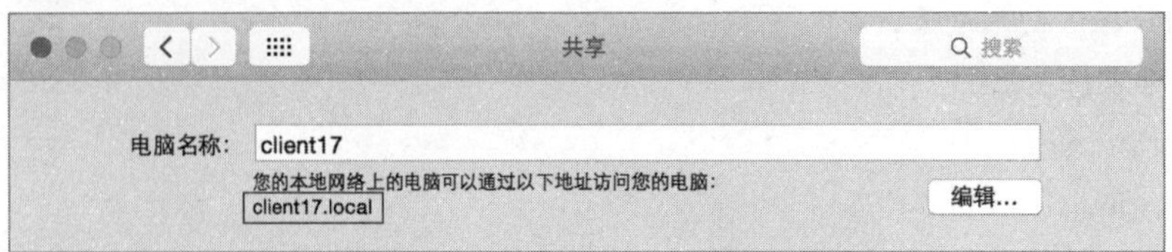

5 在“远程管理”文字上单击，不要选中此复选框。

6 在“允许访问”选项组中选择“仅这些用户”单选按钮。

7 单击“添加”（+）按钮，选择 Local Admin 并单击“选择”按钮。

8 在显示的对话框中，按住 Option 键选择“观察”复选框，这会自动选中所有的复选框。

9 单击“好”按钮。

10 选中“远程管理”复选框。

11 单击“全部显示”图标，返回到系统偏好设置。

配置网络

配置你的管理员计算机，使用你的服务器提供的 DNS 服务。

NOTE ▶ 本练习操作是针对只具有一个活跃网络接口的情况进行编写的，但是如果你要使用多个网络接口，也不会对完成练习操作产生太大的影响。

NOTE ▶ 如前面强制性要求所叙述的，要进行NetInstall练习操作需要使用管理员计算机的以太网接口。但如果你打算跳过NetInstall练习，那么你可以按照下面的说明去配置其他的网络接口，例如 Wi-Fi。

1 在系统偏好设置中单击“网络”选项。

2 在有教师指导的环境下进行练习，请将 Mac 计算机的以太网接口配置为唯一活跃的网络服务。

NOTE ▶ 为了使用 AirDrop，你也可以保持 Wi-Fi 网络接口的开启，但是不要加入任何网络。

在网络接口列表中，选择练习中用不到的各网络接口（应当是除以太网接口以外的所有其他接口），打开“操作”弹出式菜单（单击齿轮图标），并选择“使服务处于不活跃状态”命令。

如果你是自己独立地进行练习的，可以保持其他接口的活跃状态，但是要注意，这可能会令练习所示的窗口状态与你实际看到的状态有所不同。

3 如果你要使用多个网络接口，那么打开“操作”弹出式菜单（单击齿轮图标），并选择“设定服务顺序”命令，拖动服务项目调整顺序，令主网络接口位于列表的顶端，然后单击“好”按钮。

4 选择处于活跃状态的以太网接口。

5 单击“高级”选项。

6 单击 TCP/IP 选项卡。

7 在“配置 IPv4”弹出式菜单中选择“手动”命令。

8 输入以下信息来手动配置教室环境下的以太网接口（IPv4）：

- IP 地址：10.0.0.*n*2（其中 *n* 是你的学号；例如，学生1使用 10.0.0.12，学生6使用 10.0.0.62，学生15 使用 10.0.0.152）。
- 子网掩码：255.255.255.0。
- 路由器：10.0.0.1。

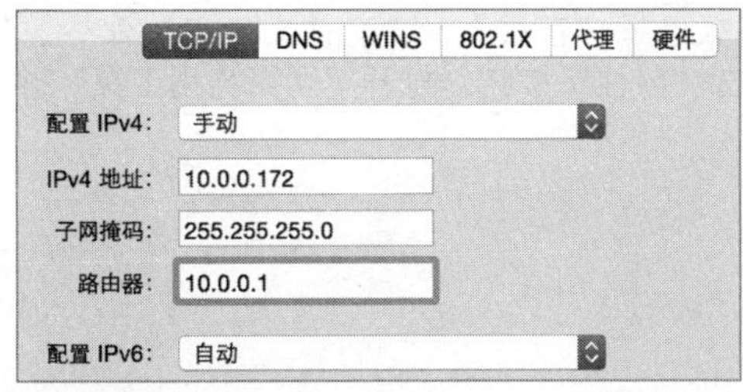

如果你是自己独立地进行练习的，并且要选用不同的网络设置，那么请参考“关于本教材”中“网络基础设施”部分的内容，并且在本教材的所有练习中，需要将相应的网络设置替换为你的网络环境设置。

9 单击 DNS 选项卡。

10 尽管你从 DHCP 设置切换到了手动设置模式，但是更改还没有被应用，所以由 DHCP 分配的值还会被列出，不过它们不会被保留下来，除非你刻意地去添加它们。

11 在“DNS 服务器”文本框中，单击“添加”（ + ）按钮并输入你服务器计算机的 IPv4 地址（10.0.0.*n*1，其中 *n* 是你的学号；例如，学生1使用 10.0.0.11，学生6使用 10.0.0.61，学生 15 使用 10.0.0.151）。

12 在“搜索域”文本框中，由 DHCP 分配的值也会被列出。

如果在“搜索域”文本框中存在手动输入的项目，那么“删除”按钮（ – ）是可以使用的。依次选择这些项目，单击“删除”（ – ）按钮删除，直到“删除”按钮变为浅灰色不可用状态。

13 单击“搜索域”文本框下方的“添加”（ + ）按钮并输入 pretendco.com 。

如果你是自己独立地进行练习的，那么输入你所在网络环境下相对应的值。

14 单击“好”按钮关闭设置面板。

15 再次确认设置，然后单击“应用”按钮开始应用网络配置。

16 退出系统偏好设置。

确认 DNS 记录

使用网络实用工具来确认你的管理员计算机可以访问你服务器的 DNS 服务。网络实用工具位于/系统/资源库/CoreServices/Applications/目录中，它已被 Spotlight 进行了自动索引。

1 在管理员计算机上，单击屏幕右上角的 Spotlight 图标（或者按快捷键 Command–空格），显示 Spotlight 搜索输入框。

Spotlight 搜索

2 在 Spotlight 搜索输入框中输入 Network Utility。

如果没有出现网络实用工具的搜索结果，那么选择“前往” > “前往文件夹”命令，输入 /System/Library/CoreServices/Applications/，单击“前往”按钮，打开“网络实用工具”并跳转到步骤4 进行操作。

3 按 Return 键打开 Spotlight 搜索的“最常点选”项目，这就是网络实用工具。

4 在“网络实用工具”界面单击 Lookup 选项卡。

5 在文本框中输入服务器的主 IPv4 地址（10.0.0.n1，其中 n 是你的学号），并单击 Lookup 按钮。

6 确认服务器的主机名称显示在结果信息框中。

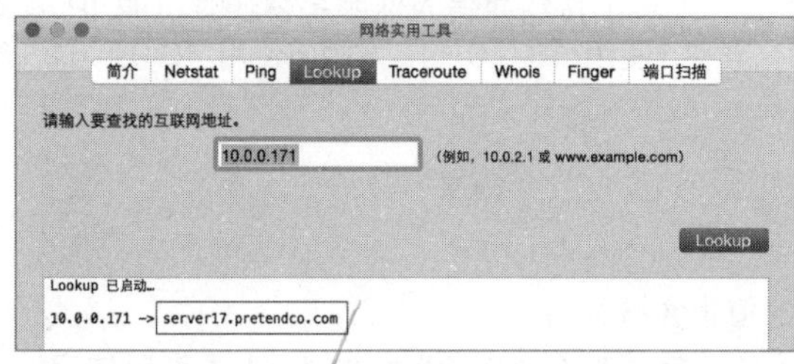

7 在文本框中输入服务器的主机名称并单击 Lookup 按钮。

8 确认服务器的主 IPv4 地址显示在结果信息框中。

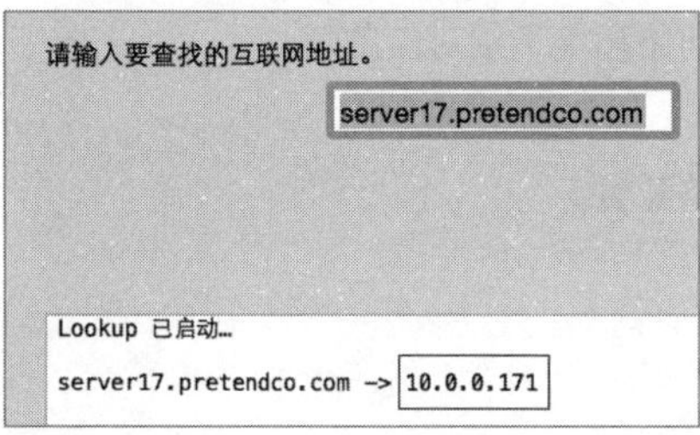

9 按 Command-Q 组合键退出“网络实用工具”。

更新软件

如果本地有可用的缓存服务，那么 Mac 会自动使用该服务。

1 打开系统偏好设置。

2 打开 App Store 偏好设置。

3 选中“安装应用程序更新”复选框。

4 选中“安装 OS X 更新”复选框。

5 如果在窗口底部的按钮是“现在检查”，那么单击“现在检查”按钮。

如果在窗口底部的按钮是“显示检查”，那么单击“显示检查”按钮。

6 如果你是在有教师指导的环境下进行练习的，那么请询问教师需要安装哪些更新；否则，如果有可用的更新项目，单击“更新全部”按钮。

如果没有可用的更新，那么按Command-Q 组合键退出App Store，跳过本节其余部分的操作，并继续“下载学生素材”部分的操作。

7 如果提示有些更新在安装前需要完成下载，那么单击“下载并重新启动”按钮。

如果出现需要重新启动你计算机的通知，单击“重新启动”按钮。当你的 Mac 重新启动后，会自动登录系统。

8 退出App Store。

9 退出系统偏好设置。

下载学生素材

为了完成一些练习操作，还需要一些特定的文件。你已经将它们下载到你的服务器计算机上，但是在管理员计算机上，你也应当能够使用它们。如果你是在有教师指导的环境下进行练习的，可以按照下面“选择1”的内容进行操作。否则，你应当跳转到“选择2”进行操作。

选择1：在有教师指导的环境下下载学生素材

如果你是在有教师指导的环境下进行练习的，那么你将连接到教室服务器，并下载课程所要使用的学生素材。复制文件的时候，应当将文件夹拖到你的“文稿”文件夹中。

如果你是自己独立地进行练习的，那么请跳转到“选择2：针对个人自学者下载学生素材”进行操作。

1 在 Finder 中选择“文件” > “新建 Finder 窗口”命令（或按 Command-N 组合键）。

2 在 Finder 窗口的边栏中单击 Mainserver。

如果在 Finder 的边栏中没有显示 Mainserver，那么在共享列表中单击“所有”选项，并在 Finder 窗口中双击 Mainserver 图标。

由于 Mainserver 允许客人用户访问，所以会自动以客人身份登录服务器计算机并显示可用的共享点。

3 打开“公共”文件夹。

4 将 StudentMaterials 文件夹拖到 Finder 窗口边栏中的“文稿”文件夹。

5 当复制操作完成后，单击 Mainserver 旁边的“推出”按钮，断开与 Mainserver 的连接。

跳过下面“选择2”部分的操作。继续进行 “安装 Server 应用程序”部分的操作。

选择2：个人自学者下载学生素材

如果你是自己独立地进行练习的，需要从你的服务器上复制学生素材，将它们放到你的“文稿”文件夹中，然后应用所需的系统软件更新。

如果你的两台 Mac 计算机都开启了 AirDrop，那么可以通过 AirDrop 将 StudentMaterials 文件夹从你的服务器复制到你的管理员计算机上。分别在每台 Mac 的 Finder 窗口中单击 AirDrop。在你的服务器计算机上，打开一个新的 Finder 窗口，打开“文稿”文件夹，将 StudentMaterials 文件夹拖到 AirDrop 窗口中的管理员计算机图标上，然后单击“发送”按钮。在管理员计算机上，单击“存储”按钮，当传输完成后，打开“下载”文件夹并将 StudentMaterials 拖到 Finder 窗口边栏中的 “文稿”文件夹上。最后，分别关闭服务器计算机和管理员计算机上的 AirDrop 窗口。

另一个选择是使用可移动磁盘。如果你有 USB、FireWire或者 Thunderbolt 磁盘，可以将其连接到服务器，将 StudentMaterials 文件夹从本地管理员的“文稿”文件夹复制到磁盘宗卷上，推出宗卷，再将磁盘宗卷连接到管理员计算机，将 StudentMaterials 文件夹拖到 Finder 窗口边栏中的“文稿”文件夹上。

此外，你也可以再次按照前面“下载学生素材”部分所叙述的步骤，下载文件。

每位学员都应当继续进行下一节“安装 Server 应用程序”的操作。

安装 Server 应用程序

在你的服务器计算机上，你已经运行了 Server 应用程序，将服务器计算机配置为服务器来使用了。不过，在你的管理员计算机上，你还需要运行 Server 应用程序来远程管理你的服务器。

选择1：在有教师指导的环境下复制 Server

在有教师指导的环境下，教室服务器上的 StudentMaterials 文件夹中备有 Server 应用程序，通过以下步骤将 Server 应用程序复制到你管理员计算机的“应用程序”文件夹中：

1 在管理员计算机的 Finder 中，打开一个新的 Finder 窗口，单击 Finder 窗口边栏中的“文稿”选项，打开已下载的 StudentMaterials 文件夹，然后再打开 Lesson1 文件夹。

2 将 Server 应用程序拖到 Finder 窗口边栏的“应用程序”文件夹中。

选择2：针对个人自学者，在 Mac App Store 中购买或下载 Server

如果你是自己独立进行练习的，那么在完成“练习1.2 在服务器计算机上进行 OS X Server 的初始安装”时就已经购买过 OS X Server ；如果是这种情况，利用 Dock 或苹果菜单中打开 Mac App Store，使用购买 OS X Server 的Apple ID 登录，然后下载 OS X Server，这会将 Server 应用程序自动存储到“应用程序”文件夹中。

通过 Server 应用程序管理你的服务器

使用你的管理员计算机打开 Server 应用程序，连接到你的服务器并接受它的 SSL 证书。

1 在管理员计算机上打开 Server 应用程序。

2 按住 Dock 中的 Server 图标，然后从显示的菜单中选择“选项”>“在 Dock 中保留”命令。

3 单击“其他 Mac”按钮。

4 在“选取 Mac”界面中选择你的服务器并单击“继续”按钮。

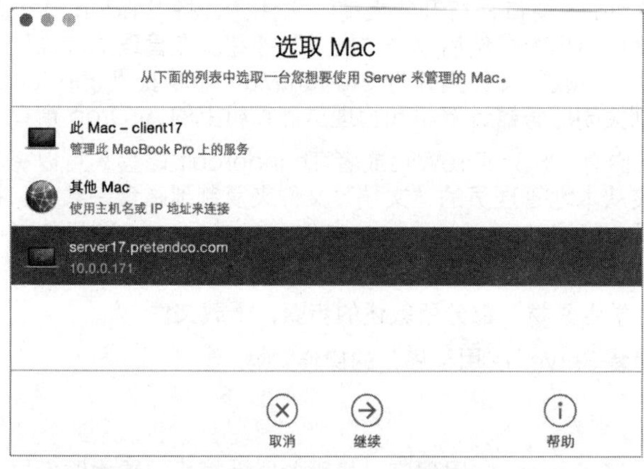

5 提供管理员的凭证信息（管理员名称：ladmin，管理员密码：ladminpw）。

6 取消选中“在我的钥匙串中记住此密码”复选框，不要将你提供的凭证信息存储到你的钥匙串（安全存储密码的地方）中，这意味着每次使用 Server 应用程序去连接服务器的时候，都必须提供管理员凭证信息。这便于使用不同的管理员凭证信息进行操作，例如，“练习7.1 创建和配置本地用户账户”就需要这样进行操作。

7 单击“连接”按钮。

8 由于你的服务器目前使用的是自签名的 SSL 证书，这个证书并不是由管理员计算机所信任的证书颁发机构（CA）所签发的，因此当你连接到服务器的时候，对于证书身份的识别无法通过验证，这样就会看到警告信息。参阅“课程4 SSL 证书的配置”，可获取有关 SSL 的更多信息。

NOTE ▶ 在实际工作环境中，你可以使用服务器计算机上的“钥匙串访问”应用程序，来为服务器的 com.apple.servermgrd 身份信息配置使用一个有效的 SSL 证书。com.apple.servermgrd 身份信息是用来和远端的 Server 应用程序进行通信的。这个内容已超出了本教材的学习范围。

9 单击“显示证书”按钮。

10 当连接服务器的时候，选中“连接‘server17.pretendco.com’时始终信任‘com.apple.servermgrd’”复选框。

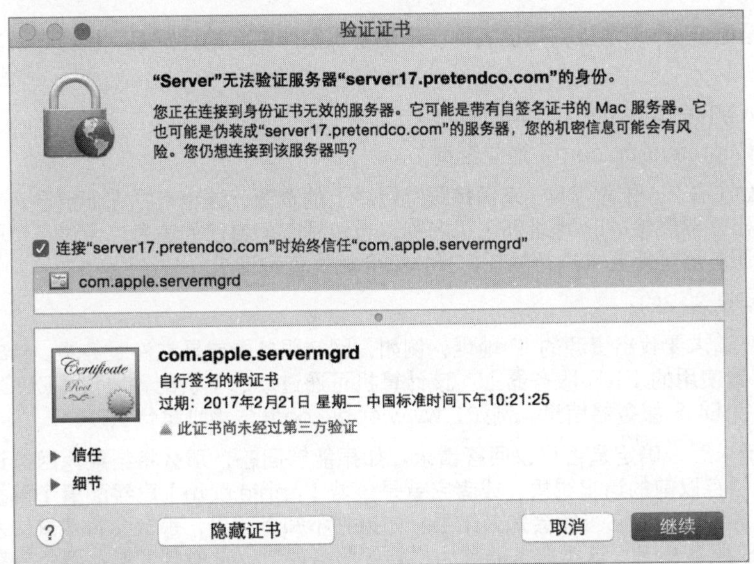

11 单击“继续”按钮。

12 为了更新钥匙串的内容，必须提供登录凭证信息。

输入你的密码（ladminpw）并单击“更新设置”按钮。

当单击“更新设置”按钮后，Server 应用程序会连接到你的服务器。

在本练习中，你准备了你的管理员计算机，通过它远程管理你的服务器，并且访问来自服务器的服务。

课程2

DNS 记录的提供

> 目标
> ▶ 部署 OS X Server 作为 DNS 服务器。
> ▶ 理解为何及如何使用 DNS。

域名系统（DNS）是一项重要的服务。该服务非常关键，在某些情况下，如果没有其他服务器为它提供 DNS 服务，那么 OS X Server 会设置它自己的 DNS 服务来供它使用。对于某些服务来说，如果 DNS 不能正常工作，那么就会出现问题，因此，理解 DNS 是什么，以及如何通过 OS X 和其他计算机对其进行管理是非常重要的。

虽然 DNS 涉及方方面面的内容，但是本课程的重点是在 OS X 系统中需要进行的工作。

参考2.1 什么是 DNS

DNS 最基本的形式是通过 IPv4 地址或相应名称，来辅助识别网络上的计算机、服务器及其他设备的系统。例如：

server17.pretendco.com = 10.0.0.171（正向查询）

10.0.0.171 = server17.pretendco.com（逆向查询）

UNIX 操作系统，例如 OS X，依靠 DNS 来保持跟踪网络上的资源，这也包括它们自己。它们需要经常“查询”或是找出需要联络的IP 地址和主机名称，也包括它们自己的信息。通过身份验证请求、对资源的访问或是服务器可能要求进行的任何操作都会触发查询请求。

一个 DNS 的请求过程是这样的：

1 一台计算机发出 DNS 请求要找出资源的 IP 地址，例如，网站服务器或是文件服务器。请求会被发送到该计算机配置使用的 DNS 服务器上。该计算机可通过动态主机配置协议（DHCP）或手动配置的方式获得 DNS 服务器信息。例如，www.apple.com 的地址是什么?

2 DNS 服务器接收到请求后，确定是否可以回答请求。如果能够回答，那么将结果返回给请求的计算机。由于它会缓存以前的请求结果，或者它就是该域（apple.com）已经配置了解析结果的“权威”解析服务器，所以它可能会知道结果。如果它不知道结果，那么会将请求转发到它所配置的其他 DNS 服务器上。这类服务器称为“转发服务器”，这时转发服务器负责获得结果并将结果返回给发出请求的 DNS 服务器。

3 如果没有设置转发服务器，DNS 服务器会参考/资源库/Server/named/named.ca 中的根服务器列表，并将请求发送给根服务器。

4 根服务器会回应 DNS 服务器，告诉它去哪里找到处理 .com 请求的 DNS 服务器，因为最初的请求是“.com”顶级域（TLD）。

5 DNS 服务器会询问 TLD 服务器“apple.com”域在哪里，然后 TLD 服务器给出回应。

6 现在知道“apple.com”的权威 DNS 服务器在哪里了，DNS 服务器将请求 www.apple.com 的解析结果，权威服务器会给出相应的结果。

7 DNS 服务器会对结果做两件事情：将结果传递给最初的请求者，以及缓存结果，以备另一个请求对其进行查询。根据 DNS 记录中所指定的时间，缓存的结果会在被请求的服务器上保留相应的时间，这个时间称为“生存时间”（TTL）。当时间过期后，缓存的结果会被清除。

由此可以看出，解析结果离得越近，查询过程就越快，所以为你的用户计算机和移动设备部署自己的 DNS 服务器是很方便的。

DNS 出现故障或是无效所导致的问题通常有：

- 资源无法通过网络进行连接，例如网站、Wiki、日历及文件共享。
- 无法登录由 Open Directory 服务器托管的计算机。
- Kerberos 单点登录（SSO）无法正常工作。
- 鉴定问题。

DNS 系统由以下几个部分组成，包括但不限于这些：

- 请求者——查询信息的计算机。
- DNS 服务器——为请求者提供所需要的全部或部分信息的服务。
- 记录——与 DNS 区域相关联的信息定义记录，例如，机器记录和名称服务器记录。
- 区域文件——包含 DNS 记录的文本文件。从 OS X Mavericks 开始，这些文件位于新的位置，即/资源库/Server/named/。
- 首选区域——一个域的一组记录。
- 备选区域——首选区域的副本，通常在另一台DNS 服务器上，该服务器通过区域传输来创建记录。
- 区域传输——为了使用备选区域，将首选区域的副本发送到另一台服务器的过程。
- 转发服务器——在 DNS 服务器没有相应的区域信息来回应请求的情况下，请求被发送到的地方。

参考2.2
评估 OS X 的 DNS 主机需求

当初始配置 OS X Server 的时候，Server 应用程序会根据网络偏好设置中配置的 DNS 服务器，来检查是否有相应的 DNS 主机名称关联到这台计算机的 IPv4 地址。如果存在，那么会以 DNS 记录中的主机名称信息来对计算机进行命名。

如果计算机的 IPv4 地址尚不具备 DNS 信息，那么在编辑主机名称的时候，OS X Server 会在计算机上建立 DNS 服务。与OS X Server 10.9 之前的版本不同，这项任务在服务器进行初始配置的时候才会被处理。这个设置过程可以确保提供服务器正常工作所需的最基本的 DNS 信息。在 Server 应用程序的服务列表中，DNS 服务旁边的绿色指示器表明 DNS 服务已被开启，并且在网络偏好设置中，“DNS 服务器”的设置为 127.0.0.1。

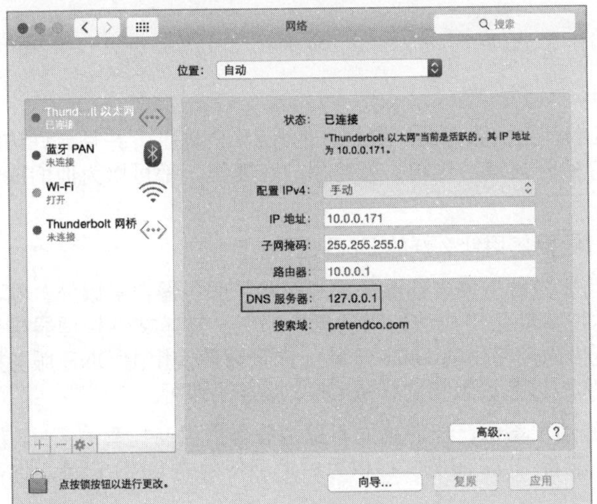

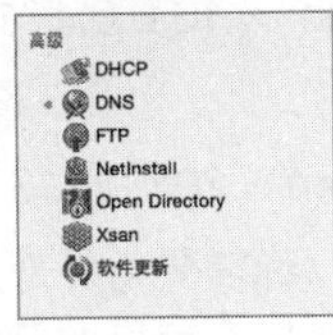

相对于 OS X Server 来说，DNS 服务有3种情况：

- 自动配置的 DNS——如果服务器运行着它自己的 DNS 服务并依靠它工作，那么保持这种方式，不对 DNS 服务进行配置。当服务器是网络中唯一的服务器时，可能就是这种情况，例如，在小型的办公室中。客户端计算机将通过 Bonjour 来联络服务器，访问支持 Bonjour 的服务。这是假定服务器与客户端在同一网段（子网）的情况。这种配置是可行的，而且可以很好地工作。
- 使用外部提供的 DNS——有些配置可能需要外部提供 DNS 服务。例如，服务器为了获取用户和群组信息而被连接到活动目录（Active Directory，AD）系统，就属于这种情况。在这种情况下，托管着 AD 的 Windows 服务器会使用 DNS 服务，那么最好是在这个 DNS 服务中设置OS X Server 服务器的解析记录。确认具有正向查询的 A 记录，server17.pretendco.com = 10.0.0.171，以及逆向查询或 PTR 记录，10.0.0.171 = server17.pretendco.com。在配置你的服务器使用外部 DNS 服务器前，使用网络实用工具或命令行工具对这些信息进行检查。

NOTE ▶ 在 Windows 2008 R2 之前的系统中， Windows DNS 服务通常不提供逆向区域。在创建 A 记录的时候，有一个用于自动创建 PTR 记录的复选框，但实际上除非存在相应的逆向区域，否则 PTR 记录是不会被创建的。

- OS X Server 托管的 DNS——这与自动配置的 DNS 不同，它是管理员手动建立起来的，可供网络中的其他计算机和设备来获取 DNS 信息。服务器上的 DNS 服务会设置新的 DNS 区域并添加表示网络上的计算机、服务器及其他设备的记录。当有比简单识别网络上的服务器更多的需求，并且网络中的计算机都需要使用服务器的 DNS 信息时，那么应当采用这种方式提供 DNS 服务。

内部和外部 DNS 的处理

越来越多的用户都希望，在他们所在的任何地方都可以访问到他们所需的数据，因此我们需要考虑，如何处理来自网络内部，以及来自不属于我们控制之下的外网的请求。诸如邮件、日历、网站及设备管理这样的服务，在这两种类型的网络中都要被使用，我们需要知道如何处理这两种情况下的 DNS 请求。我们将这种情况下所应用的技术称为“分离式 DNS”（split DNS）。

概念很简单，当你的用户在内网时，DHCP 服务器为客户端提供 IP 地址，在其中添加内网的 DNS 服务器地址。你的内部 DNS 服务器提供了访问内部资源的客户端信息，也就是它的内网 IP 地址。外网客户端使用外部的 DNS 服务器，外部DNS 服务器会为外网客户端提供访问你服务器的外网IP 地址。

一个内部请求示例：

www.pretendco.com = 10.0.0.171

一个外部请求示例：

www.pretendco.com = 203.0.113.10

要以这种方式工作，你需要为外部 DNS 主机服务器配置相应的外部 IP 地址，并且允许访问服务的请求能够基于它们所用的端口通过你的防火墙。这样，无论用户在哪里，都可以为他们提供相同的服务。

让我们通过几个示例来说明在什么时候要使用什么样的 DNS 服务：

- 只使用外部 DNS。如果你没有为客户端提供内部服务，那么除了服务器自身以外，你不需要设置内部 DNS 服务。如果你托管着让用户从外网访问的邮件、描述文件管理器或是网站服务，那么也不需要额外配置供内部使用的 DNS 记录。你只需要使用由 DNS 服务提供商提供给你的 DNS 服务，并将你的域名设置指向权威 DNS 服务器即可。
- 自己托管的外部 DNS。与第一种情况类似，但使用的不是由服务提供商托管的 DNS 服务器，而是在你的 OS X Server 中配置 DNS 服务，提供可供外部使用的 DNS 记录。你需要在 DNS 区域中创建相应的记录，并允许你的服务器响应外部请求。你还需要对域名进行配置，将其指向你的 DNS 服务。

- 只使用内部 DNS。如果你不希望对外部网络暴露任何服务，那么只需要配置内部 DNS 服务，为内部资源提供解析就可以了。你可以限制 DNS 服务只回应内网客户端发来的请求，这可以让你完全控制内部 DNS 系统。
- 分离式 DNS（split DNS）。如果你要提供内网和外网客户端都可以使用的服务，那么最好的办法是具有你自己的内部 DNS 服务器，并配置单独的外部 DNS 服务器或是使用已托管的 DNS 服务。根据客户端所在的位置，会以不同的方式响应请求，如果客户端在内部网络，那么客户端从带有内部资源信息的内部 DNS 服务器上获得请求响应，如果客户端在外部网络中，那么客户端从带有外部资源信息的外部 DNS 服务器上获得请求响应。

参考2.3
在 OS X Server 中配置 DNS 服务

在 OS X Server 中设置 DNS 服务前，需要收集一些信息，这包括：

- 要托管的域。在本教材中，你将使用 pretendco.com。
- 要用来创建记录的主机名称。本教材中的大部分示例都使用 server17 作为主机名称，此外也可以包含设备记录，例如 printer01 或 winserver02。这些信息用于创建 A 记录或是用于进行正向查询，会将 DNS 名称映射为 IPv4 地址。
- 要包含在 DNS 服务中的，与所有主机名称相关联的 IPv4 地址。这些地址用于创建 PTR 记录或是用于进行逆向查询，会将 IPv4 地址映射为 DNS 名称。
- 上游 DNS 服务器的 IPv4 地址，这将用于回应你正在设置的 DNS 服务器无法应答的 DNS 请求，这称为“转发”。如果没有提供转发服务器地址，那么将通过根 DNS 服务器进行自上至下的查找。目前较好的做法是使用转发服务器，以减少根 DNS 服务器上的负载。你可以使用由互联网服务提供商（ISP）提供的 DNS 服务器，或是其他的公用 DNS 服务。
- 要让你的 DNS 服务器提供 DNS 查询服务的IPv4 地址范围或是网络，这可以避免其他的网络来使用你的 DNS 服务器。
- 需要包含的其他类别的记录信息，例如，邮件服务器需要使用 MX 记录，设置 CNAME 记录可以为服务器创建一个替身，通过 SRV 记录可以找到提供服务的服务器。

在设置 DNS 服务器的一般流程中，包含服务器所负责查询区域的定义。负责管理某个域 “官方”DNS 信息的DNS 服务，称为该域的起始授权机构（SOA），它包含在 DNS 记录中。如果你托管的 DNS 记录完全都是针对内部域的，那么这算不上是关键信息，但是如果你托管的 DNS 服务中有可从互联网访问的域，那么这个信息就很重要了。

当外部 DNS 记录对于服务器的 IP 地址不可用的时候，由于 OS X Server 在运行“更改主机名助理”程序的时候会创建它自己管理的默认区域，所以服务器的全称（server17.pretendco.com）最终会有一个权威区域，而不只是域（pretendco.com）。如果你不再计划添加更多的 DNS 记录，那么这并不存在问题，但如果需要添加，则需要根据你的域来添加新的区域并移除已经生成的区域。

参考2.4
OS X Server 中 DNS 服务的故障诊断

由于 DNS 是一项关键的服务，因此需要了解针对它的基本故障诊断技术：

- 服务器、计算机或是设备所设置的 DNS 服务器是否正确：很多问题都与错误的配置信息有关，通常都是指定了错误的 DNS 服务器造成的。
- 指定的 DNS 服务器上的 DNS 服务是否可用：检查指定服务器上的 DNS 服务是否正在运行。在终端应用程序中，执行指令 telnet <服务器的 IPv4 地址> 53，并查看是否可建立连接（成功连接后，按Control-）组合键，然后输入 quit 可关闭连接）。端口 53 是 DNS 使用的端口。

```
ladmin — telnet — 80×24
Last login: Tue Feb 23 22:05:57 on console
server17:~ ladmin$ telnet 10.0.0.171 53
Trying 10.0.0.171...
Connected to server17.pretendco.com.
Escape character is '^]'.
```

- DNS 服务器上相应的 DNS 记录是否可用：通过网络实用工具或命令行工具检查所有相关记录的正向和逆向解析，确认正向和逆向查询记录都匹配可用。

练习2.1
创建 DNS 区域和记录

▶ 前提条件

- 完成“课程1　OS X Server 的安装”中的所有练习操作。

当你在“课程1　OS X Server 的安装”中进行 OS X Server 的初始化安装和配置的时候，你为 OS X 配置使用的 DNS 服务并不包含服务器主 IPv4 地址的记录。而当你使用“更改主机名助理”程序的时候，Server 应用程序会自动配置一个名为 server*n*.pretendco.com（其中 *n* 是你的学号）的域，其中带有一个 A（地址）记录，即设备的正向查询记录。然后，DNS 服务会自动为你开启。

尽管对于一个单一的主机系统来说这样是可以的，但是在本练习中，你将使用一个新的区域 pretendco.com 来替代受限的主区域server*n*.pretendco.com（其中 *n* 是你的学号），这可以包含更多的记录设置。你将在创建的区域中设置一条机器记录、一条替身记录，以及一条 MX 记录。

在“操作”弹出式菜单（单击齿轮图标）中未选中“显示所有记录”复选框的情况下，将单击“添加”（+）按钮创建一条server*n*.pretendco.com（其中 *n* 是你的学号）形式的新记录。

Server 应用程序会提供以下设置项：

- “IP 地址”文本框可为主机名称指定多个关联的地址。
- “替身”文本框可为主机名称指定多个关联的替身记录。
- “为此主机名创建一个 MX 记录”文本框可为主机名称创建一个优先级数值为0的 MX 记录（针对pretendco.com 区域）。

当你输入主机名称并单击“创建”按钮的时候，Server 应用程序将进行以下操作：

- 创建新的 pretendco.com 区域。
- 为区域（使用你指定的主机名称）创建名称服务器记录。

你将使用管理员计算机上的网络实用工具来确认你的设置结果。

为了避免在后续的操作中出现冲突，当你确认新的区域正常工作后，将移除受限的server*n*.pretendco.com 区域（其中 *n* 是你的学号）。

收集 DNS 配置数据

在设置 DNS 服务之前，需要收集一些信息。例如，在本练习中，就需要准备以下信息：

- 转发服务器地址。在培训教室环境下，教师会为你提供培训教室的互联网连接 IPv4 地址；如果你是个人独立进行练习操作的，那么使用由 ISP 提供的 DNS 服务器或是相应服务器的IPv4 地址。
- 附加的记录类型。为你服务器的主机名称 pretendco.com 设置一个优先级数值为0的 MX 记录。
- 指向 server*n*.pretendco.com（其中 *n* 是你的学号）的替身记录vpn.pretendco.com。
- 附加的机器记录client*n*.pretendco.com（其中 *n* 是你的学号），其关联的地址是10.0.0.*n*2（其中 *n* 是你的学号）。

配置转发服务器

如果你服务器上的 DNS 服务接收到一个 DNS 记录查询请求，但是服务器上并没有配置过该记录，而你已经为 DNS 服务配置了转发服务器，那么服务器会将 DNS 查询请求转发到这个服务器上进行处理。如果你并没有指定任何转发服务器，那么你的服务器将使用根 DNS 服务器进行处理。最好的办法是指定由 ISP 提供的 DNS 服务器（它具有更多的来自互联网的项目缓存，可以实现较快的查询），不过，你也可以指定任何其他的可以实现查询的 DNS 服务器，从而回应来自于你服务器上的 DNS 服务请求。

你将指定由 ISP 提供的（如果你在由教师组织的培训环境中学习，那么教师会提供）DNS 转发服务器。如果你确实不清楚到底要使用什么信息作为 DNS 转发服务器，那么就阅读本部分的内容，等到后面“配置 DNS 主机”的部分再继续进行操作。

当你对设置做了更改后，确认你可以通过你的 DNS 服务来查询你的服务器的 DNS 服务并没有直接设置过的记录。

1 在服务器上打开 Server 应用程序并选择 DNS 服务。

2 在转发服务器的右侧单击“编辑”按钮。

设置		
转发服务器：	10.0.0.1	编辑…

3 依次选择现有的值，并单击“移除”（–）按钮删除现有的记录。

4 单击“添加”（+）按钮。

5 输入转发服务器的 IPv4 地址并单击“好”按钮。

6 重复之前的操作步骤来依次添加其他的 DNS 服务器。

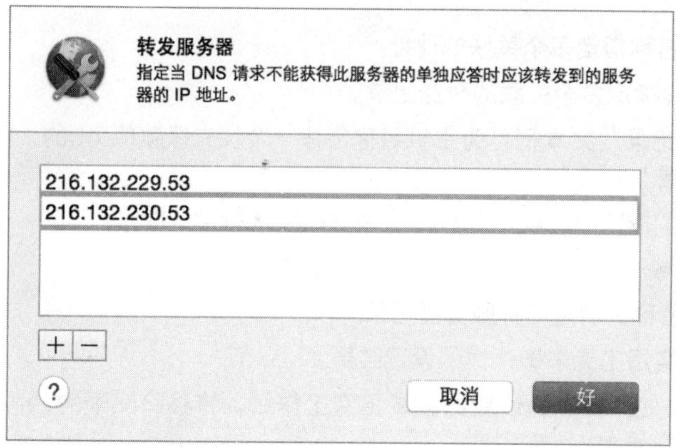

7 单击“好”按钮保存设置更改。

如果你只设置了一个转发服务器，那么转发服务器会被列出。否则，会显示转发服务器的数量。

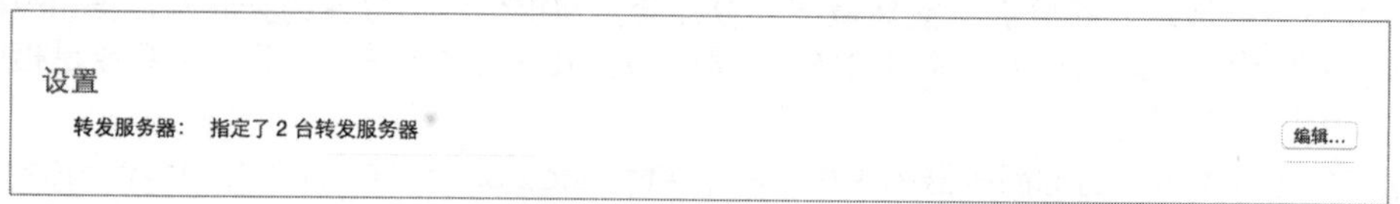

8 在你的管理员计算机上打开“网络实用工具”，必要时可以使用Spotlight 搜索。

9 单击Lookup选项卡。

10 输入training.apple.com 并单击Lookup按钮。

11 确认结果对话框中显示了 IPv4 地址。你的服务器被请求查询的记录实际上是来自 ISP 的 DNS 服务，然后它将结果传递到你的管理员计算机。

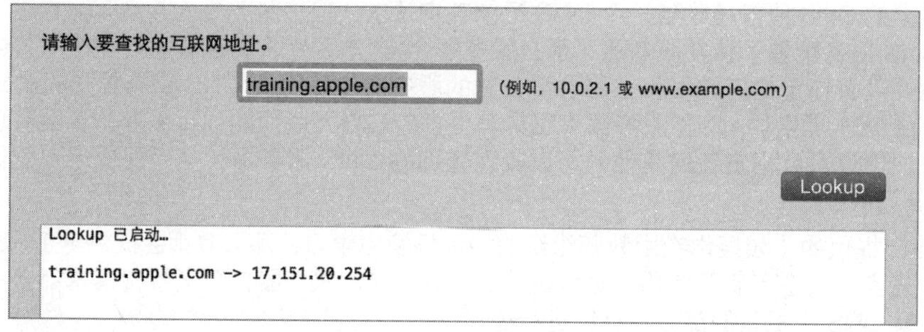

查看受限的默认区域

1 在你的服务器上，注意主机名部分所列出的服务器名称和 IPv4 地址。

2 打开 DNS 设置面板底部的“操作”弹出式菜单（单击齿轮图标），并选择“显示所有记录”命令。

这个操作会将简单视图变更为更加标准的视图，可以展示各种已配置的区域。

3 查看设置面板中已列出的记录。在下图中存在两个区域设置：一个名为server17.pretendco.com 的首选区域，以及一个名为 171.0.0.10.in-addr.arpa 的逆向区域。

每个区域都有一个名称服务器记录，这个记录指定了你的服务器作为该区域的权威 DNS 服务。首选区域有一个机器记录，逆向区域有一个逆向映射记录对应于首选区域的机器记录。

配置 DNS 主机

创建一个新的 DNS 记录会自动创建一个新的 pretendco.com 区域，还要创建一个附加的机器记录，然后移除原有的受限区域设置。

创建一个新记录

1 打开 DNS 设置面板底部的“操作”弹出式菜单（单击齿轮图标），并选择“显示所有记录”命令，使该命令处于未被选中状态。

2 单击“添加”（+）按钮。

如果单击“添加”（+）按钮后显示了一个弹出式菜单，那么再次单击“添加”（+）按钮关闭弹出式菜单。然后返回到步骤1进行操作。

3 在“主机名称”文本框中输入server*n*.pretendco.com（其中 *n* 是你的学号）。

4 单击“IP 地址”文本框下方的“添加”（+）按钮，然后输入你服务器的 IPv4 地址10.0.0.*n*1（其中 *n* 是你的学号）。

5 单击“替身”文本框下方的“添加”（+）按钮，然后输入 vpn。

6 选中“为此主机名创建一个 MX 记录”复选框。

7 单击“创建”按钮。

查看新的区域设置和记录

1 打开 DNS 设置面板底部的“操作”弹出式菜单（单击齿轮图标），并选择“显示所有记录”命令，使该命令处于被选中状态。

2 查看设置面板中已列出的记录。

记录

首选区域：pretendco.com
server17.pretendco.com 机器
server17.pretendco.com 邮件交换器
server17.pretendco.com 名称服务器
vpn.pretendco.com 替身
首选区域：server17.pretendco.com
server17.pretendco.com 机器
server17.pretendco.com 名称服务器
逆向区域：0.0.10.in-addr.arpa
10.0.0.171 逆向映射
server17.pretendco.com 名称服务器
逆向区域：171.0.0.10.in-addr.arpa
10.0.0.171 逆向映射
server17.pretendco.com 名称服务器

3 确认这里有两个新的区域设置：

- pretendco.com。
- 0.0.in-addr.arpa。

4 确认在pretendco.com 区域设置中有以下记录：

- 机器。
- 邮件交换器。
- 名称服务器。
- 替身。

5 确认在 0.0.in-addr.arpa 区域设置中有以下记录：

- 逆向映射。
- 名称服务器。

6 双击邮件交换器记录。

7 确认“区域”设置是pretendco.com，“邮件服务器”文本框中设置的是你服务器的主机名称，以及在“优先级”文本框中输入0。

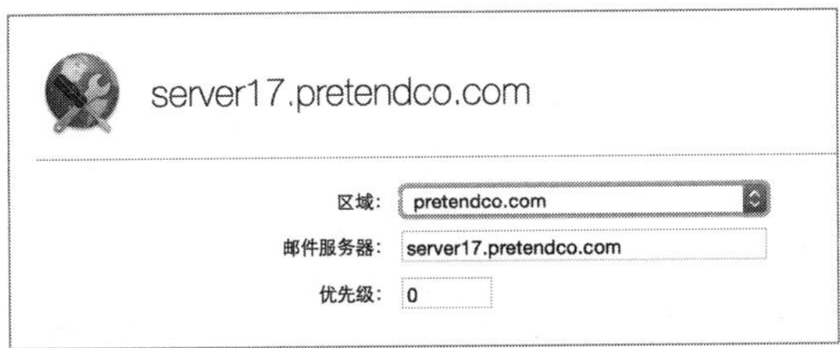

8 单击“取消”按钮返回 DNS 记录列表。

9 双击替身记录。

10 确认“区域”设置是pretendco.com，在“主机名称”文本框中输入vpn，在“目的位置”文本框中输入你服务器的主机名称（也称为全称域名）。

注意设置面板顶部显示的 vpn.pretendco.com，这是“主机名称”文本框和“区域”设置的内容组合。

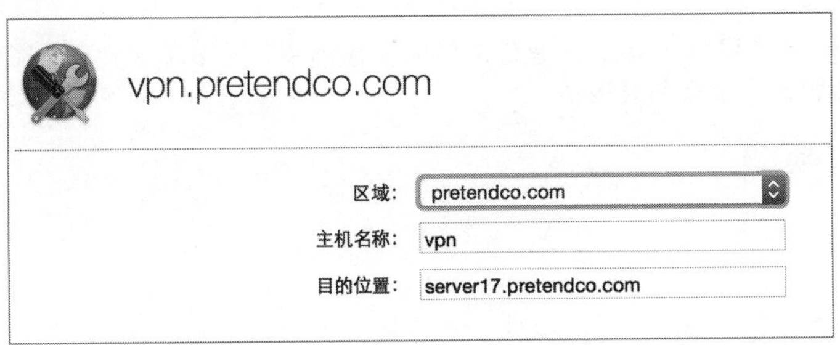

11 单击“取消”按钮返回 DNS 记录列表。

在选择“显示所有记录”命令的情况下创建一个新的 DNS 记录

如你所见到的，在未选择“显示所有记录”命令的情况下创建新记录，Server 应用程序会自动创建主机名称记录，并且还可以为该区域创建替身和带有优先级数值为0的 MX 记录。

而在选择“显示所有记录”命令的情况下，会有更加细致的创建新记录选项。

1 在DNS 主设置面板中单击“添加”（+）按钮并选择“添加机器记录”选项。

2 打开“区域”弹出式菜单并选择 pretendco.com 选项。

3 在“主机名称”文本框中输入client*n*（其中 *n* 是你的学号）。注意不要输入域名，只是输入主机名称的第一个部分。

4 单击“添加”（+）按钮，并输入你管理员计算机的 IPv4 地址10.0.0.*n*2（其中 *n* 是你的学号）。

5 确认新的主机名称是按照下图中地球图标旁边的形式显示的。

例如，如果这个名称显示为clientn.pretendco.com.pretendco.com，就说明你在“主机名称”文本框中错误地输入了pretendco.com 信息，请从“主机名称”文本框中移除pretendco.com。

client17.pretendco.com

区域：pretendco.com

主机名称：client17

IP 地址：10.0.0.172

6 单击“创建”按钮。

移除多余的区域

为了避免以后产生冲突，需要移除 Server 应用程序最初创建的受限区域。目前有两个区域可以回应针对你服务器主机名称的查询，但我们只需要两个区域中功能较全的那个区域，所以我们将移除主机名称配置过程中所创建的那个区域。

1 选择“首选区域：server$n$.pretendco.com”（其中 n 是你的学号）。

2 确认server$n$.pretendco.com 首选区域（其中 n 是你的学号）被选中，区域文字会有轻微的变动（具有微小的阴影），区域并不会被高亮显示。

首选区域：server17.pretendco.com

server17.pretendco.com 机器

server17.pretendco.com 名称服务器

3 确认被选中的区域只包含两个记录。

4 单击“删除”（–）按钮，但是先不要单击确认对话框中的“删除”按钮。

5 确认在确认对话框中引用了server$n$.pretendco.com（其中 n 是你的学号）信息。

如果确认对话框只是引用了 pretendco.com，那么单击“取消”按钮并返回步骤1进行操作。

6 单击“删除”按钮删除区域。

7 注意，对应的逆向区域 n.0.0.10.in-addr.arpa（其中 n 是你的学号）也会被自动移除。

为逆向区域添加一个名称服务器记录

如前面所介绍的，移除 server*n*.pretendco.com（其中 *n* 是你的学号）区域也会令0.0.10.in-addr.arpa 区域的名称服务器记录被移除。那么现在就来创建一个新的名称服务器记录。

NOTE ▶ 如果名称服务器记录在0.0.10.in-addr.arpa 区域中已经存在，那么跳过这部分的操作，并继续“确认新的 DNS 记录”部分的操作。

1 在 DNS 的主设置面板中单击“添加”（+）按钮，然后选择“添加名称服务器记录”选项。

2 在“区域”菜单中选择“0.0.10.in-addr.arpa”选项。

3 在“名称服务器”文本框中输入server*n*.pretendco.com（其中 *n* 是你的学号）。

4 单击“创建”按钮。

确认新的 DNS 记录

目前你已经创建了相应的记录，现在使用“网络实用工具”和 host 命令来确认你可以查询刚刚创建的记录。

在下面的步骤中，将 *n* 替换为你的学号：

1 在服务器上打开“网络”偏好设置，选择“主网络接口”，确认“DNS 服务器”被设置为 127.0.0.1，并且“搜索域”被设置为 pretendco.com。

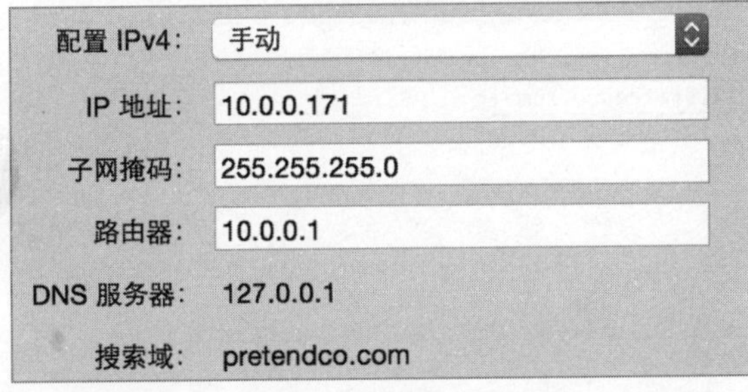

如果不是这样的设置，那么单击DNS选项卡，修改“DNS 服务器”和“搜索域”的设置。

2 在服务器上退出系统偏好设置。

3 在管理员计算机上打开“网络”偏好设置，选择“主网络接口”，确认“DNS 服务器”被设置为 10.0.0.*n*，并且“搜索域”被设置为 pretendco.com。

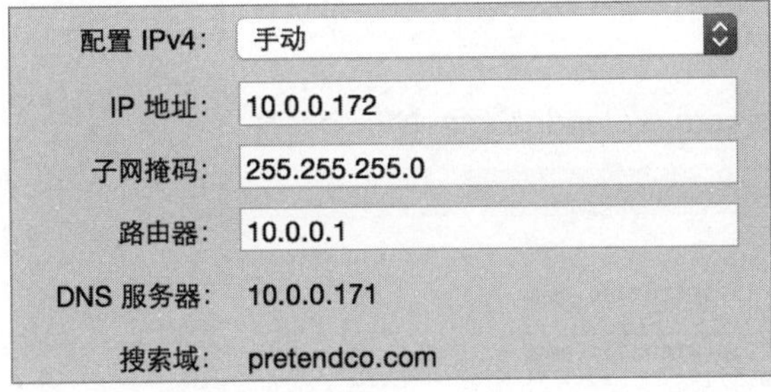

4 在管理员计算机上退出系统偏好设置。

5 在管理员计算机上打开“网络实用工具”（必要时可以使用Spotlight 搜索）。

6 单击 Lookup 选项卡。

7 输入 server*n*.pretendco.com 并单击Lookup按钮。

8 确认在结果对话框中是相应的 IPv4 地址10.0.0.*n*1。

9 重复步骤7与步骤8 的操作，确认对 clientn.pretendco.com 的查询可以返回 10.0.0.*n*2。

10 输入10.0.0.*n*1 并单击 Lookup 按钮。

11 确认在结果对话框中包含你服务器的主机名称。

12 重复步骤10 ~ 11 的操作，确认对 10.0.0.*n*2 的查询可以返回 client*n*.pretendco.com。

“网络实用工具”无法查询 MX 记录。你可以使用一些命令行工具来替代进行测试。在本练习中，你将在“终端”应用程序中使用 host 命令。

1 在你的管理员计算机上，通过 Spotlight 搜索打开“终端”应用程序。

2 输入 host pretendco.com。

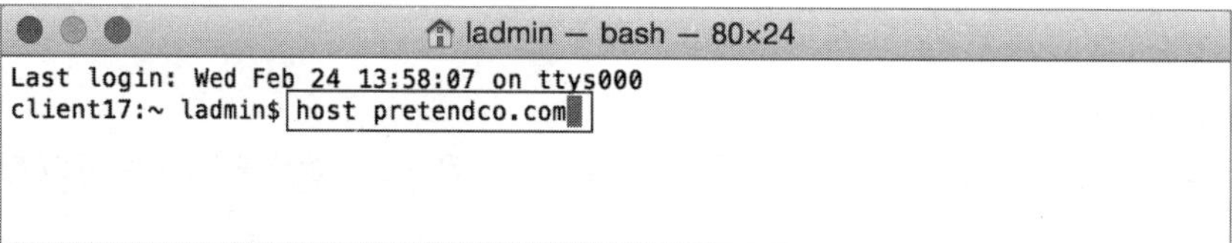

3 按 Return 键执行指令。

4 确认执行结果中包含处理邮件域的主机信息（0表示优先级数值）。

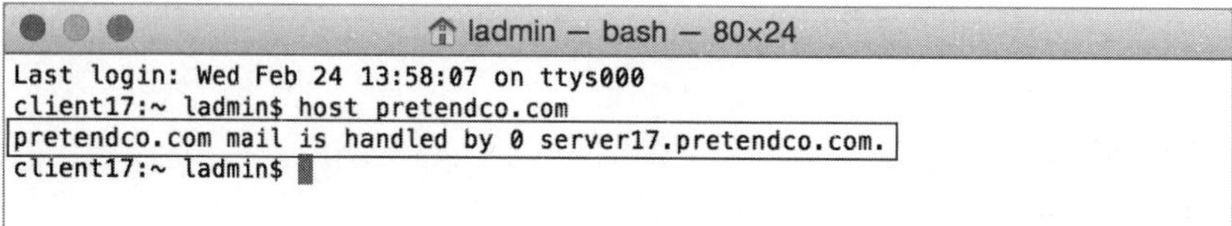

5 输入 host vpn.pretendco.com。

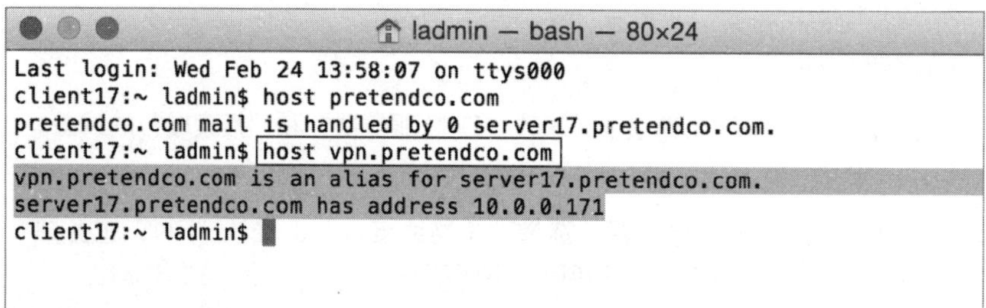

6 按 Return 键执行指令。

7 确认执行说明 vpn.pretendco.com 是servern.pretendco.com 的一个替身。

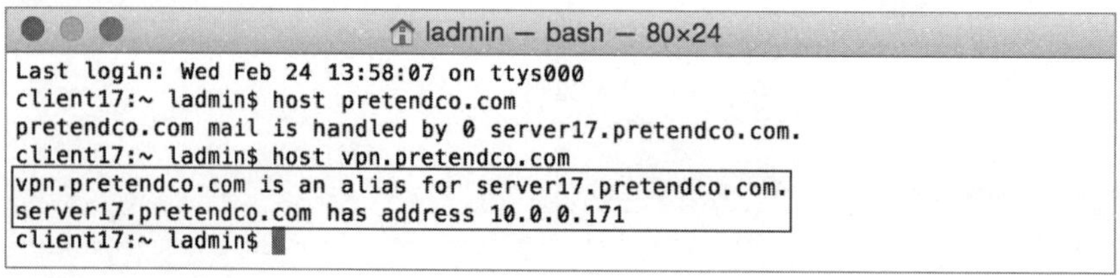

8 保持“终端”应用程序的打开状态，以便在下一个练习中继续进行操作。

在本练习中，你为pretendco.com 创建了一个带有完整功能的区域，移除了自动创建的区域，还创建了一些附加的记录，并使用“网络实用工具”和 host 命令对记录的查询进行了确认。

练习2.2
限制访问 DNS 服务

▶ 前提条件

- 完成“课程1　OS X Server 的安装”中的所有练习操作。

默认情况下，DNS 服务所提供的区域记录，对于任何可以连接到DNS 服务的人来说都可以进行查询。不过，DNS 服务还提供了限制查询功能，默认情况下，只有最初来自“本地网络”的请求才可以使用服务。

在本练习中，你将限制访问递归查询，然后限制对 DNS 服务的访问，最后再恢复为默认访问设置，并在操作过程中对你的设置工作进行确认。

NOTE ▶ 当你使用“网络实用工具”查询 DNS 记录的时候，如果你的计算机已经进行过查询并且缓存了结果，那么之后的查询还会返回该结果。因此，“网络实用工具”对于测试你服务器的DNS服务是否可以进行查询来说，并不是一个合适的工具。你将使用 host 命令来替代“网络实用工具”，测试是否可以访问你服务器的 DNS 服务。

更多信息 ▶ 要清除你管理员计算机上的 DNS 缓存，可以重新启动管理员计算机，或是使用以下命令，这些内容已经超出了本教材的学习范围：sudo discoveryutil udnsflushcache。而对于本练习来说，你可以使用 host 命令，该命令并不使用缓存的 DNS 记录。

配置递归查询限制

使用以下操作步骤来配置 DNS 服务，使其只能够对它直接托管的 DNS 信息进行解析服务。

NOTE ▶ 你的管理员计算机除了能够查询那些由服务器直接托管的记录外，将无法解析任何其他的 DNS 记录。在本练习结束的时候，会对服务设置进行恢复。

1 在你的管理员计算机上退出 Server 应用程序。

2 在服务器上打开 Server 应用程序，连接到你的服务器，然后在 Server 应用程序的边栏中选择 DNS 。

3 “为以下项目执行查找”复选框默认是被选中的。

在“为以下项目执行查找”右侧单击“编辑”按钮，配置你的 DNS 服务将提供递归查询。

☑ 为以下项目执行查找：仅部分客户端　编辑...

4 选中“服务器自身”复选框。

5 取消选中“本地网络上的客户端”复选框。

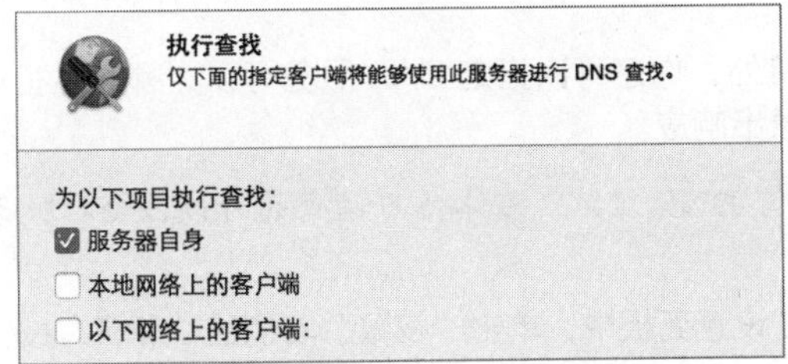

6 确认取消选中“以下网络上的客户端”复选框。

7 单击“好”按钮保存设置。

8 在你的管理员计算机上，如果还没有打开“终端”应用程序，那么通过 Spotlight 搜索打开“终端”应用程序。

9 在“终端”应用程序窗口中，按Command-K组合键清除终端窗口中的内容，保持当前行在终端窗口的顶部。

10 在终端窗口中输入host server*n*.pretendco.com（其中 *n* 是你的学号）。

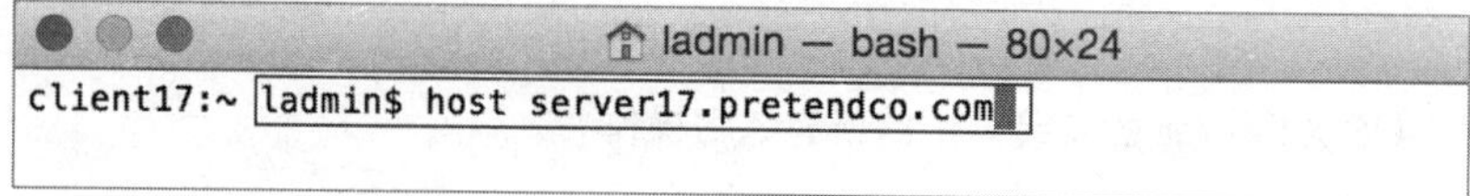

11 按 Return 键执行指令。

12 确认回应的内容中包含你服务器的 IPv4 地址；DNS 服务在pretendco.com 中直接提供了相应的记录。

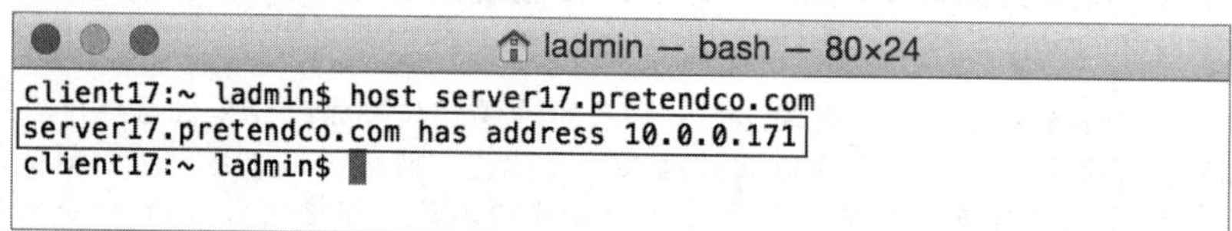

13 在终端窗口中输入host deploy.apple.com。

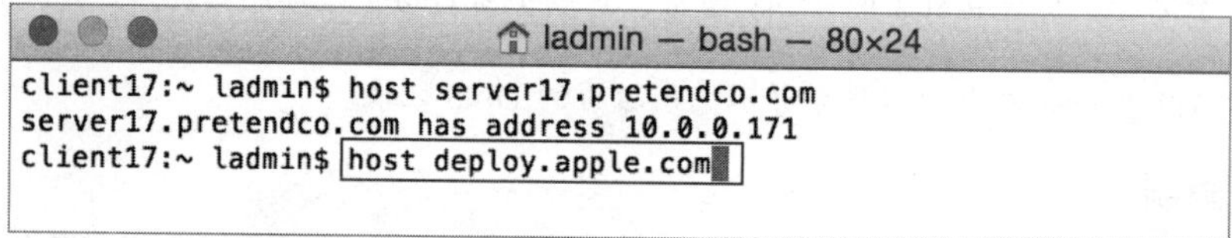

14 按 Return 键执行指令。

15 确认没有找到主机，你服务器的 DNS 服务并没有托管 apple.com 区域的记录，并且对于请求无法实现递归查询。

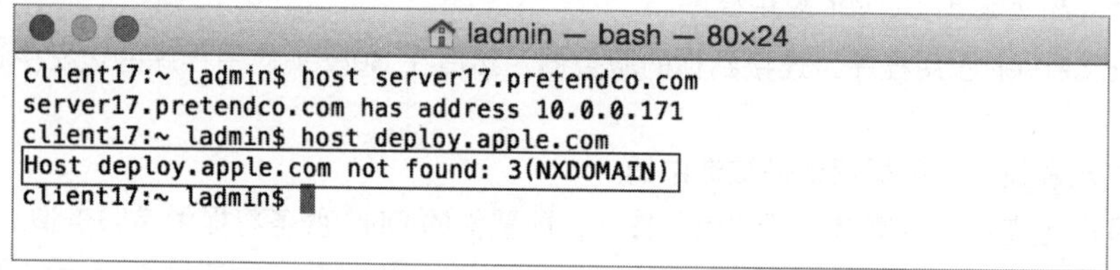

16 如果你获得了查询结果而不是错误信息，那么可能是你的管理员计算机先前查询过该地址，并且缓存了查询结果。尝试使用你最近没有查询过的主机名称，例如training.apple.com 或是developer.apple.com。

配置 DNS 服务权限

除了指定 DNS 服务可以进行递归查询的主机外，你还可以指定 DNS 服务可以为哪些主机进行查询。你将配置你的 DNS 服务只对你的服务器做出响应。

NOTE ▶ 你的管理员计算机将无法解析任何 DNS 记录。在本练习结束的时候，会对服务设置进行恢复。

1 在你的服务器上，在 Server 应用程序的 DNS 设置面板中，单击“权限”右侧的“编辑”按钮。

权限： 所有网络 编辑...

2 打开“允许来自以下用户的连接”弹出式菜单，并选择“仅某些网络”命令。

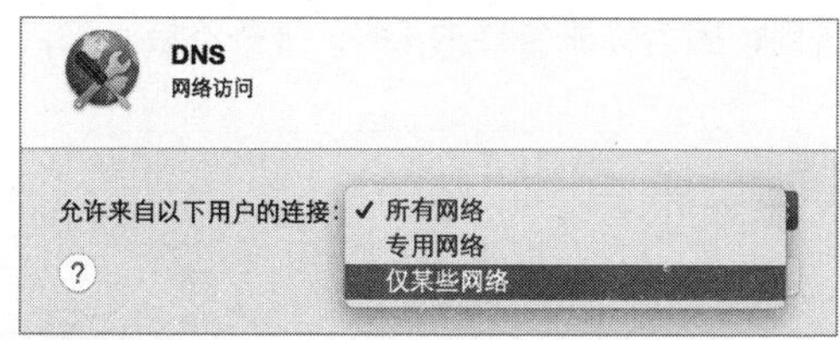

3 单击“添加”（+）按钮，并选择“这台 Mac”选项。注意，当你选择“这台 Mac”选项后，现有的项目“专用网络”会被自动替代。

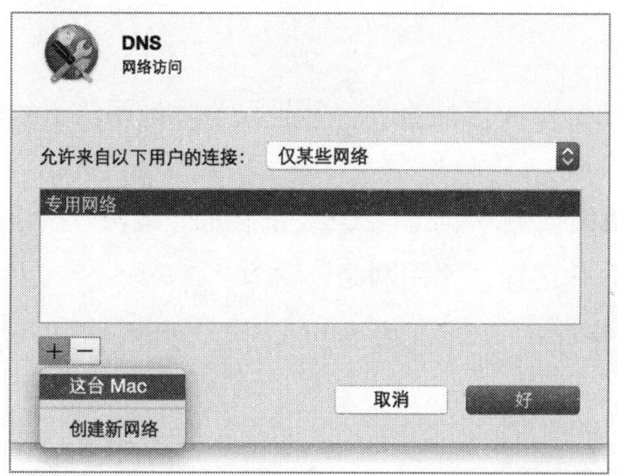

4 单击“好”按钮保存设置。

查看“访问”选项卡

确认你的更改操作已经体现在你服务器的“访问”选项卡中。

1 在 Server 应用程序的边栏中选择你的服务器。

2 单击“访问”选项卡。

3 确认在“自定访问”选项区域存在一项 DNS 设置，在它的“网络”一栏中带有“仅此 Mac”的限制条件。

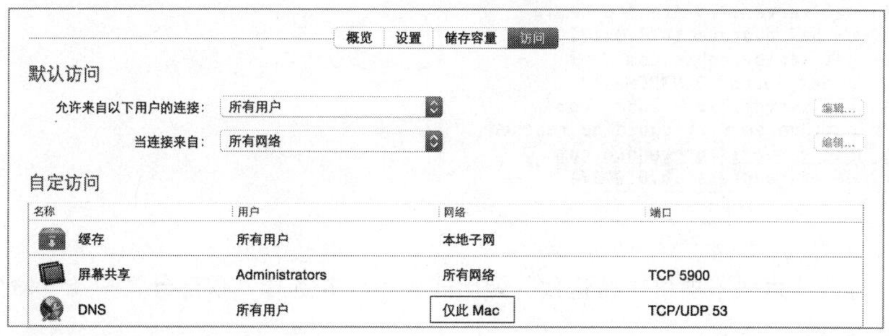

确认 DNS 服务已被限制

1 在你的管理员计算机上，在“终端”应用程序窗口中输入host server*n*.pretendco.com（其中 *n* 是你的学号）。

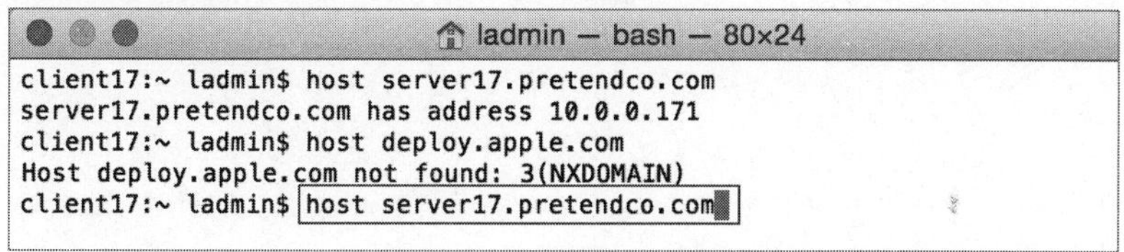

2 按 Return 键执行指令。

3 确认回应的是连接超时，没有服务器可被联络到，因为你服务器的 DNS 服务不接受来自除自身以外的任何请求者的请求。

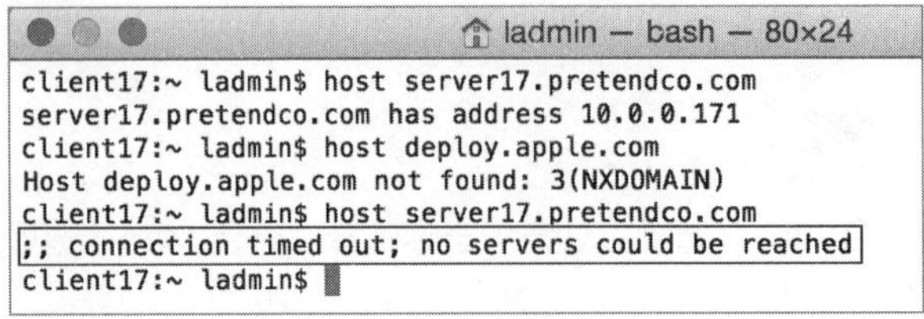

```
client17:~ ladmin$ host server17.pretendco.com
server17.pretendco.com has address 10.0.0.171
client17:~ ladmin$ host deploy.apple.com
Host deploy.apple.com not found: 3(NXDOMAIN)
client17:~ ladmin$ host server17.pretendco.com
;; connection timed out; no servers could be reached
client17:~ ladmin$
```

清除 DNS 权限

配置你的 DNS 服务可供专用网络进行 pretendco.com 区域查询，并且只为本地网络上的客户端进行递归查询。

1 在你的服务器上，在 Server 应用程序的 DNS 设置面板中，单击“权限”右侧的“编辑”按钮。

2 打开“允许来自以下用户的连接”弹出式菜单，并选择“专用网络”命令。

3 单击“好”按钮保存设置。

4 在你的管理员计算机上，在“终端”应用程序窗口中输入host server*n*.pretendco.com（其中 *n* 是你的学号），并按 Return 键执行指令。

5 确认你服务器的 IPv4 地址被返回。

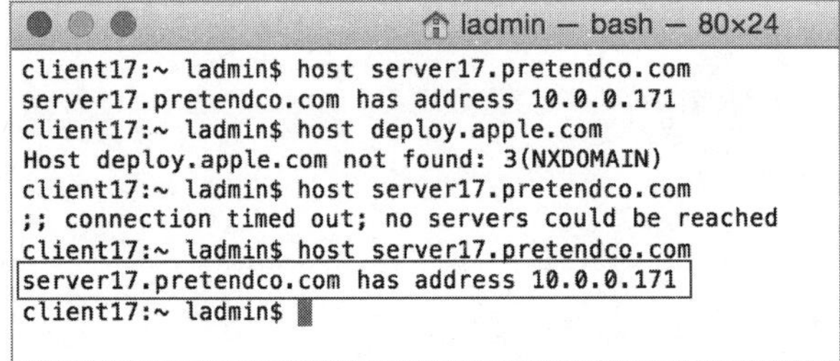

```
client17:~ ladmin$ host server17.pretendco.com
server17.pretendco.com has address 10.0.0.171
client17:~ ladmin$ host deploy.apple.com
Host deploy.apple.com not found: 3(NXDOMAIN)
client17:~ ladmin$ host server17.pretendco.com
;; connection timed out; no servers could be reached
client17:~ ladmin$ host server17.pretendco.com
server17.pretendco.com has address 10.0.0.171
client17:~ ladmin$
```

6 在你的服务器上，打开“为以下项目执行查找”弹出式菜单，并选择“仅部分客户端”命令。

7 保持选中“服务器自身”复选框。

8 选中“本地网络上的客户端”复选框。

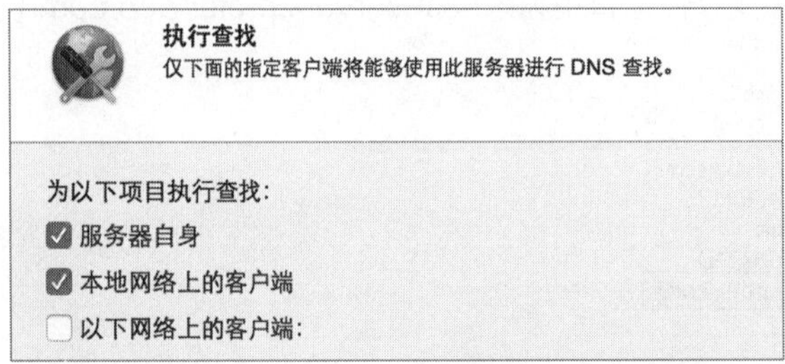

9 单击“好”按钮保存设置。

10 在你的服务器上，退出 Server 应用程序。

11 在你的管理员计算机上，在“终端”应用程序窗口中输入host deploy.apple.com（或是之前返回错误结果的其他主机名称）。

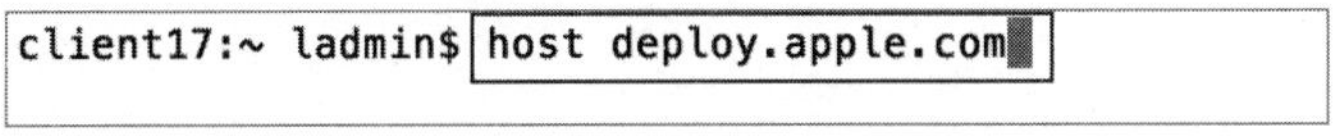

```
client17:~ ladmin$ host deploy.apple.com
```

12 按 Return 键执行指令。

13 确认你可以接收到有效的响应。在下面的图示中，回应的信息包含 deploy.apple.com （是一个替身记录），以及一个 IPv4 地址信息。

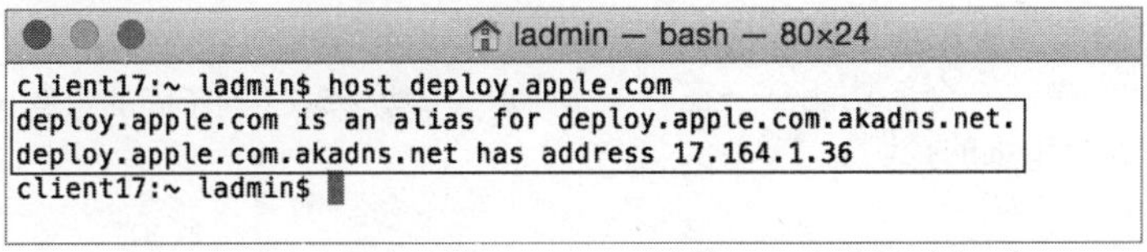

```
ladmin — bash — 80×24
client17:~ ladmin$ host deploy.apple.com
deploy.apple.com is an alias for deploy.apple.com.akadns.net.
deploy.apple.com.akadns.net has address 17.164.1.36
client17:~ ladmin$
```

14 输入host client17.pretendco.com，并按 Return 键执行指令。

15 确认你可以接收到有效的响应：10.0.0.*n*2（其中 *n* 是你的学号）。

16 在你的管理员计算机上退出“终端”应用程序。

在本练习中，你对递归查询做了限制，然后对 DNS 服务的访问做了限制，最后再恢复为默认的访问设置。在接下来的课程中，你还将学习到有关 Server“访问”选项卡设置面板的更多内容，通过它来限制对其他 OS X Server 服务的访问。

课程3

Server 应用程序的探究

完成 OS X Server 的初始安装后，Server 应用程序会打开它的主配置面板，你可以继续进行后续的配置操作。在本课程中，你将学习如何使用 Server 应用程序中的各个设置面板、如何启用 Server 应用程序的远程访问功能，以及如何更改服务器存储服务数据的位置。你还会学习到 OS X Server Yosemite 中的一个新功能——在一个单一的位置对服务的访问进行精细的控制。

目标

- ▶ 了解如何使用 Server 应用程序。
- ▶ 使用 Server 应用程序管理远端的 OS X Server 计算机。
- ▶ 将服务数据移动到不同的宗卷上。

参考3.1 允许远程访问

在服务器计算机上管理你的服务器当然是可以的，但是并不建议在你的服务器计算机上使用用于日常工作的应用程序。

你可以在远端装有 Yosemite 的 Mac 上使用 Server 应用程序来管理 OS X Server，但只有在选中“允许使用服务器进行远程管理”复选框的情况下才可以。建议不要同时使用多个 Server 应用程序来管理同一台服务器。

更多信息 ▶ 当你选中了“允许使用服务器进行远程管理”复选框的时候，将允许其他 Mac 使用 Server 应用程序通过 TCP 311 端口来配置、管理和监控你的服务器。

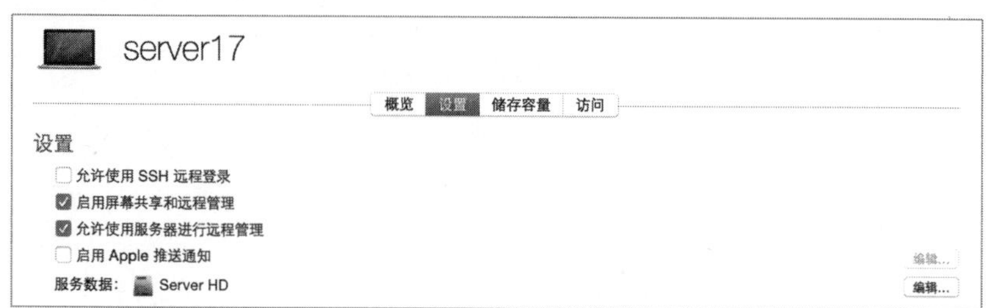

与早先版本的 OS X Server 不同，你无法通过 Server 应用程序来进行 OS X Server 的远程初始安装，你只能在要安装 OS X Server 的 Mac 上使用Server 应用程序，至少完成初始安装及配置操作。

不过，有些时候你需要直接控制你的服务器计算机。例如，通过 Finder 来进行一系列的文件和文件夹的复制操作。如果你选中了“启用屏幕共享和远程管理”复选框，那么你可以使用屏幕共享（在 Server 应用程序的“工具”菜单中可以使用，并且在/系统/资源库/CoreServices/Applications/中也可以找到屏幕共享应用程序）和 Apple Remote Desktop（通过 Mac App Store 可获得）来控制运行 OS X Server 的 Mac。

当你选中“启用屏幕共享和远程管理”复选框时，默认情况下，允许服务器计算机上所有本地管理员账户来访问（如果你已使用“共享”偏好设置为指定用户设置了特定的访问级别，那么当你选中此复选框或取消选中此复选框的时候，配置信息都会被显示出来）。如果你要允许其他账户进行访问，或是为使用虚拟网络计算机（VNC）协议的软件指定一个访问密码，都可以在服务器计算机上通过共享偏好设置进行配置。

NOTE ▶ 当你使用 Server 应用程序配置远程访问的时候，如果“共享”偏好设置已经是打开的了，那么你可能需要退出系统偏好设置，然后重新打开“共享”偏好设置才可以看到更新后的设置。

下图所示的是选中“启用屏幕共享和远程管理”复选框的界面，在“共享”偏好设置中，“远程管理”复选框也是被选中的。注意，“屏幕共享”复选框是不可用的。如果单击“屏幕共享”选项，会看到“屏幕共享目前正被远程管理服务所控制”的消息。

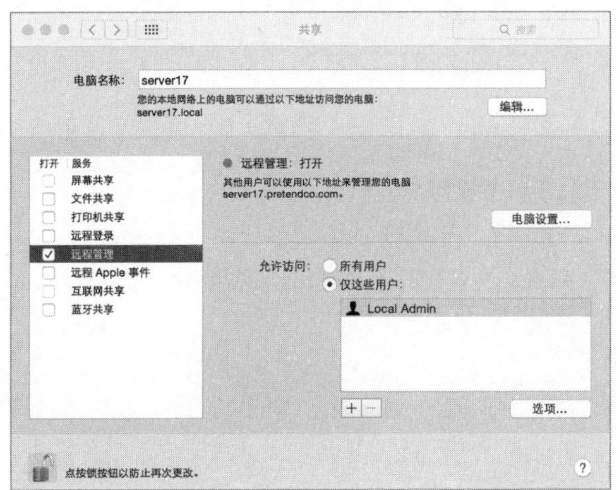

更多信息 ▶ 如果你通过“共享”偏好设置取消选中“远程管理”复选框并选中“屏幕共享”复选框，那么在 Server 应用程序中，“启用屏幕共享和远程管理”复选框将显示为一条中横线（－），而不是对钩标记。

Server 应用程序中的“允许使用 SSH 远程登录”复选框与“共享”偏好设置中的“远程登录”复选框具有相同的效果。在其他工具中选中或取消选中这两个复选框也具有相同的效果。

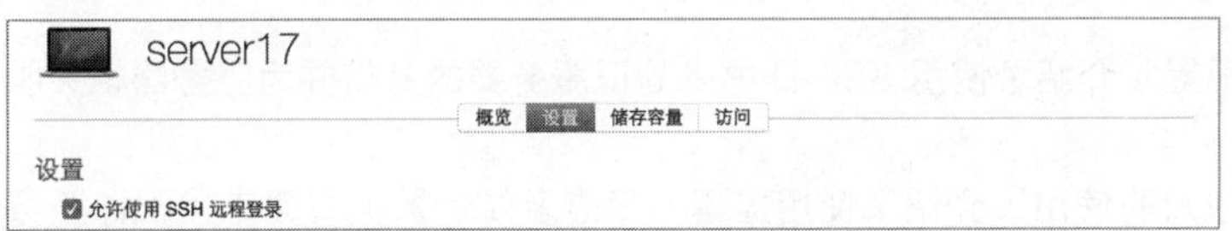

当你在远端管理员计算机上运行 Server 应用程序的时候，如果“允许使用 SSH 远程登录”复选框是被选中的，那么在其旁边会显示一个箭头图标。如果单击箭头图标，Server 应用程序会打开“终端”应用程序，并试图以 SSH 协议去连接你的服务器，这会使用你提供给 Server 应用程序的管理员账户用户名来连接远端的服务器计算机。你还必须提供密码才可以成功地建立 SSH 连接。

与此类似，这里还有可以打开与你服务器进行屏幕共享会话的快捷方式。这时会打开“屏幕共享”应用程序，可以远程观察和控制远端的服务器计算机。

当然，“允许使用 Server 进行远程管理”复选框是不能让你进行配置的，你只能在服务器上直接使用 Server 应用程序来进行配置。

下图展示了可建立服务器连接的箭头快捷方式图标。

NOTE ▶ 如果你当前装有 Yosemite 的 OS X 是从 Snow Leopard（10.6.8）进行升级的，或是通过 OS X Lion 、Mountain Lion 或 Mavericks 的任意一个版本升级的，那么它会继承被升级系统的共享设置。

参考3.2
Server 边栏项目的使用

Server 应用程序的边栏包含4个部分的内容，在本教材中你将会用到以下这些项目：

- 服务器。
- 账户。
- 服务。
- 高级服务。

服务器

“服务器”部分会显示你的服务器及不属于服务或账户的项目：

- 你的服务器。
- 如果你的子网中存在 AirPort 设备，那么会在这里显示 AirPort 设备。
- 提醒。
- 证书。
- 日志。
- 统计数据。

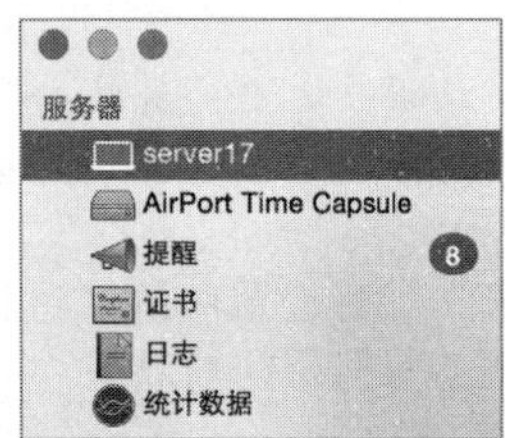

“课程4 SSL 证书的配置”介绍了使用 SSL 证书来验证服务器的身份并为服务器相关服务的网络传输提供加密保护。

“课程5 统计数据和通知的使用”介绍了使用提醒、日志及统计数据界面来监视你服务器的工作状态。

接下来的内容将主要介绍 Server 应用程序的边栏中、“服务器”部分的服务器项目和 AirPort 项目。

你的服务器

当你在 Server 应用程序的边栏中选中你的服务器时，会看到以下4个选项卡：

- 概览。
- 设置。
- 存储容量。
- 访问。

“概览”选项卡

当完成 OS X Server 的初始化安装和配置后，你首先看到的就是“概览”选项卡。它显示了有关用户可以如何访问到服务的信息，并显示了服务器的主机名称和计算机名称。OS X Server Yosemite 的一个新功能是“互联网”信息显示区，它显示了从互联网可访问到的服务总数量，以及服务被访问时所用的外部 IPv4 地址。Server 应用程序会联络 Apple 的服务器，看看都可以访问到你服务器上的哪些服务，并报告给 Server 应用程序。单击“详细信息”按钮，还可以查看在该外部 IP 地址上都有哪些服务可用。

注意，在你本地子网中的客户端也可以使用“本地主机名”，但这个名称并不显示在这里。

“概览”选项卡中的 Server 选项区域显示了服务器计算机自最后一次启动后已经运行的时间，还显示了 OS X 及 OS X Server 的版本信息。

“概览”选项卡中的底部还包含一个列表，列出了各个活跃的网络接口及它们的 IPv4 地址。

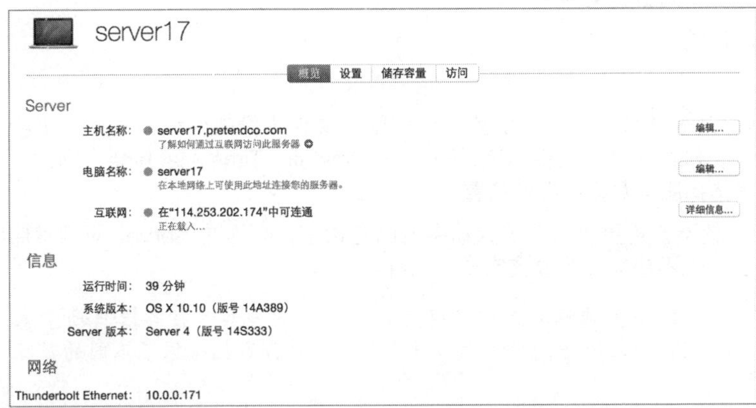

“设置”选项卡

“设置”选项卡提供了一些可以进行配置的选项，如下：

- ▶ 远程访问和管理。
- ▶ 推送通知。
- ▶ 存储服务数据的位置。

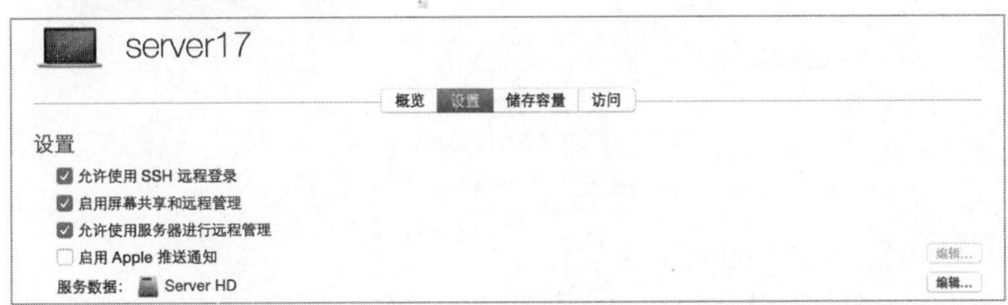

“启用 Apple 推送通知”选项会在“课程5　统计数据和通知的使用”中进行介绍。

“设置”选项卡中的最后一个选项，可以配置服务器将各项服务数据存储到其他宗卷上，而不是在启动宗卷。

更改服务数据的存储位置

默认情况下，大多数服务的数据被存储在服务器启动宗卷的/资源库/Server 目录中。无论你是想获得更多的系统磁盘空间还是更快的速度，或者纯粹就是希望将服务数据与操作系统分开存储，你都可以更改服务数据的存储位置。当你单击“服务数据”旁边的“编辑”按钮时，可以更改服务器上大部分服务的数据存储位置。从下图所展示的设置面板可以看出，这是一台带有3个内部宗卷和一个外部宗卷的服务器。

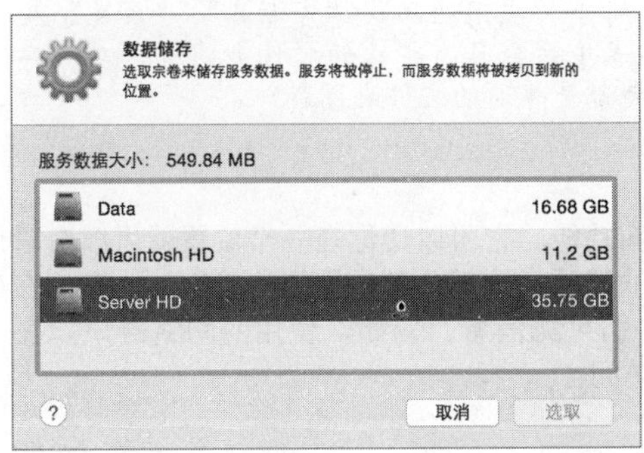

如果你通过 Server 应用程序选用了不同的服务数据宗卷，那么会进行以下操作：

- 自动停止相应的服务。
- 在选用的宗卷上创建一个新的文件夹（/Volumes/宗卷名称/Library/Server）。
- 将现有的服务数据复制到新的文件夹中。
- 配置服务使用新的位置。
- 再次开始服务。

不是所有的服务数据都会被转移。例如，配置文件和临时文件（像邮件缓冲文件）仍会留在系统宗卷上，而且很多服务，例如缓存、文件共享、FTP、Netinstall、Time Machine、网站，以及 Xcode，都有单独的界面来选择服务数据的存储位置。

在你开始提供服务后，就不要再更改服务器启动宗卷的名称了，当你在 Server 应用程序中指定了服务数据的存储宗卷后，也不应当去更改该宗卷的名称。

更多信息▶如果你通过 FTP 服务选择共享网站根目录，那么它会共享服务器启动宗卷上的/资源库/Server/Web/Data/Sites/文件夹，即使你为服务器上的服务数据选用了不同的数据宗卷亦如此。

"存储容量"选项卡

"存储容量"选项卡按字母顺序显示了已连接到服务器计算机的磁盘列表，你可以向下展开列表并编辑文件的所有权、权限，以及访问控制列表（ACL）。在"课程13 文件访问的设置"中还会看到有关这个设置面板的详细情况。

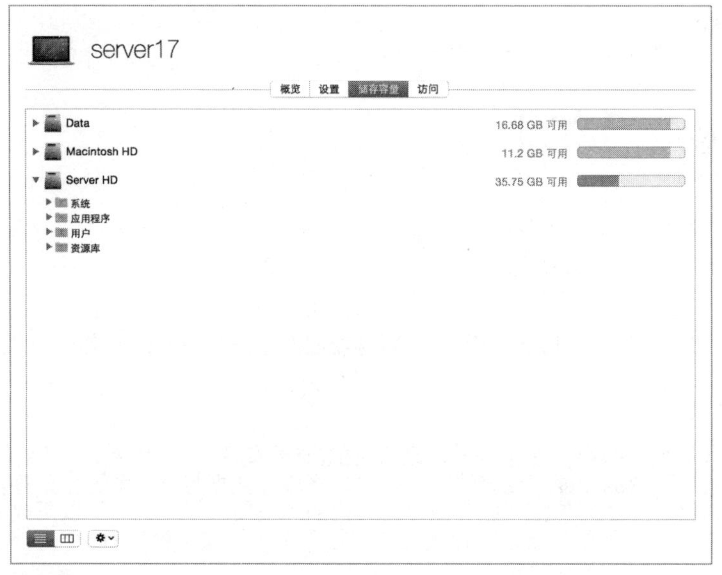

TIP▶ 如果你有多个宗卷连接到服务器，那么对于"应用程序""资源库""系统"及"用户"这些特殊文件夹来说，只有出现在启动宗卷中才会具有特殊的文件夹图标。在"存储容量"选项卡中，出现在其他宗卷中的这些文件夹都是普通的文件夹图标。

"访问"选项卡

"访问"是 OS X Server Yosemite 中的一项新功能。它可以让你在一个位置就可以查看用户级和网络级的授权。你在"访问"选项卡中所看到的选项，大部分都是重复的控制项，它们在单个服务的选项中也可以使用，但是在这里有更多额外的可见信息，例如，使用的网络端口。在"访问"选项卡中主要分为两个部分：默认访问和自定访问。

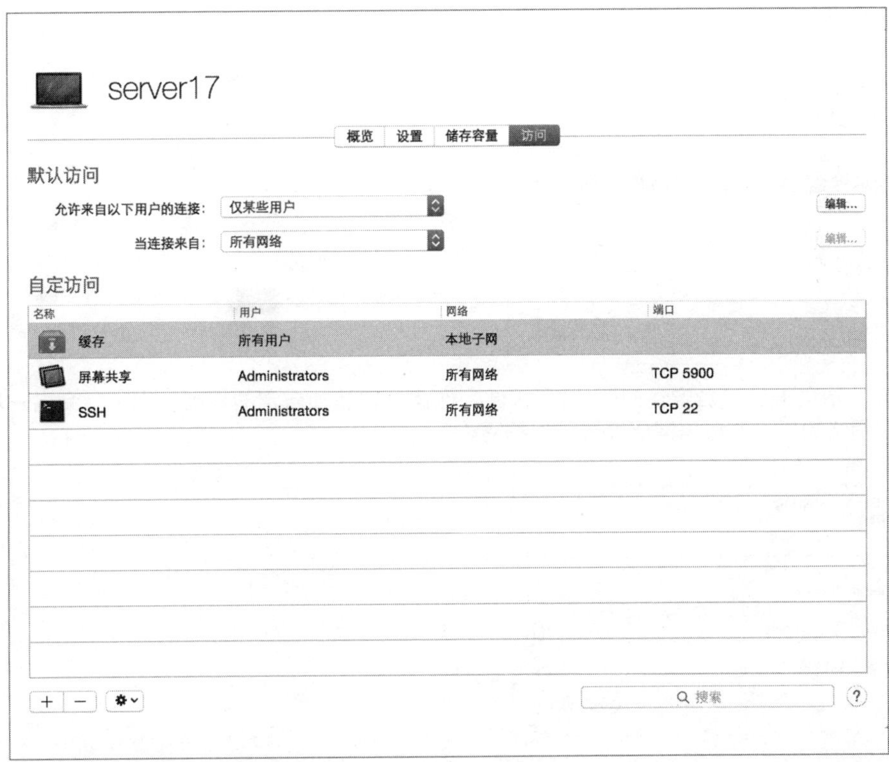

“默认访问”选项区域可以让你指定默认使用的规则，这包括“用户”和“网络”限制。每项规则都是可以单独进行更改的。在“用户”设置栏中既可以指定用户，也可以指定用户群组，以提升设置上的灵活性。

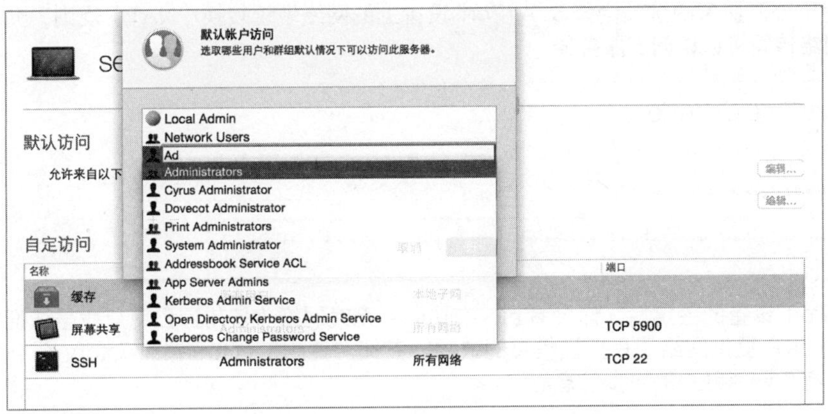

对于默认的“网络”访问规则，可以根据需求设定多个网络。

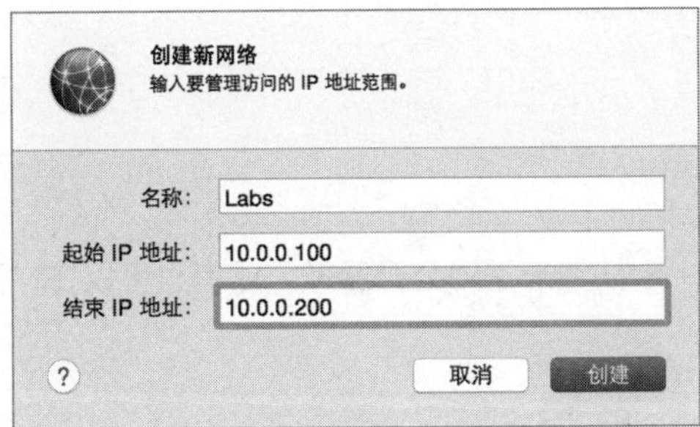

还可以自定网络范围。

在“访问”选项卡的“自定访问” 选项区域，你还可以添加自定的规则。你可以命名一项规则，为它分配网络端口，并根据需要设置可用的网络。

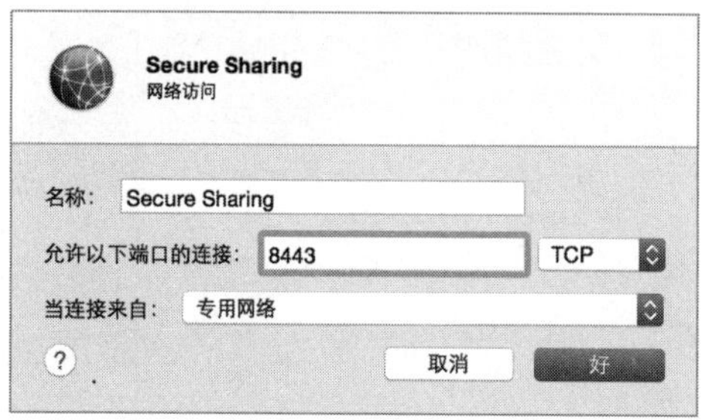

AirPort

如果你在 Server 应用程序的边栏中选择 AirPort 设备，那么当你通过鉴定以后就可以管理 AirPort 设备了。当 AirPort 设备部署在内网和互联网连接之间的位置时，就会用到 AirPort 设置面板了。在这里，用于公开服务的选项会修改 AirPort 设备上的网络地址转换（NAT）规则，允许来自互联网的特定网络传输可以访问到服务器。

当你通过 AirPort 设备的鉴定后，你会看到，在访问到无线网络（使用远程用户拨号认证服务 [RADIUS]）前要求用户提供网络用户凭证信息的选项。参阅“课程8　Open Directory 服务的配置”，可以了解到有关网络账户的更多信息。

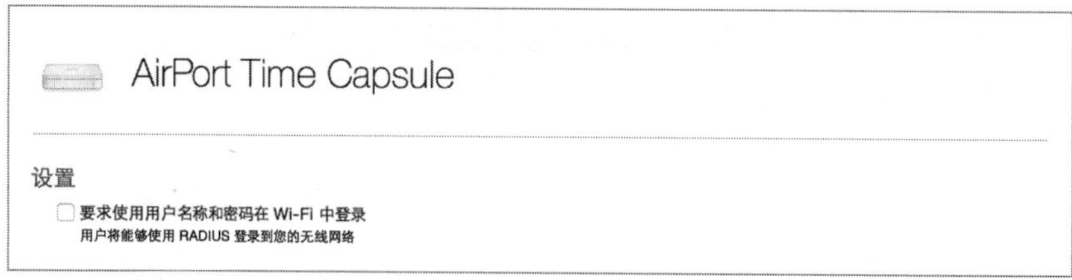

你可以单击 AirPort 设置面板中的“添加”（+）按钮来手动公开服务，或者也可以在你开启服务的时候让 Server 应用程序来自动公开服务。

下图展示了当你单击“添加”（+）按钮时显示的菜单。

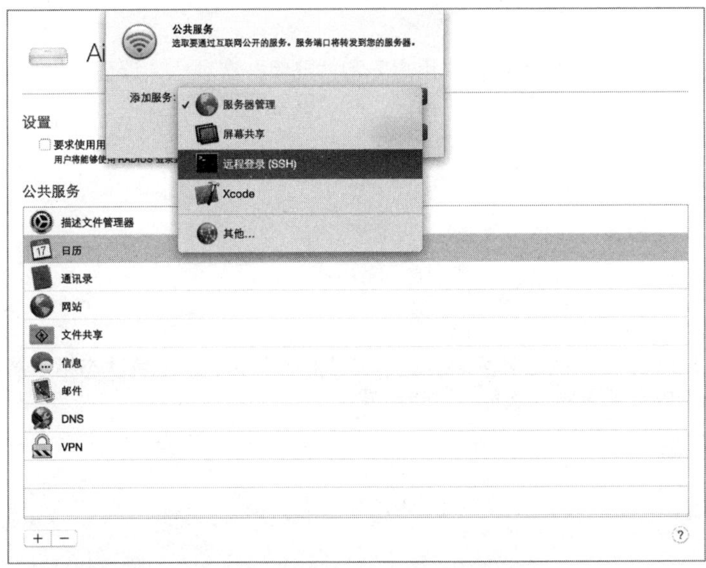

当你首次启动某些服务的时候会看到与下图类似的界面。

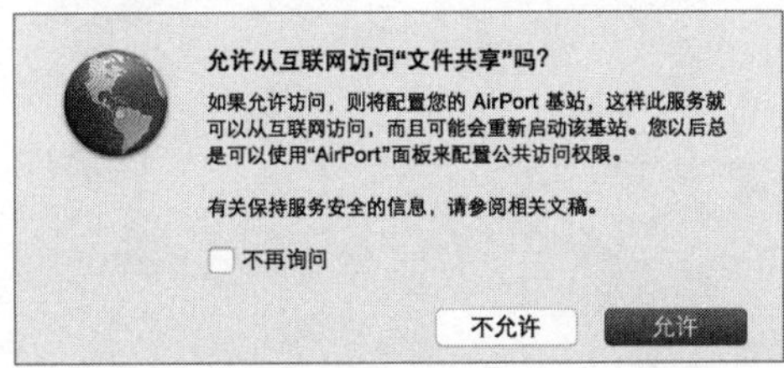

AirPort 设置面板列出了已被公开的服务列表，在下图中，“文件共享”服务已被列出。

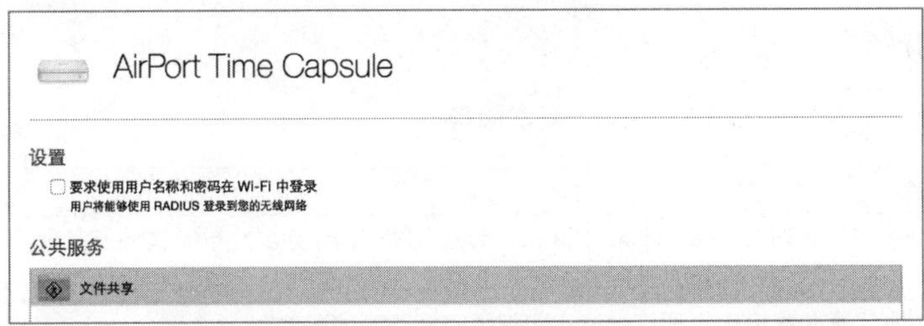

这个被公开的服务设置视图简化了一些复杂设置。下图是通过 AirPort 实用工具来编辑 NAT 规则的界面，可以看出“文件共享”服务由两个协议组成：139（Windows 文件共享协议）和 548（针对 Mac 客户端的 AFP 协议）。

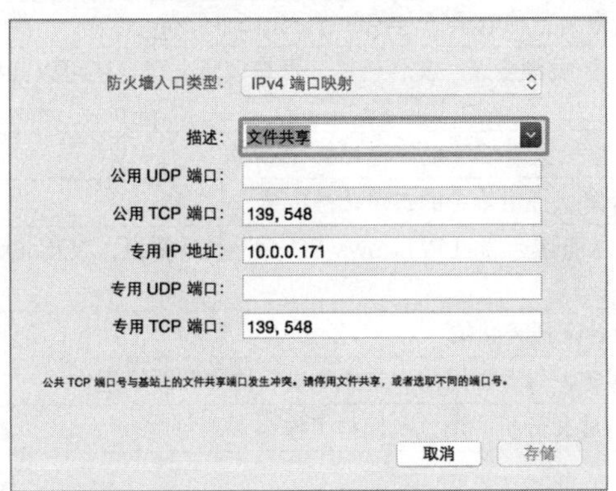

账户

Server 应用程序边栏中的“账户”选项组包含“用户”和“群组”选项。“课程7 本地用户管理”和“课程9 本地网络账户管理”会频繁使用“用户”和“群组”设置面板。

服务

“服务”选项组是 OS X Server 提供的服务列表。显示在“服务”旁边的绿色状态指示器说明“服务”当前正在运行。选择相应选项可对“服务”进行配置。

如表3-1所示为可用服务介绍。

表3.1 OS X Server 基本服务

服务名称	描述
缓存	可自动提升 Windows PC、Mac 计算机和 iOS 设备下载由 Apple 发布的软件及其他资源的速度
日历	通过 CalDAV协议来共享日历、预订会议室和相关资源及协调事件
通讯录	通过 CardDAV 协议在多台设备之间共享及同步联系人信息
文件共享	在 Windows PC、Mac 计算机和 iOS 设备之间共享文件，使用标准文件共享协议，包括SMB3、AFP和 WebDAV
邮件	通过 SMTP、IMAP 和 POP 标准协议来为各种电子邮件客户端提供邮件服务
信息	提供安全的即时消息协作服务，包括音/视频会议、文件传输、共享演示文稿，还可以归档聊天记录
描述文件管理器	通过配置描述文件基于无线网络来配置和管理 iOS 设备和 Mac 计算机
Time Machine	为使用 Time Machine 服务的 Mac 计算机提供集中的备份存储位置
VPN	提供安全加密的虚拟专用网络服务，从而让远端的 Windows PC、Mac 计算机，以及 iOS 设备可以安全地访问本地资源
网站	基于主机名称、IP 地址和端口号的组合来托管网站
Wiki	通过 Wiki 提供的网站、博客和日历服务，可令群组用户方便地进行协作和联络工作
Xcode	可令开发团队自动化 Xcode 项目的构建、分析、测试及归档工作

高级服务

默认情况下，“高级”服务列表是被隐藏的。该列表所包含的服务通常不同于其他服务的使用，并且它所包含的服务，例如 Xsan，要比普通的服务更为高深。要显示“高级”服务列表，可将鼠标指针悬停在“高级”文字上并选择“显示”选项。要隐藏列表，则将鼠标指针悬停在“高级”文字上，然后选择“隐藏”选项。

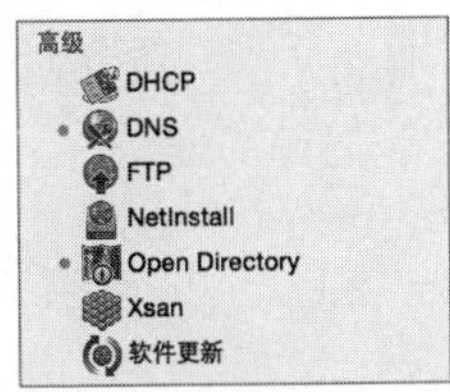

如表3-2所示为高级服务介绍

表3.2 OS X Server 高级服务

服务名称	描述
DHCP	动态主机配置协议，将网络信息分配到联网的计算机和设备
DNS	域名服务，提供域名到 IP 地址及 IP 地址到域名的解析
FTP	文件传输协议是一个传统协议，对于将文件上传到服务器或从服务器下载文件，都具有良好的支持
NetInstall	可以让多台 Mac 计算机安装 OS X 、安装软件、恢复磁盘映像，或是从网络磁盘，而不是从本地连接的磁盘启动，启动到一个公用的 OS 配置
Open Directory	提供了一个集中化的位置，用来存储用户、群组及其他资源信息，而且还可以与现有的目录服务进行整合
软件更新	托管和管理 OS X 客户端的软件更新
Xsan	提供共享的存储区域网络，本地网络上的客户端通过光纤通道进行存储

更多信息▶在附录B的 “课程1　OS X Server 的安装资源”部分，所列出的 Apple 技术支持文章，指出了在早先的OS X Server 版本中提供过的，但未出现在当前服务列表中的服务。对于本教材的打印版本，可以在可下载的课程文件中找到附录内容。

参考3.3
管理菜单的使用

Server 应用程序的管理菜单提供了两个主要的菜单项。

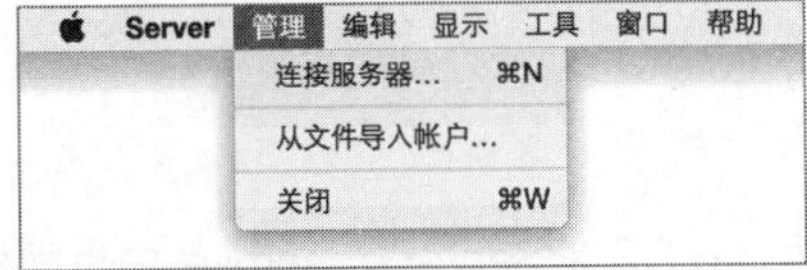

当你在没有被配置为服务器的 Mac 上选择“连接服务器”选项的时候，会打开一个提供了以下按钮的窗口：

- ▶ 其他 Mac：打开选取 Mac 的窗口。
- ▶ 取消：关闭窗口并退出 Server 应用程序。
- ▶ 继续：在当前这台 Mac 上设置 OS X Server。
- ▶ 帮助：在帮助中心中打开 Server 帮助。

当你在已被配置为服务器的 Mac 上选择“连接服务器”选项的时候，会打开包含以下内容的“选取 Mac”窗口：

- 你的 Mac。
- 在当前本地子网中的服务器可以进行远程管理。
- “其他 Mac”，可以让你通过主机名称或 IP 地址来指定其他 Mac。

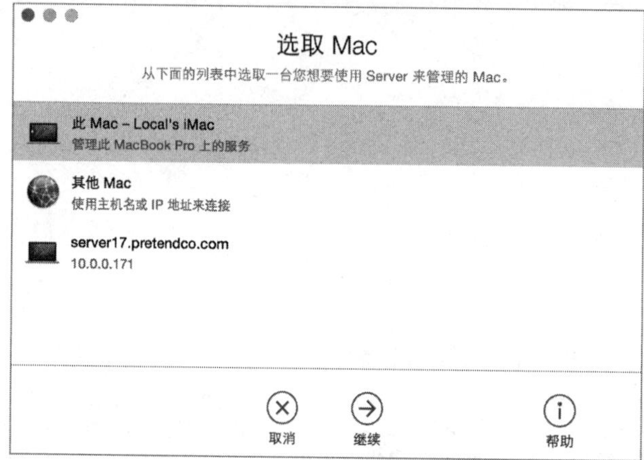

“从文件导入账户”菜单项的功能会在“课程7　本地用户的管理”，以及“课程9　本地网络账户的管理”中进行介绍。

参考3.4
工具菜单的使用

工具菜单可以让你快速打开 3 个管理应用程序：

- 目录实用工具。
- 屏幕共享。
- System Image Utility。

这 3 个应用程序在装有 OS X Yosemite 的 Mac 中，位于/系统/资源库/CoreServices/Applications/目录中。

参考3.5
帮助和 Server 教程的使用

OS X Server Mavericks带有的新特性——Server 教程，在OS X Server Yosemite 中也同样具备。Server 教程为一些 OS X Server 服务提供了相关的信息，以及一步一步的设置说明。从“帮助”菜单中可以选择“Server 教程”命令。

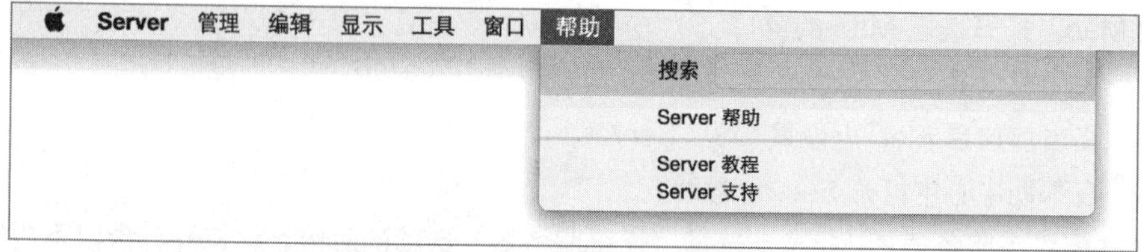

在“OS X Server 教程”窗口中选择一个主题，然后可以滚动浏览该主题的内容。

当你使用完教程后，可以关闭“OS X Server 教程”窗口。

不要低估 Server 帮助的能力。当你在搜索输入框中输入搜索词条后，帮助会显示匹配查询条件的 Server 帮助资源列表。

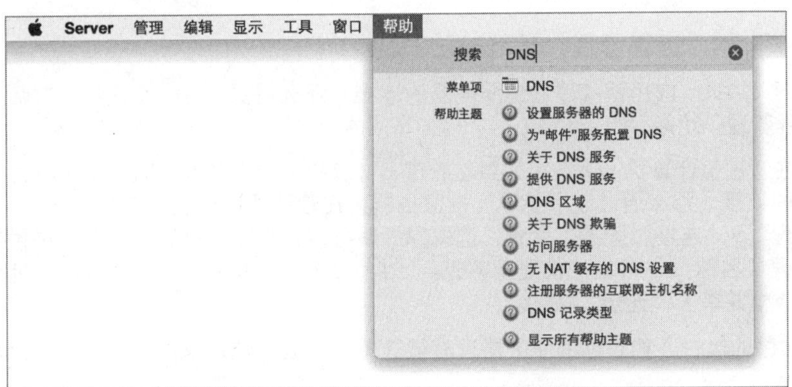

当你从资源列表中选择一个主题后，帮助中心窗口会一直显示在前台，直到你关闭它。

参考3.6
故障诊断

如果你打算通过主机名称去管理远端服务器，但是对于远端服务器来说，你的管理员计算机并没有相应可用的 DNS 解析记录，那么你将无法通过 Server 应用程序鉴定到服务器。有一个简单的解决办法就是使用服务器的本地主机名或是 IP 地址，例如，server17.local 或是 10.0.0.171。但这只不过是一个变通的办法，你还是应当去解决相关的 DNS 问题。

在你的服务器上，不要删除 Server 应用程序或是将 Server 应用程序从启动宗卷的“应用程序”文件夹中移走。如果进行了这样的操作，那么将会看到一个对话框，提示所有的服务都已被停止，并且需要你重新安装 OS X Server（或是将 Server 应用程序放回服务器启动宗卷的“应用程序”文件夹中）。根据最初的配置，你可能需要重新输入 Apple ID 来更新 Apple 推送通知服务的证书。

当将 Mac配置为服务器后，建议你不要再更改与服务器功能有关的任何宗卷的名称。因为有些文件路径是以硬编码的方式被存储到配置文件中的，它们无法进行自动更新。

你可以选择 Server > “提供 Server 反馈”命令来提交有关 OS X Server 的反馈信息。

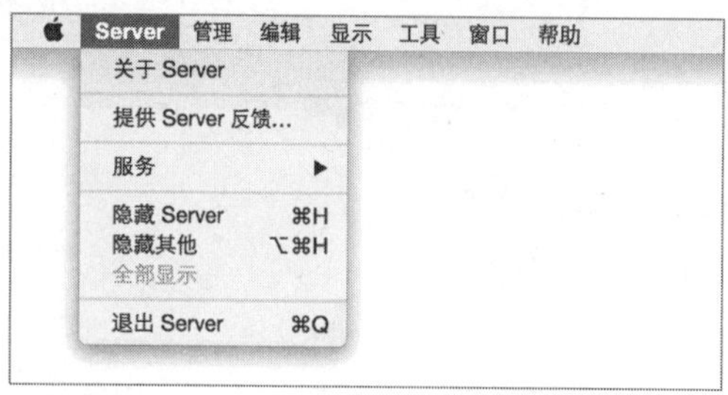

练习3.1
启用屏幕共享和远程管理

▶ **前提条件**

- 完成“课程1　OS X Server 的安装”中的所有练习操作。
- 完成“练习2.1　创建 DNS 区域和记录”的操作。

在“练习1.2　在服务器计算机上进行 OS X Server 的初始安装”中，你已经确认了你的服务器可以使用 Server 应用程序进行远程管理。现在即可使用“屏幕共享”和“远程管理”功能。如果你有 Apple Remote Desktop 软件，那么通过这个操作可让你使用该软件来控制你的服务器。在本练习中，你将使用“屏幕共享”来控制服务器。

确认“屏幕共享”和“远程管理”功能已被开启

如果你还没有通过 Server 应用程序建立到服务器的连接，那么需要建立一个连接，然后开启“屏幕共享”和“远程管理”功能。

1 本练习操作需要在管理员计算机上进行。如果在管理员计算机上，你还没有通过Server 应用程序建立到服务器的连接，那么通过以下步骤连接服务器：在管理员计算机上打开 Server 应用程序，选择“管理”>“连接服务器”命令，选取你的服务器，单击“继续”按钮，提供管理员凭证信息（管理员名称：ladmin，管理员密码：ladminpw），取消选中“在我的钥匙串中记住此密码”复选框并单击“连接”按钮。

2 在 Server 应用程序的边栏，如果你的服务器没有被选中，那么现在选取你的服务器。然后单击“设置”选项卡。

3 确认选中“启用屏幕共享和远程管理”复选框。

确认建立屏幕共享连接

建立屏幕共享连接。

1 单击“启用屏幕共享和远程管理”复选框旁边的箭头图标。

此时系统会试图通过“屏幕共享”应用程序建立到你服务器的连接。

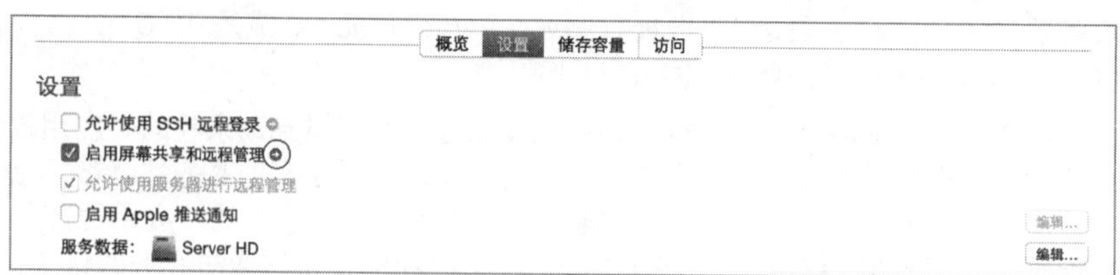

2 输入你服务器计算机的本地管理员凭证信息（管理员名称：ladmin，管理员密码：ladminpw）。

3 单击“连接”按钮。

4 确认你已经可以远程控制你的服务器。

5 在“屏幕共享”窗口单击“关闭”按钮。

在“练习1.1　安装 OS X Server 前，在服务器计算机上对 OS X 进行配置”中，由于你在服务器的“共享”偏好设置中选中了“远程管理”复选框，所以“启用屏幕共享和远程管理”复选框也会被选中，这样你就可以通过 Server 应用程序的快捷方式来使用“屏幕共享”功能了，从而控制你位于远端的服务器计算机。

练习3.2
查看服务数据宗卷

▶ **前提条件**

▶ 完成“练习3.1　启用屏幕共享和远程管理”的操作。

在本练习中，你将通过一些操作步骤来重新指定你的服务数据存储宗卷，但是你不要真的去更改它。

查看将服务数据转移到不同宗卷的设置项

通过 Server 应用程序，你可以为服务数据选用不同的存储宗卷。这个操作最好尽早进行，这样在将大量数据转移到新宗卷的时候，就不需要停用服务而去等待了。

1 在管理员计算机上，如果还没有连接到你的服务器，那么打开 Server 应用程序，连接你的服务器并鉴定为本地管理员。

2 在 Server 应用程序的边栏，选中你的服务器并单击“设置”按钮。

3 单击“服务数据”设置项旁边的“编辑”按钮。

4 查看当前服务数据的大小，以及在列出的宗卷上有多少可用的空间。如果有其他的可用宗卷用来存储服务数据，那么你可以选择宗卷并单击“选取”按钮。

由于在你的测试环境中可能没有额外的宗卷可用，所以在对本教材剩余的练习进行编写的时候，都假定服务数据被存储在启动宗卷上。

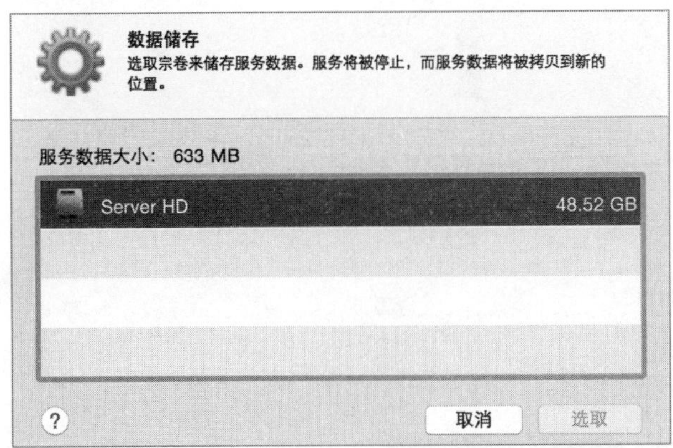

5 为了达到本练习的学习目的，单击“取消”按钮关闭窗口。

虽然你可以通过以上操作来重新指定服务数据的存储宗卷，但是在本练习中你不要真的去更改它。你可以在带有额外存储宗卷的实际工作环境中来应用这个操作过程。

练习3.3
探究“访问”选项卡

▶ **前提条件**

▶ 完成“练习3.1 启用屏幕共享和远程管理”的操作。

在本练习中，你将探究“访问”选项卡中的各项功能。如果某项服务不具有自定的访问规则，那么当某个用户试图访问该项服务的时候，你的服务器将使用“默认访问”选项区域所指定的规则来决定是否可以访问到服务。不过，你还没有创建任何用户，所以需要修改网络访问规则。你将根据学号来创建一个自定的网络范围，并以这个范围设置来限定对服务的默认访问规则。在确认网络范围以外的 Mac 无法访问到服务器后，你将为远程管理服务创建一个自定规则，这个规则将允许新的网络范围（该网络范围包含你同学的 Mac 计算机）访问服务。在你确认这个自定的规则可以让你同学的 Server 应用程序看到你的服务器后，再将访问规则恢复为它们的默认设置。

如果你是自己独立进行练习操作的，那么可以更改访问规则，但是如果没有第三台 Mac ，就无法确认规则是否实际生效，所以你可以阅读这部分的练习操作。

更改默认访问规则

在你的服务器上从更改服务的默认访问规则开始（这些规则应用到那些没有指定其他自定访问规则的服务）。

NOTE ▶ 当你远程管理网络访问规则的时候务必要小心。没有人希望忽然无法进行远程访问，不得不奔波到运行 Server 的 Mac 计算机前，而只是为了重新配置一下网络访问规则。

1 在你的管理员计算机上，在 Server 应用程序的边栏中选择你的服务器，单击“访问”选项卡。

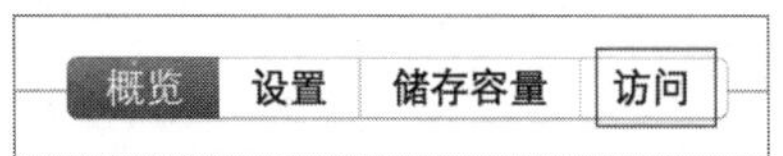

2 注意“默认访问”选项区域的设置，当连接来自所有网络的时候允许“所有用户”连接。

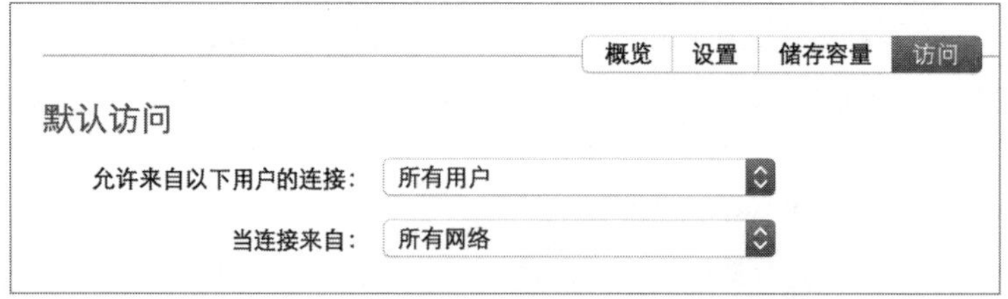

3 打开“当连接来自”弹出式菜单，并选择“仅某些网络”命令。

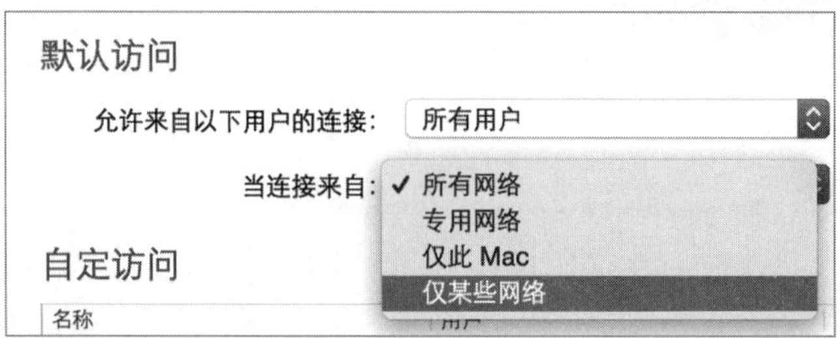

4 在“默认网络访问”设置面板，单击“添加”（+）按钮，并选择“创建新网络”选项。

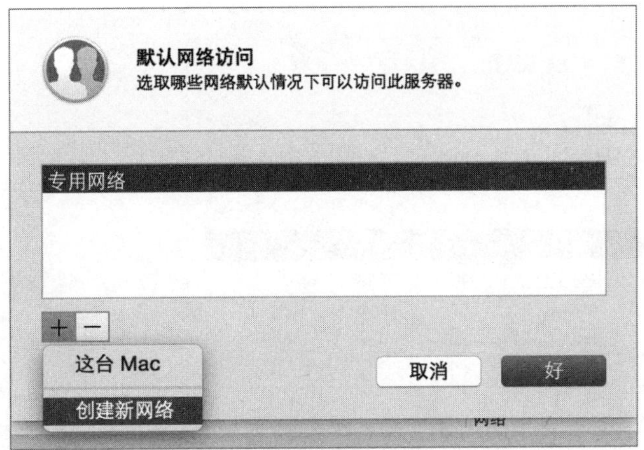

5 输入以下信息（其中 *n* 是你的学号）：

- ▶ 名称：Student *n* Range。
- ▶ 起始 IP 地址：10.0.0.*n*1。
- ▶ 结束 IP 地址：10.0.0.*n*9。

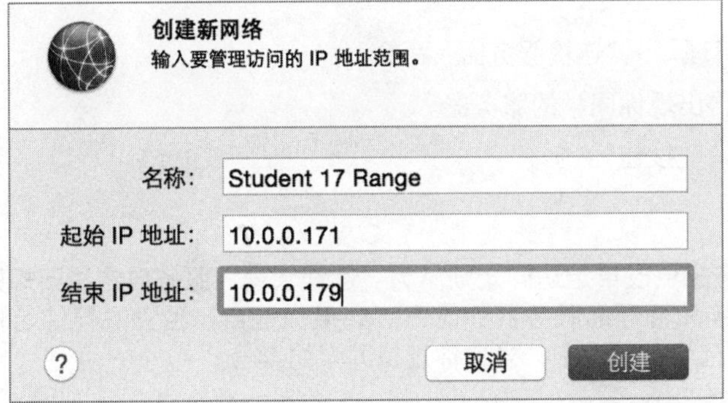

NOTE ▶ 在编写本教材时，当时可用的版本在你单击“创建”按钮后，就不能再对名称或是网络地址的范围进行编辑了，并且无法移除这个网络，所以在你单击“创建”按钮前，请再次核对你输入的信息。

6 单击“创建”按钮。

7 在“默认网络访问”设置面板中选择“专用网络”，然后单击“移除”（–）按钮。

8 确认在“默认网络访问”设置面板中，你新建的网络地址范围是唯一的项目。

9 单击“好”按钮保存设置。

10 确认“默认访问”选项区域的设置包括“所有用户”和“仅某些网络”，并且 “自定访问”

选项区域中的“屏幕共享”和“SSH”项目，它们的“网络”设置一栏都被设置为“默认”，并且显示了你刚刚创建的网络范围：Student *n* Range（其中 *n* 是你的学号）。

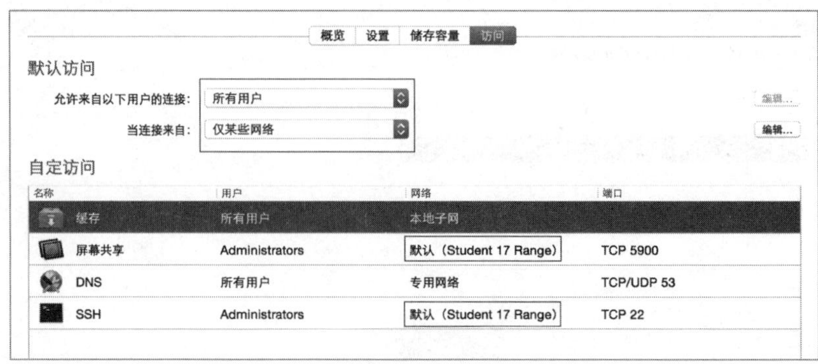

11 如果你是在有教师指导的培训课堂环境进行练习操作的，那么询问你的同学，看他的 Server 应用程序是否可以看到你的服务器。否则，请跳转到“修改自定访问规则”的内容继续进行操作。

确认已修改的默认访问规则已经生效

如果你是在有教师指导的培训课堂环境进行练习操作的，那么等待你的同学做好准备，确认你的 Server 应用程序无法看到她的服务器，因为你的 Mac 所用的 IPv4 地址是在她所指定的网络地址范围的外部。

1 在你的管理员计算机上，选择“管理”>“连接服务器”命令。

2 在“选取 Mac”面板中，确认不再出现你同学的服务器。

3 在“选取 Mac”面板中单击“取消”按钮。

修改自定访问规则

在你更改了默认访问规则后，现在来更改自定访问规则。为“远程管理”服务自定访问规则，从而控制通过 Server 应用程序来连接和管理你服务器的能力。如果你是自己独立进行练习操作的，那么在1～17选取一个不同于你自己学号的数字，当作你虚拟同学的学号。

1 在你的客户端计算机上，在 Server 应用程序的边栏中选择你的服务器，单击“访问”选项卡。

2 单击“添加”（+）按钮，并选择“远程管理”选项。

3 在“远程管理”设置面板中单击“添加”（+）按钮，并选择“创建新网络”选项。

4 输入以下信息（其中 *m* 是你同学的学号）：

- 名称：Student *m* Range。
- 起始 IP 地址：10.0.0.*m*1。
- 结束 IP 地址：10.0.0.*m*9。

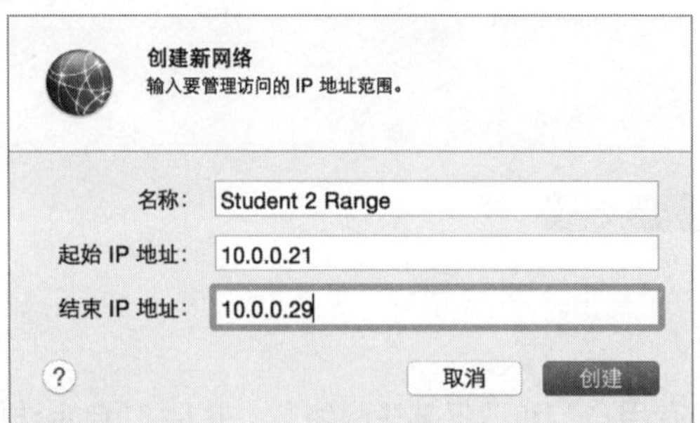

5 单击“创建”按钮。

6 确认现在有两个网络被列出：一个是基于你的学号，另一个是基于你同学的学号。

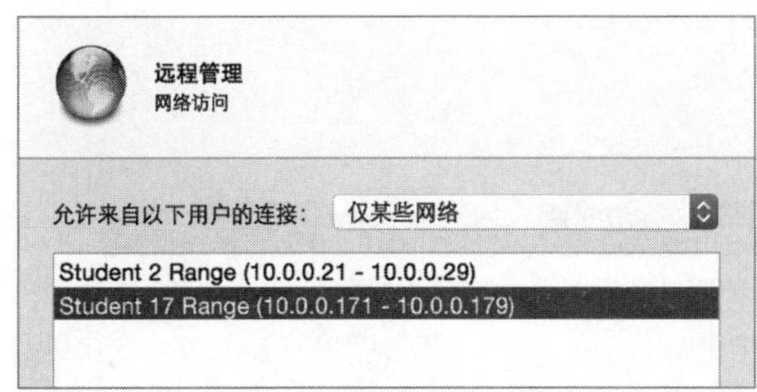

7 单击“好”按钮保存设置。

8 在“自定访问”选项区域，注意针对“远程管理”的新规则，它包含了可以访问该服务的网络地址范围信息，还包含与服务相关的端口类别和端口号。

确认已修改的自定访问规则已经生效

如果你是在有教师指导的培训课堂环境进行练习操作的，那么等待你的同学做好准备，确认你的 Server 应用程序现在可以看到他的服务器，因为你的 Mac 所用的 IPv4 地址在他所指定的网络地址范围内，这个地址范围被授权可以访问他服务器上的“远程管理”服务。

1 在你的客户端计算机上，选择“管理”>“连接服务器”命令。

2 在“选取 Mac”面板中，确认出现了你同学的服务器。

3 在“选取 Mac”面板中单击“取消”按钮。

恢复默认访问规则

为了避免在以后的练习操作中出现问题，需要恢复你服务器的默认访问规则，并移除你为“远程管理”服务创建的规则。

1 在“默认访问”选项区域，打开“当连接来自”弹出式菜单，并选择“所有网络”命令。

2 在“自定访问”选项区域，选择“远程管理”自定规则，并单击“移除”（–）按钮。

3 单击“移除”按钮，确认移除自定规则。

4 确认你的“默认访问”和“自定访问”选项区域的设置如下图所示。

在本练习中，你更改了访问你服务器服务的默认访问规则，为服务添加了自定访问规则，然后又将默认访问规则重置为它原来的默认设置，并移除了你所创建的自定访问规则。

课程4

SSL 证书的配置

目标

- 了解 SSL 证书的基础知识。
- 创建证书签名请求。
- 创建自签名的 SSL 证书。
- 导入已由证书颁发机构签名的证书。
- 归档你的证书。
- 更新你的证书。
- 配置 OS X Server 服务使用证书。

你不需要进行额外的工作，就可以通过 OS X Server 来增强服务的安全性。然而，你还可以使用加密套接字协议层（Secure Socket Layer，SSL）技术来验证服务器对客户端计算机及设备的识别。此外，还可以对服务器与客户端计算机及设备之间的通信进行加密。本课程从 SSL 基础知识的介绍开始，然后向你展示如何配置 OS X Server 使用的 SSL 证书。

参考4.1 SSL 证书基础知识

你一定希望那些使用服务器服务的用户能够信任服务器的身份，并且可以加密与服务器的网络传输，OS X 的解决方案是使用SSL，这是一个用于实现主机间数据安全传输的系统。你可以配置你的服务器使用 SSL 证书，从而可以使用 SSL 系统。

“SSL 证书”（也可以简称为“证书”）是一个文件，用于识别证书的持有人。证书规定了其使用许可，并具有使用期限。最重要的是，证书包含了公钥基础设施（PKI）的公钥。

PKI 涉及公钥和私钥的使用。简单来说，“密钥”是一个加密的 BLOB 数据，在 PKI 中，公钥和私钥按照一定的关联算法被创建出来：通过一个密钥加密的数据只能通过另一个密钥来解密。如果能够通过一个密钥来解密，则说明数据是通过另一个密钥来加密的。公钥是公开提供使用的，而私钥应当保持私有。所幸的是，加密和解密都是发生在幕后的，并且这是建立安全通信的基础。

这里有一些定义：

“数字身份”（或者简称“身份”），是识别一个实体（例如个人或服务器）的电子身份形式。身份是证书（包含公钥）和对应私钥的组合。如果没有私钥，那么就无法验证身份。类似的，如果其他的实体具有你的私钥，那么它们可以自称是你的身份，所以要确保私钥的私密！

同样简化来说，“数字签名”是使用PKI私钥和公钥的加密方案，用于证明特定的消息（一个数字文件，例如 SSL 证书）自从签名被生成后没有被更改过。如果一个已签名的消息被修改或以其他方式被篡改，那么显然签名将不再匹配底层的数据。因此，可以在证书上使用数字签名技术来验证它的完整性。

对于证书，要么是自签名的，要么是由证书颁发机构（也称为证书认证机构，或者简称为 CA）进行签发的。也就是说，你可以签发自己的证书，使用你的私钥（记住，证书是用来标识证书持有者的文件，并且包含了公钥）或者通过别人，也就是 CA，使用他们的私钥来签发你的证书。

“中级CA”（Intermediate CA），也是一个 CA，它的证书是由另一个 CA 进行签发的。所以它可能会有一个分层的证书链，其中由另一个 CA 签名的中级 CA 也可以签发证书。

在下图中，www.apple.com 的证书由名为 Symantec Class 3 EV SSL CA – G3 的中级 CA 签发，而中级 CA 又是通过名为VeriSign Class 3 Public Primary Certification Authority – G5 的 CA 来签名的。

你可以跟随一个证书链，从已签名的证书开始，向上到中间CA，并终止达到证书链的顶端。证书链终端的 CA 签发它自己的证书，被称为根证书。你只需要具有根证书就可以签名你的证书，而并不需要有中级 CA 的介入，但实际上通常都会涉及中级 CA 。

但是如何信任一个 CA 呢？毕竟根 CA 签发它自己的证书，这实际上是掌控根 CA 的组织机构在声称你应当信任他所说的。

这个问题的答案是，信任需要从某一点开始。在 OS X 和 iOS 中，Apple 包含根CA 及中级 CA 的集合，Apple 已经确认它们都是可信的（参见 Apple 网站上的 Apple Root Certificate Program 页面， www.apple.com/certificateauthority/ca_program.html，从中获取 Apple 接受根证书的流程信息）。一打开产品包装，你的 Mac 计算机和 iOS 设备就已经配置好去信任这些 CA。也就是说，你的 Mac 计算机和 iOS 设备也同样信任这些证书，或是以这些 CA 为终点的证书链中的中级 CA。在 OS X 中，这些信任的 CA 被存储在系统根证书钥匙串中（参见《*Apple Pro Training Series: OS X Support Essentials 10.10*》教材的“课程8　钥匙串管理”，来获取有关 OS X 中各类钥匙串的详细信息）。你可以使用“钥匙串访问”应用程序来查看这些受信任的根 CA 集合。打开“钥匙串访问”（在“实用工具”文件夹中）。在左上角的“钥匙串”栏中，单击“系统根证书”。注意在下图窗口底部的状态栏中，默认情况下，在Yosemite 中有超过 200 个信任的 CA 或是中级 CA。

更多信息▶一些第三方软件公司，例如 Mozilla，并不使用系统根证书钥匙串，他们有自己的机制来存储自己的软件所信任的 CA 。

在“课程8　Open Directory 服务的配置”中你会学习到，当你将服务器配置为主 Open Directory 服务器的时候，Server 应用程序会自动创建一个新的 CA，以及一个新的中级 CA，并使用中级 CA 来签名新的 SSL 证书，该证书将服务器的主机名称作为通用名称（通用名称是证书持有者标识信息的一部分）。如果你尚未通过一个普遍信任的 CA 来为你的服务器签发 SSL 证书，那么建议你使用由你的 Open Directory 中级 CA 签发的 SSL 证书。因为在“课程10　配置 OS X Server 提供设备管理服务”，你将学习如何使用“信任描述文件”来配置你的 iOS 设备和 OS X 计算机，来信任你的 Open Directory CA，更进一步说，就是信任中级 CA及新的 SSL 证书。

但是对于那些在你的控制之外，无法进行配置的计算机和设备来说又该怎么办呢? 当用户所用的计算机和设备没有配置信任你服务器的自签名 SSL 证书，或是你服务器的 Open Directory CA 或中级CA 时，它们会试图安全访问服务器上的服务，但仍会看到无法验证识别服务器身份的消息。

而解决验证身份这一问题的办法就是，为你的服务器选用一个被大多数计算机和设备都已配置为信任状态的 CA 所签发的 SSL 证书。

确定要使用哪类证书

为了避免出现前面的问题，你应当通过普遍信任的 CA 来签发证书，考量服务要使用的证书，以及访问这些服务的计算机和设备。

如果你使用自签名的证书，那么在服务器上安装证书并不需要额外的服务器配置工作，但是你需要配置各个客户端来信任自签名的证书。对于 Mac 客户端来说，这不仅需要将证书分发到 Mac，并将证书添加到系统钥匙串，而且还包括要让操作系统（OS）如何信任证书的配置。

NOTE ▶ 如果你使用自签名的证书，但是无法配置所有设备都信任自签名的证书，那么当用户遇到使用自签名证书的服务的时候，会显示一个对话框来通知用户，说明该证书是不被信任的，并且他们必须单击“继续”按钮才能访问服务。我们平时要培养用户不自动信任那些不受信任的、过期的或是无效的证书，而这样的操作显然不是我们所希望的。

如果你要使用由普遍信任的 CA 签发的证书，那么需要生成一个证书签名请求（CSR），将 CSR 提交给 CA，然后导入经过签名的证书。

当然，你也可以为不同的服务混合使用不同的证书。如果你的网站服务针对多个主机名称都需要进行响应，那么你可能希望为网站服务使用针对各个主机名称的证书，通过 SSL 确保安全。

通常情况下，你都需要配置服务器的服务来使用相应的证书。

在接下来的内容中，将向你介绍如何获得由普遍信任的 CA 签发的证书，令你可以使用它来验证你服务器的身份，以及使用它来加密服务器与访问服务器服务的用户之间的通信。

参考4.2
SSL 证书的配置

你的服务器已具有默认的自签名 SSL 证书。这是一个好的开始，但是如果不进行额外的配置，那么对于其他的计算机或设备来说，就不会信任使用这个证书的服务。为了让 CA 签发一个证书，需要通过 Server 应用程序来创建一个证书签名请求。实现这一目标的具体操作步骤后面会有详细的介绍，但是通常都会包含以下几个主要步骤：

- 生成一个新的 CSR。
- 将 CSR 提交给一个普遍信任的 CA。
- 导入经过签名的证书。
- 配置服务器服务使用新签发的证书。

CA 使用你的 CSR 并通过它自己的私钥来为你签发 SSL 证书的过程，包括验证你的身份（否则，如果他签发的证书来自未经验证的实体，那么人们又怎么会信任这个 CA 呢？）和收取费用。

而最后的效果就是，使用你服务器服务的计算机和设备，现在就不会显示你的 SSL 证书是未经验证的警告信息了（只要这些计算机和设备信任你所选择的、为你签发证书的 CA 即可）。此外，对于使用 SSL 证书的服务来说，你的服务器和访问该服务的用户可将服务器的 SSL 证书用于通信的加密。

在你开始创建新的证书前，请花一些时间来查看一下你都已经具备了哪些条件。

服务器默认证书的查看

你可以使用 Server 应用程序来显示证书（如果你已登录到服务器系统，那么也可以使用“钥匙串访问”应用程序）。默认情况下，Server 应用程序并不显示默认证书。要显示所有证书，在 Server 应用程序的边栏中选择“证书”，然后从“操作”弹出式菜单（单击齿轮图标）中选择“显示所有证书”命令。

当选择“显示所有证书”命令后，你就会看到默认证书。在下图中，证书具有服务器的主机名称并显示“2 年后过期”。

更多信息▶当你使用 Server 应用程序的“更改主机名助理”功能去更改服务器的主机名称时，它会自动为新的主机名称创建一个新的自签名证书。

要查看详细信息，双击证书，或者选择它并打开“操作”弹出式菜单（单击齿轮图标），然后选择“查看证书”命令。当你选择“查看证书”命令后，证书的详细信息会被显示出来，你需要滚动浏览才可以查看到证书的全部信息。

单击“好”按钮返回到“证书”设置面板。

下图显示的是，当你将服务器配置为Open Directory 主域服务器或备份服务器后所看到的状态。从表面上看，这里只是增加了一个额外的证书 Code Signing Certificate，但是带有服务器主机名称的证书不再是自签名的证书了，而是经过 Open Directory CA 签名的证书。该证书的图标是蓝色的，而原来自签名的证书是红棕色的。

了解添加新证书的选项

在 Server 应用程序的“证书”设置面板，如果没有选择“操作”弹出式菜单（单击齿轮图标）中的“显示所有证书”命令，那么在 “可信的证书”设置框中，会显示指引你进行操作的文字——“点击（ + ）来获得可信的证书”，这将让 CA 为你签发证书。

NOTE ▶ 要显示创建新的自签名证书的菜单选项，必须先打开“操作”弹出式菜单（单击齿轮图标）并选择“显示所有证书”命令。

当选择“显示所有证书”命令后，单击“添加”（ + ）按钮会显示 3 个菜单命令：

- 获取可信的证书：与不选取“显示所有证书”命令单击“添加”（ + ）按钮的效果是一样的，这会快速生成一个证书签名请求（CSR）。

- 创建证书身份：选择创建一个新的自签名证书的命令。
- 导入证书身份：可以导入已签名的证书或是你已归档的证书和私钥。

可信证书的获取

你可以选择让 CA 为你签发证书，这样世界各地的用户在使用你服务器的服务时，就不会显示服务器的身份未经验证的提示了。

NOTE ▶ 在 OS X Server 2.2 以前的版本中，你需要先创建自签名的证书，然后再通过该证书创建 CSR。这个过程在OS X Server 2.2 中已被简化。然而，在你通过下面的步骤生成 CSR 的时候需要注意，Server 应用程序会生成一个公/私钥对，而不会生成自签名的证书。

生成自签名证书的操作过程取决于“显示所有证书”命令是否在“操作”弹出式菜单（单击齿轮图标）中被选中：

- 如果未选择“显示所有证书”命令，那么只需要单击“证书”设置面板中的“添加”（+）按钮。
- 如果已选择“显示所有证书”命令，那么单击“添加”（+）按钮，然后选择“获取可信的证书”命令。

之后你将看到“获取可信的证书”的设置向导。

在接下来的设置界面中，你可以输入用于建立身份的所有信息，CA 通过这些详细信息来验证你的身份。

在“主机名称”组合框中输入要使用这个证书的服务所用的主机名称。在“公司或组织”文本框中使用你组织机构的法定全名，如果是你个人使用的，那么输入你的全名。在“部门”文本框中输入的内容比较灵活，可以输入诸如你部门名称之类的信息，你应当确保输入一些内容。为了完全符合标准，不要缩写你的州名或省名。下图展示的是所有文本框都已填写好的状态。

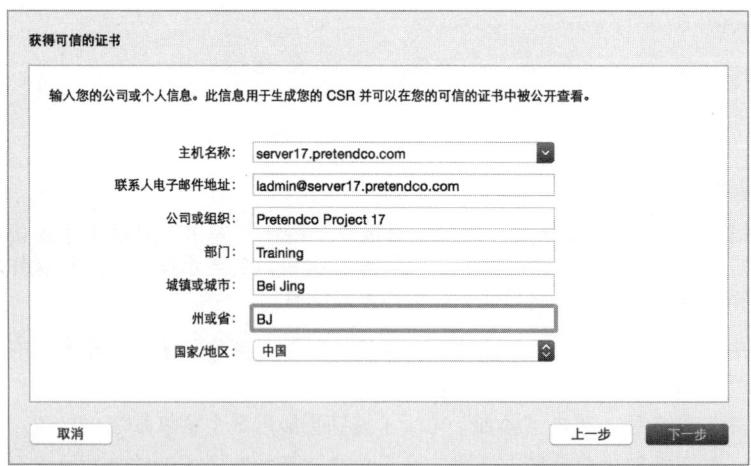

在接下来的设置界面中显示了你的 CSR 文本，你需要将它提交给你所选用的 CA。你可以以后再访问这个文本，或是选取并复制这个文本，或者现在就单击“存储”按钮。

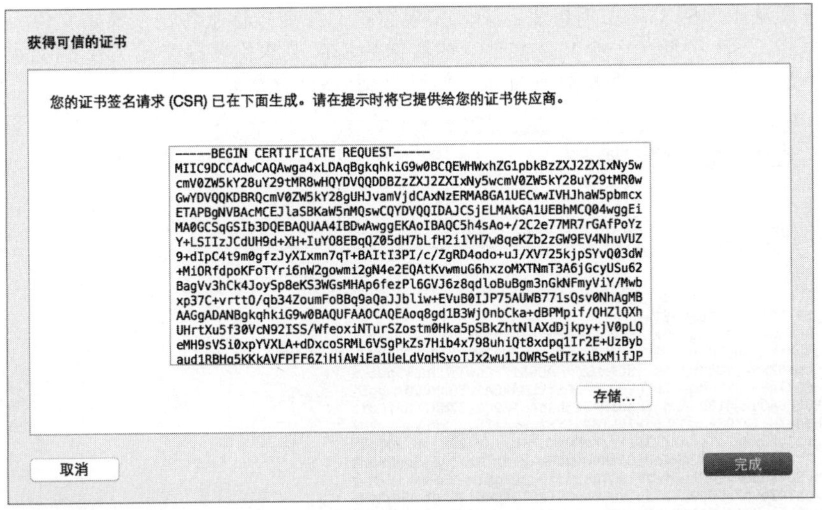

当你单击“完成”按钮后，Server 应用程序会显示未决的请求。

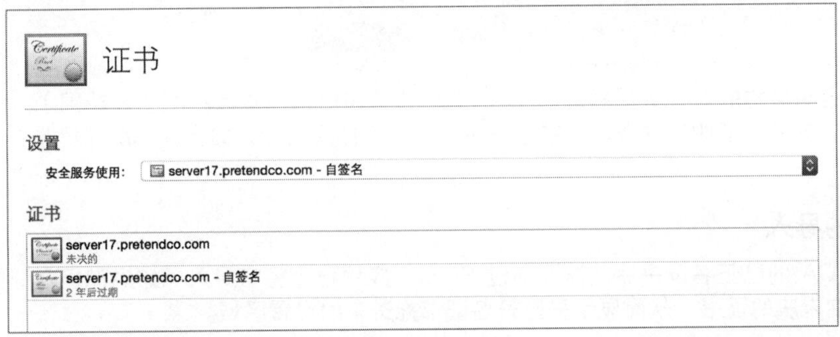

如果你之前没有复制过你的 CSR 文本，那么你可以再次访问这个文本：选择标注为“未决的”证书，打开“操作”弹出式菜单（单击齿轮图标），并选择“查看证书签名请求”命令（或直接双击未决的证书项目）。

你接下来的操作取决于你的 CA 如何接受CSR。如果你的 CA 要求你上传一个文本文件，那么使用“存储”对话框将 CSR 存储为一个文本文件。如果你的 CA 要求你将提交给 CA 的文本粘贴到一个网页表单中，那么单击三角形图标展开文本，然后复制 CSR 文本。

你应当根据你组织机构的需求选择相应的 CA（CA 的选用已超出本教材的学习范围），然后将 CSR 发送给 CA，向 CA 证明你的身份。经过一段时间的工作周期后，你会从 CA 那里收到已签名的证书。

已签名证书的导入

当你收到来自 CA 的已签名证书后，需要通过 Server 应用程序将它导入。如果你仍在证书列表界面，那么双击你未决的证书，从而显示将已签名证书拖进来的设置区域。

NOTE ▶ 如果 CA 提供给你的证书是文本形式的，而不是一个单独的文件，那么你需要将文本转换为文件。一个快速的方法是选取并复制文本，打开“文本编辑”应用程序，按 Command-N 组合键创建一个新文件，选择“格式”>“制作纯文本”命令（如果这个命令可用）。将文本粘贴到文本文件中，并将它存储为文件扩展名为 .cer 的文件。

双击未决的 CSR，然后将包含已签名证书的文件，以及由CA提供的任何辅助文件都拖到“证书文件”设置框中（该位置也可以导入通过“钥匙串访问”应用程序导出的证书和私钥）。当证书被拖进“证书文件”设置框后，只要证书链的顶端是你服务器信任的根 CA，那么它的颜色就会变为蓝色。

NOTE ▶ 如果你单击"证书请求"旁边的"编辑"按钮，并在操作确认对话框中单击"编辑"按钮，那么将生成一个新的公/私密钥对，以及一个新的 CSR，并且会失去原有的 CSR。

单击"好"按钮保存更改。

自签名证书的生成

除了生成 CSR 外，你还可以通过 Server 应用程序生成新的自签名证书。如果你服务器所提供的服务，使用的是相对于服务器IPv4 地址或是被配置的其他IPv4 地址的另一个主机名称，并且你有办法配置计算机和 iOS 设备去信任这个自签名的证书，那么这个功能就十分有用了。

更多信息 ▶ 在早于 2.2 版本的 Server 应用程序中，操作的过程是创建一个自签名的证书，然后生成 CSR，最后用已签名的证书来替代自签名的证书。而在2.2及以后版本的 Server 中，Server 应用程序不再提供用已签名证书来替代自签名证书的方法。

在"证书"设置面板中，当你单击"添加"（+）按钮并选择"创建证书身份"选项的时候，会看到空白的"名称"文本框。

NOTE ▶ 为了让"创建证书身份"选项能够在单击"添加"（+）按钮后可以直接使用，则必须在"操作"弹出式菜单（单击齿轮图标）中选取"显示所有证书"命令。

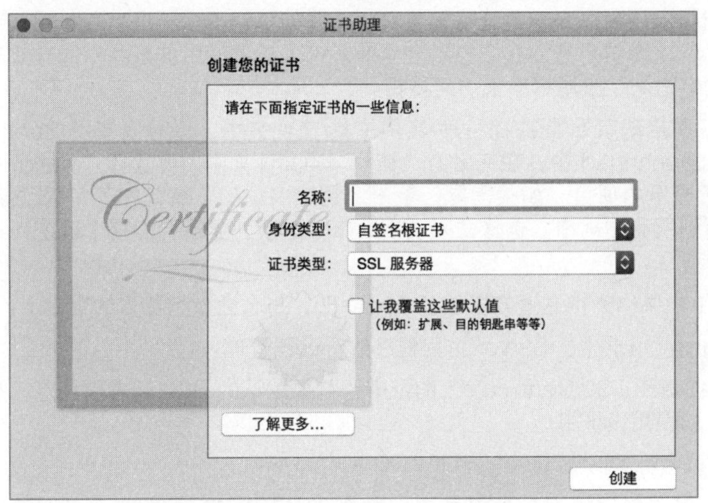

输入自签名证书的主机名称，然后单击"创建"按钮。

NOTE ▶ 如果你有更多的信息需要指定，那么可以选中"让我覆盖这些默认值"复选框，但是在通常情况下，这些默认值就已经能够满足需求了。

在提示你将要制作自签名证书的警告对话框中，单击"继续"按钮。

在"结论"窗口单击"完成"按钮。最后单击"总是允许"或是"允许"按钮，允许 Server 应用程序将公 / 私密钥对和证书从登录钥匙串复制到系统钥匙串及/etc/certificates 目录。

只要"操作"弹出式菜单（单击齿轮图标）中的"显示所有证书"命令被选中，你就会在"证书"设置框中看到证书。

证书的查看

你可以通过 Server 应用程序来查看你的证书，此外，在服务器计算机的系统钥匙串中也可以查看（系统钥匙串所包含的项目并不是针对某个用户的，而是对系统所有用户都可用的）。下图是以测试为目的的 CA 所签发的证书示例。注意，操作系统并没有被配置为信任签发该证书的 CA。

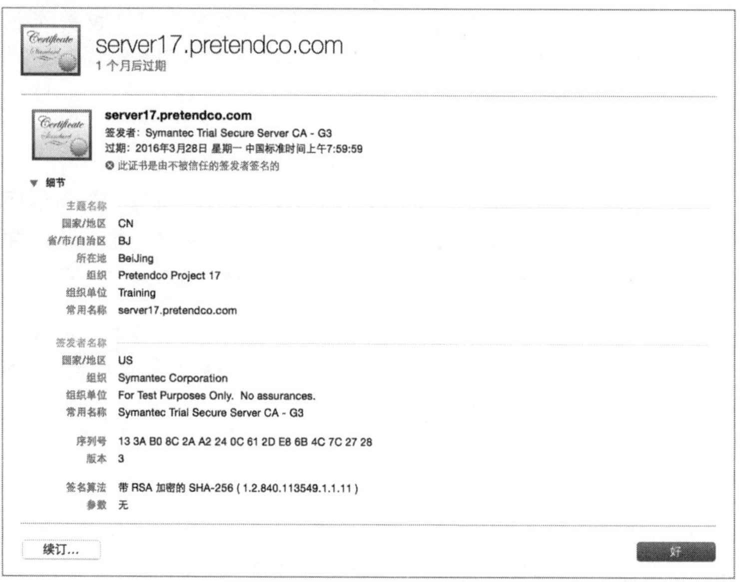

你可以使用“钥匙串访问”应用程序来查看证书和与它相关联的私钥。由于证书和私钥被存储在服务器上的系统钥匙串中，所以你需要直接在服务器上登录系统（或者使用屏幕共享的方式来控制你的服务器），使用“钥匙串访问”应用程序来访问私钥。

“钥匙串访问”应用程序在启动宗卷的/应用程序/实用工具/文件夹中，你可以使用 Spotlight 或 Launchpad 来找到它（在 Launchpad 中，它在名为“其他”的文件夹中）。选择“我的证书”类别来筛选“钥匙串访问”所显示的项目。如果需要，单击“钥匙串访问”窗口左下角的“显示/隐藏”切换按钮，直到可以看到所有钥匙串。选择“系统钥匙串”选项，显示针对整个系统而不是只是针对当前登录用户可用的项目。

至少会有3个项目被列出（如果你为推送通知提供了 Apple ID，那么会看到更多的项目）：

- com.apple.servermgrd：用于通过 Server 应用程序进行远程管理。
- 一个名为“Server Fallback SSL Certificate”的证书：如果默认的 SSL 证书被移除，那么 Server 应用程序会自动使用该证书。
- 一个带有你服务器主机名称的 SSL 证书。

当你选择的证书并不是由已受信任的 CA 所签发的，那么“钥匙串访问”会显示一个警告图标，并附带有文字来解释说明这个问题。在下图中，针对自签名证书的警告信息是“此证书尚未经过第三方验证”。

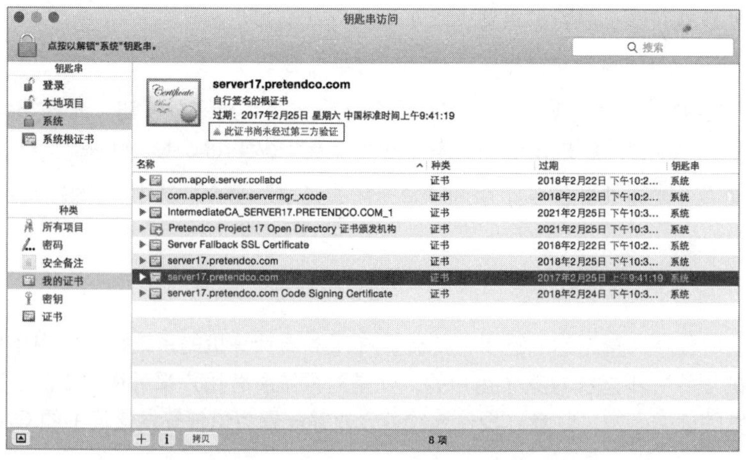

如果你双击默认的自签名 SSL 证书，那么可以打开它，也会看到警告图标，以及相应的文本“此证书尚未经过第三方验证”。

如果服务器上的服务使用这个自签名的证书，那么当用户试图访问这个使用 SSL 证书的服务时，他们可能会被警告，说你的 SSL 证书是不受信任的，如下图所示。

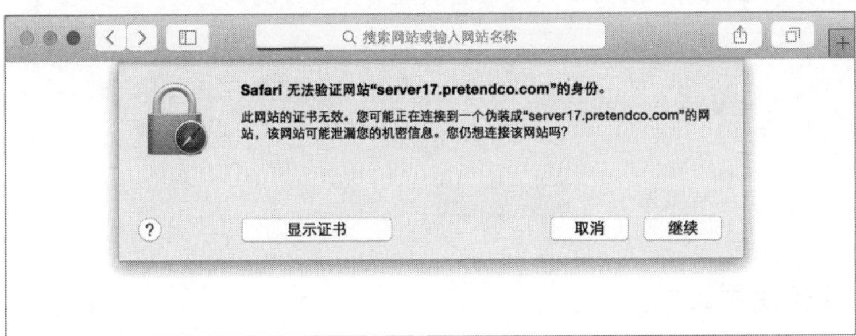

建议你对你的用户进行培训，告知他们当看到 SSL 警告信息的时候，就不要再继续访问这个使用未经验证的 SSL 证书的服务了。

证书的归档

无论你具有的是自签名的证书，还是由 CA 签发的证书，你都应当通过几个操作步骤来归档你的证书及它的私钥。将来，当你需要重新安装你的服务器，或是某个管理员可能意外地移除了你的证书和它的私钥的时候，如果你具有证书和它的私钥的归档，那么就可以很方便地通过 Server 应用程序来重新导入你的证书和它的私钥。

你可以使用“钥匙串访问”应用程序来导出你的证书和私钥。“钥匙串访问”会提示你指定一个密码来保护你的私钥，建议你选用一个安全性强的密码。

你可以使用 Server 应用程序来导入证书和私钥。导入时，你需要输入证书最初被导出时所输入的密码；否则，你将无法完成导入操作。

证书的续订

SSL 证书并不是永久有效的。所幸的是，SSL 证书的续订操作非常简单。当 SSL 证书快到期的时候，Server 应用程序会发出一个提醒消息。要续订一个自签名的 SSL 证书，只需在证书设置界面查看证书的时候，或是查看提醒通知的时候，单击“续订”按钮即可。

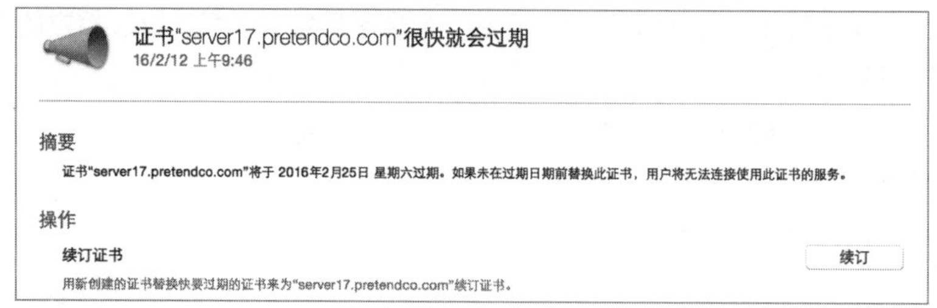

当你单击“续订”按钮后，Server 应用程序会完成证书的续订工作，并且提醒通知会显示“此问题已成功解决”。

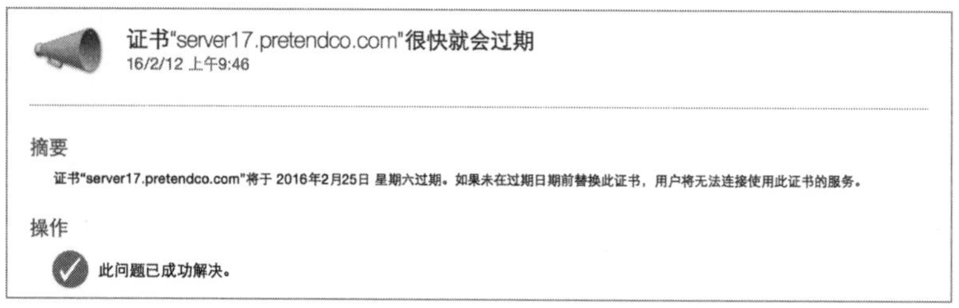

NOTE ▶ 不要为 Open Directory CA 单击“续订”按钮，因为这会改变 CA 的属性信息，令你的 OD 中级 CA 变为不再是由受信任的权威机构签名的 CA 。

如果你的证书是由普遍信任的 CA 所签发的，那么当你单击“续订”按钮的时候，会看到需要生成新 CSR 的消息。详细情况请参阅本节前面“获取可信的证书”部分的内容。

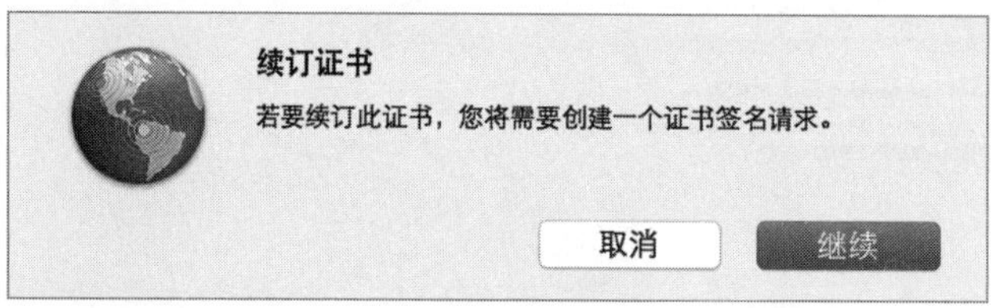

配置 OS X Server 服务使用证书

当你通过一些操作步骤获得一个已签名的证书或是创建一个新的自签名证书的时候，或是你已将服务器配置为 Open Directory 服务器的时候，你可以使用 Server 应用程序来配置服务去使用证书。在 Server 应用程序的“证书”设置面板中你可以进行设置操作。

通过弹出式菜单，你可以进行以下操作：

- 选取一个证书，指定所有服务使用该证书。
- 选择“自定”选项，单独配置各项服务去使用或是不使用证书。

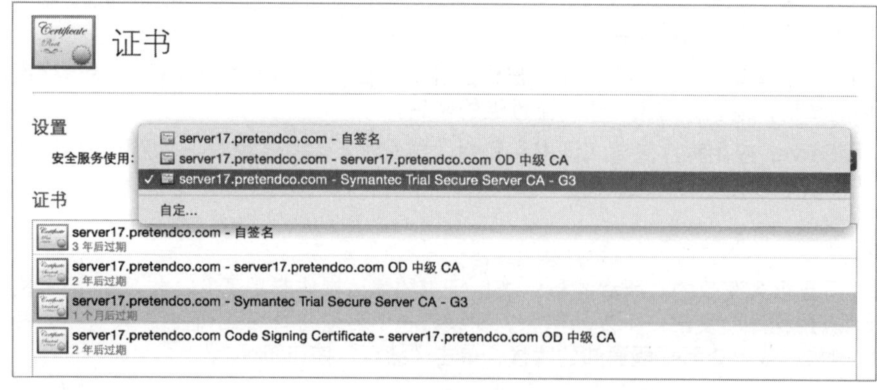

下面的图示是选择“自定”选项的一个示例，编辑网站服务默认安全站点的设置。注意，在图示中还有一些其他的证书。这个示例向你展示了可以配置服务器对多个主机名称进行响应，为每个主机名称创建证书，并配置每个安全站点去使用相应的证书。

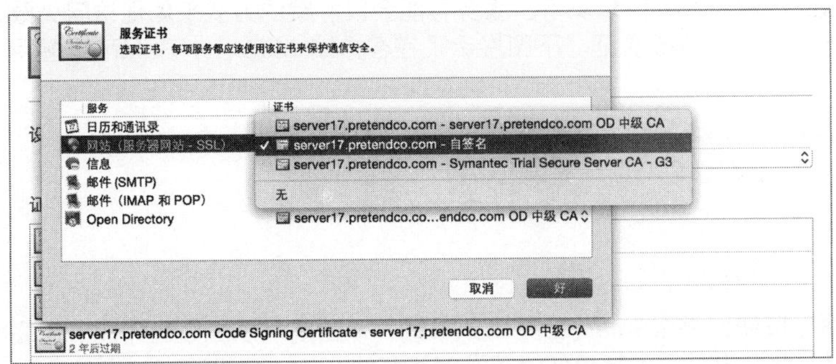

你可以使用 Server 应用程序来配置以下 OS X Server 服务使用 SSL：

- 日历和通讯录。
- 邮件（IMAP 和 POP）。
- 邮件（SMTP）。
- 信息。
- Open Directory（只有在开启 Open Directory 服务后才会出现）。
- 网站。

你会在“课程20　网站托管”中看到，你可以为托管的各个网站分别指定所使用的 SSL 证书，并且可以通过“描述文件管理器”设置面板来为“描述文件管理器”服务指定所用的 SSL 证书。

还有一些使用 SSL 的其他服务并不显示在 Server 应用程序中：

- com.apple.servermgrd（通过 Server 应用程序进行远程管理）。
- VPN。
- Xcode。

有关完整的操作说明，请参阅“练习5.4　配置服务器使用它的新 SSL 证书”。

证书链的接续

当选择要使用的 CA 时，确认它是大多数计算机和设备已配置为受信任的根 CA。如果大多数计算机或设备都不信任你通过 CA 签发的证书，那么该证书就显得不是很有用了。例如，下面的图示展示了在“钥匙串访问”应用程序中，一个由试用 CA 签发的 SSL 证书是如何显示的。

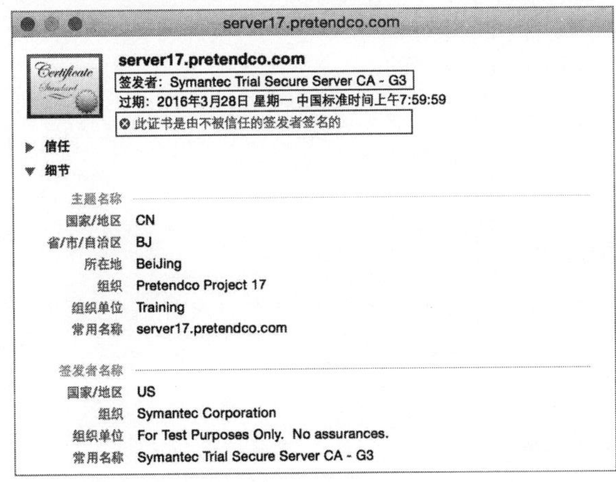

你可以看到，在窗口顶部“签发者”区域附近显示的是 Symantec Trial Secure Server CA –G3。注意红色 X 图标及文字说明“此证书是由不被信任的签发者签名的”。这是一个默认情况下不受计算机和设备信任的 CA，所以，即使你让 OS X Server 服务使用这个已签名的证书，那么对于访问服务的人来说仍会遇到问题。在某些情况下，服务可能会以静默的方式来体现访问失败，或者用户可能会被警告说服务的身份无法被验证。下图展示了在客户端 Mac 上，Safari 提醒用户它无法验证网站的身份。

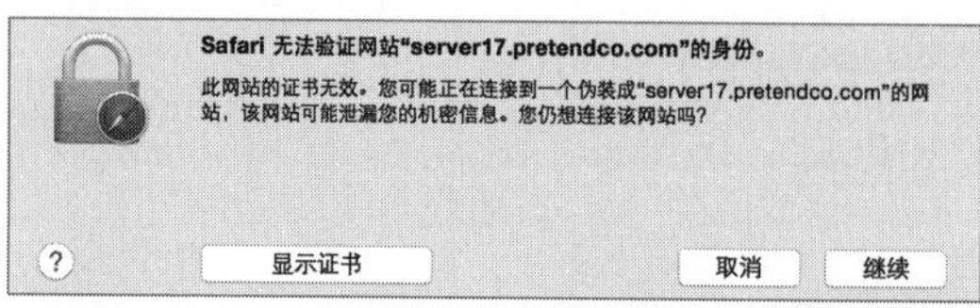

如果你单击“显示证书”按钮，那么Safari 会显示证书链。下图展示了当你选择证书链底部的服务器证书时所看到的情况：此证书是由不被信任的签发者签名的。

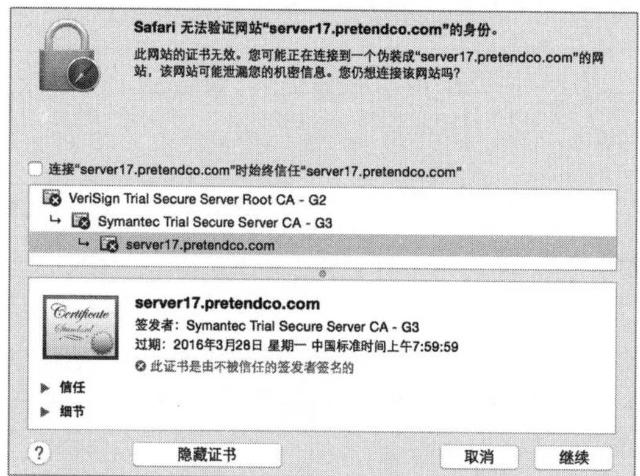

下图展示了如果你单击“细节”三角展开图标，你会看到有关证书持有者的身份信息，以及签发者的信息（签发证书的实体）。对于当前的情况，签发者的常用名称是Symantec Trial Secure Server CA – G3。

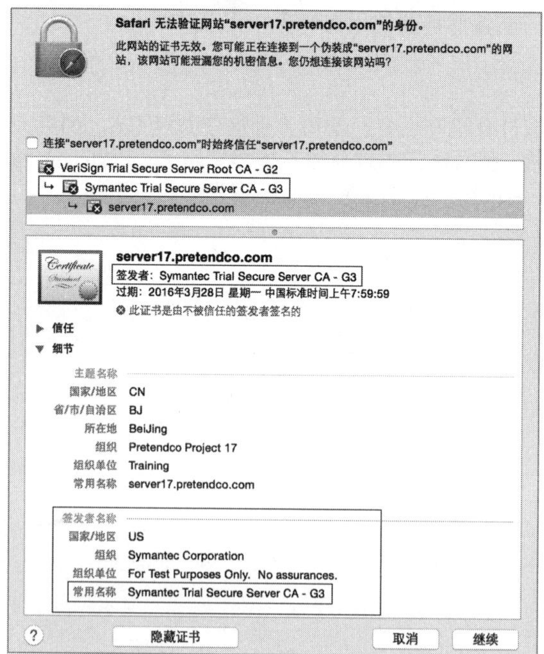

当你选择证书链中间的证书时，你会看到这是一个中级 CA；窗口显示的是“中级证书颁发机构”，“签发者名称”信息显示了签发者（或签名者）的常用名称是 VeriSign Trial Secure Server Root CA – G2。

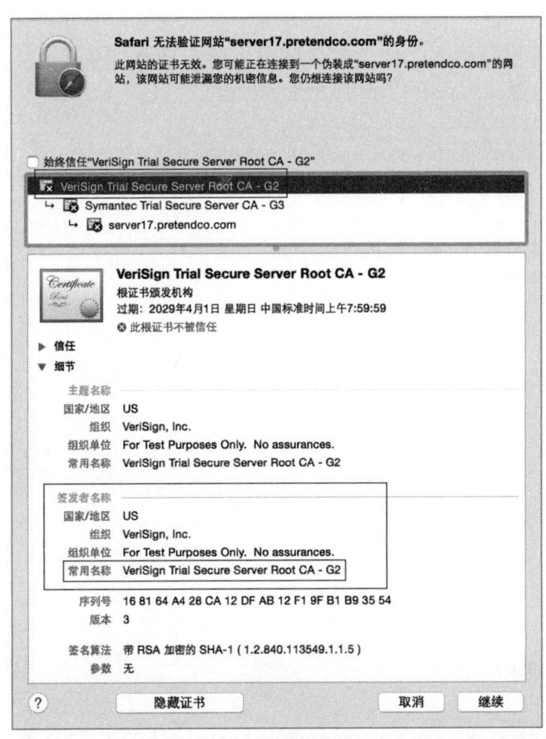

最后，当你选择证书链顶部的证书时，你会看到这是一个根 CA，窗口显示“此根证书不被信任”。由于这个根 CA 并不在当前计算机的系统根钥匙串中，所以 Safari 不信任这个中级 CA，并且也不信任 server17.pretendco.com 证书。

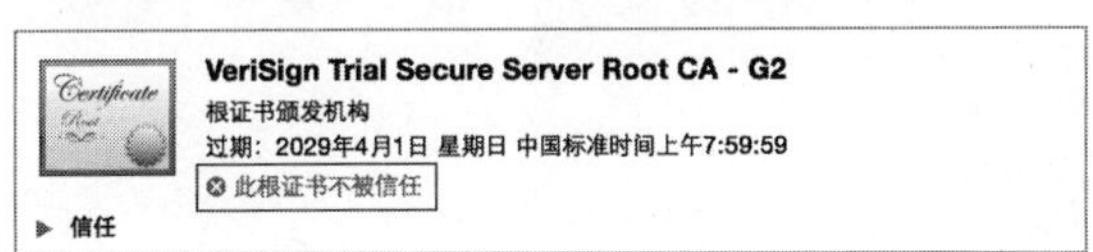

由于示例中的根 CA 只是用来试用的，所以在学习和测试环境之外，并不建议配置你的 Mac 总是信任它。

信任配置

你可以配置你的 Mac，让当前已登录的用户总是信任一个证书。返回到先前的示例，网站服务使用服务器自己的自签名 SSL 证书，你可以单击“显示证书”按钮，然后选择“始终信任”选项。

当你选择“始终信任”选项后，OS X 会询问你的登录凭证信息。当你成功通过鉴定后，OS X 会将证书添加到你的个人登录钥匙串中，并配置你的系统始终信任 SSL 证书，这样当你使用设置“始终信任”的账户登录系统时，Mac 就会信任该证书。这个设置不会影响到其他的计算机或设备，或是其他可登录到这台 Mac 的用户。

在“钥匙串访问”中，你可以打开并查看你刚刚添加的自签名证书，注意蓝色加号（+）图标带有的文字，该文字说明为“此证书已标记为受‘server17.pretendco.com’信任”。

当你通过 Safari 再次访问站点时，如果你单击地址 / 搜索栏中的加密图标，然后再单击“显示证书”按钮，那么你会看到类似的信息。

对于 Mac 计算机来说，另一个选择是下载证书并在系统钥匙串中安装证书，为 SSL 选中“始终信任”复选框。记住，这对于要使用服务器上已启用 SSL 服务的 Mac来说，需要在每台 Mac 上进行配置。

对于 iOS 设备来说，当你打开 Safari 去访问受服务器自签名证书保护的页面时，你可以单击“详细信息”按钮。

然后再单击“接受”按钮。

现在，你的 iOS 设备已被配置为信任该证书。

注意，你可以使用配置描述文件将证书分发到 Mac 计算机和 iOS 设备。这会自动配置设备去信任该证书。参阅“课程11　通过描述文件管理器进行管理”来获取有关描述文件的更多信息。

有关完整的操作说明，请参阅“练习4.3　配置你的管理员计算机信任 SSL 证书”。

参考4.3
故障诊断

证书助理程序会使用运行 Server 应用程序的 Mac 的 IPv4 地址，所以，如果你正在使用管理员计算机来配置远端的服务器并生成新的自签名证书，那么确认要使用相应的服务器主机名称和 IP 地址。

当你将服务器配置为 Open Directory 服务器的时候，如果你具有的自签名证书在证书的“常用名称”中带有服务器的主机名称，那么 Server 应用程序会使用新证书来替代原来的自签名 SSL 证书。这个新证书将由与服务器 Open Directory 服务相关联的、新创建的中级 CA 进行签发。

但是，如果你具有的证书在证书的“常用名称”中带有服务器的主机名称，并且证书是由 CA 或中级 CA（并不与你的 Open Directory 服务相关联）签发的，那么 Server 应用程序并不会使用由 Open Directory 中级 CA 签发的新证书来替代它（不过，Server 应用程序仍会创建 OD CA 及中级 CA）。

每个证书都具有一个失效日期，如果当前日期晚于证书的失效日期，那么证书就会失效。

更多信息 ▶ 与证书相关的一些文件被存储在/private/etc/certificates/，也有可能是在服务器上的/private/var/root/Library/Application Support/Certificate Authority/目录中。

练习4.1
检查默认的 SSL 证书

▶ 前提条件

- ▶ 完成“课程1　OS X Server 的安装”中的所有练习操作。
- ▶ 完成“练习2.1　创建 DNS 区域和记录” 中的练习操作。

在本练习中，你将检查默认的自签名证书。

1 请在你的管理员计算机上进行操作。如果在管理员计算机上还没有通过 Server 应用程序连接到你的服务器，那么按照以下步骤进行连接：在管理员计算机上打开 Server 应用程序，选择“管理” > “连接服务器”命令，选取你的服务器，单击“继续”按钮，提供管理员凭证信息（管理员名称：ladmin，管理员密码：ladminpw），取消选中“记住此密码”复选框并单击“连接”按钮。

2 在 Server 应用程序的边栏中单击“证书”按钮。

3 注意你服务器上的服务默认使用的是其自签名的证书。

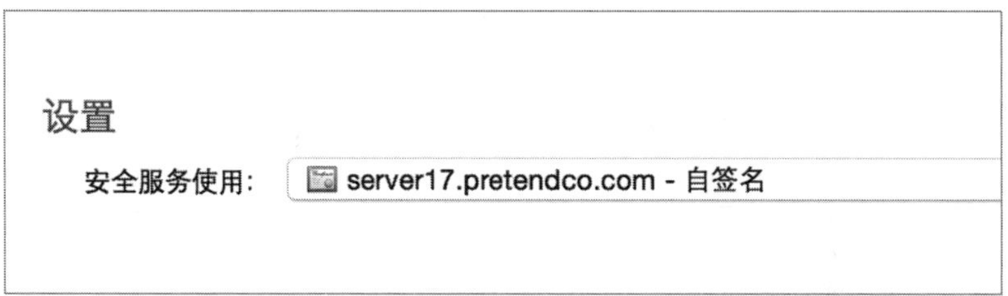

4 打开“操作”弹出式菜单（单击齿轮图标），并选择“显示所有证书”命令。

5 选择自签名的证书。

6 查看证书的详细信息。双击自签名的证书，或是打开“操作”弹出式菜单并选择“查看证书”命令。

7 单击“好”按钮返回到“证书”设置面板。

注意这里与该证书相关的一些标识信息。例如，这里没有电子邮件地址、组织名称、组织单位或是所在地信息。默认情况下，是不会有其他的计算机或设备去信任这个自签名的证书的。要使用这个自签名的证书来提升服务器服务的安全性，你可以配置客户端计算机和设备去信任这个证书。

除此之外，你也可以单击“添加”（+）按钮并选择“获取可信的证书”选项，向普遍信任的证书颁发机构发送证书签名请求进行签名，然后导入经过签名的证书。不过，这已经超出了本教材的学习范围，所以接下来的练习，会使用带有少量信息的自签名证书，以及使用通过普遍信任的CA 签名的证书之间的一个折中练习方案。

练习4.2
配置Open Directory 证书颁发机构

当将你的服务器配置为Open Directory（OD）主服务器的时候，Server 应用程序会自动创建一个 OD CA、一个中级 CA、一个自签名的证书及一个用于“描述文件管理器”服务的代码签名证书。当你通过“描述文件管理器”服务注册你的 Mac 计算机或是 iOS 设备的时候，计算机会自动信任你服务器的 OD CA。此外，如果将你的 Mac 绑定到 OD 服务器，那么你的 Mac 也会自动信任你服务器的 OD CA。不过本教材并没有包含绑定或是注册操作的内容，所以在“练习4.3　配置你的管理员计算机信任 SSL 证书”中，你将使用 Safari 来配置你的管理员计算机去信任你服务器的 OD CA。

在本练习中，将配置你的 OD CA。你将检查新创建的 CA、中级 CA及两个新证书，并确认Server 应用程序会自动移除服务器原先的默认自签名证书，然后更新服务去使用通过中级 CA 签名的证书，并配置你的服务器去信任新的证书。

配置Open Directory

由于 Server 应用程序要在你服务器上创建钥匙串项目，所以下面的操作需要在服务器上进行。

正确的 DNS 记录是Open Directory 服务正常工作的关键，所以在开启Open Directory 服务前，请再次检查 DNS 的设置。

1 在你的管理员计算机上，如果 Server 应用程序是打开的，那么退出 Server 应用程序。

2 在你的服务器计算机上，打开网络实用工具（必要的时候可以使用Spotlight 搜索功能）。

3 单击 Lookup 选项卡。

4 在文本框中输入你服务器的主机名称，然后单击 Lookup 按钮。

5 确认你服务器的 IPv4 地址被返回。

6 在文本框中输入你服务器的主 IPv4 地址并单击 Lookup 按钮。

7 确认你服务器的主机名称被返回。

当你已经确认了你的 DNS 记录后，可以将你的服务器配置为 Open Directory 主服务器。

1 在你的服务器上打开 Server 应用程序，单击“继续”按钮，提供管理员凭证信息（管理员名称：ladmin，管理员密码：ladminpw），取消选中“记住此密码”复选框并单击“连接”按钮。

2 如果 Server 应用程序并没有显示高级服务列表，那么在边栏中将鼠标悬停在“高级”文字上并单击“显示”。

3 单击 Open Directory 选项。

4 单击“开/关”按钮切换到“开”的位置，开启Open Directory 服务（或者在 Server 应用程序的边栏中，按住 Control 键单击Open Directory选项，然后选择“启动Open Directory 服务”命令）。

5 选择“创建新的 Open Directory 域”选项并单击“下一步”按钮。

6 在“目录管理员”设置界面，取消选中“在我的钥匙串中记住此密码”复选框。

目录管理员

输入新的目录管理员帐户的帐户信息。此用户帐户将拥有管理网络用户和群组的管理权限。

名称：目录管理员

帐户名称：diradmin

密码：

验证：

在我的钥匙串中记住此密码

7 设置一个密码。

如果你的服务器不能从互联网进行访问，那么在“目录管理员”设置界面中，在“密码”和“验证”文本框中输入 diradminpw 。

当然，在实际的工作环境中，你应当使用安全性好的密码，并配置所用的账户名不同于默认的 diradmin ，这样才不至于让那些未经授权的用户猜到所设的用户名和密码。

8 单击“下一步”按钮。

9 在“组织信息”设置界面中输入相应的信息。

如果下面的文本框中没有包含所显示的信息，那么输入这些信息并单击“下一步”按钮。

- 组织名称：Pretendco Project *n*（其中 *n* 是你的学号）。
- 管理员电子邮件地址：ladmin@server*n*.pretendco.com（其中 *n* 是你的学号）。

10 查看“确认设置”界面，并单击“设置”按钮。

Server 应用程序会在“确认设置”界面的左下角显示设置进度。

当它完成配置后，Server 应用程序会显示 Open Directory 设置面板的“设置”选项卡，在服务器列表中，你的服务器被列为主服务器。

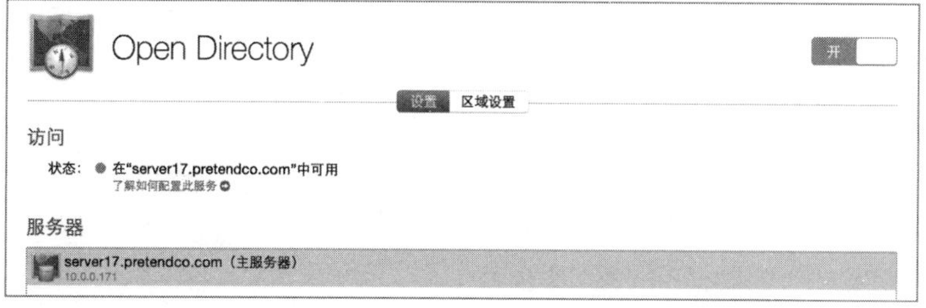

查看 OD 证书

查看 Server 应用程序自动创建的证书。

在 Server 应用程序的边栏中选择“证书”。

1 打开“操作”弹出式菜单（单击齿轮图标），并选择“显示所有证书”命令。

2 确认“安全服务使用”菜单中的设置不再是自签名的证书，而是通过你服务器的 OD 中级 CA 签发的证书。

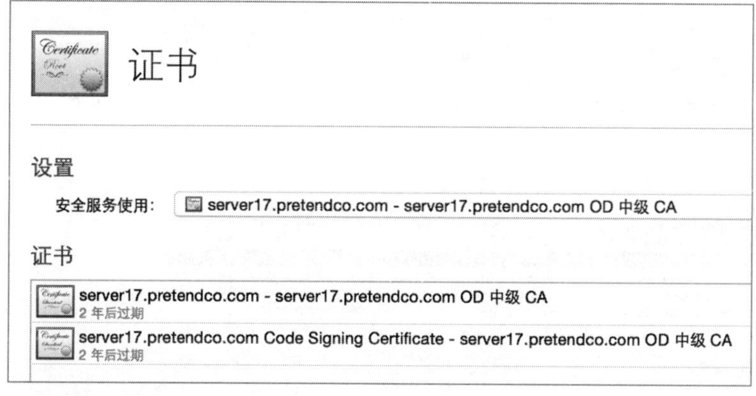

3 确认自签名的证书已不列在“证书”对话框中。

4 双击带有你服务器主机名称、由 OD 中级 CA 签发的证书（“证书”对话框中的第一个项目）。

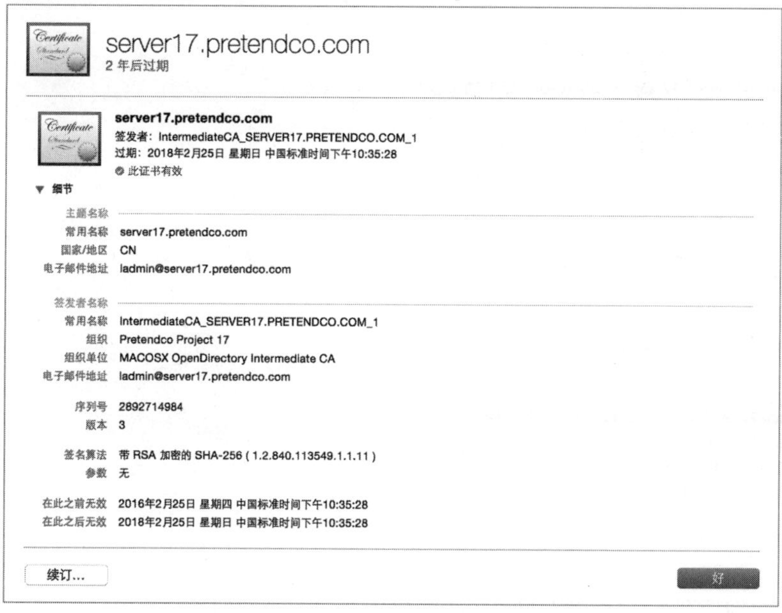

5 在“签发者名称”选项区域进行确认，第一个文本框（即“常用名称”）具有下列字符串值：

- “IntermediateCA_”。
- 全部大写的你服务器的主机名称。
- “_1”。

6 单击“好”按钮关闭证书信息显示面板。

7 双击代码签名证书（“证书”对话框中的第二个项目）。

8 确认这个证书也是由你 OD 中级 CA 签发的。

使用“钥匙串访问”应用程序来查看你的 OD CA、OD 中级 CA及两个被签发的证书。

1 在你的服务器上，通过Spotlight 搜索打开“钥匙串访问”应用程序。

2 在“钥匙串”一栏中选择“系统”选项。

3 在“种类”一栏中选择“我的证书”选项。

4 选择你的 OD CA。它名为“Pretendco Project *n* Open Directory Certificate Authority”（其中 *n* 是你的学号）。

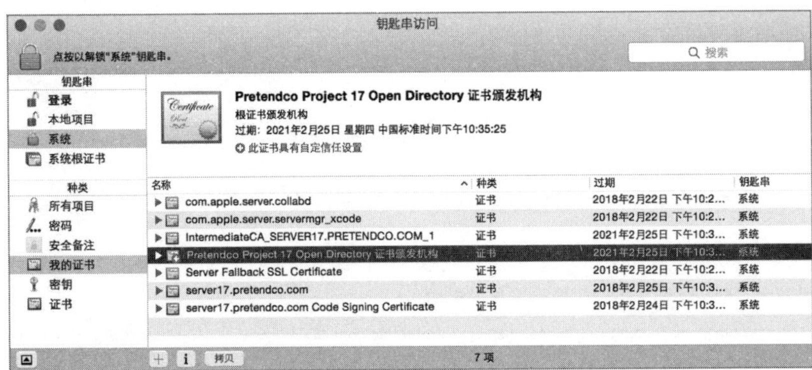

5 双击你的 OD CA 来查看它的信息。

6 确认文本标识信息的第二行是“根证书颁发机构”，并且“主题名称”信息匹配“签发者名称”信息。

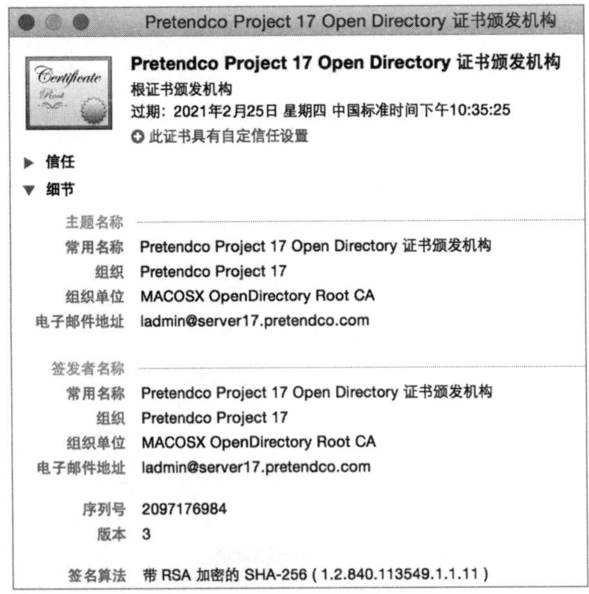

7 注意证书的颜色是红棕色的，表明它是一个根证书。

8 单击“信任”选项区域的三角形展开按钮，显示更多的详细信息。

9 确认你的服务器被设置为“始终信任”这个证书。

10 关闭 OD CA。

11 双击你的 OD 中级 CA。

12 确认文本标识信息的第二行是“中级证书颁发机构”。

由于你的服务器信任你的 OD CA，而OD CA 又签发了这个中级 CA，所以这个证书被标记为带有绿色对钩的有效证书。

注意证书的颜色是蓝色的，这表明它是一个中级证书或是叶证书。

13 关闭 OD 中级 CA。

14 双击带有你服务器主机名称的证书。

15 确认文本标识信息的第二行显示的是由你 OD 中级 CA 签发的。你的服务器被配置为信任你的 OD CA，而它签发了 OD 中级 CA，OD 中级 CA又签发了这个证书，所以这个证书被标记为带有绿色对钩的有效证书。

16 双击你的代码签名证书，查看它的信息，然后关闭它。

17 退出“钥匙串访问”应用程序。

在本练习中，你将你的服务器配置为Open Directory 主域服务器。Server 应用程序自动配置了新的 OD CA、中级 CA 及两个新证书；它还移除了你服务器最初的自签名证书，并更新服务去使用由中级 CA 签发的证书。它自动配置你的服务器去信任它自己的 OD CA ，这意味着你的服务器也信任 OD 中级 CA和其他两个由 OD 中级 CA 签发的证书。

练习4.3
配置你的管理员计算机信任 SSL 证书

▶ 前提条件

▶ 完成“练习4.2 配置Open Directory 证书颁发机构”中的操作。

NOTE ▶ 如果你已获得由普遍信任的 CA 签发的证书，那就不需要进行本练习操作了。

在工作环境中，最好使用由受信任的 CA 签发的有效 SSL 证书。如果不具备这个条件，那么你应当配置你的用户计算机和设备去信任服务器的证书，以避免让用户养成配置他们的设备去信任未经验证的 SSL 证书的习惯。

本课程将向你展示，如何配置一台个人计算机去信任服务器的 OD CA，展示如何在多台计算机和设备上去复制实现这个操作结果，已超出了本练习的学习范围。

临时开启网站服务

开启你服务器上的网站服务，可以快速访问到你服务器上的服务所用的 SSL 证书。

在 Server 应用程序的边栏中按住 Control 键单击“网站”选项，然后选择“启动‘网站’服务”命令。

访问服务器上受 SSL 保护的网站服务

在本练习中，你将使用你的管理员计算机去确认它正在使用你服务器上的 DNS 服务；否则，你就无法使用服务器的主机名称去连接它的网站服务。然后你将打开 Safari 去访问你服务器默认的 HTTPS 网站。最后，配置你的管理员计算机去信任 SSL 证书。

1 在管理员计算机上打开系统偏好设置。

2 打开“网络”偏好设置面板。

3 选择活跃的网络服务，并确认你服务器的 IP 地址被列为“DNS 服务器”设置项的值。

如果你使用的是 Wi-Fi，那么需要单击“高级”按钮，然后再单击 DNS 选项卡，来查看“DNS 服务器”的设置。

4 退出系统偏好设置。

5 在管理员计算机上打开 Safari，在地址/搜索栏中输入 https://server *n*.pretendco.com（其中 *n* 是你的学号）。

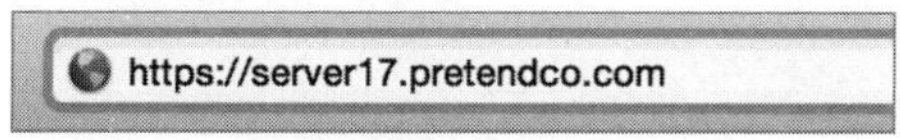

6 按 Return 键打开页面。

由于你的证书并不是由管理员计算机所信任的 CA 签发的，所以你会看到提示信息说 Safari 无法验证网站的身份。

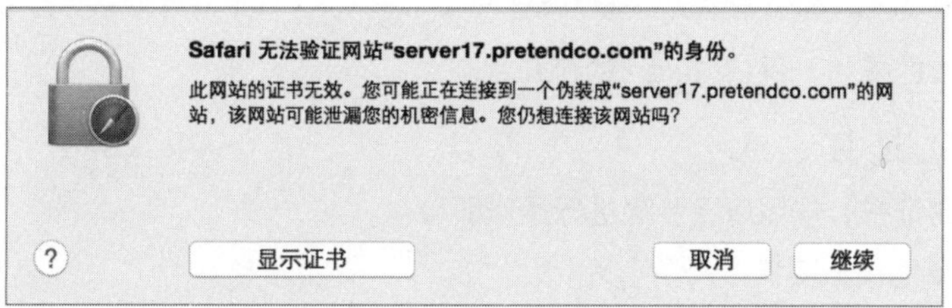

配置你的管理员计算机去信任这个 SSL 证书

当你看到 Safari 无法验证网站身份的对话框时，可以单击“显示证书”按钮并配置当前已登录系统的用户去信任网站所用的 SSL 证书。

1 单击“显示证书”按钮。

2 注意，带有你服务器主机名称的证书带有红色标记——“此证书是由不被信任的签发者签名的”。

3 在证书链中选择你的 OD CA。

4 单击“细节”旁边的三角形展开图标并检验信息。

5 选中“始终信任‘ Pretendo Project *n* Open Directory 证书颁发机构’”复选框（其中 *n* 是你的学号）。

6 单击“继续”按钮。

7 提供你的登录凭证信息并单击“更新设置”按钮。

这会更新当前已登录用户的设置，但并不会影响到这台计算机上的其他用户。

8 确认 Safari 的地址/搜索栏中显示了锁形图标，这表明页面正在使用 SSL 打开。

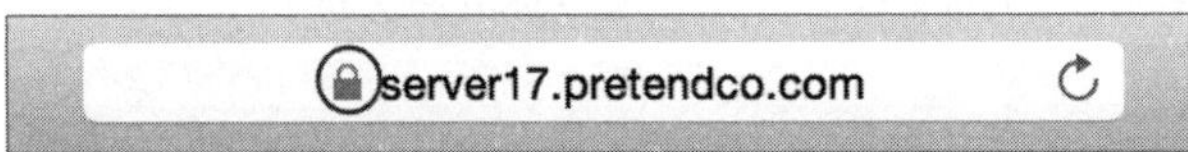

9 为了继续进行本练习下一节的操作，保持 Safari 的打开状态。

确认你的 Mac 信任 SSL 证书

要查看网站服务正在使用的证书，按照以下步骤进行操作即可：

1 在 Safari的地址/搜索栏中单击锁形图标。

2 在提示你 Safari 正在使用加密连接的面板中，单击“显示证书”按钮。

3 确认证书被列为带有绿色对钩标记的有效证书。

4 按 Command-Q 组合键退出 Safari。

此时，你已确认了网站服务使用了你在前面练习中所配置的 SSL 证书，并且还通过对CA的信任，确认了被该 CA 签名的中级 CA 所签发的证书，你是可以信任的（至少对当前已登录系统的用户是这样的）。

练习4.4
清理

为了确保剩余练习操作的一致性，需要关闭网站服务。

1 在 Server 应用程序的边栏中选择“网站”服务，并单击“关闭”按钮来关闭服务。

2 确认“网站”服务旁边没有绿色的状态指示器显示，这表明服务是被关闭的。
现在可以去准备完成其他课程的练习操作了。

课程5

状态及通知功能的使用

一台服务器只有当其具备良好的状态，并且具有它所需的资源时，才能履行它的职能。OS X Server Yosemite 通过它的 Server 应用程序可以提供监控功能，并且如果某些情况触发了阈值或是所设条件，还可以推送通知。监视和通知功能的使用有助于服务器保持正常运行。

目标

- 监视 OS X Server。
- 设置通知。

参考5.1
监控及状态工具的使用

服务器，甚至是OS X Server 计算机，我们都需要对它们时常地进行关注，而不能让它们自生自灭。通过定期审查所有操作参数的方式来确保服务器的正常工作，是一种低效的工作方式。当出现状况时，我们可以利用服务器内建的功能来通知我们这一情况，或者是达到特定的触发点时，向我们展示这个情况。当出现这些情况的时候，OS X Server 可以通过一个通知来提醒我们。虽然这不能让我们完全摆脱定期去查看服务器的工作，但是可以帮助我们获知正在发生的情况或是可能在短期内发生的情况。

在 Server 应用程序中，可以帮助你监视服务器的4个主要功能是：

- 提醒：设置要监视的项目并添加可接收到提醒通知的电子邮件地址。

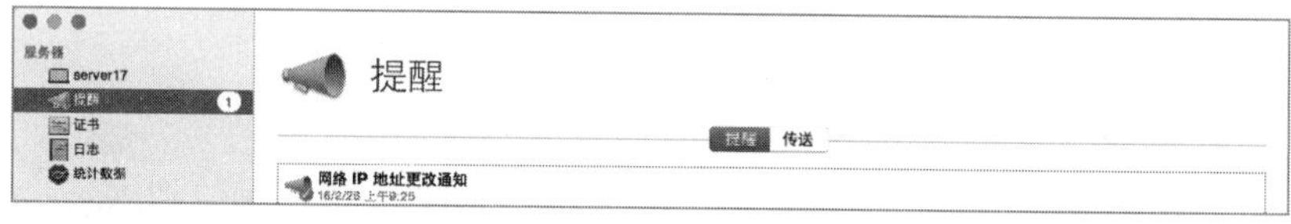

- 日志：可快速访问并搜索由 OS X Server 提供的服务的日志信息。
- 统计数据：可查看过去1小时到7天时间周期内处理器和内存的使用率、网络流量，以及缓存服务的使用情况。此外，还可以查看内存的使用率，也就是随机存取存储器（RAM）的使用情况，以及查看文件共享已连接的用户数量。

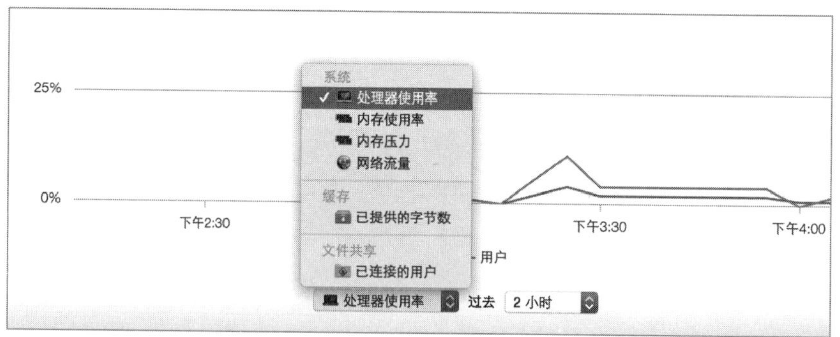

- 存储容量：可查看服务器可用的、可见宗卷列表，以及可用的存储空间总量。

你可以使用“屏幕共享”或Apple Remote Desktop 来远程观察服务器，并且 Server 应用程序也可以被安装在非服务器计算机上（例如安装在你的管理计算机上），这可以让你在不同的计算机上监视和管理服务器。

参考5.2
OS X Server 提醒通知的配置

Server 应用程序“服务器”的“提醒”设置面板，可以让你配置接收提醒通知的电子邮件地址列表，以及需要发送通知的提醒类别。“提醒”设置面板有两个选项卡：

- 提醒：显示提醒消息的地方。
- 传送：在这里列出了电子邮件收件人地址，并且可以设置什么类型的提醒通知会被传送给他们。此外，还可以选择推送通知。

NOTE ▶ 只有当“Apple 推送通知服务”在服务器上被配置好并启用的情况下，推送通知设置才可以使用。

当为通知选用一个电子邮件地址的时候，建议创建一个单独使用的电子邮件账户，这个账户可以关联到多个人，而不是通过 Server 应用程序将它发送到特定的某个用户。这样可以避免一种情况的发生：当负责管理服务器的一名员工离开了管理团队以后，则会令通知也变得无人关注。一个类似 alerts@server17.pretendco.com 这样的账户可以被用于多个接收对象，从而避免提醒通知变得个人化。

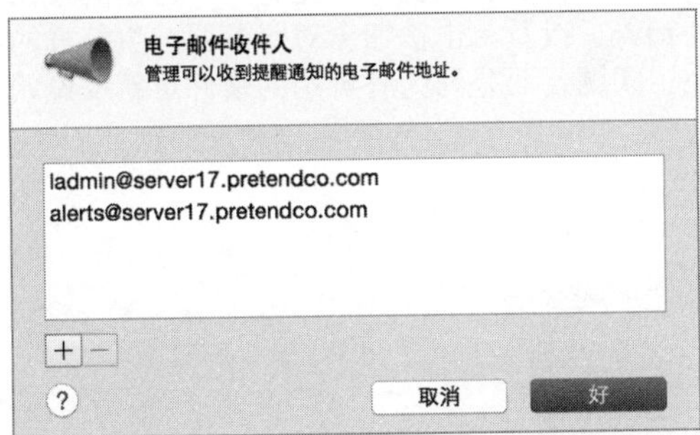

服务器直接使用内建的简单邮件传输协议（SMTP）来发送电子邮件，而有些邮件接收服务器在处理接收的提醒通知邮件时会产生问题，这些邮件可能会被视为垃圾邮件或是被屏蔽掉。如果你可以控制自己的邮件服务器，那么可以将发送服务器的互联网协议（IP）地址列为“白名单”，从而令邮件不会被拒绝接收。此外，你也可以在 OS X Server的“邮件”服务中选中“通过 ISP 中转发送邮件”复选框，并指定 SMTP 服务器及相应的鉴定信息。这会引导邮件通过标准的邮件服务器，从而降低被视为垃圾邮件的可能。这项功能并不需要开启“邮件”服务。

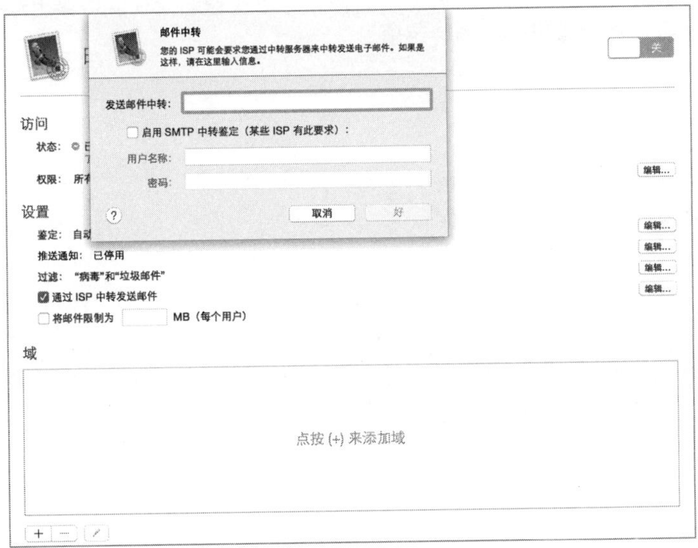

当你通过 Server 应用程序启用了 Apple 推送通知，并为推送通知提供了 Apple ID 后，你的服务器就可以将提醒通知发送到运行有OS X Yosemite 的 Mac 上，该 Mac 已安装有 Server 应用程序并已登录到服务器。这些提醒通知会显示在 Server 应用程序中，以及这些计算机的“通知中心”里。在下图中，服务器被配置为将提醒通知发送至运行着 Server 应用程序，正连接到 server17 的计算机上。

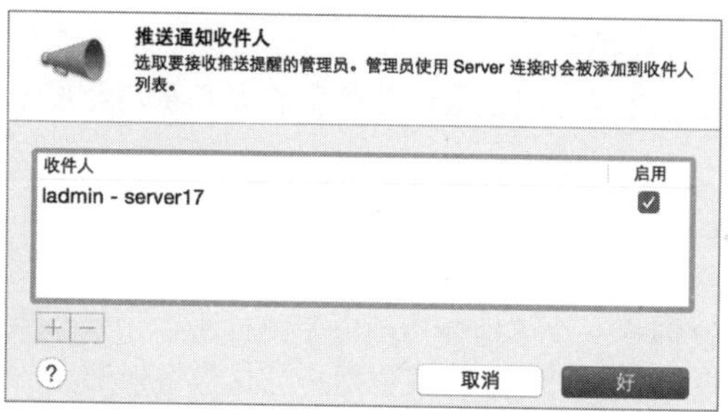

提醒消息会显示一个简要说明，简述发生了什么状况。你可以在设置面板的底部添加一个关键词来过滤筛选提醒消息。双击提醒消息，或者打开“操作”弹出式菜单（单击齿轮图标）并选择“查看提醒”命令，来查看与提醒通知相关的附加说明。在某些情况下，还有一个可用的按钮来帮助你修复错误，但是你必须清楚是什么情况导致的错误，以及单击按钮会对服务器产生怎样的帮助或是伤害。有些情况下的提醒通知并不是因为出现了问题，而是因为有可用的软件更新及说明要执行的更新操作。

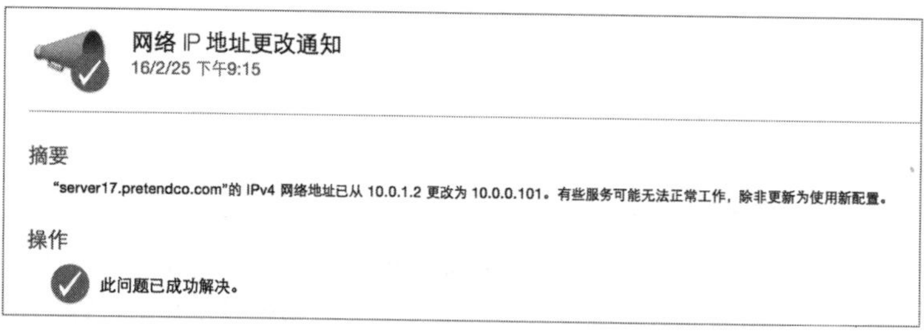

参考5.3 在 OS X Server 中使用日志功能

在 Server 应用程序的“服务器”部分，打开“日志”面板，可以快速访问在服务器上运行的各个服务的日志。其中通过搜索框可以追查日志中的特定项目。

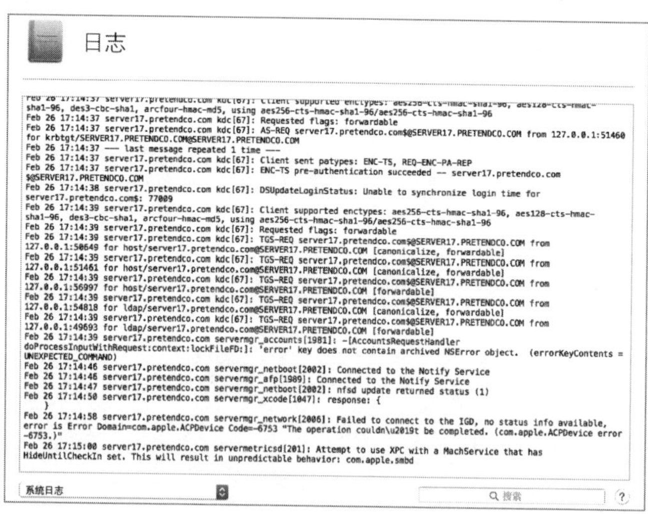

某些日志一直都可以使用，而有些日志只有当服务被启用的时候才会变得可用。

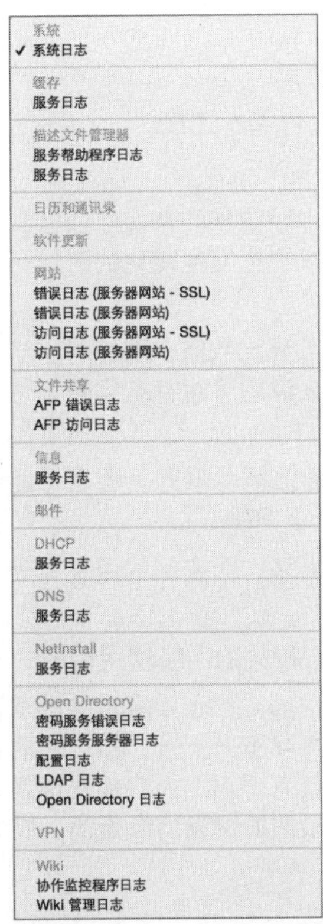

其他的日志可以通过“控制台”应用程序来使用，该应用程序位于/应用程序/实用工具/。

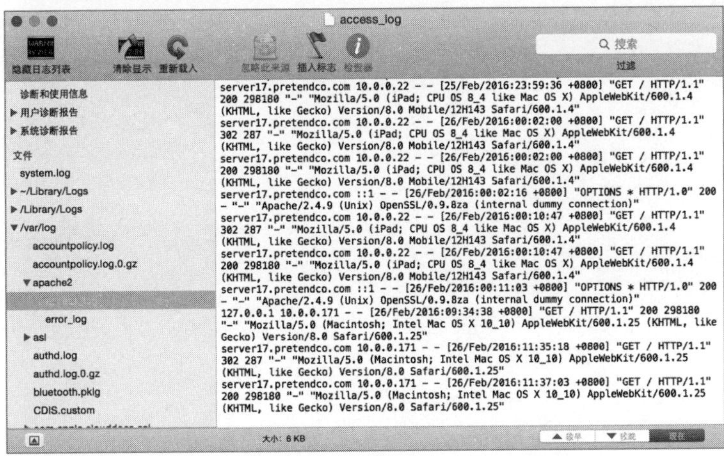

参考5.4
在 OS X Server 中使用统计数据功能

在“统计数据”面板中，有6个性能曲线图可用：

- 处理器使用率：分为系统 CPU 和用户 CPU，以帮助确定是什么资源占用了最多的 CPU 时钟周期。
- 内存使用率：显示了有多少物理内容正在被使用。

- 内存压力：显示了 RAM 使用虚拟内存所产生的影响。
- 网络流量：显示了出站和入站的流量。
- 缓存（已提供的字节数）：显示了“缓存”服务的数据传输情况。
- 文件共享（已连接的用户）：显示了有多少用户正在使用着文件共享连接。

所有6个图表都可以调节显示的时间间隔，从过去的一小时到过去的7天。

当使用图表的时候，要意识到，反映在图表上的实际数字并不能说明完整的情况。通常，图表的形状是最重要的，所以要经常查看图表来了解正常情况下的状态，以便在发生变化的时候可以识别出来。

一个正常的“处理器使用率”图表可以显示出工作日期间的一些百分比数值，峰值对应着大量的服务器使用率。当图表显示出比平时状态更高的百分比数值时，那么说明可能存在问题。意味着是时候去进行一些调查工作了。

如果一个应用程序不释放 RAM，那么内存的使用率会随着时间的推移而攀升。图表可能会显示出所有可用的 RAM 都在被连续不断地使用着，这表明服务器需要升级 RAM 了。

网络流量也应当遵循使用率的模式，繁重的访问会在图表中显示出来，而夜间的流量或是其他时段比较低的使用率，则可能是备份操作或是无计划的访问所引起的。

在“统计数据”面板中查看缓存服务的情况，可以让你了解到与它相关的网络使用情况。

“内存压力”图表是OS X Server Yosemite 中的新功能，虽然在Mavericks 中有过基础测试。这是对 RAM 使用率的相对测量，因为它运用了虚拟内存分页。如果内存压力上升，那么表明计算机可能需要更多的 RAM 才能更加有效地运作。较高的水平线则意味着有 RAM 内容被发送到硬盘驱动器上进行处理，从而导致性能表现不佳。在高使用率的情况下，预期的测量值会走高，特别是那些对 RAM 有高需求的服务，例如文件传输。

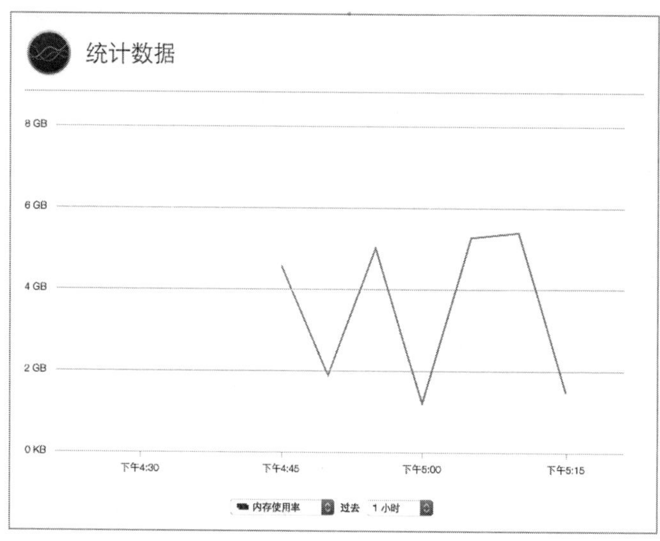

参考5.5
存储容量的查看

在 Server 应用程序的“服务器”部分，“存储容量”被列在服务器的名称之下。在边栏中选择服务器，然后单击“存储容量”选项卡。在这里，已连接到服务器的各个宗卷会被列出，并且存储容量的可用量被列在各个宗卷的旁边，而且还带有一个条形图用来进行快速查看。你可以查看每个宗卷，而且还可以查看和更改权限（这部分内容会在“课程12　文件共享服务的配置”和“课程13　文件访问的设定”中进行介绍）。

练习5.1
使用 Server 应用程序来监视你的服务器

▶ 前提条件

- ▶ 完成“课程1　OS X Server 的安装”中的所有练习操作。
- ▶ 完成“练习2.1　创建 DNS 区域和记录”中的操作。

使用 Server 应用程序主动监视你服务器的工作情况是一个非常好的选择，这样你就可以及时地发现、解决任何突发的问题，而不是在紧急的情况下去应对警报。在本练习中，你将配置提醒服务，发送测试警报通知，并且学习“统计数据”面板的使用。

配置提醒服务

当服务器上的某些情况需要引起你的注意的时候，可以通过配置的提醒服务来通知你。

启用 Apple 推送通知

1. 在你的管理员计算机上进行这些练习操作。如果管理员计算机还没有通过 Server 应用程序连接到你的服务器计算机，那么按照以下步骤进行连接：在管理员计算机上打开 Server 应用程序，选择“管理”>“连接服务器”命令，选择你的服务器，单击“继续”按钮，提供管理员的鉴定信息（管理员名称：ladmin，管理员密码：ladminpw），取消选中“在我的钥匙串中记住此密码”复选框，然后单击“连接”按钮。
2. 在边栏中选择你的服务器。
3. 单击“设置”选项卡。
4. 如果“启用 Apple 推送通知”复选框没有被选中，那么现在选中它。
5. 如果你还没有配置 Apple ID 用于推送通知服务，那么在对话框中输入你的 Apple ID 账户信息来获取推送通知证书。在有培训教师指导的培训课堂中，你的讲师可以提供 Apple ID。完成操作后单击“好”按钮。

   如果你还没有Apple ID 账户，那么可以单击账户鉴定输入框下面的超链接来创建一个 Apple ID 账户。

配置电子邮件接收人地址

配置电子邮件接收人地址，接收 Server 应用程序发来的提醒的步骤如下：

1. 在 Server 应用程序的边栏中选择“提醒”选项。
2. 单击“传送”选项卡并单击“电子邮件地址”的“编辑”按钮。
3. 单击“添加”（+）按钮。
4. 输入将用于接收提醒信息的电子邮件地址（可以使用你自己的邮件地址），然后按键盘上的 Tab 键完成编辑。
5. 如果需要，可以重复步骤3～4，添加更多的邮件地址。

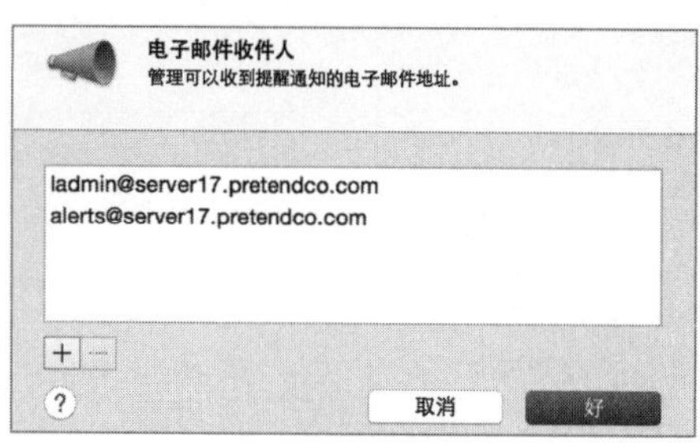

6 单击“好”按钮保存设置。

查看推送通知收件人

通过 Server 应用程序配置推送通知的收件人。

1 单击“推送通知”设置项的“编辑”按钮。

2 在“推送通知收件人”设置面板中，确认显示了当前已登录用户（ladmin）和你正在使用的计算机名称（client*n*，其中 *n* 是你的学号）。

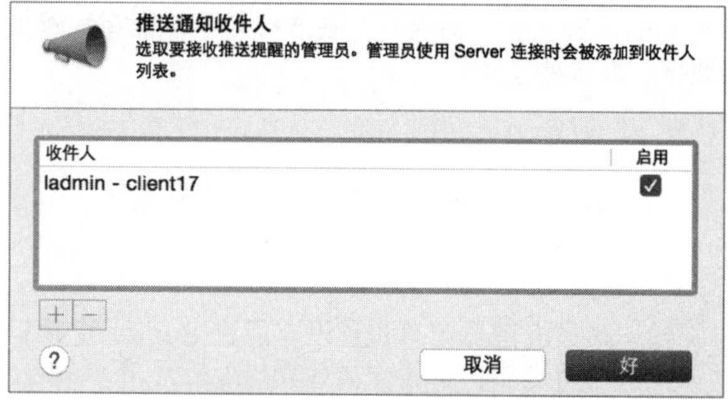

3 注意，由于你已经从这台Mac计算机上添加了这个用户，所以目前“添加”（+）按钮是不可用的。

4 单击“取消”按钮关闭“推送通知收件人”设置面板。

5 在你的管理员计算机上退出 Server 应用程序。

从服务器上添加推送通知收件人

1 在你的服务器计算机上打开 Server 应用程序，在“选取 Mac”面板中选择你的服务器，单击“继续”按钮，提供管理员的鉴定信息（管理员名称：ladmin，管理员密码：ladminpw），取消选中“记住此密码”复选框，然后单击“连接”按钮。

2 在 Server 应用程序的边栏中选择“提醒”选项，然后单击“传送”选项卡。

3 单击“推送通知”设置项的“编辑”按钮。

4 单击“添加”（+）按钮。

5 确认显示了当前已登录用户（ladmin）和你服务器的计算机名称（server*n*，其中 *n* 是你的学号）。

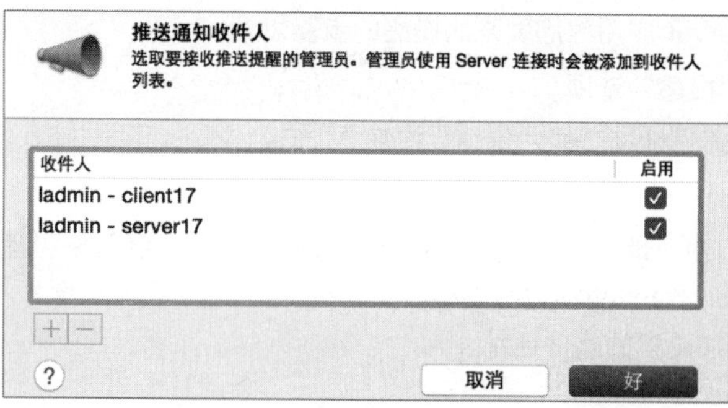

6 单击“好”按钮保存设置。

查看要发送的提醒项目

查看提醒项目列表，以及这些项目的提醒信息将以何种方式被发送。

在“设置”面板中查看你要发送通知的提醒项目类型。

设置

提醒类型	电子邮件	推送
Firewall	☑	☑
Time Machine	☑	☑
Xcode 服务器	☑	☑
Xsan	☑	☑
描述文件管理器	☑	☑
磁盘	☑	☑
缓存	☑	☑
网络配置	☑	☑
证书	☑	☑
软件更新	☑	☑
邮件	☑	☑

发送测试提醒

现在你已经配置了提醒功能，确认你可以收到提醒消息。通过服务器发送测试提醒消息。确认提醒消息以推送通知的形式被发送至你的管理员计算机。

NOTE ▶ 对于提醒信息以邮件形式传送的测试确认，已经超出了本练习的学习范围，因为这个测试的环境有可能会导致邮件消息被弹回。由此产生的提醒邮件信息会带有回复地址 root@server*n*.pretendco.com 和服务器提醒信息的收件人地址alerts@server*n*.pretendco.com（其中 *n* 是你的学号）。在本练习中，外部邮件服务器无法访问到你服务器的MX记录。这个消息可能无法被外部邮件服务器接收，或者可能会被电子邮件过滤器视为垃圾邮件。你需要配置你的垃圾邮件过滤器才能接收来自该地址的电子邮件。

即使 Server 应用程序并没有在管理员计算机上运行，但你也将通过你的服务器生成一个测试提醒消息，并在你的管理员计算机上来查看该消息，然后在你的服务器计算机上查看这个测试提醒消息。

1 仍然通过你的服务器来运行 Server 应用程序，确认你位于“提醒”设置面板的“传送”选项卡中。

2 打开“操作”弹出式菜单（单击齿轮图标），并选择“发送测试提醒”命令。

确认提醒通知

NOTE ▶ 如果你在这个测试环境中无法接收到提醒通知，也不用担心；你可以阅读本练习的内容，并继续“进行持续监控”部分的练习操作。

等待一会儿，你的管理员计算机（以及你的服务器）将会接收到提醒通知，在 Dock 中的应用程序图标会增加计数标记（如下图所示，你的服务器应用程序图标可能会出现在 Dock 中的其他位置）。

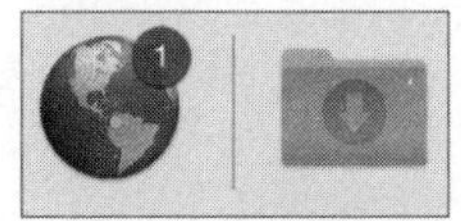

测试提醒通知会出现在屏幕的右上角。

片刻之后，通知显示会消失。

TIP ▶ 在“通知”偏好设置中，你可以在左侧竖栏中选择 Server，然后将 Server 的信息提示样式由默认的“横幅”更改为“提示”，“提示”不会让消息自动消失。

1 在你的管理员计算机上，单击屏幕右上角的“通知中心”图标。

2 单击“通知”选项卡。

3 确认在 Server 选项区域显示了你的测试提醒通知。

4 仍然在你的管理员计算机上进行操作，在通知中心中单击测试提醒消息。

打开 Server 应用程序。

5 在你的管理员计算机上，在“选取 Mac”面板中选择你的服务器，单击“继续”按钮，提供管理员的鉴定信息（管理员名称：ladmin，管理员密码：ladminpw），取消选中“记住此密码”复选框，然后单击“连接”按钮。

6 在 Server 应用程序的边栏中选择“提醒”选项。

7 在“提醒”设置面板中单击“提醒”选项卡。

8 双击测试提醒消息。

9 查看消息，并单击“完成”按钮。

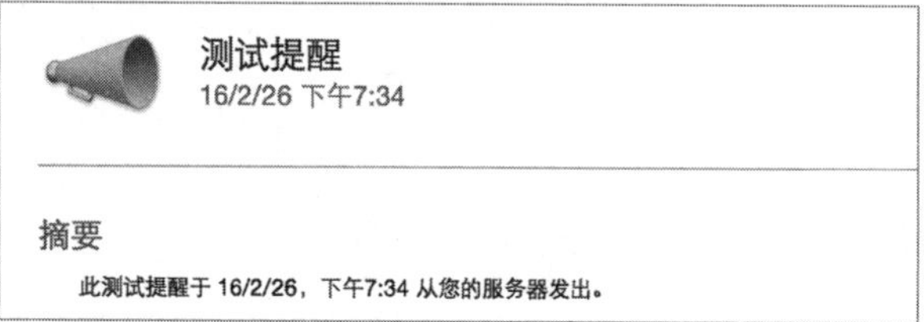

10 打开“操作”弹出式菜单（单击齿轮图标），并选择“全部清除”命令。

这时将在你的管理员计算机上，从提醒消息列表中移除全部提醒消息。

在你的服务器计算机上也同样清除提醒消息。

1 在你的服务器计算机上，单击“提醒”选项卡。

2 打开“操作”弹出式菜单（单击齿轮图标），并选择“全部清除”命令。

这时将在你的服务器上，从提醒消息列表中移除全部提醒消息。

3 在服务器上退出 Server 应用程序。

你刚才进行的创建提醒信息及设置监控的操作步骤，对于所有服务器来说都是建议采用的。

进行持续监控

定期查看可用磁盘空间总量并在“统计数据”面板中查看图表，是非常好的做法。

监视磁盘空间

磁盘空间不足是提醒消息的一个类型。除了等待提醒消息外，还应当经常使用 Server 应用程序去查看可用磁盘空间的情况。

1 在你的管理员计算机上，在 Server 应用程序的边栏中选择你的服务器。

2 单击“存储容量”选项卡。

3 在“存储容量”面板的左下角单击“列表视图”按钮。

4 查看各个宗卷可用的空间总量。

监测可用的图表

虽然针对异常较高的处理器使用率、内存使用率或是网络流量不存在提醒通知，但是适时地监视一下这些信息仍是一个非常好的做法。Server 应用程序可以分别显示以下几类信息的图表：

- 处理器使用率（包括系统CPU和用户CPU）。
- 内存使用率。
- 网络流量（包括出站流量和入站流量）。
- 缓存（已提供的字节数）。
- 文件共享（已连接的用户）。

在 Server 应用程序中探究可用的图表的步骤如下：

1 在 Server 应用程序的边栏中选择“统计数据”选项。

2 通过左侧的弹出式菜单可以选择要显示的图表类型，下图显示的是“网络流量”图表。

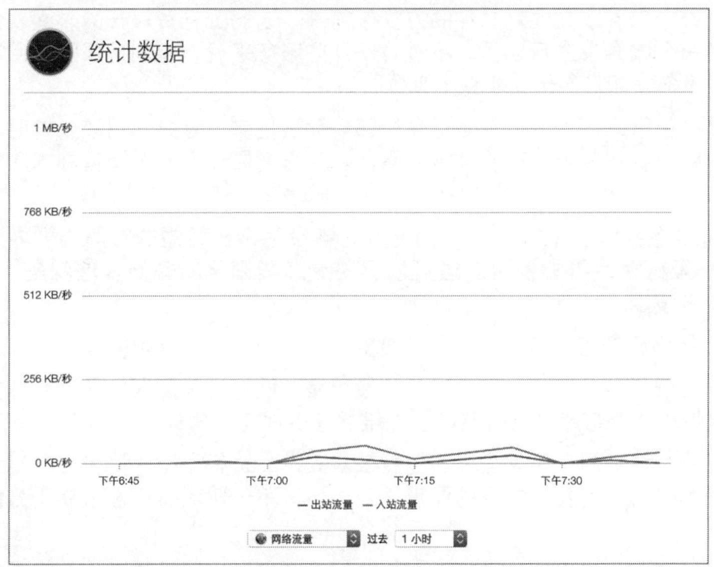

3 单击右边的菜单可以选取过去到现在的持续时间，这个时间段内的数据都包含在图表的显示数据中。

4 查看各个可用的图表，了解一下可用的统计数据。

在本练习中，你为提醒消息配置了电子邮件和推送传递的设置，发送了测试提醒消息，并且确认了它是通过推送通知服务发送的，同时还学习了“统计数据”面板的使用。

课程6

OS X Server 的备份

目标

▶ 备份 OS X Server。

▶ 恢复 OS X Server。

有些时候，你可能需要恢复硬件或软件出现故障的服务器。为了防止出现问题，你需要使用一个可靠的备份系统。虽然市场上有很多备份产品可供选择，但是对于 OS X 来说，在Mac OS X 10.5 的版本中就已经内建了 Time Machine 备份功能。当使用 OS X Server 的时候，它可以为OS X 提供一个实用的、低成本的，而且操作简单的备份方案。Time Machine 也建议对OS X Server 进行备份，因为它可以保护操作系统的所有配置，以及需要进行成功恢复的数据。

参考6.1
介绍备份的概念

当需要备份一台计算机的时候，还有一些需要注意的地方。你需要确定什么时间及多久需要进行备份、被备份到哪里，以及备份媒体通常是如何进行轮换使用的。

可用于备份 OS X Server 的商业产品，都会应用各种备份技术和可供选择的备份媒体。通过这些产品，你可以指定服务器多久需要进行备份，以及什么内容需要进行备份。你可以决定是否需要备份到磁带机、硬盘或是云存储上。你还可以决定备份的方式，例如：

- 完整映像：服务器的整个驱动器以块的方式被复制，不过这需要服务器停止运行并从其他的宗卷上进行复制操作。
- 完整的文件级复制：整个宗卷以文件对文件的方式被复制。这需要花费较长的时间，但并不需要服务器通过另一个宗卷来进行操作，不过对于某些服务来说，特别是那些使用数据库的服务，会被停止服务，而且备份并非完全有效。
- 增量备份：对于先前的备份来说，只有发生变化的部分会被复制。这只占用较少的时间和存储空间，但是它可能会花费较长的时间进行恢复，因为它需要读取多个增量副本才能获得完整的数据量。
- 持续备份：也称为持续数据保护（CDP），变更的内容会尽量在较短的时间周期内进行备份，而不是等到一天结束后再去备份。这可以实现更加精细化的备份。这就是 Time Machine 所使用的备份技术。

在决定备份媒体的时候，要考虑到存储容量、寿命及便携性。一些常用的媒体包括：

- 磁带：磁带的淘汰已经被报道多年了，它依靠大容量存储、便携性及速度的提升来保持存活。而不足之处是磁带机或磁带库往往需要精心的维护才能保持正常运行。
- 磁盘：磁盘的成本已经被降低到可用其容量和速度来对其寿命进行平衡的地步，当磁盘被安装到大型的阵列设备中时，就会牺牲它的便携性。当然，单个驱动器还是很易于方便携带的。
- 基于云的存储：基于互联网，在远端的主机上存储数据正变得越来越受欢迎，并且随着带宽的提升，以及可用到的低成本数据存储方案，都令这种方式变得可行。而不足之处则是要依靠第三方来确保数据的安全，并且基于互联网来恢复数据需要花费较长的时间。而有些主机服务允许你进行本地备份并将本地备份的“种子”发送给对方，对方将你的数据从磁盘复制到他们的设施上并发送给你用于恢复的磁盘。

如果不考虑备份技术和媒体的选用，那么对于恢复操作的测试是极为重要的。当需要进行恢复操作的时候，一个被认为可靠的备份竟然出现了问题，那么就会导致数据因此而丢失。所以应当定期对备份进行测试，确认它是有效的。

备份的多样化

进行备份的备份是明智之举。备份有时会失败或是无法被恢复，因此使用不同的技术来提供额外的保护是一个不错的想法。或许可以采用本地备份加云备份的方式。每种备份方式都有它的优势与劣势，但是你可以通过采用多种技术来进行互补。

本地备份是不错的选择，因为这种方式快速并且容易恢复，但如果问题出在本地，损坏了这些备份连同原始的数据资源，例如火灾或是水灾，那么你就会丢掉所有的数据和操作系统配置。

云备份或是远程备份也是不错的选择，因为它们可以避免本地的破坏，但是它们都需要花费较长的时间来进行备份和恢复。这就令它们不适合在紧急的情况下使用。同时你还要小心，不要漏掉那些你无法从损失中恢复的信息。

结合本地和远程备份，只要使用得当，可以为你提供两全其美的备份方案。例如，你可以只进行远程的数据备份，而不备份操作系统。这可以加速备份的过程，因为对于操作系统来说，你可以随时进行重建。也可以采用本地备份，因为它们可以被引导启动，从而实现快速恢复。

参考6.2
通过 Time Machine 备份

Apple 自 Mac OS X v10.5开始，就在之后所有的版本中提供了一个易于使用并且有效的备份应用程序。Time Machine 最初的设想是可以很方便、很轻松地对计算机进行备份。Time Machine 的设置过程只需要简单地连接外置硬盘并打开 Time Machine 功能就可以了。

Time Machine 的功能逐渐得到增强，并且可以选择用来备份 OS X Server。Time Machine 可以被视为连续数据保护方式的一种，并且它对 OS X Server 所用的数据库可以进行恰当的处理。Time Machine 可支持 OS X Server 的备份流程。

NOTE ▶ 如果你将启动宗卷上的服务数据做了转移，那么你需要参考 Apple 技术支持文章“HT202406 从 Time Machine 备份恢复 OS X Server”，文中讲述了如何使用命令行工具来正确恢复服务数据。

Time Machine 的备份目标位置只限于服务器可见的硬盘宗卷，以及为 Time Machine 开启的 AFP 网络共享点。

NOTE ▶ 要了解有关 Time Machine 的更多情况，请参阅教材《*Apple Pro Training Series: OS X Support Essentials 10.10*》“课程 16 Time Machine”中的介绍。

对于 OS X Server 来说，Time Machine 可备份以下服务数据：

- ▶ 通讯录。
- ▶ 文件共享。

- 日历。
- 信息。
- 邮件。
- Open Directory。
- 描述文件管理器。
- Time Machine（通过网络提供备份目标位置的服务）。
- VPN。
- 网站。
- Wiki。

Time Machine 不会备份以下内容：

- /tmp/。
- /资源库/Logs/。
- /资源库/Caches/。
- /用户/<用户名>/资源库/Caches。

Time Machine 有能力备份到多个目标位置上。这就很容易做到将一块硬盘连接到服务器上用于进行连续备份保护，而连接第二块磁盘驱动器用于进行异地的倒换使用。通过两块或多块硬盘驱动器进行倒换备份，既可以形成一个灾难恢复方案，同时又可以根据需要从本地磁盘上随时提供数据恢复。

Time Machine 具有拍摄快照的功能，并将快照内容备份在它自己的启动宗卷上。快照功能是专为笔记本计算机设计的便利功能，对于生产工作用的服务器来说，该功能不应当被考虑使用。

Time Machine 会保留过去24小时每个小时的备份，超过24小时会保留过去一个月的每日备份，以及过去所有月份的每周备份，直到目标宗卷被填满。这时最旧的备份会被删除。如果你不希望失去备份，那么当备份磁盘快填满的时候可以替换备份目标磁盘。

运行在 OS X Server 上的 Time Machine 有一项功能，会在Time Machine 每次运行的时候触发一个脚本，去自动归档Open Directory 的内容。归档文件被存储在 /private/var/backups/中，并且在Time Machine 执行操作的时候，与其他文件一同被复制。归档文件可以从它所在的备份位置进行恢复，根据需求来重建Open Directory 环境。要恢复文件，你需要以 root 身份访问命令行环境，需要你启用 root 用户并使用 root 用户的鉴定信息进行登录。请参阅 Apple 技术支持文章“HT1528　在 OS X 中启用和使用‘root’ 用户”，来获取详细信息。

```
ladmin — bash — 110×9
bash-3.2# pwd
/Volumes/Server Backup/Backups.backupdb/server17/2016-02-26-215959/Server HD/var/backups
bash-3.2# ls -l
total 12296
-rw-rw----@ 1 root  admin  6295552  2 26 21:33 ServerBackup_OpenDirectoryMaster.sparseimage
bash-3.2# 
```

练习6.1
通过 Time Machine 备份 OS X Server

▶ 前提条件

- 完成“课程1　OS X Server 的安装”中的所有练习操作。
- 完成“练习2.1　创建 DNS 区域和记录”中的操作。

当规划你的 IT 环境时，备份策略的考虑是非常重要的。通过Time Machine，可以令备份和还原操作变得十分简单。本练习将指导你完成使用 Time Machine 对你的服务器进行备份的基本操作。在本练习中，你将指定一个Time Machine 备份目标位置，然后开始进行Time Machine 的初次备份操作。

为 Time Machine 备份操作准备一个临时使用的备份目标位置。

选择1：使用一块外置磁盘用作 Time Machine 的备份目标磁盘

如果你有一块在练习前和练习后都可以抹掉的HFS + 格式的外置磁盘，那么请按照以下步骤进行操作。否则请跳转到下一节“选择2：使用一个内部宗卷作为 Time Machine 的备份目标磁盘”。

NOTE ▶ 除非你确认不需要保留存储在磁盘上的任何信息，否则请不要抹掉磁盘。如果存在疑虑，那么可以跳过这个选择操作，并继续“选择2：使用一个内部宗卷作为 Time Machine 的备份目标磁盘”的练习操作。

1 将外置磁盘连接到你的服务器计算机。

2 如果询问你是否要使用这块磁盘来配合Time Machine 进行备份，那么单击“不使用”按钮。

3 在你的服务器上按快捷键Command-空格打开Spotlight 搜索，输入Disk Utility，打开“磁盘工具”。

4 在“磁盘工具”的边栏中选择你的外部磁盘（要选择靠左的磁盘，而不是缩进靠右的宗卷）。

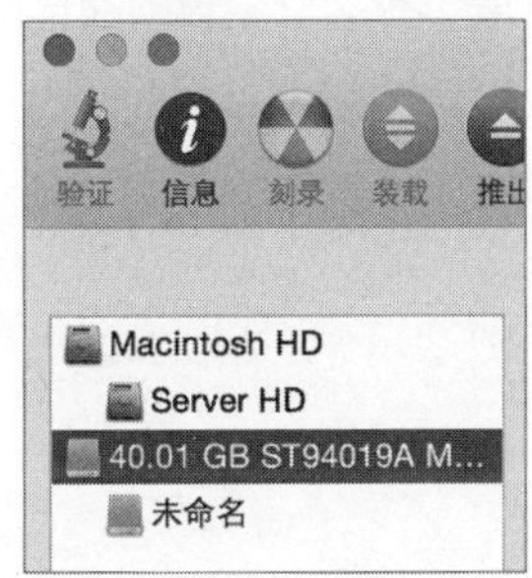

5 单击“抹掉”选项卡。

6 打开“格式”弹出式菜单并选择“Mac OS 扩展（日志式）”命令。

7 在“名称”文本框中输入Server Backup。

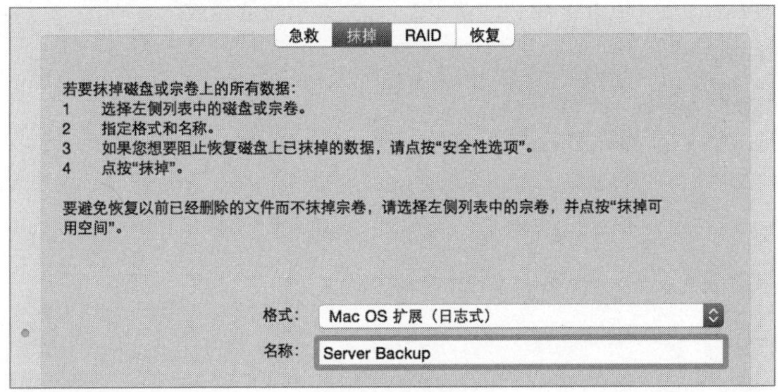

8 单击“抹掉”按钮。

9 当询问你是否要使用这块磁盘来配合Time Machine 进行备份的时候，单击“以后再决定”按钮。

10 退出“磁盘工具”。

跳过“选择2”部分的内容，并继续“配置 Time Machine”部分的操作。

选择2：使用一个内部宗卷作为 Time Machine 的备份目标磁盘

作为另一个选择，考虑到访问控制列表（ACL）会阻止你从 Time Machine 的目标磁盘上移除备份文件，而且这毕竟是一个测试环境，所以你可以通过以下步骤，使用“磁盘工具”在你现有的磁盘上创建一个新的临时宗卷。而在实际工作环境中，Time Machine 的备份目标宗卷应当在一块物理上独立的磁盘上。

NOTE ▶ 使用相同的磁盘或是磁盘分区作为 Time Machine 的备份目标磁盘是可以的，但只适用于演示和教学的情况。不要在实际的工作计算机上采用这种方式。此外，在对一块已有数据的磁盘进行动态分区前，确保你已具有可用的数据备份。要了解有关磁盘分区的情况，可参考《*Apple Pro Training Series: OS X Support Essentials 10.10*》中的“课程10　文件系统和存储”。

1 在你的服务器上按快捷键Command–空格打开Spotlight 搜索，输入Disk Utility，打开“磁盘工具”。

2 在“磁盘工具”的边栏中，选择包含服务器启动宗卷的元素（要么是磁盘，要么是核心存储逻辑宗卷组）。

3 单击“分区”选项卡。

4 选择带有额外空间的宗卷，例如你的启动宗卷。如果你只有一个宗卷，那么它会自动被选取。

5 单击“添加”（+）按钮。

6 选取你刚刚创建的新宗卷。

7 在“名称”文本框中输入Server Backup 。

注意，如果你服务器的启动宗卷是包含在核心存储逻辑宗卷组中的，那么你在下面图示中所看到的“磁盘工具”窗口中各元素的状态会有所不同。有关核心存储的详细情况，可参考《*Apple Pro Training Series: OS X Support Essentials 10.10*》中的“课程9.1　文件系统的组成”。

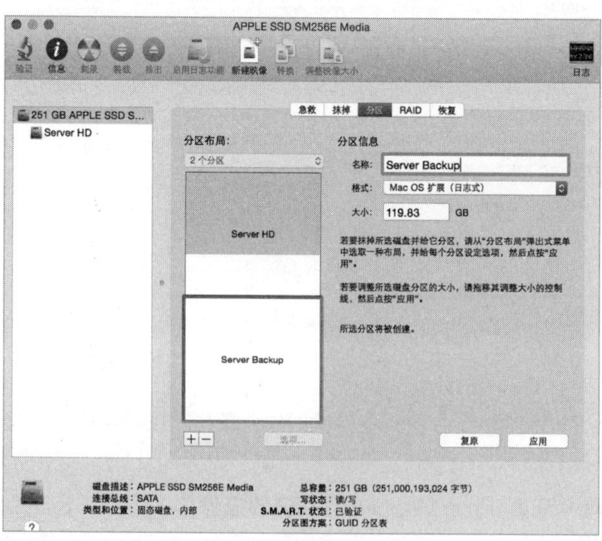

8 由于当前操作只是为了进行演示练习，所以你可以保持“大小”文本框中的默认值不变。

9 单击“应用”按钮，并在对话框中确认你的操作，单击“分区”按钮。

10 等待操作完成（在“磁盘工具”窗口的右下角会显示一个操作进度条）。

11 退出“磁盘工具”。

配置 Time Machine

1 在你的服务器计算机上打开系统偏好设置，并选择 Time Machine 偏好设置项。

2 在 Time Machine 偏好设置面板中选中“在菜单栏中显示Time Machine”复选框。

3 单击“选择备份磁盘”按钮。

4 选择Server Backup，然后单击“使用磁盘”按钮。

5 如果询问“你确定要备份到原始数据所在的同一设备上吗？”那么单击“使用选定的宗卷”按钮，因为这只是进行演示练习。

如果要求你抹掉磁盘，那么单击“抹掉”按钮。

6 在 Time Machine 偏好设置的主设置面板中，单击“选项”按钮来查看从备份中选择排除的项目列表。如果你有其他不希望包含在备份中的宗卷，那么单击“添加”（+）按钮，并在边栏中选择宗卷，然后单击“排除”按钮。

如果你更改了存储服务器服务数据的宗卷，那么该宗卷也应当包含在备份中。

7 关闭排除设置面板：如果你对设置做过更改，那么单击“存储”按钮，否则单击“取消”按钮。

8 从 Time Machine 菜单中选择“立即备份”命令。

Time Machine 开始准备进行备份，并在首次备份时对所有没有被排除的文件进行完整复制。在Time Machine 偏好设置中你可以查看备份进度。

完成首次备份后，Time Machine 在进行下次备份的时候，只复制自上次备份后发生过改变的文件。

在本练习中，你指定了Time Machine 的备份目标磁盘，并完成了Time Machine 的备份操作。

练习6.2
查看Time Machine 备份文件

▶ **前提条件**

▶ 完成“练习6.1　通过 Time Machine 备份 OS X Server”的操作。

由于备份需要一段时间才能完成，所以可以考虑先进行其他课程的学习，当备份完成后再返回到本练习中继续进行操作。不用担心，在进行备份的时候，你可以进行操作，只是在进行恢复操作前，你需要按照本练习的以下操作来完成初始备份。

在本练习中，你将查看备份中与 OS X Server 相关的文件。你将通过 Finder 去确认关键的服务器文件已被备份。你还将在 Server 应用程序的“日志”设置面板中确认示例服务（即：Open Directory 服务）进行备份的相应操作步骤。

使用 Finder 检查备份文件

由于有些文件只有 root 用户具有可读权限，所以你需要修改权限来读取这些文件。

等待备份完成

1 在你的服务器上，当你看到Time Machine 备份完成的通知后，关闭通知。

2 退出系统偏好设置。

在 Finder 中查看备份文件

1 在 Finder 中选择"前往" > "前往文件夹"命令。

2 你可以使用 Tab 键的补全功能来帮助快速输入接下来的信息：在"前往文件夹"文本框中输入/Volumes/Server Backup/Backups.backupdb/server*n*/Latest/Server HD/（其中 *n* 是你的学号），并单击"前往"按钮。

3 打开"资源库"文件夹，然后打开 Server 文件夹。

这个文件夹中包含很多（但不是全部）与你服务器服务相关的文件。

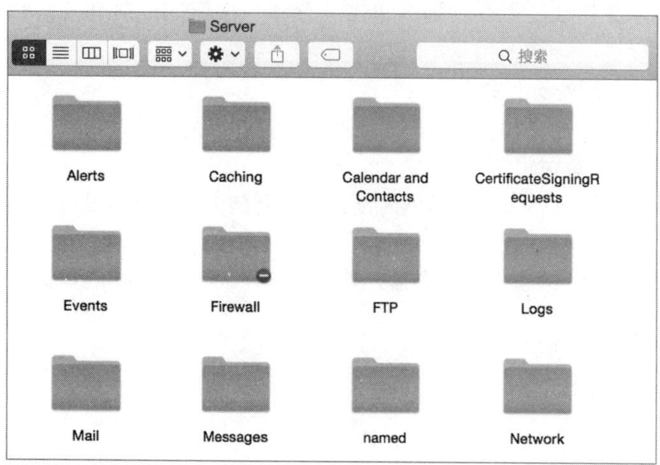

4 打开 named 文件夹。

这个文件夹包含你已创建的 DNS 记录文件。

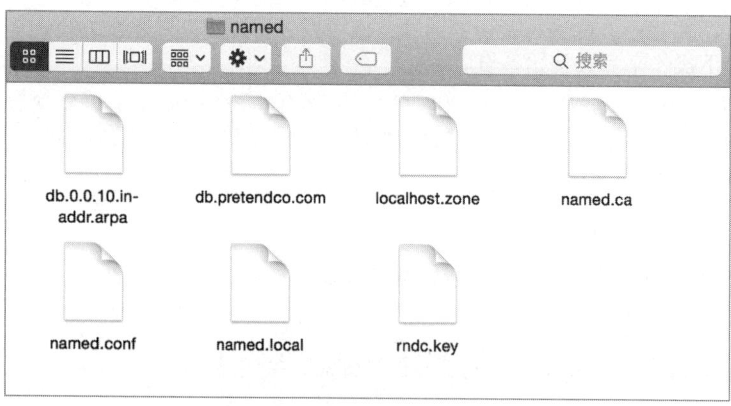

5 关闭named文件夹。

6 在 Finder 中，选择“前往”>“前往文件夹”命令，在“前往文件夹”文本框中输入 /Volumes/Server Backup/Backups.backupdb/server*n*/Latest/Server HD/var/（其中 *n* 是你的学号），并单击“前往”按钮。

var 文件夹在 Finder 中是被隐藏的，除非在“前往文件夹”的指令中请求访问它，它才会被显示出来。var 文件夹中的很多文件夹只有 root 才可以读取，所以在接下来的一些操作步骤中，你将通过复制和更改权限的办法来解决这个问题。当你查看过文件后，需要将复制的文件移除。

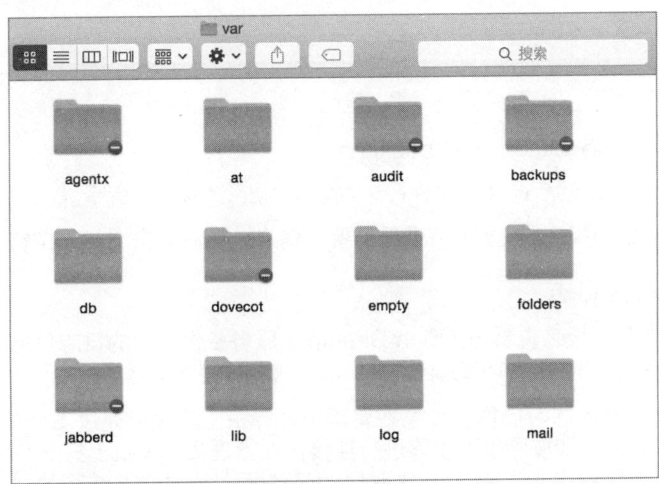

7 将 backups 文件夹拖到你的桌面上。

8 在提示你可能需要输入管理员名称和密码的警告对话框中单击“继续”按钮。

9 提供本地管理员的鉴定信息，并单击“好”按钮。

10 关闭 var 文件夹。

11 选择backups 文件夹，然后选择“文件”>“显示简介”命令。

12 单击“共享与权限”旁边的三角形展开按钮。

13 单击“简介”窗口右下角的锁形图标，提供本地管理员的鉴定信息，并单击“好”按钮。

14 单击“添加”（+）按钮。

15 选择Local Admin 并单击“选择”按钮。

这会将Local Admin（短名称：ladmin）用户添加到访问列表中，并带有“只读”权限。

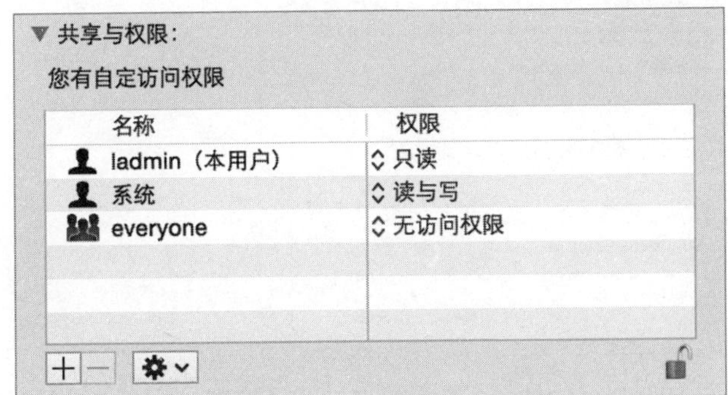

16 关闭“简介”窗口，保存设置。

17 从你的计算机桌面上打开 backups 文件夹。

18 打开名为ServerBackup_OpenDirectoryMaster.sparseimage 的项目。

ldap_bk 宗卷被装载并出现在桌面上。

19 打开ldap_bk 宗卷。

20 打开certificates文件夹。

21 确认与你 OD CA 和你 OD 中级 CA 相关的文件都保存在这里。

22 关闭以下文件夹：certificates、ldap_bk folder 和 backups。

23 选择计算机桌面上的ldap_bk 宗卷，然后选择“文件” > “推出‘ldap_bk’”命令。

24 将backups 文件夹拖到“废纸篓”中，提供本地管理员的鉴定信息，然后单击“好”按钮。

使用“日志”面板来查看备份日志

通过 Server 应用程序的“日志”面板来查看与 Open Directory 服务备份相关的日志信息。你将在“课程9　本地网络账户的管理”中学习到有关Open Directory 服务的更多内容。

1 在你的管理员计算机上进行这部分的练习操作。如果在管理员计算机上还没有通过 Server 应用程序连接到你的服务器计算机，那么按照以下步骤进行连接：在管理员计算机上打开 Server 应用程序，选择“管理” > “连接服务器”命令，选取你的服务器，单击“继续”按钮，提供管理员凭证信息（管理员名称：ladmin，管理员密码：ladminpw），取消选中“记住此密码”复选框并单击“连接”按钮。

2 在 Server 应用程序的边栏中选择“日志”选项。

3 打开弹出式菜单，滚动菜单至Open Directory 部分，并选择“配置日志”命令。

4 注意，这里有5步操作与备份Open Directory 服务有关。

同时注意日志信息的时间戳，是按照世界标准时间（UTC）规格来显示的。

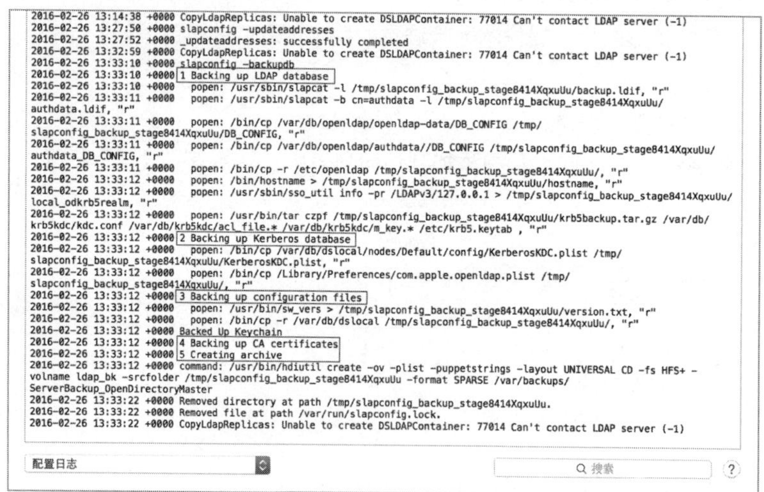

在本练习中，你对与服务器服务相关的Time Machine 备份数据进行了检查。

在余下的练习操作过程中，你可以保持Time Machine 服务的运行。如果你想还原到之前的状态，那么可以将计算机重新启动到 OS X 恢复模式，并通过 Time Machine 备份来进行恢复。

账户的配置

课程7
本地用户的管理

目标

▶ 了解鉴定与授权。

▶ 创建并配置本地用户账户。

▶ 创建并配置本地群组账户。

▶ 导入本地账户。

▶ 管理服务访问的授权。

“鉴定”是识别要在系统中使用的用户账户的过程。这与说“鉴定”是一个人向系统证明他/她身份的说法类似，但略有不同。主要的区别是，多个人可以共享使用相同的用户名和密码，或者一个人可以在同一个系统中拥有多个用户账户。不管是哪种情况，这个人都需要提供用户账户凭证（通常包括用户名和密码）来确定他要使用的用户账户。如果提供的凭证有效，那么该人成功通过鉴定。虽然还有其他鉴定用户账户的方法，例如智能卡或语音，但是用户名和密码的组合是最为常用的（在本课程中也是如此）。

授权是确定一个已通过鉴定的用户账户允许在系统中做什么的过程。OS X Server 可以禁止授权去使用 OS X Server 服务，除非用户被明确授予了使用服务的权利才可以。在“课程12　文件共享服务的配置”中，你还将学习到有关授权去访问特定文件的内容。

在本课程中，你将使用 Server 应用程序进行以下操作：

▶ 配置本地用户和群组账户。

▶ 导入本地账户。

▶ 配置访问服务。

参考7.1
鉴定与授权的介绍

当配置用户访问服务器的时候，你需要确定服务器将提供什么服务，并且需要分配什么级别的用户访问权利。对于本教材所涵盖的很多服务来说，例如文件共享，你需要在服务器上创建特定的用户账户。

当考虑用户账户的创建时，你需要确定如何以最好的方式来设置你的用户，如何将他们组织到群组中以符合你组织机构的需要，而且还要考虑到，随着时间的推移，如何以最好的方式来维护这些信息。因为对于任何服务或是信息技术工作来说，最好在开始实施解决方案前，全面地规划你的需求和实施的方法。

鉴定与授权的使用

在 OS X 和 OS X Server 中，鉴定会发生在不同的场景中，但是通常都会用到一个登录窗口。例如，当你启动 OS X 计算机的时候，在允许使用系统前，可能需要你在开始的登录窗口中输入用户名和密码。

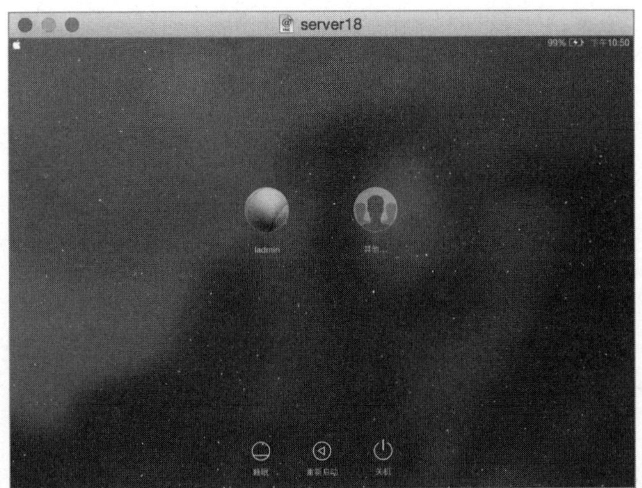

当你试图连接网络文件服务的时候也会进行鉴定，无论使用的是Apple 文件协议（AFP）还是服务器信息块协议（SMB），都是如此。在下图中，为了访问 AFP 服务，你需要提供名称和密码进行鉴定。

一个用户在访问这些服务前，即使作为客人用户进行登录，也需要进行鉴定。根据他要访问的内容，用户可能会得到回应，而对于输入错误的密码（鉴定）或是不允许去访问的服务（授权），也有可能得不到回应。例如，如果你在登录窗口输入了错误的密码，那么窗口只会晃动几下，然后返回到登录窗口。在 OS X 中，对于很多鉴定对话框来说均如此。

如果没有授权你登录到一台计算机，即使提供的用户名和密码都是正确的，登录窗口也同样只是晃动几下，并返回到登录窗口。虽然用户无法访问服务的原因是不同的，但是体验却是相同的。

参考7.2
用户及管理员服务器账户的创建与管理

有一些工具可以用来创建和管理用户与群组账户。你可以使用 OS X 中的“用户与群组”偏好设置来指定本地用户并实现本地群组的基本管理。但是系统偏好设置并没有远程操作模式，你只能使用诸如屏幕共享或是 Apple Remote Desktop 这样的工具来远程管理 OS X Server 计算机上的系统偏好设置。

NOTE ▶ 将术语“用户账户”简单说成“账户”是很常见的。

本课程的重点是使用 Server 应用程序远程管理本地用户和群组账户，并且远程管理对 OS X Server 所提供服务的访问。

OS X 将本地用户和群组账户存储在本地目录域中（也称为本地目录节点）。你会在“课程9　本地网络账户的管理”中去学习有关本地网络账户管理的内容。

要通过 Server 应用程序去管理服务器，你必须鉴定为管理员。无论你是在服务器本地使用 Server 应用程序，还是在另一台计算机上远程使用 Server 应用程序，都需要通过鉴定。

使用 Server 应用程序配置用户账户

在 OS X Server 上要授予某人特定的权限，你必须为该人设置用户账户。Server 应用程序是你在本课程中，在 OS X Server 上创建和配置用户账户所使用的主要工具。在“课程9　本地网络账户的管理”中，你还将使用 Server 应用程序去创建网络用户账户。

在 OS X 中，普通的本地用户账户可以让一个人访问计算机本地的文件和应用程序。在你安装 OS X Server 后，本地用户账户扩展到允许去访问文件和服务，无论是使用本地用户账户在 OS X Server 计算机上进行登录，还是使用本地用户账户去访问 OS X Server 服务，例如邮件和文件共享服务，都是可以的。当你使用其他的计算机时，你也可以使用服务器的本地用户账户远程访问由服务器提供的各种服务。但是你不能使用服务器的本地用户账户，在其他计算机的登录窗口中登录，除非在其他计算机本地目录域中也指定了具有相同用户名和密码的本地用户账户。这是一种比较复杂的情况，你应当使用集中管理的目录服务来避免出现这种情况，集中管理的目录服务会在“课程9　本地网络账户的管理”中进行介绍。

当你使用 Server 应用程序来创建用户的时候，可以指定以下设置：

- 全名。
- 账户名称。
- 电子邮件地址。
- 密码。
- 是否允许用户管理此服务器。
- 个人文件夹。
- 磁盘配额。
- 关键词。
- 备注。

用户账户的全名也被称为长名称或是名称，通常使用一个人的全名，在名称中每个单词的第一

个字母大写并且之间用空格分开。该名称可包含不超过255个字节的字符，所以对于每个字符占用多个字节的字符集来说，就会有较小的最大字符数量。

账户名称，也被称为短名称，是一个缩写名称，通常全部由小写字符组成。用户可以使用全名或账户名称进行鉴定。当 OS X 为用户创建个人文件夹的时候，会使用用户的账户名称进行命名。在设定账户名称前要仔细考虑账户名称的选用，因为要更改用户的账户名称并不是一项简单的任务。在用户账户名称中，不允许使用空格字符，它必须至少包含一个字母，而且它只能包含以下字符：

- a~z。
- A~Z。
- 0~9。
- _（下画线）。
- -（连字符号）。
- .（句点）。

关键词和备注的使用

关键词和备注可以让你对账户进行快速搜索和分类，还可以帮助你快速创建分组或是编辑用户的群组。这些功能对于组织用户、基于一些非用户名称或是基于用户 ID 条件来搜索特定的用户是非常有用的。当你需要指定一个范围内的用户，而这些用户又没有添加到一个特定的群组中时，这提供了一个更为实际的搜索模式。

要添加一个新的关键词，只需要在“关键词”文本框中输入这个关键词，然后按 Tab 键或 Return 键即可。

NOTE ▶ 本地账户和网络账户（参阅“课程8　Open Directory 服务的配置”）都有单独的关键词列表。

你还可以为用户账户添加一个备注信息，以备以后使用，例如是谁创建的账户、毕业的年份或是该账户的用途。

要通过同一个关键词或备注信息搜索用户，在筛选用户的文本框中输入信息文本，然后从弹出的菜单中选择相应的项目。

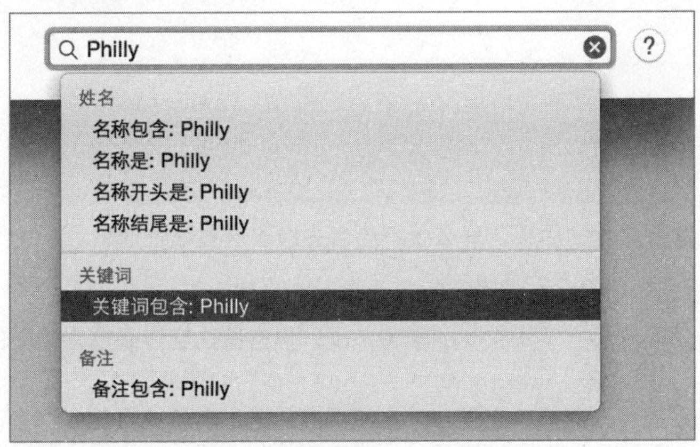

你可以输入多个搜索词条来添加多个筛选条件。

在对用户列表进行了筛选后，不要忘记，你可以单击筛选用户文本框中的“清除”按钮来移除筛选词条，从而再次显示出所有用户。

高级选项的使用

高级选项是一些与用户有关的更多信息设置项，在“用户”设置面板中选择用户，按住Control键单击（或按住辅助键并单击），并从快捷菜单中选择“高级选项”命令。

在高级设置面板中，你可以查看并修改用户账户的一些属性信息。

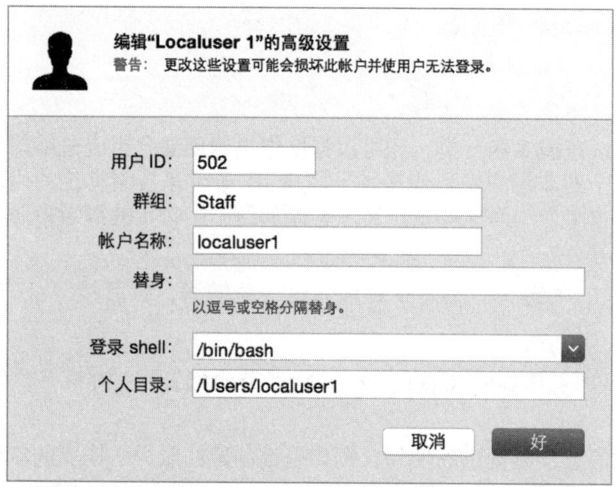

被列在高级设置面板中的完整属性列表包括以下内容：

- 用户 ID。
- 群组。
- 账户名称。
- 替身。
- 登录 shell。
- 个人目录。

如果你不完全了解更改这些设置所产生的后果，那么就不应当去修改这些属性信息。

NOTE ▶ 错误的设置会导致用户无法登录或是无法访问资源。

对于这些属性信息的完整解释说明已超出了本教材的学习范围，但有些内容还是非常重要的，这会在后面的课程中进行介绍。

用户 ID（UID）是一个数值，系统用来区分各个用户。虽然用户是通过名称或是短名称来访问系统的，但是每个用户都被分配了一个 UID，并且 UID 还被用来决定授权。万一两个用户通过不同的用户名称和密码进行了登录，而他们具有相同的 UID，这样当他们访问文档和文件夹的时候，系统会认为他们是同一个所有者。因此，系统会让两个用户都可以访问到相同的文档和文件夹，这是一个你应当避免的情况。

NOTE ▶ Server 应用程序可以让你配置多个具有相同 UID 的用户，但是并不建议这么做。

群组是用户被相互关联的主组，你可以配置用户与多个群组相关联。你不需要特意将一个用户只添加到他的主组中。注意，当你查看群组的成员列表时，对于群组的一个成员用户来说，如果该群组是这个用户的主组，那么该用户不会作为群组的成员被列出，尽管该用户的确是该群组的一个成员也是如此。

建议你不要在高级设置面板中更改账户名称，因为这会导致用户无法访问资源。

你可以为一个用户账户分配一个或多个替身。替身可以让用户使用自己的一个替身名称和其账户密码来通过鉴定去访问服务。替身可以是一个比账户名称更短或是其他使用起来更加方便的文本字符串。

创建模板

你可以通过现有的账户来创建用户和群组模板，这样在创建带有你所需属性信息的新用户时，可以节省所花费的时间。当你按住Control键单击（或按住辅助键单击）一个账户的时候，从显示的快捷菜单中选择“从用户创建模板”或是“从群组创建模板”命令。当创建完一个模板后，在你创建新账户的时候，会显示一个模板菜单，你可以选择使用或是不使用模板。

本地用户账户的配置

OS X Server 为了管理对资源的访问，维护着本地用户账户列表。在本节内容中，你将学习使用 Server 应用程序进行以下操作：

- 创建可访问你服务器上的服务和文件的本地用户账户。
- 让本地用户可以管理你的服务器。
- 创建本地群组账户。
- 将本地用户账户分配到本地群组账户。
- 将本地群组账户指派给本地用户账户。
- 将本地群组账户分配给本地群组账户。

创建可访问你服务器上的服务和文件的本地用户账户

在Server应用程序的“用户”设置面板中，只需要单击“添加”（+）按钮就可以创建一个新用户。

为新用户的属性输入相应的值并单击“创建”按钮。

让本地用户可以管理你的服务器

在 OS X Server 上，管理员账户是一类特殊的用户账户，它可以让用户管理服务器。一个具有管理员账户的用户可以创建、编辑及删除用户账户，也可以修改管理员账户所在服务器上各个运行服务的设置。管理员通过 Server 应用程序对基本的账户和服务进行管理。

NOTE ▶ 由于管理员账户的权力很大，所以在配置一个账户管理你的服务器前，一定要慎重考虑。

让一个本地用户成为管理员非常简单，只需要选中“允许用户管理此服务器”复选框即可。当你创建用户账户的时候可以进行这个操作，也可以在创建之后随时进行设置。你将创建一个用户并让该用户成为管理员。

全名： Local Admin
帐户名称： ladmin
电子邮件地址：
允许用户： 登录 管理此服务器

当你将一个用户账户设置为管理员的时候，操作系统会对用户账户所属的群组进行设置，令其成为全名为 Administrators 的本地群组的成员。凡是 Administrators 群组中的成员都可以使用 Server 应用程序并且可以解锁系统偏好设置中的所有偏好设置项。Administrators 群组的成员还可以更改文件的所有权，可以进行任何系统范围内的更改，并且在命令行环境下还可以以 root 用户的身份来执行指令。所以在配置一个用户账户成为 Administrators 群组成员的时候要慎重考虑。

NOTE ▶ 你还可以使用系统偏好设置的“用户与群组”设置项来将一个用户指定为管理员。

NOTE ▶ 当你为一个用户选择“允许用户管理此计算机”的时候，会将他/她加入名为 admin 的本地群组。你可以使用 admin 群组中任一用户的凭证信息来访问与安全相关的系统偏好设置，例如“用户与群组”和“安全性与隐私”偏好设置，以及其他的特权设置。所以要把哪些用户分配到本地 admin 群组，你要非常小心。

在用户列表中，并没有体现出哪些是管理员用户。

要移除一个用户的管理员状态，只需要取消选中“允许用户管理此计算机”复选框，并单击“好”按钮即可。

创建本地群组账户

群组设置可以让你分配权限到用户的群组，所以你不需要单独修改各个用户的设置。在 Server 应用程序的边栏，选择“群组”选项。

要创建一个群组，单击“添加”（ + ）按钮，在文本框中输入相应的信息并单击“创建”按钮。

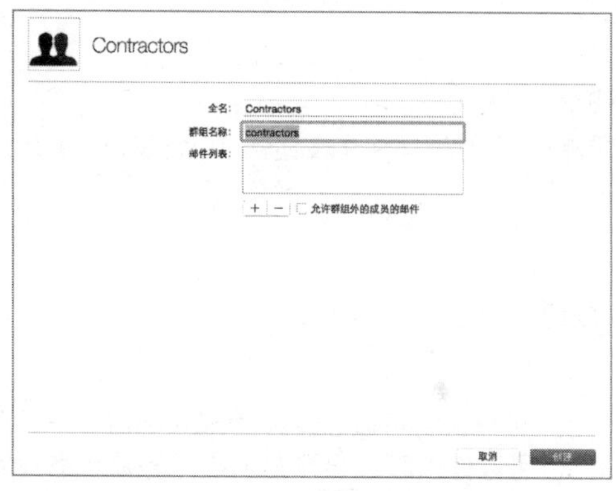

将本地用户账户分配到本地群组账户

将用户填充到群组的最常用方法是选取一个群组并添加一个或多个用户进去。在你的服务器上，需要选择一个群组，单击“添加”（ + ）按钮，然后将用户添加到群组。当使用 Server 应用程序将用户添加到群组的时候，不能只输入名称，当你开始输入的时候，需要从显示的列表中实际选取一个用户。

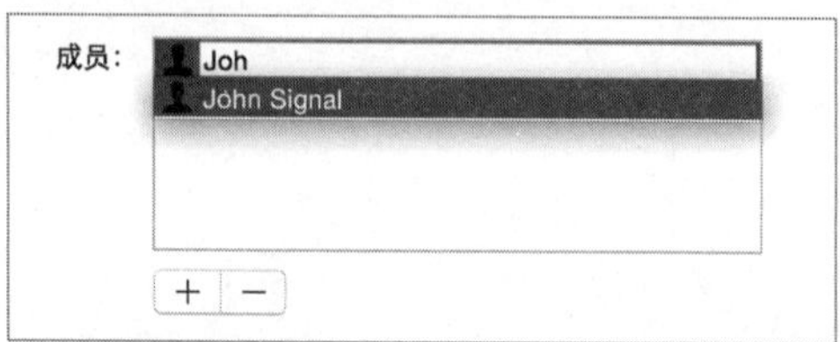

要浏览用户列表，可以在 Server 应用程序中，从“窗口”菜单中选择“显示账户浏览器”命令。

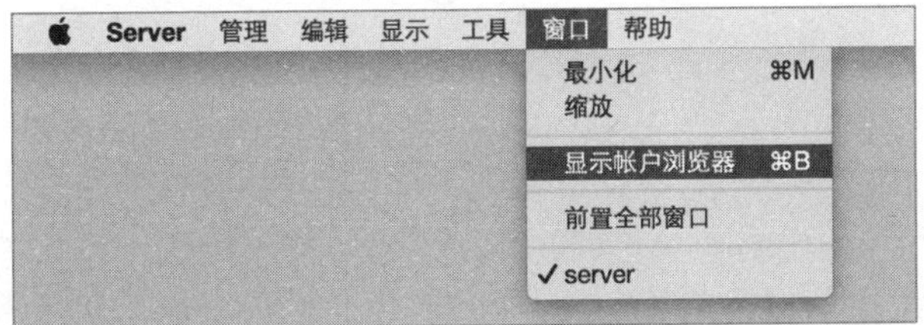

从显示的窗口中选择用户或群组，然后将其拖到成员列表中。

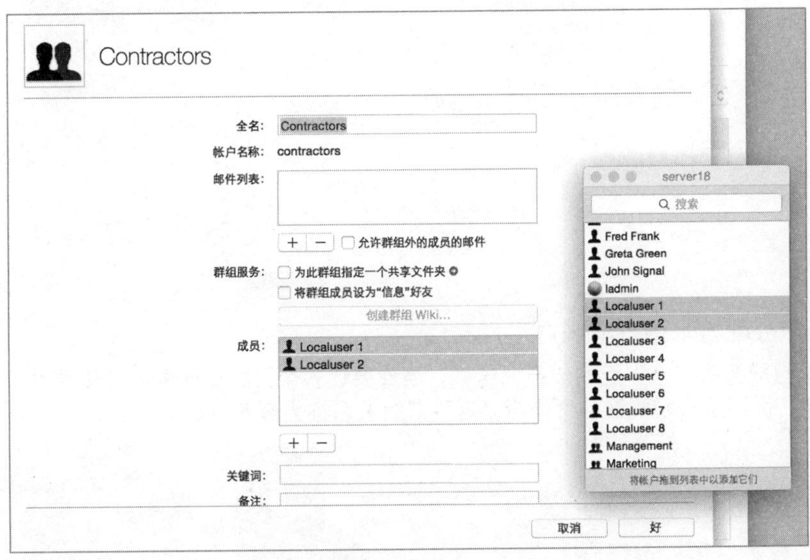

将本地群组账户指派给本地用户账户

正如你可以将用户分配到群组一样，你还可以编辑一个用户，将群组添加给该用户。其效果是相同的——用户成为群组的成员。

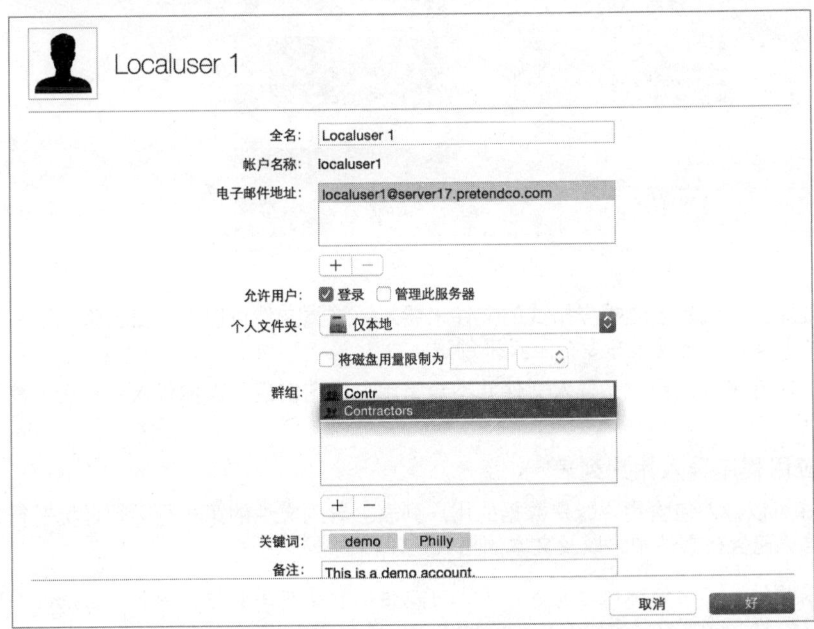

当你将一个群组添加给用户后，你可以通过查看群组的成员列表来确认你的操作结果。

将本地群组账户分配给本地群组账户

你可以让一个群组成为另一个群组的成员，这样，当你要让多个群组访问相同的资源时，可以配置它们的父级群组，而不是分别配置各个群组。这种群组关系称为嵌套群组。

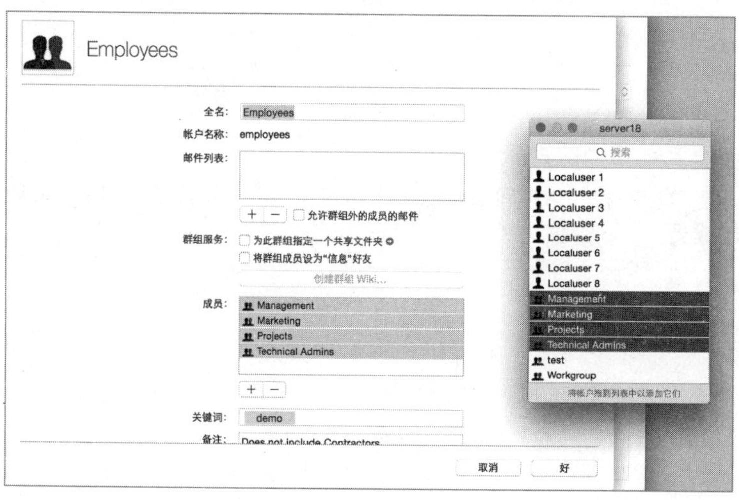

导入账户

你可以逐个创建账户，或是通过相应格式的文件来导入。这类文件可以由你自己来创建，也可以通过第三方工具来创建，或是通过命令行工具来创建。

你可以随时通过文件来导入用户，导入文件并不会为用户指定密码，当你导入用户后，需要为这些用户设置密码。

通过 Server 应用程序导入用户列表

Server 应用程序可以导入包含用户账户数据的用户列表。导入文件的第一行必须是标题行，定义了哪些类别的数据被包含在文件中，以及文本的格式是怎样的。

更多信息 ▶ 如果你没有可用的标题行复制，那么可以借助一些应用程序，例如Passenger，就可以生成相应的标题行，你可以从 http://macinmind.com 中获得。

要导入账户，选择“管理”>“从文件导入账户”命令。

在“导入用户”操作面板，找到并选择要导入的文件。必须提供管理员凭证信息，否则你会得到一条错误信息（默认情况下，Server 应用程序会提供管理员凭证信息）。

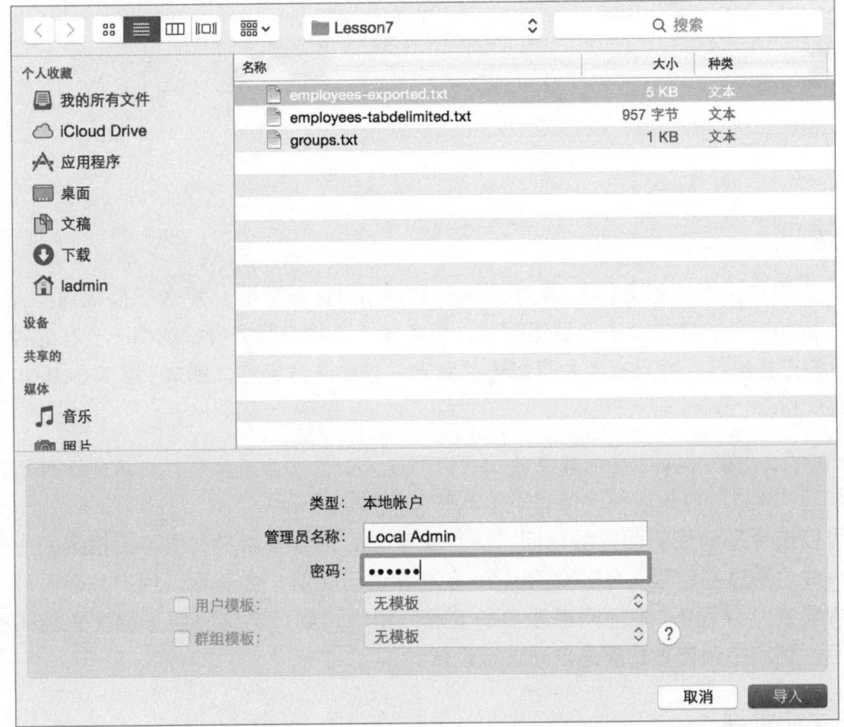

如果导入文件没有包含纯文本格式的密码，那么需要设置用户密码：选择你刚刚导入的用户，按住Control键单击（或按住辅助键单击），并从快捷菜单中选择“更改密码”命令。

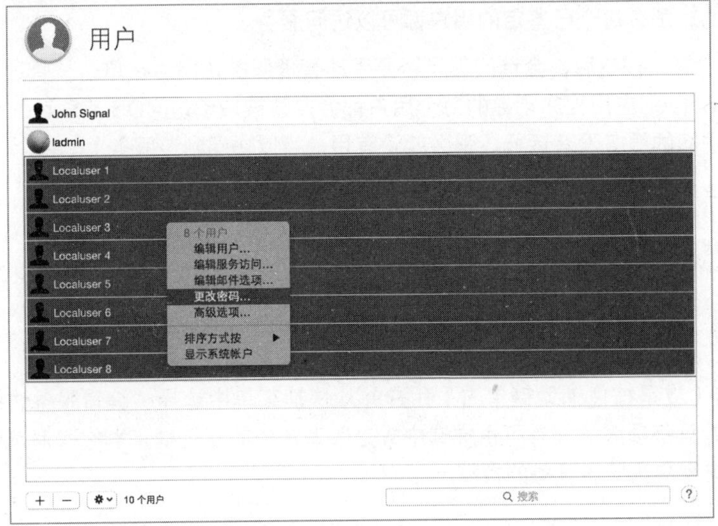

当然，在实际工作环境中，你应当使用安全的密码。

下图是一个带有相应标题行的导入文件展示示例，它描述了文件的内容情况。

employees-exported.txt

```
0x0A 0x5C 0x3A 0x2C dsRecTypeStandard:Users 40 dsAttrTypeStandard:RecordName dsAttrTypeStandard:GeneratedUID
dsAttrTypeStandard:Password dsAttrTypeStandard:PasswordPolicyOptions dsAttrTypeStandard:UniqueID dsAttrTypeStandard:PrimaryGroupID
dsAttrTypeStandard:Comment dsAttrTypeStandard:Expire dsAttrTypeStandard:Change dsAttrTypeStandard:RealName
dsAttrTypeStandard:NFSHomeDirectory dsAttrTypeStandard:HomeDirectoryQuota dsAttrTypeStandard:UserShell
dsAttrTypeStandard:PrintServiceUserData dsAttrTypeStandard:HomeDirectory dsAttrTypeStandard:MailAttribute
dsAttrTypeStandard:MCXSettings dsAttrTypeStandard:Keywords dsAttrTypeStandard:Picture dsAttrTypeStandard:MCXFlags
dsAttrTypeStandard:SMBHome dsAttrTypeStandard:SMBHomeDrive dsAttrTypeStandard:SMBProfilePath dsAttrTypeStandard:SMBScriptPath
dsAttrTypeStandard:FirstName dsAttrTypeStandard:LastName dsAttrTypeStandard:Street dsAttrTypeStandard:City dsAttrTypeStandard:State
dsAttrTypeStandard:PostalCode dsAttrTypeStandard:Country dsAttrTypeStandard:WeblogURI dsAttrTypeStandard:EMailAddress
dsAttrTypeStandard:PhoneNumber dsAttrTypeStandard:MobileNumber dsAttrTypeStandard:FAXNumber dsAttrTypeStandard:PagerNumber
dsAttrTypeStandard:IMHandle dsAttrTypeStandard:ServicesLocator dsAttrTypeStandard:URL
localuser3:7C9D62E3-1A34-4B8B-AA8D-F8B469D2DBBE::isDisabled=0 requiresAlpha=0 expirationDateGMT=2147483647 maxFailedLoginAttempts=0
newPasswordRequired=0 hardExpireDateGMT=2147483647 maxMinutesUntilChangePassword=0 maxChars=0 usingExpirationDate=0
usingHardExpirationDate=0 canModifyPasswordforSelf=1 minChars=0 requiresNumeric=0:2027:20::::Localuser 3:::/bin/bash:::::::<?xml
version="1.0" encoding="UTF-8"?>\
<!DOCTYPE plist PUBLIC "-//Apple//DTD PLIST 1.0//EN" "http\://www.apple.com/DTDs/PropertyList-1.0.dtd">\
<plist version="1.0">\
<dict>\
	<key>simultaneous_login_enabled</key>\
	<true/>\
</dict>\
</plist>\
```

参考7.3 访问服务的管理

默认情况下，如果你没有将服务器配置为 Open Directory 服务器，那么在授权访问 OS X Server 的服务前，例如邮件、文件共享及日历服务，服务器并不检查服务授权的情况。在这种情况下，如果指定的服务正在运行，并且有用户可以连接到它并成功通过鉴定，那么 OS X Server 就会授予使用该服务的权利。

NOTE ▶ *你也可以使用 Server 应用程序的"访问"设置面板来为用户和群组指定访问权利。可以参考前面"'访问'面板"部分的内容来获取更多的信息。*

不过，你还可以选择手动控制服务的访问。一旦被管理后，当有用户试图连接指定的服务，并且使用用户账户成功通过鉴定后，OS X Server 在准许访问之前，会查看该用户是否已被授权使用这个服务。你会在"课程9　本地网络账户的管理"中学习到，当你将服务器配置为 Open Directory 服务器后，访问控制管理功能是自动进行设置的。

服务访问的手动管理

当你按住Control键单击（或是按住辅助键单击）用户并从快捷菜单中选择"编辑服务访问"命令时，会看到服务列表及一些按钮。每项服务的复选框都是被选中的，因为这时你还没有管理服务的访问。如果服务是运行的，那么每个已鉴定的用户都可以访问服务。

当你单击服务框并单击"好"按钮后，会询问你是否要手动管理服务访问。在单击"管理"按钮后，默认情况下，你通过 Server 应用程序创建的每个用户都会自动被授予访问OS X Server 各项服务的权利（当然，如果要访问的服务没有运行，那么就没有用户可以访问到该服务）。

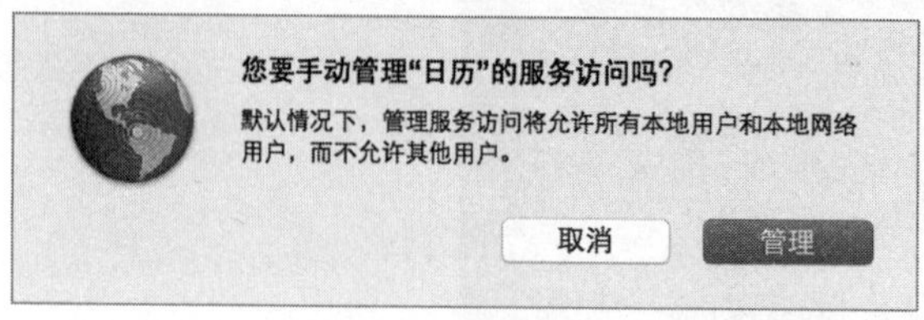

当你按住Control键单击（或是按住辅助键单击）用户并从快捷菜单中选择"编辑服务访问"命令时，会看到服务列表，并且每项服务都有可供你选中或是取消选中的复选框。当你取消选中一个复选框时，那么就移除了该用户访问该服务的授权。

选择这些用户可以访问的服务：
FTP
SSH
Time Machine
VPN
信息
屏幕共享
文件共享
日历
通讯录
邮件
取消
好

如果一个用户，或者是该用户所在的群组，针对一项服务已经选中了准许访问的复选框，那么 OS X Server 就会授予该用户访问该项服务的权利。因此，当你编辑用户的服务访问设置时，如果发现一项服务的设置复选框呈灰色不可用的状态，那么你就无法去反选它了。

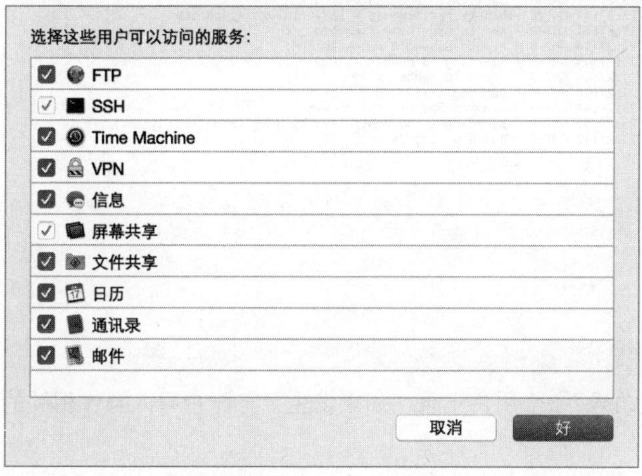

更多信息▶如果你是通过“用户与群组”偏好设置来创建一个账户的，那么该账户是不能被自动授权去访问任何服务的。

使用群组去管理对文件和服务的访问

如果你管理服务访问是按照将组织机构角色划分为群组的方式来进行的，而不是针对个人进行管理的，那么你会发现这样进行长期管理会比较容易。当你的组织机构内部发生变化的时候，这会比较容易进行调整，因为你只需要修改群组的成员即可，而不需要为每个人分别修改文件和服务的访问权限。

当你通过 Server 应用程序启用了文件共享服务时，服务会自动开启 AFP 和 SMB 文件共享协议（你会在“课程12　文件共享服务的配置”中学习有关这些服务的更多知识）。

更多信息▶一些系统群组在视图中通常是隐藏的，例如名为 com.apple.access_afp 和 com.apple.access_backup 的群组。这些群组包含了已授权使用指定服务的用户和群组名称。你可以选择“显示”>“显示系统账户”命令来查看这些群组。你可能会在其他地方看到该功能被称为服务访问控制列表（SACLs）。在通常情况下，最好不要直接修改这些系统群组文件，而是应当使用 Server 应用程序去配置用户或群组对服务的访问。

参考7.4 故障诊断

在你的头脑中要始终区分开鉴定与授权的概念，因为你通过了鉴定不一定就能获得对该操作的授权。

导入用户的故障诊断

当你使用 Server 应用程序导入用户或群组的时候，在你个人文件夹的日志文件夹中，一个名为 ImportExport 的文件夹会被自动创建（~/资源库/Logs/ ImportExport）。你可以使用控制台应用程序来查看这些日志。

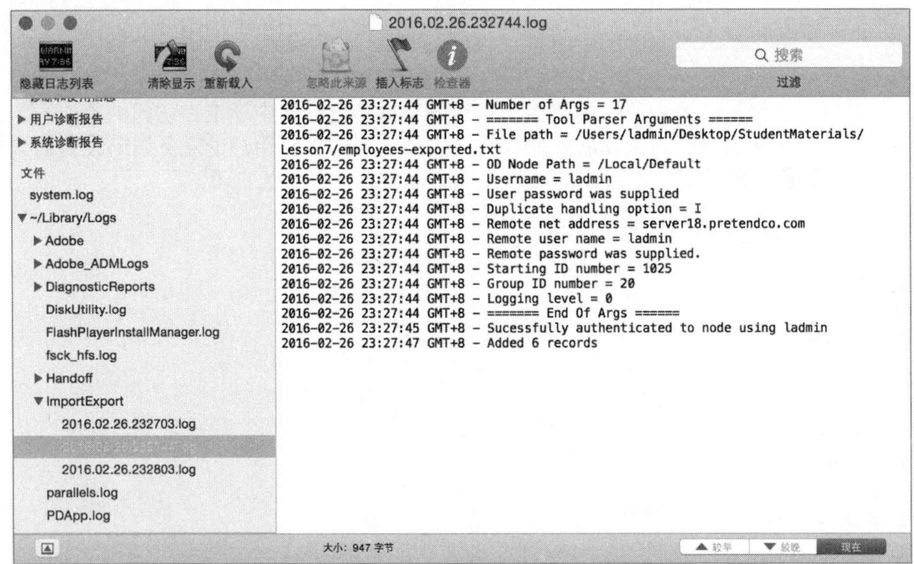

注意，这个日志文件展示了已成功导入6个用户记录。如果发生了与账户导入操作相关的一些问题，那么会显示在这些日志文件中。

NOTE ▶ ImportExport 日志文件被存储在运行 Server 应用程序并进行导入操作的 Mac 计算机上。

服务访问的故障诊断

如果一个用户试图连接没有被授权访问的服务，那么其结果可能会令人感到有些困惑。虽然他输入的密码实际上是正确的，但是他可能还是会认为自己没有输入正确，因为他会看到鉴定窗口的晃动或是看到相关的报错消息。这时可以让用户对一个他们有权访问的服务进行鉴定操作，这是非常有帮助的操作，因为这可以确认他们的密码并不是问题所在。

其他潜在的故障还可能包括基于个体访问和群组访问的权限堆叠设置。如果用户属于一个或者多个群组，那么你需要依次检查用户所属群组的访问权限。

练习7.1 创建并配置本地用户账户

▶ 前提条件

- 完成“课程1　OS X Server 的安装”中的所有练习操作。
- 完成“练习2.1　创建 DNS 区域和记录”中的操作。

对于要访问你服务器服务的用户来说，他们需要在服务器上具有一个账户。本课程重点在本地用户账户，而并不是本地网络用户（Open Directory 用户）或是来自其他目录节点的用户。

Server 应用程序是用于创建和管理 OS X Server 用户账户的主要工具。在本练习中，你将使用 Server 应用程序去创建用户账户。你将创建一个带有管理服务器权限的本地用户，然后使用这个账户去创建一个新的本地用户。你还将使用“关键词”和“备注”设置框，通过现有的用户来创建一个模板，并使用该模板来创建一个新用户。

NOTE ▶ 如果你在课程4的练习操作中没有开启 Open Directory 服务，那么在本课程的练习操作中请忽略“类型”菜单的使用。

创建一个新用户

创建一个新用户账户的操作非常快捷简单。在创建用户后，你将编辑该用户的基本属性信息。

1. 在你的管理员计算机上进行练习操作。如果在管理员计算机上，你还没有通过 Server 应用程序连接到服务器计算机，那么按照以下步骤进行连接：在管理员计算机上打开 Server 应用程序，选择“管理”>“连接服务器”命令，选择你的服务器，单击“继续”按钮，提供管理员的凭证信息（管理员名称：ladmin，管理员密码：ladminpw），取消选中“记住此密码”复选框，然后单击“连接”按钮。
2. 在 Server 应用程序的边栏中选择“用户”选项。
3. 打开弹出式菜单，并选择“本地用户”命令。

   NOTE ▶ 如果你没有进行“练习4.2 配置 Open Directory 证书颁发机构”的练习操作，那么你的服务器就还没有被配置为 Open Directory 主服务器，在“用户”设置面板就不会显示这个弹出式菜单，你在“用户”设置面板中所进行的编辑工作只会影响到本地用户，在“群组”设置面板中所进行的编辑工作也只会影响到本地群组。

4. 在“用户”设置界面的左下角单击“添加”（+）按钮来添加新用户。
5. 如果你的目录管理员鉴定信息已被存储到你的钥匙串中，那么就会显示“类型”菜单；如果显示了菜单，那么确认“类型”菜单被设置为“本地用户”。
6. 输入以下信息：
   - 全名：localuser 1。
   - 账户名称：localuser 1。
   - 电子邮件地址：保持为空。
   - 密码：local。
   - 验证：local。
7. 目前先保持取消选中“允许用户管理此服务器”复选框的状态。
8. 保持“个人文件夹”的菜单设置为“仅本地”。
9. 保持取消选中“将磁盘用量限制为”复选框的状态。
10. 在“关键词”文本框中输入 demo，然后按 Return 键，令它成为一个设定好的关键词。
11. 在“关键词”文本框中输入 class，然后按 Return 键。

12 在“备注”文本框中输入 Employee #408081 。

13 检查这个新用户的设置。

全名: Localuser 1
帐户名称: localuser1
电子邮件地址:
密码: •••••
验证: •••••
允许用户管理此服务器
个人文件夹: 仅本地
将磁盘用量限制为 MB
关键词: demo class
备注: Employee #408081

14 单击“创建”按钮来创建用户。

编辑用户

通过 Server 应用程序编辑这个用户的基本属性信息：更改用户的图片，并允许该用户管理计算机。通过选中“允许用户管理此服务器”复选框，会自动将用户添加到系统群组账户中，该群组账户的全名是 Administrators，账户名称是 admin。

1 在用户列表中双击 localuser 1，编辑该用户的基本属性信息。

NOTE ▶ 编辑用户基本属性信息的其他方法还包括：打开“操作”弹出式菜单（单击齿轮图标）并选择“编辑用户”命令；按住Control键单击用户并从快捷菜单中选择“编辑用户”命令；按快捷键 Command-下箭头。

2 单击用户的头像，并从可用的图片中选择一张图片。

3 选中“允许用户管理此服务器”复选框。

4 注意，你可以编辑这个用户所在群组的成员列表。目前先保持这个设置框为空。

5 单击“好”按钮保存刚才所做的更改。

使用 Server 应用程序查看和编辑该用户的其他属性信息。添加一个替身（对于一些身份鉴定类的操作，你可以使用替身而不是全名或是账户名称，并且邮件服务也可以使用替身来作为邮件地址）。

6 在用户列表中，按住Control键单击 Localuser 1 并从快捷菜单中选择“高级选项”命令。

NOTE ▶ 如果“用户”设置面板显示了弹出式菜单，并且它的设置是“所有用户”，那么“高级选项”命令是无法使用的。这时，需要打开弹出式菜单，并选择“本地用户”命令。

7 在“替身”文本框中输入 localuserone 。

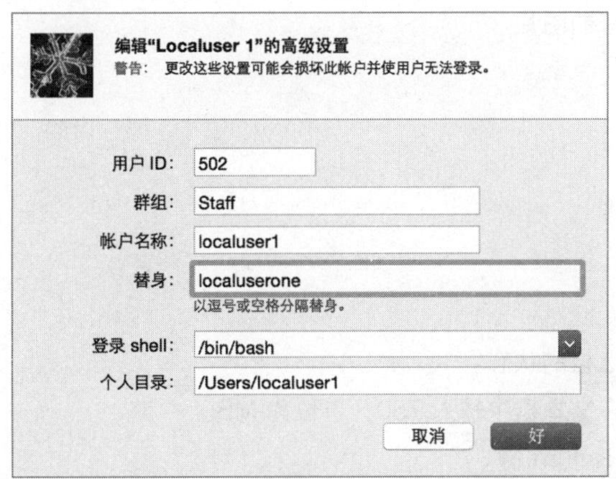

警告 ▶ 虽然你可以更改这里的各个设置项，但是如果你更改了某些属性值，那么可能会导致你的用户无法登录或是无法访问文件。在本练习中，请只在“替身”文本框中进行信息更新。

8 单击“好”按钮关闭高级设置面板。

通过不同的账户使用 Server 应用程序

接下来，使用 Localuser 1 账户连接你的服务器并创建另一个本地用户。

1 退出并重新打开 Server 应用程序。

2 在“选取 Mac”面板选择你的服务器并单击“继续”按钮。

NOTE ▶ 在使用 Server 应用程序的时候，如果你的本地管理员鉴定信息是被存储到钥匙串中的，那么 Server 应用程序会自动进行连接，而并不会显示鉴定窗口。在这种情况下，请选择“管理”>“连接服务器”命令，并关闭被自动打开的、已连接到你服务器的 Server 应用程序窗口。然后，在“选取 Mac”面板中选择你的服务器并单击“继续”按钮。

3 在“管理员名称”文本框中输入 localuser1，并在“管理员密码”文本框中输入 local。

4 保持取消选中“在我的钥匙串中记住此密码”复选框的状态。

NOTE ▶ 确认取消选中“在我的钥匙串中记住此密码”复选框，否则 Server 应用程序会在你下次连接服务器的时候自动输入这些鉴定信息，直到你移除相应的钥匙串项目为止。

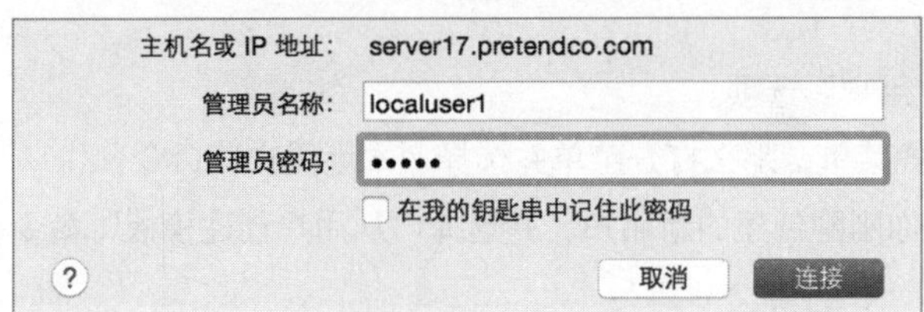

5 单击“连接”按钮。

6 在 Server 应用程序的边栏中选择“用户”选项。

7 如果“用户”设置面板显示了弹出式菜单，那么打开它并选择“本地用户”命令。

8 在“用户”设置面板的左下角单击“添加”（+）按钮来添加新用户。

9 单击这个新用户的头像并单击“编辑图片”按钮。

10 如果你的管理员计算机安装了摄像头，那么可以单击“摄像头”选项卡，自拍一张照片用于该用户，并单击“完成”按钮将照片应用于这个用户。

如果你不希望使用你的照片，或者是管理员计算机没有安装摄像头，那么单击“取消”按钮，然后单击这个用户的头像并选用一张现有的图片。

11 为这个新用户输入以下信息：

- 全名：localuser 2。
- 账户名称：localuser2。
- 电子邮件地址：保持空白。
- 密码：local。
- 验证：local。

12 保持选中“允许用户管理此计算机”复选框的状态。

13 选中“将磁盘用量限制为”复选框，并在文本框中输入 750，单位为 MB。

14 在“关键词”文本框中输入 demo 并按 Return 键。

15 在“关键词”文本框中输入 class 并按 Return 键。

16 在“备注”文本框中输入 Another local user。

17 单击“创建”按钮来创建用户账户。

你已验证了你可以进行一些权利很大的操作——通过使用一个已配置为服务器管理员的账户（Localuser 1），来创建一个新的用户账户。

创建用户模板

在前面的练习中，你输入了关键词demo和class，以及一个备注信息。但是如果能使用一个通用的设置，例如关键词和备注，来创建新用户岂不是很好？而且你可以通过模板功能来实现。

使用你最初的管理员账户来进行以下操作，从而说明这些操作与创建模板的管理员无关，模板对于任何管理员来说都是可用的：

1 退出并重新打开 Server 应用程序。

2 在“选取 Mac”面板选择你的服务器并单击“继续”按钮。

3 在“管理员名称”文本框中输入 ladmin，在“管理员密码”文本框中输入 ladminpw。

4 保持取消选中“在我的钥匙串中记住此密码”复选框的状态。

5 单击“连接”按钮。

现在你是以不同的管理员身份进行连接的，而不是创建用户账户的那个管理员，以新创建的用户账户来创建一个新的模板。

1 在 Server 应用程序的边栏中选择“用户”选项。

2 如果“用户”设置面板显示了弹出式菜单，那么打开菜单并选择“本地用户”命令。

3 在用户列表中，按住Control键单击你刚刚创建的新用户，并选择“从用户创建模板”命令。

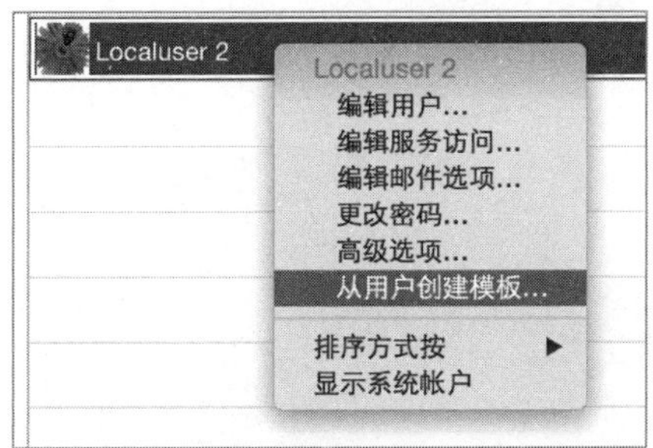

4 在“模板名称”文本框中，将内容替换为 Lesson 7 user template。

5 确认“将磁盘用量限制为”“关键词”及“备注”文本框中的值是模板中的内容。

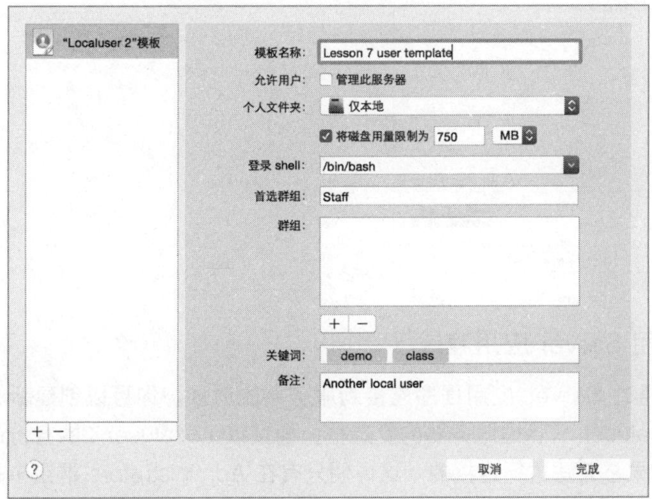

6 单击“完成”按钮创建模板。

使用用户模板

现在你已经有了一个模板，当创建新用户的时候可以使用它。

1 在“用户”设置面板中单击“添加”（ + ）按钮来创建新用户。

2 打开“模板”弹出式菜单并选择你刚刚创建和编辑的模板。

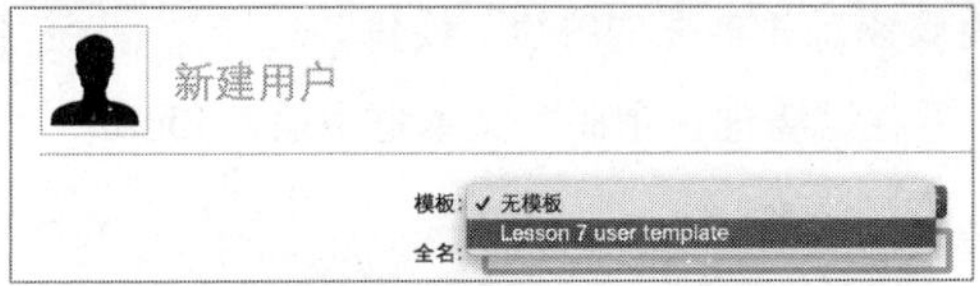

为新用户设置以下信息：

- 全名：localuser 3。
- 账户名称：localuser3。
- 电子邮件地址：保持空白。
- 密码：local。
- 验证：local。

3 保留以下文本框中通过模板填充的设置：

- 个人文件夹：仅本地。

- 将磁盘用量限制为：750MB。
- 关键词：demo 和 class。
- 备注：Another local user。

模板：Lesson 7 user template
全名：Localuser 3
帐户名称：localuser3
电子邮件地址：
密码：•••••
验证：•••••
允许用户管理此服务器
个人文件夹：仅本地
将磁盘用量限制为 750 MB
关键词：demo class
备注：Another local user
取消 创建

4 单击“创建”按钮来创建用户账户。

以非管理员的身份试图使用 Server 应用程序

当你以 Localuser 1 的身份通过 Server 应用程序连接到服务器的时候，你可以创建新的本地用户，因为你已选中了允许 Localuser 1 管理服务器的复选框。尝试以 Localuser 2的身份通过 Server 应用程序连接服务器，其结果是无法进行连接的。这说明只有在 Administrators 群组中的用户才有能力管理服务器。

1 退出并重新打开 Server 应用程序。

2 在“选取 Mac”面板选择你的服务器并单击“继续”按钮。

NOTE ▶ 在使用 Server 应用程序的时候，如果你的本地管理员鉴定信息是被存储到钥匙串中的，那么 Server 应用程序会自动进行连接，而并不会显示鉴定对话框。在这种情况下，请选择“管理”>“连接服务器”命令，并关闭被自动打开的、已连接到你服务器的 Server 应用程序窗口。然后，在“选取 Mac”窗口中选择你的服务器并单击“继续”按钮。

3 在“管理员名称”文本框中输入 localuser2，并在“管理员密码”文本框中输入 local。

4 保持选中“在我的钥匙串中记住此密码”复选框的状态。

NOTE ▶ 确认取消选中“在我的钥匙串中记住此密码”复选框，否则 Server 应用程序会在你下次连接服务器的时候自动输入这些鉴定信息，直到你移除相应的钥匙串项目为止。

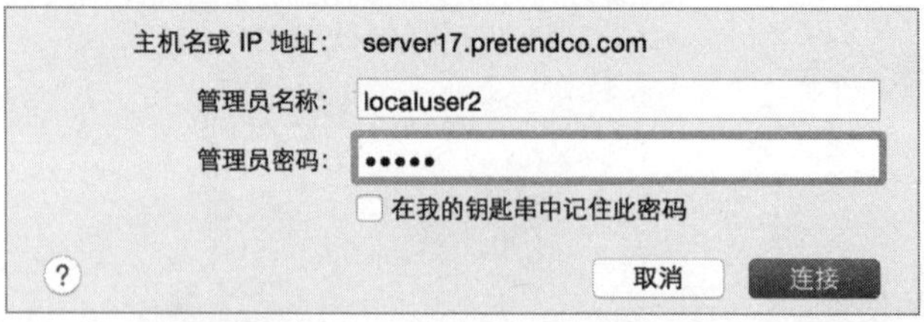

主机名或 IP 地址：server17.pretendco.com
管理员名称：localuser2
管理员密码：•••••
在我的钥匙串中记住此密码
取消 连接

5 单击“连接”按钮。

连接窗口将会晃动几下，表示出现了鉴定或是授权问题。而目前的情况是，该用户并没有授权使用 Server 应用程序连接服务器。

6 单击“取消”按钮。

在本练习中，你使用 Server 应用程序创建和配置了本地用户账户，包括本地管理员账户；你创建并使用了用户模板；你还验证了无法通过非管理员账户来使用 Server 应用程序。

练习7.2
导入本地用户账户

在本操作场景中，你有一个以制表符分隔的文本文件，该文件是通过员工信息数据库生成的。它包含每位员工的一些信息，包括姓、名、全名、要用于账户名称的缩写名称、关键词、备注，以及该用户的密码。该文件还具有一个格式正确的标题行。

你还有一个通过另一台服务器导出的、带有用户账户信息的字符分隔文本文件。由于 OS X Server 不能导出用户密码，所以这个文件并不包含密码，因此在你导入账户后，需要重设用户密码。

更多信息 ▶ 你可以使用dsexport 命令行工具来创建类似的文件，不过这已经超出了本教材的学习范围。对于创建带有账户信息的字符分隔文本文件，要了解更多信息可以在“终端”应用程序中使用 man dsexport 指令。

通过带分隔符的文本文件导入用户账户

1 在管理员计算机上，在“选取 Mac”面板选取你的服务器，单击“继续”按钮，提供管理员的鉴定信息（管理员名称：ladmin，管理员密码：ladminpw），取消选中“记住此密码”复选框，然后单击“连接”按钮。

2 在 Server 应用程序的边栏中，选择“用户”选项。

3 选择“管理” > “从文件导入账户”命令。

4 在“打开文件”对话框中，选择边栏中的“文稿”选项，打开 StudentMaterials 文件夹，然后打开 Lesson7 文件夹。

5 选择 employees-tabdelimited.txt 文件（不要双击）。

6 按空格键，进入“快速查看”窗口预览该文件。

employees-tabdelimited.txt

```
0x0A 0x5C 0x09 0x2C dsRecTypeStandard:Users 9 dsAttrTypeStandard:LastName dsAttrTypeStandard:FirstName
dsAttrTypeStandard:RealName dsAttrTypeStandard:RecordName dsAttrTypeStandard:Password dsAttrTypeStandard:UserShell
dsAttrTypeStandard:PrimaryGroupID dsAttrTypeStandard:Keywords dsAttrTypeStandard:Comment
Aymar   Alice   Alice Aymar   aaymar  bit-kw-543   /bin/bash   20   demo,employee,Building A
Employee #12
Bond    Ben     Ben Bond      bbond   ti-154-trb   /bin/bash   20   demo,employee,Building B
Employee #32
Choi    Cindy   Cindy Choi    cchoi   14-tdw-ggj   /bin/bash   20   demo,employee,Building C
Employee #14
Dane    David   David Dane    ddane   tjd-234-ed   /bin/bash   20   demo,employee,Building A
Employee #33
Evans   Erica   Erica Evans   eevans  jfj-z8g-io   /bin/bash   20   demo,employee,Building B
Employee #83
Frank   Fred    Fred Frank    ffrank  f83-zp0-hg   /bin/bash   20   demo,employee,Building C
Employee #32
Green   Greta   Greta Green   ggreen  gjf-92-5bh   /bin/bash   20   demo,Building B Temporary delete after
October 2013
```

标题行（首行）包含数字9，表明每条记录包含9项属性。在导入窗口右侧的竖栏中，你可以预览文本文件的内容。

7 在本操作场景中，文本文件包含以下9项属性：

- 姓。
- 名。
- 全名。
- 账户名称。
- 密码。

- User Shell。
- 群组。
- 关键词。
- 备注（Server 应用程序将此字段显示为备注）。

8 再次按空格键关闭“快速查看”预览窗口。

9 保持取消选中“用户模板”复选框的状态。

10 如果你的目录管理员鉴定信息已被存储到你的钥匙串中，并且已经显示“类型”菜单，那么打开菜单，并选择“本地用户”命令。

11 输入本地管理员的鉴定信息。

12 单击“导入”按钮。

在导入操作完成后，Server 应用程序会显示“用户”设置面板。

13 检查其中的一个用户，确认用户已被正确导入，双击Alice Aymar。

14 注意“个人文件夹”选项被设置为“自定”，你将在后面的步骤中解决这个问题。

15 单击“取消”按钮返回“用户”设置面板。

16 选取你刚刚导入的用户（Alice Aymar 到 Greta Green），然后按住Control键单击，并选择“编辑用户”命令。

17 打开“个人文件夹”弹出式菜单，并选择“仅本地”命令。

18 单击“好”按钮保存设置。

你刚才已导入了本地用户账户。

通过导出格式的文件导入用户

你将使用 Server 应用程序，通过第二个文本文件来导入用户，这是一个在其他服务器上导出的文件（导出用户的操作已超出本教材的学习范围）。这个导入文件具有多个名字中带有“Localuser”的用户，用于强调你仍旧工作在服务器的本地目录服务上。

1 在你的管理员计算机上，在 Server 应用程序中选择“管理”>“从文件导入账户”命令。

2 如果没有显示课程7的文件夹，那么单击边栏中的“文稿”图标，然后打开/StudentMaterials/Lesson7/ 文件夹。

3 选取 employees-exported.txt 文件，然后按空格键，通过“快速查看”窗口来预览该文件。

employees-exported.txt

```
0x0A 0x5C 0x3A 0x2C dsRecTypeStandard:Users 40 dsAttrTypeStandard:RecordName dsAttrTypeStandard:GeneratedUID
dsAttrTypeStandard:Password dsAttrTypeStandard:PasswordPolicyOptions dsAttrTypeStandard:UniqueID
dsAttrTypeStandard:PrimaryGroupID dsAttrTypeStandard:Comment dsAttrTypeStandard:Expire dsAttrTypeStandard:Change
dsAttrTypeStandard:RealName dsAttrTypeStandard:NFSHomeDirectory dsAttrTypeStandard:HomeDirectoryQuota
dsAttrTypeStandard:UserShell dsAttrTypeStandard:PrintServiceUserData dsAttrTypeStandard:HomeDirectory
dsAttrTypeStandard:MailAttribute dsAttrTypeStandard:MCXSettings dsAttrTypeStandard:Keywords dsAttrTypeStandard:Picture
dsAttrTypeStandard:MCXFlags dsAttrTypeStandard:SMBHome dsAttrTypeStandard:SMBHomeDrive
dsAttrTypeStandard:SMBProfilePath dsAttrTypeStandard:SMBScriptPath dsAttrTypeStandard:FirstName
dsAttrTypeStandard:LastName dsAttrTypeStandard:Street dsAttrTypeStandard:City dsAttrTypeStandard:State
dsAttrTypeStandard:PostalCode dsAttrTypeStandard:Country dsAttrTypeStandard:WeblogURI dsAttrTypeStandard:EMailAddress
dsAttrTypeStandard:PhoneNumber dsAttrTypeStandard:MobileNumber dsAttrTypeStandard:FAXNumber
dsAttrTypeStandard:PagerNumber dsAttrTypeStandard:IMHandle dsAttrTypeStandard:ServicesLocator dsAttrTypeStandard:URL
localuser3:7C9D62E3-1A34-4B8B-AA8D-F8B469D2DBBE::isDisabled=0 requiresAlpha=0 expirationDateGMT=2147483647
maxFailedLoginAttempts=0 newPasswordRequired=0 hardExpireDateGMT=2147483647 maxMinutesUntilChangePassword=0 maxChars=0
usingExpirationDate=0 usingHardExpirationDate=0 canModifyPasswordforSelf=1 minChars=0
requiresNumeric=0:2027:20::::Localuser 3:::/bin/bash:::::::<?xml version="1.0" encoding="UTF-8"?>\
<!DOCTYPE plist PUBLIC "-//Apple//DTD PLIST 1.0//EN" "http\://www.apple.com/DTDs/PropertyList-1.0.dtd">\
<plist version="1.0">\
<dict>\
        <key>simultaneous_login_enabled</key>\
        <true/>\
</dict>\
</plist>\
:::::Localuser:3::::::::::::::
localuser4:3CA0A992-BA49-4A29-947D-568D2E276958::isDisabled=0 requiresAlpha=0 expirationDateGMT=2147483647
maxFailedLoginAttempts=0 newPasswordRequired=0 hardExpireDateGMT=2147483647 maxMinutesUntilChangePassword=0 maxChars=0
usingExpirationDate=0 usingHardExpirationDate=0 canModifyPasswordforSelf=1 minChars=0
requiresNumeric=0:2028:20::::Localuser 4:::/bin/bash:::::::<?xml version="1.0" encoding="UTF-8"?>\
<!DOCTYPE plist PUBLIC "-//Apple//DTD PLIST 1.0//EN" "http\://www.apple.com/DTDs/PropertyList-1.0.dtd">\
<plist version="1.0">\
<dict>\
        <key>simultaneous_login_enabled</key>\
        <true/>\
</dict>\
</plist>\
:::::Localuser:4::::::::::::::
localuser5:F738FE1B-9032-4C8F-976A-DD34F2F01D1C::isDisabled=0 requiresAlpha=0 expirationDateGMT=2147483647
```

这个标题行要比之前的标题行长很多。它指定了每个用户记录包含40项属性（相对于以前的文件，在文件中每个用户记录包含9项属性）。

4 按空格键关闭该文件的“快速查看”预览窗口。

5 如果你的目录管理员鉴定信息已被存储到你的钥匙串中，并且已经显示类型菜单，那么确认菜单被设置为“本地用户”。

6 输入本地管理员的鉴定信息。

7 保持取消选中“用户模板”复选框的状态。

8 单击“导入”按钮来导入文件。

当 Server 应用程序显示用户列表的时候，你会看到额外的5个用户已经被导入（Localuser 4 ~ Localuser 8）。

为已导入的用户更新密码

由于密码并没有包含在这个导入文件中，所以你需要为每个新账户设置密码。现在，你将设置每个账户使用密码“local”。

1 如果你的目录管理员鉴定信息已被存储到你的钥匙串中，并且已经显示“类型”菜单，那么确认菜单被设置为“本地用户”。

2 向下滚动到用户列表的底部。

3 选择 Localuser 4，按住 Shift 键，然后选择 Localuser 8，选择所有新导入的账户，即 Localuser 4 ~ Localuser 8。

4 当你的鼠标指针悬停在某个已选择的用户上面时，按住Control键单击来显示快捷菜单，菜单中的命令显示了你的选取操作中包含多少个用户。

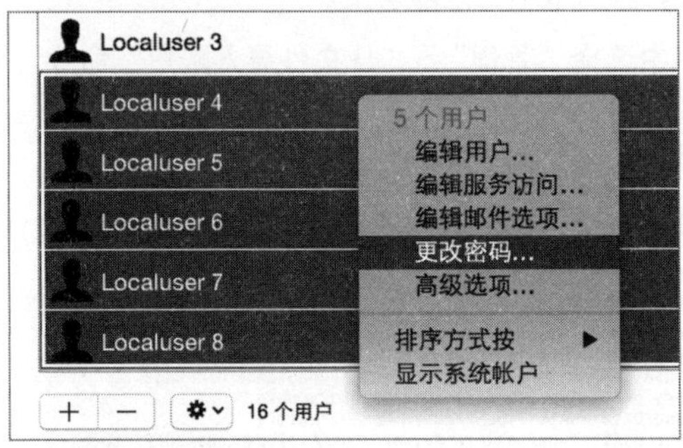

5 选择“更改密码”命令。

6 在“新密码”和“验证”文本框中，都输入 local 。

7 单击“更改密码”按钮。

8 当你的鼠标指针悬停在某个已选取的用户上面时，按住Control键单击来显示快捷菜单，然后选择“编辑用户”命令。

9 单击“个人文件夹”弹出式菜单，选择“仅本地”命令并单击“好”按钮。

你已通过两类不同的文件导入了用户。第一个是简单的文本文件，是由一些外部员工列表数据导出的，带有由制表分隔符分隔的属性信息。该文件包含密码信息，所以你不需要重设这些用户的密码。

第二个导入文件是从其他服务器上导出的，所以它并不包含密码信息，因此你必须为这些用户设置密码。

两类文件都包含了标题行，指定了用于分隔属性和值的字符，以及在文本文件中，哪些字段对应着哪些属性。

导入文件都没有指定用户的个人文件夹，所以在你导入用户后，还要设置这个属性值。

在“练习7.4 诊断与导入账户相关的问题”中，你还可以查看与导入这些用户操作相关的日志信息。

练习7.3
创建和配置本地群组

▶ **前提条件**

▸ 完成“练习7.2 导入本地用户账户”的练习操作。

你可以使用 Server 应用程序创建和组织群组，就像对待用户一样。你将通过 Server 应用程序来创建群组，并将用户与群组进行相互关联。

1 在管理员计算机上，如果你还未连接到服务器，那么打开 Server 应用程序，连接到服务器，并鉴定为本地管理员。

2 在 Server 应用程序的边栏中选择“群组”选项。

创建群组

1 在“群组”设置面板中单击“添加”（ + ）按钮。

2 单击“类型”弹出式菜单，并选择“本地群组”命令。

3 为要创建的第一个新群组输入以下信息：

▶ 全名：Engineering。

▶ 群组名称：engineering。

4 单击“创建”按钮来创建群组。

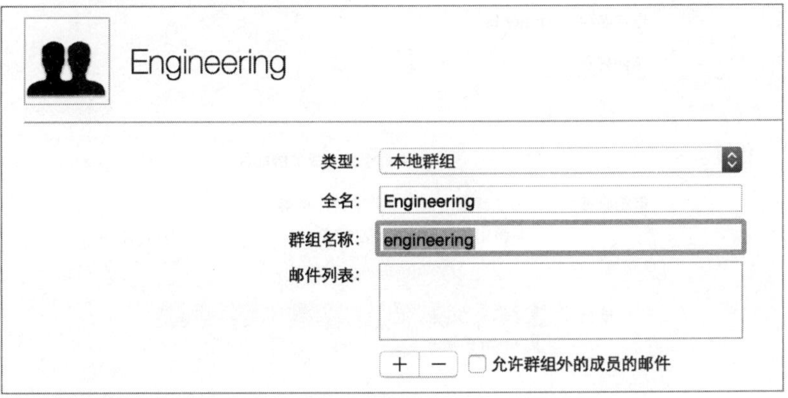

导入群组

通过一个群组导入文件可以导入一些群组，而不需要花费太多的时间来创建更多的群组。在剩余的练习操作中，你将使用到这些群组。

1 选择“管理”>“从文件导入账户”命令。

2 如果 Lesson7 文件夹没有显示出来，那么在边栏中单击“文稿”图标，然后打开 StudentMaterials/Lesson07/ 文件夹。

3 选择 groups.txt 文件。

4 按空格键通过“快速查看”窗口预览该文件。

注意在文件预览窗口，显示了该文件具有一个标题行，定义了特定的字符、账户类型（Groups），以及包含的属性名称。

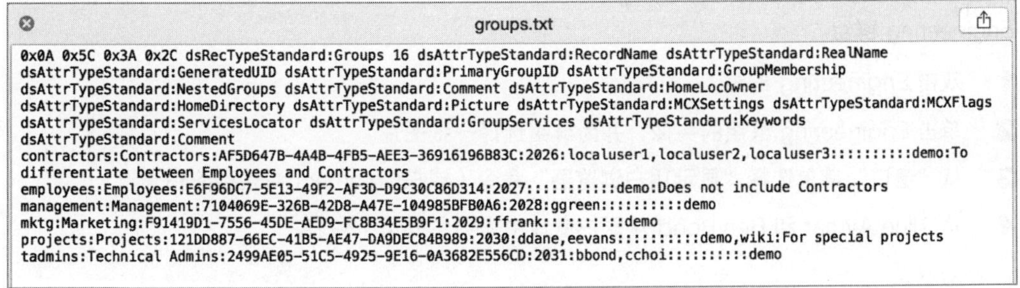
groups.txt

```
0x0A 0x5C 0x3A 0x2C dsRecTypeStandard:Groups 16 dsAttrTypeStandard:RecordName dsAttrTypeStandard:RealName
dsAttrTypeStandard:GeneratedUID dsAttrTypeStandard:PrimaryGroupID dsAttrTypeStandard:GroupMembership
dsAttrTypeStandard:NestedGroups dsAttrTypeStandard:Comment dsAttrTypeStandard:HomeLocOwner
dsAttrTypeStandard:HomeDirectory dsAttrTypeStandard:Picture dsAttrTypeStandard:MCXSettings dsAttrTypeStandard:MCXFlags
dsAttrTypeStandard:ServicesLocator dsAttrTypeStandard:GroupServices dsAttrTypeStandard:Keywords
dsAttrTypeStandard:Comment
contractors:Contractors:AF5D647B-4A4B-4FB5-AEE3-36916196B83C:2026:localuser1,localuser2,localuser3::::::::::demo:To
differentiate between Employees and Contractors
employees:Employees:E6F96DC7-5E13-49F2-AF3D-D9C30C86D314:2027:::::::::::demo:Does not include Contractors
management:Management:7104069E-326B-42D8-A47E-104985BFB0A6:2028:ggreen::::::::::demo
mktg:Marketing:F91419D1-7556-45DE-AED9-FC8B34E5B9F1:2029:ffrank::::::::::demo
projects:Projects:121DD887-66EC-41B5-AE47-DA9DEC84B989:2030:ddane,eevans::::::::::demo,wiki:For special projects
tadmins:Technical Admins:2499AE05-51C5-4925-9E16-0A3682E556CD:2031:bbond,cchoi::::::::::demo
```

5 单击“类型”弹出式菜单，并选择“本地账户”命令。

6 输入本地管理员鉴定信息。

7 单击“导入”按钮。

Server 应用程序会显示你刚刚创建和导入的群组。

8 双击“Projects”群组。

导入文件包含 Projects 群组的成员用户列表，所以你会看到这些成员已被列为群组的成员。

9 单击“好”按钮返回到群组列表。

添加用户到群组

你将使用 Server 应用程序将用户添加到群组。虽然你使用的导入文件中，一些群组中已填充了用户，但是你以后可能还需要更新群组成员。

在这个练习场景中，你组织机构中的一些用户会被分配到新建的 Engineering 部门，所以你应当添加这些人的用户账户到 Engineering 群组。接下来将添加 Alice Aymar 和 Ben Bond 到 Engineering 群组。

1 双击 Engineering 群组。

2 单击 Engineering 群组的头像，并为群组选择一张图片。

3 从“窗口”菜单选择“显示用户浏览器”命令（或按Command-B组合键）。

4 将 Alice Aymar 和 Ben Bond 从账户窗口中拖到“成员”列表。

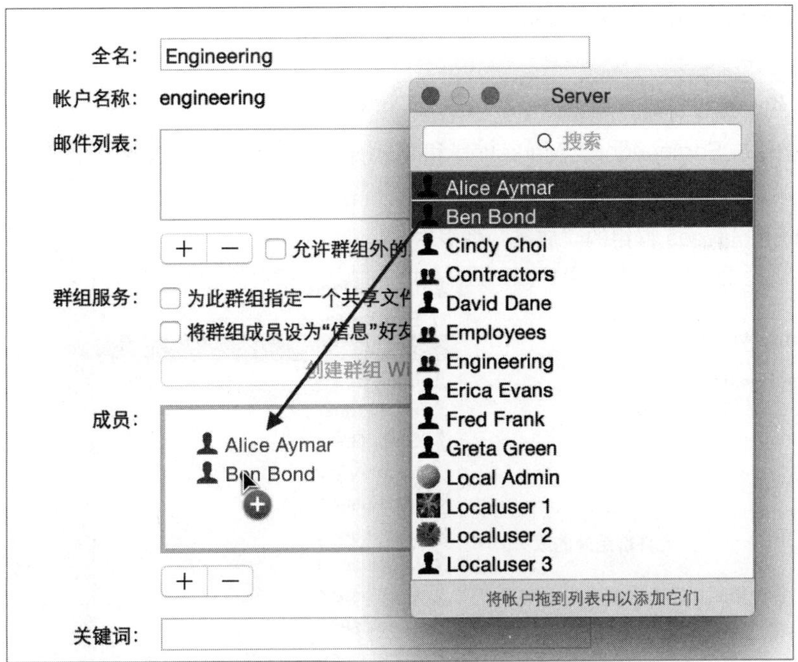

5 按Command–B 组合键隐藏账户浏览器。

6 单击“好”按钮保存对群组成员列表的更改。

将群组成员关系添加到用户账户

虽然你可以很方便地使用在前一节内容中所采用的同一操作步骤，将用户添加到新创建的群组中，但是这次你将尝试使用另一种方法，添加群组设置到用户的账户。在本练习场景中，Cindy Choi 将被加入 Marketing 和 Engineering 两个群组。将这些群组设置添加到该用户账户。

1 在 Server 应用程序的边栏中，选择“用户”选项。

2 如果有必要，单击“类型”弹出式菜单，并选择“本地用户”命令。

3 双击 Cindy Choi 账户。

4 按Command–B 组合键显示账户浏览器。

5 在账户浏览器中，按住Command键分别单击Marketing 和 Engineering 两个群组，然后将它们拖到“群组”设置框中。

6 按Command–B 组合键隐藏账户浏览器。

7 单击“好”按钮保存设置。

将群组添加到群组

这个操作称为嵌套组，或者称为添加群组到群组，是简化用户与群组管理的关键。在本练习场景中，每名 Pretendco 员工都是3个部门 Marketing、Engineering 或 Management 当中某一个部门的成员。这里还有一个名为 Employees 的群组，你计划使用这个群组允许所有员工访问某些资源。虽然你可以将 Marketing、Engineering 和 Management 这3个部门的用户账户分别填充到 Employees 群组中，但是最便捷的方法是，只需将3个群组添加到 Employees 群组中即可。当你的组织结构随着时间而发生变化时，例如，新的部门被创建，那么你只需使用 Server 应用程序来为这个部门创建新的群组账户，并将该群组添加到 Employees 群组中即可。

当你完成本练习操作后，Pretendco Employees 群组将由3个群组组成：Marketing、Engineering 和 Management。

1 在 Server 应用程序的边栏中，选择“群组”选项。

2 双击 Employees 群组。

3 按Command-B 组合键显示账户浏览器。

4 按住Command键单击 Engineering、Marketing 和 Management 群组，选择这几个群组。

你可以调整账户浏览器窗口的大小，以显示更多的账户名单。

5 将这些群组拖到 Employees 群组的“成员”列表中。

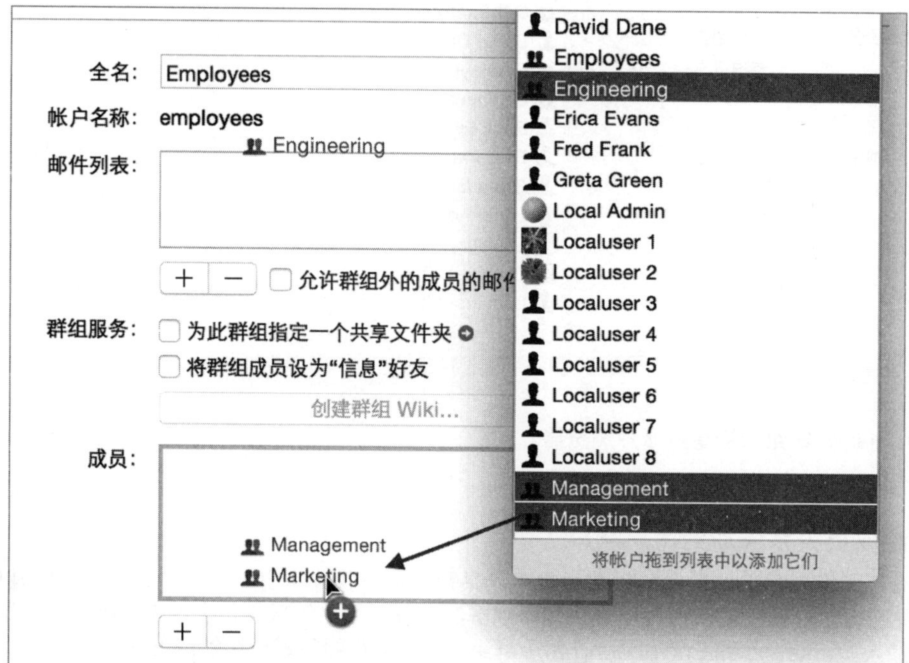

注意，虽然你按住 Command 键选择了3个群组，但是这3个群组并不会都显示在“成员”设置框中，只有将账户拖到设置框中才会显示。

6 按Command-B 组合键隐藏账户浏览器。

7 单击“好”按钮，保存对群组设置的更改。

8 双击 Employees 群组，确认新的群组已被列在“成员”设置框中。

现在群组 Marketing、Engineering 和 Management 中的所有成员都可以访问 Employees 群组成员可以访问的资源了。

你刚刚使用了 Server 应用程序创建并组织了群组账户，就像管理用户账户一样。你通过 Server 应用程序创建了群组，并将用户与群组进行了相互关联。

练习7.4
诊断与导入账户相关的问题

▶ **前提条件**

▶ 完成“练习7.2　导入本地用户账户”的操作。

当使用 Server 应用程序导入用户或群组的时候，在执行导入操作的计算机上，在你个人文件夹的资源库/Logs/ 文件夹中，一个名为 ImportExport 的日志文件会被自动生成。由于你在前面的练习中已导入了用户，所以你可以使用“控制台”应用程序来查看导入日志。

在你的管理员计算机上，打开“控制台”应用程序。

1 如果“控制台”应用程序还未运行，那么通过 Spotlight 搜索功能来找到“控制台”应用程序并打开它。

2 如果“控制台”窗口的边栏没有被显示出来，那么在工具栏中单击“显示日志列表”按钮。

“控制台”应用程序会显示计算机上存储在一些位置的日志文件。波形字符（~）是表示你个人文件夹的符号，所以~/Library/Logs/ 表示你个人文件夹中的文件夹，其中存储的是与你用户账户相关的日志。/var/log/ 和 /Library/Logs/ 文件夹中是针对系统的日志。你将在 ~/Library/Logs/ 文件夹中的 ImportExport 文件夹中查看日志文件。

3 单击~/Library/Logs/ 的三角形展开图标，显示该文件夹的内容，然后单击 ImportExport 文件夹的三角形展开图标来显示该文件夹的内容。

4 在 ImportExport 下选取一个日志文件。

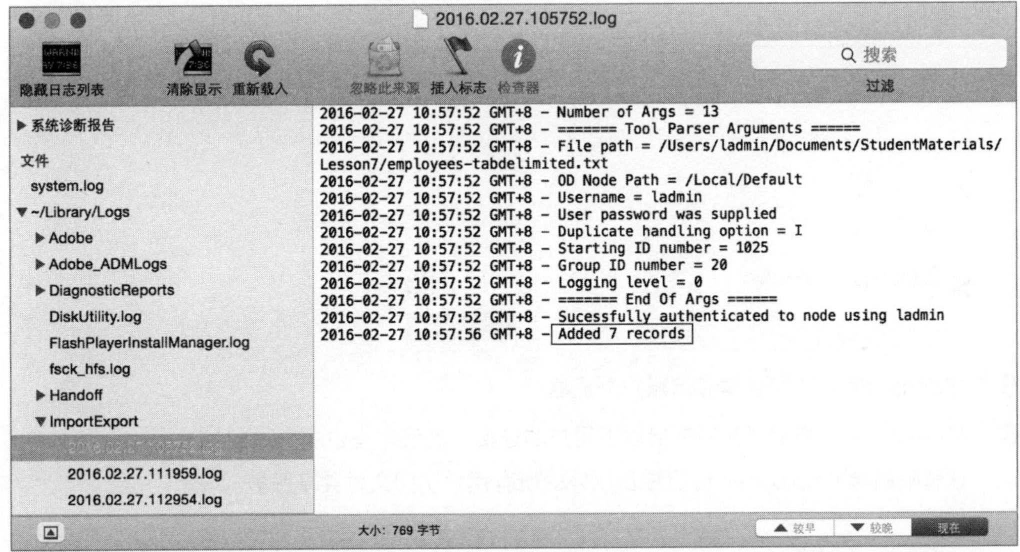

注意，这个日志文件显示了你已导入的、没有发生错误的记录数量。如果发生了与导入账户相关的一些问题，那么会显示在这些日志文件中。

你刚刚使用了“控制台”应用程序查看了日志，这些日志是你导入账户的时候被创建的。记住，导入日志是被存储在你进行导入操作的计算机上的，它并不一定存储在服务器上。

练习7.5
管理服务访问

▶ **前提条件**

▶ 完成“练习7.3　创建和配置本地群组”的操作。

你可以在用户和群组级别对服务的访问进行限制。

你可能不希望服务器上具有账户的所有用户都能够访问服务器所提供的全部服务。在本练习中，你将限制对文件共享服务的访问。你会在“课程12　文件共享服务的配置”中学习有关文件共享服务的更多内容。

使用 Server 应用程序仅允许Employees 群组中的成员访问文件共享服务。在创建和配置本地群组的练习中，你已将Engineering、Marketing 和 Managing 这3个群组添加到了Employees 群组的“成员”列表中。

限制访问服务

从限制访问文件共享服务开始。

1 在你的管理员计算机上，如果尚未连接到你的服务器，那么打开 Server 应用程序，连接到服务器并鉴定为本地管理员。

2 在 Server 应用程序的边栏中选择你的服务器，然后选择“访问”选项卡。

3 在“自定访问”选项区域下方单击“添加”（+）按钮，然后选择“文件共享”选项。

4 单击“允许来自以下用户的连接”弹出式菜单，并选择“仅某些用户”命令。

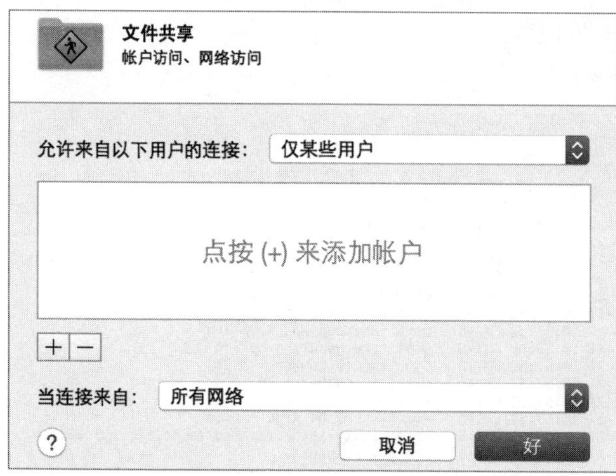

5 按Command-B 组合键显示账户浏览器。

6 将Employees 拖到“允许来自以下用户的连接”的设置框中。

这将限制除 Employees 群组成员以外的所有用户访问文件共享服务。

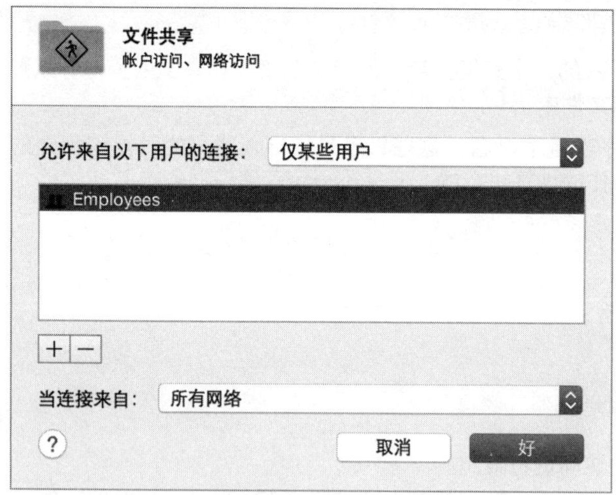

7 按Command-B 组合键隐藏账户浏览器。

8 单击“好”按钮保存设置。

9 在“自定访问”选项区域确认“文件共享”项目已被启用。

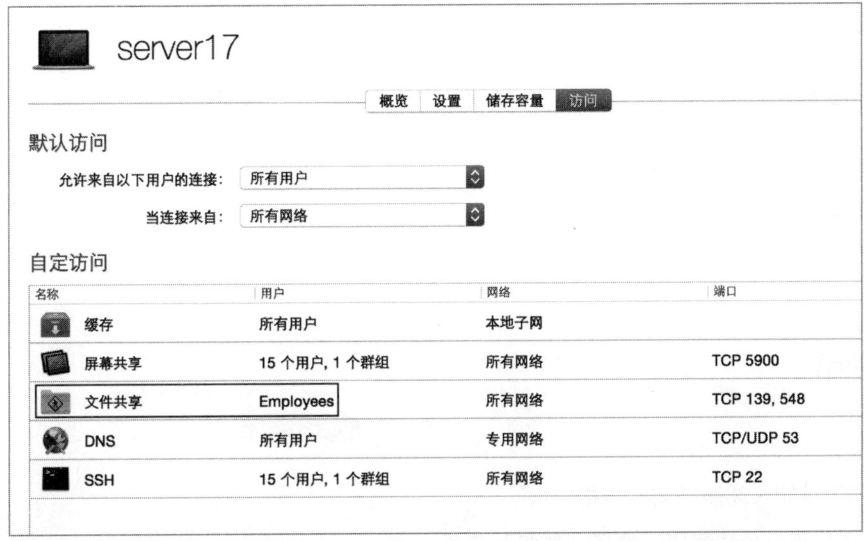

你刚刚对 Employees 群组成员（包含其他3个群组）以外的所有账户，移除了访问文件共享服务的权利。

查看各用户的群组关系

1 在 Server 应用程序中进行操作。

2 双击Alice Aymar。

3 确认Engineering出现在“群组”设置框中，Alice Aymar 是Engineering 群组（该群组又是Employees 群组的成员）的一个成员。

4 单击“取消”按钮返回到用户列表。

5 双击Localuser1 账户。

6 确认 Contractors 出现在“群组”设置框中，该用户所在的群组并不是Employees 群组的成员。

7 单击“取消”按钮返回到用户列表。

查看各用户对服务的访问

确认以下操作：

- 用户Localuser1 明显无法访问到服务。
- Employees 群组明显可以访问到服务。
- Engineering 群组具有隐含访问到服务的权利。
- Contractors 群组明显无法访问到服务。

1 按住Control键单击Localuser1，并选择“编辑服务访问”命令。

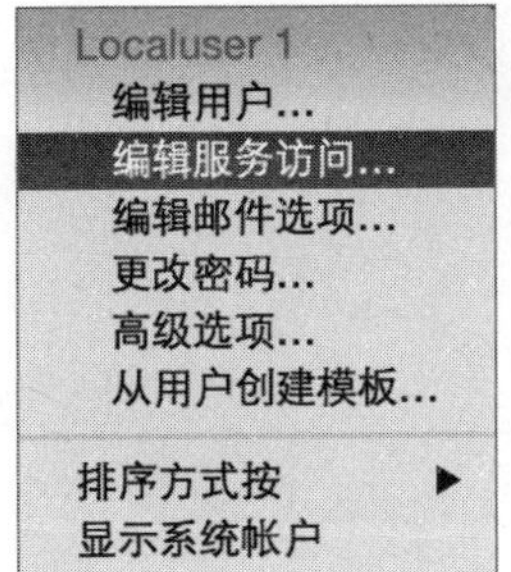

2　确认取消选中“文件共享”复选框。

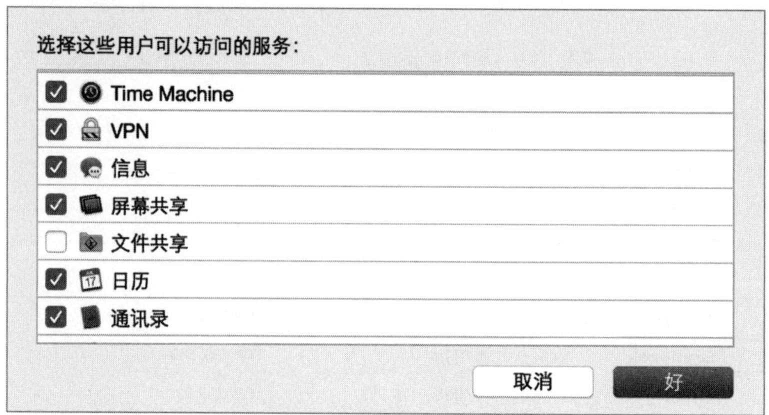

3　单击“取消”按钮关闭服务访问表格。

4　在 Server 应用程序的边栏中，选择“群组”选项。

5　单击“类型”弹出式菜单，并选择“本地群组”命令。

6　按住Control键单击Employees 群组，并选择“编辑服务访问”命令（注意，如果“类型”弹出式菜单被设置为“所有群组”，那么快捷菜单会显示较少的命令）。

7　确认选中“文件共享”复选框。

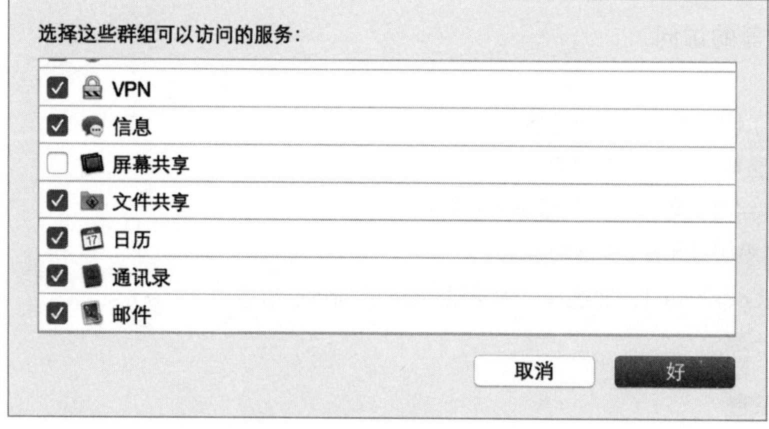

8　单击“好”按钮返回到群组列表。

9　按住Control键单击 Engineering 群组，并选择“编辑服务访问”命令。

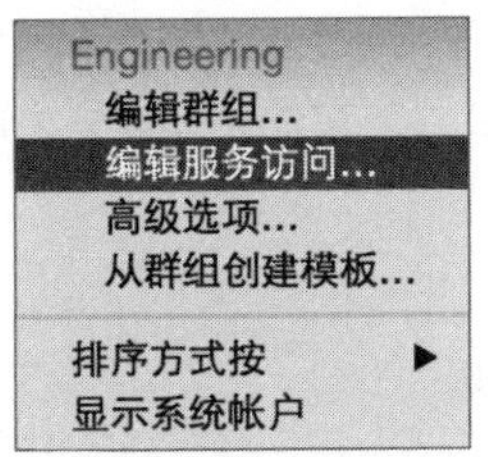

10 确认“文件共享”复选框是不可以使用的，你无法修改这个设置，因为Engineering 群组是Employees 群组的成员，所以也允许Engineering 群组访问服务。

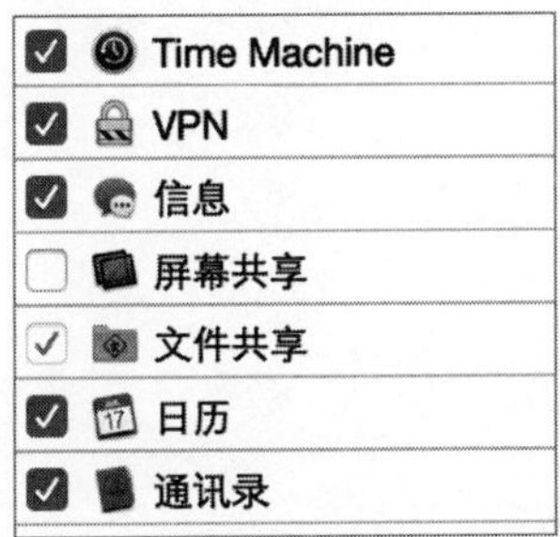

11 单击“取消”按钮关闭服务访问表格。

12 按住Control键单击 Contractors 群组（它并不是Employees 群组的成员），并从快捷菜中选择“编辑服务访问”命令。

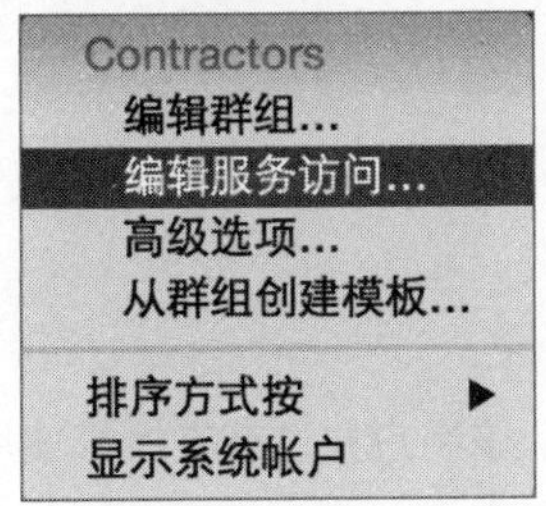

13 确认选中“文件共享”复选框。

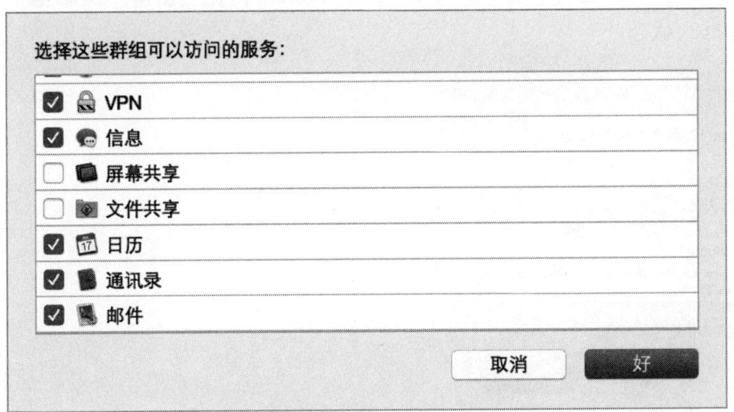

14 单击“取消”按钮关闭服务访问表格。

开启文件共享服务并验证授权情况

开启“文件共享”服务，并通过该服务去验证授权情况，并且还要验证在缺少授权的情况下访问服务的情况。默认情况下，在你的 Mac 上配置 OS X Server 之前，对于 Mac 上的每个本地用户来说，都有一个已共享的文件夹，这就解释了为什么Local Admin 的“公共”文件夹会被列为已共享的文件夹。

1 在 Server 应用程序的边栏中，选择“文件共享”选项。

2 单击“开”按钮来开启服务。

3 确认“权限”选项所显示的设置被限制为 Employees 群组。

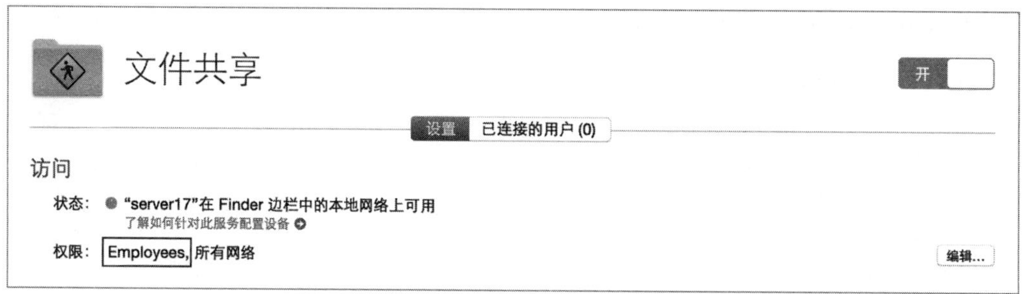

在你的管理员计算机上，尝试连接到你服务器的“文件共享”服务。

1 在管理员计算机上，在 Finder 中按Command-N 组合键打开一个新的 Finder 窗口。

2 在 Finder 窗口边栏的“共享的”部分，选择你的服务器。如果你的服务器没有显示出来，那么是由于有太多可用的其他服务器存在，单击“所有”按钮，然后双击你的服务器。

3 单击“连接身份”按钮。

4 在“连接”对话框中，尝试使用 Localuser1 用户账户进行鉴定，该用户并没有被授权使用文件共享服务。

选择“注册用户”单选按钮，在“名称”文本框中输入 localuser1，在“密码”文本框中输入 local，并保持取消选中复选框的状态。

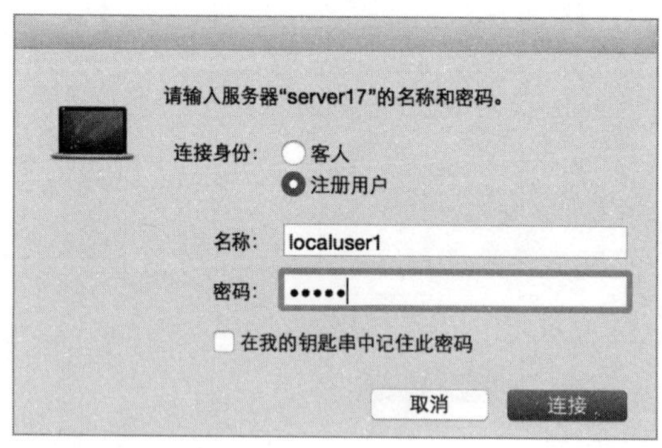

5 单击“连接”按钮。

你所使用的账户没有被授权使用文件共享服务，即使是管理员账户也是如此。

在访问对话框中单击“好”按钮。

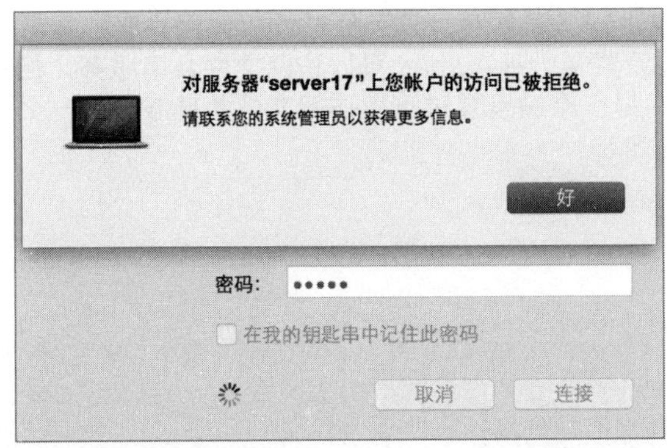

6 在“名称”文本框中输入aaymar，在“密码”文本框中输入 bit-kw-543（这个密码是在第一个用户导入文件中指定的），并取消选中“在我的钥匙串中记住此密码”复选框。

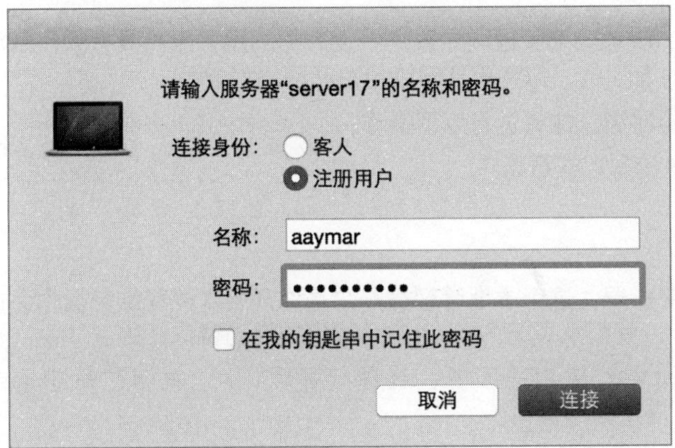

7 单击“连接”按钮。

8 显示一个可用的宗卷列表。

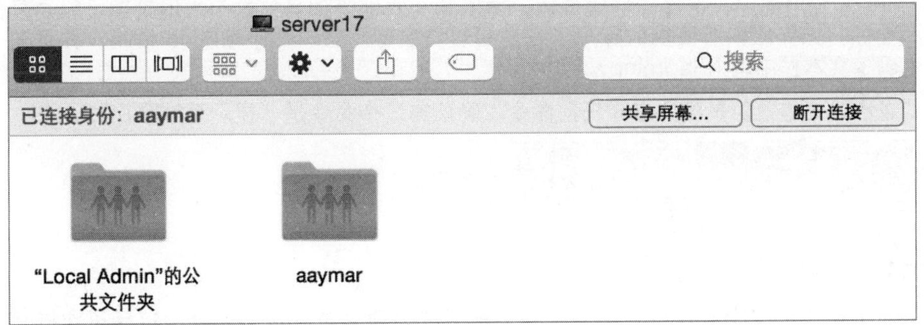

9 打开aaymar 文件夹。

10 确认你可以看到用户个人文件夹里那些常见的文件夹：桌面、文稿、下载、资源库、影片、音乐、图片和公共。

11 在 Finder 窗口的边栏中，单击服务器图标旁边的“推出”按钮来断开连接。

你刚刚验证了，当你对使用服务的授权进行了限制时，只有经过授权的用户账户才可以访问服务。你已经验证了，虽然并没有特意去设置 Alice Aymar 可以访问文件共享服务，但是由于Alice Aymar所在的群组（Engineering）是一个被设置过可以访问文件共享服务的一个群组（Employees）的成员，所以她也可以访问该服务。

练习7.6
清理

▶ 前提条件

- 完成“练习7.1 创建并配置本地用户账户”的操作。
- 完成“练习7.2 导入本地用户账户” 的操作。
- 完成“练习7.3 创建和配置本地群组”的操作。

在接下来的课程中，你将配置你的服务器来管理网络账户。之后你的服务器将具有多个目录服务：本地目录和网络目录。在接下来的课程中，你将用到网络用户和网络群组。

为了避免在以后的练习操作中引起冲突，你将进行以下操作：

- 删除你刚刚使用过的本地用户和本地群组账户。
- 停止文件共享服务。
- 移除文件共享服务的访问限制。

确认以本地管理员的身份连接到服务器，这个本地管理员账户是你开始本课程练习操作之前所使用的账户，而不是 Localuser 1 账户。我们从关闭 Server 应用程序的活动窗口开始。

在你的管理员计算机上，在 Server 应用程序中，选择“管理”>“关闭”命令（或按Command-W组合键）来关闭 Server 应用程序窗口。

再次打开 Server 应用程序并以本地管理员的身份连接到服务器，这个本地管理员账户是你开始本课程练习操作之前所使用的账户。确保不删除系统账户（这些账户通常是隐藏的，并且对于系统的正常运行是至关重要的），确认 Server 应用程序没有显示系统账户。

1 打开 Server 应用程序，选择你的服务器，并鉴定为本地管理员，这个本地管理员账户是你开始本课程练习操作之前所使用的账户（在“管理员名称”文本框中输入 ladmin，并且在“管理员密码”文本框中输入 ladminpw）。

2 打开“显示”菜单，但是不要选择任何命令。确认第二个命令是“显示系统账户”。

Server 管理 编辑 显示 工具 窗口 帮助
刷新 ⌘R
显示系统帐户 ⇧⌘-

NOTE ▶ 不要选择“显示系统账户”命令。

如果第二个命令是“隐藏系统账户”，那么选择“隐藏系统账户”命令，然后再次打开“显示”菜单，确认“显示系统账户”是第二个命令。

现在你确定了不会意外删除系统账户，那么接下来就要删除你在本课程练习中所创建的那些账户。

1 在 Server 应用程序的边栏中，选择“用户”选项。

2 确认“类型”弹出式菜单被设置为“本地用户”。

3 对于每个用户来说（除了你在开始本课程练习操作之前所使用的本地管理员账户），选择后，单击“删除”（-）按钮，然后在对话框中单击“删除”按钮。

TIP ▶ 如果你选择了当前用于鉴定到 Server 应用程序的用户，并意外单击了“删除”按钮，那么会看到一个“信息”对话框，告诉你 Server 应用程序不允许删除这个用户。如果有多个用户被选择，那就试图删除其他已选择的用户。

删除你已创建和导入的群组

1 在 Server 应用程序的边栏中，选择“群组”选项。

2 确认“类型”弹出式菜单被设置为“本地群组”。

3 选择一个群组并按 Command–A组合键（或者选择“编辑”>“全选”命令）。

4 单击“删除”（–）按钮。

5 在操作确认界面中单击“删除”按钮来删除群组。

停止文件共享服务

1 在 Server 应用程序的边栏中，选择“文件共享”选项。

2 单击“关”按钮来关闭服务。

移除文件共享服务的访问限制

1 在 Server 应用程序的边栏中，选取你的服务器，然后单击“访问”选项卡。

2 在“自定访问”选项区域，选择“文件共享”，单击“移除”（–）按钮，然后在操作确认对话框中单击“移除”按钮。

准备继续进行本教材中的其他练习操作。

课程8

Open Directory 服务的配置

> 目标
>
> ▶ 了解在 OS X Server 上可配置的 Open Directory 服务角色。
>
> ▶ 将 OS X Server 配置为 Open Directory 服务器。
>
> ▶ 将 OS X Server 绑定到另一台 Open Directory 服务器。
>
> ▶ 找到并识别与 Open Directory 相关的日志文件。

本课程介绍如何使用目录服务来帮助你在网络上管理用户和资源。你将学习到 Apple Open Directory 服务的相关功能，以及如何使用这些服务。你还将学习如何通过 Server 应用程序来设置和管理目录，以及用户账户。最后，你还将了解常见的 Open Directory 服务问题，以及如何解决这些问题。

当处理与其他各类目录服务进行协同工作的时候，例如Active Directory、eDirectory，以及 OpenLDAP，Open Directory 的功能是极为灵活的，不过对于混合平台目录服务应用场景的学习，已超出了本教材的学习范围。

如果你是独立进行练习操作的，并且不具有额外的服务器计算机，那么你可以阅读本课程的内容进行学习，但是不要进行涉及其他目录服务器的操作。

参考8.1
目录服务概念的介绍

让一个用户在不同的计算机上拥有多个用户账户可能会导致出现问题。例如，如果网络中的每台计算机都有它自己的鉴定数据库，那么一个用户可能需要记住每台计算机上不同的账户名和密码。即使在每台计算机上都为用户分配相同的用户名和密码，这些信息也可能会随着时间的推移而变得不一致，因为用户可能会在某一个地方更改他的密码，而忘记在其他地方进行相同的操作。所以，对于鉴定和授权信息可以使用一个单一的资源，从而解决这个问题。

目录服务可以为计算机、应用程序及一个组织机构中的用户提供一个集中的信息库。通过目录服务，你可以对所有用户的信息进行统一维护，例如他们的用户名和密码，还有打印机和其他网络资源。你可以在一个单一的位置来维护这些信息，而不是在各台计算机上。所以，你可以使用目录服务：

- ▶ 提供相同的用户体验。
- ▶ 可以很方便地访问网络资源，例如打印机和服务器。
- ▶ 可以让用户使用一个账户在多台计算机上进行登录。

例如，当你将 OS X 计算机“绑定”到 Open Directory 服务后（绑定是配置一台计算机使用由另一台计算机提供的目录服务），用户就可以自由登录到任何已做过绑定设置的 OS X 计算机。根据他们是谁、属于哪个群组、登录的是哪台计算机及该计算机属于哪个计算机群组，来建立他们自己的会话管理。使用已共享的目录服务还可以让用户的个人文件夹位于另一台服务器上，并且无论用户登录到哪台计算机，只要该计算机是绑定到共享目录的，都会对个人文件夹进行自动装载。

什么是 Open Directory

Open Directory 是内建在 OS X 中的可扩展目录服务架构。Open Directory 在目录（存储用户和资源信息）和要使用这些信息的应用程序及软件进程之间扮演着中间人的角色。

对于 OS X Server 来说，Open Directory 服务实际上是提供识别和鉴定功能的一组服务。

OS X 上的很多服务都需要使用 Open Directory 服务的信息来进行工作。Open Directory 服务可以安全存储和验证用户的密码，这些用户要使用密码来登录网络上的客户端计算机，或是使用其他需要进行鉴定的网络资源。你也可以使用 Open Directory 服务来实施全局密码策略，例如密码过期时间和最小长度。

你可以使用 Open Directory 服务来为要使用文件服务的其他平台用户提供鉴定，对于 OS X Server 提供的其他服务来说也是一样的。

Open Directory 服务组件概览

Open Directory 为身份识别和鉴定提供了一个集中管理的资源。对于身份识别，Open Directory 使用的是 OpenLDAP，它是轻量级目录访问协议（LDAP）的开源实现，是用于访问目录服务数据的标准协议。Open Directory 使用 LDAPv3 来提供对目录数据的读写访问。

Open Directory 服务还与其他开源技术进行协同工作，例如 Kerberos，并且还将它们与功能强大的服务器管理工具进行了整合，从而提供功能强大的目录及鉴定服务，而且这些服务还是很容易设置和管理的。由于不存在基于每客户端或是每用户的许可授权费用，所以 Open Directory 既可以满足组织机构的规模需求，也不会因此增加高额的 IT 预算成本。

当你将 OS X 计算机绑定到 Open Directory 服务器的时候，被绑定的计算机会自动获得对网络资源的访问，包括用户鉴定服务、网络个人文件夹及共享点。

你可以配置 OS X Server，将 Open Directory 配置成 4 种基本状态：

- 独立的服务器。
- Open Directory 主服务器。
- Open Directory 备份服务器。
- 连接到另一个目录服务或是多个目录服务（也称为成员服务器）。

NOTE ▶ 你可以配置你的服务器同时连接到一个或多个其他目录服务，同时还可作为 Open Directory 主服务器或备份服务器来提供服务。

当你为你的网络规划目录服务应用的时候，要考虑在多台计算机和设备之间共享用户、资源及管理信息的需求。如果需求不高，那么所需的目录规划工作就不会很多，所有内容都可以从服务器的本地目录中进行访问。但是如果你要在计算机之间共享信息，那么你至少需要设置一台 Open Directory服务器（一台 Open Directory 主服务器）。此外，如果你要提供高性能的目录服务，那么至少还需要设置一台额外的服务器作为 Open Directory 备份服务器。

独立服务器角色介绍

这是服务器托管本地账户的默认状态。用户必须使用创建在你服务器上的本地账户访问服务器的服务。处于独立配置状态下的用户账户，不能用于其他的服务器去访问它们的服务。

Open Directory 主服务器角色介绍

当 OS X Server 服务器被配置为托管网络账户并提供目录服务的时候，我们可以将这台服务器称为“Open Directory 主服务器”（或是主域，这会在下节内容中进行介绍）。在 Server 应用程序中，你要选择执行的操作是“创建新的 Open Directory 域”。“域”是目录的组织管理界限，你所创建的共享目录域也被称为一个“节点”。

当你使用 Server 应用程序将你的服务器配置为 Open Directory 主服务器的时候，会进行以下操作：

- 配置 OpenLDAP、Kerberos 及 Password Server 数据库。
- 将新的目录服务添加到鉴定搜索路径中。
- 创建名为 Workgroup 的本地网络群组。
- 将本地群组 Local Accounts 添加到网络群组 Workgroup 中。

- 根据你在配置时所提供的组织名称来创建新的根 SSL 证书颁发机构（CA）。
- 创建新的中级 SSL认证机构，由上面提到的 CA 进行签名。
- 创建一个带有你服务器主机名称的新 SSL 证书，由上面提到的中级 CA 进行签名（在还不具有带有你服务器主机名称、已签名的 SSL 证书的情况下）。
- 将 CA、中级CA及 SSL 证书添加到服务器的系统钥匙串中。
- 在 /private/var/root/Library/Application Support/Certificate Authority 中，为中级 CA 和 CA 创建一个文件夹，每个文件夹中是相应的证书助理文件及证书副本文件。
- 授予本地账户和本地网络账户访问 OS X Server 服务的权利。

在 OS X Server Mountain Lion 中引入了一个新的术语集：本地账户和本地网络账户。“本地账户”是存储在服务器本地节点中的账户。“本地网络账户”是存储在服务器已共享的 Open Directory 节点中的账户（在它的 OpenLDAP 数据库中）。术语“本地网络”中的“本地”，是用来区分来自其他目录节点中的网络账户的，本地网络账户来自于本地网络已共享的 OpenLDAP 节点。

当你已将服务器设置为 Open Directory 主服务器的时候，你可以配置网络中的其他计算机访问服务器的目录服务。

概括来说，你的服务器具有本地用户和群组账户，当配置为 Open Directory 主服务器后，这个本地数据库仍旧存在。Open Directory 主服务器的创建操作会创建第二个数据库，这个数据库就是已共享的 LDAP 数据库。该数据库的管理员具有默认的短名称 diradmin。各个数据库是相互独立的，每个数据库的管理都需要使用不同的凭证信息。你还创建了用来存储用户密码的 Password Server 数据库，以及 Kerberos 密钥分发中心（KDC）。你将在本课程中了解到这些内容。

Open Directory 备份服务器角色介绍

当你有一台服务器已被配置为 Open Directory 主服务器时，还可以配置一台或多台装有 OS X Server 的 Mac 作为目录备份服务器，来提供与主服务器相同的目录信息和鉴定信息。备份服务器托管着主服务器 LDAP 目录、Password Server 鉴定数据库及 Kerberos KDC的副本。每当目录信息发生变化的时候，Open Directory 服务器会相互进行通知，所以，所有 Open Directory 服务器都存有当前的信息。

你可以使用备份服务器来扩展你的目录架构，提升在分布式网络上进行搜索和回应的速度，并且还可以令 Open Directory 服务具有较高的可用性。备份服务器还可以避免网络故障，因为客户端系统可以使用你组织机构中任意一台备份服务器的服务。

当鉴定数据从主服务器被传送到任一台备份服务器的时候，在复制过程中数据是被加密的。

TIP 由于备份服务器和 Kerberos 都使用时间戳，所以最好同步所有 Open Directory 主服务器、备份服务器及成员服务器的时钟。你可以通过“日期与时间”系统偏好设置来指定时钟服务器，可以使用 Apple 的时钟服务器或是一个内部的网络时钟协议（NTP）服务器。

你可以创建嵌套的备份服务器，也就是备份的备份。一个主服务器可以有多达32个备份服务器，这些备份服务器可以各有32个备份服务器；一个主服务器加上32个备份服务器，再加上这些备份服务器的备份服务器（32x32），对于一个 Open Directory 域来说，可以有共计 1 057 个 Open Directory 服务器。嵌套备份是将一个备份服务器加入到 Open Directory 主服务器（也称为“一级备份服务器”），然后再将其他的备份服务器加入到一级备份服务器来实现的。从一个一级备份服务器创建的备份服务器称为“二级备份服务器”，不能有超过两层的备份服务器。

在下图中，有一台 Open Directory 主服务器和一台中继（Relay）备份服务器，中继备份服务器是至少具有一台备份服务器的备份服务器。

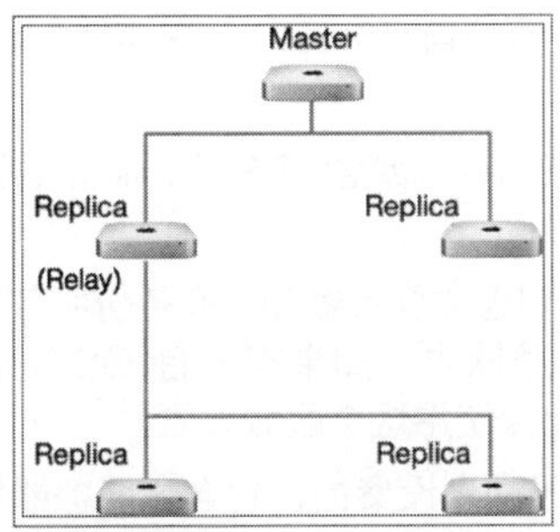

当出现灾难性故障的时候，你可以提升一个 Open Directory 备份服务器成为一个新的主服务器，但是必须要有 Open Directory 主服务器完成配置时的 Time Machine 服务器备份，来恢复自动创建的 Open Directory 归档，或者是具有手动创建的 Open Directory 归档。在 Server 的帮助资源中搜索“归档和恢复 Open Directory 数据”，可以获得更多的信息。

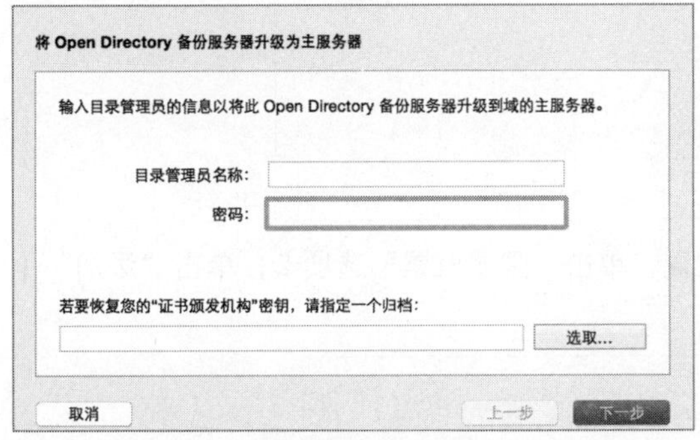

Open Directory 区域设置介绍

Open Directory 区域设置是可以在相应的 Open Directory 服务器之间轻松实现负载分配的一项功能。一个 Open Directory 区域设置是一个或多个 Open Directory 服务器的群组，这些服务器都在特定的子网中提供服务。你可以使用 Server 应用程序来定义一个区域设置，然后将一个或多个 Open Directory 服务器，以及一个或多个子网与这个区域设置建立联系。当一台客户端计算机（OS X v10.7 或更高版本）被绑定到任意一台 Open Directory 服务器的时候，如果该客户端计算机是在一个与某个区域设置相关联的子网中，那么该客户端计算机会优先选用与该区域设置相关联的 Open Directory 服务器来进行身份识别和鉴定操作。

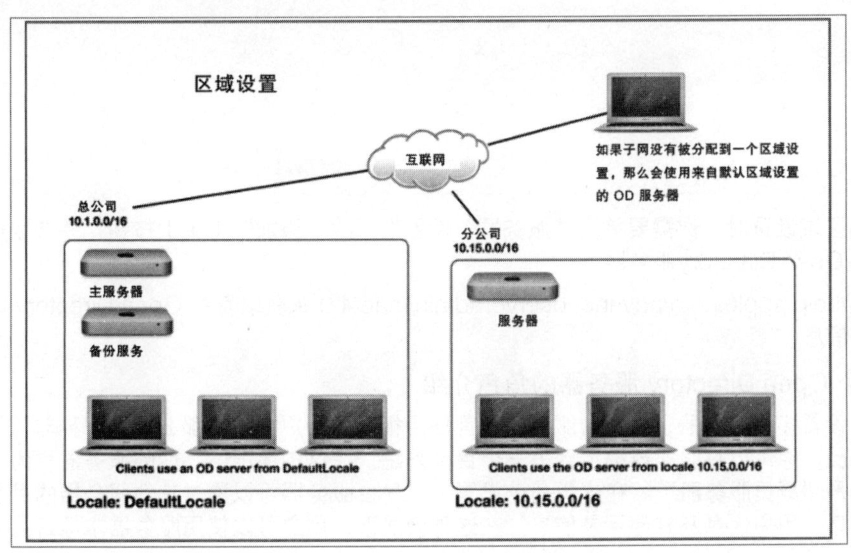

地址为 10.15.0.2 的Open Directory 备份服务器，客户端使用来自 10.15.0.0/16 区域设置的OD 服务器，区域设置为10.15.0.0/16。

只要你配置了第一台 Open Directory 备份服务器，OS X Server 就会创建两个额外的区域设置。

- 名为 Default Locale 的区域设置是一项故障保护设置，它包含主服务器和所有备份服务器，尽管这些备份服务器可能并不与你的主服务器在同一个子网中。如果有一台 OS X 客户端，它所在的子网没有对应的区域设置，那么该客户端就会使用这个区域设置。
- 第二个区域设置是基于 Open Directory 主服务器所在的子网来设置的，包含主服务器以及与主服务器处于相同子网中的备份服务器，处于同一子网中的 Open Directory 客户端使用这个区域设置。
- 当添加更多的区域设置时，它们会被显示在“区域设置”选项卡中。

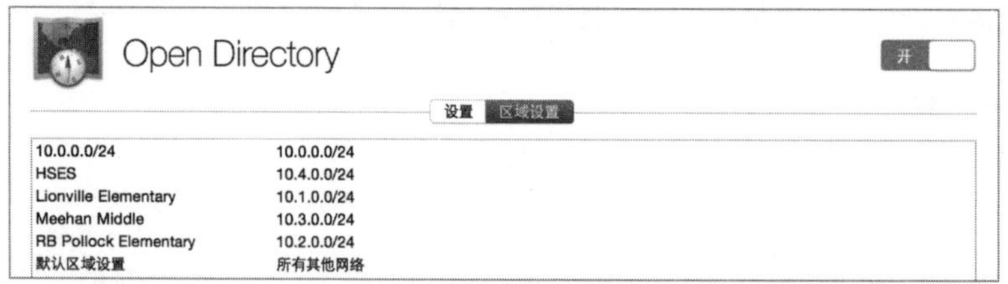

要创建一个新的 Open Directory 区域位置，单击“区域位置”选项卡，单击“添加”（ + ）按钮，并为新的区域位置指定相应的信息。

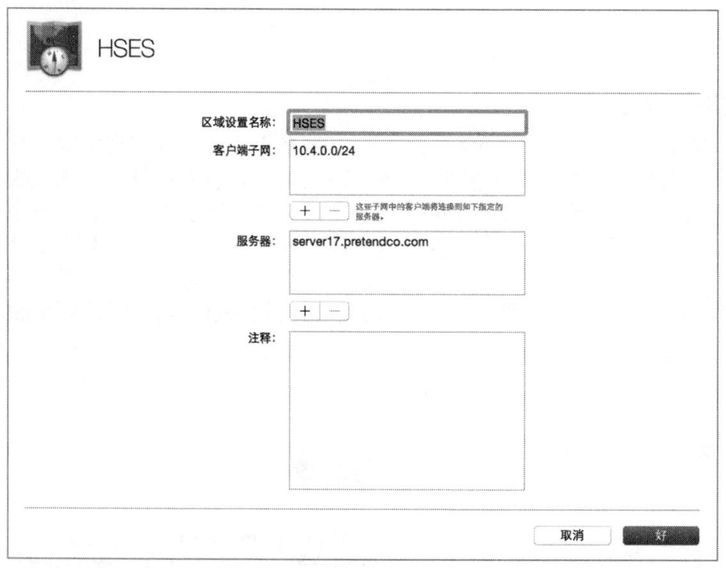

当配置新的区域设置时，你需要单击“服务器”设置框下的“添加”（ + ）按钮，并选取一个或多个已列出的 Open Directory服务器。

参考 https://help.apple.com/advancedserveradmin/mac/4.0 来获取有关 Open Directory 区域设置的更多配置信息。

使用另一个 Open Directory 服务器的角色介绍

如果你打算设置多台服务器，在每台服务器上都使用相同的用户账户，那么这是一种非常低效的工作方式。相反，你可以将服务器绑定到另一个目录系统，在这种情况下，你的服务器称为“绑定的服务器”或是“成员服务器”。在这类角色设置下，每台服务器可以通过其他服务器的目录服务来获得鉴定信息、用户信息及其他目录信息。在这种模式下，用户可以使用服务器本地目录中所定义的账户，或是使用服务器绑定的目录节点中所定义的账户来鉴定到服务器。其他的目录节点通常是 Open Directory 或是 Active Directory 系统，但也可以是其他类型的目录。

描述文件管理器服务要求将你的服务器配置为 Open Directory 主服务器。这没有问题，因为让你的服务器既是 Open Directory 主服务器，同时又绑定到其他目录服务的设置是可以实现的。在一个较大的组织机构中，向某个群体提供服务的时候，这样的设置就特别有用了。如果你是较大组织机构中一组用户的管理员，那么可以通过 OS X Server 来向定义在更大机构中的现有群组提供额外的服务，或是为较小群体的用户创建额外的群组。你不需要去接触较大机构中管理资源的人员，也不需要考虑较大组织机构中使用的是什么目录服务，就可以实现这些设置。

服务访问介绍

服务器在独立的状态下，默认情况下并不对访问 OS X Server 服务（除了 SSH 服务）的授权进行检查，请参见“参考7.3　访问服务的管理”来获取更多信息。

如果你将服务器配置为 Open Directory 主服务器，那么 Server 应用程序会配置你的服务器开始对访问 OS X Server 服务的授权进行检查。当通过 Server 应用程序创建新的本地账户及新的本地网络账户的时候，Server 应用程序会授予新账户访问OS X Server 服务的权利。

如果将服务器配置为 Open Directory 主服务器，并且之后又绑定到其他目录服务器，那么需要授予来自其他目录节点的账户使用服务器服务的权利。你可能会发现，为来自其他目录节点的群组授予访问 OS X Server 服务的权利是很方便的，所以不需要对来自其他目录节点的用户账户进行单独配置。

参考8.2
Open Directory 服务的配置

为了提供全方位的 Open Directory 服务，每台加入到 Open Directory 域的服务器，无论是主服务器、备份服务器，还是成员服务器，都需要能够持续访问到域中所有其他服务器的正向及逆向 DNS 记录。此时应当通过“网络实用工具”（或是命令行工具）来确认 DNS 记录是可用的。

你可以使用 Server 应用程序将服务器配置为 Open Directory 主服务器或是备份服务器，并使用“用户与群组”偏好设置或是“目录实用工具”来绑定到另一台目录服务器。

将 OS X Server 配置为 Open Directory 主服务器

如果还没有将服务器配置为 Open Directory 主服务器或是连接到另一个目录服务，那么可以开启 Open Directory 服务，Server 应用程序会指引用户将服务器配置为 Open Directory 主服务器或是备份服务器。

从选择“创建新的 Open Directory 域”单选按钮开始，并单击“下一步”按钮。

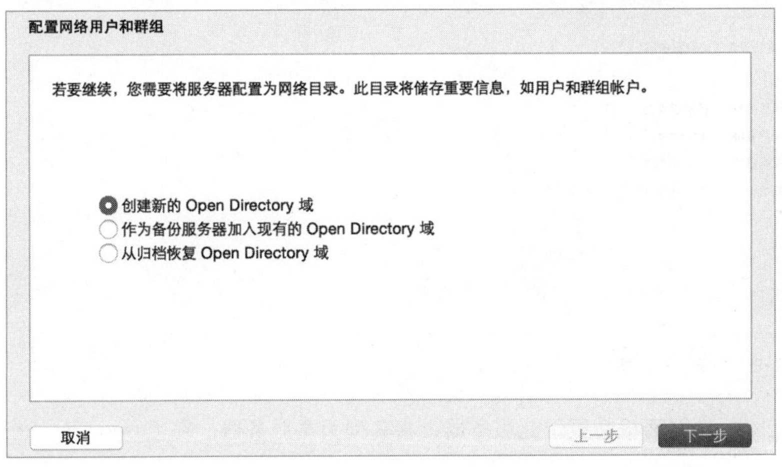

接下来会提示用户创建一个新用户，该用户的默认名称是 Directory Administrator，短名称是 diradmin 。

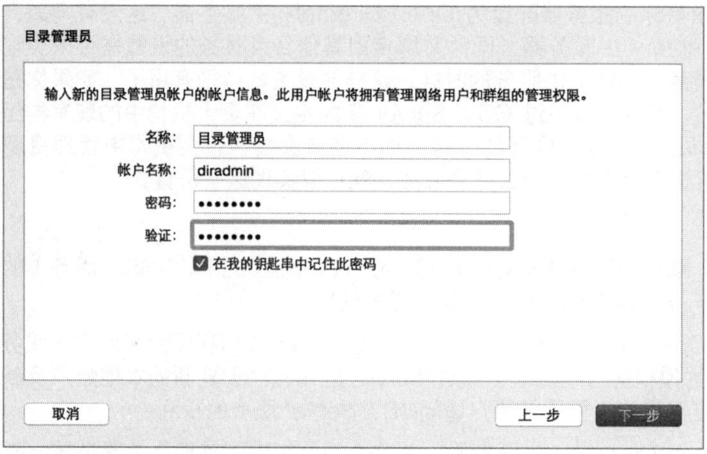

目录管理员

输入新的目录管理员帐户的帐户信息。此用户帐户将拥有管理网络用户和群组的管理权限。

名称：目录管理员
帐户名称：diradmin
密码：••••••••
验证：••••••••
在我的钥匙串中记住此密码

取消　上一步　下一步

此外还需要提供组织名称和管理员电子邮件地址。组织名称将用于识别 Open Directory 服务器所提供的移动设备管理（MDM）系统，例如描述文件管理器服务利用的就是这个系统。

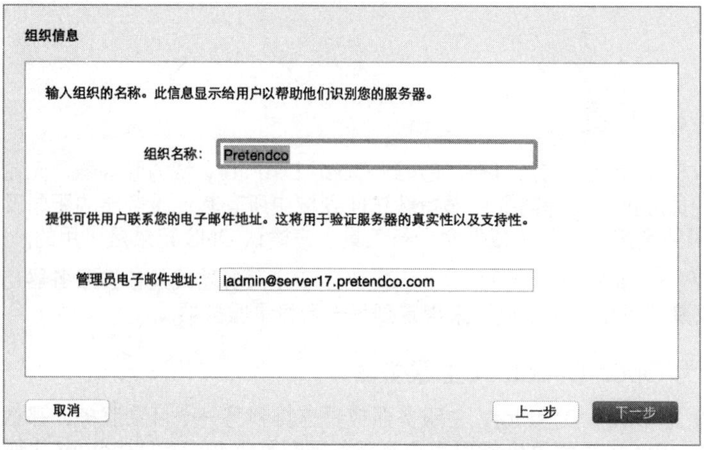

组织信息

输入组织的名称。此信息显示给用户以帮助他们识别您的服务器。

组织名称：Pretendco

提供可供用户联系您的电子邮件地址。这将用于验证服务器的真实性以及支持性。

管理员电子邮件地址：ladmin@server17.pretendco.com

取消　上一步　下一步

当确认这些设置后，Server 应用程序会将服务器配置为 Open Directory 主服务器。

确认设置

此服务器将成为具有以下这些设置的目录服务器：

管理员名称：目录管理员
管理员帐户名称：diradmin
组织名称：Pretendco
管理员电子邮件：ladmin@server17.pretendco.com

取消　正在创建 Open Directory 主服务器　上一步　设置

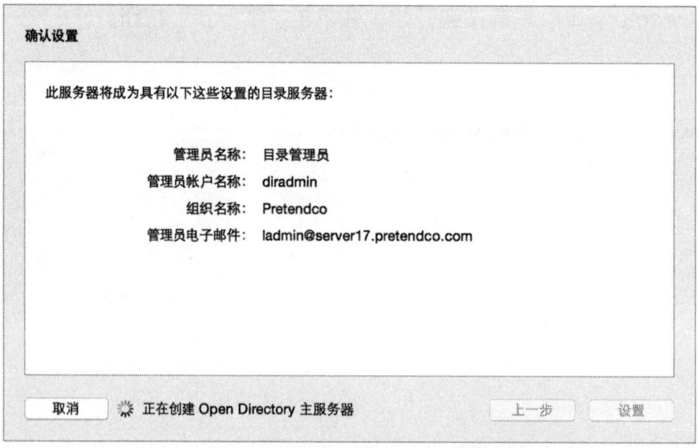

之后，Open Directory 设置面板会显示此服务器，将其列为主服务器。在 Open Directory 的

"服务器"列表中，Server 应用程序会显示每台服务器的各个活跃网络接口的 IPv4 地址。

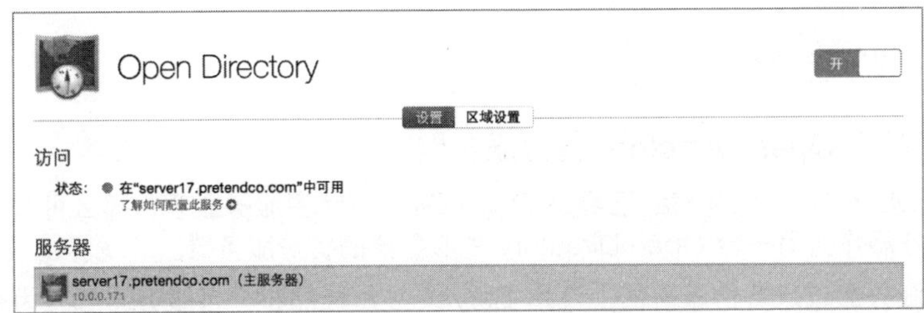

你可以通过开/关按钮来关闭 Open Directory 服务，而不会销毁目录的配置。如果需要移除 Open Directory 服务，那么可以在服务器窗口中选择服务器，然后单击窗口底部的"删除"（－）按钮来永久销毁配置。

NOTE ▶ 即使网络接口带有的是以 169.254 为开头的自分配 IPv4 地址，它也会被显示在 Open Directory 的"服务器"列表中。例如，如果认为在服务器上使用 AirDrop 会便于进行工作，那么可以将 Wi-Fi 网络接口配置为活跃状态，但是它并不需要连接到任何指定的 Wi-Fi 网络。

Open Directory 归档的创建

当通过 Time Machine 进行备份的时候，Open Directory 服务器的所有身份识别和授权组件也会自动进行定期归档，这包括：

- OpenLDAP 目录数据库和配置文件，其中包含鉴定信息。
- Kerberos 配置文件。
- Open Directory 所用的钥匙串数据。

也可以手动创建一个 Open Directory 归档。单击"操作"弹出式菜单（齿轮图标）并选择"归档 Open Directory 主服务器"命令。

TIP ▶ 要将 Open Directory 备份服务器提升为 Open Directory 主服务器，需要具有 Open Directory 归档。

接下来的步骤是指定一个位置来创建归档文件。由于归档包含敏感的鉴定信息，所以一定要使用安全的密码来保护归档。

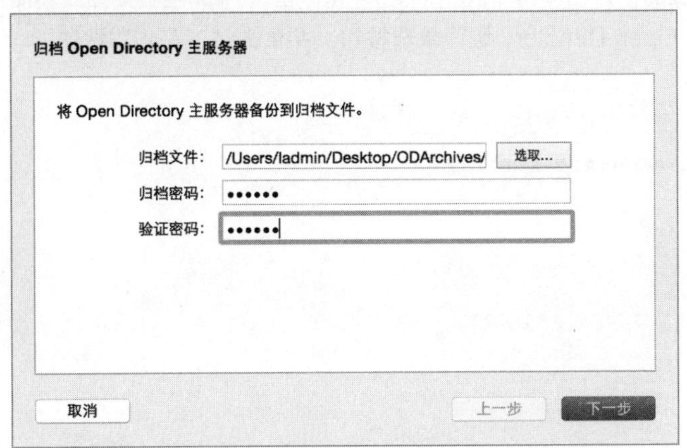

当归档被创建后，可以看到一个受密码保护的稀疏磁盘映像。

将 OS X Server 配置为 Open Directory 备份服务器

如果有另外一台装有 OS X Server 的 Mac已经是 Open Directory 主服务器了，那么可以使用 Server 应用程序来配置服务器作为另一台 Open Directory 主服务器的备份服务器。

用户可以在当前的主服务器或是备份服务器上使用 Server 应用程序将一台服务器配置为备份服务器，或者是在要配置为备份服务器的服务器上使用 Server 应用程序进行配置。在将服务器添加为备份服务器前，必须开启正在添加的备份服务器的远程管理访问功能。

如果正在现有的主服务器或是备份服务器上使用 Server 应用程序，那么在 Open Directory 设置面板中单击“服务器”选项卡，并单击“添加”（+）按钮，然后进行以下操作：

- 输入主机名称（也可以输入 IP 地址或是本地主机名称，但是本教材建议使用主机名称，从而验证主要的 DNS 主机名称记录是可用的）。
- 输入要配置为备份服务器的服务器管理员鉴定信息。
- 选择父代服务器。
- 输入目录管理员的鉴定信息并单击“下一步”按钮。

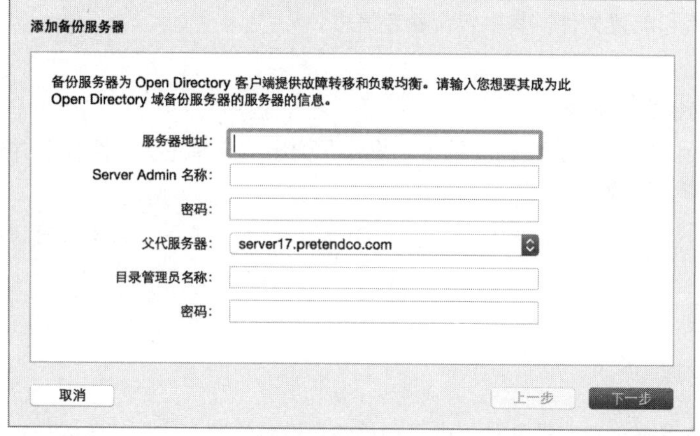

还有一个替代的方法，即在要配置为 Open Directory 备份服务器的服务器上使用 Server 应用程序进行配置，在 Server 应用程序的边栏中选择 Open Directory。单击“开/关”按钮开启服务，选择“作为备份服务器加入现有的 Open Directory 域”单选按钮，并单击“下一步”按钮。

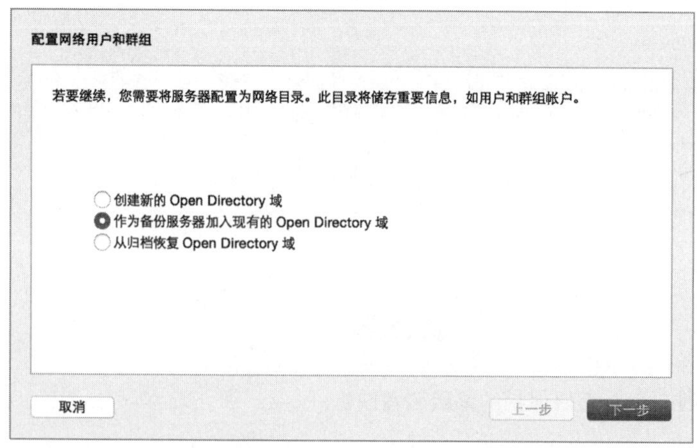

在“父代服务器”文本框中，输入另一台 Open Directory 服务器的主机名称（输入主服务器的主机名称是将这台服务器配置为主服务器的备份服务器，或是输入备份服务器的主机名称，则将这台服务器配置为备份服务器的备份服务器），输入目录管理员的鉴定信息并单击“下一步”按钮。

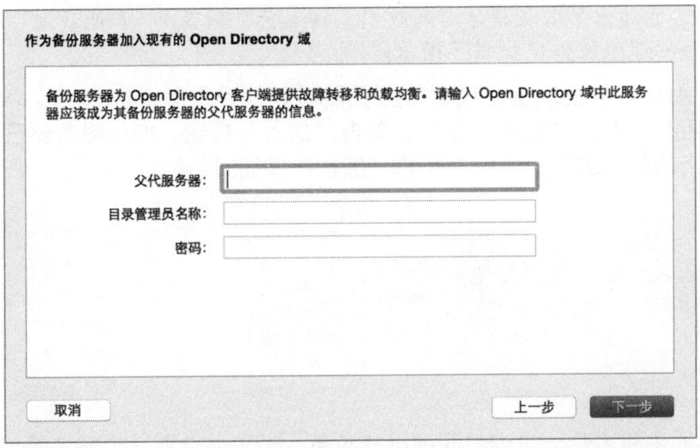

作为备份服务器加入现有的 Open Directory 域

备份服务器为 Open Directory 客户端提供故障转移和负载均衡。请输入 Open Directory 域中此服务器应该成为其备份服务器的父代服务器的信息。

父代服务器：
目录管理员名称：
密码：

取消　上一步　下一步

配置完成后，Server 应用程序会将服务器显示为主服务器的备份服务器。在 Open Directory 设置面板的“服务器”设置框中，可能需要单击三角形展开图标来查看主服务器和它的备份服务器。在下图中，server17是主服务器，而 server18 是备份服务器。

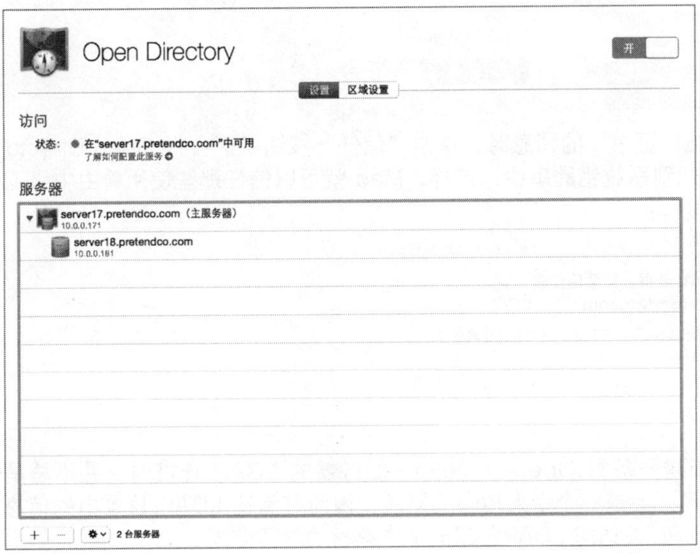

Open Directory　开

设置　区域设置

访问

状态：● 在“server17.pretendco.com”中可用
了解如何配置此服务

服务器

server17.pretendco.com（主服务器）
10.0.0.171
server18.pretendco.com
10.0.0.181

2 台服务器

如果配置了备份服务器的备份服务器，也就是二级备份服务器，则“服务器”设置框看上去应当如下图所示，其中 server19 是 server18 的备份服务器，而 server18 是 server17 的备份服务器。

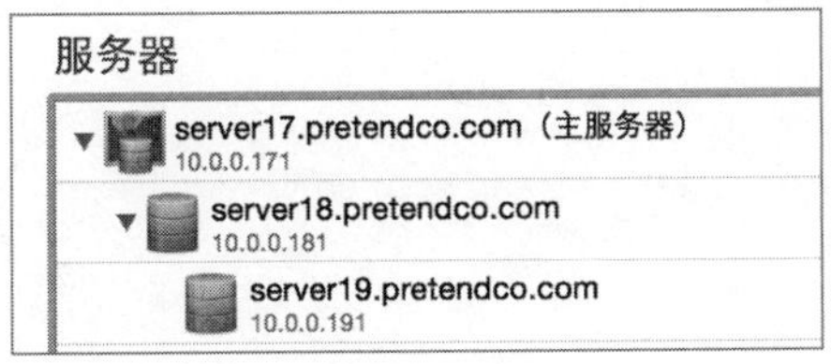

配置 OS X Server 使用另一台 Open Directory 服务器

如果服务器只是利用目录服务集中式管理功能的优势，其自身并不提供目录服务，那么可以将服务器与其他的目录服务进行绑定，从而可以通过集中式的目录服务，让用户使用托管的鉴定信息访问服务器上的服务。本课程的重点是与其他 Open Directory 系统的绑定。

更多信息▶就像用户可以将服务器绑定到其他 Open Directory 服务一样，也可以将服务器绑定到 Active Directory 域。不过这已超出了本教材学习的范围。请参阅“附录A　其他资源”中有关本课程部分的内容，在下载的课程文件中提供了附录。

在系统偏好设置中，使用“用户与群组”偏好设置将服务器与其他目录服务进行绑定。打开系统偏好设置，选择“用户与群组”，选择“登录选项”并单击“加入”按钮，如果服务器已经是 Open Directory 服务器，那么单击的是“编辑”按钮而不是“加入”按钮。

输入 Open Directory 服务器的主机名称，或者打开弹出式菜单，浏览并选取一个服务器。

服务器：server17.pretendco.com
您可以输入 Open Directory 服务器地址或 Active Directory 域。
打开目录实用工具...　取消　好

当看到“此服务器提供 SSL 证书”的消息时，单击“信任”按钮。这会将 Open Directory 的 CA、中级 CA 及 SSL 证书添加到系统钥匙串中，这样，Mac 就可以信任那些使用着由中级 CA 签发的 SSL 证书的服务了。

默认情况下，当 OS X 创建一条到 Open Directory 服务器的 LDAP 连接时，并不总是使用 SSL，这对于很多机构来说，算不上是一个令人担心的问题，因为存储在 LDAP 目录中的信息并不是敏感信息。配置 OS X 使用 SSL 去访问 LDAP已超出了本教材的学习范围。

当看到“客户端计算机 ID”窗口的时候，不要修改“客户端电脑 ID”文本框的信息，因为它是通过主机名称生成的信息。

服务器：server17.pretendco.com
您可以输入 Open Directory 服务器地址或 Active Directory 域。
客户端电脑 ID：client18
用户名：
密码：
此服务器允许已鉴定的绑定。您可以选取输入名称和密码。您也可以将它们留空以匿名绑定。
打开目录实用工具...　取消　好

除此之外，还可以选择进行匿名绑定或是设置验证绑定。

当与 OS X 客户端进行绑定的时候，匿名绑定更为合适，但是在将一台服务器绑定到一台 Open Directory 服务器的时候，应当使用验证绑定，这会令成员服务器与 Open Directory 服务器之间进行相互验证。验证绑定会在 Open Directory 服务器中创建一条计算机记录，该计算机记录用于在两台绑定的服务器之间进行相互验证。

NOTE ▶ 要进行验证绑定，需要提供目录管理员的鉴定信息。

此外，还可以使用“目录实用工具”或是命令行工具，因为它们提供了一些高级绑定设置选项，特别是当绑定到 Active Directory 目录节点的时候。

远程使用“目录实用工具”

用户可以直接使用“目录实用工具”来代替系统偏好设置。实际上，“用户与群组”偏好设置提供的是打开“目录实用工具”的快捷方式，“目录实用工具”位于 /系统/资源库/CoreServices/Applications/ 。“目录实用工具”提供了比“用户与群组”偏好设置的“加入”按钮更多的控制，并且可以对远端OS X 计算机的目录服务进行设置更改。

将 OS X 绑定到 Open Directory 服务器

当设置了 Open Directory 主服务器（并且可能还会配有一个或多个备份服务器）后，为了能够让客户端计算机使用 Open Directory 服务器，可以配置客户端计算机绑定到目录服务。在每台客户端计算机上，使用“用户与群组”偏好设置来指定托管着 Open Directory 服务的服务器，或者，如果需要使用更加高级的绑定选项，那么使用“目录实用工具”来创建一个 LDAP 配置，在该配置中设置 Open Directory 服务器的地址和搜索路径。

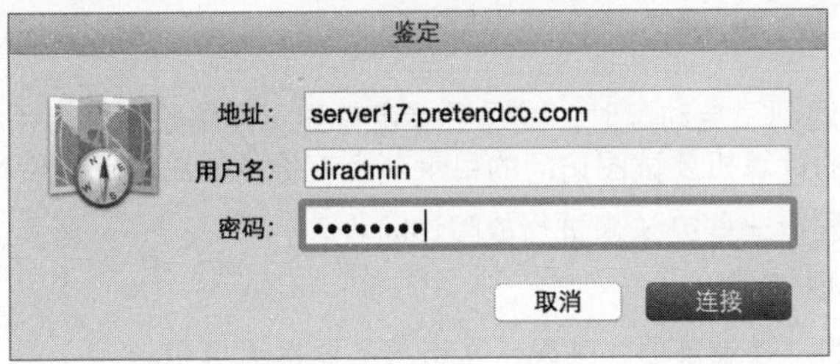

参考8.3
故障诊断

由于 Open Directory 包含了一系列服务，所以会通过一些日志文件来跟踪服务的工作状态和错误。用户可以使用 Server 应用程序来查看 Open Directory 服务的状态信息和日志。例如，可以使用密码服务日志来监视失败的登录企图，从而判断是否存在可疑的操作行为，或者使用 Open Directory 日志来查看所有失败的鉴定尝试，包括产生这些日志信息的 IP 地址。定期查看日志来确定是否存在很多针对同一密码 ID 的失败尝试，如果存在则表明可能有人正在对登录信息进行猜测尝试。当对 Open Directory 的问题进行故障诊断的时候，知道先去哪里查看相关信息是十分必要的。

Open Directory 日志文件的访问

通常，当 Open Directory 出现问题时，最先查看的是日志文件。我们回想一下，Open Directory 由3个主要的组件组成：LDAP 数据库、Password Server 数据库及 Kerberos密钥分发中心。Server 应用程序可以很容易地去查看与服务器相关的 Open Directory 日志文件。主要的日志文件有：

- 配置日志。包含有关 Open Directory 服务的设置和配置信息（/资源库/ Logs/slapconfig.log）。

- LDAP 日志。包含与所提供的 LDAP 服务有关的信息（/private/var/log/slapd.log）。
- Open Directory 日志。包含有关 Open Directory 核心功能的信息（/private/var/log/opendirectoryd.log）。
- 密码服务服务器日志。包含通过本地网络用户鉴定信息获得鉴定成功及鉴定失败的相关信息（/资源库/Logs/PasswordService/ ApplePasswordServer.Service.log）。
- 密码服务错误日志。如果该日志存在，那么它包含的是密码服务中的错误信息（/资源库/Logs/PasswordService/ApplePasswordServer.Error.log）。

要查看这些日志文件，在边栏中选择“日志”，打开弹出式菜单，在菜单中滚动到“Open Directory 日志”位置，并选择其中的一个日志。

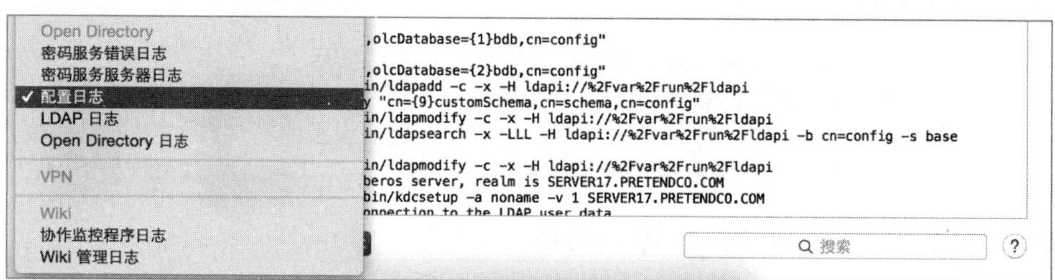

用户可以使用窗口右下角的搜索输入框，还可以调整 Server 应用程序的窗口大小，从而在一行中查看更多的日志信息，这将有助于用户快速阅读或是浏览日志文件。

日志文件的解读是一项比较艰难的任务，可能需要一位更有经验的系统管理员来帮助进行，你可以将相应的日志文件通过电子邮件发送给管理员。

目录服务的故障诊断

如果一台已做过绑定的 OS X 计算机遇到了启动延时，或是登录窗口显示网络账户不可用的红色状态指示说明，说明这台做过绑定设置的计算机要试图访问的目录节点在你的网络上无法使用。

当你无法连接到目录服务的时候，这里有一些办法来进行故障诊断：

- 使用“网络实用工具”来确认 DNS 记录。
- 通过“用户与群组”偏好设置中的“登录选项”来确认网络服务器是否可用。
- 通过“目录实用工具”来确认 LDAP 及其他配置是否正确。
- 通过“网络”偏好设置来确认计算机的网络位置和其他网络设置是正确的。
- 检查物理网络连接是否存在问题。
- 当使用本地用户账户进行登录后，通过“控制台”应用程序来查看目录服务的登录状况（/private/var/log/opendirectoryd.log）。

更多信息▶你可以提升 Open Directory 日志记录的详细级别，参阅Apple技术支持文章“HT202242　OS X Server：更改 opendirectoryd 记录级别”。

TIP▶ 如果更新了 DNS 记录，但是一直无法看到预期的结果，那么可以在“终端”应用程序中输入命令行指令sudo discoveryutil udnsflushcaches 来复位（刷新）DNS 缓存。

练习8.1
检查 Open Directory 主服务器

▶ **前提条件**

- 完成“练习4.2　配置Open Directory 证书颁发机构”的操作。

在课程4 中已开启了 Open Directory 服务，所以可以查看和使用被自动创建的证书颁发机构及 SSL 证书，不过你还没有学习到有关 Open Directory 自身的一些知识。当开启 Open Directory 服务的时候，有3项新的网络服务开始运行：一个 LDAP 服务，用于访问已共享的目录数据，还有两个鉴定服务——Password Server 和 Kerberos。

如上所述，在“Open Directory 主服务器角色介绍”中，在已共享的 Open Directory 节点中，其中的用户和群组被称为本地网络用户和本地网络群组。

检查 Workgroup 群组

Server 应用程序会自动创建名为 Workgroup 的群组。当通过 Server 应用程序创建一个新的本地网络用户的时候，Server 应用程序会自动将新的本地网络用户放置到 Workgroup 群组中。

1 在管理员计算机上进行本练习操作。如果在管理员计算机上，还没有通过Server 应用程序建立到服务器的连接，那么通过以下步骤连接服务器：在管理员计算机上打开 Server 应用程序，选择“管理”>“连接服务器”命令，选取服务器，单击“继续”按钮，提供管理员鉴定信息（管理员名称：ladmin，管理员密码：ladminpw），取消选中“记住此密码”复选框并单击“连接”按钮。

2 在 Server 应用程序的边栏中选择“群组”选项。

3 打开弹出式菜单并选择“本地网络群组”选项。

4 双击 Workgroup 群组。

5 从“显示”菜单中选择“显示系统账户”命令。

现在，被列为 Workgroup 群组成员的唯一项目是名为 Local Accounts 的群组账户。这是一个特殊的系统群组账户，实际上它并不会列出任何成员，但是操作系统会将所有本地账户视为该群组的成员，所以，服务器计算机上的所有本地账户也被视为 Workgroup 群组的成员。

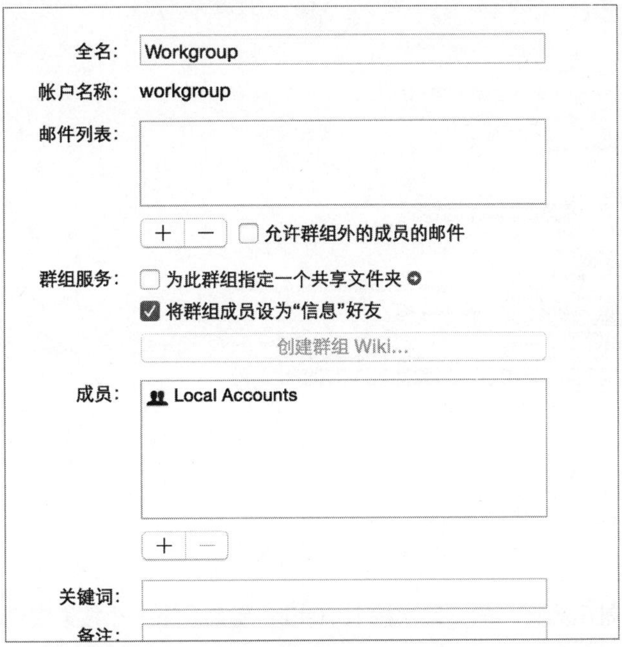

6 从“显示”菜单中选择“隐藏系统账户”命令。

7 单击“取消”按钮返回到群组列表。

在本练习中，你查看了名为 Workgroup 的新网络群组账户。

练习8.2
通过日志诊断 Open Directory 的使用问题

▶ 前提条件

▶ 完成“练习4.2 配置Open Directory 证书颁发机构”的操作。

在你的服务器上，与 Open Directory 主服务器相关的日志位于各个文件夹中，但是你可以通过 Server 应用程序来快速访问它们。

1 在管理员计算机上，如果尚未连接到服务器，那么打开 Server 应用程序连接到服务器，并鉴定为本地管理员。

2 在 Server 应用程序的边栏中选择“日志”选项。

3 在“日志”弹出式菜单中滚动到 Open Directory 位置，并关注5个与 Open Directory 相关的日志。

4 选择“配置日志”命令。

5 作为一个示例，在搜索输入框中输入单词 Intermediate 。

注意，该单词的第一个搜索实例是高亮显示的。每次按下 Return 键后，下一个搜索实例单词会闪动显示。

6 单击当前显示为“配置日志”的弹出式菜单，并选择“LDAP 日志”命令作为另一个实例。

7 滚动浏览 LDAP 日志，然后用同样的方法来查看其他日志。

在本练习中，通过 Server 应用程序查看了日志信息，这些信息与配置你的服务器作为 Open Directory 主服务器有关。尽管日志被存储在服务器上，但是可以通过 Server 应用程序来查看它们。

课程9
本地网络账户的管理

当创建了共享的 LDAP 目录后，需要向目录中填充信息。用户账户可能是能够存储到目录中的最重要的信息类别。被存储在服务器共享目录中的用户账户可访问所有能够搜索到该目录的计算机。这些账户现在被称为“本地网络用户账户”，不过也可能会看到“Open Directory 用户账户”“网络用户账户”或者“网络用户”这样的称呼。

目标

- 配置本地网络账户。
- 导入本地网络账户。
- 鉴定类型介绍。
- 了解 Kerberos 基础架构。
- 配置全局密码策略。

参考9.1
使用 Server 应用程序管理网络用户账户

通过 Server 应用程序可对用户和服务进行基本的和高级的管理。Server 应用程序自动为 OS X Server 服务添加授权，将你所创建的本地网络用户添加到服务授权中，并且还将这些用户添加到内建的、名为 Workgroup 的群组中。

Server 应用程序提供了基本的账户管理选项，包括账户详细信息、电子邮件地址、该用户被授权使用的服务、该用户所属的群组及全局密码策略。

要创建一个新用户，在 Server 应用程序的边栏中选择“用户”选项，然后打开弹出式菜单，选择“本地网络用户”目录域。

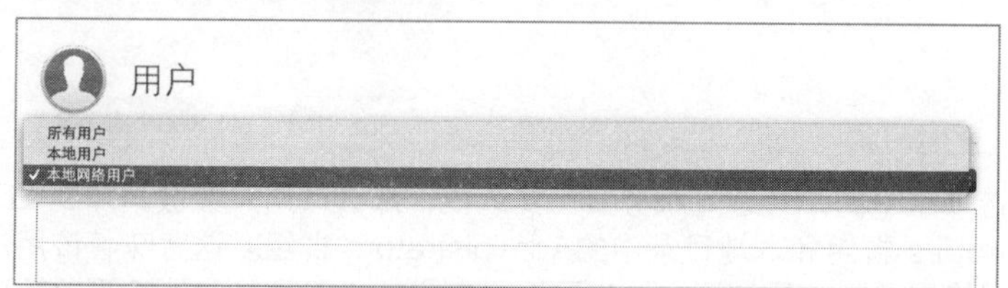

单击“添加”（+）按钮创建一个新用户，然后配置用户。在创建本地用户账户的时候，可以单击“密码助理”按钮（钥匙图标）来帮助选取一个安全的密码。

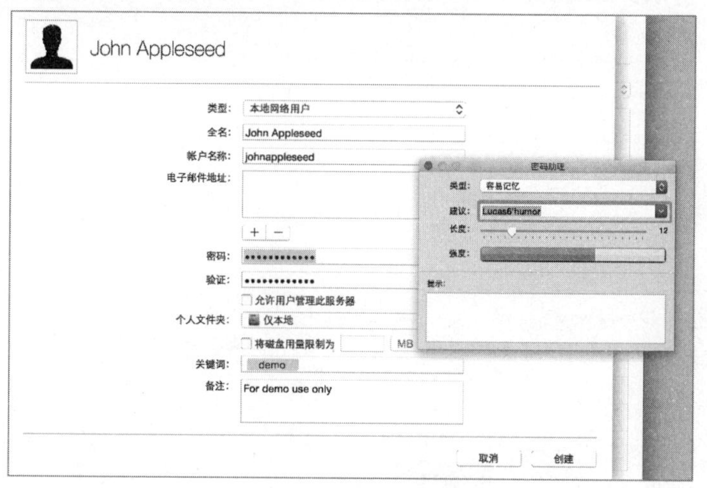

当单击“创建”按钮后，Server 应用程序会带你返回到用户列表。双击刚刚创建的用户时，可以对其进行编辑，此时可以看到，当通过 Server 应用程序创建一个用户账户的时候，该用户账户被自动添加到名为 Workgroup 的本地网络群组中。除了其他属性外，还可以更改用户的图标。

如果选中了“允许用户”选项组中的“管理此服务器”复选框，那么该用户会被添加到 LDAP 中的 Open Directory Administrators 群组和本地目录中的Administrators 群组。这意味着该用户既可以在“本地用户”和“本地网络用户”中添加用户，也可以将它们从中移除，此外还可以管理服务器的配置和设置。

按住Control键单击用户，并从快捷菜单中选择“编辑服务访问”命令，会看到用户有权访问每个列出的服务。

更多信息▶当在 Server 应用程序的外部创建网络用户账户的时候，例如命令行工具，这些用户并不会自动添加到名为 Workgroup 的群组中，也不会授权他们去访问任何服务。因此，当使用 Server 应用程序和其他方法来创建网络用户账户的时候要留心。

通过 Server 应用程序允许另一个目录节点的账户来访问服务

如果将服务器配置为 Open Directory 服务器，之后又绑定到另一个目录服务，那么来自其他目录服务的用户并不会被自动授权去使用服务器上的服务，除非做了明确的设置，让来自其他目录节点的用户或群组可以访问到这些服务。

只需要选择一个或多个外部账户（用户或群组），按住Control键单击，从快捷菜单中选择“编辑服务访问”命令，然后选中这些账户可以访问的那些服务的复选框。当然，将用户添加到群组，然后对群组进行服务访问授权，比分别编辑每个用户的服务访问要快捷得多。

导入本地网络账户

就像导入本地账户一样，还可以导入本地网络账户。导入文件必须是一个包含正确格式的标题行的文件，在标题行中定义文件的内容。

更多信息▶为导入账户创建格式正确的文件，与此相关的更多信息可以在“Server帮助”中参考“创建用于导入用户和群组的文件”部分的内容。

选择“管理”>“从文件导入账户”命令，选取一个导入文件，确认“类型”弹出式菜单被设置为“本地网络账户”，提供目录管理员鉴定信息（而不是本地管理员的鉴定信息），并单击“导入”按钮。

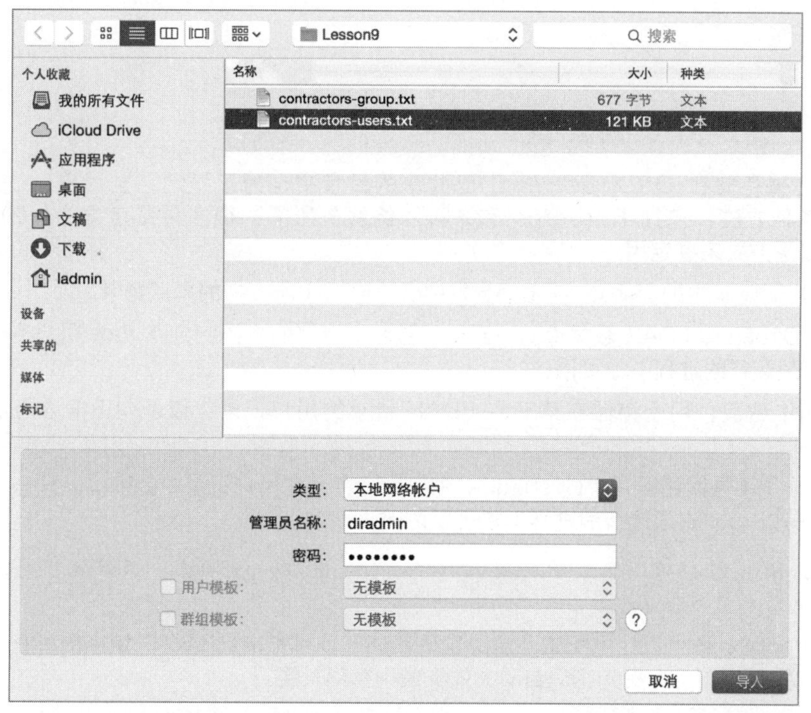

如果导入的文件并不包含密码，那么单击“导入”按钮后，在 Server 应用程序完成导入账户的操作后，需要选择新导入的用户，按住Control键单击，并选择“重设密码”命令。

此外，还可以导入本地网络群组账户。注意，决定正在导入的是用户还是群组的唯一因素是导入文件的标题行。在下面的图中，dsRecTypeStandard:Groups6 指定了文件包含的是群组账户，而如果是dsRecTypeStandard:Users，则说明文件包含的是用户账户。不要忘记，使用弹出式菜单来指定 Server 应用程序将账户导入到哪个目录节点中，并提供相应的鉴定信息。

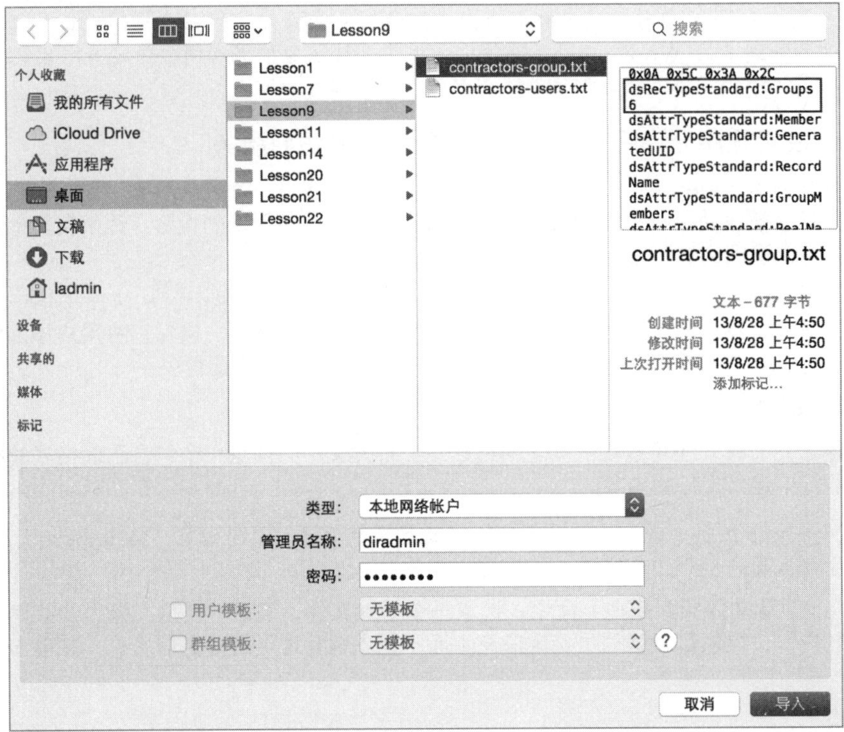

参考9.2
OS X Server 上鉴定方式的配置

一些用户的账户被存储在 OS X Server 上已共享的目录中，为了鉴定这些用户，Open Directory 提供了各种方法，包括 Kerberos 和各种网络服务所需的很多种鉴定方法。Open Directory 可以通过以下方式来鉴定用户：

- 内建在 OS X Server 中的 Kerberos 密钥分发中心（KDC）所支持的单点登录。
- 作为 Open Directory LDAP 数据库的一部分、被散列存储的密码，只有 root 用户（或者是以 root 权限运行的进程）才可以访问。
- 老式的 crypt 密码，用于存储在第三方 LDAP 目录的用户记录，以及向下兼容老旧的系统。
- 用于本地账户（不是网络账户）的 shadow 密码，被存储在用户记录中的密码，只有 root 用户（或者是以 root 权限运行的进程）才可以访问。

更多信息▶通过 man 指令可以参阅 pwpolicy 和 mkpassdb 的手册页面，来获取有关散列（hash）和认证方法的更多信息。

此外，Open Directory 还可以让你配置“全局密码策略”，可影响到 LDAP 域中的所有用户（在Yosemite 中也包括管理员），例如密码自动失效及最小密码长度。

停用用户账户

为了阻止一名用户登录服务器或是访问服务器上的服务，可以使用 Server 应用程序来临时停用他的用户账户，令其无法使用。这只需要编辑用户并取消选中“允许用户”选项组中的“登录”复选框即可。

John Appleseed
全名：John Appleseed
帐户名称：johnappleseed
电子邮件地址：
允许用户：登录 管理此服务器
个人文件夹：仅本地
将磁盘用量限制为
群组：Workgroup
关键词：demo
备注：For demo use only
取消 好

这个操作并不会删除用户，也不会更改他的用户 ID 或是任何其他的信息。它也不会删除任何用户的文件，它只是阻止用户无法通过鉴定及获取对服务器的访问。

当用户账户被停用后，你会在用户列表中、用户账户的旁边看到“已停用”字样。

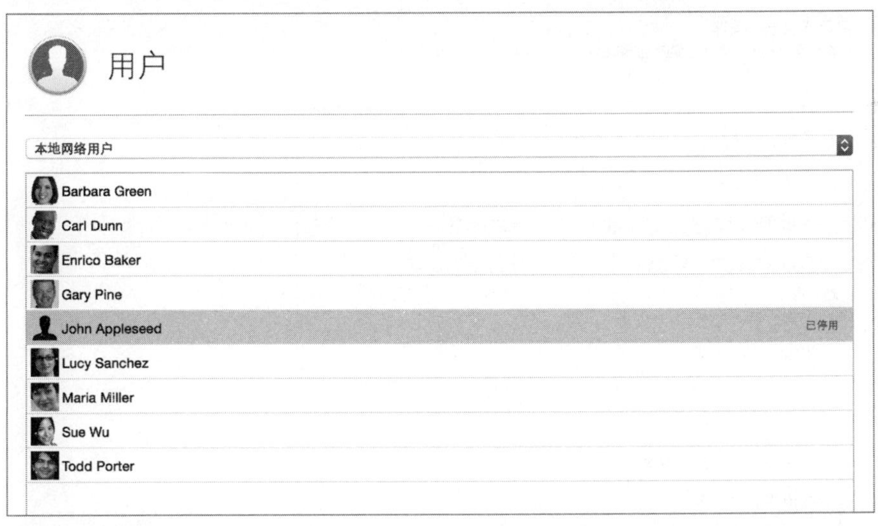

设置全局密码策略

Open Directory 会强制执行全局密码策略。例如，用户的密码策略可以指定密码过期的时间间隔。如果用户登录的时候，Open Directory 发现用户的密码已经过期，那么用户必须替换过期的密码，然后 Open Directory 才会去鉴定用户。

在特定的日期、到达一定的天数后、不活跃时间达到一定周期后或是登录尝试失败次数达到一定次数，密码策略都可以停用用户账户。密码策略还可以要求密码的最小长度、包含至少一个字母、包含至少一个数字字符、同时包含大小写字母、包含一个既不是数字也不是字母的字符、有别于账户名称、有别于最近用过的密码或是被更改的间隔时间。

Open Directory 对 Password Server 和 Kerberos 应用相同的密码策略规则。

Kerberos 和 Open Directory Password Server 单独维护密码策略，当策略发生变化时，Kerberos 密码策略规则会与 Open Directory Password Server 密码策略规则保持同步。

当全局密码策略开始生效后，它们只对更改账户密码的用户，或是你后续创建或导入的用户进行策略的强制执行。这是由于账户密码是在全局策略建立之前被创建的。也就是说，如果增加或是减少策略限制，用户并不会立即受到新策略的影响，而是等到他们去更改密码时才会起作用。

更多信息▶你可以使用命令行工具来应用针对单个用户账户的策略，不过这已超出本教材的学习范围。单个用户账户的策略设置可以跨越全局策略。

要配置全局密码策略，在 Server 应用程序的边栏中选择“用户”选项，并确认目录节点菜单显示的是“本地网络用户”。打开“操作”弹出式菜单并选择“编辑密码策略”命令。

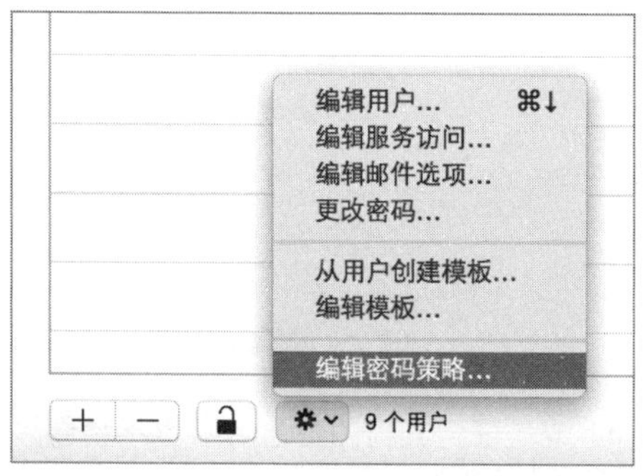

对选项进行配置，以符合组织机构的策略要求，然后单击“好”按钮。

在设置这些项目之前，明确组织机构的密码策略是十分重要的。如果漏掉了组织机构所需的某些标准，并且所有用户都已被导入且设置了密码，那么改变这些策略设置可能需要用户再次更改他们的密码才能符合新的标准。

与以前的版本不同，全局密码策略现在也会影响到管理员，这可能会导致管理员账户也被锁定。参考Apple 技术支持文章“HT203114 OS X Server（Yosemite）：全局政策可以锁定管理员账户”。

你可以使用 Server 应用程序的用户设置面板或是 Server 应用程序的 Open Directory 设置面板来配置全局密码策略，它们具有相同的选项和相同的效果（但是，Open Directory 设置面板只为本地网络用户节点提供全局密码策略，而不为本地用户节点提供）。

切记，当用户试图进行鉴定的时候，全局密码策略不会被应用，只有在进行以下操作时才会被应用：

- 创建一个新用户。
- 用户更改自己的密码（其密码是在密码策略建立前创建的）。

参考9.3
单点登录和 Kerberos 的使用

在一台计算机上登录的用户，通常需要用到网络中另一台计算机上的资源。用户通常会在 Finder 中浏览网络，并单击其他的计算机去连接。每个连接都需要输入密码，这对用户来说是一件麻烦事。如果已经部署了 Open Directory，那么可以避免这个麻烦。Open Directory 提供了一个名为单点登录的功能，它依赖于 Kerberos。从根本上说，单点登录是在用户登录后，可以自动访问到他们当天可能会使用的其他服务，例如邮件、文件共享、信息和日历服务，还有 VPN 连接，而不需要再次输入他们的用户鉴定信息，通过这种方式，Kerberos 同时提供了身份识别和鉴定服务。

Kerberos 基本定义

一项完整的 Kerberos 业务主要有3个参与者：

- 用户。
- 用户要访问的服务。
- KDC（密钥分发中心），负责在用户和服务之间进行协调、创建和发送安全票据，并且通常还提供鉴定机制。

在 Kerberos 中存在不同的领域（具体来说是数据库或是鉴定域）。当将服务器配置为 Open Directory 主服务器的时候，领域的名称与服务器的主机名称相同，只是全部用大写字母。每个领域包含用户和服务的鉴定信息，称为 Kerberos 主体。例如，一个全名为 Barbara Green、账户名称为 Barbara 的用户，在领域为 SERVER17.PRETENDCO.COM 的KDC 中，用户主体为 barbara@SERVER17.PRETENDCO.COM 。按照惯例，领域使用全部大写的字母。

对于一个要使用 Kerberos 的服务来说，它必须被 Kerberos 化（配置使用 Kerberos 工作），这意味着它可以将用户的鉴定工作交给 KDC 来完成。当配置托管一个已共享的 LDAP 目录时，OS X Server 不仅可以提供 KDC，还可以提供一些 Kerberos 化的服务。一个服务主体的示例是 afpserver/server17.pretendco.com@SERVER17.PRETENDCO.COM。

最后，Kerberos 可以将用户列表保存在一个名为 KDC 的单一数据库中，在 OS X Server 上，一旦 Open Directory 主服务器被创建，那么 KDC 也会被配置。

整个过程可被简化为3个主要步骤，在下图中已做了描述。

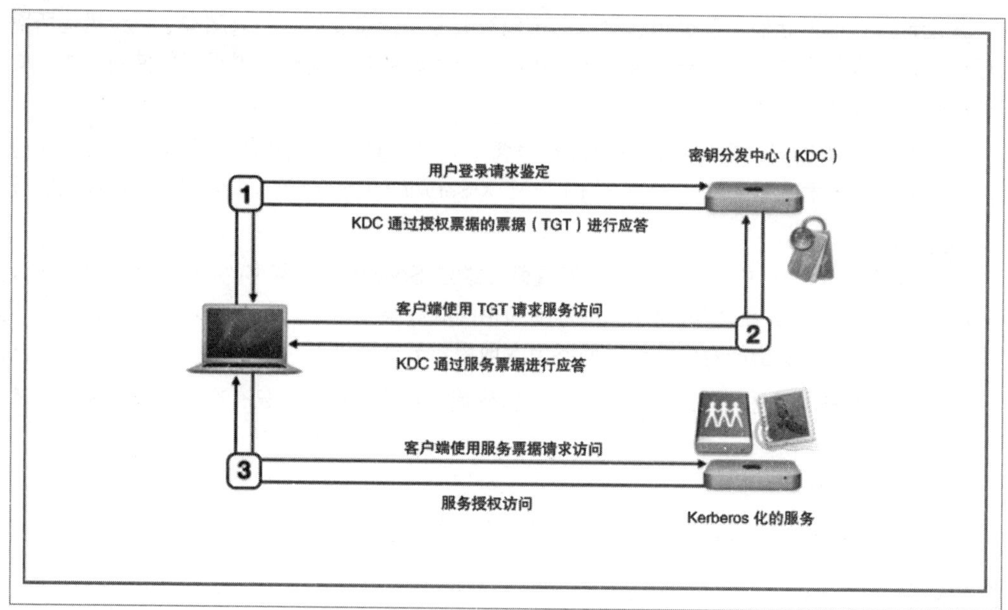

1 当网络用户在 Mac OS X v10.4 或更新的客户端计算机上登录的时候，计算机与 KDC 进行交涉。如果用户提供了正确的用户名和密码，那么 KDC 提供一个称为授权票据的票据（TGT）作为初始票据。TGT 允许用户随后请求服务票据，使其可以在登录会话期间连接其他的服务器和服务。

2 当客户端计算机上的用户要访问 Kerberos 化的服务时，他的计算机会向 KDC 呈送其 TGT，来获取服务票据。

3 用户的计算机再向 Kerberos 化的服务呈送服务票据来进行识别和鉴定。提供 Kerberos 化服务的服务器准许用户访问服务（只要该用户已被授权去使用服务）。

当具有有效 Kerberos TGT 的用户访问 Kerberos 化服务的时候，他并不需要提供他的用户名，因为 TGT 包含他的身份信息。而且，他也不需要提供密码，因为 TGT 提供了鉴定信息。这样，Kerberos 就进行了身份识别和鉴定。

例如，当具有 TGT 并试图访问 Kerberos 化的 AFP 或 SMB 服务的时候，能够立即看到可以访问的共享文件夹列表。因为服务通过 Kerberos 来识别和鉴定你的身份，你不需要提供你的用户名和密码。

Kerberos 是 Open Directory 的组成部分之一。用户的鉴定信息被同时存储在 Password Server 数据库和 Kerberos 主体数据库，其原因是为了让用户鉴定到非 Kerberos 化的服务。当用户每次创建新的连接以使用这些非 Kerberos化的服务时，则必须输入密码。Open Directory 使用 Password Server 来对这些鉴定协议提供支持。

由于 Kerberos 是一项开放的标准，所以 OS X Server 上的 Open Directory 可以很容易地整合到现有的 Kerberos 网络中。你可以设置 OS X 计算机使用一个现有的 KDC 进行鉴定。

使用 Kerberos 的一个安全因素是，票据具有时间敏感性。默认情况下，Kerberos 要求网络中的计算机时间要被同步在5分钟以内。你可以配置 OS X 计算机及服务器使用网络时钟协议（NTP）服务，并同步使用相同的时钟服务器，所以这并不会成为妨碍你获取 Kerberos 票据的问题。

为了在 Mac 上获取 Kerberos 票据，Mac 必须满足以下几点：

- 绑定到提供 Kerberos 服务的目录节点（例如 Active Directory 域或森林，或是 Open Directory 主服务器或备份服务器）。
- 一台正运行着 OS X Server 的 Mac，是 Open Directory 主服务器或备份服务器。

检查 Kerberos 票据

“票据显示程序”可以让一个网络用户获取 Kerberos 票据（也可以使用命令行工具）。

要使用“票据显示程序”，可以在 /系统/资源库/CoreServices 中打开它。除非以当前登录用户的身份使用过“票据显示程序”，否则，默认情况下，“票据显示程序”会显示没有身份信息。此时必须在工具栏中单击“添加身份”按钮来提供一个身份信息，并输入网络用户的主体信息或是账户名称和密码。

TIP 如果你正在将“票据显示程序”作为故障诊断工具来使用，那么取消选择“在我的钥匙串中记住密码”复选框会是一个不错的主意，这样“票据显示程序”就不会自动去调用你的钥匙串信息来获取票据了；保持取消选中“在我的钥匙串中记住密码”复选框，会让你每次都需要输入身份和密码信息。

当单击“继续”按钮后，“票据显示程序”会试图获取一个 TGT。如果“票据显示程序”成功获得了一个 TGT，那么它会显示到期的日期和时间，默认到期时间是获取票据后的10个小时。

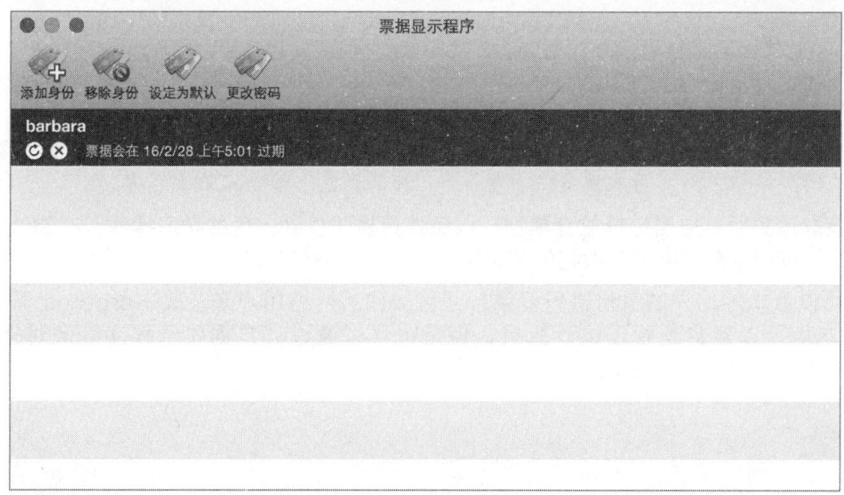

要查看与你身份相关的票据详细信息，需要选择你的身份项目并选择“票据”>“诊断信息”命令（或按 Command-I 组合键）。在下图中，第一行信息包含用户账户名称（barbara），而以“krbtgt”为起始的信息行中则包含有关 TGT 的信息。

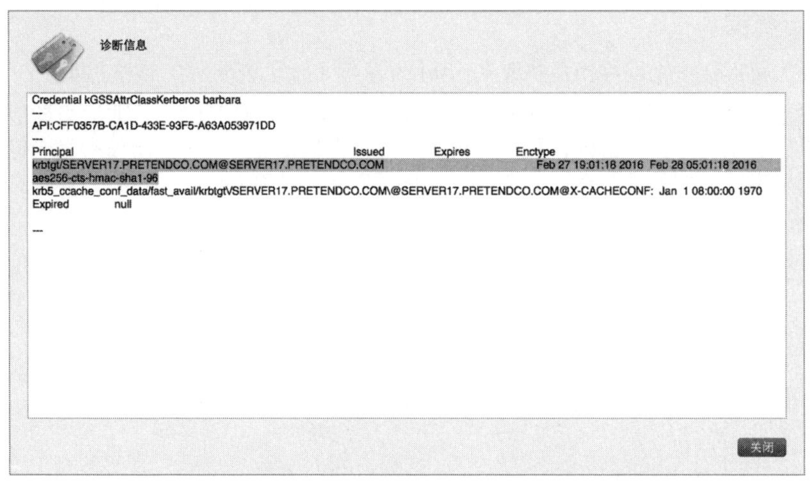

当你具备了 TGT 后，就可以无缝访问 Kerberos 化的服务了，因为 OS X 会自动为各个 Kerberos 化的服务来获取服务票据。在下图中，以“cifs”为起始的信息行表示，当用户试图去访问 SMB 文件共享服务时，OS X 已自动获得准许访问服务的票据。

NOTE ▶ “票据显示程序”并不会自动更新诊断信息界面，所以需要单击“诊断信息”界面右下角的“关闭”按钮，然后再次选择“票据”>“诊断信息”命令来刷新信息。

当确认可以获取票据后，应当选择放弃票据，以免该票据干扰到以后的学习操作，在你的身份项目中单击“移除”按钮（在“刷新”按钮的旁边）。

在登录窗口可以以本地用户的身份进行登录，还可以作为网络用户来获取 Kerberos 票据。这是因为虽然在本地可以鉴定到管理员计算机，但是也可以通过“票据显示程序”来对Open Directory 服务的网络用户账户进行鉴定。

参考9.4
故障诊断

参阅“课程7　本地用户的管理”中“故障诊断”部分的内容——对本地账户的导入及服务访问的诊断，应用相同的知识和流程来诊断网络账户的导入和服务访问问题。

参阅“课程8　Open Directory 服务的配置”中“故障诊断”部分的内容，以对 Open Directory 服务的常见问题进行诊断。

Kerberos 的故障诊断

当使用 Kerberos 的用户或服务遇到鉴定失败的问题时，可以尝试用以下方法进行诊断：

- 确认所用的 DNS 服务可以正确地解析地址。当将服务器配置为 Open Directory 主服务器的时候这一点尤为重要。如果 DNS 无法正确地解析地址，那么错误的地址将被写入到 Kerberos 配置文件中，Kerberos 票据就无法使用了。
- Kerberos 鉴定基于加密的时间戳。如果在 KDC、客户端及服务器计算机之间存在超过5分钟的时差，那么鉴定可能会失败。确保所有计算机的时钟保持同步，可以使用 OS X Server 的 NTP 服务或是其他的网络时钟服务器。
- 确认所涉及的服务已经启用了 Kerberos 鉴定。
- 通过“票据显示程序”来查看用户的 Kerberos 票据。
- 当使用 Finder 窗口浏览服务的时候，OS X 可能不会自动使用预期的 Kerberos 身份；这时可以选择使用替代操作，选择“前往” > “连接服务器”命令，并输入统一资源定位符（URL）。

更多信息 ▶ 可以在命令行环境下使用 klist 命令来列出有关 Kerberos 身份凭证的信息，此部分内容可以参阅 klist 的手册页面。

练习9.1
创建和导入网络账户

▶ 前提条件

- 完成“练习4.2　配置Open Directory 证书颁发机构”的操作。
- 需要学生素材中的文本文件，学生素材在进行“练习1.1　安装 OS X Server 前，在服务器计算机上对 OS X 进行配置”和“练习1.3　配置管理员计算机”的时候已经获得。

此时将创建本地网络用户账户和本地网络群组账户，除了在菜单中要指定本地网络节点外，就像是在创建本地用户账户和本地群组账户一样。

NOTE ▶ 请参阅“课程7　本地用户的管理”的内容，了解一些新功能的使用，包括关键词、备注、配额和模版。

在本练习场景中，在规模较大的 Pretendco 公司内部，有一台你无法访问编辑的主目录服务器。而你的工作组正在与一些承包商进行工作，你需要让他们能够访问到你服务器的服务，但是不应当让这些用户能够访问到你组织机构中其他服务器上的服务。因此，请求 Pretendco 主目录服务器的目录管理员来为这些承包商创建用户账户。

将用户导入到服务器的已共享目录节点中

为了加快练习的进度，在学生素材中，有一个带有承包商账户信息的文本文件，这些账户信息就是 Pretendco 场景中与你的工作组一起工作的承包商。这个文本文件具有格式正确的标题行，导入文件定义了这些用户所具有的账户密码为“net”。当然，在实际工作环境中，每个用户都应当使用他自己的账户密码，这些密码应当是私密和安全的。

在管理员计算机上进行这些练习操作。如果在管理员计算机上还没有通过 Server 应用程序连接到服务器计算机，那么按照以下步骤连接到服务器：在管理员计算机上打开 Server 应用程序，选择“管理” > “连接服务器”命令，选取你的服务器，单击“继续”按钮，提供管理员凭证信息（管理员名称：ladmin，管理员密码：ladminpw），取消选中“记住此密码”复选框，然后单击“连接”按钮。

解锁本地网络用户节点。

1　在 Server 应用程序的边栏中，选择“用户”选项。

2 打开弹出式菜单，并选择“本地网络用户”命令。

3 如果“用户”面板底部的锁形图标是锁定状态，那么单击它进行鉴定。

4 取消选中“在我的钥匙串中记住此密码”复选框。

5 如果需要的话，输入目录管理员的鉴定信息（管理员名称：diradmin，管理员密码：diradminpw）。

6 保持取消选中“在我的钥匙串中记住此密码”复选框。

7 单击“鉴定”按钮。

将账户导入到服务器的已共享目录节点中。

1 在 Server 应用程序中，选择“管理”>“从文件导入账户”命令。

2 在边栏中选择“文稿”选项。打开 StudentMaterials，然后打开 Lesson9 文件夹。

3 选取 contractors-users.txt 文件。

4 按空格键通过快速查看功能预览导入文件。

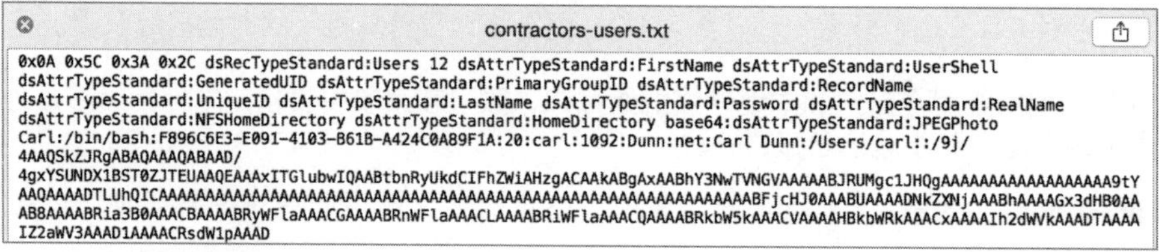
contractors-users.txt

0x0A 0x5C 0x3A 0x2C dsRecTypeStandard:Users 12 dsAttrTypeStandard:FirstName dsAttrTypeStandard:UserShell
dsAttrTypeStandard:GeneratedUID dsAttrTypeStandard:PrimaryGroupID dsAttrTypeStandard:RecordName
dsAttrTypeStandard:UniqueID dsAttrTypeStandard:LastName dsAttrTypeStandard:Password dsAttrTypeStandard:RealName
dsAttrTypeStandard:NFSHomeDirectory dsAttrTypeStandard:HomeDirectory base64:dsAttrTypeStandard:JPEGPhoto
Carl:/bin/bash:F896C6E3-E091-4103-B61B-A424C0A89F1A:20:carl:1092:Dunn:net:Carl Dunn:/Users/carl::/9j/
4AAQSkZJRgABAQAAAQABAAD/
4gxYSUNDX1BST0ZJTEUAAQEAAAxITGlubwIQAABtbnRyUkdCIFhZWiAHzgACAAkABgAxAABhY3NwTVNGVAAAAABJRUMgc1JHQgAAAAAAAAAAAAAAAAA9tY
AAQAAAADTLUhQICAAAAAAAAAAAAAAAAAAAAAAAAAAAAAAAAAAAAAAAAAAAAAAAAAAAAAAAAAABFjcHJ0AAABUAAAADNkZXNjAAABhAAAAGx3dHB0AA
AB8AAAABRia3B0AAACBAAAABRyWFlaAAACGAAAABRnWFlaAAACLAAAABRiWFlaAAACQAAAABRkbW5kAAACVAAAAHBkbWRkAAACxAAAAIh2dWVkAAADTAAAA
IZ2aWV3AAAD1AAAACRsdW1pAAAD

5 按空格键关闭预览窗口。

6 打开“类型”弹出式菜单并选择“本地网络账户”命令。

7 输入目录管理员的凭证信息（管理员名称：diradmin，管理员密码：diradminpw）。

8 单击“导入”按钮，开始文件的导入操作。

9 在提示这些账户的导入可能要花费一些时间时，确认在继续操作的对话框中单击“导入”按钮。

10 在 Server 应用程序的边栏中选择“用户”选项，选择一个新导入的用户，按住Control键单击，并从快捷菜单中选择“编辑服务访问”命令。

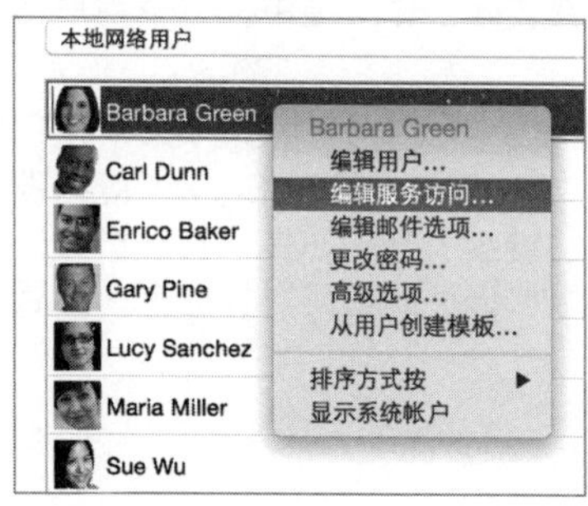

注意，每项服务的复选框都是被选中的，说明 Server 应用程序已经授予了每个已导入的本地网络账户去使用已列出的各项服务的权利。

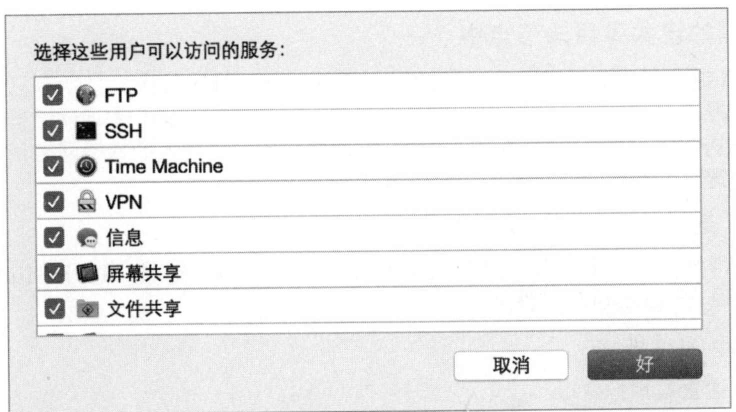

11 单击“取消”按钮，关闭未做过任何更改的服务访问设置面板。

现在已经添加了8个本地网络用户账户。

在用于导入用户的计算机上打开“控制台”应用程序并查看导入日志。

1 使用Spotlight 搜索“控制台”并打开它。

2 如果“控制台”窗口没有显示边栏，那么在工具栏中单击“显示日志列表”。

控制台应用程序会显示计算机上存储在某些位置的日志。波浪字符（~）表示个人文件夹，所以 ~/Library/Logs 是个人文件夹中的一个文件夹，其中都是与用户账户相关的日志。/var/log 和 /Library/Logs 文件夹中都是系统日志。下面将查看 ~/Library/Logs 文件夹中 ImportExport 文件夹里的一个日志文件。

3 单击 ~/Library/Logs 的三角形展开图标来显示文件夹的内容，然后再单击 ImportExport 的三角形展开图标来显示它的内容。

4 在 ImportExport 下选择一个日志文件。

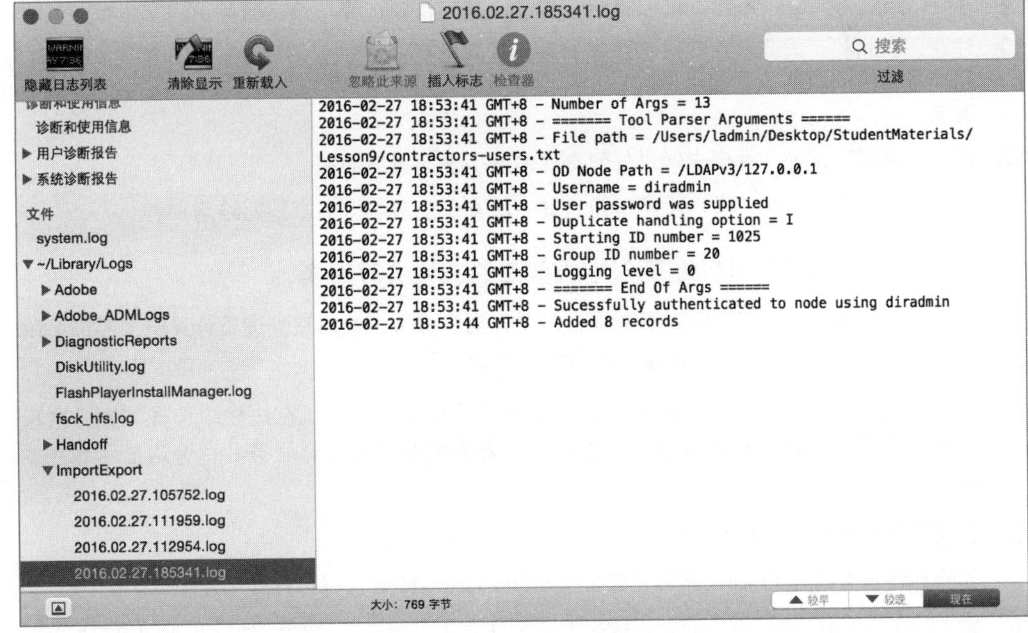

注意，这个日志文件显示了已导入的、没有发生错误的用户数量。如果发生了一些与导入账户相关的问题，那么也会在这些日志文件中出现。

将群组导入到服务器的已共享目录节点中

为了进行练习操作，需要具有一个带有正确格式的导入文件，其中标题行定义了所有已导入要作为 Contractors 群组（账户名称：contractors）成员的用户。下面将确认这个本地网络群组并没有被明确设置可以访问服务器的服务。但是通过 Server 应用程序创建或导入的本地网络用户账户，则已自动获准可以访问这个列表中的所有服务，所以这并不是一个大问题。

1. 在 Server 应用程序中，选择“管理”>“从文件导入账户”命令。
2. 如果Lesson9 文件夹中的内容没有显示，那么在边栏中选择“文稿”选项。打开 Student Materials 文件夹，然后打开 Lesson9 文件夹。
3. 选取 contractors-group.txt 文件。
4. 按空格键打开文件的快速查看预览窗口。

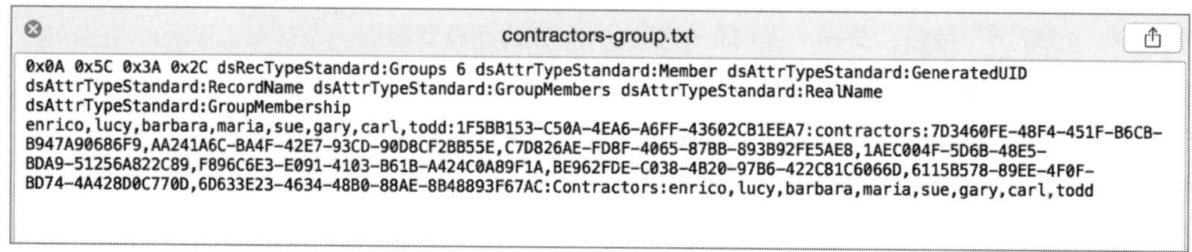

contractors-group.txt

```
0x0A 0x5C 0x3A 0x2C dsRecTypeStandard:Groups 6 dsAttrTypeStandard:Member dsAttrTypeStandard:GeneratedUID
dsAttrTypeStandard:RecordName dsAttrTypeStandard:GroupMembers dsAttrTypeStandard:RealName
dsAttrTypeStandard:GroupMembership
enrico,lucy,barbara,maria,sue,gary,carl,todd:1F5BB153-C50A-4EA6-A6FF-43602CB1EEA7:contractors:7D3460FE-48F4-451F-B6CB-
B947A90686F9,AA241A6C-BA4F-42E7-93CD-90D8CF2BB55E,C7D826AE-FD8F-4065-87BB-893B92FE5AE8,1AEC004F-5D6B-48E5-
BDA9-51256A822C89,F896C6E3-E091-4103-B61B-A424C0A89F1A,BE962FDE-C038-4B20-97B6-422C81C6066D,6115B578-89EE-4F0F-
BD74-4A428D0C770D,6D633E23-4634-48B0-88AE-8B48893F67AC:Contractors:enrico,lucy,barbara,maria,sue,gary,carl,todd
```

5. 按空格键关闭预览窗口。
6. 打开弹出式菜单并选择“本地网络账户”命令。
7. 输入目录管理员的凭证信息（管理员名称：diradmin，管理员密码：diradminpw）。
8. 单击“导入”按钮开始导入操作。
9. 在 Server 应用程序的边栏中选择“群组”选项。
10. 打开弹出式菜单，并选择“本地网络群组”命令。
11. 按住Control键单击 Contractors 群组，并从快捷菜单中选择“编辑服务访问”命令。
12. 注意，SSH和“屏幕共享”服务的复选框都是未被选中的。但是需要记住，如果一个用户已经获准可以访问服务，而该用户的一个群组并没有设置服务访问授权，那么是不会考虑群组的情况的。
13. 单击“取消”按钮，关闭未做过任何更改的服务访问设置面板。

    现在已经具有一个新的本地网络群组，其中填充了之前导入的本地网络用户。

验证新导入的用户可以连接到你服务器的文件共享服务

如果尚未开启文件共享服务，那么现在需要开启该服务，然后在管理员计算机上通过 Finder，以一个本地网络用户账户的身份连接服务器的文件共享服务。

1. 在 Server 应用程序中，如果文件共享服务还没有开启，那么在边栏中选择“文件共享”选项并单击“开”按钮打开服务，在边栏中，开启的服务会在其服务名称旁边显示绿色的状态指示器。
2. 在管理员计算机上打开 Finder。

   如果你还没有打开 Finder 窗口，那么按 Command-N 组合键打开一个新窗口。
3. 在 Finder 窗口的边栏中，如果在服务器的旁边显示“推出”按钮，那么单击“推出”按钮。

4 在 Finder 窗口的边栏中选择你的服务器。

如果你的服务器并没有出现在 Finder 窗口的边栏中，那么单击“共享的”下方的“所有”按钮，然后再选取你的服务器。

5 单击“连接身份”按钮。

6 提供一个已导入的用户鉴定信息：

- 名称：gary。
- 密码：net。

7 单击“连接”按钮。

Finder 窗口会显示用于连接的用户账户，并显示这个用户可以访问的已共享文件夹，这就确认了你可以访问文件共享服务。注意，除非是打开一个文件夹，否则并不会真正去装载网络宗卷。

8 在 Finder 窗口的右上角单击“断开连接”按钮。

在本练习中，已将用户和群组账户导入到服务器的已共享目录域中，并且已经确认了当使用 Server 应用程序导入用户账户的时候，这些用户会被自动获准去访问你服务器上的所有服务。

练习9.2
配置密码策略

▶ 前提条件

- 完成“练习9.1　创建和导入网络账户”的操作。

配置密码策略

通过 Server 应用程序非常容易设置密码策略。用户指定的设置会影响到所有本地用户和本地网络用户，即使他们在Administrators 群组中亦如此。只有当用户更改密码的时候，与密码相关的复杂性设置需求才会生效。对于本练习来说，将配置密码策略，其要求如下：

- 当用户尝试失败次数达到10次后会停用用户。
- 密码包含至少一个数字字符。
- 密码包含至少8个字符。

下面将创建一个新的本地网络用户账户，然后建立 AFP 连接，通过连接的更改密码功能来更改用户的密码，令其符合全局密码策略的要求。此外，还将尝试更改密码，令它不符合刚刚配置的策略要求，然后再将它更改为符合策略要求的密码。

1 在管理员计算机上，如果尚未连接到服务器，那么打开 Server 应用程序，连接到服务器，并鉴定为本地管理员。

2 在 Server 应用程序的边栏中选择“用户”选项。

3 打开弹出式菜单并选择“本地网络用户”命令。

4 在“操作”弹出式菜单（齿轮图标）中选择“编辑密码策略”命令。

选中“用户尝试失败次数达到___次之后”复选框，并在文本框中输入 10。

5 选中“包含至少一个数字字符”复选框。

6 选中“包含至少____字符”复选框，并在文本框中输入 8。

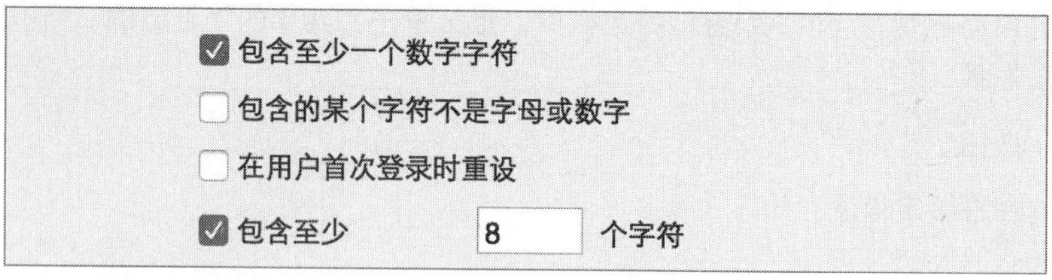

7 单击“好”按钮。

为本练习创建一个新的本地网络用户。

1 在“用户”设置界面中，将弹出式菜单设置为“本地网络账户”。
2 单击“添加”（+）按钮。
3 输入以下值，附带的密码匹配上面的密码策略：
   - 全名：Rick Reed。
   - 账户名称：rick。
   - 密码（和验证）：rickpw88。
   - 保持其他设置为默认值。

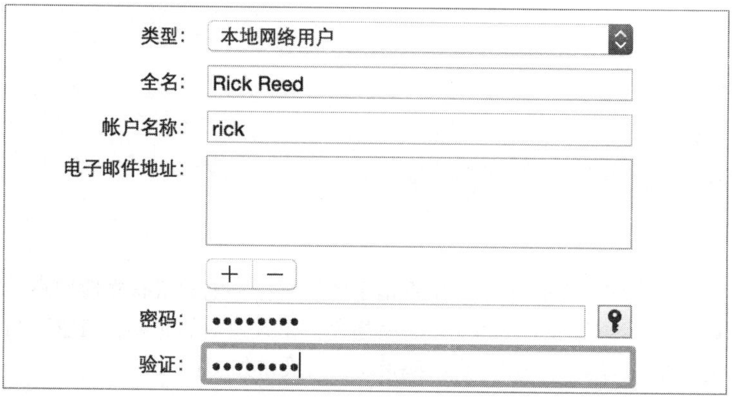

4 单击“创建”按钮保存更改。

验证密码策略

建立一个 AFP 连接并使用“更改密码”功能。虽然对于OS X Mavericks 及之后版本的系统来说，SMB 是默认的文件共享协议，但是这里要使用 AFP 文件共享协议，因为只有它才可以提供更改密码的功能。

1 在 Server 应用程序中，如果还没有开启文件共享服务，那么在边栏中选择“文件共享”并单击“开 / 关”按钮打开服务，在边栏中，开启的服务会在其服务名称旁边显示绿色的状态指示器。
2 在管理员计算机上打开 Finder。
3 在 Finder 窗口的边栏中，如果在服务器的旁边显示了“推出”按钮，那么单击“推出”按钮。
4 选择“前往”>“连接服务器”命令。
5 输入 afp://server*n*.pretendco.com（其中 *n* 是你的学号）。
6 单击“连接”按钮。
7 在“名称”文本框中输入 rick。

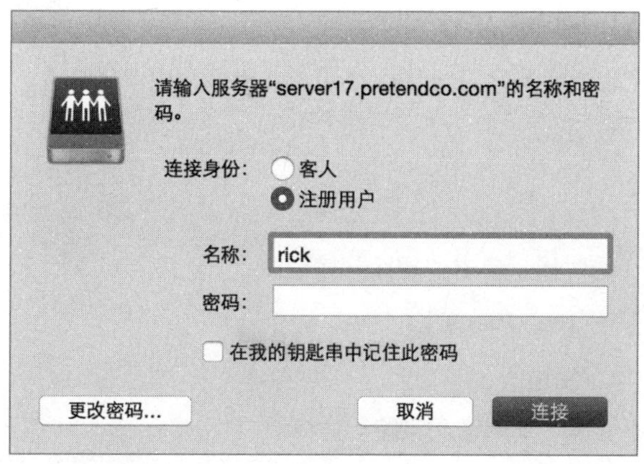

8 单击“更改密码”按钮。

9 输入旧密码和新密码，但是不要按照密码策略的要求来设置至少包含8个字符及必须包含至少一个数字的密码。

- 旧密码：rickpw88。
- 新密码：net。
- 验证：net。

10 单击“更改密码”按钮来尝试更改为新密码。

11 在“你的密码不符合服务器所执行策略的要求”消息框中单击“好”按钮。

12 输入旧密码和新密码，但是这次按照密码策略的要求来设置至少包含8个字符及必须包含至少一个数字的密码。

- 旧密码：rickpw88。
- 新密码：rickpw12345。
- 验证：rickpw12345。

13 单击“更改密码”按钮。

当成功更改了密码后，用户将被鉴定和授权去使用文件共享服务。Finder 会显示用于连接的用户账户，并显示该用户可以访问的已共享文件夹。

14 选择名为 rick 的共享文件夹并单击“好”按钮。

15 在 Finder的边栏中，单击服务器名称旁边的“推出”按钮。

清除密码策略

为了避免在后面的练习操作中产生冲突，需要删除 Rick Reed 用户并移除密码策略配置。

1. 在 Server 应用程序的边栏中选择“用户”选项。
2. 选择 Rick Reed 。
3. 单击“删除”（ – ）按钮。
4. 当需要确认是否要永久删除 Rick Reed 的时候，单击“删除”按钮。

移除密码策略配置

1. 在 Server 应用程序的边栏中选择“用户”选项。
2. 在“操作”弹出式菜单（齿轮图标）中选择“编辑密码策略”命令。
3. 取消选中各个复选框，然后单击“好”按钮。

在本练习中，使用 Server 应用程序设置了密码策略，并验证了当用户试图将密码更改为不符合策略要求的密码时，策略是生效的。

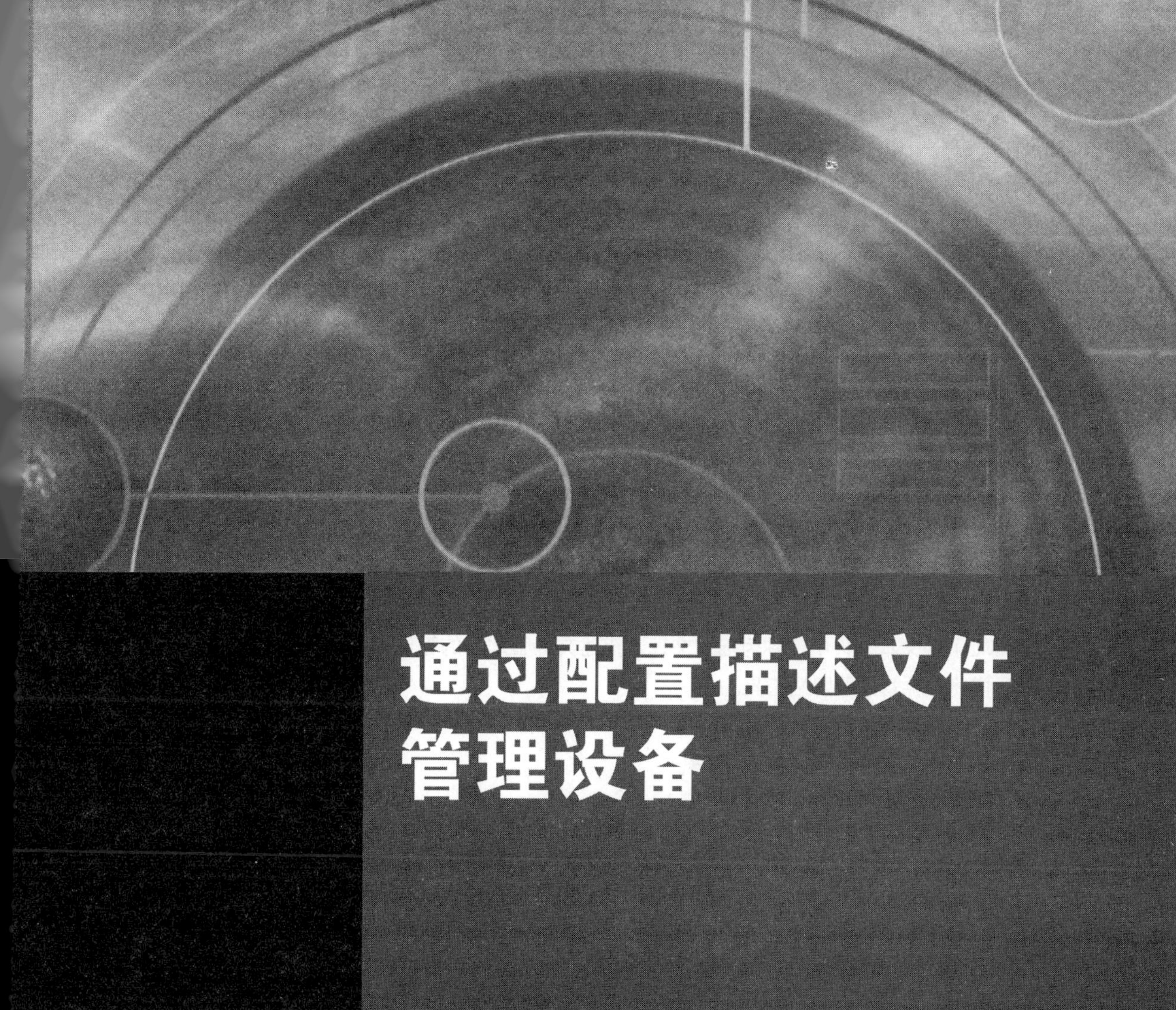

通过配置描述文件管理设备

课程10
配置 OS X Server 提供设备管理服务

目标

▶ 配置“描述文件管理器”。

▶ 介绍描述文件管理器的组成。

OS X Server 的描述文件管理器服务可以方便用户管理 OS X 和 iOS 设备，对设备进行基本的管理。本课程将介绍描述文件管理器。

描述文件管理器提供了3种功能：

▶ iOS 和 OS X 设备的无线（OTA）配置。

▶ 移动设备管理（MDM）。

▶ 应用程序和图书的分发。

在本课程中，将为要使用的描述文件管理器服务进行准备工作，并开启该服务。而在后续的课程中将介绍如何应用该服务来管理 iOS 和 OS X 设备。

参考10.1
描述文件管理器服务的管理

描述文件管理器是一个账户管理工具，可以开发和分发配置及设置，从而控制在Mountain Lion 及更新的计算机上、iOS 6 及更新的设备上的使用体验。配置和设置被包含在基于可扩展标记语言（XML）的文本文件中，称为描述文件。描述文件管理器的管理功能包含以下3个工具：

▶ 描述文件管理器网站工具。

▶ 用户门户网站。

▶ 移动设备管理（MDM）服务器。

描述文件管理器网站应用程序

网站工具可以让用户通过任意浏览器来轻松访问描述文件管理器的功能，只要浏览器能够连接到开启了描述文件管理器服务的 OS X Server 即可。用户可以利用网页界面来创建用于iOS设备和 OS X 计算机的描述文件，还可以用它来创建和管理设备账户和设备群组账户。用户和群组是在 Server 应用程序中被创建的，或者是已连接的目录服务，但是被显示在描述文件管理器网站应用程序中，也可以基于用户或用户群组级别来进行管理。当服务配置完成后，可通过 https://server.domain.com/profilemanager/ 来访问描述文件管理器。

用户门户网站

用户门户网站是用户注册他们自己的设备、获得描述文件，以及抹掉或是锁定他们设备的便捷途径。当服务配置完成后，用户门户网站可通过浏览器访问 https://server.domain.com/mydevices/，用户门户网站列出了用户已注册的设备及可用的描述文件。

设备管理

你可以配置并启用移动设备管理（MDM）功能，为设备创建描述文件。当注册了Mountain Lion 或更新版本系统的计算机，以及 iOS 6 或更新版本系统的设备时，可以通过无线方式（OTA）来管理设备，包括远程抹掉和锁定。应用程序和图书的分发，在装有 OS X Mavericks 或更新版本系统的 Mac 计算机上是支持的，在装有 iOS 7 或更新版本系统的 iOS 设备上也是支持的。有些功能需要OS X Yosemite 或 iOS 8 及更新版本的系统支持。

NOTE ▶ 描述文件管理器、用户门户网站及设备管理等内容，会在“课程11　通过描述文件管理器进行管理”中进行更为详细的介绍。

参考10.2
描述文件管理器的配置

为了可以分配描述文件，必须启用描述文件管理器服务。描述文件的使用与早先版本的 OS X Server 中的客户端管理有着显著不同。

术语

在设备管理的范畴中，一个描述文件是一个设置集，会告诉设备如何配置它自身，以及哪些功能是允许使用的、哪些功能是受限的。描述文件所包含的有效负载配置，定义了诸如 Wi-Fi 设置、电子邮件账户、日历账户及安全策略等设置。注册描述文件可以让服务器管理你的设备。

为描述文件管理器的使用做好准备工作

在配置“描述文件管理器”之前，需要设置一些项目来让这个设置过程变得更为顺畅。

- 将你的服务器配置为网络目录服务器。也就是说，创建一个 Open Directory 主服务器。
- 获取并安装安全套接层（SSL）证书。建议使用一个已由受信任的认证机构签名的证书。你所使用的证书可以是服务器配置为 Open Directory 主服务器时自动生成的证书，但是如果要使用这个证书，那么需要先配置设备去信任这个证书。
- 获取一个 Apple ID ，当通过 http://appleid.apple.com 网站申请推送证书的时候使用。在使用这个 ID 之前，需要登录网站并验证电子邮件地址。否则，可能无法成功申请推送证书。当为一个机构设置描述文件管理器服务的时候，要使用一个机构 ID。这样不但可以与个人用户分隔开，还可以避免个人用户从机构离职所带来的影响。确保记录好这些信息，以便日后可用。

APPLE ID	联络方式
bjaatc01@icloud.com	bjaatc01@icloud.com

描述文件管理器服务的启用

当启用描述文件管理器服务的时候，你可以手动进行每步操作或是让 OS X Server 来帮助完成操作。所需的操作步骤，无论是手动完成还是自动完成，本书都按照通常的顺序列在了这里。在后面的练习中包含实际的测试设置。

- 配置推送通知服务。当手动进行这步操作的时候，你可以在服务器所属的“设置”面板中找到这个设置。
- 将Open Directory 服务配置为Open Directory 主服务器，并连接到你希望使用的其他外部目录服务。
- 在“描述文件管理器”服务的设置面板中配置设备管理。如果前面的两项操作没有先于这步操作完成，那么会提示用户对它们进行配置。
- 通过“描述文件管理器”服务的设置面板以及/或是在服务器所属的“访问”设置面板中配置所需的访问限制。
- 通过“开”按钮开启“描述文件管理器”服务。

当“描述文件管理器”服务运行后，你可以通过网站来进行管理。

批量购买计划（VPP）的使用

批量购买计划允许用户从 VPP 商店购买多份应用程序和图书副本，并通过“描述文件管理器”服务将它们分发给用户与群组所属的、接受管理的 iOS 和 OS X 设备。

VPP 适用于需要购买多份应用程序和图书副本进行分发的组织机构。所有通过 VPP 购买的商品都会自动出现在描述文件管理器中，准备部署给用户。

加入 VPP 的详细情况，可参考以下页面内容：https://www.apple.com/education/it/vpp/和https://www.apple.com/business/vpp/。

当你成为 VPP 会员后，需要设置描述文件管理器，让它可以安全连接到 VPP。此后，你可以从 VPP 商店网站的账户概览页面中下载令牌文件来达到设置要求。

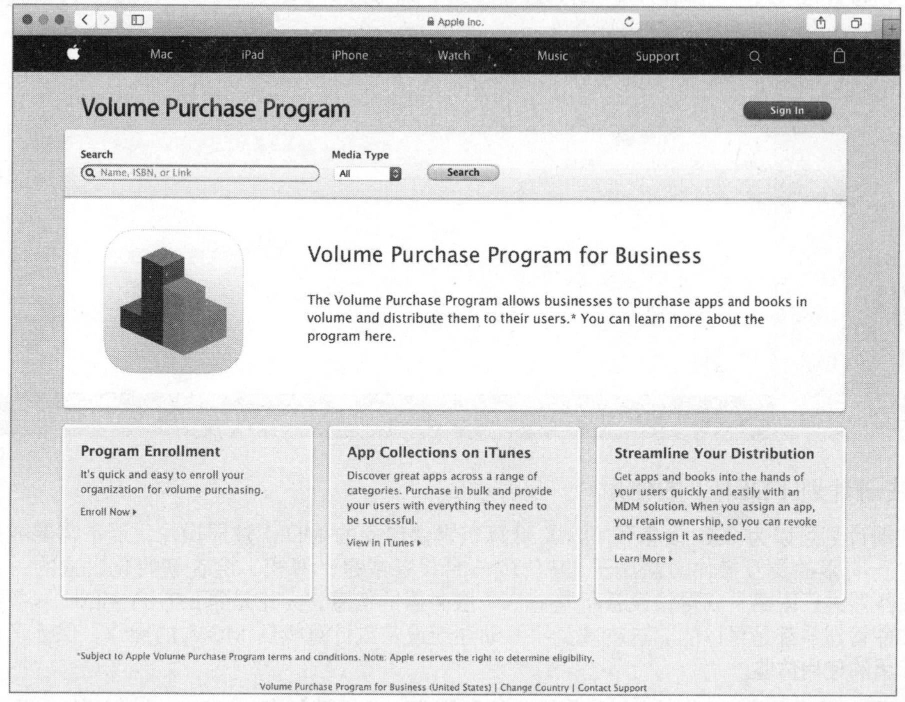

当你选择“Distribute apps and books from the Volume Purchase Program（通过批量购买计划分发应用程序和图书）”时，可以将下载的 VPP 令牌放到显示的对话框中，从而创建 VPP 账户和描述文件管理器之间的连接。

如果账户密码被更改或是令牌过期，那么需要替换令牌，且最好在令牌过期前对其进行替换。

你必须购买付费的应用程序才可以通过描述文件管理器进行管理分发，而免费的应用程序总是可以被管理分发的。在某些情况下，你可以通过 VPP 的支持，将兑换码转换为受到管理的分发方式，在 Apple 部署计划（ADP）站点（https://deploy.apple.com）可以了解到详细情况。

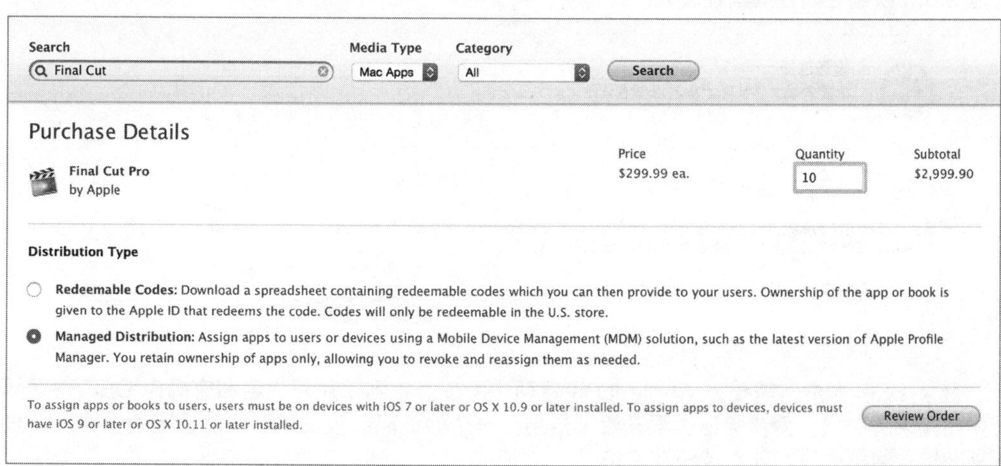

在描述文件管理器网站程序的对应部分，能够看到可用的应用程序和图书。即使是免费的应用程序，也标明了有多少个可用的副本。如果数量用尽，只需要购买更多的副本，副本的数量也会随之增加。

设备注册计划（DEP）的使用

设备注册计划可以为 iOS 设备和 OS X 计算机提供自动的 MDM 注册操作，而不需要或是只需要用户进行有限的交互操作。从属于 DEP 的一台设备或是计算机，会在初始化设置的时候与 Apple 的服务器进行联络，获得该设备所属 MDM 服务器的信息，无论是第三方的 MDM 服务器，还是描述文件管理器都是可以的。这就减免了手动注册设备或计算机到 MDM 的操作，保证了最终用户开箱即用的使用体验。

DEP 适用于具有相应类型 Apple 账户的商业和教育客户，请与你的 Apple 销售团队联系，来完成 DEP 客户 ID 的设置。只有通过 DEP 客户 ID 购买的设备才能够被用于 DEP。

加入 DEP 的详细信息，可参考https://deploy.apple.com 和 https://deploy.apple.com/enroll/files/dep_help.pdf。

通过描述文件管理器使用 DEP 的操作过程，会涉及描述文件管理器和 DEP 管理网站的配置。此时，需要通过 Server 应用程序导出 OS X Server 的公钥，并从 DEP 管理网站下载 DEP 令牌。在配置的过程中，这些项目会被导入到彼此的平台中，从而在 DEP 和描述文件管理器或是使用的其他 MDM 系统之间建立信任关系。

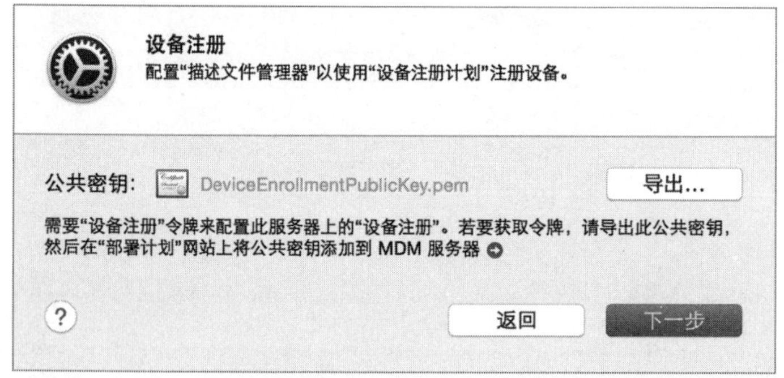

登录 DEP 账户，需要为 Apple ID 设置两步验证。直到使用用户名和密码在 DEP 管理网站进行初始登录的时候，两步验证过程开始被启用，一个验证码会被发送到先前设定的手机上。只有接收到并输入验证码后，才能被获准去访问。

DEP 管理控制台是指定 MDM 服务器的地方，例如，描述文件管理器就可以作为符合标准的设备来使用。

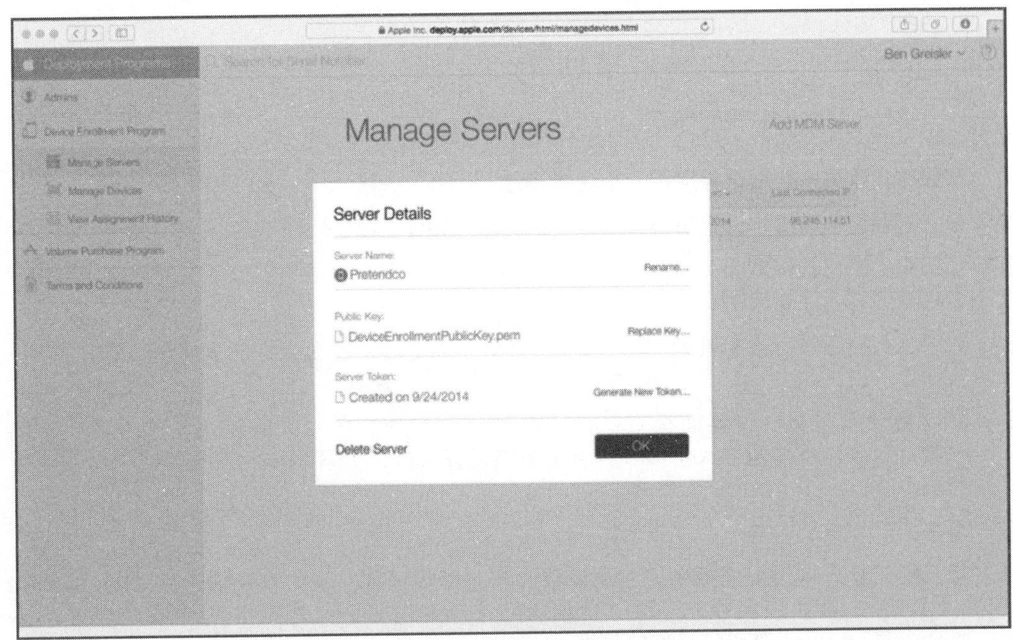

用户可以将设备分配到 MDM 服务，例如，描述文件管理器就可以通过订单号或是序列号来进行分配。如果在“Add MDM Server（添加 MDM 服务器）”中选择了在初始设置阶段的选项，那么新购买的设备会被自动添加到 MDM 服务中。

被分配到描述文件管理器的设备，会变成可用的占位符。占位符是一项特殊类型的记录，可以让用户在设备完成实际注册操作前就对它进行管理。设备的占位符可以分配给用户，这可以是包含在设备组里的用户，也可以是单个的用户。

练习10.1
启用描述文件管理器

▶ **前提条件**

▶ 完成“练习2.1　创建 DNS 区域和记录”的操作。

启用基本设备管理功能

本节将开启描述文件管理器服务来管理设备，包括指定用于签发配置描述文件的证书。如果具有尚未被用于实际生产的设备注册计划账户，那么这里有一个选项，可以让描述文件管理器服务使用 DEP 来注册设备。同样，如果具有尚未被用于实际生产的批量购买计划账户，那么这里有一个选项，可以让描述文件管理器服务通过 VPP 来分发应用程序和图书。

1 在管理员计算机上进行这些练习操作。如果在管理员计算机上尚未通过 Server 应用程序连接到服务器计算机，那么按照以下步骤进行连接：在管理员计算机上打开 Server 应用程序，选择“管理”>“连接服务器”命令，选取你的服务器，单击“继续”按钮，提供管理员凭证信息（管理员名称：ladmin，管理员密码：ladminpw），取消选中“记住此密码”复选框，然后单击“连接”按钮。

2 在服务边栏中选择“描述文件管理器”选项。

3 单击“设备管理”旁边的“配置”按钮。

设置

设备管理：已停用　配置…

使用"设备注册计划"注册设备　编辑…

分发来自"批量购买计划"的应用程序和图书　编辑…

该服务会收集一些数据并提供一个功能描述。

4 在“配置设备管理”设置面板，单击“下一步”按钮。

5 如果服务器已被配置为 Open Directory 主服务器，那么就看不到接下来的操作步骤了。如果是这样的话，请跳转到步骤12继续操作。

6 如果服务器还没有被配置为 Open Directory 主服务器，那么会在这里创建。单击“下一步”按钮。

7 在“目录管理员”设置面板，保持“名称”和“账户名称”的默认设置。在“密码”和“验证”文本框中输入 diradminpw（当然，在实际工作环境中，应当使用一个安全性强的密码）。

8 单击“下一步”按钮。

9 在“组织信息”设置面板中，如果需要，在“组织名称”文本框中输入 Pretendco Project *n*（其中 *n* 是你的学号），在“管理员电子邮件地址”文本框中输入 ladmin@server*n*.pretendco.com（其中 *n* 是你的学号）。

10 单击“下一步”按钮。

11 如果你的服务器还没有被配置为 Open Directory 主服务器，那么在“确认设置”界面检查设置信息并单击“设置”按钮。当 Server 应用程序将你的服务器配置为 Open Directory 主服务器的时候会花费一些时间。此时，可以在设置面板的左下角查看设置过程的状态信息。

12 在“组织信息”设置面板，名称和电子邮件地址已经被填好。

在“电话号码”和“地址”文本框中输入一些内容。注意：并不需要为本练习操作输入真实的信息，但是在实际工作环境中则应当使用真实有效的信息。

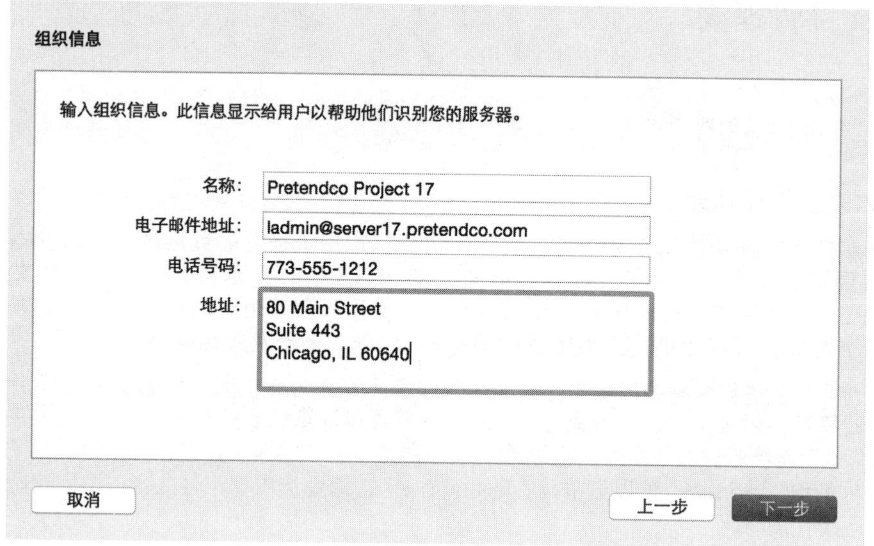

13 单击“下一步”按钮。

14 在“配置 SSL 证书”设置面板，保持“证书”设置项的默认值是 Open Directory CA 创建的 SSL 证书，并单击“下一步”按钮。

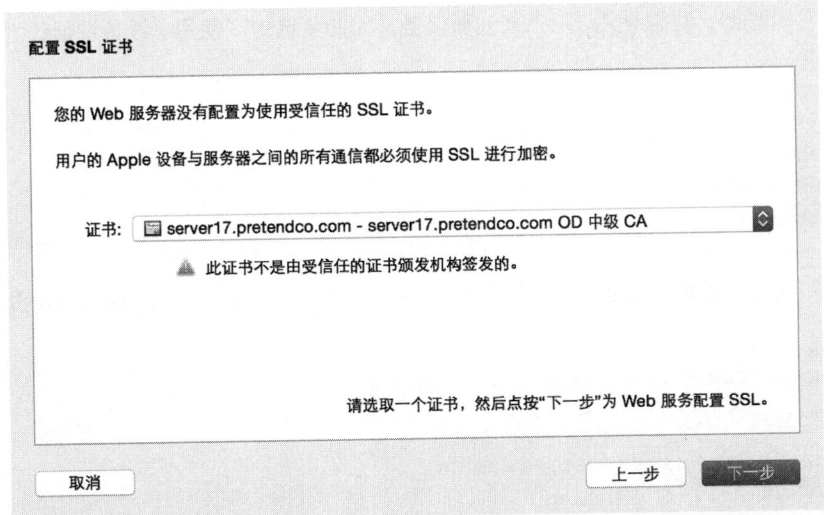

15 如果还未设置推送通知服务，那么系统会提示用户输入 Apple ID，Server 应用程序会使用这个 ID 申请 Apple 推送通知证书。

如果你还不具有Apple ID，那么单击“鉴定信息”文本框下方的超链接可以创建一个 Apple ID。

当创建 Apple ID 的时候，需要单击验证超链接，Apple 会向创建新 Apple ID 时所使用的电子邮件地址发送带有验证超链接的邮件。

NOTE ▶ 即使从未验证过 Apple ID，那么也很有可能已将它用在其他服务上了。如果你还未验证过你的 Apple ID，那么在 Safari 中打开 http://appleid.apple.com/cn/，单击“管理你的 Apple ID”，使用你的 Apple ID 登录，单击“发送验证邮件”来重新发送一封验证邮件到你的电子邮箱，查收你的电子邮件，最后单击验证超链接。

当你具有已经过验证的 Apple ID 时，输入 Apple ID 鉴定信息并单击“下一步”按钮。

16 在“确认设置”面板单击“完成”按钮。

17 选择“代码签名证书”选项，然后在弹出式菜单中选择代码签名证书，该证书是被自动创建的，并由你的 Open Directory 中级 CA 进行签发。

18 单击“好”按钮。

通过证书签名的描述文件，可以让你验证描述文件的来源，并且可以确认它们没有被篡改。

19 单击“开”按钮开启“描述文件管理器”服务。

将描述文件管理器与你的设备注册计划账户进行关联（可选）

NOTE ▶ 本练习假定你已按照https://help.apple.com/deployment/programs/ 中的步骤建立了计划代理账户，为 DEP 创建了管理员账户，同意了条款与条件，并启用了两步验证。

NOTE ▶ 不要使用你工作中使用的 DEP 账户来进行本练习操作。所以这需要你注册成为设备注册计划的成员（可以在https://deploy.apple.com 进行注册）。

1 要配置描述文件管理器，可以使用 DEP 来注册设备，因此要选中“使用‘设备注册计划’注册设备”复选框。

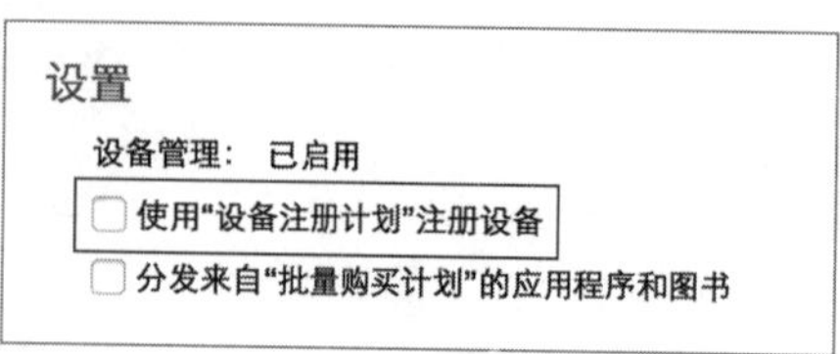

2 在“设备注册”设置面板单击超链接，这时会在 Safari 中打开http://deploy.apple.com 页面。

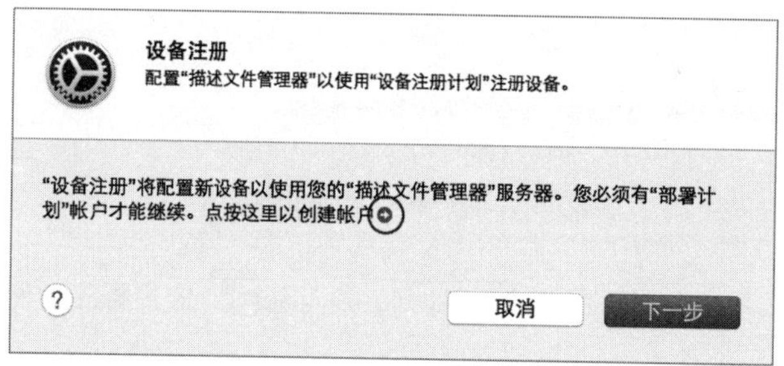

3 在 Safari 中，输入 DEP 鉴定信息，然后单击“Sign In（登录）”按钮。

4 在询问是否要存储这个密码的对话框中，单击“此网站永不存储”按钮。

5 在验证身份页面中，选择接收验证码的设备，然后单击“发送”按钮。

6 输入验证码，然后单击“继续”按钮。

7 如果显示条款与条件声明需要用户阅读并同意，那么阅读内容，选中复选框，然后单击“同意”按钮。

8 在边栏中选择“Device Enrollment Program（设备注册计划）”选项。

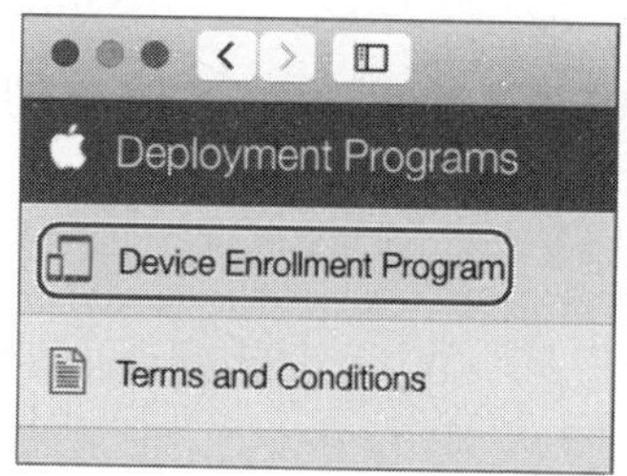

9 在“Manage Servers（管理服务器）”设置面板，单击“Add MDM Server（添加 MDM 服务器）”按钮。

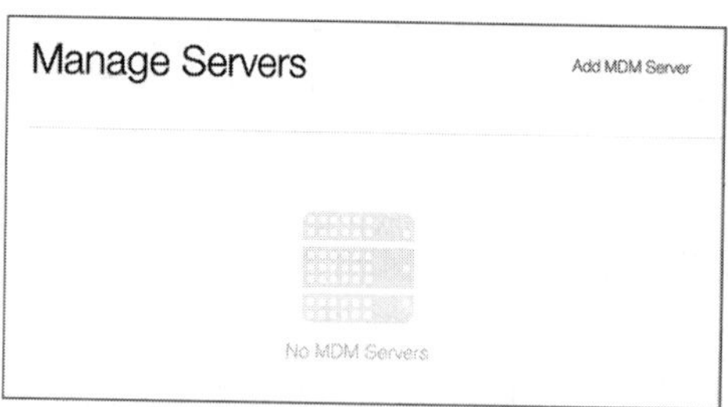

10 在“MDM Server Name（MDM 服务器名称）”文本框中输入Pretendco Project n（其中 n 是你的学号），然后单击“Next（下一步）”按钮。

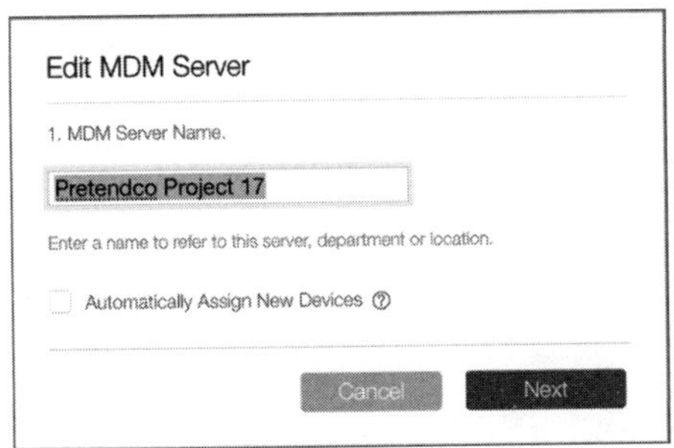

11 在 Server 应用程序中，在先前的“设备注册”设置面板单击“下一步”按钮。

设备注册
配置“描述文件管理器”以使用“设备注册计划”注册设备。

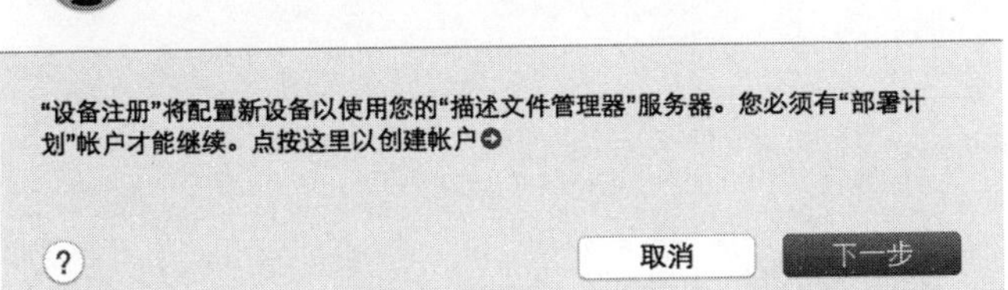

12 在电话号码文本框中输入一些内容，单击“下一步”按钮。

13 单击“公共密钥”旁边的“导出”按钮。

14 在“存储为”对话框中，按Command-D组合键将位置切换到你的桌面。

15 保持默认的文件名，并单击“存储”按钮。

16 在 Safari 中，单击“Choose File（选择文件）”按钮。

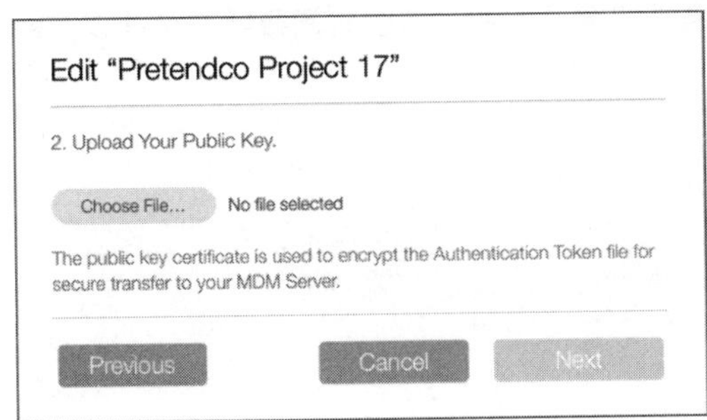

17 按Command-D组合键切换到“桌面”文件夹。

18 选择“DeviceEnrollmentPublicKey.pem”文件，并单击“选取”按钮。

19 现在你已指定了公共密钥，单击“Next（下一步）”按钮。

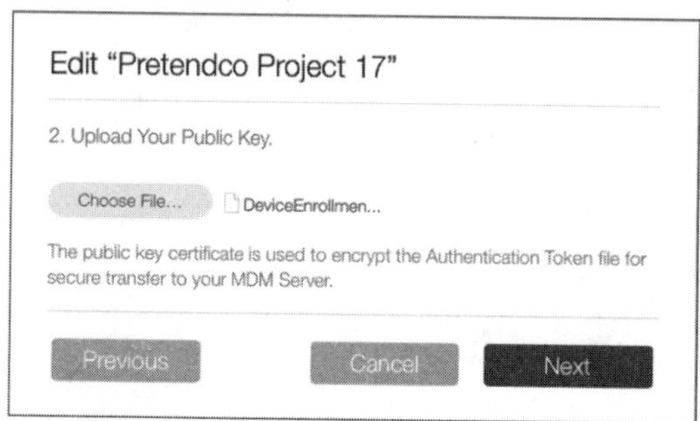

20 如果要下载服务器的令牌，那么单击“Your Server Token（你的服务器令牌）”按钮。

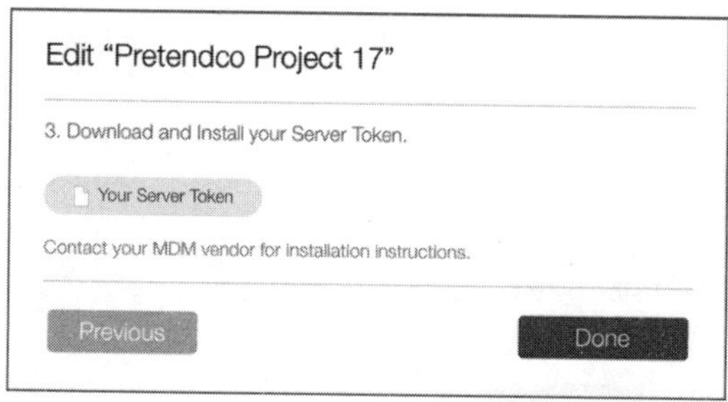

服务器令牌会被自动放置在你的“下载”文件夹中。

21 单击“完成”按钮。

22 在 Server 应用程序中，单击“选取”按钮。

23 在边栏中选择“下载”选项。

24 选择服务器令牌文件，它是一个以你的服务器名称开始的、包含时间戳字符串并以“smime.p7m”结尾的文件。

25 单击“选取”按钮。

26 单击“继续”。

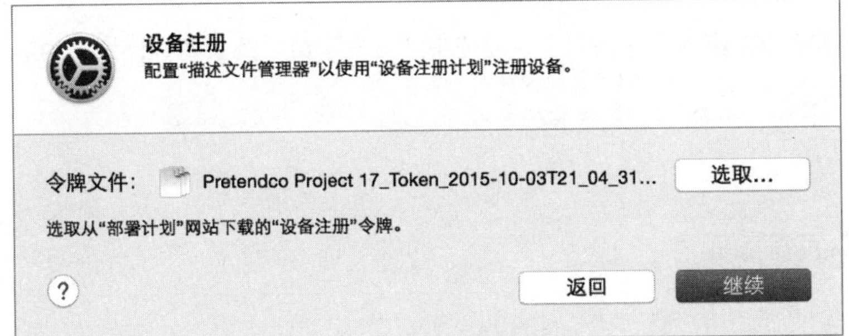

27 单击“完成”按钮。

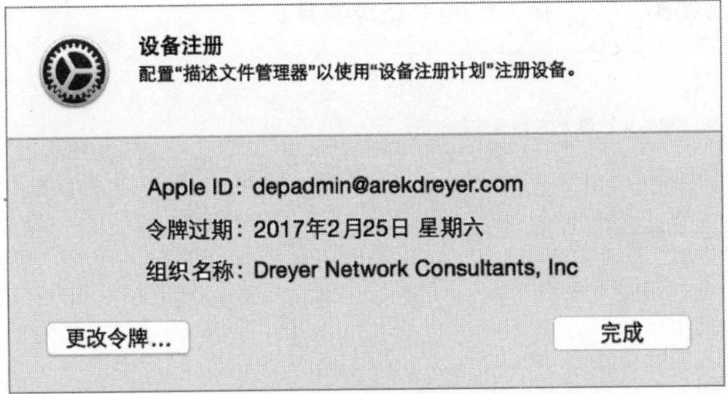

28 在 Safari 中，如果需要，再次登录部署计划网站。

29 在“Manage Servers（管理服务器）”选项组中选取你的服务器。

30 查看详细信息，然后单击 OK 按钮。

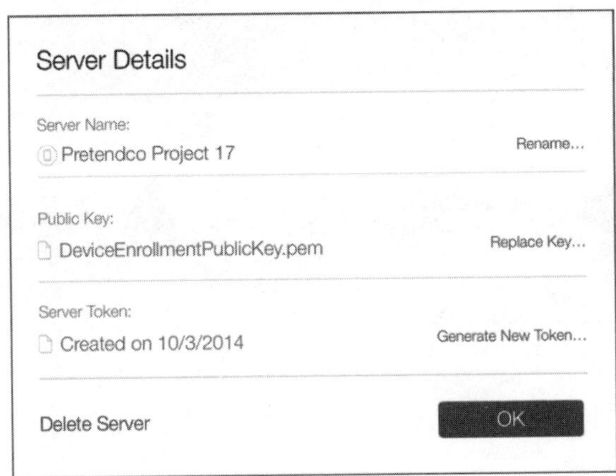

31 在 Safari 窗口的左上角单击你的名字，然后选择“Sign Out（注销）”命令。

32 关闭 Safari 窗口。

将描述文件管理器与你的批量购买计划账户进行关联（可选）

NOTE ▶ 本练习假定你已按照https://help.apple.com/deployment/programs/ 中的步骤建立了计划代理账户，为 VPP 创建了管理员账户，同意了条款与条件，并启用了两步验证。

NOTE ▶ 不要使用你工作中使用的 VPP 账户来进行本练习操作。所以这需要你注册成为批量购买计划的成员（可以在https://deploy.apple.com 进行注册）。

1 要配置描述文件管理器来分发应用程序和图书，应选中“分发来自‘批量购买计划’的应用程序和图书”复选框。

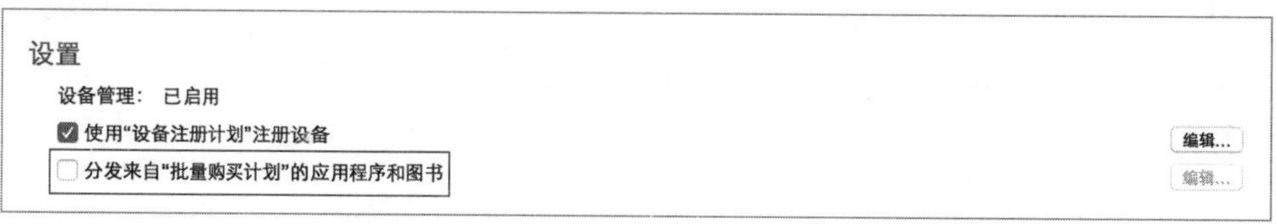

2 单击超链接下载你的 VPP 服务令牌。

这时会打开 Safari 并让你选择注册哪类 VPP，例如是商业还是教育。

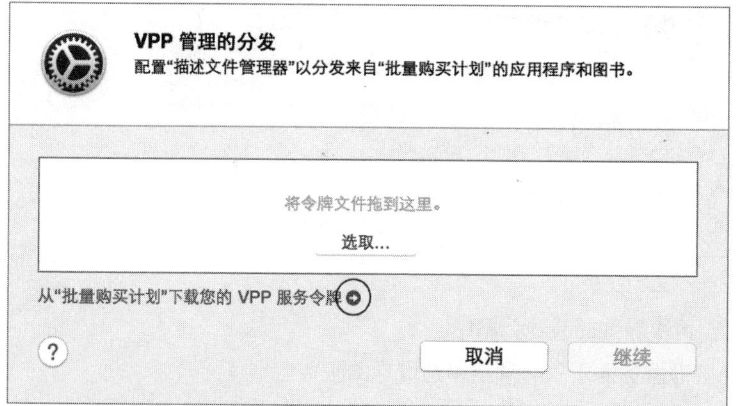

3 选择相应的 VPP 商店。

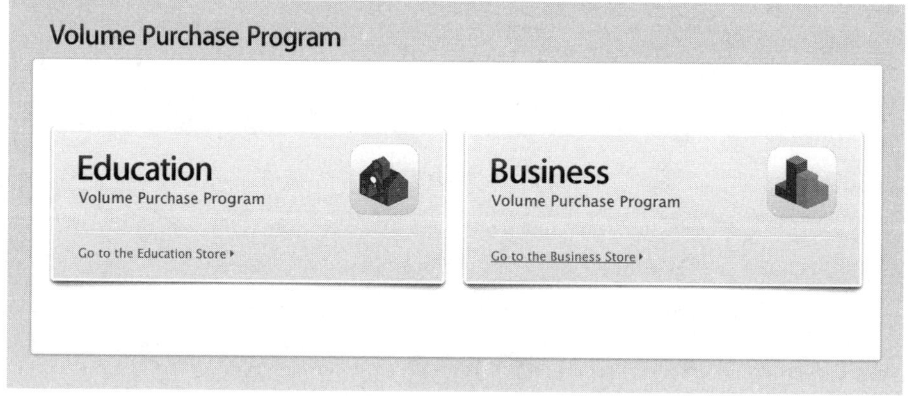

4 使用 VPP 鉴定信息进行登录。

5 如果询问是否要存储密码，单击“此网站永不存储”按钮。

6 如果此时提示该 Apple ID 并没有被 VPP 使用，那么单击“继续”按钮。

7 如果显示条款与条件声明需要用户阅读并同意，那么阅读内容，选中复选框，然后单击“同意”按钮。

8 单击窗口右上角的 Apple ID，并选择“Account Summary（账户概览）”选项。

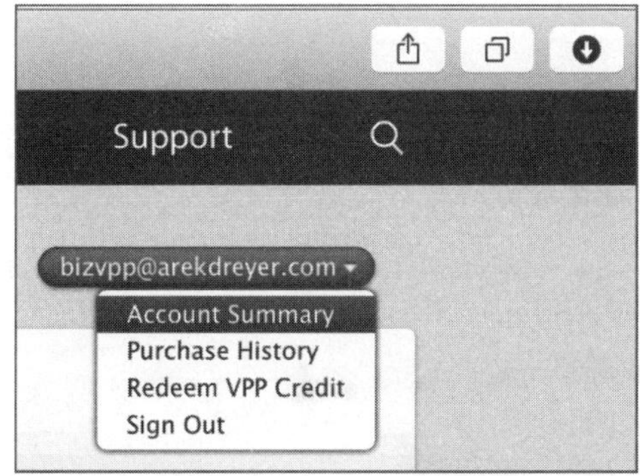

9 单击“Download Token（下载令牌）”按钮。

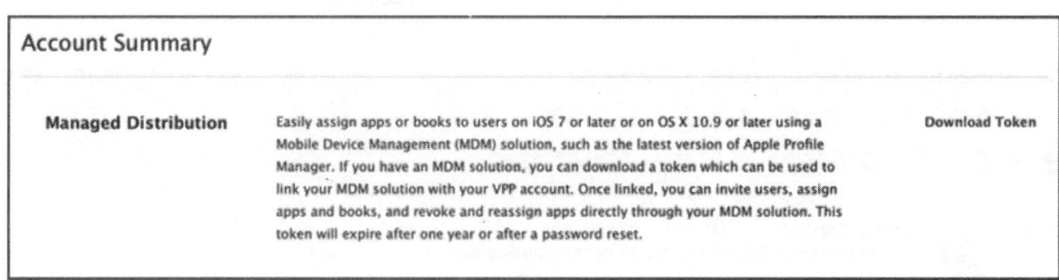

这会将 VPP 令牌自动下载到你的“下载”文件夹中。

10 单击窗口右上角的 Apple ID，并选择“Sign Out（注销）”选项。

11 关闭 Safari 窗口。

12 在“VPP 管理的分发”设置面板中，单击“选取”按钮。

13 选择边栏中的“下载”选项。

14 选取你的 VPP 令牌，它是一个以字符串 sToken 开始的、包含 VPP 所用的Apple ID并以字符串 vpptoken 结尾的文件。

15 单击“选取”按钮。

16 确认显示的令牌，然后单击“继续”按钮。

VPP 管理的分发

配置“描述文件管理器”以分发来自“批量购买计划”的应用程序和图书。

17 如果弹出对话框提示该令牌已经在使用，而你又无法确认该令牌是否只为测试使用，那么单击“取消”按钮。否则，单击“继续”按钮。

18 查看 VPP 的概览信息，然后单击“完成”按钮。

VPP 管理的分发

配置“描述文件管理器”以分发来自“批量购买计划”的应用程序和图书。

Apple ID：depadmin@arekdreyer.com

令牌过期：2017年2月25日 星期六

组织名称：Dreyer Network Consultants, Inc

更改令牌... 完成

清理

如果可以，移除服务器的秘钥、DEP 令牌及 VPP 令牌。

1 在 Finder 中，将桌面上的DeviceEnrollmentPublicKey.pem 拖到“废纸篓”中。

2 在 Finder 中打开“下载”文件夹。

3 将结尾是 smime.p7m 的文件拖到“废纸篓”中。

4 将结尾是 vpptoken 的文件拖到“废纸篓”中。

在本练习中，开启了“描述文件管理器”服务，这样就可以管理设备了。由于已经配置了“描述文件管理器”服务使用由 OD 中级 CA 签发的代码签名证书，因此要对所有的配置描述文件进行签名。在可选做的练习内容中，可以让你的“描述文件管理器”服务使用 DEP 来注册设备，另一个可选做的练习，可以让你的“描述文件管理器”服务通过 VPP 来分发应用程序和图书。

课程11
通过描述文件管理器进行管理

> 目标
>
> ▶ 配置“描述文件管理器”。
>
> ▶ 描述文件管理的架构。
>
> ▶ 分发描述文件。
>
> ▶ 安装和删除描述文件。
>
> ▶ 管理用户、用户群组、设备，以及设备群组对描述文件的使用。

如果你的组织机构中有几百个用户，或者只是少量用户，要如何来管理他们对 OS X 和 iOS 的使用体验呢？在前面的课程中已经介绍了与用户名称和密码相关的管理技术，然而在这里还有很多其他方面的用户账户管理技术，理解这些技术对各个方面来说都是十分重要的。

OS X Server 提供了描述文件管理器服务，它可以让你以管理员的身份来分配偏好设置，允许或拒绝 iOS 和 OS X 设备去做某些设置。

参考11.1
账户管理介绍

在 OS X Lion 中引入了描述文件的概念，描述文件包含配置和设置信息。这在OS X Yosemite 中继续得到了广泛应用。通过将描述文件分配给用户、用户群组、设备或是设备群组，可以更加有效地控制管理它们。

通过描述文件，你可以实现包括但不限于以下情况的各种效果：

- 对移动设备和计算机上设置的控制。
- 针对特定的群组或个体限制某些资源的使用。
- 确保重要场所中设备的使用安全，例如管理办公室、教室或是开放的实验室。
- 定制用户使用体验。
- 向用户提供应用程序和图书。

管理级别

你可以为 4 类不用的账户来创建设置。

- 用户：通常涉及一个特定的人是某个人在他登录计算机的时候识别出他自己的账户。用户的短名称或用户ID编号（UID）可以让系统唯一识别该用户。
- 群组：表示一组用户、群组的群组，或是两者混合的群组。
- 设备：类似于用户账户，用来表示给定硬件的单一实体。它可以是计算机，也可以是 iOS 设备。设备级账户通过它们的以太网 ID（MAC 地址）、序列号、移动设备国际识别码（IMEI）或是移动设备识别码（MEID）来唯一识别。
- 设备群组：表示一组计算机或是 iOS 设备，或是两者混合的群组。一个设备群组可以嵌套包含其他的设备群组，或是个体与嵌套群组的混合。

并不是所有的管理级别对于所有用途都是有意义的，所以当你制定策略的时候应当考虑好哪个管理级别更为适合。例如，你可能希望针对设备群组来指定打印机，因为大多数情况下，一组计算机所在的位置会比较接近于一台打印机；你也可能希望通过用户群组来设定虚拟个人网（VPN）的访问，例如针对远端的销售人员，并且对于个人可能需要授予他们特定应用程序的访问权限。

每个级别都有一个默认的设置组，然后可以自定设置。我们并不建议使用带有冲突设置的混合和分层类型的描述文件，其结果可能并不是我们所预期的结果。

如果一个用户或用户群组已经被分配了一个描述文件，并且用户登录到用户门户网站对 OS X 计算机进行了注册，那么分配给该用户的描述文件会被应用到该计算机上，而并不会考虑是谁登录的计算机。

在群组中为用户管理偏好设置

虽然你可以为具有网络账户的用户来单独设置偏好设置，但最有效的还是针对他们所属的群组来进行偏好设置管理。与单个用户类似，如果用户注册的设备是一个对它有管理设置的群组的成员的，那么群组的管理会被应用。群组还可以被应用于批量购买计划（VPP），让其应用于更为广泛的用户群，而不是针对单个用户。

设备群组账户的管理

设备群组账户是为一组具有相同偏好设置的计算机或 iOS 设备来设置的，可以使用与用户和群组相同的设置，你可以在描述文件管理器中创建和修改这些设备群组。

当你设置设备群组的时候，确认已经考虑好设备将如何被标识。请使用带有逻辑性且容易记忆的描述信息（例如，描述信息可以是计算机名称），这样可以很容易地找到设备并将它们添加到正确的设备群组中。

设备列表可以通过逗号分隔值（CSV）文件导入到描述文件管理器中。文件需要被结构化成以下形式：

名称，序列号，UDID，IMEI，MEID

如果你不需要使用其中的某个值，那么保持相应的字段为空。

应用程序的管理

应用程序——不管是企业级的应用程序，还是通过批量购买计划（VPP）购买的应用程序——都可以被分配给用户、群组及设备群组。只有企业级的应用程序可以被分配给设备和设备组。企业级应用程序是由公司开发的“内部（in-house）”程序，通常是为了满足内部的应用需求，并不通过 App Store 来分发。

通过 VPP 购买的应用程序会自动显示在描述文件管理器中的“应用程序”设置界面中。企业级应用程序则需要被上传到描述文件管理器中。

VPP 应用程序会在下次推送操作中被分配到设备，而内部企业级应用程序则会被自动推送。

描述文件的分发

当描述文件被创建后，可以通过以下途径来进行分发：

- 通过用户门户网站：用户使用他们的账户凭证信息登录门户网站，在门户网站中会显示分配给他们的描述文件。
- 向用户发送邮件：描述文件是一个简单的可扩展标记语言（XML）文本文件，所以它非常容易被传输。
- 网页链接：描述文件可以被发布到网站上供用户浏览和下载。
- 自动推送：描述文件可以在不需要用户干预的情况下被自动推送到设备（要以这种方式工作，设备必须被注册）。

自动推送依靠 Apple 推送通知服务（APNs）。该服务由 Apple 托管，可以将通知安全地推送到客户端设备。当服务器被设置使用 APNs 服务后，在描述文件管理器中已被注册管理的客户端设备会检查 APNs 服务，并等待描述文件管理器通过 APNs 发送过来的通知信号。除了描述文件管理器通知客户端它有东西要传给它以外，凡是超出了这个范围的数据信息都不会包含在通知中。这可以确保描述文件管理器与客户端之间的数据安全。

推送通知的过程：

1 一个已注册的设备会与 Apple 推送通知服务（APNs）进行联系，并在它们之间保持一个轻量级的通信。当已注册的设备可以联网的时候就会保持这个状态，同样当设备被开启、更换网络或是切换网络接口的时候也是这样的。

2 当描述文件管理器服务需要通知已注册的设备或是设备群组有新的或是有已更改的描述文件可用的时候，它会联络 APNs 服务。APNs 服务可以将反馈结果发送给描述文件管理器服务。

3 APNs 通知设备去联络它已注册的相关联的描述文件管理器服务。

4 当获得通知后，设备会与描述文件管理器服务进行通信。

5 描述文件管理器将描述文件发送到设备。

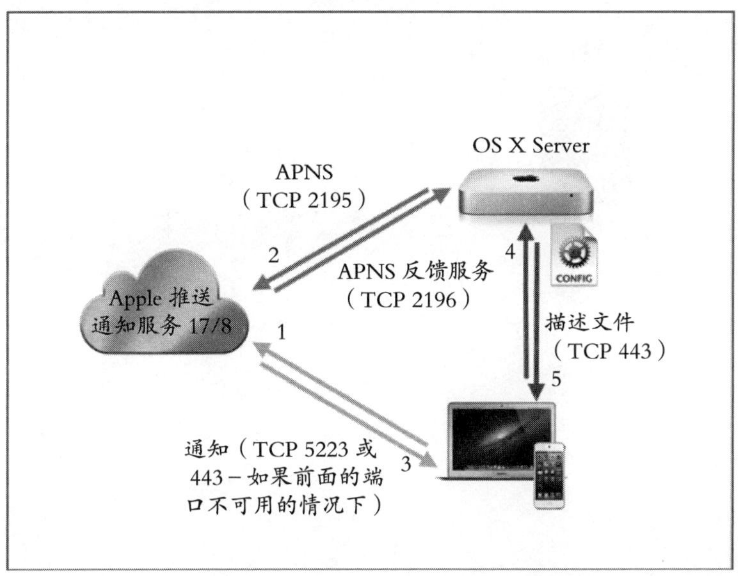

在 OS X 的“描述文件”偏好设置中会显示已安装的描述文件列表。在 iOS 中选择“设置”>“通用”>“描述文件”命令，也会看到同样的列表。

远程锁定或擦除设备

当完成注册操作以后，一台设备或是设备群组可以被远程锁定或是擦除。在本示例中，将执行远程锁定操作。远程擦除也可以进行尝试，但是建议在不介意重新进行配置的设备上进行。以管理员的身份通过描述文件管理器可以锁定设备，或者用户自己通过用户门户网站也可以进行锁定。

在请求锁定的时候，会显示一个确认面板，要求输入一个密码，之后锁定指令会被发送。Mac 计算机将被关闭并且会被设置可扩展固件接口（EFI）密码，需要输入这个密码才能再次使用计算机。对于 iOS 设备来说，屏幕会被锁定并要求输入密码。

设备可通过以下两种方式被锁定或是擦除：

- 描述文件管理器：登录描述文件管理器网页程序并选择要锁定的设备或是设备群组。在“操作”弹出式菜单中（单击齿轮图标）选择“锁定”命令。“操作”弹出式菜单的内容会根据是对设备操作还是对设备组操作而有所不同。

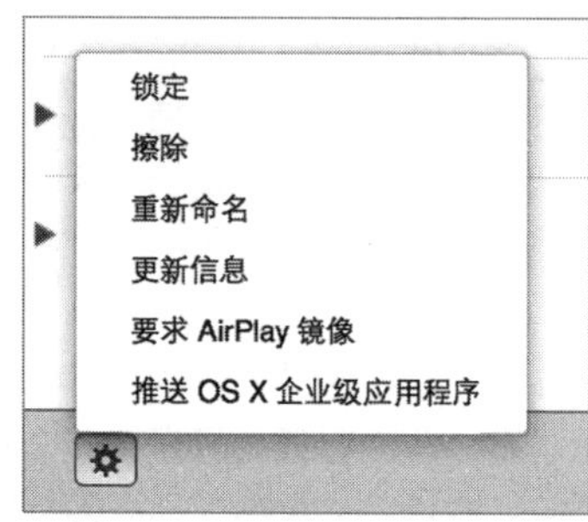

- 用户门户网站：当用户登录后，已注册的各台设备会在“设备”界面中被显示出来。“锁定”和“擦除”选项会在每台设备中被列出。

哪些偏好设置可以被管理

除了针对用户、群组、设备及设备群组账户的各类设置外，描述文件管理器还可以基于表

11.1 所列出的偏好设置进行控制。表11.2 对设备和设备群组可进行管理的偏好设置负载进行了说明。

表11.1 针对用户和群组的可管理偏好设置负载

偏好设置	OS X	iOS	描述
通用	Y	Y	描述文件分发类型，描述文件如何被移除、组织和描述信息
密码	Y	Y	指定需要满足条件的密码，例如长度、复杂程度、重复使用等
邮件	Y	Y	配置电子邮件设置，例如服务器、账户名称等
Exchange	Y	Y	配置 Exchange ActiveSync 设置
LDAP	Y	Y	配置与 LDAP 服务器的连接设置
通讯录	Y	Y	配置与 CardDAV 服务器的访问设置
日历	Y	Y	配置与 CalDAV 服务器的访问设置
网络	Y	Y	在设备上配置网络设置，包括无线和有线
VPN	Y	Y	配置 VPN 设置：L2TP、PPTP、IPSec (Cisco)、CiscoAnyConnect、Juniper SSL、F5 SSL、SonicWALL Mobile Connect 和 Aruba VIA
证书	Y	Y	准许对 PKCS1 和 PKCS12 证书的安装
SCEP	Y	Y	指定与简单证书注册协议（SCEP）服务器的连接设置
Web Clip	Y	Y	将指定的 Web Clip 作为应用程序图标来显示
字体	Y	Y	分发字体
AirPlay	Y	Y	指定可用的 AirPlay 设备
全局 HTTP 代理		Y	指定设备所用的代理服务器
AirPrint		Y	为设备指定要连接的AirPrint 打印机设备
内容过滤器		Y	指定设备可以访问的 URL
域		Y	指定未标记的电子邮件域和指定网域，来自该域的文稿将视为被管理
安全性与隐私	Y	Y	控制是否向 Apple 发送诊断和使用数据；设定有关密码和锁屏的限制，以及是否允许用户覆盖 Gatekeeper 设置（仅限 OS X）
身份	Y		配置用户的身份信息
限制	Y	Y	设定与应用程序和内容有关的限制（分为 OS X 和 iOS 版本）
已订阅的日历		Y	配置日历订阅
APN		Y	配置运营商设置，例如访问点名称（必须由经过训练的专业人员来管理这些设置）
信息	Y		配置到 Jabber 或 AIM 聊天服务器的连接
AD 证书	Y		指定设置，让你的计算机向 Active Directory 请求一个证书
登录项	Y		指定在登录时运行的应用程序、项目及网络装载
移动	Y		为 OS X 客户端定义移动应用设置，允许缓存鉴定信息和便携式个人目录
Dock	Y		配置 Dock 设置
Finder	Y		配置 Finder设置
打印	Y		配置打印设置，以及访问打印机或是打印队列的设置
家长控制	Y		定义“家长控制”设置，例如内容过滤和时间限制
辅助功能	Y		管理辅助功能设置
单点登录		Y	配置 Kerberos 设置
自定设置	Y		为没有定义在其他负载中的项目应用自定偏好设置（类似于 WGM 中偏好设置清单的应用）

表11.2 针对设备和设备群组的可管理偏好设置负载

偏好设置	OS X	iOS	描述
通用	Y	Y	描述文件分发类型，描述文件如何被移除、组织和描述信息
密码	Y	Y	指定需要满足条件的密码，例如长度、复杂程度、重复使用等
字体	Y	Y	分发字体
单应用程序模式		Y	指定一个应用程序，在设备打开的时候只运行这一个程序
全局 HTTP 代理		Y	指定设备所用的代理服务器
AirPrint		Y	为设备指定要连接的AirPrint 打印机设备
内容过滤器		Y	指定设备可以访问的 URL
域		Y	指定未标记的电子邮件域和指定网域，来自该域的文稿将视为被管理
Airplay	Y	Y	指定可用的 AirPlay 设备
邮件		Y	配置电子邮件设置，例如服务器、账户名称等
Exchange		Y	配置 Exchange ActiveSync 设置
LDAP		Y	配置与 LDAP 服务器的连接设置
通讯录		Y	配置与 CardDAV 服务器的访问设置
日历		Y	配置与 CalDAV 服务器的访问设置
网络	Y	Y	在设备上配置网络设置，包括无线和有线
VPN	Y	Y	配置 VPN 设置：L2TP、PPTP、IPSec (Cisco)、CiscoAnyConnect、Juniper SSL、F5 SSL、SonicWALL Mobile Connect 和 Aruba VIA
证书	Y	Y	准许对 PKCS1 和 PKCS12 证书的安装
AirPlay	Y	Y	指定 AirPlay 目标设置
SCEP	Y	Y	指定与简单证书注册协议（SCEP）服务器的连接设置
Web Clip		Y	将指定的 Web Clip 作为应用程序图标来显示
身份	Y		配置用户的身份信息
AD 证书	Y		指定 AD 证书设置
目录	Y		指定 OD 服务器设置
限制	Y	Y	设定与应用程序和内容有关的限制（分为 OS X 和 iOS 版本）
已订阅的日历		Y	设置日历订阅
APN		Y	配置运营商设置，例如访问点名称（必须由经过训练的专业人员来管理这些设置）
登录项	Y		指定在登录时运行的应用程序、项目及网络装载
移动	Y		为 OS X 客户端定义移动应用设置，允许缓存鉴定信息和便携式个人目录
Dock	Y		配置 Dock 设置
打印	Y		配置打印设置，以及访问打印机或是打印队列的设置
家长控制	Y		定义“家长控制”设置，例如内容过滤和时间限制
安全性与隐私	Y	Y	控制是否向 Apple 发送诊断和使用数据；设定有关密码和锁屏的限制，以及是否允许用户覆盖 Gatekeeper 设置（仅限 OS X）
自定设置	Y		为没有定义在其他负载中的项目应用自定偏好设置（类似于 WGM 中偏好设置清单的应用）
目录	Y		配置绑定到目录服务的设置
Time Machine	Y		配置 Time Machine 偏好设置
单点登录		Y	配置 Kerberos 设置
登录窗口	Y		配置登录窗口选项，例如信息、外观、访问及 Login / LogoutHooks
Finder	Y		配置 Finder设置
软件更新	Y		指定计算机使用的 Apple 软件更新服务器

续表

偏好设置	OS X	iOS	描述
辅助功能	Y		管理辅助功能设置
节能器	Y		指定节能器策略，例如睡眠、定时操作及唤醒设置
Xsan	Y		指定 Xsan 成员
自定设置	Y		为没有定义在其他负载中的项目应用自定偏好设置（类似于 WGM 中偏好设置清单的应用）

分层和多个配置文件使用注意事项

在旧版本的 OS X 中的管理，可以根据用户、用户群组、设备及设备群组，利用分层管理技术来创建不同的管理操作。虽然描述文件管理器也有着相同的 4 个管理级别，但是在创建描述文件的时候需要仔细考虑。

通常的规则是要避免层次化的描述文件去管理相同的偏好设置，不过这也并不是硬性的要求。有些描述文件可以叠加，而有些则会产生冲突，所以需要了解哪些会产生冲突、哪些不会产生冲突。

针对相同的偏好设置，包含不同设置的多个描述文件会产生不可预料的结果。这里并不存在偏好设置被多个描述文件应用的顺序规则，所以你无法得到一个可预见的结果。

应当保持独立使用的负载包括：

- AD 证书。
- APN。
- 目录。
- 通用。
- 全局 HTTP 代理。
- 身份。
- 限制。
- 安全性与隐私。
- 单应用程序模式。
- 单点登录。
- Xsan。

可以合并使用的负载包括：

- 辅助功能。
- AirPlay。
- AirPrint。
- 日历。
- 证书。
- 通讯录。
- 内容过滤器。
- 自定设置。
- Dock。
- 域。
- 节能器。

- Finder。
- 字体。
- Exchange。
- LDAP。
- 登录项。
- 登录窗口。
- 邮件。
- 信息。
- 移动。
- 网络。
- 密码。
- 家长控制。
- 打印。
- SCEP。
- 软件更新。
- 已订阅的日历。
- Time Machine。
- VPN。
- Web Clip。

参考11.2 故障诊断

当出现偶然的情况导致无法按照预期的方式工作时，就需要对情况进行诊断。即使描述文件管理器这样的服务功能再强大，也会出现偶然的状况。

查看日志

与描述文件管理器相关的日志位置在/资源库/Logs/ProfileManager/，可以通过“控制台”应用程序双击日志文件来查看。出现的错误信息会在日志中报告显示。在 Server 应用程序中也可以查看日志。

查看描述文件

如果设备没有按照预期的结果进行工作，那么在设备上查看已安装的描述文件列表，看看相应的描述文件是否已被安装。有些情况可能只需将要求的描述文件应用到设备上就能够解决问题。

安装描述文件

如果安装描述文件出现问题，那么你的证书可能存在问题。检查SSL证书的有效性，并确认“信任描述文件”已被安装在设备上。

注册设备的问题

除非你正在使用的是由受信任的认证机构签名的证书，否则在注册设备之前，必须先安装信任描述文件。

描述文件的推送

如果你遇到描述文件推送方面的问题，那么可能是没有开放相应的出站端口。端口 443、2195、2196 及 5223 是与 APN 有关的端口。另外，对于 iOS 设备来说，只要有条件就会使用蜂窝网络，即使 Wi-Fi 是可用的也会如此。

意外的描述文件操作

如果被管理的设备并没有按照你在描述文件中指定的偏好设置来实现预期的设置，那么有可能存在设置重叠的描述文件。建议不要使用重叠的描述文件来尝试管理相同的偏好设置，其结果是无法预料的。

练习11.1
为共享使用的设备使用描述文件管理器

▶ **前提条件**

- 完成“练习4.2　配置Open Directory 证书颁发机构”的操作。
- 完成“练习9.1　创建和导入网络账户”的操作；或者使用 Server 应用程序创建网络用户 Carl Dunn，其账户名称是 carl，密码为 net。
- 完成“练习10.1　启用描述文件管理器”的操作。

对于你的组织机构的应用需求来说，很有可能要比本练习和下一个练习中出现的两个简单操作场景要复杂，但是熟悉了练习中的操作流程，将有助于确定你自己的工作流程。

在本练习中，将使用描述文件管理器来管理供多名用户共享使用的设备，并通过对设备群组的管理来实现。

首先导入一组占位符，用来表示尚未被注册的设备。

为共享使用的设备准备描述文件管理器

在本节操作场景中，将创建一个设备群组，然后为该设备群组创建一个配置描述文件。你将导入占位符，然后将占位符添加到设备群组。为了简化共享设备注册到描述文件管理器服务的操作，将创建一个注册描述文件。虽然这已超出了本课程的学习范围，但是可以通过“System Image Utility”来应用这个注册描述文件，以简化 Mac 计算机的注册操作，或者通过“Apple Configurator”来应用，以简化 iOS 设备的注册操作。

导入占位符并将它们分配给设备群组

为了表示一个完全是 Mac 计算机的实验室，你的StudentMaterials文件夹中有一个逗号分隔值（CSV）格式的文本文件，它带有一组假想的设备序列号。导入这个列表，然后将设备分配给设备组。

1. 在管理员计算机上进行练习操作。如果在管理员计算机上尚未通过 Server 应用程序连接到你的服务器计算机，那么按照以下步骤进行连接：在管理员计算机上打开 Server 应用程序，选择“管理”>“连接服务器”命令，选取你的服务器，单击“继续”按钮，提供管理员凭证信息（管理员名称：ladmin，管理员密码：ladminpw），取消选中“记住此密码”复选框，然后单击“连接”按钮。
2. 在“服务”边栏中选择“描述文件管理器”选项。
3. 在设置面板的底部单击“打开描述文件管理器”按钮，这时会在你默认使用的浏览器中打开 https://server*n*.pretendco.com/profilemanager 页面（其中 *n* 是你的学号）。

打开描述文件管理器

4 在前面的练习操作中（练习4.3　配置你的管理员计算机信任 SSL 证书），你的管理员计算机已经被配置去信任你服务器的Open Directory 证书颁发机构。如果你现在使用的是其他的计算机，那么会看到 Safari 无法验证网站身份的提示信息，这时单击“继续”按钮。

5 在“请登录”界面中提供管理员鉴定信息（用户名称：ladmin，密码：ladminpw），取消选中“保持我的登录状态”复选框，然后单击“登录”按钮。

6 如果 Safari 询问“你要存储此密码吗？”那么单击“此网站永不存储”按钮。

7 在“描述文件管理器”网站程序的边栏中选择“设备群组”选项。

这时可以单击“添加设备群组”按钮，然后再向其中添加设备，但是对于本练习来说，将导入占位符，然后可通过单击按钮来自动创建带有导入设备的设备群组。

8 在“描述文件管理器”网站程序的边栏中选择“设备”选项。

9 在“设备”设置界面中单击“添加”（+）按钮，并选择“导入占位符”选项。

10 在打开的对话框中，单击边栏中的“文稿”选项，并前往StudentMaterials/Lesson11/。

11 选择MacLab.csv，按空格键通过快速查看功能预览文件内容，再次按空格键关闭预览窗口，然后单击“选取”按钮。

12 在操作成功的提示对话框中单击“创建设备群组”按钮。

13 输入Lab Mac Computers 来替代默认名称“新建设备群组”，然后按 Tab 键完成对名称的编辑。

注意，通过“5位成员”文字信息可以看出，已导入了5个占位符。

14 在“描述文件管理器”网站程序的右下角单击“存储”按钮。

15 单击“成员”选项卡，确认列出了5个占位符。

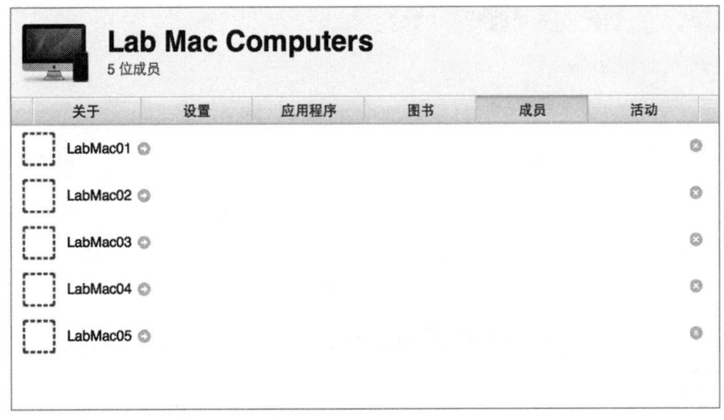

为设备群组创建配置描述文件

创建一个不提供授权密码就不能移除的配置描述文件，在本练习中将使用profilepw作为密码。当然，在实际工作环境中，应当使用安全的密码。

1 单击“设置”选项卡。

2 在“Lab Mac Computers的设置”下方单击“编辑”按钮。

3 在“描述”文本框中输入Settings for the Mac computers in the lab. Includes Directory, Login Window, and Dock payloads（针对实验室 Mac 计算机的设置，包括目录、登录窗口和 Dock 负载）。

4 单击“安全性”弹出式菜单，并选择“使用授权”命令。

5 在“授权密码”文本框中输入profilepw。

安全性
控制在何种情况下可以删除描述文件
使用授权
授权密码
•••••••••

6 在边栏中，向下滚动到 OS X 位置，选择“目录”选项，然后单击“配置”按钮。

7 在“服务器主机名”文本框中输入server$n$.pretendco.com（其中 n 是你的学号）。

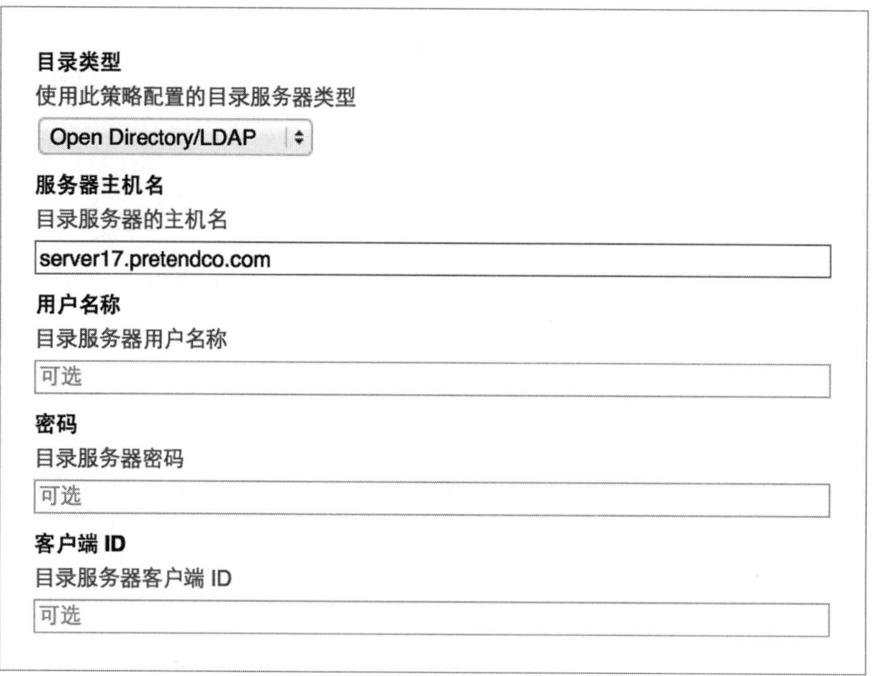

8 在边栏中，选择“登录窗口”选项，然后单击“配置”按钮。

9 选中“在菜单栏中显示其他信息”复选框。

10 在“横幅”文本框中输入Property of PretendCo。

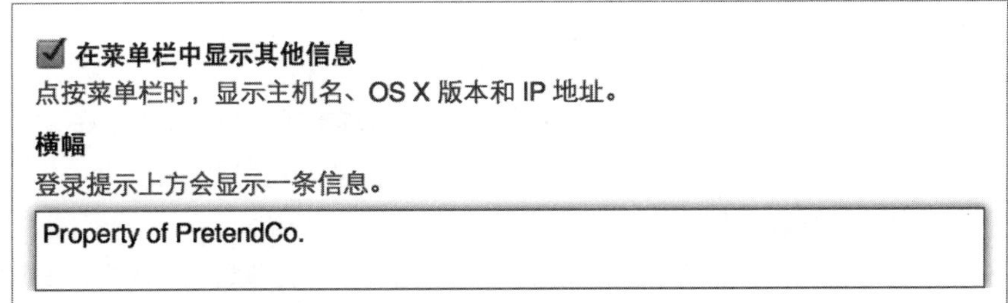

11 在边栏中，选择Dock选项，然后单击“配置”按钮。

12 将“位置”设为“左侧”。

13 单击“好”按钮保存设置。

14 确认“‘Lab Mac Computers’的设置”界面显示了“目录”“Dock”和“登录窗口”负载。

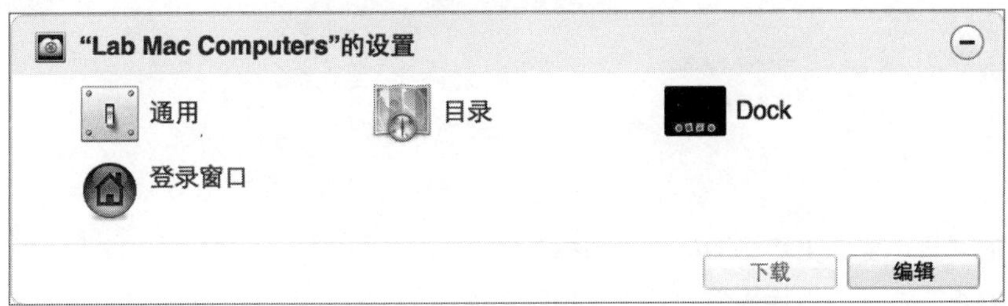

15 单击“存储”按钮保存更改。

测试配置描述文件

通过手动方式下载和安装配置描述文件。然后再通过描述文件偏好设置来移除它。

NOTE ▶ 如果你之前已更改了 Dock 的配置，那么在进行本练习操作的时候，请让你的 Dock 在屏幕底部显示。打开系统偏好设置，选择 Dock，然后将“置于屏幕上的位置”设为“底部”。

1 在“‘Lab Mac Computers’的设置”下方单击“下载”按钮。

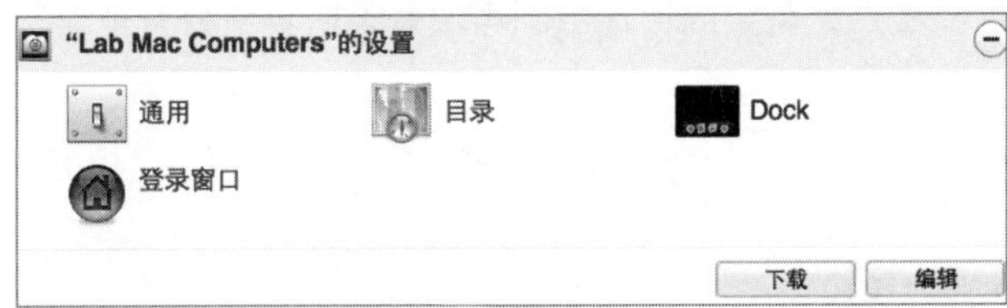

Safari 会自动将名为Settings_for_Lab_Mac_Computers.mobileconfig的文件存储到你的“下载”文件夹中，并打开“描述文件”偏好设置。

2 单击“显示描述文件”按钮。

3 查看有关这个配置描述文件的信息。

4 单击“继续”按钮。

5 在目录绑定设置界面，保持可选设置项为空白，并单击“安装”按钮。

6 你必须鉴定为管理员才能安装描述文件，所以要提供管理员的鉴定信息，然后单击“好”按钮。

7 此时显示一个旋转的齿轮并带有“正在安装…”字样，等待描述文件完成安装。

8 确认 Dock 已经移动到你屏幕的左侧。

9 此时，系统偏好设置已经打开，确认描述文件已显示在描述文件偏好设置的列表中，查看描述文件的详细信息。

10 单击工具栏中的“显示全部（点格图标）”图标。

11 选择“用户与群组”选项，然后选择“登录选项”选项。

12 确认“网络账户服务器”已被设置为你的服务器。

13 按 Command-Shift-Q 组合键注销账户，需要的话选中“再次登录时重新打开窗口”复选框，然后单击“注销”按钮。

14 确认“其他”是登录的一个可选项，并且显示了你输入的横幅消息。

15 用 Local Admin 进行登录。

16 在系统偏好设置中，单击“显示全部”按钮。

17 选择“描述文件”选项。

18 选择Settings for Lab Mac Computers 描述文件。

19 单击“移除”（ - ）按钮，然后单击“移除”按钮。

20 在描述文件移除密码文本框中输入profilepw，然后单击“移除”按钮。

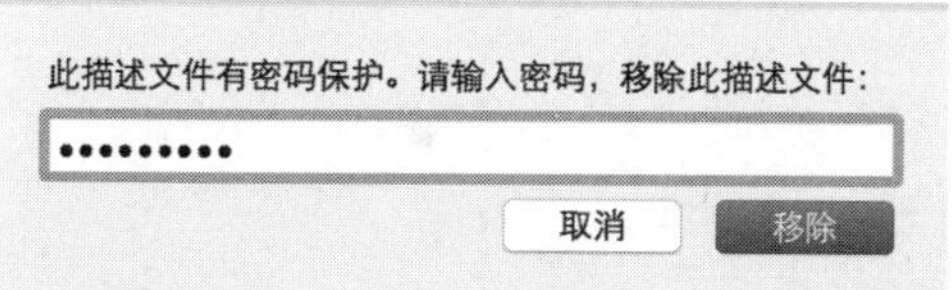

21 如果提示描述文件要做更改，输入密码才能允许操作，那么输入你的密码（由于你是以 Local Admin 进行登录的，所以要输入的密码是profilepw），并单击“好”按钮。

22 确认你的 Dock 已经移到屏幕的底部。

23 注销账户，确认“其他”已不再显示，并且确认横幅信息也不再显示。

24 用 Local Admin 进行登录。

25 打开“用户与群组”偏好设置，选择“登录选项”，确认网络账户服务器的设置已不再指向你的服务器。

创建注册描述文件

当你在 Mac 计算机或 iOS 设备上安装注册描述文件时，会自动将设备注册到文件中所指定的移动设备管理（MDM）服务中。默认情况下，一个新的注册描述文件会被限制，仅允许带有占位符的设备使用。为了能够更加灵活地进行应用，需要移除该限制。

1 如果你的描述文件管理器网站程序还没有打开，那么在浏览器中打开 https://server*n*.pretendco.com/profilemanager（其中 *n* 是你的学号），在“请登录”界面中提供管理员的鉴定信息（用户名称：ladmin，密码：ladminpw），取消选中“保持我的登录状态”复选框，然后单击“登录”按钮。

2 在描述文件管理器网站程序的左下角单击“添加”（+）按钮，并选择“注册描述文件”选项。

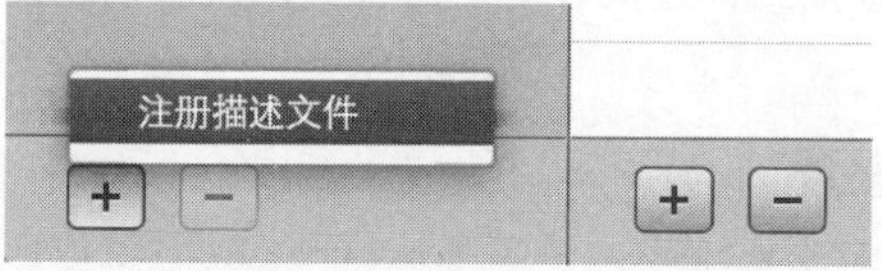

3 输入 Unrestricted Enrollment Profile 来替代默认名称“新建注册描述文件”。

4 取消选中“仅允许带占位符的设备使用”复选框。

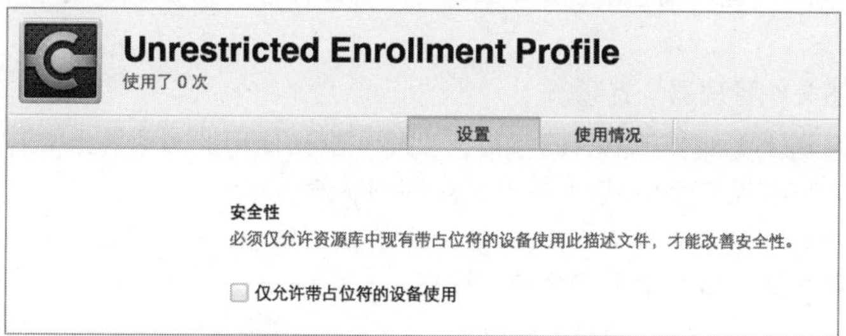

5 单击“存储”按钮保存设置。

6 单击“下载”按钮，下载 Unrestricted_Enrollment_Profile.mobileconfig 以备使用。

这时会自动打开“描述文件”偏好设置。

7 单击“取消”按钮，不要安装注册描述文件。

8 退出系统偏好设置。

此时，可以通过 Apple Configurator 来使用这个注册描述文件去注册 iOS 设备，或者通过 System Image Utility 去创建一个可自动注册的 Mac 计算机映像，但是这两方面的应用都已超出了本教材的学习范围。

清理

1 在你的管理员计算机上打开“下载”文件夹。

2 将 Settings_for_Lab_Macs.mobileconfig 拖到“废纸篓”中。

3 保留注册描述文件，以备使用。

在本练习中导入了一组占位符，并为它们创建了设备组，且创建了一个配置描述文件实例。为了测试配置描述文件的使用，你手动下载了描述文件并确认了它所产生的效果，然后通过描述文件偏好设置移除了描述文件。除此之外，还创建了一个不受限制的注册描述文件，可以供组织机构的计算机和设备使用。

练习11.2
使用描述文件管理器为一对一的设备进行设置

▶ **前提条件**

- 完成“练习4.2　配置Open Directory 证书颁发机构”的操作。
- 完成“练习9.1　创建和导入网络账户”的操作，或者通过 Server 应用程序创建网络用户 Carl Dunn，其账户名称是 carl，密码为 net 。
- 完成“练习10.1　启用描述文件管理器”的操作。

在本练习中，你将使用描述文件管理器网站程序，去准备管理已分配给用户的设备，或者称为自备设备（bring-your-own-device，BYOD）的场景应用。

你将使用现有的用户群组，并准备让用户使用“我的设备”门户站点去自助进行注册。你将为群组创建一个配置描述文件，并将你的管理员计算机注册到描述文件管理器服务，以确认配置描述文件会自动生效，也可以选择注册一台 iOS 设备。

为一对一使用的设备准备描述文件管理器设置

1 在你的管理员计算机上进行本练习操作。如果在管理员计算机上尚未通过 Server 应用程序连接到你的服务器计算机，那么按照以下步骤进行连接：在管理员计算机上打开 Server 应用程序，选择“管理”>“连接服务器”命令，选取你的服务器，单击“连接”按钮，提供管理员鉴定信息（管理员名称：ladmin，管理员密码：ladminpw），取消选中“记住此密码”复选框，并单击“连接”按钮。

2 在“服务”边栏中选择“描述文件管理器”选项。

3 在设置面板的底部单击“打开描述文件管理器”超链接，这将在默认使用的浏览器中打开地址 https://server*n*.pretendco.com/profilemanager（其中 *n* 是你的学号）。

4 在“请登录”界面中，提供管理员鉴定信息（用户名称：ladmin，密码：ladminpw），取消选中“保持我的登录状态”复选框，然后单击“登录”按钮。

5 在描述文件管理器网站程序的边栏中选择“群组”选项。

6 在“群组”栏中选择 Contractors选项。

7 单击“设置”选项卡。

8 单击“‘Contractors’的设置”下方的“编辑”按钮。

9 在“描述”文本框中，输入 Settings for the Contractors group. Includes settings to force a passcode, include a web clip, and display the Dock on the right（针对 Contractors 群组的设置。包括强制密码设置，包含了一个 Web Clip，并将 Dock 显示在屏幕右侧）。

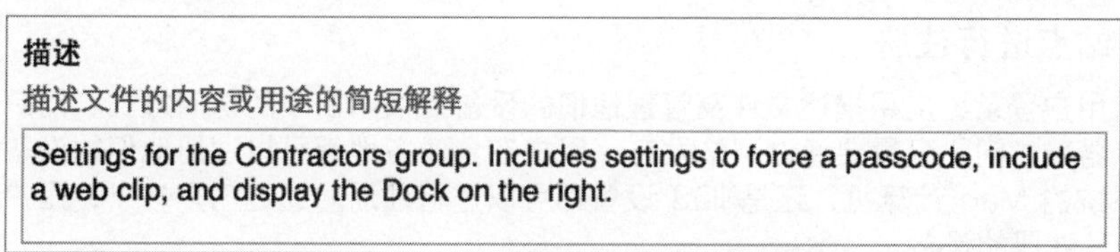

10 在边栏中选择“密码”选项，然后单击“配置”按钮。

11 单击“最短的密码长度”弹出式菜单，并选择 8 。

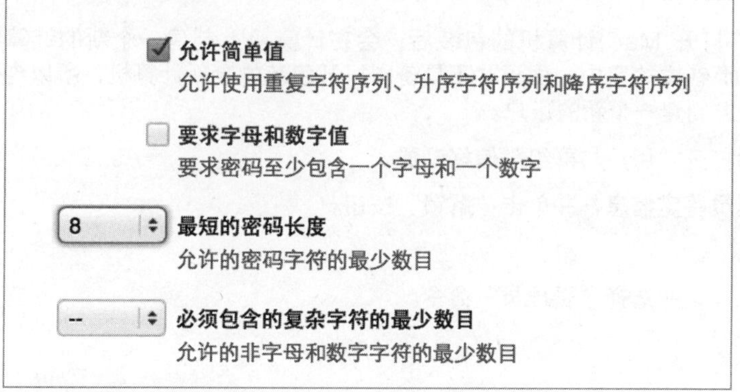

12 在边栏中选择Web Clip选项，然后单击“配置”按钮。

13 在“标签”文本框中输入 iPad in Business。

14 在URL文本框中输入 https://www.apple.com/ipad/business/it/。

15 在边栏中选择“Dock”，然后单击“配置”按钮。

16 将“位置”设置为“右侧”。

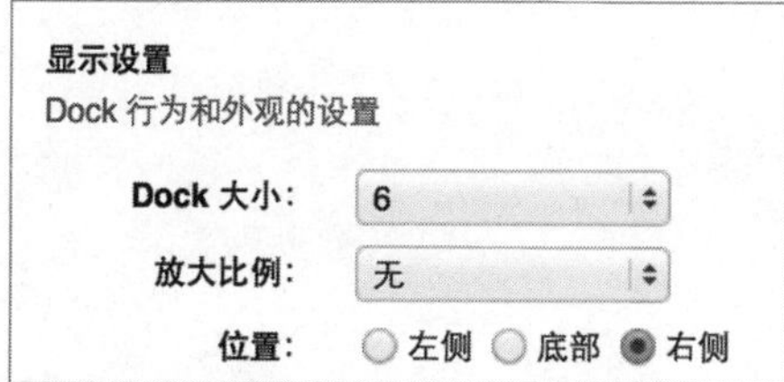

17 单击“好”按钮。

18 确认“‘Contractors’的设置”下显示了“密码”“Web Clip”及“Dock”负载设置。

19 单击“存储”按钮。

20 在“这可能导致将设置推送到设备”通知对话框中，单击“存储”按钮。

如果有注册到描述文件管理器服务的设备，并且设备被分配给 Contractors 群组中的一个成员用户使用，那么该设备会自动将配置描述文件应用到它的系统中。

通过用户门户站点进行注册

用户门户站点为用户登录、应用描述文件及管理他们的设备提供了简单的访问方式。门户站点通过当代的网页浏览器来访问，只需要通过网站发布，用户在全球各地都可以注册他们的设备——无论是装有 OS X 系统的 Mac 计算机，还是 iOS 设备都可以进行注册。通过门户站点，用户还可以锁定或是抹掉他们已注册的设备。

在本练习操作中，将创建一个新的管理员用户，他具有与本地网络账户相同的身份信息。然后使用这个身份信息登录到管理员计算机，并注册服务器的描述文件管理器服务。

创建新的管理员账户

在本练习场景中，用户在打开 Mac 计算机的包装后，会在计算机上创建一个新的计算机账户，该账户就是管理员账户。而在本练习中，由于并不具备刚打开包装的全新计算机，所以会使用系统偏好设置在管理员计算机上创建一个新的账户。

1 打开系统偏好设置，然后打开“用户与群组”偏好设置。

2 单击锁形图标，提供管理员鉴定信息，并单击“解锁”按钮。

3 单击“添加”（ + ）按钮。

4 单击“新账户”弹出式菜单，并选择“管理员”命令。

5 使用以下设置信息：

- 全名：Carl Dunn。
- 账户名称：carl。
- 密码：选择“使用单独的密码”单选按钮。
- 密码：net。

6 单击“创建用户”按钮。

7 按Shift-Command-Q组合键注销账户，然后单击“注销”按钮（注意，如果按下Option-Shift-Command-Q 组合键将直接注销账户，而不需要单击“注销”按钮进行操作确认）。

使用 Carl Dunn 的身份信息来注册管理员计算机。

在本练习的 BYOD 场景中，Carl Dunn 会使用与本地网络账户相同的计算机账户身份信息进行操作。本练习操作限制使用 iCloud 密码，应当使用单独的密码来代替。

更多信息▶以下步骤是针对运行 OS X 系统的 Mac 计算机进行注册操作的，对于 iOS 设备的注册过程，在概念上和可见的操作上都是类似的。最大的区别就是在 iOS 设备上没有本地账户的概念，从本质上讲就是单独的个人。

1 在登录窗口选择 Carl Dunn，输入密码 net 并按 Return 键进行登录。

2 如果没有将管理员计算机成功绑定到服务器的共享目录节点上，那么在“使用你的 Apple ID 登录”设置面板中选择“不登录”，单击“继续”按钮，并在操作确认对话框中单击“跳过”按钮。

3 打开 Safari ，单击搜索和地址输入框，输入 https://server*n*.pretendco.com/mydevices（其中 *n* 是你的学号）并按 Return 键。

4 在前面的练习操作中（练习4.3　配置你的管理员计算机信任 SSL 证书），管理员计算机已经被配置信任服务器的Open Directory 证书颁发机构，以及以该 CA 为终端的证书链证书。如果现在使用的是其他的计算机，那么会看到 Safari 无法验证网站身份的提示信息，这时可以单击“继续”按钮。

对于注册到服务器描述文件管理器服务的注册操作，会自动配置计算机或设备去信任服务器的 Open Directory 证书颁发机构。

5 经过一系列的重定向，Safari 显示“请登录”界面。输入 Carl Dunn 的用户名称（carl）和密码（net），然后单击“登录”按钮。

不要忘记练习最初的规划，计算机账户和本地网络账户的身份是相同的。

6 在询问是否要存储此密码的对话框中单击“此网站永不存储”按钮。

在“设备”选项卡中显示了正在使用的设备。

7 单击“注册”按钮。

这时会自动将mdm_profile.mobileconfig 文件下载到“下载”文件夹中，并打开“描述文件”偏好设置。

8 在接下来的界面中，会询问是否要安装“远程管理”描述文件，这时可以让服务器去管理这台设备。单击“显示描述文件”按钮来查看描述文件的详细内容。

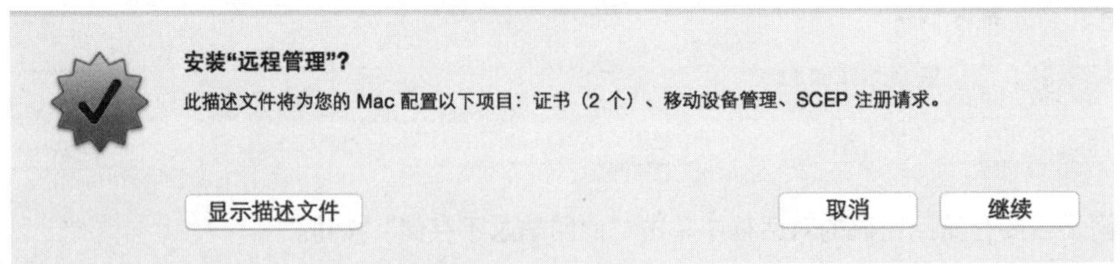

注意，如果管理员计算机上的系统或登录钥匙串并没有配置去信任服务器的Open Directory CA，那么描述文件会被标记为“尚未验证”，而不是“已验证”。

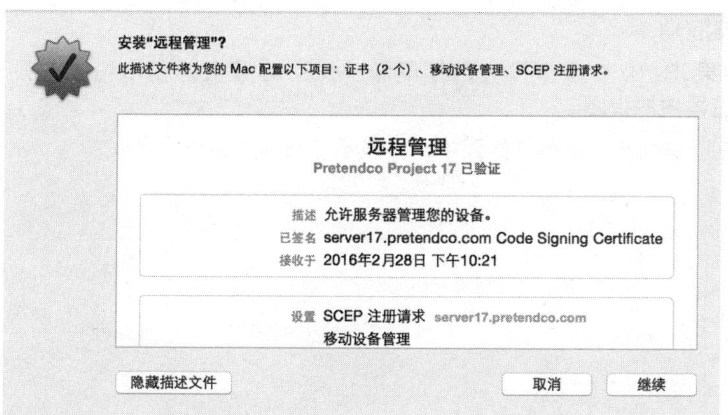

9 单击“继续”按钮。

10 此时会看到一个警告信息，询问是否要继续安装，单击“显示详细信息”按钮并查看详细内容。

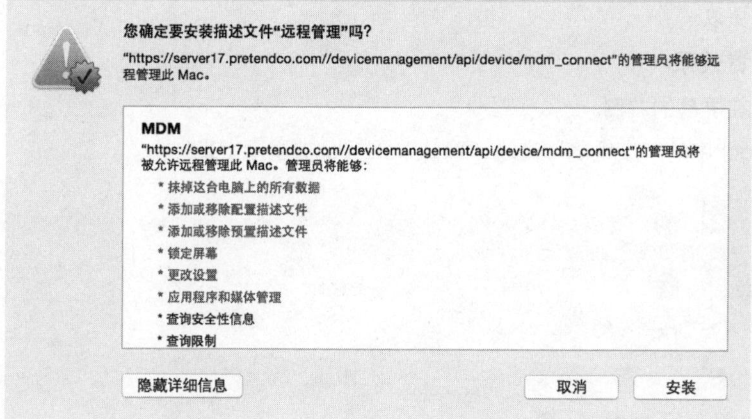

11 单击“安装”按钮。

12 在“用户名”文本框中包含当前已登录用户的用户名Carl Dunn。在“密码”文本框中输入 net 并单击“好”按钮。

13 现在，描述文件已被安装到计算机上，注意描述文件栏中的显示已被更新，包括用户描述文件和设备描述文件。

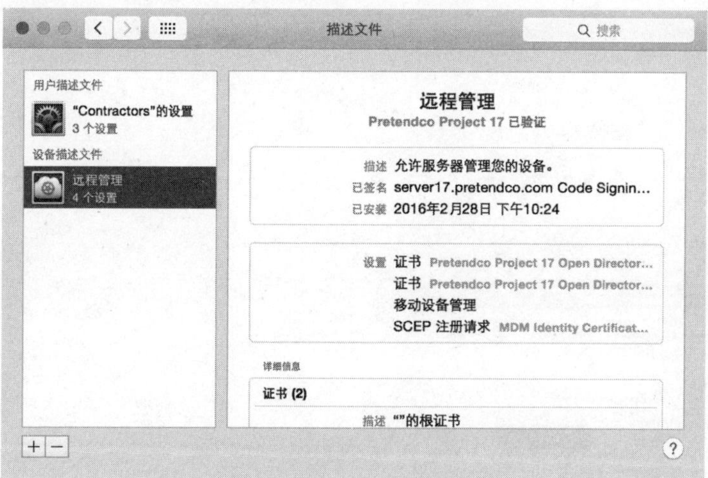

确认管理员计算机已被注册

单击 Safari 窗口。如果 Safari 窗口没有自动刷新 Mac 计算机的显示信息，那么按 Command–R 组合键刷新浏览器中的视图。

注意，管理员计算机现在已被列在“设备”界面中，并显示了它的序列号信息。

从现在开始，只要对Contractors群组的配置描述文件进行更改并存储设置，描述文件管理器会自动通过 APNs 去通知 Mac，让它去检查描述文件管理器服务，这样，Mac 就会去下载做过更改的配置描述文件并应用更改。

确认描述文件的配置效果

1 注意 Dock 已被显示在屏幕的右侧。

2 将鼠标指针悬停在Dock中的“废纸篓”旁边，确认Web Clip被显示出来。

3 单击 Web Clip，确认默认使用的浏览器打开指定的网页。

4 退出浏览器。

确认密码限制

1 打开系统偏好设置，然后打开“用户与群组”偏好设置。

2 单击“更改密码”按钮。

3 输入以下信息：

- 旧密码：net。
- 新密码：12345。
- 验证：12345。

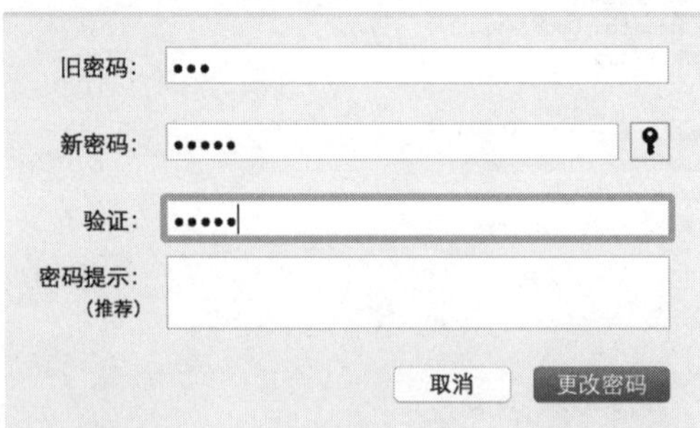

4 单击“更改密码”按钮。

5 在通知对话框中会提示密码不符合要求，单击“好”按钮。

未更改帐户“Carl Dunn”的密码。

您的密码不满足您的服务器管理员所指定的要求。您的密码可能需要使用不同的字符、数字或符号。如果您不确定如何更改密码，请在再次尝试之前，先联系您的系统管理员。

好

6 退出系统偏好设置。

7 按Command-Shift-Q组合键注销账户，然后单击“注销”按钮。

验证远程管理功能

在设备丢失的情况下，使用用户门户站点去远程锁定设备。

NOTE ▶ Mac 计算机的锁定操作会立即重新启动该计算机，会令正在进行的工作无法保存。在锁定管理员计算机前，确认没有尚未保存的工作。相对于 iOS 设备来说，锁定操作等同于按下睡眠按键来锁定设备。

NOTE ▶ 不要丢失锁定密码，否则在管理员计算机上就无法解开锁定界面。

1 在另一台设备上，例如服务器，打开 Safari。

你可以使用你的管理员计算机进行操作，但是使用不同的设备可以强化用户去理解远程管理已注册设备的概念。

2 在 Safari中打开 https://servern.pretendco.com/mydevices（其中 n 是你的学号）。

3 在“请登录”界面，输入Carl Dunn 的用户名称（carl）和密码（net），取消选中“保持我的登录状态”复选框，然后单击“登录”按钮。

4 如果提示是否要存储此密码，那么单击“此网站永不存储”按钮。

5 在管理员计算机的记录条目中单击“锁定”按钮。

6 输入六位密码。在本练习中，使用一个简单的密码：123456。

7 再次输入密码以确认输入的正确，然后单击“锁定”按钮。

8 在确认对话框中单击“好”按钮。

9 在 Safari 窗口中单击“退出”按钮。

远端的计算机重新启动。

10 在对话框中通过密码来解锁计算机，输入密码123456，然后单击右键头。

11 在登录窗口中，以 Carl Dunn 身份进行登录，密码是 net。

从描述文件管理器服务中取消注册

对于已注册到服务器描述文件管理器服务的计算机和设备来说，如果用户认为他们的设备不再适合进行管理，那么用户可以移除管理描述文件。反过来，也可以以管理员的身份，通过描述文件管理器网站程序移除计算机或设备，但描述文件仍会保持已安装的状态。

1 打开系统偏好设置，然后打开“描述文件”偏好设置。

已安装在计算机上的各个描述文件都列出了它们的内容和用途。

2 选择“远程管理”描述文件并单击“移除”（ – ）按钮。

3 在操作确认对话框中单击“移除”按钮。

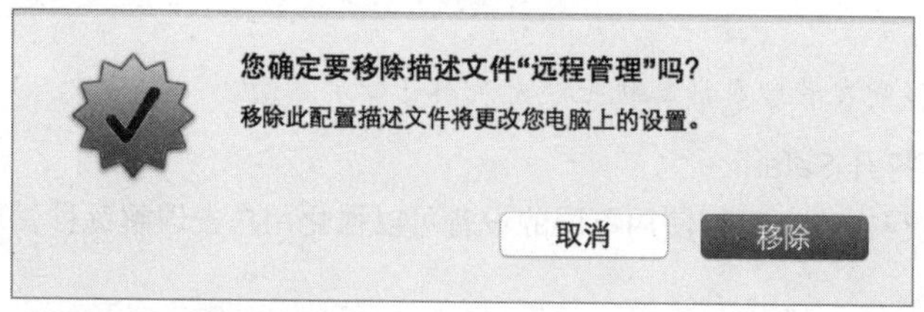

4 需要提供管理员的凭证信息，在当前情况下，是以 Carl Dunn 的身份登录的，所以输入密码 net，并单击“好”按钮。

5 确认 Dock 移回到最初的位置，网站链接从 Dock 上消失，并且“描述文件”偏好设置不再显示。

在本练习中，为用户群组创建了配置描述文件，通过本地网络用户身份信息注册了设备，并确认了用户群组配置描述文件被自动安装并且自动生效。除此之外，还演练了如何使用用户门户站点去锁定远端的设备。最后取消了设备注册，并确认了配置描述文件的配置效果已不再有效。

文件共享

课程12
文件共享服务的配置

> **目标**
> - 配置 OS X Server 基于网络与 iOS 、OS X 及 Windows 客户端共享文件。
> - OS X Server上的文件共享服务故障诊断。

使用 OS X Server 通过网络共享文件非常简单，无论他们使用的是 OS X、Windows 还是 iOS 均如此。共享文件的4个基本步骤如下：

- 计划。
- 配置账户。
- 配置文件共享服务。
- 监控服务器。

在本课程中，将探究与文件共享相关的各项要求，以及在设置文件共享时需要考虑的问题。课程的重点主要是在共享文件夹的设置上，也称为共享点，它带有基于标准POSIX（可移植操作系统接口）权限和访问控制列表（ACLs）的访问设置。本课程还涉及自动网络装载，为网络账户的个人文件夹提供了一个网络目标位置，同时还会涉及在 OS X Server 上启用文件共享服务时需要考虑的、常见的文件共享故障诊断问题。

此外，还将学习如何使用 Server 应用程序去添加和配置各个共享点，当登录到服务器去监控日志的时候，还将使用到“控制台”应用程序。

参考12.1
解决文件共享的疑问

当计划提供文件共享服务时，有一些需要考虑的问题。最为常见的问题是：

- 要共享哪些内容?
- 哪些类别的客户端会访问文件服务器?
- 客户端计算机或设备将使用什么协议?
- 各个用户和群组需要什么等级的访问?

猛一看，这些问题似乎很容易回答，但实际上，尤其是在应用环境会经常发生变化的组织机构中，需求可能会非常复杂，在这种情况下，要让用户可以方便地访问到工作中所需的资源，而不让管理员去经常介入是比较困难的。

当访问文件服务器的时候，通常需要进行身份鉴定，然后会看到可以装载的可用共享点（也称为共享）。下图展示了一个示例对话框，在对话框中要选取一个或多个共享点（这会显示为网络宗卷）来使用。

当前往已装载共享点的内部时，文件夹标记（显示在文件夹图标右下角的小图标）表明了连接到文件服务时所用的用户身份所具有的访问权限。文件夹显示了一个红色禁止进入的标记，表明没有被授权访问。在下面的图示中，已连接的用户不能访问共享文件夹中的 Financials 文件夹。

这是“文件共享”服务访问授权及各个文件和文件夹访问授权的组合设置。

授权是一件经常发生的事情，每次用户访问文件的时候，计算机都会针对用户的账户信息去检查文件权限，查看该用户是否被授权去使用文件。

学习完本课程后，在服务器上实施文件共享前，将会有一个更好的起点去仔细考虑文件共享的需求。

文件共享协议的定义

OS X Server 包含多种共享文件的方式，用户选用的方式在很大程度上取决于要服务的客户端（尽管安全性是另一个需要考虑的因素），可以使用 Server 应用程序来启用以下文件共享服务：

- 服务器信息块协议3（SMB3）。SMB3 是Yosemite 中新的原生文件共享协议，由于数据可以被加密和签名，所以可以对数据进行保护。本教材和 Server 应用程序都使用SMB来指代 SMB3。
- Apple 文件协议（AFP）。这是针对 Mac 计算机的文件共享协议，直到 OS X v10.9 Mavericks 都当作原生文件共享协议来使用。OS X 和 OS X Server 对那些运行着早于 OS X Mavericks 操作系统的 Mac 计算机，仍采用之前的 AFP 协议进行文件共享。
- 基于Web的分布式创作和版本控制（WebDAV）。该协议是超文本传输协议（HTTP）的扩展，它可以让各种客户端，包括 iOS 应用程序，去访问服务器托管的文件。
- 文件传输协议（FTP）。这个协议可以兼容很多设备，所以仍然得到广泛的使用，但是在大多数常见的应用中，它并不对鉴定传输进行保护。因此，如果 FTP 可以被更加安全的协议代替使用，那么应当去考虑替代。这个文件共享协议在这个意义上说是轻量级的，它并不具备其他文件共享服务可用的功能。FTP 可以让用户在客户端和服务器之间双向传输文件，但是不能进行基于 FTP 连接直接打开一个文档这样的操作。FTP 主要的优势是普及性：很难发现一台支持传输控制协议（TCP）的计算机或设备是不支持 FTP 的，例如有一些复印机和扫描仪，会通过 FTP 将文件放置在一个共享文件夹中。

NOTE ▶ FTP 服务与文件共享服务是分开的，在 Server 应用程序的“高级”服务部分有它自己的设置面板。

当 Windows 客户端使用 NetBIOS 去浏览网络文件服务器的时候，一台运行着 OS X Server 并启用了文件共享的计算机，会像启用了文件共享的 Windows 服务器一样显示。

如果要基于 WebDAV 来共享文件夹，必须选择“通过 WebDAV 共享”选项来为该共享点启用该服务。

使用 iOS 设备的用户可以使用服务器上的共享点，但是只有支持 WebDAV 的应用程序才可以使用，而且只可以访问那些已选中相应服务的复选框、启用了 WebDAV 的共享点。用户必须指定 WebDAV 共享文件夹的 URL，它由以下几个部分组成：

- http:// 或 https://。
- 服务器地址。
- 可选择提供的共享文件夹的名称。

例如：https://server17.pretendco.com/Projects。

如果在统一资源定位（URL）中没有提供具体的共享点，那么所有启用 WebDAV 的共享点都会显示出来。

要访问通过 SSL 保护的 WebDAV 服务，用户应当使用“https://”作为 URL 的一部分，而不是“http://”。虽然利用不到 SSL 的更多优势，但是对于 WebDAV 的鉴定传输来说则是被加密的。

下图展示的是在 iOS 设备上使用 Keynote 来打开一个访问 WebDAV 共享点的连接。

更多信息 ▶ 当通过一个应用程序登录到服务器的 WebDAV 服务后，例如 iOS 上的 Keynote，应用程序会显示通过 WebDAV 可用的共享点，用户可以前往其中的文件夹来打开或是存储文档。

用户可以基于一些不同的协议来同时共享一个文件夹。FTP 服务并不是以这种方式来进行配置的，它将在后面的课程中进行介绍。当在 Server 应用程序中创建共享点的时候，会进行以下设置：

- 该共享点会自动开启基于 SMB 的共享。
- 该共享点会自动开启基于 AFP 的共享。
- 该共享点并不会自动开启基于 WebDAV 的共享。
- 该共享点并不会为客人用户自动开启共享。

OS X Server 还可通过网络文件系统（NFS）来提供文件服务。NFS 是UNIX计算机用于文件共享的传统方式。在20世纪80年代，NFS 在研究领域和学术界都留有它的文化遗产。虽然它非常方便灵活，并且可以使用 Kerberos 来提供强健的安全特性，但是在使用一些旧版本的客户端时，它仍会带来一些其他协议所不具有的安全问题。自 OS X Server v10.7 以来，NFS 的主要用途是用于 NetInstall 服务。NFS 还是 OS X Server 向 UNIX 或 Linux 计算机提供文件共享的传统方式。虽然 OS X 可以使用 NFS，但是在 Server 应用程序的用户界面中，NFS 是无法被配置的，一般情况下应当为Yosemite 和 Mavericks 客户端使用 SMB，而为早先版本的 OS X 客户端使用 AFP。

更多信息▶NetInstall 服务默认使用 HTTP，在开启 NetInstall 服务的时候，OS X Server 会自动创建 NetBootClients0 共享点，使得客人用户可以通过 NFS 来使用。在这种情况下，NetBootClients0 共享点的“允许客人用户访问此共享点”复选框是一条横线，表明设置值的变化，说明已为 NFS 和 AFP 开启了客人用户访问，而并没有对 SMB 开启。

对于 NFS 的配置和管理已超出了本教材的学习范围，可参见 Apple 技术支持文章HT202243，“OS X Server: How to configure NFS exports”，以及 Server 的“帮助”菜单，来获取其他的信息。

文件共享协议的比较

下面这个表格提供了文件共享协议的简明比较。这里并不是要说哪个协议最好，而是要将协议作为不同的工具，来处理不同类型的访问。

	SMB	AFP	WebDAV
原生平台	多平台	早于 Mavericks 的 OS X 版本	多平台
可浏览性	Bonjour 和 NetBIOS	Bonjour	不具备可浏览性
URL 示例	smb://server17.pretendco.com/Users	afp://server17.pretendco.com/Users	https://server17.pretendco.com/Users

AFP 和 SMB 都是功能齐备的文件共享协议，具有相当不错的安全性。

TIP▶ 如果在 WebDAV 的 URL 中使用的是“https://”而不是“http://”，那么对于鉴定和负载（文件传输）传输来说都会受到免窥探的保护。但是，如果服务器所使用的 SSL 证书是无效的，或者并不是由计算机或设备所信任的证书颁发机构（CA）签发的，那么 WebDAV 客户端可能不会让你通过 HTTPS 去访问 WebDAV 资源。

更多信息▶为了向 Active Directory 账户提供 WebDAV 服务，必须配置 WebDAV 服务使用基本鉴定方式，而不是 Digest 鉴定方式。在这种情况下，建议用户也为 WebDAV 服务采用 SSL 保护，从而对鉴定进行保护。参见“附录B其他资源”中的 Apple 技术支持文章，附录内容包含在教材的可下载文件中。

WebDAV 是 FTP 理想的替代者。当为访问 FTP进行鉴定的时候，用户名称和密码是完全不被加密的。所以，如果有可能的话，还是考虑用其他的协议来替代 FTP，例如WebDAV，以免发生安全问题。

更多信息▶安全 FTP（SFTP）使用 SSH 服务，通过 SSH 协议来安全地传输文件。SFTP 实际上并不使用 FTP 服务，如果让你的用户去使用 SFTP，则必须启用 SSH 服务。

文件共享服务的规划

当在 OS X Server 上设置文件共享服务的时候，从长远应用来看，适当的前期规划可以节省维护管理时间。当你第一次开始计划实施文件共享服务的时候，应当遵循一些准则。

规划你的文件服务器需求

确定组织机构的需求：

- ▶ 如何组织你的用户?
- ▶ 是否有一个可遵循的逻辑结构，以便将用户分配到最符合工作流程需要的群组中?
- ▶ 哪些类型的计算机将被用于访问你的文件服务器?
- ▶ 需要什么样的共享点和文件夹结构?
- ▶ 用户对于各种文件都具有什么样的访问能力?
- ▶ 当访问这些共享点的时候，一个用户如何与另一个用户相互配合使用?
- ▶ 当前具有多少存储空间，你的用户当前需要多少存储空间，他们存储需求的增长速度是什么样的情况?

- 你将如何备份和归档你的存储?

这些问题的答案将决定你对文件共享服务的配置，以及如何组织群组和共享点。

使用 Server 应用程序配置用户和群组

其最终目的是具有一个最能满足你组织机构需求的群组结构，并且随着时间的推移可以轻松地进行维护。用户与群组的设置在开始时显得很平常，但是所设置的用户与群组应用于组织机构工作中，并随着时间的推移发生自然调整变化后，就不会像最初那样显得那么简单了。因此，具有一个能够允许和拒绝访问服务器文件系统的逻辑群组结构，还是会对日后文件服务的接连调整节省很多精力的。OS X Server 支持群组中的群组，并且可在文件夹上设置访问控制列表。

TIP 对于群组、共享点及 ACL 的测试，不需要让所有用户介入，可以先对符合组织机构需求的核心用户与群组进行测试。在确认了群组和共享点可以按预期的效果工作后，再加入或是导入全部用户。

使用 Server 应用程序开启和配置文件共享服务

Server 应用程序是用于进行以下操作的主要应用程序：

- 开启和关闭文件共享服务。
- 添加新的共享点。
- 移除共享点。

对于每个共享点，可以：

- 配置所有权、权限，并为共享点配置 ACL。
- 为共享点开启或停用 SMB。
- 为共享点开启或停用 AFP。
- 为共享点开启或停用 WebDAV。
- 允许或禁止客人用户访问共享点。
- 让共享点可供网络个人文件夹来使用。

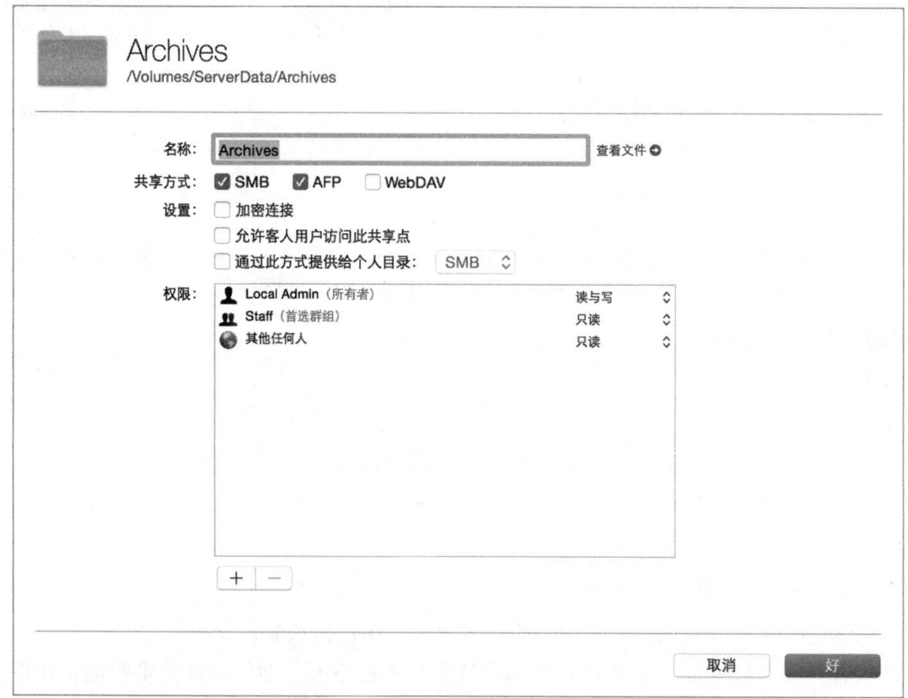

进行定期维护

在开启文件共享服务后，需要进行定期维护，而且可能会根据需求变化来使用 Server 应用程序进行以下维护工作：

- 使用“用户”设置面板将用户添加到群组、群组分配给用户及将群组添加到群组。
- 使用“用户”设置面板为各个用户调整允许访问的服务。
- 使用“文件共享”设置面板来添加和移除共享点。
- 使用“文件共享”设置面板来修改共享点的所有权、权限及 ACL。
- 使用“存储容量”设置面板来修改文件夹和文件的所有权、权限及 ACL。

监控服务器及时发现问题

服务器使用情况的监控是跟踪工作流程的有效方法，可以通过查看图表和观察平时的流量图、使用高峰期及低使用率的周期，来规划进行备份或是进行服务器维护的时间。

可以通过以下方法来监控服务器：

- 使用 Server 应用程序的“统计数据”面板来监视处理器使用率、内存使用率及网络流量。
- 使用 Server 应用程序的“存储容量”面板来查看可用的磁盘空间。
- 使用 Server 应用程序，通过“文件共享”设置面板中的“已连接的用户”选项卡来监视已连接用户的数量（这会显示通过 AFP 及通过 SMB 连接的用户信息）。

需要注意的是，如果服务器除了文件共享还提供了其他服务，那么其他的服务也会影响到资源的使用情况，例如网络流量，所以需要仔细解读图表。

查看日志

如果登录到服务器，那么可以使用“控制台”应用程序来查看日志，这包括以下日志：

- /Library/Logs/AppleFileService/AppleFileServiceError.log。
- /Library/Logs/AppleFileService/AppleFileServiceAccess.log。
- /Library/Logs/WebDAVSharing.log。
- /var/log/apache2/access_log。
- /var/log/apache2/error_log。

在远端的计算机上（或者是在服务器计算机上），可以使用 Server 应用程序的“日志”面板去查看与文件共享相关的日志，这包括 AFP 错误日志，以及针对 WebDAV 的、与默认网站和安全网站相关的错误日志和访问日志。

AFP 错误日志显示了诸如“AFP 服务停止”这样的事件信息。在网站日志中，可以通过搜索关键词WebDAV来筛选日志条目，将有关 WebDAV的日志条目与一般的网站服务日志条目分开显示。

此外，还可以通过其他的软件，例如“终端”应用程序或是第三方软件，来监控你的服务器。

参考12.2
共享点的创建

在确定了服务器及用户的需求，并且创建了至少一个能代表组织结构的用户与群组样本后，接下来的共享文件设置就是配置你的共享点。在创建共享点的时候，需要让项目及它的内容可以通过指定的协议让网络客户端去使用。这包括确定要提供哪些可供访问的项目，以及对这些项目的逻辑组织形式。这需要用到你最初的规划，以及你对用户和他们需求的了解。你可能会将所有内容都放在一个共享点中，并使用权限来控制对共享点内部的访问，或者也可以设置一个相对复杂的工作流程。例如，你可以为你的撰稿人设置一个共享点，并为文字编辑单独设置另一个共享点。或许你还会设置第三个共享点，让两个群组都可以访问其中的常用项目或是共享文件。要设置有效的共享点，需要你对用户以及他们如何来协同工作有着更为深入的了解，这关系到共享点所要应用的技术。

Server 应用程序的“文件共享”设置面板不允许你在不具有写访问权限的位置创建新的共享点。默认情况下，本地管理员对启动磁盘的根目录并不具备写访问权限。在实际工作环境中，也可以使用通过 Thunderbolt、光纤通道、FireWire 或 USB 连接的外部存储设备来共享文件。

TIP ▶ OS X Server Mountain Lion 以及之前的系统版本，会在启动磁盘的根目录中自动创建一个名为 Shared Items 的文件夹，而OS X Server Yosemite 和OS X Server Mavericks都不会创建这个文件夹。参见“为共享文件夹创建一个新位置”部分的内容，了解创建该文件夹的操作步骤。

探究文件共享

“开/关”按钮可以打开或关闭文件共享服务。“文件共享”设置面板的“访问”部分标示了文件共享服务的开启或停止状态。当开启服务的时候，在 Server 应用程序的边栏中，会在“服务”的左侧显示服务状态指示器圆点图标，当服务关闭的时候则会消失。

默认情况下，会显示“设置”面板的“共享文件夹”部分，其中显示了以下内容：

- 共享点。
- 用于“添加”（＋）、“删除”（－）及“编辑”（铅笔图标）共享点的按钮。
- 筛选文本输入框，用来筛选共享点的显示。

NOTE ▶ 根据你是在服务器上运行 Server 应用程序，还是在远端 Mac 上来运行 Server 应用程序，Server 应用程序所显示的“文件共享”设置面板会略有不同。

默认共享点介绍

要提供已共享的文件夹，并不需要安装 OS X Server，可以打开系统偏好设置，然后打开“共享”偏好设置并选中“文件共享”复选框。但是 OS X Server 提供的文件共享设置要比 OS X 自身提供的要更为灵活。

每次使用系统偏好设置中的“用户与群组”偏好设置来创建新的本地用户账户时，OS X 会自动将该用户的“公共”文件夹添加到共享文件夹列表中，它使用的是自定的文件夹名称（例如 Local Admin 的公共文件夹）。所以在首次安装 OS X Server 并查看“文件共享”设置面板的时候，会看到由本地用户账户“公共”文件夹组成的已共享文件夹列表。

虽然这些默认的共享点用起来很方便，但是也可以随意移除它们。

更多信息▶如果你已配置并开启了 NetInstall 服务，那么你会看到名为 NetBootClients0 和 NetBootSP0 的额外共享点，它们是用于 NetInstall 服务的。在“课程14 使用 NetInstall”中会有关于 NetInstall 的更多介绍。

共享点的添加和移除

添加一个共享文件夹非常简单，它可以让你的用户使用 AFP、SMB 及 WebDAV 的任意组合来访问文件夹中的文件，你可以使用 Server 应用程序来选取现有的文件夹或是创建一个新的文件夹来进行共享。

要创建一个新的共享文件家，单击“添加”（+）按钮会打开包含启动宗卷及任何其他已连接宗卷的界面。而根据你是在服务器上直接运行 Server 应用程序还是在远端运行 Server 应用程序，这个界面会有所不同。下图是你在服务器上直接运行 Server 应用程序时的界面示例。

下图是你在远端 Mac 上运行 Server 应用程序时该界面显示的样子。

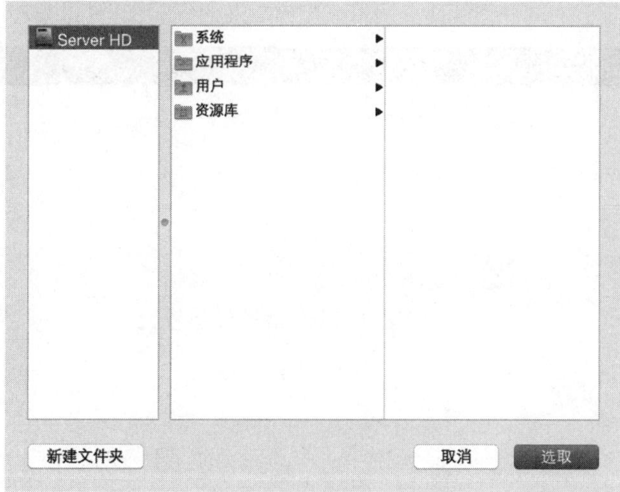

你有两个操作选择：

- 选取现有的文件夹并单击“选取”按钮。
- 创建一个新的文件夹，然后选取新创建的文件夹并单击“选取”按钮。

如果你单击了“新建文件夹”按钮，会要求你对新文件夹进行命名。为文件夹指定一个名称并单击“创建”按钮。

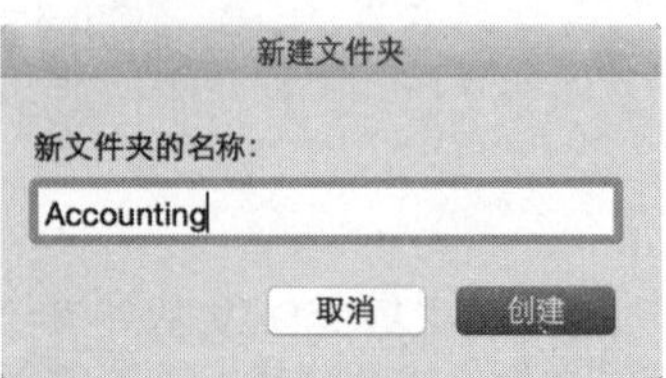

当创建了文件夹后，在单击“选取”按钮前要确保新创建的文件夹已被选取：

- 当在远端 Mac 上使用 Server 应用程序的时候，在单击“选取”按钮前要确保选取新创建的文件夹，否则共享的将是其父级文件夹。
- 当在服务器上直接登录使用 Server 应用程序的时候，Server 应用程序会自动选取刚刚创建的文件夹。

TIP 如果你正在使用远端的 Mac，并且忘记了要选取刚刚创建的文件夹，这样就共享了它的父级文件夹。这时不要担心，你可以随时移除意外共享的父级文件夹，然后再去添加新创建的文件夹。

新的共享文件夹会显示在已共享文件夹列表中。每个共享文件夹都会被列出。此外，当你通过远端管理员计算机使用 Server 应用程序的时候，Server 应用程序会将任何非特殊的共享点的图标显示为带有多个用户图案的网络磁盘图标（例如下图中的 Accounting 共享点）。

当你直接在服务器计算机上登录使用 Server 应用程序的时候，Server 应用程序会将任何非特殊的共享点图标显示为一个普通文件夹的图标。而在远端的 Server 应用程序中，该共享点则会使用不同的图标。

共享点的移除更加容易，选取一个共享点并单击“移除”（ – ）按钮即可。当你移除共享点的时候，并不会从文件系统中移除该文件夹或是它的内容，你只是停止对它进行共享。

配置单个共享点

在本节中，你将看到对共享点都可以进行哪些设置上的更改。

要编辑共享点的配置，需要选取一个共享点并进行以下操作：

- 双击共享点。
- 单击“编辑”按钮（铅笔图标）。
- 按 Command-↓组合键。

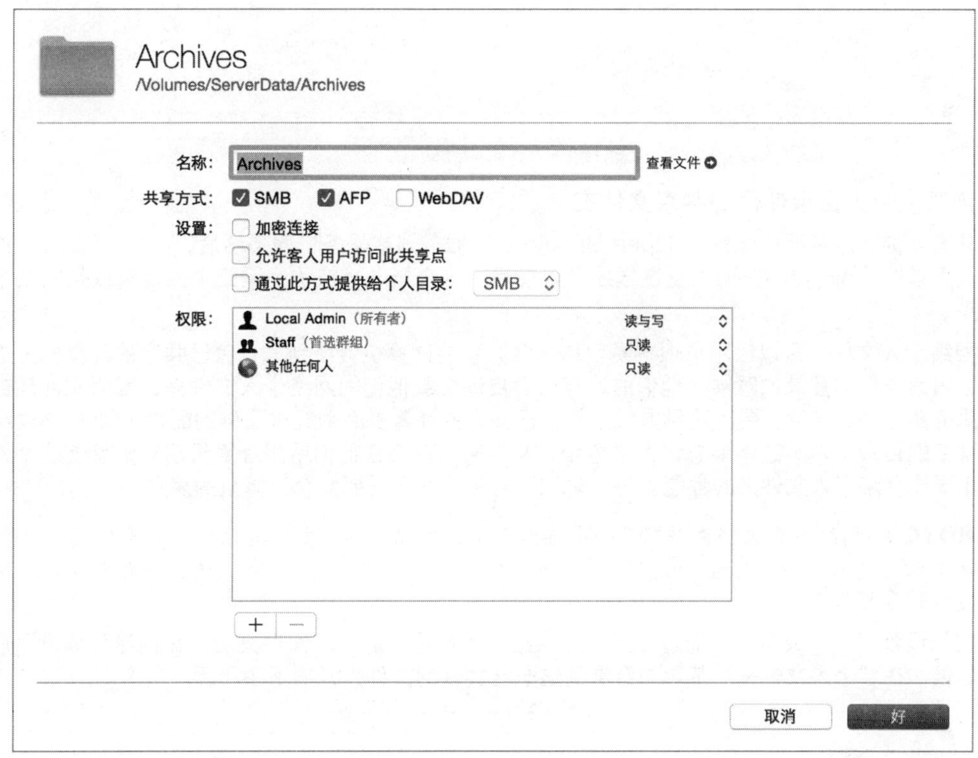

编辑面板包含以下内容：

- 文件夹的图标。
- 共享点的完整路径（例如 /Volumes/Data/Projects）。
- 共享点的名称（默认是文件夹的名称，但是可以对其进行更改）。
- “查看文件”旁边的箭头图标。当你单击图标的时候，Server 应用程序会在其“存储容量”面板中打开该文件夹。
- 在“访问”面板或“权限”显示区域中，包含了标准 UNIX 所有权和权限信息，并且还可以包含访问控制列表信息。
- 基于各类协议来启用和禁用共享的复选框。
- 用于启用和禁用允许客人访问的复选框。
- “通过此方式提供给个人目录”（AFP 或 SMB）复选框。

“允许客人用户访问此共享点”复选框会同时影响 AFP 和 SMB 两个服务，所以当你使用 Server 应用程序来为 AFP 启用客人用户访问的时候，也会为 SMB 启用客人用户访问。来自 OS X 或 Windows 客户端计算机的用户可以访问启用了客人用户访问的共享点，而不需要提供任何鉴定信息。当 OS X 上的用户在 Finder 窗口边栏“共享的”部分中选择了你服务器的计算机名称，就会自动以客人用户的身份进行连接。在下图中，注意 Finder 在工具栏下所显示的文本信息“已连接身份：客人”，以及所显示的客人用户可以访问的文件夹。

创建供个人目录使用的共享文件夹

只有当你的服务器已配置为 Open Directory 主服务器或是备份服务器后，“通过此方式提供给个人目录”（AFP 或 SMB）复选框才可以使用。这个概念也被称为网络个人目录或是网络个人文件夹。

网络个人文件夹可以让用户很容易地从一台共享的计算机转移到另一台已共享的计算机上进行工作，因为当他们登录的时候，他们的计算机会自动装载他们的网络个人文件夹，因为文件是被存储在服务器上的。当然，要以这种方式工作，已共享的计算机必须经过正确的配置（Mac 必须绑定到已共享的目录）。不过不要忘记，本地个人文件夹（存储在他们所用计算机启动磁盘上的个人文件夹）要比网络个人文件夹的性能更好，更加适合那些并不需要共享计算机的用户。

NOTE ▶ 网络个人文件夹并不是一个备份系统，所以要确保备份好网络个人文件夹，就像本地个人文件夹一样。因为 OS X Server 可以提供 Time Machine 服务，并且还有很多第三方的备份服务可用。

当你设置了一个或多个“通过此方式提供给个人目录”的共享文件夹后，在创建和编辑用户账户的时候，在“个人文件夹”菜单中会看到这些已共享的文件夹，如下图所示。

NOTE ▶ 当你创建新用户的时候，如果这里没有“个人文件夹”菜单，那么说明你还没有配置可用于网络个人文件夹使用的共享文件夹。

群组文件夹的配置

在编辑群组的时候，如果选中了“为此群组指定一个共享文件夹”复选框，那么 Server 应用程序会进行以下操作：

- 如果有必要，会创建一个 Groups 共享文件夹（如果需要，会在启动磁盘根目录下创建一个名为 Groups 的文件夹，并将它配置为共享文件夹）。
- 在 Groups 共享点中创建一个带有群组账户名称的文件夹。
- 在 Groups 文件夹的 ACL 中创建一个访问控制项（ACE），令群组成员可以完全访问他们的群组文件夹，这样他们就可以通过群组文件夹来进行协作工作了。

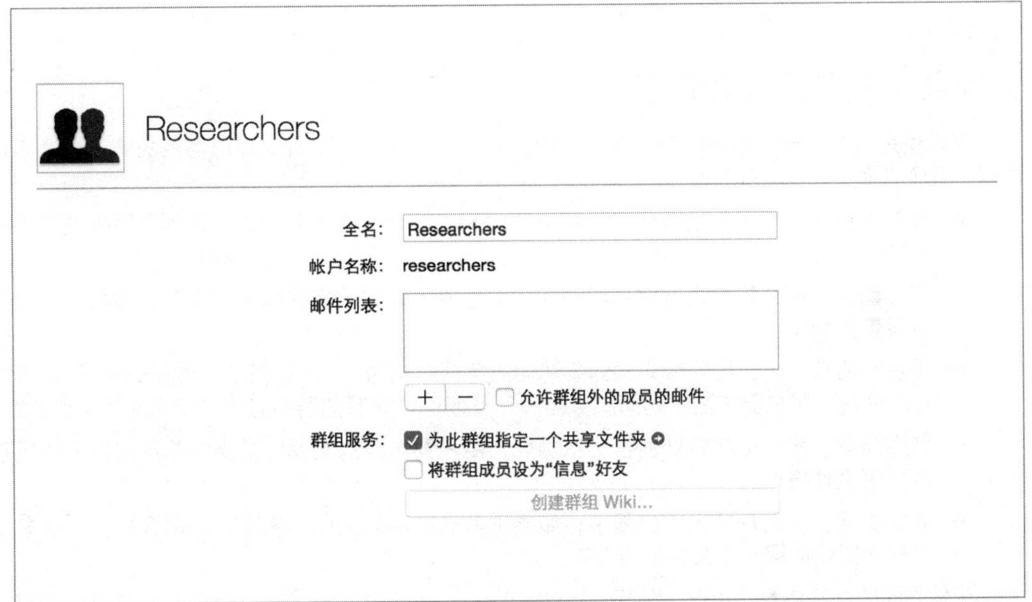

NOTE ▶ “为此群组指定一个共享文件夹”复选框旁边的箭头图标所执行的操作取决于在哪里运行 Server 应用程序。如果在服务器上登录并单击这个图标，那么 Finder 将打开 Groups 文件夹。如果在管理员计算机上使用 Server 应用程序，那么单击该图标会试图打开一个 AFP 连接，去连接服务器上的 Groups 文件夹。如果群组文件夹尚不存在，那么确保选中“为此群组指定一个共享文件夹”复选框，并在单击箭头图标前单击“好”按钮。

“已连接的用户”面板的使用

“已连接的用户”面板显示了当前通过 AFP 或 SMB（这并不包括 WebDAV 和 FTP 连接）连接的用户信息。

标签本身显示了已连接用户的数量。

在单击“已连接的用户”选项卡后，会看到已连接的用户列表，包括以下信息：

- 用户名。
- 地址。
- 闲置时间。
- 类型（AFP 或 SMB）。

此时，可以按 Command–R 组合键（或选择“显示” > “刷新”命令）来刷新当前已连接用户的列表。

文件共享

开

设置 已连接的用户 (2)

用户名	地址	闲置时间	类型
barbara	server18.pretendco.com	0 分钟	AFP
Guest	10.0.0.181	2 分钟	SMB

断开连接...

如果选择了一个当前已连接的用户，那么可以单击“断开连接”按钮来强制断开该用户的文件共享连接，而不会向用户发送任何警告信息。

参考12.3
文件共享服务的故障诊断

无论使用的是 AFP、SMB 还是 WebDAV， OS X Server 上文件共享服务的故障诊断通常会考虑以下几个方面：

- 服务的可用性：服务是否开启？对于 Time Machine 服务来说，文件共享服务是必须被开启的。
- 用户访问：哪些用户或群组可以访问到服务器上指定的文件和文件夹？它们相应的权限是否设置正确？
- 平台和协议访问：哪些客户端需要访问服务器？例如 Mac 计算机、Windows 计算机或是 iOS 设备。用户正在试图访问服务器吗？当他们访问服务器的时候使用的是什么协议？
- 特殊需要：是否存在特殊的情况？例如，用户要访问的文件，其格式并不是他们所用系统的原生文件格式。
- 并发访问：在用户的工作流程中，如果不考虑所用的文件共享协议，那么是否存在多个客户端同时访问同一个文件的可能？

虽然不同的共享协议（AFP、SMB、WebDAV）可以支持多种平台，但是对于并发访问到同一个文件的情况却是非常棘手的，特别是 OS X 中的“自动存储”功能和“版本”文档管理功能。并发访问意味着多个用户试图同时访问或是修改同一个文件。很多时候，这取决于特定的跨平台应用程序，它们知道如何让多个用户去访问同一个文件。由于 OS X 服务器包括对 ACL 的支持，并且这些 ACL 与 Windows 平台上的 ACL 是兼容的，所以在 Windows 客户端之间映射的权限会符合 Windows 用户所希望的状态。

参考12.4
提供 FTP 服务

用户可以通过 AFP、SMB 和 WebDAV（还有 NFS，但是不能使用 Server 应用程序来配置 NFS）协议来使用文件共享服务，还可以使用 FTP 服务通过 FTP 协议去传输文件。如前面所述，在大多数情况下，FTP 服务对任何信息都采用明文传送，包括用户名称、密码，以及正在被传输的文件数据，所以 FTP 服务在某些特定的环境下可能并不适用。

FTP 设置面板提供了“开/关”按钮、用来选取父级文件夹（该文件夹包含要通过 FTP 使用的文件）的“共享”菜单、基本的访问设置界面，以及“查看文件”超链接，该超链接可以在“存储容量”设置面板中打开父级文件夹。

默认情况下，如果只是简单地打开 FTP 服务，那么成功通过鉴定的用户可以查看默认站点文件夹中的内容（参见“课程20　站点托管”来获取更多的信息）。

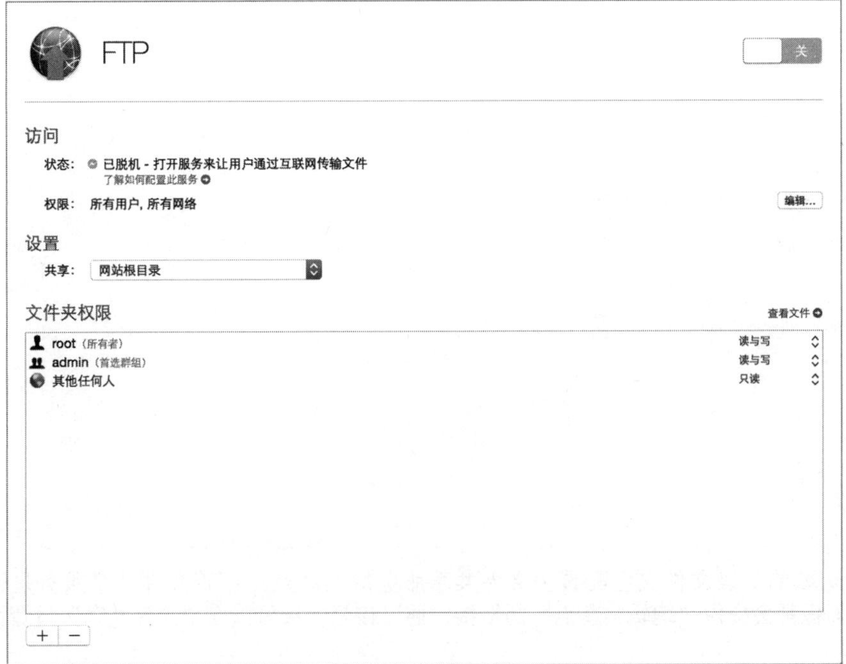

不过，也可以选择“共享”菜单来更改父级文件夹。

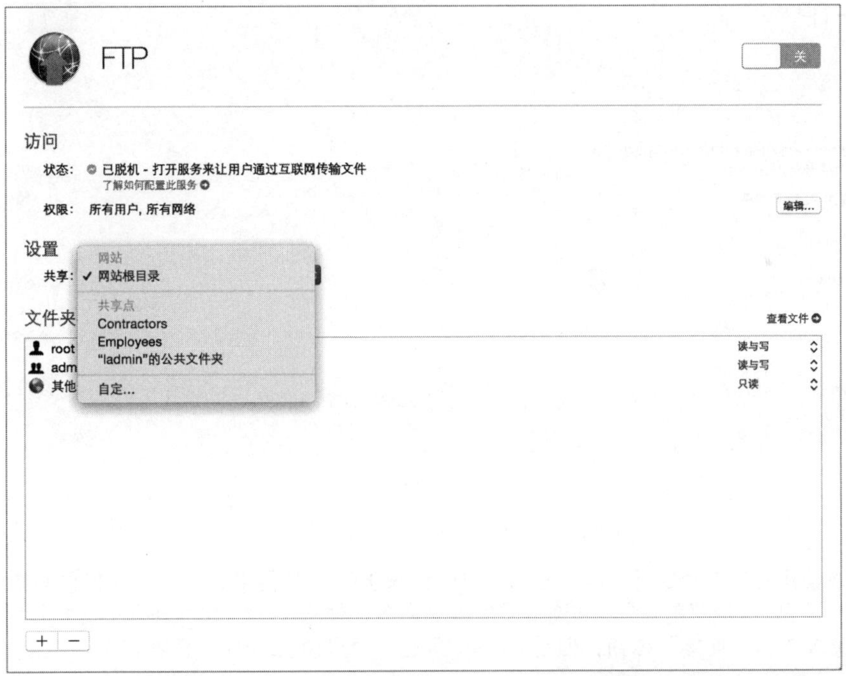

此外，还可以选取在服务器上配置的任何共享点，或者将其他文件夹配置为父级文件夹，然后再选取它。如果配置了一个自定的父级文件夹，FTP 设置面板会提供“查看文件”超链接，可以在“存储容量”设置面板中打开该文件夹，并且 Server 应用程序会显示“访问”部分的内容（在“课程13　文件访问的定义”中会介绍有关文件访问控制的内容）。

在下图中，父级文件夹是名为 FTPStuff 的文件夹，它并不是一个以其他方式共享的文件夹。

相反，如果选取的父级文件夹已配置为文件共享服务的共享点（不管文件共享服务是否开启），FTP 设置面板都会提供“编辑共享点”超链接，通过该超链接可以在“文件共享”设置面板中打开共享点。

当然，还可以使用 OS X 命令行环境或是第三方软件来访问 FTP 服务，这可以支持读写访问功能。在 Finder 中，可以选择“前往”>“连接服务器”命令，输入 ftp://<你服务器的主机地址>，然后提供鉴定信息并单击“连接”按钮，但是 Finder 只是一个只读访问的 FTP 客户端。

更多信息▶如果有人试图匿名连接，虽然会显示连接成功，但是会发现没有可用的文件或文件夹。

由于 FTP 服务通常并不加密用户名称或密码，所以建议保持 FTP 服务处于关闭状态，除非没有其他可替代的文件服务来满足组织机构的需求。

练习12.1
探究文件共享服务

▶ 前提条件

- ▶ 完成“练习4.2 配置Open Directory 证书颁发机构”的操作。
- ▶ 完成“练习9.1 创建和导入网络账户”的操作；或者使用 Server 应用程序创建用户 Barbara Green 和 Todd Porter，各用户的账户名称都与它们的名字相同并且都是小写，密码都为 net，并且都是名为 Contractors 群组的成员。

在本练习中，将使用 Server 应用程序去查看默认的共享文件夹、它们各自使用的协议，以及服务器存储设备上的可用空间。同时将创建一个新的文件夹，通过它进行文件共享，并使用“群组”设置面板来为群组成员创建一个共享文件夹。还将通过“已连接的用户”选项卡来监控文件共享服务的连接，并断开其中一位用户的连接。最后，停止默认共享文件夹和在练习中所创建的文件夹的共享。

OS X Server Yosemite 的一项新特性是可以加密和签名 SMB 连接。你将看到为一个共享文件夹启用加密 SMB 连接的选项，这会自动令该文件夹无法通过 AFP 和 WebDAV 文件共享协议来共享文件夹，不过“捕获数据包并对其进行分析，以验证 SMB 连接是被加密的”则超出了本教材的学习范围。

1 在管理员计算机上进行这些练习操作。如果在管理员计算机上尚未通过 Server 应用程序连接到服务器计算机，那么按照以下步骤进行连接：在管理员计算机上打开 Server 应用程序，选择“管理”>“连接服务器”命令，选取你的服务器，单击“继续”按钮，提供管理员身份信息（管理员名称：ladmin；管理员密码：ladminpw），取消选中“记住此密码”复选框，然后单击“连接”按钮。

2 在 Server 应用程序的边栏中，选择“文件共享”选项。默认情况下，此时应当有“‘ladmin’的公共文件夹”这个共享文件夹。

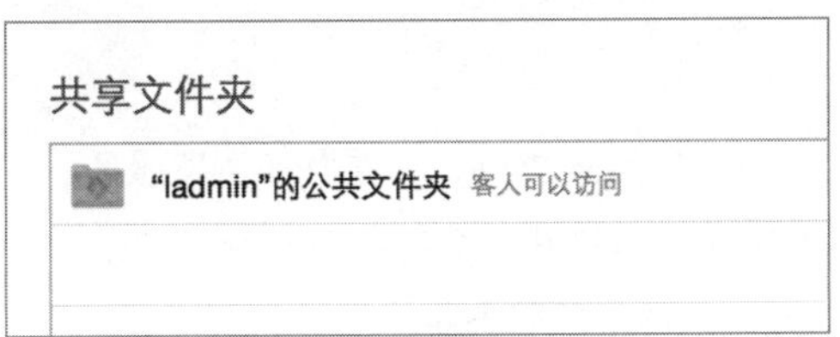

3 在“共享文件夹”对话框中，双击“‘ladmin’的公共文件夹”，来编辑共享点。

4 确认选中“允许客人用户访问此共享点”复选框（如果未选中，那么选中它）。

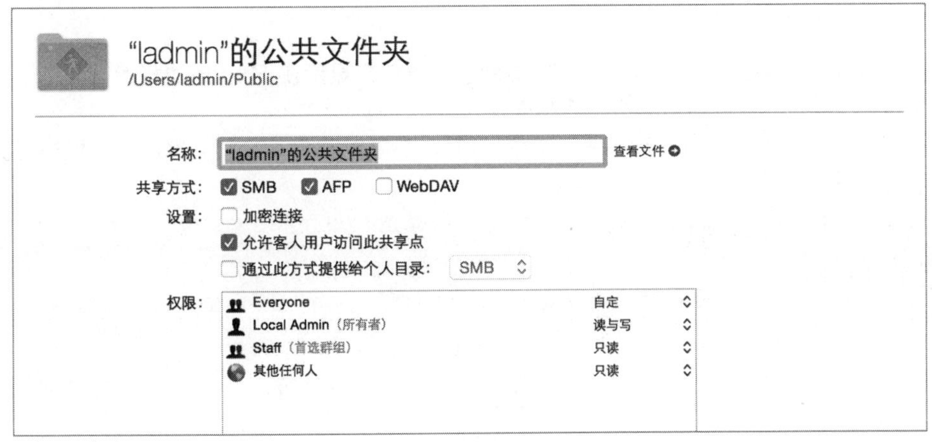

NOTE ▶ 当启用了客人访问设置后，同时也为 AFP 和 SMB 协议启用了客人访问。当然，为了让客人用户能够使用给定的协议访问共享点，那么该协议必须为该共享点启用。也就是说，启用客人访问并不自动启用任何特定的协议。

5 选中“加密连接”复选框。

6 注意 AFP 和 Web DAV 复选框会自动取消选中状态并变为灰色不可用状态。

共享方式：☑ SMB ☐ AFP ☐ WebDAV
设置：☑ 加密连接

7 取消选中“加密连接”复选框。

8 选中 AFP 复选框。

9 单击“好”按钮，从“‘ladmin’的公共文件夹”的详细设置视图返回到文件共享的概览界面。

停止和开启文件共享服务

使用 Server 应用程序来停止和开启文件共享服务，并验证它是可以正常工作的。不管文件共享服务当前是如何被配置的，要进行这个练习操作，都需要确保“启用屏幕共享和远程管理”复选框是被选中的，并且文件共享服务是关闭的。

1 在 Server 应用程序的边栏中选择你的服务器，然后单击“设置”按钮。

2 确认选中“启用屏幕共享和远程管理”复选框。

3 在 Server 应用程序的边栏中选择“文件共享”服务。

4 单击“开/关”按钮关闭服务。

5 确认“状态”部分显示的服务状态是已脱机的。

访问
状态： 已脱机 - 打开服务来共享文件
了解如何针对此服务配置设备

在管理员计算机上，观察文件共享服务被开启前后，如何通过 Finder 操作来浏览服务。

1 在管理员计算机上，在 Finder 中按 Command–N 组合键打开一个新的 Finder 窗口。

2 如果你的服务器出现在 Finder 窗口的边栏中，那么选择你的服务器。

如果这里显示了太多的网络计算机，使得你的服务器并未显示在 Finder 边栏的“共享”部分中，那么单击“所有”按钮，然后选取你的服务器。

由于你服务器的“文件共享”服务是关闭的，所以 Finder 只显示了“共享屏幕”按钮，而并没有显示“连接身份”按钮。

3 关闭 Finder 窗口。

NOTE ▶ 确认关闭了 Finder 窗口，否则本节剩余部分的操作将无法按照预期的效果进行。

4 在 Server 应用程序中的“文件共享”设置界面，单击“开/关”按钮打开服务。

当“文件共享”服务被开启后，在 Server 应用程序的边栏中，该服务的状态指示器会重新出现，并且如下图所示，“状态”信息框显示了有关服务连接的信息。

访问

状态： ● “server17”在 Finder 边栏中的本地网络上可用
了解如何针对此服务配置设备

5 在 Finder 中按 Command-N 组合键打开一个新的 Finder 窗口。

6 如果你的服务器出现在 Finder 窗口的边栏中，那么选择你的服务器；否则，单击“所有”按钮，然后再选择你的服务器。

7 在 Finder 中，在管理员计算机的 Finder 中观察 Finder 的操作变化：你会以客人用户的身份自动进行连接，显示一个“连接身份”按钮，并且在 Server 应用程序的共享点列表中，支持“客人可以访问”的共享文件夹被列在 Finder 窗口中（当前情况下，就是 Local Admin 的公共文件夹）。

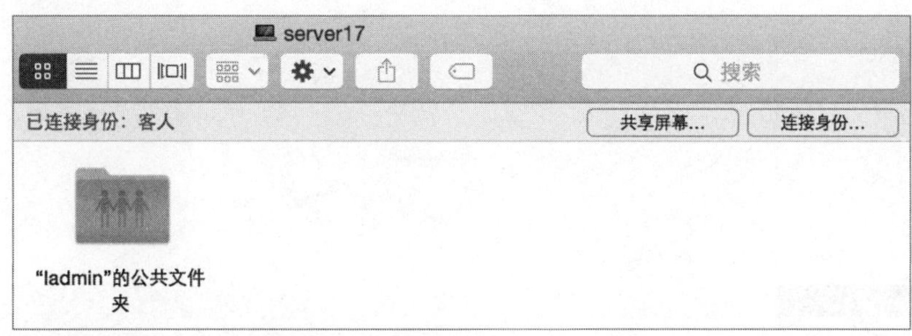

当你打开文件共享服务后，你的服务器使用 Bonjour 来向本地子网广播文件共享服务的可用性。管理员计算机的 Finder 接收到广播信息，从而更新 Finder 窗口边栏的显示。

为共享文件夹创建一个新位置

为了达到本练习的学习目的，需要创建一个新的文件夹，并在其中创建新的共享文件夹，你将进行以下操作：

- ▶ 在启动宗卷的根目录上创建一个文件夹。
- ▶ 更改该文件夹的所有权。

虽然登录到服务器后可以使用 Finder，但是你将使用 Server 应用程序的“存储容量”设置面板，以便熟悉了解其中的设置功能。

你会在“课程13　文件访问的定义”中学习有关权限的更多内容。

1 在你的管理员计算机上进行操作，在 Server 应用程序的边栏中选择你的服务器，然后单击“存储容量”按钮。

2 在“存储容量”设置面板中，如果未单击“列表视图”按钮，那么单击该按钮。

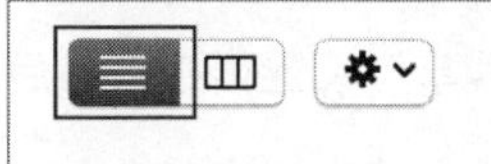

3 如果需要，单击启动磁盘的三角形展开按钮，显示启动磁盘的内容。

4 选择服务器计算机的启动磁盘。

5 打开“操作”弹出式菜单（齿轮图标），并选择“新建文件夹”命令。

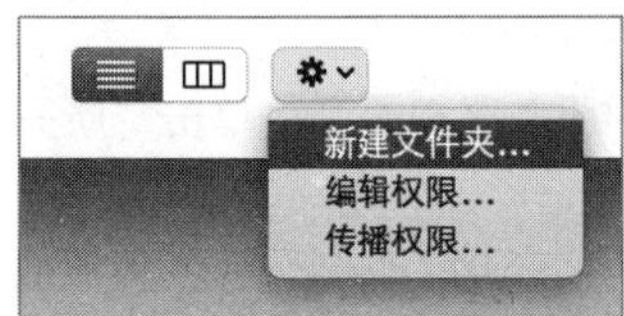

6 在“新文件夹的名称”文本框中输入 Shared Items，然后单击“创建”按钮。

7 选择 Shared Items 文件夹。

8 打开“操作”弹出式菜单（齿轮图标），并选择“编辑权限”命令。

9 在“用户或群组”列中双击名为“root”的用户，对其进行编辑。

10 输入 ladmin，然后选择 Local Admin（ladmin）。

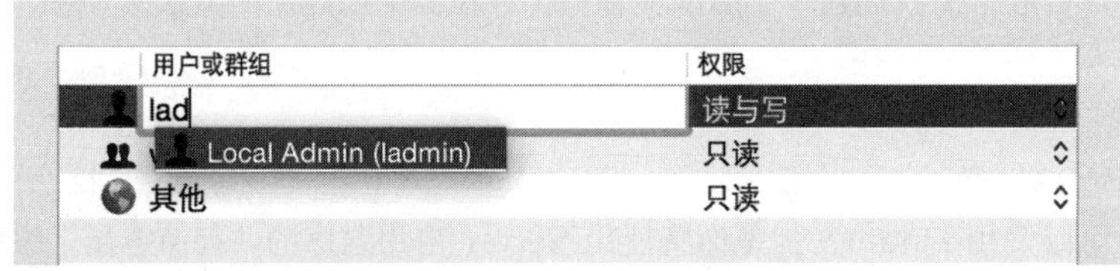

11 单击“好”按钮保存设置。

创建新的共享文件夹

已在服务器上存在的文件夹可以被用作共享文件夹。创建新文件夹的一种方式是在服务器上登录，并通过 Finder 创建一个新的文件夹。但是，也可以使用 Server 应用程序在你的服务器上创建新的文件夹。

1 在管理员计算机上进行操作，在 Server 应用程序中打开“文件共享”设置面板，然后单击“添加”（+）按钮来添加新的共享文件夹。

Server 应用程序在左侧显示了宗卷列表，在右侧以分栏视图模式显示所选宗卷的文件夹。

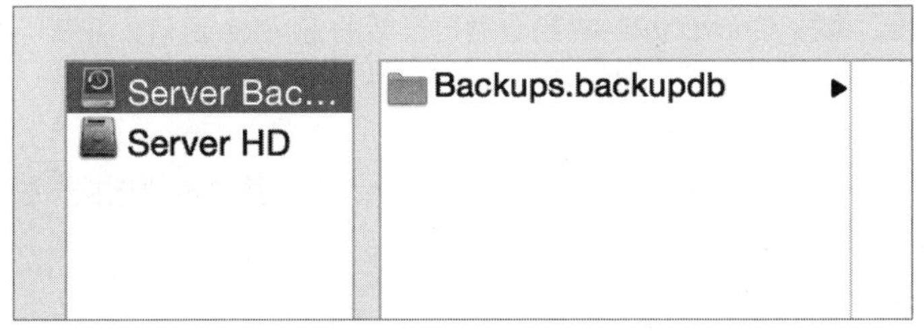

NOTE ▶ 如果你使用服务器计算机而不是使用管理员计算机来创建新的共享文件夹，那么 Server 应用程序显示文件的方式与在 Finder 中看到的类似。确保在你的管理员计算机上进行这些操作步骤，从而可以与本练习保持一致的操作体验。

虽然内容看起来类似于 Finder，但是这里有一个显著的区别：你正在查看的是服务器的文件系统，而不是你管理员计算机的本地文件系统，你所创建或选取的任何文件夹都是在你服务器的存储设备中的。

2 选择服务器的启动宗卷，然后选择 Shared Items 文件夹。

3 单击“新建文件夹”按钮，在服务器上创建一个新的文件夹。

Server 应用程序要你指定文件夹的名称。

4 输入名称 Pending Projects 并单击“创建”按钮。

5 选择新的 Pending Projects 文件夹。

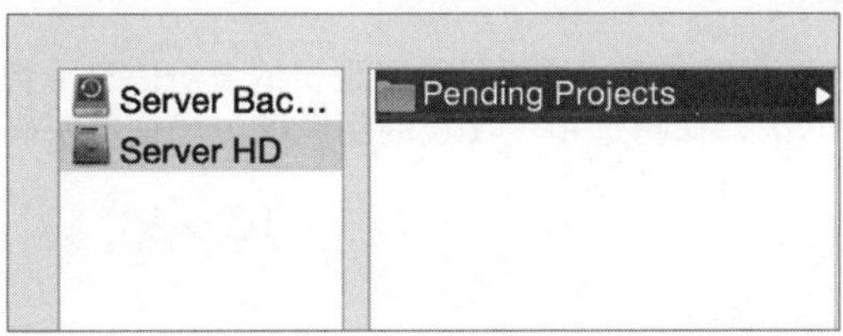

6 单击“选取”按钮。

新建的共享文件夹出现在共享文件夹列表中，而且对于文件共享的客户端来说是立即可用的。

注意，如果你是在服务器上使用 Server 应用程序，而不是在你管理员计算机上进行操作的，那么 Pending Projects 共享文件夹会显示为蓝色文件夹图标，而不是专用的共享宗卷图标。

在管理员计算机上，当前已通过 SMB 以客人用户的身份进行了连接。现在以 Barbara Green 的用户身份来连接新的文件夹。

1 在管理员计算机上，在 Finder 中按 Command–N 组合键打开新的 Finder 窗口，并在 Finder 窗口的边栏中选择你的服务器（或是单击“所有”按钮并选择你的服务器）。

2 在 Finder 窗口的右上角单击“连接身份”按钮。

3 提供 Barbara Green 的用户身份信息（名称：Barbara，密码：net），并单击“连接”按钮。

你会看到你可以访问的共享文件夹列表。

4 打开 Pending Projects 文件夹。

5 选择“显示”>“显示状态栏”命令。

注意 Finder 窗口左下角的铅笔加斜线图标，表明你对这个文件夹并不具备写访问权限。你会在“课程13　文件访问的定义”中学习到有关权限的更多内容。

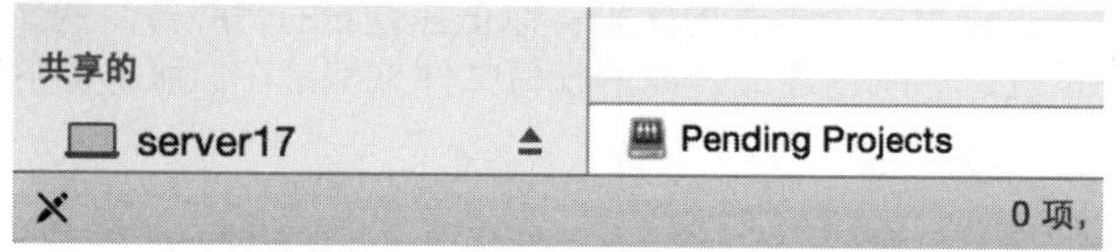

6 关闭 Finder 窗口。

使用 Server 应用程序来创建新的共享文件夹是很容易的，但是要让用户在文件夹中创建文件和文件夹则需要更新权限设置。在 Server 应用程序中，一个更加节省时间的功能是为群组创建共享文件夹，接下来将进行具体设置。

为群组指定共享文件夹

使用 Server 应用程序来为 Contractors 群组指定一个共享文件夹。这项功能的一个便捷之处，就是对于用户在这个共享文件夹中所创建的资源来说，不需要进行任何额外的配置就可以让用户共享的资源具有读写访问权限。

下面将为 Contractors 群组指定一个共享文件夹，然后确认该群组成员可以读写访问文件夹中的资源。

1 在 Server 应用程序的边栏中选择“群组”选项。

2 单击弹出式菜单并选择“本地网络群组”命令。

3 如果设置面板底部的锁定图标是锁定状态，那么单击它，提供目录管理员的身份信息（管理员名称：diradmin，管理员密码：diradminpw），保持选中“在我的钥匙串中记住次密码”复选框，并单击“鉴定”按钮。

4 双击 Contractors 群组，对其进行编辑。

5 选中“为此群组指定一个共享文件夹”复选框。

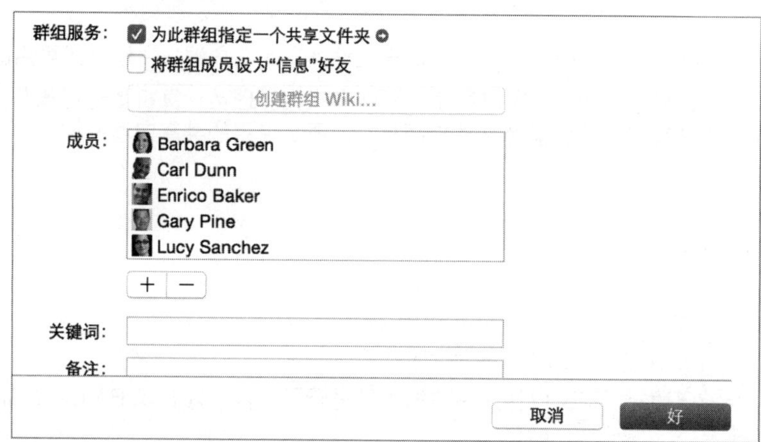

6 单击“好”按钮，在 Groups 文件夹中创建共享文件夹。

如果先前在启动宗卷的根目录下并不存在名为 Groups 的文件夹，那么该操作会创建 Groups 文件夹，并将它配置为共享文件夹。

7 在 Server 应用程序的边栏中选择“文件共享”选项，返回到它的设置面板。

通过以下步骤来确认 Contractors 群组的成员可以编辑 Contractors 群组文件夹中的文件。你应当仍然能够以 Barbara Green 的用户身份来连接到服务器，因为他是 Contractors 群组中的成员。

确认你仍然能够以 Barbara Green 的身份来进行连接。

1 在你的管理员计算机上进行操作，在Finder中按 Command-N 组合键打开一个新的 Finder 窗口。

2 在 Finder 窗口的边栏中选择你的服务器，或者是单击“所有”按钮并选择你的服务器。

3 如果在 Finder 窗口的工具栏下并没有看到“已连接身份：barbara”，那么单击“连接身份”按钮，然后提供 Barbara 的身份信息（名称：Barbara，密码：net）并单击“连接”按钮。

4 打开 Groups 文件夹。

5 打开 contractors 文件夹。

注意文件夹的名称是基于群组的短名称来命名的。

6 按 Command-Shift-N 组合键来创建一个新文件夹，输入 Barbara Created This 作为文件夹的名称并按 Return 键来保存名称更改。

注意，当你在 Finder 中查看 contractors 文件夹的时候，在 Finder 窗口的左下角并没有图标出现，这说明你可以读写访问这个文件夹（因为 server 应用程序会自动为群组成员配置读写访问权限）。

以 Todd Porter 的身份进行连接，他是 Contractors 群组中的另一名成员，验证你可以编辑 Barbara Green 放到文件夹中的资源。

1 在 Finder 窗口的边栏中，单击服务器旁边的“推出”图标，推出宗卷。

2 单击“连接身份”按钮，提供群组中另一个用户的身份信息（名称：todd，密码：net），并单击“连接”按钮。

3 打开 Groups 文件夹，然后再打开 contractors 文件夹。

4 按 Command-Shift-N 组合键来创建一个新文件夹，输入 Todd Created This 作为文件夹的名称并按 Return 键来保存名称更改。

5 当你仍然以 Todd Porter 的身份处于连接状态时，将其他用户创建的文件夹（名为 Barbara Created This）拖到“废纸篓”，来证明你可以修改由不同用户创建的资源。

当要求你确认操作的时候，单击“删除”按钮。

6 在 Finder 窗口的边栏中，单击服务器旁边的“推出”图标，推出宗卷。

查看并断开已连接的用户

通过“已连接的用户”选项卡来查看当前正在使用你服务器文件共享服务的用户。

1 在“文件共享”设置面板中单击“已连接的用户”选项卡。

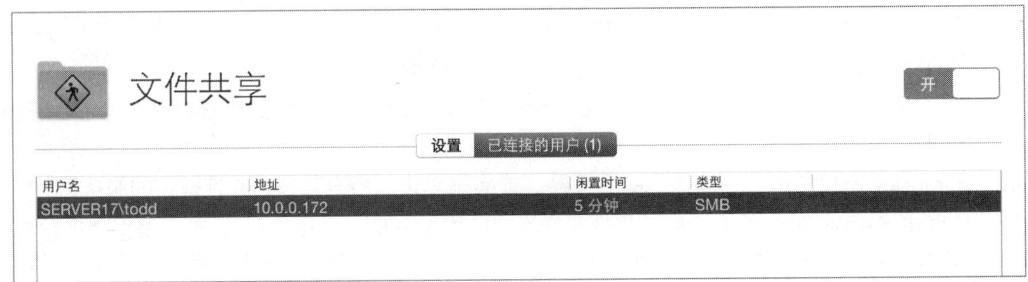

2 选择“显示”>“刷新”命令（或按 Command-R 组合键）来刷新已连接的用户数量。

3 选择已连接的用户，带有todd短名称的用户应当从之前的操作开始到现在仍然处于连接状态。

4 单击“断开连接”按钮。

5 在操作确认对话框中，单击“断开”按钮。

6 在 Finder 中，确认你已不再连接到你服务器的共享文件夹；在 Finder 窗口的边栏中，确认你服务器名称旁边的“推出”按钮已不再显示。

清理

你将移除已共享的 Pending Projects文件夹和 Local Admin 的共享文件夹，因为在其他的练习中不再会用到它们。

1 在你的管理员计算机上进行操作，在 Server 应用程序的边栏中选择“文件共享”选项。

2 单击“设置”选项卡。

3 选择已共享的 Pending Projects文件夹。

4 单击“移除”（ – ）按钮，并在操作确认对话框中单击“移除”按钮。

注意，共享文件夹的内容是不会被删除的。

5 选择已共享的“Local Admin 的公共文件夹”。

6 单击“移除”（ – ）按钮，并在操作确认对话框中单击“移除”按钮。

你已令 Finder 的状态栏变为可见，现在需要隐藏它，这样剩余练习内容中的图示看上去就和你屏幕上看到的界面一致了。

1 在 Finder 中，选择“显示”>“隐藏状态栏”命令。

你已使用 Server 应用程序查看了默认的已共享文件夹、它们各自使用的协议及你服务器存储设备上的可用空闲空间。然后你在启动宗卷的根目录上创建了一个文件夹，作为新的共享文件夹的存储位置，在这里你又创建了一个新的文件夹，并将它用于文件共享。你还创建了一个群组文件夹，并且看到，你不需要进行任何额外的操作步骤，就可以让群组成员对这个文件夹进行写访问操作。你还通过“已连接的用户”选项卡进行了监控，并断开了用户的连接。

你将在“课程13　文件访问的定义”中学习到有关 OS X Server 如何对文件进行控制访问的内容，这样就可以去修改其他用户创建的资源了。

练习12.2
通过日志来诊断文件共享的问题

▶ **前提条件**

- ▶ 完成“练习12.1　探究文件共享服务”的操作。

查看 AFP 访问日志

AFP 访问日志持续跟踪 AFP 的操作。

1. 在管理员计算机上进行操作，如果尚未连接到服务器，那么打开 Server 应用程序，连接服务器，并鉴定为本地管理员。
2. 在 Server 应用程序的边栏中选择“日志”选项。
3. 单击弹出式菜单，并选择“AFP 访问日志”命令。
4. 注意，此时可以看到的操作信息包括连接到、从哪里断开连接，以及在已共享的文件夹中创建文件。

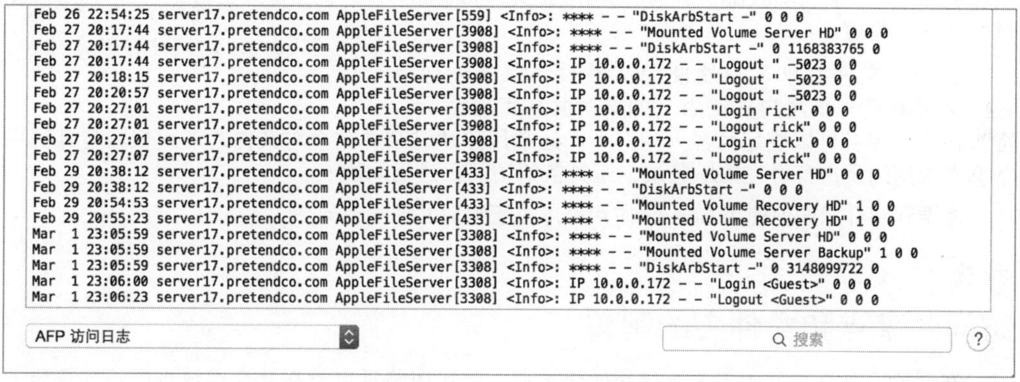

```
Feb 26 22:54:25 server17.pretendco.com AppleFileServer[559] <Info>: **** - - "DiskArbStart -" 0 0 0
Feb 27 20:17:44 server17.pretendco.com AppleFileServer[3908] <Info>: **** - - "Mounted Volume Server HD" 0 0 0
Feb 27 20:17:44 server17.pretendco.com AppleFileServer[3908] <Info>: **** - - "DiskArbStart -" 0 1168383765 0
Feb 27 20:17:44 server17.pretendco.com AppleFileServer[3908] <Info>: IP 10.0.0.172 - - "Logout " -5023 0 0
Feb 27 20:18:15 server17.pretendco.com AppleFileServer[3908] <Info>: IP 10.0.0.172 - - "Logout " -5023 0 0
Feb 27 20:20:57 server17.pretendco.com AppleFileServer[3908] <Info>: IP 10.0.0.172 - - "Logout " -5023 0 0
Feb 27 20:27:01 server17.pretendco.com AppleFileServer[3908] <Info>: IP 10.0.0.172 - - "Login rick" 0 0 0
Feb 27 20:27:01 server17.pretendco.com AppleFileServer[3908] <Info>: IP 10.0.0.172 - - "Logout rick" 0 0 0
Feb 27 20:27:01 server17.pretendco.com AppleFileServer[3908] <Info>: IP 10.0.0.172 - - "Login rick" 0 0 0
Feb 27 20:27:07 server17.pretendco.com AppleFileServer[3908] <Info>: IP 10.0.0.172 - - "Logout rick" 0 0 0
Feb 29 20:38:12 server17.pretendco.com AppleFileServer[433] <Info>: **** - - "Mounted Volume Server HD" 0 0 0
Feb 29 20:38:12 server17.pretendco.com AppleFileServer[433] <Info>: **** - - "DiskArbStart -" 0 0 0
Feb 29 20:54:53 server17.pretendco.com AppleFileServer[433] <Info>: **** - - "Mounted Volume Recovery HD" 1 0 0
Feb 29 20:55:23 server17.pretendco.com AppleFileServer[433] <Info>: **** - - "Mounted Volume Recovery HD" 1 0 0
Mar  1 23:05:59 server17.pretendco.com AppleFileServer[3308] <Info>: **** - - "Mounted Volume Server HD" 0 0 0
Mar  1 23:05:59 server17.pretendco.com AppleFileServer[3308] <Info>: **** - - "Mounted Volume Server Backup" 1 0 0
Mar  1 23:05:59 server17.pretendco.com AppleFileServer[3308] <Info>: **** - - "DiskArbStart -" 0 3148099722 0
Mar  1 23:06:00 server17.pretendco.com AppleFileServer[3308] <Info>: IP 10.0.0.172 - - "Login <Guest>" 0 0 0
Mar  1 23:06:23 server17.pretendco.com AppleFileServer[3308] <Info>: IP 10.0.0.172 - - "Logout <Guest>" 0 0 0
```

AFP 访问日志　　　　Q 搜索　　?

注意，SMB 是 OS X Mavericks 及以后版本的系统默认使用的文件共享协议，所以在本练习中，通过 SMB 创建文件夹的操作行为并不包含在 AFP 访问日志中。

查看 AFP 错误日志

鉴于该课程的课堂教学情况，可能会令日志中存有少量或者根本就没有错误信息存在。但是在尚未遇到问题的情况下，应当演练一下日志信息的定位及内容的查看。

1. 在 Server 应用程序的边栏中选择“日志”选项。
2. 单击弹出式菜单，并选择“AFP 错误日志”命令。

   在正常操作的情况下，这里不应当有太多的内容。
3. 单击弹出式菜单，并在“网站”部分选取一个日志。

如果之前并没有通过 WebDAV 访问文件共享服务，那么在任何站点日志中都不会有 WebDAV 的信息。

此时已经通过 Server 应用程序查看了各类日志。记住，尽管日志是被存储在服务器上的，但是可以通过远端运行的 Server 应用程序查看日志。

课程13
文件访问的定义

> 目标
> - 使用 Server 应用程序配置已共享的文件夹。
> - POSIX（可移植操作系统接口）所有权及权限模式介绍。
> - 访问控制列表（ACL）和访问控制项（ACE）的定义。
> - 基于用户与群组账户、标准 POSIX 权限和 ACL 来配置 OS X Server 对文件的访问控制。

现在你对“课程12　文件共享服务的配置”中可以启用的文件共享协议、对共享点的基本创建、移除及编辑操作都已经很熟悉了，那么现在可以去配置访问文件了。对于文件和文件夹的访问，OS X Server 使用基本文件权限外加可选用的访问控制列表（ACL）来进行授权，决定对文件和文件夹的访问。在 OS X 中，每个文件及每个文件夹都会被指派一个用户账户作为它的“所有者”、一个群组账户与其相关联，以及可选用的 ACL，可以为所有者、群组及 everyone 来分配访问权限，并且选用的 ACL 可增加额外的权限设置。

当一个文件共享客户端使用文件共享服务的时候，必须鉴定一个用户去使用（如果对共享点启用了客人访问，那么可以鉴定为客人用户）。远端用户通过文件共享对文件的访问权，与其使用装载共享点所用的用户身份在本地登录，所具备的访问权是相同的。

本课程将介绍如何使用 Server 应用程序去配置对文件的访问。

参考13.1
访问共享点和文件夹的配置

在创建了共享点并确定了要使用的协议后，就可以将重点放在共享点自身的访问等级上了。你需要考虑 POSIX 权限（基于 UNIX 的所有权和权限）及文件系统 ACL 的设置。对这个设置灵活地、系统地使用，可以对任何文件夹或文件应用复杂的访问设置。

你可以通过 Server 应用程序的“文件共享”设置面板来为你的共享文件夹配置访问权限，并且还可以通过 Server 应用程序的“存储容量”设置面板来为任意文件夹或文件配置访问权限。注意，这两个设置面板的操作效果是不同的，并且它们显示信息的方式也不同。本教材先关注“文件共享”设置面板的情况，然后再关注“存储容量”设置面板的情况。

通过 Server 应用程序的“文件共享”设置面板进行基本访问配置

要为共享点配置访问设置，可以在查看共享点的时候通过“权限”窗口进行配置。标准的 POSIX 设置会被列出，其中带有所有者的全名，后面的括号里带有“所有者”字样，还有与文件夹相关联的群组全名，后面的括号里带有“首选群组”字样，以及“其他任何人”的设置。

在下图中，本地用户 Local Admin 是所有者，名为 Staff 的本地群组是与这个示例共享点相关联的首选群组。

如果在文件夹的 ACL 中有访问控制项（ACE）的话，那么这些 ACE 会显示在 POSIX 项目的上面。在下面的图示中，在“权限”设置框中第二个项目是针对本地网络群组ProjectAdmins的ACE，第一个项目是针对本地网络群组Developers 的ACE。

要更改一个共享点的标准 POSIX 所有者，双击当前所有者的名称即可；要更改群组，同样也

是双击当前首选群组的名称。当你开始输入的时候，会出现一个带有匹配你已输入字符的名称菜单。下面的图例描述了更改 POSIX 所有者的操作过程。

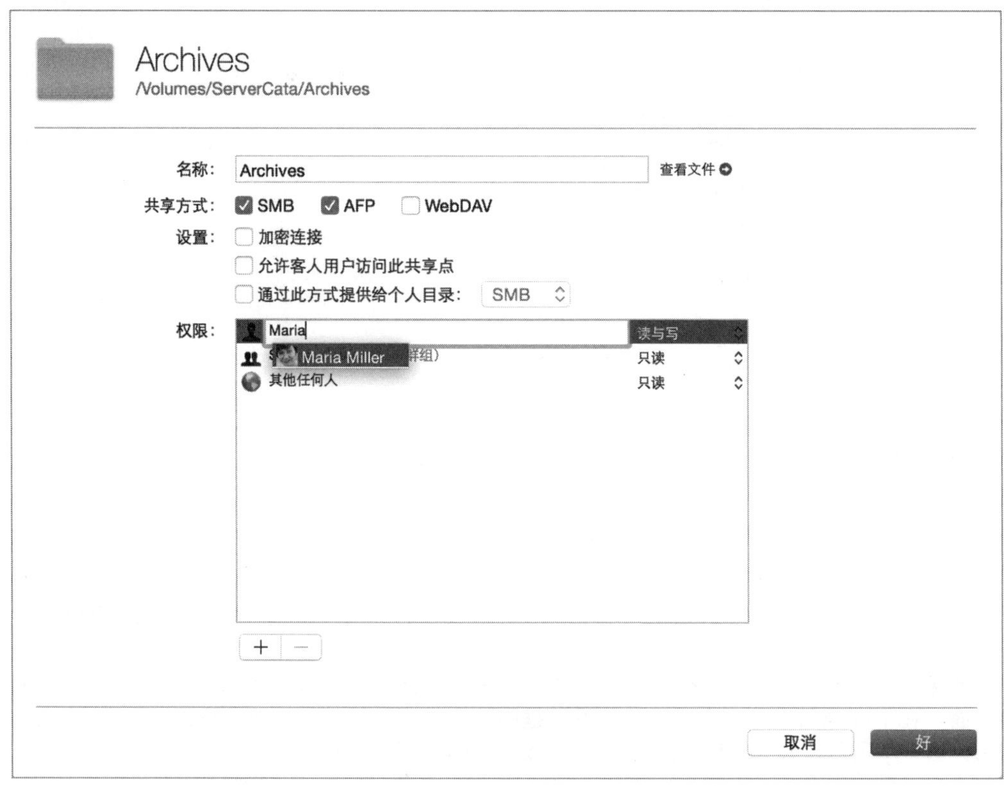

在菜单中，既可以选取一个名称，也可以单击“浏览”按钮。如果单击“浏览”按钮，会显示账户对话框。从中可以选取一个账户，然后单击“好”按钮。之后，Server 应用程序会在所有者或首选群组输入框中显示账户的全名。

要更改权限，单击右侧的菜单并从 4 个选项中进行选取：

- 读与写。
- 只读。
- 只写。
- 无访问权限。

在进行了权限的更改后，确认单击“好”按钮来保存你的更改。如果在 Server 应用程序中选择了不同的设置面板，或是退出了 Server 应用程序，那么你所做的更改可能不会被保存下来。

当用户被鉴定后，文件权限用来控制对服务器上文件和文件夹的访问。有一个设置应当被称为相对权限设置，即其他人权限，当通过“文件共享”设置面板编辑权限的时候，它被显示为“其他任何人”。当设置其他人权限的时候，这些权限会应用到那些可以看到项目（文件或文件夹），但既不是所有者也不属于项目相关群组成员的用户。

允许客人用户访问

可以选中“允许客人用户访问此共享点”复选框来为共享点启用客人访问。

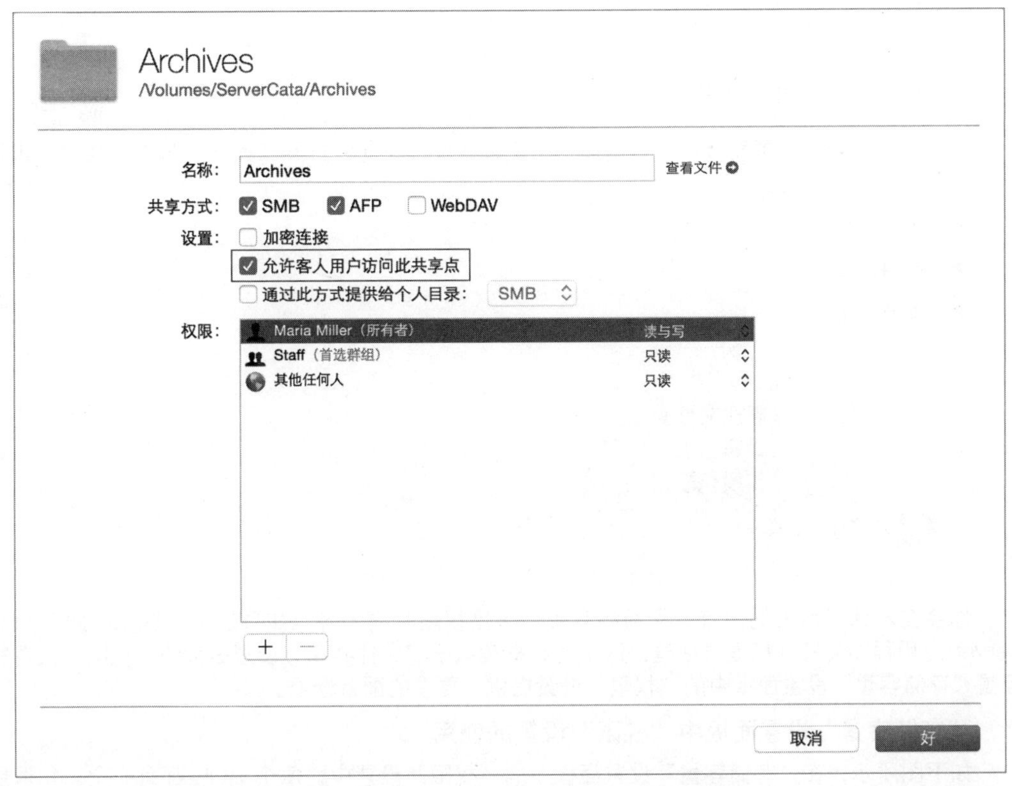

客人访问是非常有用的，但是在启用前，确认了解它在权限设置中所产生的影响。如名称所示，客人访问可以让任何能够连接到你服务器的用户使用服务器上的共享点资源。一个鉴定为客人的用户被给予“其他任何人”的权限来访问文件和文件夹。对于一个允许客人访问的共享点来说，如果将它的“其他任何人”权限指定为只读访问，那么网络上的任何人（而且，如果服务器具有公网 IP 地址并且没有防火墙保护，那么就会是整个互联网）都可以看到和装载这个共享点，而这或许是你不希望出现的情况。

如果一个用户以客人身份连接的时候，在 AFP 共享点上创建了一个项目，那么 AFP 客户端会将该项目的所有者设置为“nobody”。

如果一个文件夹位于深层次的文件结构中，客人无法前往那个位置（因为包含它的文件夹并不允许“其他任何人”访问），那么客人用户就无法去浏览那个文件夹了。

TIP 验证权限的最好方式是从客户端计算机连接到“文件共享”服务，提供有效的身份信息（或者是作为客人进行连接），然后测试访问的情况。

通过 Server 应用程序的“存储容量”设置面板进行访问设置

与“文件共享”设置面板中可以配置访问共享点相比较，你可以使用 Server 应用程序的“存储容量”设置面板来为单个文件和文件夹配置权限。此外，还可以实现更加细化的控制。

前往“存储容量”设置面板的一个方法是在 Server 应用程序的边栏中选择你的服务器，然后打开“存储容量”设置面板，之后可以前往到一个特定的文件或文件夹。

打开“存储容量”设置面板的另一个方法是通过快捷操作：在“文件共享”设置面板中，当你编辑一个共享点的时候，单击“查看文件”旁边的箭头图标，Server 应用程序会在“存储容量”设置面板中打开该共享点文件夹。

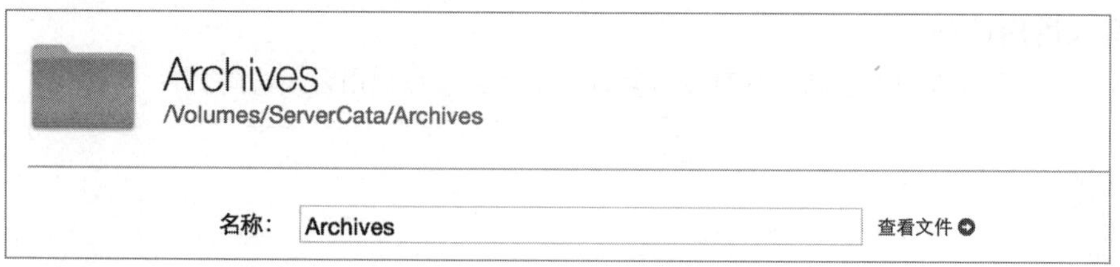

在“存储容量”设置面板中，当选择一个文件或文件夹时，打开“操作”弹出式菜单（齿轮图标），会看到3个选项：

- 新建文件夹。
- 编辑权限。
- 传播权限。

你会在本课程后面的内容中学习到有关“传播权限”的内容。如果选择“编辑权限”命令，Server 应用程序会打开权限对话框，这个对话框类似于“文件共享”设置面板的“权限”设置框，但是“存储容量”设置面板中的“权限”设置提供了更多的配置选项。

“存储容量”设置面板中“权限”设置的使用

如下图所示，在“存储容量”设置面板中的“权限”设置中，每个 ACE 都有一个三角形展开图标来隐藏或是显示 ACE 的详细信息。此外，有些信息，例如 Spotlight ACE，在“文件共享”设置面板中是被隐藏的，而在这里的权限对话框中则是被显示的。

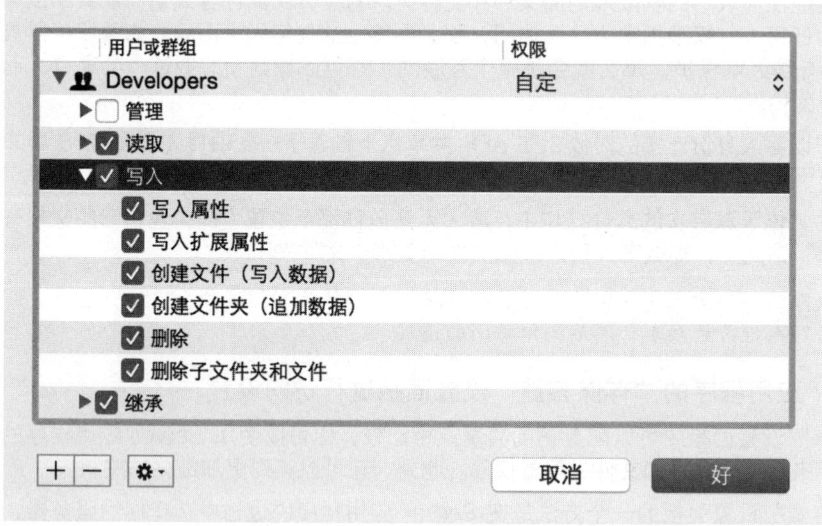

NOTE ▶ Spotlight 的继承 ACE 可以让 Spotlight 来维护服务器上的文件索引。不要修改或移除这个 ACE，否则可能会遇到意外的操作结果。

接下来将介绍修改项目 ACL 设置的内容。

参考13.2
POSIX 权限对比 ACL 设置

Server 应用程序是一个功能强大的工具，带有很多用于配置文件访问的设置项。重点是要理解 POSIX 权限模式和文件系统 ACL 的表现形式，以及它们在一起是如何进行操作的，从而可以按照自己的意图来准确配置共享点。本节在开始部分先快速介绍一下 POSIX 所有权和权限的情况，然后再考虑 ACL 的设置。

POSIX 所有权和权限说明

OS X 标准文件系统权限结构基于有着几十年历史的 UNIX 权限风格。该系统有时也称为 POSIX 风格的权限。在 OS X 和 OS X Server 所使用的 POSIX 权限模式中，每个文件和每个文件夹都只关联一个“所有者”和一个“群组”。作为管理员，可以更改 POSIX 所有者和 POSIX 群组，但是不要忘记，每个文件必须有一个且只能有一个所有者，并且必须有一个且只能有一个群组来作为 POSIX 所有权的一部分。这大大限制了设置上的灵活性，因此可以选用 ACL 来增加文件访问管理的灵活性，不过对于基本 POSIX 所有权和权限的理解仍是十分重要的。更多信息可参考《*Apple Pro Training Series: OS X Support Essentials 10.10*》教材中“课程11　权限和共享”中的“文件系统权限”部分的内容。

当在同一宗卷中将一个项目从一个文件夹移动到另一个文件夹的时候，该项目总会保持其原始的所有权和权限。相比之下，当通过 AFP、SMB 或是 WebDAV 在网络宗卷上创建一个新项目的时候，或者从一个宗卷向另一个宗卷复制项目的时候，OS X 会为新文件或文件夹采用以下所有权和权限设置规则：

- 新项目的所有者是创建或复制该项目的用户。
- 群组是包含它的文件夹所关联的群组，也就是说，新复制的项目会继承包含它的文件夹的群组。
- 所有者会被分配读/写权限。
- 群组会被分配只读权限。
- 其他人（也就是所显示的“其他任何人”）会被分配只读权限。

在这种模式下，如果在一个对群组有读/写权限的文件夹中创建一个项目，那么新项目将不会继承群组的权限，所以其他用户是无法编辑该项目的（但是由于对文件夹有读/写权限，所以他们可以从文件夹中移除项目）。

在不使用 ACL 的情况下，如果一个用户要授予其他群组成员对新项目的写访问权限，那么他必须手动修改它的权限，可以使用 Finder 的“显示简介”指令、命令行中的 chmod 或是一些第三方工具进行设置。这需要为每一个新项目进行设置。与此相反，可以使用 ACL 来避免让用户为他们的工作流程增加手动修改权限的操作。

更多信息▶用于控制新建文件 POSIX 权限的变量称为umask。对 umask 默认值的更改是不建议的，而且这也超出了本教材的学习范围。当用户通过 AFP 或 SMB 在服务器上创建文件的时候，客户端计算机上的用户 umask 会影响到新创建项目的权限，而服务器计算机上的 umask 则会影响到通过 WebDAV 创建的文件的权限。

访问控制列表的定义

由于 POSIX 权限模式存在设置上的限制，所以考虑使用 ACL 有助于对文件夹和文件进行访问控制。Apple ACL 模式可以映射到 Windows ACL 模式，所以 Windows 用户可以体验到与 OS X 用户相同的文件夹和文件权限访问控制。

在本节中，将介绍通过 Server 应用程序来对 ACL 进行应用、“文件共享”设置面板——它提供了一个简化的设置界面，还有“存储容量”设置面板中的“权限”设置——在设置上提供了更大的灵活性。此外，还将介绍 ACL 如何继承工作，以及它为什么功能如此强大。

NOTE ▶ 只能在格式为 Mac OS 扩展的宗卷上应用 ACL。

在 OS X Server 中，使用 Server 应用程序来配置 ACL。ACL 是由一个或多个 ACE 组成的。每个 ACE 包含以下内容：

- 应用这些 ACE 的一个用户或群组的全局唯一 ID（GUID）或是通用唯一 ID（UUID）。
- 允许访问或是拒绝访问的ACE（使用 Server 应用程序只能创建允许项，虽然不能使用 Server 应用程序来创建拒绝项，但是会将拒绝项复选框显示为已选中，以表示对它指定了允许或是拒绝规则，本列表结尾处的文字对此进行了进一步解释说明）。
- ACE 允许或拒绝的权限（参见“ACE 复杂权限的配置”部分的内容）。
- ACE 的继承规则（参见“ACL 继承的定义”部分的内容）。
- ACE 所应用的文件夹或文件。

Server 应用程序并不在设置界面中对“允许”和“拒绝”进行明显区分，你只是看到一个复选框。当分配一个新的 ACE 时，它认为你正在分配的是一个允许规则。但是，当使用 Server 应用程序来查看带有拒绝规则的 ACE 时，在这里并没有迹象来说明这个规则是允许规则还是拒绝规则。例如，OS X 会自动对每个用户个人文件夹中的一些项目应用拒绝 ACE，来避免发生意外的移除操作，如下图所示。

你可以根据自己的需要来添加很多 ACE，并且有比标准 POSIX 权限更为丰富的权限类别可供使用，此内容会在“ACE 复杂权限的配置”中介绍。

了解文件系统 ACL 如何工作

当使用 Server 应用程序来定义 ACL 的时候，你正在创建的是单个 ACE。

项目的顺序是至关重要的，因为 OS X 是从上至下来对列表进行评估的。

ACL 允许规则和拒绝规则的匹配工作方式是不同的。当对 ACL 进行评估的时候，操作系统从第一项 ACE 开始并向下逐项进行评估，停止在应用到该用户的 ACE 上，并匹配相应的操作，例如读、被执行。ACE 的权限（允许或是拒绝）会被应用。列表中在这之下的 ACE 都会被忽略。任何匹配的允许或是拒绝 ACE 都会跨越标准 POSIX 权限设置。在既有 ACL 允许规则又有 POSIX 允许规则的情况下，访问效果是进行累加的。如果 User1 在 ACE 中具有写访问权限，在 POSIX 中的 Everyone 设有读访问权限，那么 User1 实际上会具有读和写访问权限。

通过 Server 应用程序的“文件共享”设置面板进行 ACL 配置

在 Server 应用程序的“文件共享”设置面板中，当编辑一个共享点的时候，可以通过以下常用的操作步骤来为共享点添加新的 ACE：

NOTE ▶ 这只是一个示例操作过程，并不是本课程的练习操作。

1 单击“添加”（＋）按钮。

2 指定用户或群组：必须从列表中选取账户，或是单击“浏览”按钮并从列表中选取账户。

3 指定允许的访问操作。注意，你可以指定“读与写”“读取”或是“写入”。

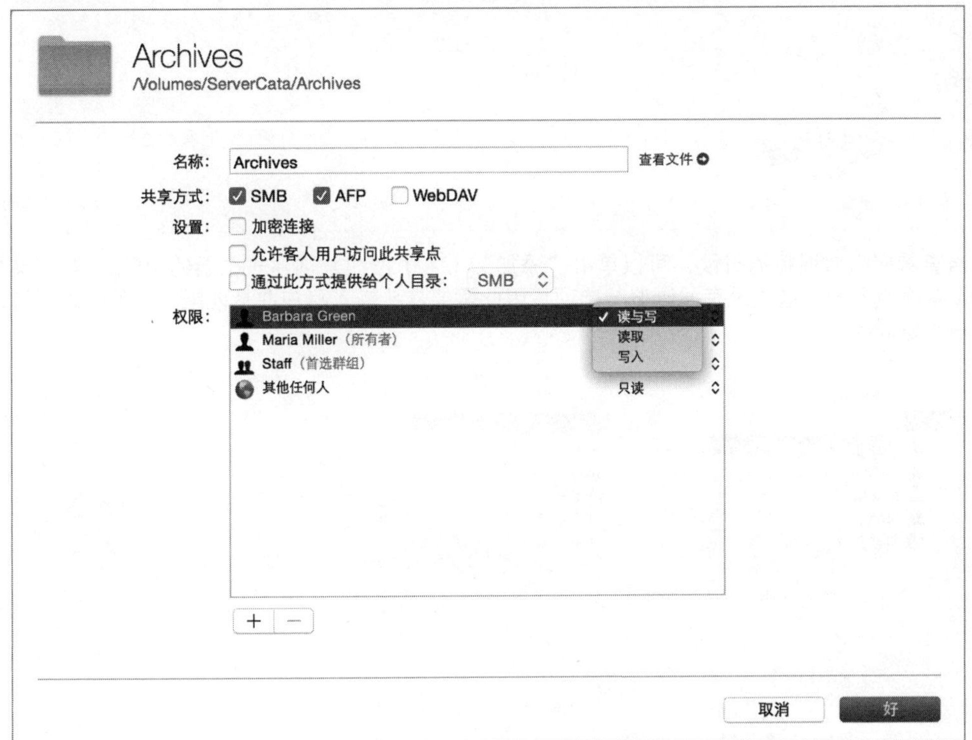

4 重复步骤1～步骤3来添加 ACE，然后单击“好”按钮来保存更改。

通过 Server 应用程序的“存储容量”设置面板进行 ACL 配置

Server 应用程序的“存储容量”设置面板提供了比“文件共享”设置面板更为灵活的 ACL 配置选项，特别是能够进行以下设置：

- 为 ACE 配置复杂的权限，不仅仅是“读与写”“读取”或是“写入”。
- 配置 ACL 的继承设置。
- 为单个文件配置 POSIX 所有权和权限，以及 ACL，而不只是对文件夹。
- 为没有被共享的文件配置 POSIX 所有权和权限（“文件共享”设置面板只允许你配置共享点）。

要访问“存储容量”设置面板，在 Server 应用程序的边栏中选择你的服务器，然后单击“存储容量”选项卡。你可以选择现有的文件夹或是创建新的文件夹。要访问一个文件或文件夹的权限对话框，打开“操作”弹出式菜单（齿轮图标），然后选择“编辑权限”命令。

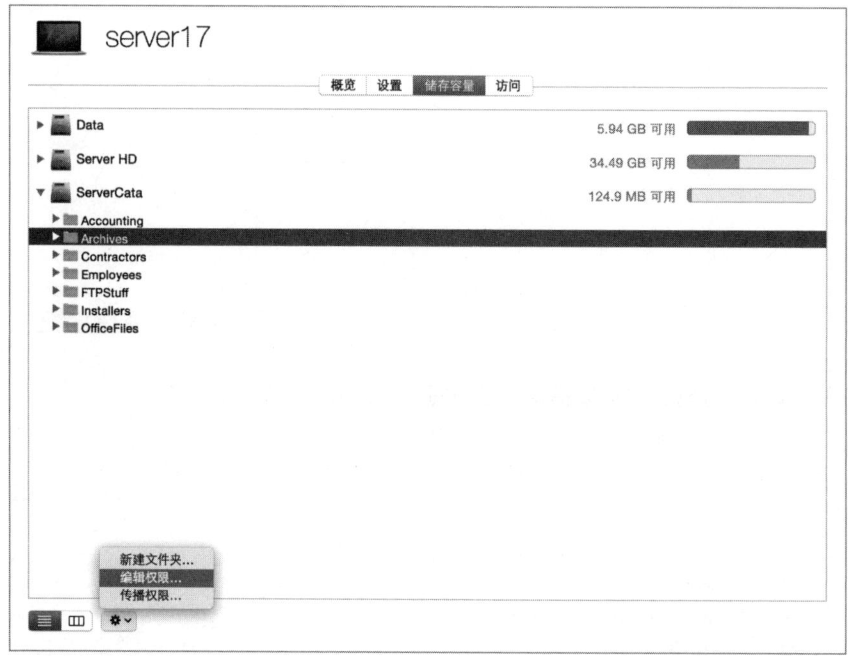

当查看权限对话框的时候，可以单击“添加”（+）按钮来创建一个新的 ACE。与“文件共享”设置面板不同，这里没有“浏览”选项，因此需要从头输入账户并从匹配输入的列表中选取一个用户或是群组。

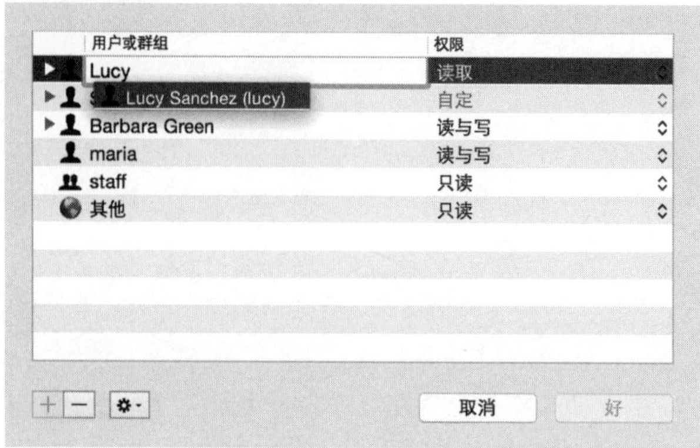

在为 ACE 指定好用户或群组后，可以打开权限菜单，并且可以选用“完全控制”“读与写”“读取”或是“写入”权限。

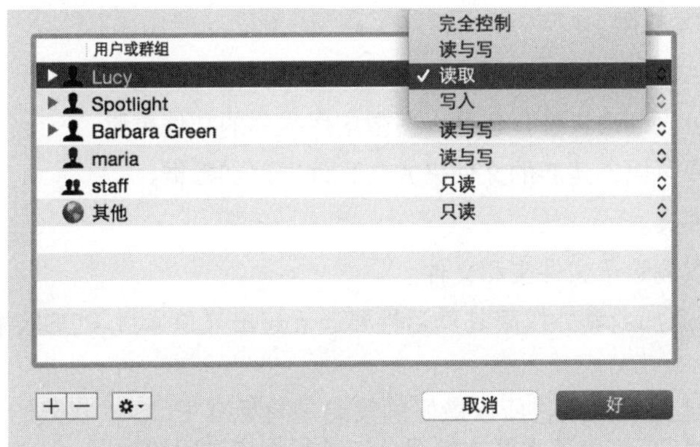

当然，权限的选取只是一个开始，还可以对权限进行微调，在接下来的内容中将介绍详细情况。

ACE 复杂权限的配置

当通过“存储容量”设置面板中的“权限”设置编辑 ACE 的时候，可以通过三角形展开图标来显示 ACE 的详细设置。你可以应用的允许规则分为4大类：

- 管理。
- 读取。
- 写入。
- 继承。

对于前3个大类（管理、读取和写入），选中相应的复选框是允许 ACE 中的用户或群组进行相应的访问。取消选中复选框并不是拒绝访问，而是没有明确允许访问的设置。

对于权限的“管理”设置，可以选中或是取消选中的允许权限有以下项目：

- 更改权限：用户可以更改标准权限。
- 更改所有者：用户可以将项目的所有者更改为他/她自己。

对于权限的“读取”设置，可以选中或是取消选中的允许权限有以下项目：

- 读取属性：用户可以查看项目的属性信息，例如名称、大小及修改日期。
- 读取扩展属性：用户可以查看额外的属性信息，包括 ACL 和第三方软件添加的属性信息。
- 列出文件夹内容（读取数据）：用户可以读取文件并查看文件夹的内容。
- 遍历文件夹（执行文件）：用户可以打开文件或是遍历文件夹。

- 读权限：用户可以读 POSIX 权限。

对于权限的“写入”设置，可以选中或是取消选中的允许权限有以下项目：

- 写入属性：用户可以更改 POSIX 权限。
- 写入扩展属性：用户可以更改 ACL 或其他扩展属性。
- 创建文件（写入数据）：用户可以创建文件，包括大多数应用程序的文件更改。
- 创建文件夹（追加数据）：用户可以创建新的文件夹并向文件中追加数据。
- 删除：用户可以删除文件或文件夹。
- 删除子文件夹和文件：用户可以删除子文件夹和文件。

虽然只有这13个复选框，但是允许添加的额外权限其灵活性要远远超出只是通过 POSIX 权限所配置的权限设置。

由于 Server 应用程序并不允许创建拒绝权限，所以最好的策略是将标准 POSIX 权限的“其他”设置为“无”访问权限，然后配置 ACL 来为各类群体创建允许进行相应访问的规则。

ACL 继承的定义

ACL 的一项强大的功能就是继承：在为文件夹创建 ACE 的时候，从这点设置开始，当用户在该文件夹中创建新项目时，操作系统会将相同的 ACE 分配给新项目。也就是说，ACE 是被继承的。对于文件夹 ACL 中的各个 ACE 来说，你可以控制 ACE 将如何被继承；当编辑 ACE 的时候，可以选中或取消选中以下各个复选框（默认情况下，所有4项“应用到”复选框都是被选中的）：

- 应用到此文件夹：该 ACE 应用到这个文件夹。
- 应用到子文件夹：该 ACE 会被应用到这个文件夹中新建的文件夹上，但是对这个文件夹的子文件夹中所创建的新文件夹则并不一定会进行应用，除非“应用到所有子节点”选项也被选取。
- 应用到子文件：该 ACE 会被应用到这个文件夹中新建的文件上，但是对这个文件夹的子文件夹中所创建的新文件则并不一定会进行应用，除非“应用到所有子节点”选项也被选取。
- 应用到所有子节点：这使得之前的两个选项可以应用到该文件夹中可无限嵌套的文件夹和文件项目上。

当 ACE 从文件夹上被继承过来后，它显示为浅灰色，如下图所示（可以移除或是查看继承的 ACE，但是只要它是被继承的，就不能对其进行修改）。

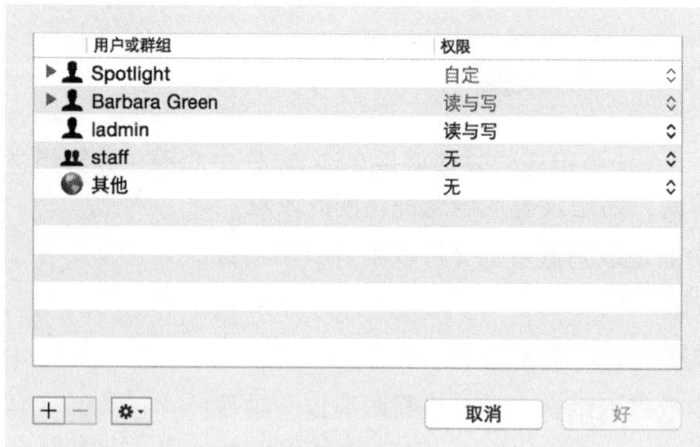

如果继承的 ACL 并不符合你的需求，那么首先应当考虑为什么 ACL 模型无法在这种情况下进行工作：你是需要一个不同的共享点？不同的群组？或者在 ACL 中可能需要一个不同的 ACE 设置吗？在任何情况下，你都可以打开“操作”弹出式菜单（齿轮图标）并选取两个操作中的一个来更改继承项目：

- 移除继承的条目。
- 将继承的条目设为显式。

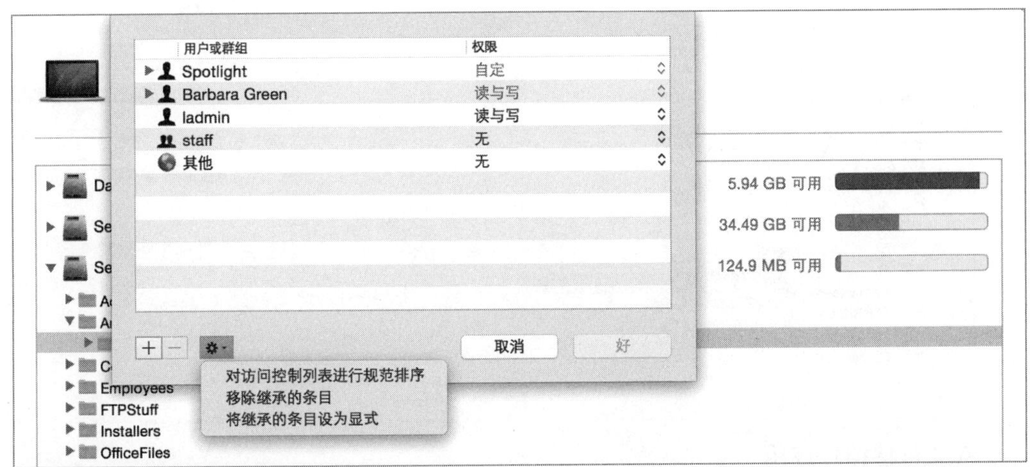

“移除继承的条目”会移除所有继承的 ACE，不只是你选取的那个 ACE，继承后的 ACL 可以是多个父级文件夹的继承 ACE 的聚合。

“将继承的条目设为显式”会应用所有继承的 ACE，就像它们被直接应用到当前文件或文件夹的 ACL 中一样。在进行这个操作的时候，你可以编辑 ACE ，包括编辑或是移除之前显示为浅灰色的各个 ACE。下图展示了在选择“将继承的条目设为显式”后会发生什么状况：ACE 不再是浅灰色的，你可以移除或是修改它们。针对 Spotlight 的 ACE 是被自动创建的——不要修改这个 ACE 。

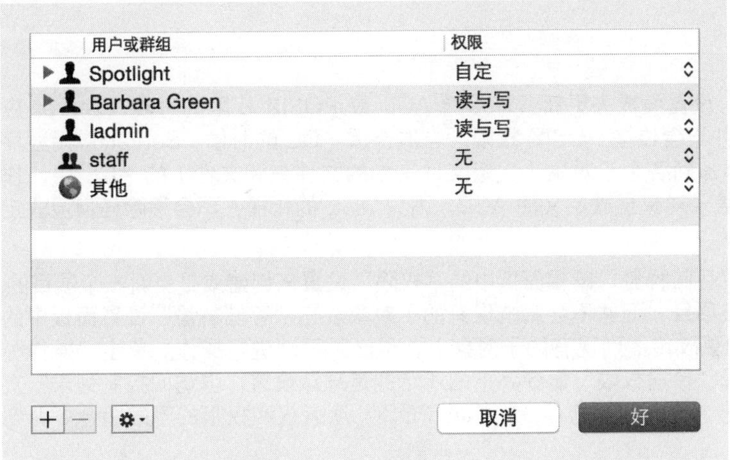

当使用 Server 应用程序的“文件共享”设置面板来更新文件夹可继承的 ACL 规则时，Server 应用程序会自动对该文件夹中的项目进行 ACL 更新，更新这些项目已经继承的 ACL（如果使用“存储容量”设置面板来进行更新则不是这样的）。

ACL 规范排序

ACL 中各个 ACE 的排列顺序是非常重要的，它可能会改变 ACL 的执行效果，特别是涉及拒绝规则的时候。虽然 Server 应用程序不允许创建拒绝访问类的 ACE，但是有些 ACL 会包含一个或多个拒绝 ACE。在“存储容量”设置面板中的“权限”设置中，可以单击“操作”弹出式菜单（齿轮图标）并选择“对访问控制列表进行规范排序”命令。这会为 ACL 的应用而将 ACE 重新排列为一个标准的顺序。如果在你的 ACL 中没有拒绝规则，那么使用这个命令的作用并不是很大。

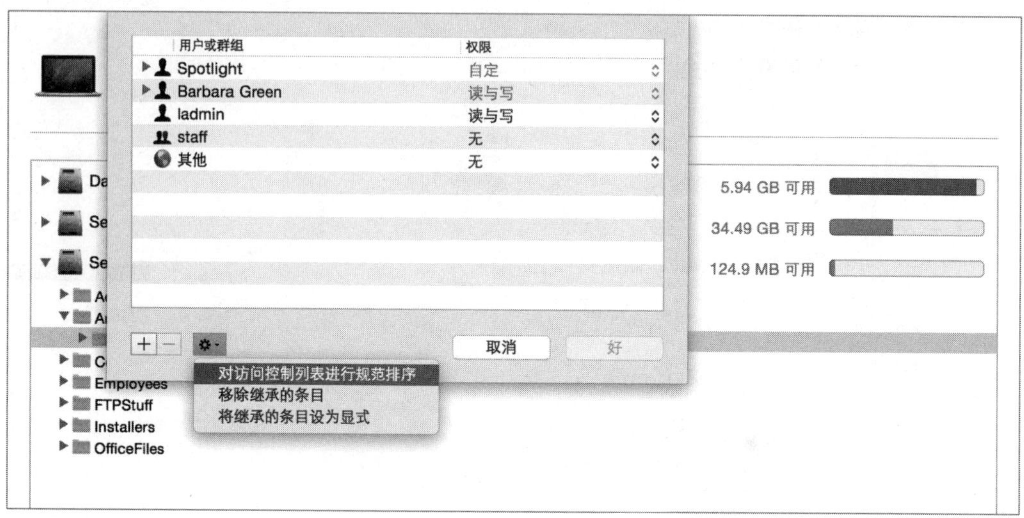

ACL可移植性应用

在创建文件或文件夹的时候，因为有 ACL 被应用，所以要注意以下事项：

- 如果将一个项目从一个位置移动到同一宗卷的另一个位置，那么该项目的 ACL（如果有）并不会发生改变，仍与该项目相关联。
- 如果将一个项目从一个位置复制到另一个位置，那么该项目的 ACL 并不会被复制；被复制的项目会从包含它的文件夹那里继承 ACE ，所继承的 ACE 都是已配置为要被继承的那些 ACE。

然而，如果在文件已被创建后再去更新现有的 ACL 或是创建一个新的 ACL，又需要怎样去做呢？答案是需要传播 ACL。

权限的传播

当你使用“文件共享”设置面板去更新共享点的 ACL 或 POSIX 权限的时候，Server 应用程序会自动传播 ACL，但是并不会传播 POSIX 权限。当你传播 ACL 的时候，Server 应用程序会将当前文件夹的各个 ACE 添加到各个子对象（父级文件夹中的文件夹和文件）的 ACL 中，作为继承的 ACE。不用担心会覆盖子对象显式定义的 ACE，因为 ACL 的传播并不会移除任何显式定义的 ACE。

相比之下，当你使用“存储容量”设置面板中的“权限”设置来创建或是更新一个项目的 ACL 时，你的操作只会影响到该项目，而并不会影响现有的子对象。在“存储容量”设置面板中的“权限”设置中，要将 ACL 的更改传播到现有的子对象上，你必须手动进行操作。单击“操作”弹出式菜单（齿轮图标）并选择“传播权限”命令。下图所示的是默认设置，“访问控制列表”复选框是被选中的，但是也可以选中其他的复选框，将标准 POSIX 所有权和权限的不同组合更新到现有的子对象上。

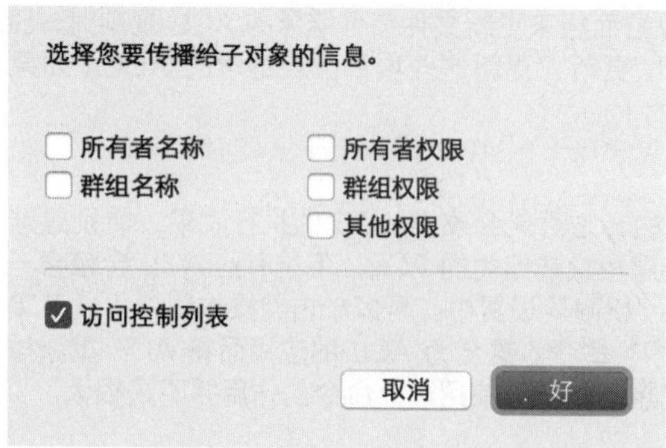

POSIX 和 ACL 的常用特征

现在你已对 POSIX 所有权和权限、ACL 和 ACE 有了很好的理解，本节将介绍两种模式如何在一起工作，从而影响到对文件的访问。

用户 UID、GID 及 GUID 的区分

POSIX 的所有者和群组是由用户 ID和群组 ID（UID 和 GID）来决定的。由于 UID 和 GID 只是简单的整数，所以对于用户来说可以有重复的用户 ID（但不推荐）。通常这会存在问题，但是有些时候管理员希望 POSIX UID 可以被识别为两个不同的用户。从权限的角度来看，这将授予这些用户相同的访问权限。

ACL 相对来说比较复杂，因此需要唯一识别一个用户或是群组。为此，每个用户和群组都具有一个全局唯一 ID（GUID）。在“账户”偏好设置中，当按住 Control 键单击（或是按辅助键单击）一个用户账户并选择“高级选项”命令的时候，GUID 会被标为 UUID，也会被称为一个生成的UID。

一个账户的 GUID 并不会在 Server 应用程序中显露出来，因为通常是不需要去更改它的。每当一个用户或群组被创建的时候，一个新的128位字符串会为用户或群组随机生成。通过这种方式，用户和群组在 ACL 中可以被保证唯一识别。

当你为一个用户或群组创建一个 ACE 的时候，ACE 使用该用户或群组的 GUID 进行设置，而不是用户名称、用户 ID、群组名称或是群组 ID。当显示 ACL 的时候，如果服务器计算机不能将 ACE 的 GUID 匹配到一个账户，那么 Server 应用程序会在 ACL 中显示 GUID，而不是账户名称。出现这类情况的原因包括与 ACE 相关联的账户：

- 已经被删除。
- 属于服务器绑定的目录节点，但是该节点当前不可用。
- 属于不可用的目录节点，因为 ACE 被创建的时候，宗卷已被连接到不同的服务器。

这里有一个在 Server 应用程序中显露 GUID 的示例。在下图中，有一个为本地网络用户创建的 ACE，之后管理员通过 Server 应用程序删除了这个本地网络用户，而 ACE 则不会被自动移除。

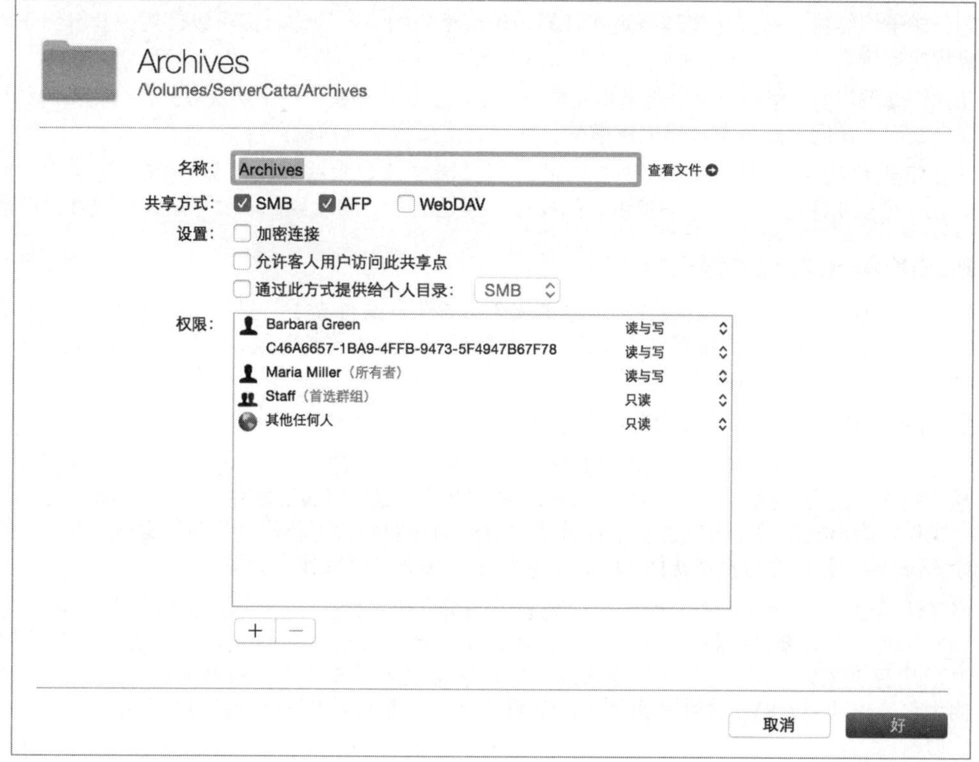

当你看到这个信息时，并不知道GUID所对应的是哪个账户，所以既可以在这里保留这个项目，也可以移除这个项目。如果在导入账户的时候也导入了账户的GUID，那么该项目会再次与用户或是群组进行关联。

不过，如果与GUID相关联的账户确实不存在了，那么可以移除这个ACE，高亮选中这个ACE并单击“删除”（–）按钮即可。

群组成员和ACL介绍

当通过ACL进行工作的时候，重要的是正确规划你的设置工作，以避免冲突的权限设置，例如，有一个用户是两个群组的成员，一个群组对文件夹有读取的权限，而另一个群组对相同的文件夹却没有访问权限。如果没有很好地去规划ACL权限模型的话，那么这类冲突是有可能发生的。

使用ACL去控制访问服务器资源是非常有学问的工作，需要事先仔细地去组织你的用户和群组。进行这类管理工作所推荐的方式是使用较小的群组来如实地反映出组织机构的需求，包括在群组中嵌套群组。通过这些群组账户在一个更为细化的基础上来管理访问操作。

多个群组的影响

标准POSIX权限在单一桌面模式下可以很好地工作，例如OS X。但是当系统变得比较复杂的时候，标准POSIX权限模式就不能很好地进行扩展了。

复杂的工作流程所需要的可能不只是标准POSIX权限模式下的用户、群组及其他这些可用的设置类别。特别是单一的群组设置是非常受局限的。POSIX所有者必须是单个的用户账户（它不能是一个群组），授予其他人（其他任何人）的权限常常会将文件公开给比你预期更为广泛的人群。ACL的添加，可以将多个群组分配到一个文件夹上，并且可以为每个群组指派不同的权限设置。由于ACL可以将不同的权限指派给多个群组，所以你必须仔细规划群组结构以避免发生冲突。对于一个工作项目有多个群组协同进行工作的环境，这是一个很常见的需求。

嵌套群组的特性

除了可以将多个群组指派给一个文件夹以外，OS X Server还允许群组中包含其他的群组。将群组划分成子组结构，可以让管理员更加容易地理解相应的访问操作。你可以使用嵌套群组来映射组织机构的结构。

虽然嵌套群组的功能很强大，但是也需要小心使用。如果创建了一个层次很深、很复杂的结构，那么你会发现，访问设置是更加难以理解的，而不会是更容易理解的。

镜像组织机构的结构通常是安全有效的。但是需要注意那些涉及不到任何外部结构的特设群组。它们可以快速地为一些用户提供访问操作，但是这个访问设置在以后可能会变得难以理解。

POSIX和ACL优先级规则介绍

当用户试图进行需要授权的操作时（读取文件或是创建文件夹），只有当该用户具备进行该操作的权限时，OS X才会允许进行这个操作。当需要进行特定操作的时候，OS X会按照以下方式来对POSIX和ACL设置进行合并：

1. 如果没有ACL，那么应用POSIX规则。
2. 如果具有ACL，那么ACE的顺序是重要的。你可以将ACL中的ACE按照一个规范的、可预见的方式进行排列：在Server应用程序的“存储容量”设置面板中选择一个ACL，然后从“操作”弹出式菜单（齿轮图标）中选择“对访问控制列表进行规范排序”命令。如果要将一个ACE添加到包含有拒绝访问ACE的ACL中，那么这个操作尤为重要。
3. 当评估ACL的时候，OS X会先评估列表中的第一个ACE，然后继续评估下面的ACE，直到发现匹配请求操作所需权限的ACE为止，而不管该权限是允许操作还是拒绝操作。即使在ACL中存在拒绝ACE，而一个类似的允许ACE被列在它的上方，那么允许ACE会被应用，因为它是先被列出的。这就是为什么说使用“对访问控制列表进行规范排序”指令是非常重要的原因。

4 POSIX 权限的限制并不会跨越明确允许权限的 ACE。

5 如果没有 ACE 应用到请求操作所需的权限，那么会应用 POSIX 权限。

例如，如果 Barbara Green 要创建一个文件夹，那么需要创建文件夹的权限。所以ACE 会被依次评估，直到这里有一个 ACE 允许或是拒绝 Barbara Green 或他所属的群组去创建文件夹。

虽然这是一个不太可能发生的情况，但是它描述了 ACL 和 POSIX 权限的合并方式：如果文件夹具有一个允许 Barbara Green（短名称：barbara）完全控制的 ACE，但是 POSIX 权限指定 Barbara Green 为所有者，并且其访问权限设定为无访问权限，那么在这种情况下，Barbara Green 实际上是具有完全控制权限的。因为 ACE 是在 POSIX 权限之前被评估的。

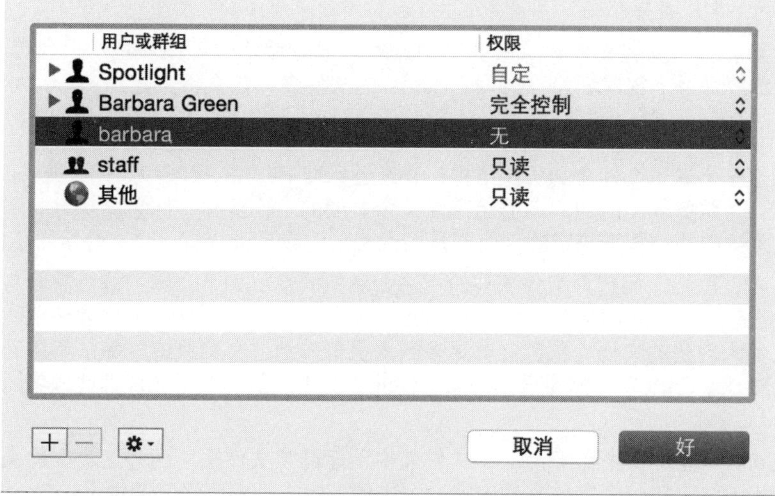

另一个示例，一个带有 ACL 的文件夹，有一个 ACE 允许 Carl Dunn 具有读取权限，并且文件夹的 POSIX 权限指定 Carl Dunn 为所有者，并且其具有读写权限。当 Carl Dunn 试图在该文件夹中创建一个文件的时候，这里并不存在明确说明可以创建文件（写数据）的 ACE，所以没有 ACE 应用到操作请求。因此会应用 POSIX 权限，这样 Carl Dunn 就可以创建文件。

在本课程中，介绍了有关 POSIX 所有权和权限、文件 ACL，以及如何配置共享点和文件来对文件进行访问控制的内容。

练习13.1
配置访问控制

▶ 前提条件

- ▶ 必须打开“文件共享”服务。
- ▶ 需要完成“练习4.2 配置Open Directory 证书颁发机构”的操作，以及“练习9.1 创建和导入网络账户”的操作；或者使用 Server 应用程序创建用户 Maria Miller、Gary Pine、Lucy Sanchez、Enrico Baker 和 Todd Porter，每个用户的账户名称与他们的名字相同，字母都是小写，并且密码为 net 。
- ▶ 需要完成“练习12.1 探究文件共享服务”的操作；或者使用“存储容量”设置面板在启动磁盘的根目录上创建名为 Shared Items 的文件夹，该文件夹是用户 Local Admin 所拥有的。

在本练习中，将创建一个基于文件夹的层次结构，并通过标准 POSIX 权限和文件系统 ACL 来创建一个访问控制方案，为服务器上的用户与群组提供一个方便的工作流程。你会发现对一个文件的操作能力是由文件在系统中的位置来决定的，而不是由谁来创建或是谁拥有这个文件所决定的。

为了正确配置服务器，需要了解用户工作流程的用途。场景的情况如下：你的群组需要有一个存放保密项目的共享点 ProjectZ。项目中的两名成员 Maria Miller 和 Gary Pine 需要能够读写共享点中的文档，这包括其他人创建的文档。预计会有更多的人员加入到这个项目中。除了销售副总裁（Vice President，VP）Lucy Sanchez 需要只读访问文件外，在组织机构中不允许其他人看到这个项目文件夹。

你不能只是使用 Server 应用程序在 Groups 文件夹中创建群组文件夹，因为这个文件夹会被其他人看到，虽然其他人无法浏览这个文件夹的内容，但是他们会去询问有关它的情况。

你可以从创建一个群组开始，配置该群组作为文件夹的首选群组，并为群组分配对文件夹的读写访问权限，但是这还不够，因为新创建的项目会自动让首选群组具有只读权限。因此，你需要为 ProjectZ 群组创建一个 ACE，允许他们可读写访问。你还需要为销售VP – Lucy Sanchez 创建一个 ACE，允许读取访问。

作为这个练习场景的一部分，在配置好用户、群组和共享点后，还应做好分派其他请求的管理准备工作，这会让你轻松应对相应的工作。

配置一个群组和一个共享文件夹

在管理员计算机上进行这些练习操作。如果在管理员计算机上尚未通过 Server 应用程序连接到服务器计算机，那么按照以下步骤进行连接：在管理员计算机上打开 Server 应用程序，选择“管理”>“连接服务器”命令，选取你的服务器，单击“继续”按钮，提供管理员身份信息（管理员名称：ladmin，管理员密码：ladminpw），取消选中“记住此密码”复选框，然后单击“连接”按钮。

创建ProjectZ 群组并将两个用户添加到群组中

1 在 Server 应用程序的边栏中选择“群组”选项。

2 如果显示了弹出式菜单，那么将弹出式菜单设置为“本地网络群组”。

3 如果设置面板底部的锁形图标是锁定状态，那么需要将其解锁；单击设置面板底部的锁形图标，提供目录管理员的身份信息（管理员名称：diradmin，管理员密码：diradminpw），并单击“鉴定”按钮。

4 单击“添加”（+）按钮创建新的群组，并输入以下信息：

- ▶ 全名：ProjectZ。
- ▶ 群组名称：projectz。

5 单击“创建”按钮来创建群组。

6 双击 ProjectZ 群组，对其进行编辑。

7 按Command-B 组合键显示账户浏览窗口。

8 将 Gary Pine 和 Maria Miller 拖到“成员”列表中。

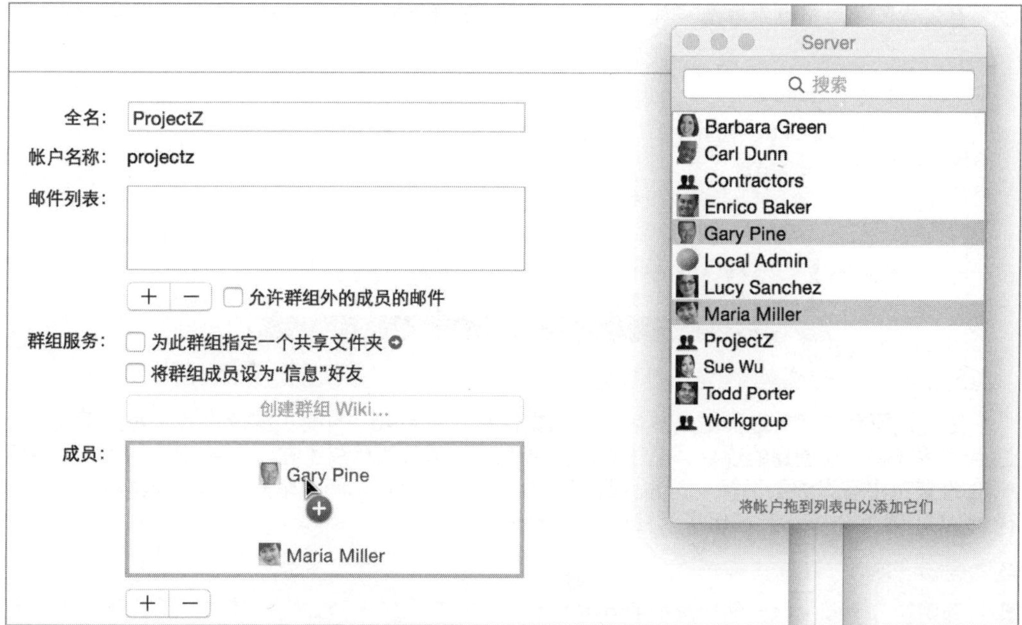

9 按Command-B 组合键隐藏账户浏览窗口。

10 单击“好”按钮来存储更改。

创建并配置共享文件夹

为 ProjectZ 群组创建一个共享文件夹，并按照以下要求配置它的权限：

- 没有其他人能够看到共享点或是它的内容。
- ProjectZ 群组的成员对所有项目都具有读/写访问权限。
- 销售VP——Lucy Sanchez 对所有项目都具有只读访问权限。

从创建共享点开始：

1 在 Server 应用程序的边栏中选择“文件共享”选项。

2 单击“设置”选项卡。

3 单击“添加”（+）按钮。

4 前往服务器启动宗卷上的 Shared Items 文件夹。

5 单击“新建文件夹”按钮。

6 将文件夹命名为 ProjectZ，然后单击“创建”按钮。

7 选择刚刚创建的 ProjectZ 文件夹。

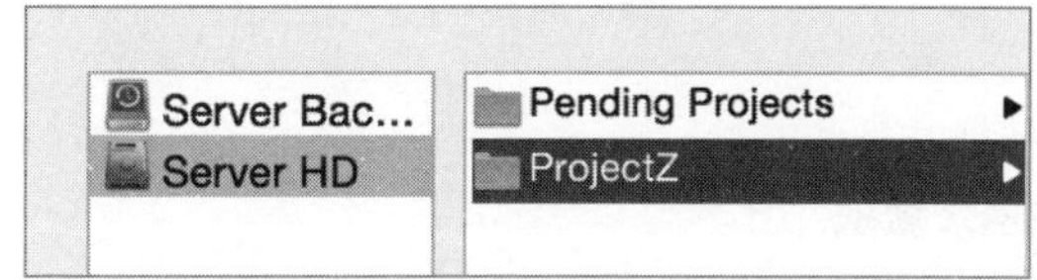

8 单击“选取”按钮。

配置访问共享点：

1 在“文件共享”设置界面中，双击 ProjectZ 共享点。

2 确认取消选中“允许客人用户访问此共享点”复选框。

3 在“权限”对框框中单击“其他任何人”项目的弹出式菜单并选择“无访问权限”命令。

注意，所有者和首选群组是从包含它的文件夹（Shared Items）继承来的。对此不用担心，通过 AFP 和 SMB 新创建的项目，其所有者会是创建该项目的用户（在“参考13.2 POSIX 权限对比 ACL 设置”中有详细的讲解），并且新创建的项目会将只读访问权限应用到首选群组，所以你需要通过 ACL 来为 ProjectZ 群组提供读/写访问权限。

4 单击“添加”（+）按钮。

5 开始输入 ProjectZ，然后选取 ProjectZ。

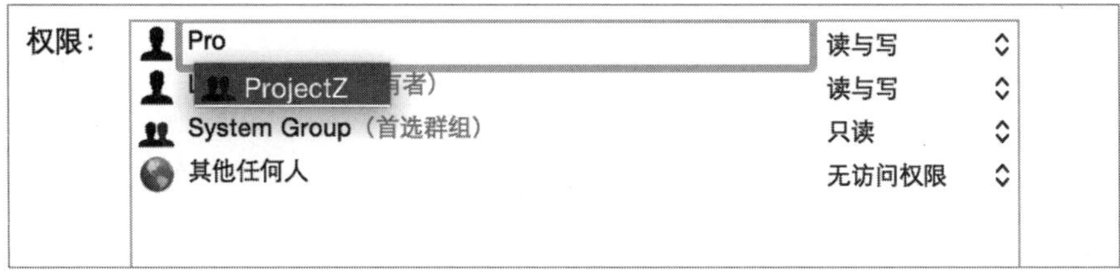

确认 ProjectZ 群组的权限被自动设置为“读与写”。

创建一个 ACE，允许销售 VP——Lucy Sanchez 可以只读访问。

1 单击“添加”（+）按钮，开始输入 lucy，并选择 Lucy Sanchez 。

2 为 Lucy Sanchez 设置“只读”权限。

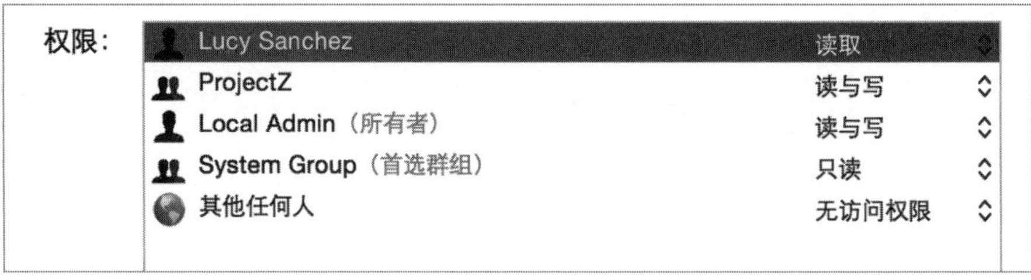

3 单击“好”按钮保存这些设置。

如果有必要，开启“文件共享”服务

1 在 Server 应用程序的边栏中选择“文件共享”选项。

2 如果“文件共享”服务还没有开启，那么单击“开”按钮开启服务。

确认权限可以按照预期的效果进行访问

确认 Maria Miller 和 Gary Pine 可以在 ProjectZ 共享点中创建和编辑项目，而销售 VP（Lucy Sanchez）不能创建、编辑或是移除项目。

1 在管理员计算机上进行操作，在 Finder 中选择“文件” > “新建 Finder 窗口”命令。

2 在 Finder 的边栏中，如果你的服务器旁边有“推出”按钮，那么单击该按钮，推出来自该服务器的任何已装载宗卷。

3 如果你的服务器出现在 Finder 边栏中，那么选择该服务器。

如果这里显示了很多网络上的其他计算机，令你的服务器没有显示在 Finder 边栏的“共享的”部分中，那么单击“所有”按钮，然后再选取你的服务器。

如果有共享点启用了客人访问，那么你会以客人的身份自动进行连接。

4 在 Finder 窗口中单击“连接身份”按钮。

5 在鉴定窗口提供 Maria Miller 的身份信息（名称 maria；密码：net）。

保持取消选中“记住此密码”复选框。

NOTE ▶ 不要选中“记住此密码”复选框；否则，需要使用“钥匙串访问”来移除密码才可以以不同的用户身份进行连接。

6 单击“连接”按钮。

当你成功通过鉴定后，会看到 Maria Miller 用户可以读取访问的所有共享点。

7 打开 ProjectZ 文件夹。

8 按 Command-Shift-N 组合键来创建新的文件夹，并输入名称 Folder created by Maria 。

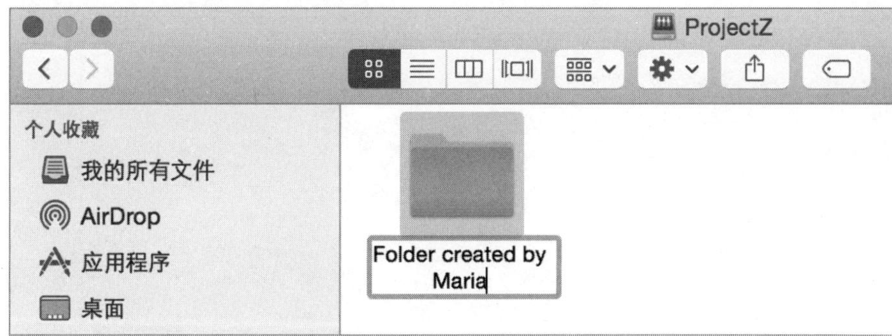

9 按 Return 键完成文件夹名称的编辑。

在本练习中，虽然不会通过这个文件夹做任何事情，但是已验证了 Maria Miller 有权限创建文件夹。

以 Maria Miller 的身份创建一个文本文件，最终你会对以下操作进行确认：

- Gary Pine 也可以编辑这个文档。
- Lucy Sanchez 可以读，但是不能更改这个文档。
- 其他用户看不到 ProjectZ 共享点的存在。

1 通过Spotlight 搜索并打开文本编辑器。

2 如果没有看到新的空白文档，那么按 Command–N 组合键或选择“文件”>“新建”命令来创建一个新的空白文档。

3 输入以下文本：This is a file started by Maria 。

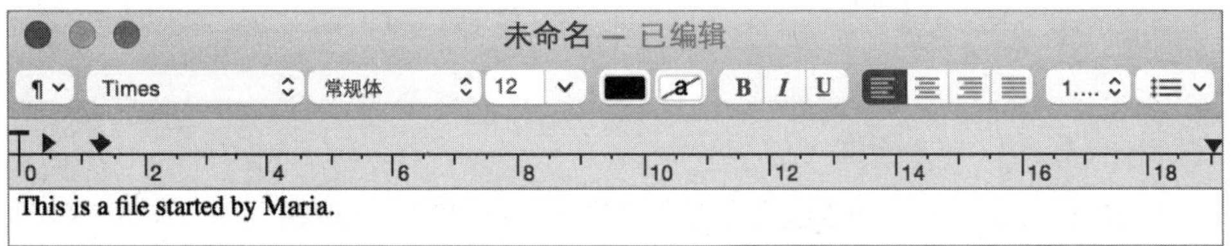

4 按 Command–S 组合键或选择“文件”>“存储”来保存文本编辑器中的内容。

5 如果需要，单击“存储为”文本框旁边的三角按钮来显示更多选项。

在“存储为”窗口边栏的“共享的”部分中，选取你的服务器，然后打开 ProjectZ 文件夹。

6 在“存储为”文本框中，将文件命名为 Maria Text File 。

7 单击“存储”按钮。

8 通过按 Command-W 组合键或选择“文件” > “关闭”命令来关闭文本编辑文档。

9 如果没有打开的 Finder 窗口，那么在 Finder 中按 Command-N 组合键打开一个窗口。

10 在 Finder 的边栏中，单击你服务器旁边的“推出”按钮（如果你的 Finder 窗口被设置为图标显示视图，那么单击“断开连接”按钮）。

下面以其他项目成员的身份——Gary Pine 进行连接，并验证你可以通过他的身份来编辑文件。

1 如果你的服务器出现在 Finder 的边栏中，那么选择你的服务器。

如果这里显示了很多网络上的其他计算机，令你的服务器没有出现在 Finder 边栏的“共享的”部分中，那么单击“所有”按钮，然后再选取你的服务器。

2 在 Finder 窗口中单击“连接身份”按钮。

3 在鉴定窗口中提供 Gary Pine 的身份信息（名称 gary；密码：net）。

确认取消选中“记住此密码”复选框。

4 单击“连接”按钮。

5 打开 ProjectZ 文件夹。

6 打开名为 Maria Text File 的文件。

7 在文本文件的内容末尾添加另一行文字：This was added by Gary 。

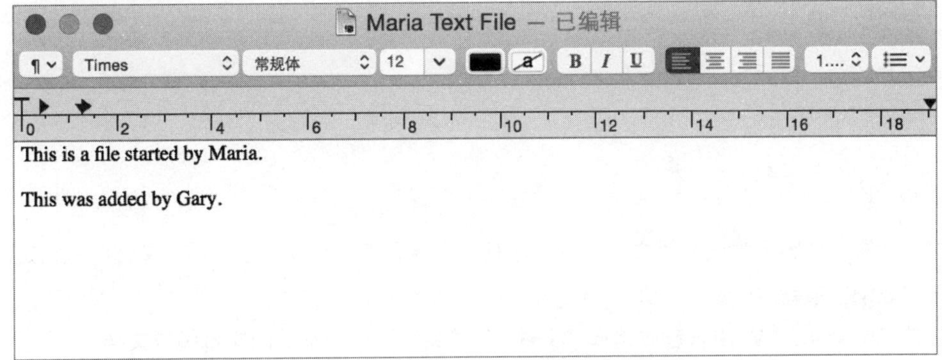

8 通过按 Command-W 组合键或选择“文件” > “关闭”命令来关闭文本编辑器。

当看到一个对话框，提示文稿所在的宗卷不支持永久性的版本存储，并且在关闭此文稿后，将无法访问此文稿的旧版本时，单击“好”按钮。

这会自动存储对文件刚刚做过的更改。

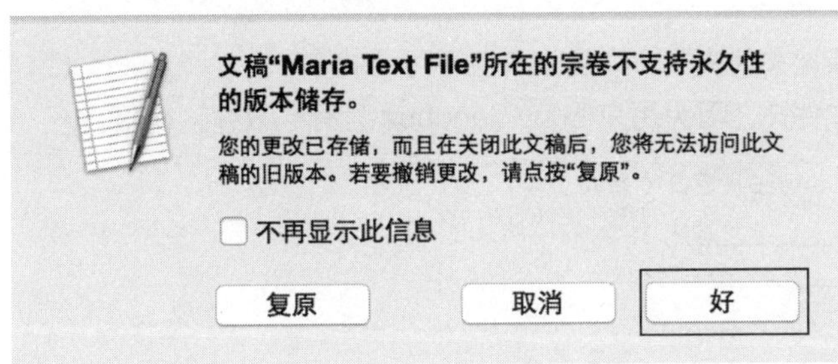

NOTE ▶ 有关版本存储的更多信息可参见《*Apple Pro Training Series: OS X Support Essentials 10.10*》，“课程18.3　自动保存和版本”。

9　在 Finder 的边栏中，单击服务器旁边的“推出”按钮。

下面验证当以销售 VP——Lucy Sanchez 的身份进行连接时，你可以查看但是不能编辑 ProjectZ 文件夹中的文件。

1　如果你的服务器出现在 Finder 的边栏中，那么选择它。

如果这里显示了很多网络上的其他计算机，令你的服务器没有显示在 Finder 边栏的“共享的”部分中，那么单击“所有”按钮，然后再选取你的服务器。

2　在 Finder 窗口中单击“连接身份”按钮。

3　在鉴定窗口中提供 Lucy Sanchez 的身份信息（名称 lucy；密码：net）。

确认取消选中“记住此密码”复选框。

4　单击“连接”按钮。

5　打开 ProjectZ 文件夹。

6　打开名为 Maria Text File 的文件。

7　验证你可以读取文本，并且在标题栏中显示“已锁定”文本信息，这表明你无法对此文件进行更改保存。

8　通过追加文本内容来尝试编辑文件，并且注意，你会看到一个对话框说明该文件已被锁定。

9　单击“取消”按钮。

10　通过按 Command-W 组合键或选择“文件”>“关闭”命令来关闭文本编辑文档。

验证你无法以 Lucy Sanchez 的用户身份在 ProjectZ 文件夹中创建新文件夹。

1　在 Finder 窗口中，确认你正在查看的是 ProjectZ 文件夹。

2　单击“文件”菜单，并确认“新建文件夹”命令呈浅灰色不可用状态。

你无法在网络宗卷上创建新的文件夹，因为用户 Lucy Sanchez 只有“只读”权限。

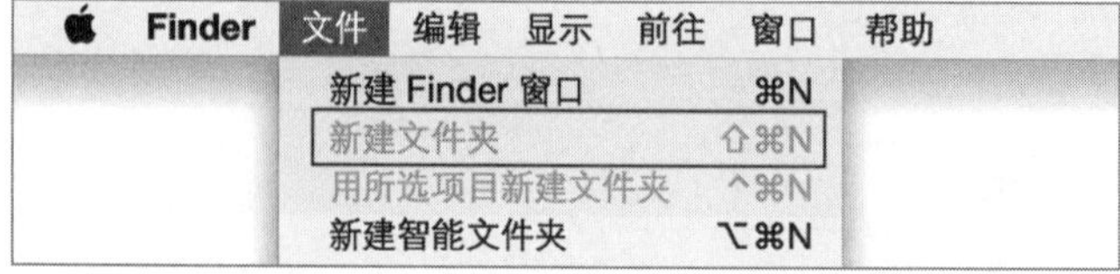

验证你无法以 Lucy Sanchez 的用户身份在 ProjectZ 文件夹中删除项目。

1. 选择 Maria Text File，并选择“文件”>“移到废纸篓”命令。
2. 在“你确定要删除”对话框中单击“删除”按钮。
3. 由于只具有“只读”权限，所以会看到提示你没有权限的对话框。单击“好”按钮关闭对话框。

下面验证其他的用户（Todd Porter，他并不是 ProjectZ 群组的成员）不能查看 ProjectZ 文件夹中的项目。

1. 在 Finder 的边栏中，单击你服务器旁边的“推出”按钮。
2. 如果你的服务器出现在 Finder 的边栏中，那么选择它。

如果这里显示了很多网络上的其他计算机，令你的服务器没有显示在 Finder 边栏的“共享的”部分中，那么单击“所有”按钮，然后再选取你的服务器。

3. 在 Finder 窗口中单击“连接身份”按钮。
4. 在鉴定窗口中提供 Todd Porter 的身份信息（名称：todd；密码：net）。

   确认取消选中“记住此密码”复选框。
5. 单击“连接”按钮。
6. 确认 ProjectZ 文件夹是不可见的。

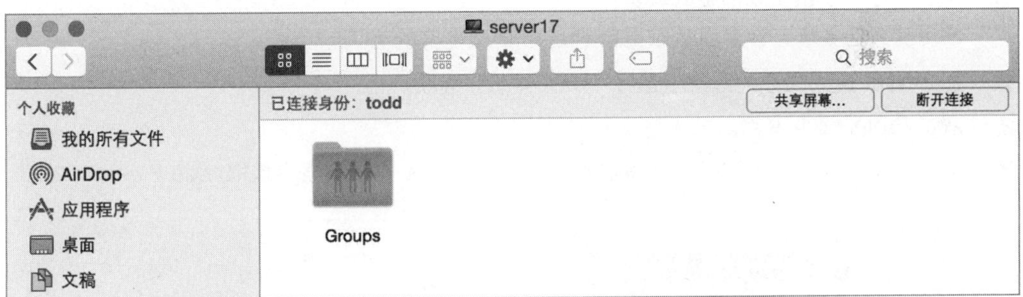

7. 在 Finder 窗口的右上角，单击“断开连接”按钮，或者，如果已选取了一个共享文件夹，那么在 Finder 边栏中，单击你服务器旁边的“推出”按钮。

至此，你已成功管理了用户与群组，创建了共享点，并为共享点管理了 POSIX 权限和 ACL 设置，从而实现所需的访问管理要求。

基于需求的变化来更新权限设置

公司刚刚提升了新的市场副总裁Enrico Baker，他也希望能够读取访问这个文件。

目前在本场景中，更加合理的操作是创建副总裁（Vice Presidents）群组，并添加相应的用户到该群组中，然后为该群组添加一个允许读取访问的 ACE，而不只是将另一个用户添加到 ACL 中。为了避免在以后的应用中出现冲突，还需要移除最初为 Lucy Sanchez 创建的 ACE，因为她的用户账户是群组的成员，该群组带有 ACE，所以她的 ACE 就不再需要了。

创建新的群组并更新权限设置

创建 Vice Presidents 群组，并将两个用户添加到群组中。

1. 在 Server 应用程序的边栏中选择“群组”选项。
2. 如果这里显示了弹出式菜单，那么将弹出式菜单设置为“本地网络群组”。
3. 如果设置面板底部的锁形图标是锁定状态，那么需要将其解锁；单击设置面板底部的锁形图标，提供目录管理员的身份信息（管理员名称：diradmin，管理员密码：diradminpw），并单击“鉴定”按钮。

4 单击“添加”（ + ）按钮创建下面的群组：

- 全名：Vice Presidents。
- 群组名称：vicepresidents。

5 单击“创建”按钮来创建群组。

6 双击 Vice Presidents 群组。

7 按 Command–B 组合键显示账户浏览窗口。

8 将 Lucy Sanchez 和 Enrico Baker 拖到“成员”列表中。

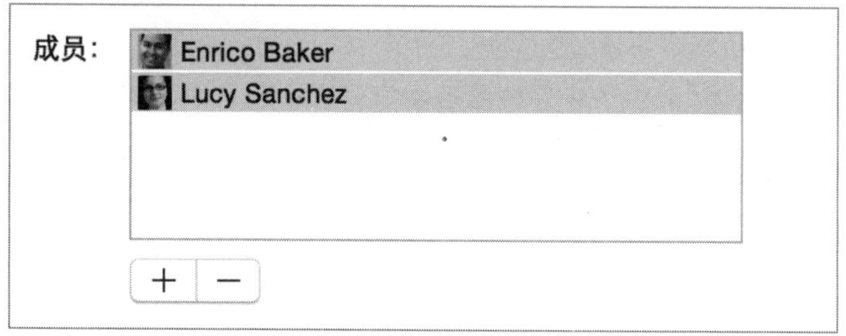

9 按 Command–B 组合键隐藏账户浏览窗口。

10 单击“好”按钮完成群组的编辑。

使用“文件共享”设置面板来更新 ProjectZ 文件夹的 ACL。

1 在 Server 应用程序的边栏中选择“文件共享”选项。

2 双击 ProjectZ 共享点。

3 单击“添加”（ + ）按钮，开始输入 vicepresidents 并从列表中选取 Vice Presidents。

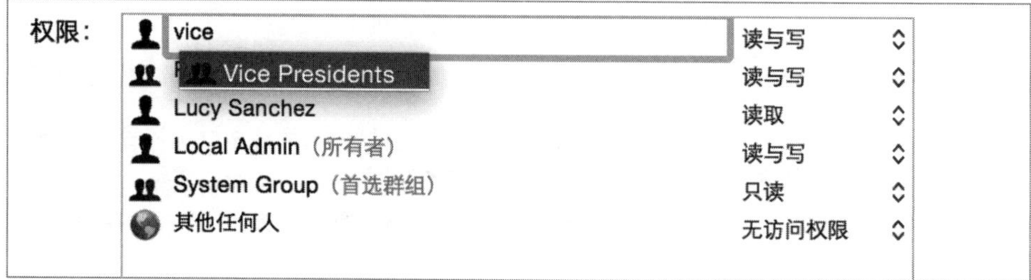

4 单击 Vice Presidents 的权限菜单并选择“只读”。

5 选择为 Lucy Sanchez 设置的 ACE 并单击“删除”（ – ）按钮。

Server 应用程序“权限”部分的设置应当如下图所示（对于本练习来说，Vice Presidents ACE 和 ProjectZ ACE 彼此间的相对位置并不重要）。

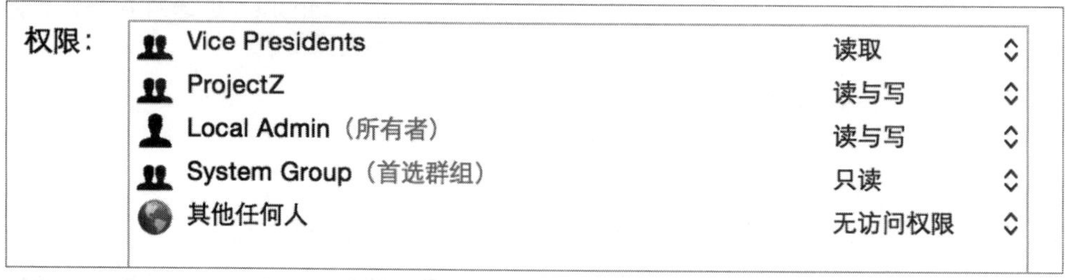

6 单击“好”按钮保存对 ACL 的更改。

Server 应用程序会自动将更新后的 ACL 传播到共享点中的项目上。

验证权限

验证 Enrico Baker、Vice Presidents 群组的成员，可以读取 ProjectZ 文件夹中的文件。

1 在理员计算机的 Finder 中，如果没有可见的 Finder 窗口，那么选择“文件” > “新建 Finder 窗口”命令。

2 如果你的服务器出现在 Finder 的边栏中，那么选择它。

如果这里显示了很多网络上的其他计算机，令你的服务器没有显示在 Finder 边栏的“共享的”部分中，那么单击“所有”按钮，然后再选取你的服务器。

3 在 Finder 窗口中单击“连接身份”按钮。

4 输入 Enrico Baker 的身份信息（名称：enrico；密码：net）。

取消选中“记住此密码”复选框。

5 单击“连接”按钮。

当你通过鉴定后，会看到你可以访问的共享点列表。

1 打开 ProjectZ 文件夹，然后打开 Maria Text File。

2 确认标题栏中显示文字信息“已锁定”，表明你不能对文件进行更改。

3 按 Command-W 组合键关闭文件。

比较权限视图

查看该共享点的权限，比较“文件共享”设置面板与“存储容量”设置面板中“权限”设置的权限信息显示视图。

1 在 Server 应用程序的边栏中选择“文件共享”选项。

2 双击 ProjectZ 共享点。

3 查看在“文件共享”设置面板中的“权限”设置是如何被显示的。

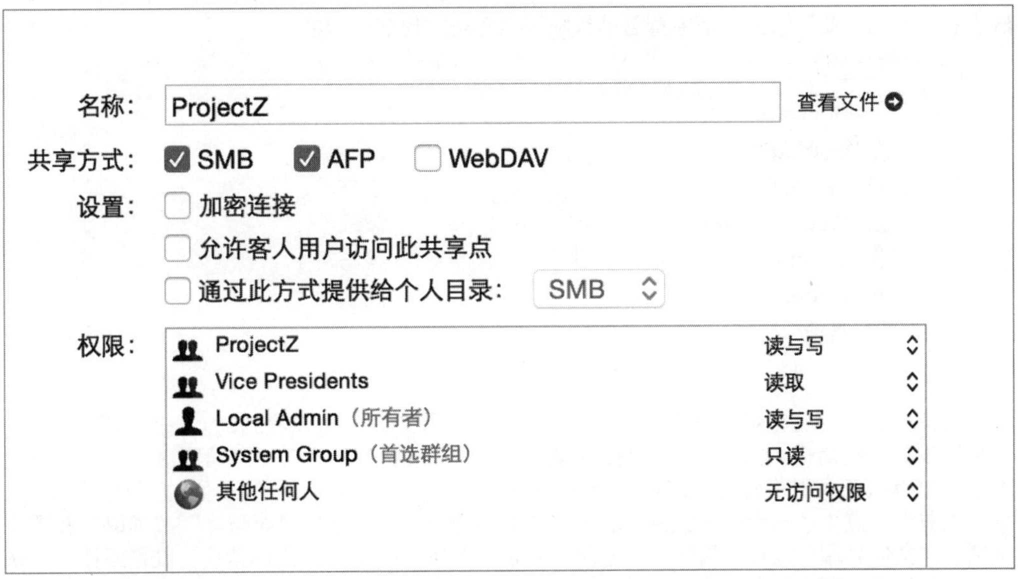

名称：ProjectZ 查看文件
共享方式：SMB AFP WebDAV
设置：加密连接
允许客人用户访问此共享点
通过此方式提供给个人目录：SMB
权限：

ProjectZ	读与写
Vice Presidents	读取
Local Admin（所有者）	读与写
System Group（首选群组）	只读
其他任何人	无访问权限

4 单击“查看文件”按钮。

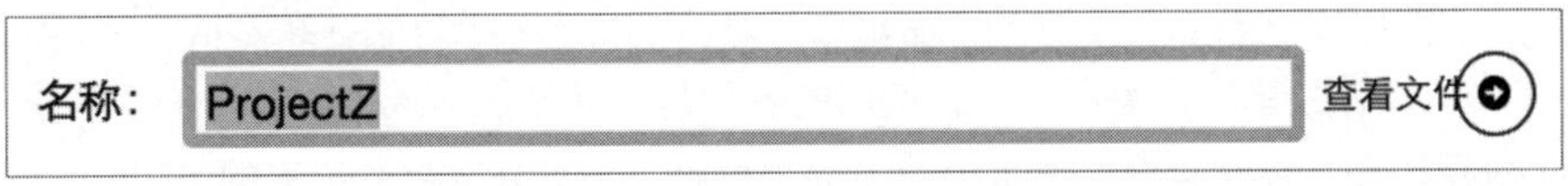

名称：ProjectZ 查看文件

打开“存储容量”设置面板，ProjectZ 文件夹自动被选取。

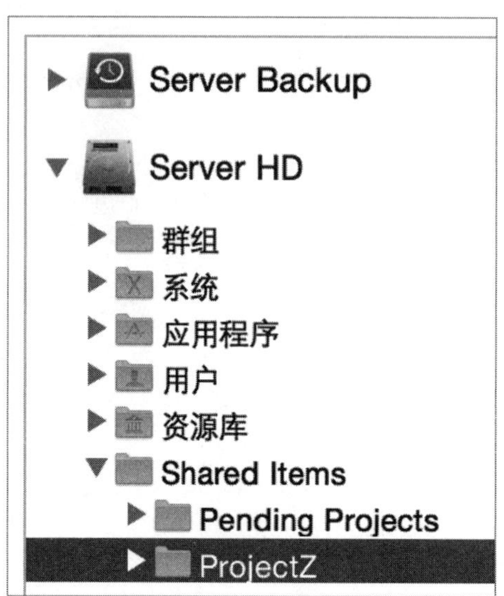

5 从“操作”弹出式菜单中（齿轮图标）选择“编辑权限”命令。

6 在“存储容量”设置面板中查看“权限”信息是如何被显示的。

用户或群组	权限
Spotlight	自定
ProjectZ	读与写
Vice Presidents	读取
ladmin	读与写
wheel	只读
其他	无

注意，在“存储容量”设置面板中的“权限”设置中，你可以看到Spotlight ACE，而“文件共享”设置面板简化了你查看的视图，隐藏了这个特殊的 ACE。在“存储容量”设置面板中，你可以通过单击三角形展开按钮来配置自定的访问设置，还可以配置 ACE 的继承规则。“文件共享”设置面板提供了一个弹出式菜单，其中带有用于 ACE 设置的“读与写”“读取”和“写入”选项。“文件共享”设置面板还可以显示“自定”ACE，但是在“文件共享”设置面板中无法修改自定访问设置。两个设置面板都为 POSIX 权限提供了“读与写”“只读”“只写”和“无访问权限”选项。“存储容量”设置面板中的“权限”设置列出了 POSIX 权限所有者和群组的账户名称（ladmin 和 wheel），而在“文件共享”设置面板中，列出的则是全名（Local Admin 和 System Group）。此外，在“文件共享”设置面板中，使用的名称是“其他任何人”，而不是“其他”。

通过 Server 应用程序“存储容量”设置面板中的“权限”设置来查看共享点的 ACL。

1 单击 ProjectZ 的三角形展开图标，显示针对 ProjectZ 群组的允许权限。

2 单击“写入”权限设置框的三角形展开图标。

“权限”设置看上去应当如下图所示。

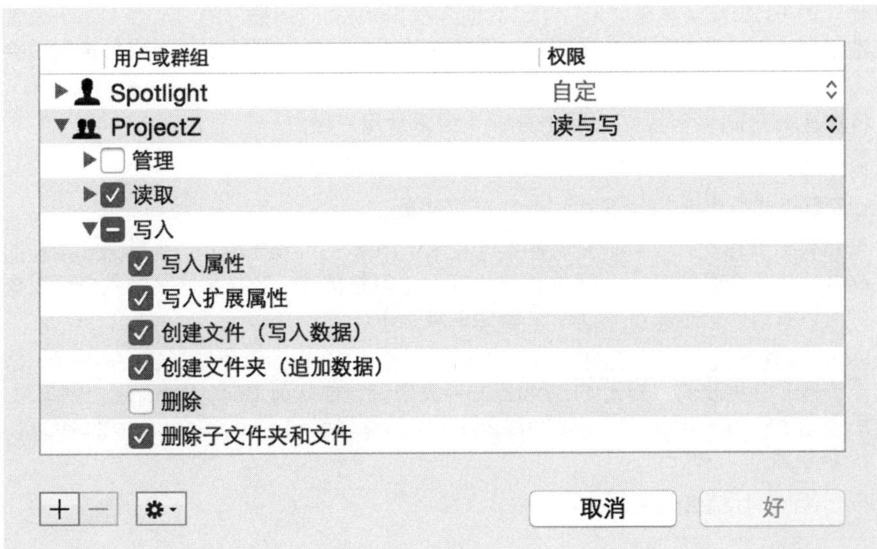

ProjectZ 群组具有完全读取访问权限，以及部分写入权限（ACE 并没有指定允许“删除”权限，但是“删除子文件夹和文件”是被选中的，所以在 ProjectZ 群组中的任何人都可以删除除 ProjectZ 共享点以外的其他项目）。

下面查看 Vice Presidents 群组的权限。

1 单击三角形图标隐藏针对 ProjectZ 群组的详细权限信息。

2 单击三角形展开图标来显示针对 Vice Presidents 群组的权限信息。

3 单击 Vice Presidents 群组允许“读取”权限的三角形展开图标。

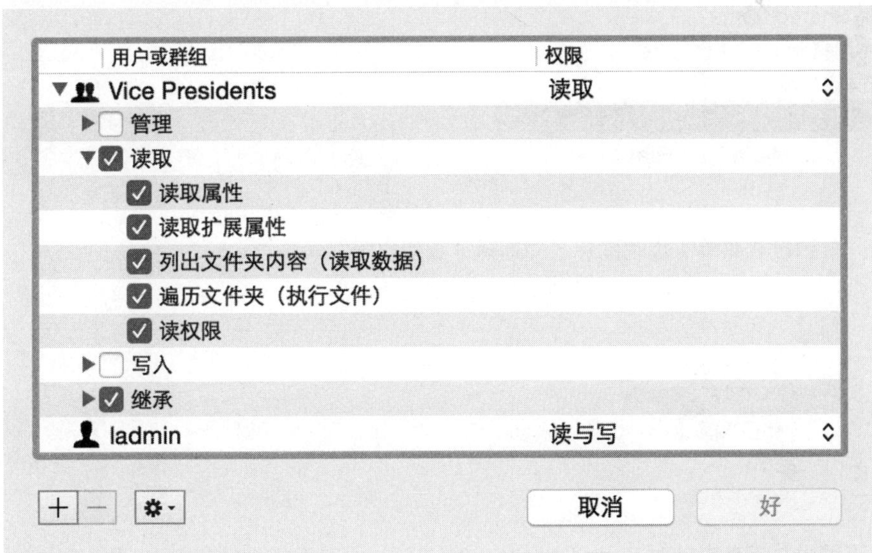

Vice Presidents 群组有完全读取访问权限，并且这个 ACE 会被继承到这个文件夹中所有新建的项目上。

4　单击三角形图标隐藏针对 Vice Presidents 群组的详细权限信息。

5　查看标准 POSIX 权限。

6　单击“取消”按钮关闭“权限”设置框。

针对“其他”的 POSIX 权限是“无”（“其他”在 Server 应用程序的“文件共享”设置面板中显示为“其他任何人”），所以除非是满足以下条件的用户，否则将无法访问或是查看该共享点中的文件：

- 账户名称是 ladmin（全名：Local Admin）的本地用户账户。
- 群组名称是 wheel（一个保留下来的传统群组）的本地群组。
- ProjectZ 群组成员或是 Vice Presidents 群组成员。

只要你不共享任何共享文件夹的前辈文件夹（在本例中是 /Shared Items 或是启动宗卷的根目录），就不会有其他用户会看到 ProjectZ 文件夹的存在（但是具有一定技术水平的用户可以查看用户的属性信息，可以看到他们是属于 ProjectZ 群组的成员）。

查看 ProjectZ 文件夹内部文件夹的 ACL，来确认当你为 ProjectZ 更新 ACL 的时候，Server 应用程序是自动传播设置更改的。对于 ProjectZ 文件夹来说，你从为 Lucy Sanchez 添加 ACE 的操作开始，之后创建了Folder created by Maria文件夹，移除了针对 Lucy Sanchez 的 ACE，并为 Vice Presidents 群组添加了 ACE。

1　选择Folder created by Maria文件夹。

2　单击“操作”弹出式菜单（齿轮图标）并选择“编辑权限”命令。

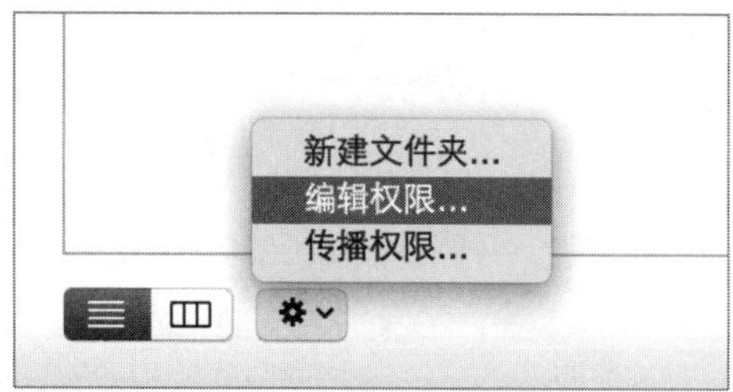

注意，在下图中并不存在针对 Lucy Sanchez 的 ACE，而是有一个针对 Vice Presidents 的继承 ACE。这是你通过 Server 应用程序的“文件共享”设置面板对共享点的 ACL 进行更新时，从 ProjectZ 文件夹的 ACL 自动继承过来的。

3 单击“取消”按钮关闭文件夹的“权限”设置框。

清理

移除 ProjectZ 文件夹，在其他的练习中将不再需要它。

1 在 Finder 的边栏中单击服务器旁边的“推出”按钮。

2 在 Server 应用程序的边栏中选择“文件共享”选项。

3 选择 ProjectZ 共享点，单击“移除”（－）按钮，并在确认操作的对话框中单击“移除”按钮。

移除 Vice Presidents 和ProjectZ 群组，在其他练习中将不再需要这些群组。

1 在 Server 应用程序的边栏中选择“群组”选项。

2 如果显示了弹出式菜单，那么将弹出式菜单设置为“本地网络群组”。

3 如果设置面板底部的锁形图标是锁定状态，那么需要将其解锁；单击设置面板底部的锁形图标，提供目录管理员的身份信息（管理员名称：diradmin，管理员密码：diradminpw），并单击“鉴定”按钮。

4 选择 Vice Presidents 群组。

5 单击“移除”（－）按钮，并在确认操作的对话框中单击“移除”按钮。

6 选择 ProjectZ 群组。

7 单击“移除”（－）按钮，并在确认操作的对话框中单击“移除”按钮。

在本练习中，你使用了 POSIX 权限和 ACL 来控制对共享文件夹和文本文件的访问。你为“其他任何人”指派了“无访问权限”来阻止所有用户都可以对共享文件夹进行访问，然后又添加了准许群组可读/写访问的 ACE。你还为一个特定的用户创建了 ACE，但是随着情况的改变，你使用了一个针对另一群组的 ACE 替代了该 ACE，并且注意到，你通过“文件共享”设置面板所做的更改会被自动传递到现有的项目上。你看到了“文件共享”设置面板和“存储容量”设置面板为 POSIX 所有权和权限，以及项目的 ACL 提供了不同的视图；“文件共享”设置面板提供了简单的概况信息和设置选项，而“存储容量”设置界面提供了更为高级的信息和设置选项。最后，每当你使用“文件共享”设置面板来更改共享点的 ACL或 POSIX 权限的时候，Server 应用程序都会自动传递共享点的 ACL。

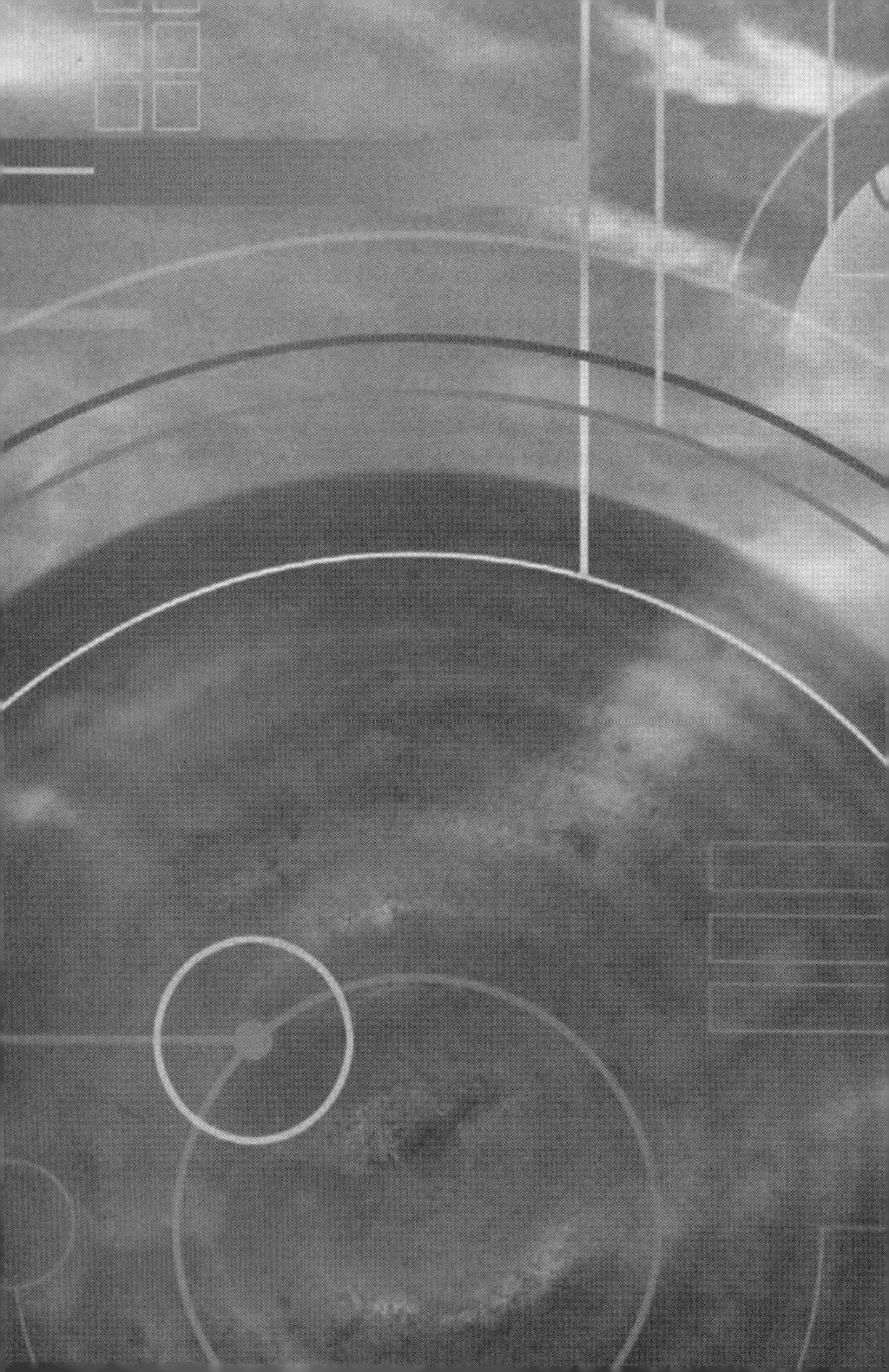

部署方案的实施

课程14
使用 NetInstall

目标

- 理解 NetBoot、NetInstall 及 NetRestore 的概念。
- 为部署创建映像。
- 配置 NetInstall 服务。
- 配置客户端去使用 NetInstall。
- NetInstall故障诊断。

如今，对于 OS X 管理员来说，部署软件到多台计算机显然是一个挑战。无论是操作系统还是商业应用程序的发布与更新，软件的手动安装都是一项繁重的工作。OS X Server 提供了可以辅助进行部署的服务和技术。NetInstall 服务简化了 OS 的部署与升级。

管理员在工作的时候，知道如何有效地利用时间是十分重要的。当管理几百台 OS X 计算机的时候，管理员需要有一个快速灵活的方案，能够对计算机进行日常的管理。当计算机需要进行初始设置的时候，应当安装什么软件？是否有最新的软件更新？需要安装全套的非 Apple 软件吗？例如 Adobe Creative Cloud 或是 Microsoft Office。共享程序以及与工作相关的必要的文件是怎样的情况？是否需要安全视频？是否要求使用 PDF？是否要为描述文件管理器安装信任和注册描述文件？

在将数据推送至计算机前，你必须决定如何推送这些数据，以及以什么形式进行推送。虽然有一些第三方工具可以完成映像的创建和部署任务，但是 Apple 也有一些应用程序可以协助你完成这项工作。这些可以提供帮助的应用程序包括 System Image Utility、Apple Software Restore（ASR）、Apple Remote Desktop（ARD）。

通过这些部署软件工具，你可以建立一个只需很少的用户交互操作就可以进行工作的自动化系统。本课程的重点是 OS X Server 提供的 NetInstall 服务。

NetInstall 映像的创建是一个较长的过程，不过大部分时间都花费在等待映像的处理过程上，你可以根据练习来规划你的时间。

参考14.1
通过 NetInstall 管理计算机

回想一下你启动计算机的方式，最常见的是你的计算机通过本地硬盘上的系统软件来启动。本地启动方式为你带来应用程序运行、信息访问及操作任务完成的典型计算机应用体验。当你为早于 Lion 的 OS X 版本进行 OS 安装的时候，你可能需要从 CD-ROM 或 DVD-ROM 光盘来启动。

对一台独立计算机的管理没有太多的麻烦，但是想象一下对计算机实验室的管理。当你每次需要升级操作系统或是安装一个干净的 OS X 版本时，需要将实验室中的每台计算机从 OS X 恢复系统启动。这是一种很不切实际的工作方式。

OS X Server 提供了 NetInstall 服务，简化了对多台计算机操作系统的管理。通过 NetInstall，在客户端计算机访问服务器时，使用来自服务器的系统软件启动，而不是客户端的本地硬盘。当从基于服务器的操作系统启动后，计算机可以像常规启动的计算机那样来使用（NetBoot），可以将 OS 或其他软件安装到它上面（NetInstall），或是将其他计算机的克隆文件恢复到它上面（NetRestore）。这里所述的3项技术可以方便、快捷地去部署和管理 OS X 计算机。

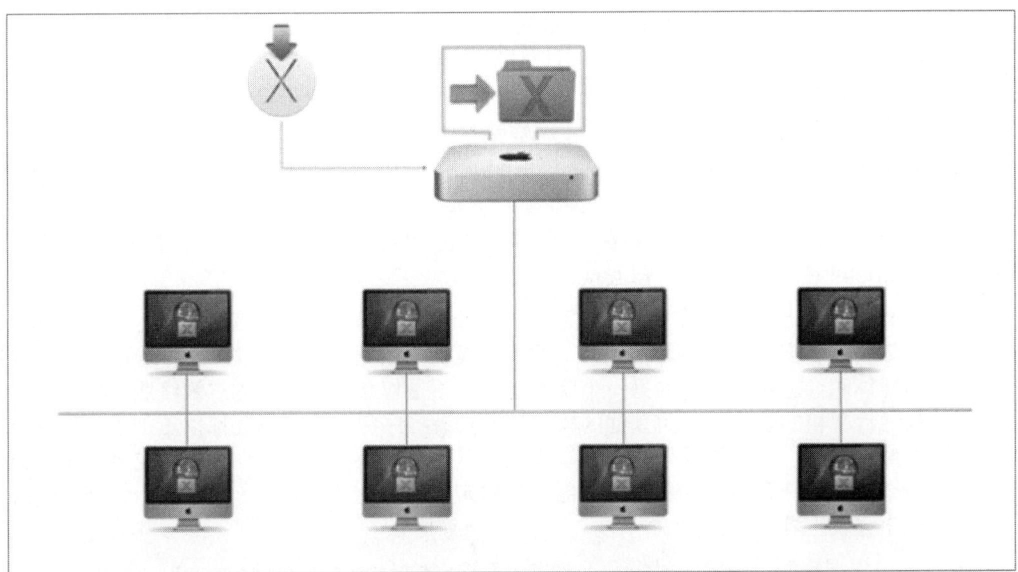

当用户有高频率的翻新需求，并且有大量的计算机是通过通用配置来部署的情况下，NetInstall 是最有效的部署方式。在多台计算机上部署标准配置是应用 NetInstall 的理想计算机环境，例如以下情况：

- 计算机群组配置：NetInstall 服务可以轻松配置多台相同的桌面系统。
- 计算机更新：使用 NetInstall 来安装系统软件可以让你快速地更新工作站。此外，由于安装是基于网络进行的，所以它甚至可以在用户的办公桌上完成。
- 当使用信息亭和在图书馆中应用的时候：通过 NetInstall 服务，你可以为客户或访问者设置受保护的计算机环境。例如，你可以配置一个可以使用网络浏览器，只能连接到指定网站的资讯站，或者是设置一个只运行数据库的访客信息亭，用来收集反馈信息。如果系统发生了变化，那么只需重新启动就可以将它恢复到初始状态。
- 计算机再利用：你可以通过 NetInstall 快速重新调整计算机，只需通过不同映像的部署，就可以使其带有不同的软件，包括操作系统和应用程序。
- 应急启动盘的创建：NetInstall 服务可以用于故障诊断、恢复和维护客户端计算机。NetInstall 服务还可以帮助访问引导驱动器发生故障并且恢复分区也无法使用的计算机。利用这一技术的一种创新方式是创建各种计算机诊断和磁盘恢复软件的 NetInstall 服务映像。在用户的办公桌上启动到一个救援映像可以为遇到麻烦的用户节省很多时间。

硬件需求

为了让 NetInstall 可以正常工作，必须要满足最低的硬件需求：

- 在客户端计算机上至少要具有 2GB RAM。
- 100Base-T 交换式以太网（最多50个客户端）。
- 1000Base-T交换式以太网（超过50个客户端）。

虽然有些 Mac 计算机可以基于 Wi-Fi 来使用 NetInstall，但是对于 NetInstall 来说最好还是尽可能地去使用以太网。通过 Wi-Fi 使用 NetInstall 既不会得到 Apple 的支持，也不推荐以这样的方式来使用。对于出厂时没有配置以太网接口的计算机来说，例如 MacBook Air，建议使用 USB 或 Apple Thunderbolt 至以太网的转接器。

NetInstall 映像类型的定义

有3种 NetInstall 映像类型：

- NetBoot 启动（采用 NetBoot 启动映像）使用来自服务器的操作系统。对于用户来说就像使用常规的操作系统一样，但是可以让客户端计算机的内置驱动器不被用于启动。多个网络客户端可以同时使用各个磁盘映像。你正在设置的是集中化的系统软件资源，所以你只需完成一次配置、测试和部署工作流程就可以了。
- 网络安装（Network Install），也称为 NetInstall，启动过程（使用 NetInstall 映像）可以让你快速地实现操作系统的全新安装。它也可以让你安装应用程序或是更新程序。对于用户来说，以NetInstall启动看上去与熟悉的安装器环境是类似的。术语Network Install和NetInstall在本课程中是可以互换使用的。
- NetRestore 旨在部署完整的系统映像。一个典型的应用是，你在计算机上进行操作系统的全新安装，安装所需的其他软件，配置设置，然后通过它制作 NetRestore 映像，这被称为整体映像。这类应用的另一个版本是，并不是包含所有软件的“最终版本”映像，而是只做计算机的映像，并为其他的软件创建安装程序包。这可以让你以更加模块化的方式去映像计算机。默认情况下，系统映像被嵌入到 NetRestore 文件夹中，或者你也可以指定一个将映像托管在文件共享服务器上的自定流程。这让 NetRestore 成为你部署资源中的一个强大工具。

在你学习本课程剩余内容的时候，不要忘记有这3类 NetInstall 映像。

当你从 NetInstall、NetBoot 或 NetRestore 映像启动的时候，启动宗卷是只读的。当客户端需要将数据写回到它的启动宗卷时，NetInstall 服务会自动将要写入的数据重定向到客户端的 shadow 文件中（这会在本课程的后面，“参考14.3　Shadow 文件介绍”中进行讲解）。在 shadow 文件中的数据会在 NetBoot 会话过程中得到保持。由于启动宗卷是只读的，所以你总可以从一个干净的映像开始进行使用。

NetInstall 客户端启动过程所经过的步骤

当客户端计算机从 NetInstall 映像启动的时候，它会通过一些步骤来成功地启动。

1 客户端请求一个 IP 地址。

当 NetInstall 客户端被打开或是重新启动的时候，它向 DHCP（动态主机配置协议）服务器请求一个 IP 地址。提供地址的服务器可以与提供 NetInstall 服务的服务器是同一台服务器，但这两个服务不一定非要由相同的计算机来提供。

NOTE ▶ NetInstall 要求网络中有可用的 DHCP 才可以工作。

2 当接收到 IP（互联网协议）地址后，NetInstall 客户端通过启动服务发现协议（Boot Service Discovery Protocol，BSDP）来发送一个需要启动软件的请求。NetInstall 服务器之后会使用简单的文件传输协议（TFTP），通过默认的69端口来分发核心系统文件（引导程序和内核文件）。

3 当客户端具有核心系统文件后，它开始装载并载入 NetBoot 网络磁盘映像。

可以使用超文本传输协议（HTTP）或网络文件系统（NFS）来传送映像，HTTP 是默认被使用的协议。

4 当从 NetInstall 映像启动后，NetInstall 客户端向 DHCP 服务器请求一个 IP 地址。

根据所用 DHCP 服务器的情况，NetInstall 客户端接收到的 IP 地址可以与步骤1中所接收到的 IP 地址不同。

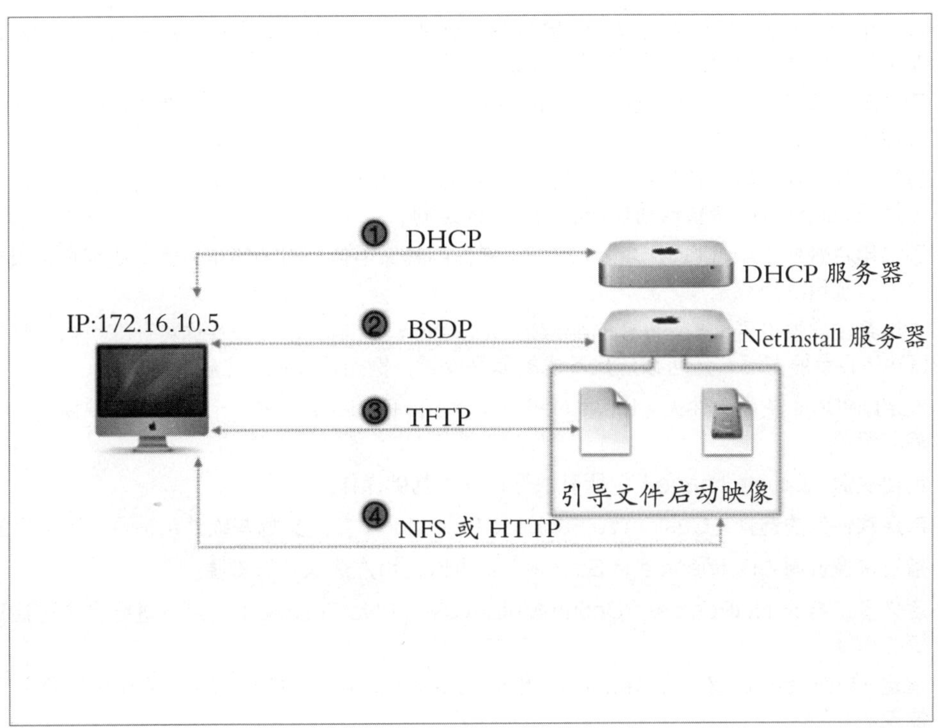

参考14.2
通过 System Image Utility 创建映像

System Image Utility 是用于创建这3类 NetInstall 映像的工具，可以通过 Server 应用程序的“工具”菜单来使用，System Image Utility 可以通过已装载的宗卷、磁盘映像或是“安装 OS X Yosemite”应用程序来创建 NetInstall 映像。该应用程序实际存储在/系统/资源库/Core Services/Applications/ 中。

NOTE ▶ 详细情况可参见 System Image Utility 的帮助内容：https://help.apple.com/systemimageutility/mac/10.10。

每个映像都需要一个映像 ID，或是索引号，客户端计算机通过它来识别相似的映像。当客户端在系统偏好设置的“启动磁盘”中列出了可用的 NetInstall 映像时，如果两个映像具有相同的索引号，那么客户端会认为映像是相同的，并且只显示为一个项目。如果只有一台服务器可以提供映像服务，那么为映像索引号分配1～4 095的数值。如果有多台服务器可以为同一个映像提供服务，那么为映像索引号分配4 096～65 535的数值。默认情况下，System Image Utility 会生成一个在1～4 095的准随机索引号数值，但是你在自定映像的创建过程中，或是在使用 Server 应用程序后，可以对其进行更改。

当创建映像的时候，你需要指定存储它的位置。为了让 NetInstall 服务能够识别映像，映像必须被存储在 / <volume>/ /Library/NetBoot/NetBootSP*n*/imagename.nbi 中，其中 *n* 是宗卷编号，imagename 是创建映像时你输入的名称。如果你已经配置了 NetInstall 服务，那么存储对话框会包含一个能够列出可用宗卷的菜单。如果你从该菜单中选取了一个宗卷，那么“存储”位置会变更为该宗卷上的 NetBootSP*n* 共享点。

TIP ▶ 在 NetInstall 环境中，如果很多客户端从同一台 NetInstall 服务器启动，那么会在服务器上产生很高的负载，从而降低性能。为了提升性能，你可以设置额外的 NetInstall 服务器来为同一个映像提供服务。NetInstall 也受磁盘速度的影响，较快的磁盘存储设备有助于性能的提升。

System Image Utility 还可以可以让你自定 NetBootNetRestore 或是 Network Install 的配置，只需要添加以下 Automator 工作流程项目即可：

- 添加配置描述文件（Add Configuration Profiles）：可以针对设备管理在映像中嵌入描述文件。
- 添加软件包和安装后执行的脚本（Add Packages and Post-Install Scripts）：允许你添加第三方软件或是希望自动执行的几乎任何定制。
- 添加用户账户（Add User Account）：在你的映像中包含附带的用户，这些用户可以是系统的管理员账户或是用户账户。
- 应用系统配置设置（Apply System Configuration Settings）：允许你将计算机自动绑定到 LDAP 目录服务器，还可以应用基本的偏好设置，例如计算机的主机名称。
- 设定NetBoot 映像文件夹（Bless NetBoot Image Folder）：将一个网络磁盘映像定义为可启动资源。
- 创建映像（Create Image）：所有映像创建的基础操作。
- 自定软件包的选择（Customize Package Selection）：定义哪些软件包是可用和可见的。
- 指定映像资源（Define Image Source）：可以让用户选取映像资源。
- 定义多宗卷的 NetRestore（Define Multi-Volume NetRestore）：可以进行多个可启动系统的恢复。
- 指定 NetRestore 资源（Define NetRestore Source）：指定 NetRestore 映像的网络位置。
- 启用自动安装（Enable Automated Installation）：当你正通过相同的配置来处理部署任务，并且希望对安装不进行过多干涉的时候，该设置可以辅助进行快速部署。
- 通过 MAC 地址过滤客户端（Filter Client by MAC Address）：限制哪些客户端可以使用基于网络的映像。
- 过滤计算机型号（Filter Computer Models）：限制哪些型号的计算机可以使用基于网络的映像。
- 支持磁盘分区（Partition Disk）：System Image Utility 中自带的流程操作，在部署中可以自动添加分区。

NetInstall 的使用

NetInstall 是在本地硬盘上重新安装 OS、应用程序或是其他软件的便捷方式。对于系统管理员来说，要部署大量带有相同版本的 OS X 的计算机，NetInstall 是非常有用的。所有启动和安装信息都是基于网络来分发的。你可以使用软件包的集合或是整个磁盘映像（取决于创建映像所用的资源）通过 NetInstall 来进行软件安装。

TIP ▶ 对于安装较小的软件包而不是整个磁盘，使用 ARD 会比较方便，因为并不是所有的安装包都需要重新启动计算机。如果 NetInstall 被用来部署一个软件包，那么不管软件包是否要求重新启动，客户端都得被重启。

当通过 System Image Utility 来创建安装映像的时候，你可以选用自动化安装过程的选项，来减少用户在客户端计算机上的交互次数。请将这个自动化操作所连带的责任牢记在心。因为自动化的网络安装可以被配置成在安装前抹掉本地硬盘中的内容，这样就会发生数据丢失。你必须要控制对这类网络安装磁盘映像的访问，并且在使用这类映像的时候，你必须要告知用户将要产生的影响。在进行自动网络安装前，要指导用户备份重要的数据。在你配置 NetInstall 服务器的时候，即使没有使用自动安装，也会对你发出相关的警告信息。

NOTE ▶ 在每台服务器上设置默认 NetInstall 映像，也可以在不需要使用 NetInstall 服务的时候将其关闭。

当创建 NetInstall 映像的时候，需要在 System Image Utility 中指定映像资源。你应当使用 System Image Utility 只创建同一 OS X 版本的映像。你可以使用 OS X Server 对任一版本的 OS X 映像提供服务，但是如果要创建 OS X 早期版本的映像，应当使用对应版本的 OS X，以及对应版本的 System Image Utility 来创建映像。可以通过以下资源来创建映像：

- 安装 OS X Yosemite：可以从 Mac App Store 下载这个应用程序。
- 磁盘映像：除了使用已配置的硬盘作为资源，还可以使用“磁盘工具”来对已配置的硬盘创建磁盘映像，然后将磁盘映像作为创建 NetBoot 映像的资源。
- 已装载的宗卷：当一个已装载的宗卷被选作资源的时候，整个宗卷内容——包括操作系统、配置文件及应用程序都会被复制到映像中。当客户端计算机从一个用已装载宗卷创建的映像来启动的时候，启动效果与从原始资源宗卷启动的效果相似。资源宗卷的副本被写入到客户端计算机的硬盘。使用宗卷作为映像资源的好处是，映像的创建速度要比使用光盘更为快速。此外，使用从宗卷创建的映像进行安装要比使用光盘创建的映像更为快速。

这里还有其他可用的功能，包括外部映像资源，例如通过选取“自定”和“指定 NetRestore 资源”Automator 操作所指定的网络共享或是 ASR 多播流。在这里你可以指定一个带有磁盘映像的网络共享，而这些磁盘映像是使用现有可用宗卷来创建的。

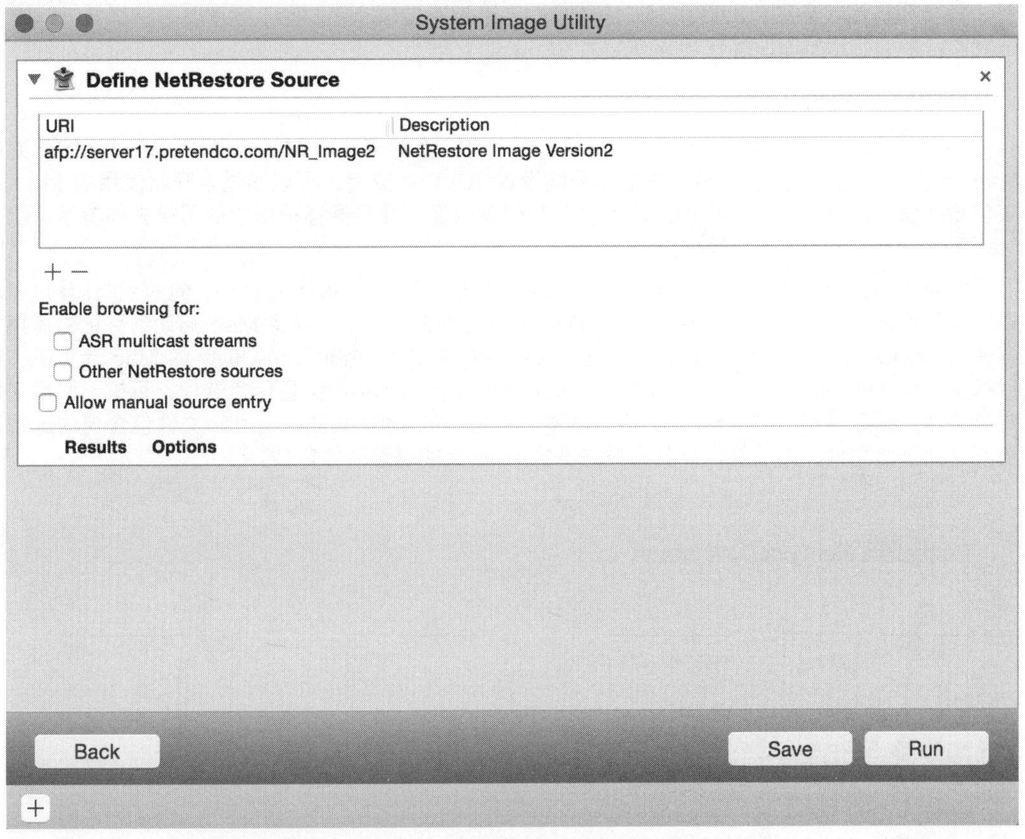

当创建 NetBoot 映像的时候使用最新版本的操作系统。如果要创建 OS X 10.9 的映像，应使用 OS X 10.9 提供的映像工具。如果要创建 OS X 10.10 的映像，应使用 OS X 10.10 或是 OS X Server Yosemite 10.10 提供的映像工具。需要注意的是，特定型号的计算机可能会有特定版本的 OS X，所以你需要匹配应用针对特定硬件的可启动操作系统。

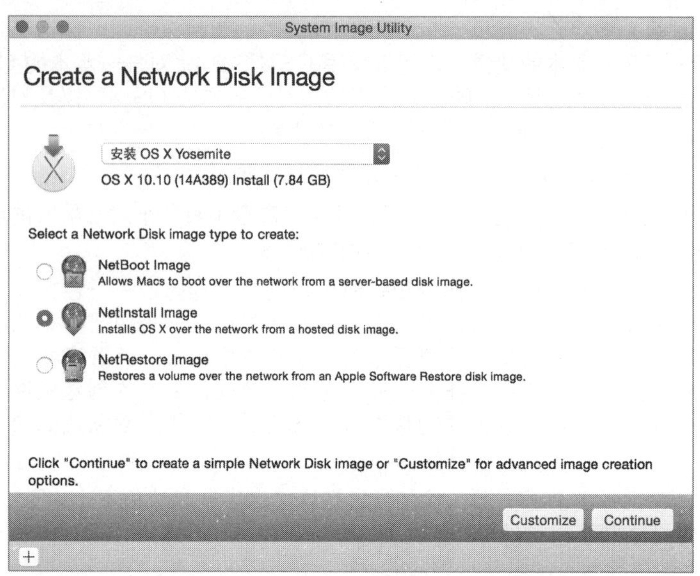

当添加新的计算机到 NetInstall 环境时，可能需要更新 NetInstall 映像来支持这些新计算机，检查新计算机所附带的 OS 软件版本。

NetRestore 的使用

NetRestore 会将 Mac 的启动宗卷封装到一个磁盘映像中。磁盘映像可以通过已被配置好的 Mac 计算机来创建，这包括带有你所需要的设置和软件，或者也可以通过未开始使用的 Mac 系统来创建映像。这样可以让你更加灵活地去定制磁盘映像，并且能够根据你的需求去部署尽可能多的 Mac 系统。

映像的创建需要把要进行映像的宗卷装载到要运行System Image Utility 的 Mac 计算机上。如果你要使用具有所需配置和软件的 Mac 创建一个主映像，那么可以将 Mac 启动到目标磁盘模式，并使用Thunderbolt 或 FireWire 线缆将它连接到运行着 System Image Utility 的 Mac 计算机。进入目标磁盘模式的 Mac，它上面的宗卷在 System Image Utility 中会显示为选项，可被选取用来创建磁盘映像。通过这种方式，Mac 的磁盘映像将被嵌入到 .nbi 文件中。.nbi 文件包含启动远端计算机所需的全部文件，以及将被复制到被映像的 Mac 上的磁盘映像负载。

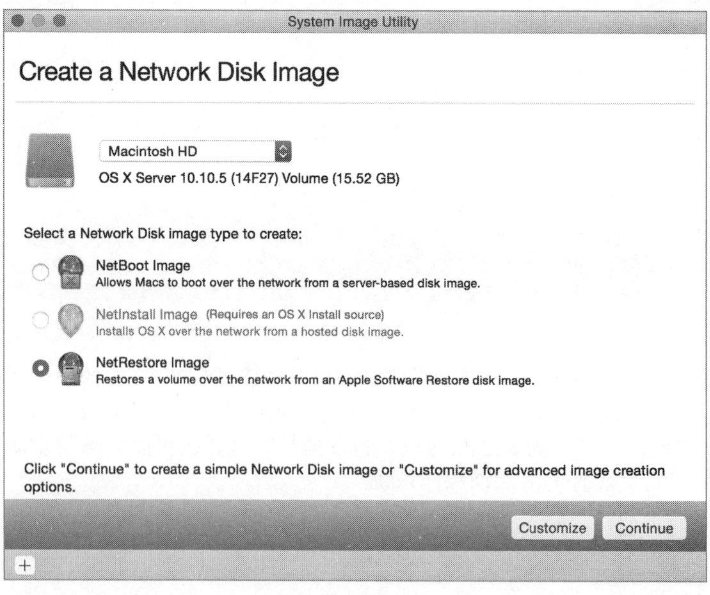

你还可以使用“磁盘工具”创建磁盘映像，该映像可以从文件服务器上进行部署。在 Apple 技术支持文章 HT202841，“OS X: Creating a software deployment image with a recovery partition”中你可以了解到如何进行操作。创建好的映像被托管在可以被要映像的 Mac 计算机访问到的文件服务器上。System Image Utility 用来创建自定流程，在流程中定位文件服务器托管的映像。

NOTE ▶ 参见 System Image Utility 帮助，可以了解到外部 NetRestore 宗卷配置流程的详细情况：https://help.apple.com/systemimageutility/mac/10.10/ index.html?localePath=en.lproj#/sysma045230a。

参考14.3
Shadow 文件介绍

很多客户端可以读取同一个 NetBoot 映像，但是当客户端需要将数据（例如打印作业和其他临时文件）写回到启动宗卷的时候，NetInstall 会自动将写入数据重定向到客户端的 Shadow 文件中，这些文件独立于常规的系统和应用程序软件文件。这些 Shadow 文件在各个客户端运行 NetInstall 映像期间保持着唯一的身份。NetInstall 还以透明的方式来维护 Shadow 文件中会发生变化的用户数据，而从共享的系统映像中读取不会发生改变的数据。在启动的时候，Shadow 文件会被重建，所以用户针对启动宗卷所做的任何更改都会在重新启动的时候失去。

这种方式存在着一个很重要的问题。例如，如果用户将文档存储到启动宗卷，那么文档会在重新启动后消失。虽然这令管理员所设置的环境得到了保持，但是也意味着，如果要让网络用户账户能够保存他们的文档，那么应当为他们配置使用网络个人文件夹。

对于每个映像来说，你可以在 Server 应用程序中，在 NetBoot 映像配置中使用“无盘”复选框来指定 Shadow 文件被存储到哪里。当一个映像的无盘选项被停用的时候，Shadow 文件被存储在客户端计算机本地硬盘的/private/var/netboot/.com.apple.NetBootX/Shadow 目录中。当“无盘”复选框被启用的时候，Shadow 文件被存储在服务器上名为 NetBootClients*n* 的共享点中，NetBootClientsn 共享点位于服务器的 /<volume>/Library/NetBoot/ 中，其中 *n* 是存储 Shadow 文件的宗卷编号。通过启用“无盘”复选框，NetBoot 映像可以让你在真正无盘的客户端计算机上进行操作。

TIP ▶ 当配置服务器的时候，一定要考虑到 Shadow 文件的存储需求。当以“无盘”方式运行的时候，用户可能会感觉到有些延迟，因为 Shadow 文件的写入是通过网络来进行的，而不是在本地进行。

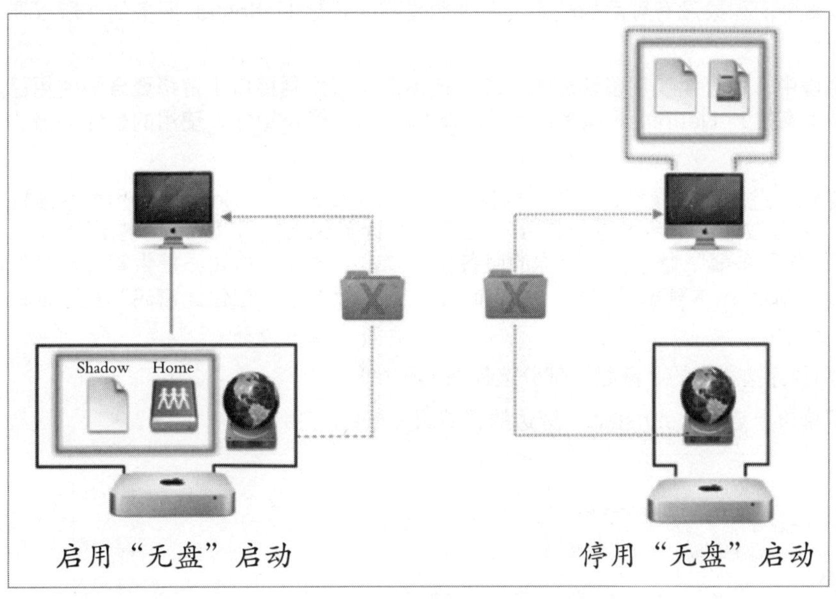

参考14.4
NetInstall 故障诊断

NetInstall 的工作流程非常简单。如果客户端没能通过 NetInstall 服务器成功启动，那么你可以从以下几个方面来诊断问题所在：

- 检查网络。客户端必须通过 DHCP 来获得 IP 地址。
- 检查服务器日志，搜索 bootp 信息，因为 NetInstall 所用的底层进程是 bootpd。如果你为过滤功能输入了错误的以太网硬件地址或是选用了错误的硬件类型，那么也可以通过这些日志信息来发现。
- 当启动客户端的时候按住 Option 键，可以检测你是否为该计算机设置了固件密码。在使用任何可替代的启动资源（例如 NetInstall 映像）前，都需要输入固件密码。如果曾经有锁定指令发送到 OS X 计算机，那么该计算机会被应用固件密码。
- 检查服务器上的磁盘空间。Shadow 文件和磁盘映像可能会填满服务器的磁盘空间。你可能需要添加容量更大或是更多的磁盘来容纳这些文件。
- 检查服务器的过滤设置。你是否基于 IP 地址、硬件地址及型号类别启用了过滤设置？如果启用了，那么可以停用过滤设置，让网络上的所有计算机都可以使用 NetInstall 服务来启动。
- 检查防火墙设置。NetInstall 需要全部开放 DHCP/BOOTP、TFTP、NFS、AFP 和 HTTP 的端口。临时停用防火墙或者为你正在使用 NetInstall 启动的子网添加允许全部传输通过的规则，来验证是否存在防火墙的配置问题。

练习14.1
准备 NetInstall 服务

▶ 前提条件

- 服务器需要有线以太网连接。

在本练习中，将指定用于存储 NetInstall 服务映像和客户端数据的磁盘。这会自动创建 NetInstall 服务的文件夹结构，这样在后面的练习中创建 NetInstall 映像的时候，可以很容易地将它们存储在正确的位置中。如果没有可用的映像，那么你是不能开启 NetInstall 服务的，所以在本练习中你还无法打开它。

在实际工作环境中，你可以使用多块磁盘并联合使用多个以太网接口（链路聚合的使用已超出本教材的学习范围）来提升 NetInstall 服务的性能。本练习为了简化操作，使用的是服务器的启动宗卷。

1. 在管理员计算机上进行练习操作。如果在管理员计算机上尚未通过 Server 应用程序连接到服务器计算机，那么按照以下步骤进行连接：在管理员计算机上打开 Server 应用程序，选择“管理”>“连接服务器”命令，选取你的服务器，单击“继续”按钮，提供管理员身份信息（管理员名称：ladmin，管理员密码：ladminpw），取消选中“记住此密码”复选框，然后单击“连接”按钮。
2. 在 Server 应用程序边栏中的“高级”部分选择 NetInstall。
3. 单击“在以下接口上启用 NetInstall”旁边的“编辑”按钮。

4 确认以太网接口（内建以太网接口或是来自适配器的以太网接口）被选用。

NetInstall 服务并不支持 Wi-Fi。

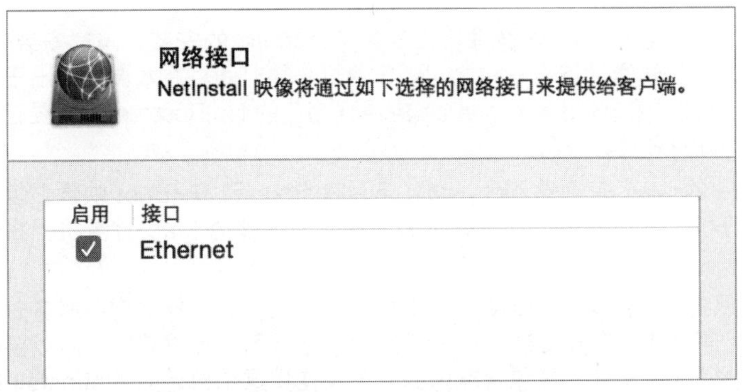

5 单击“好”按钮关闭“网络接口”设置面板。

6 在 NetInstall 设置面板的左下角单击“编辑储存设置”按钮。

7 出于本练习的目的，选择服务器的启动宗卷。

8 在“储存的数据”栏中单击你服务器启动宗卷对应的菜单，并选择“映像与客户端数据”命令。

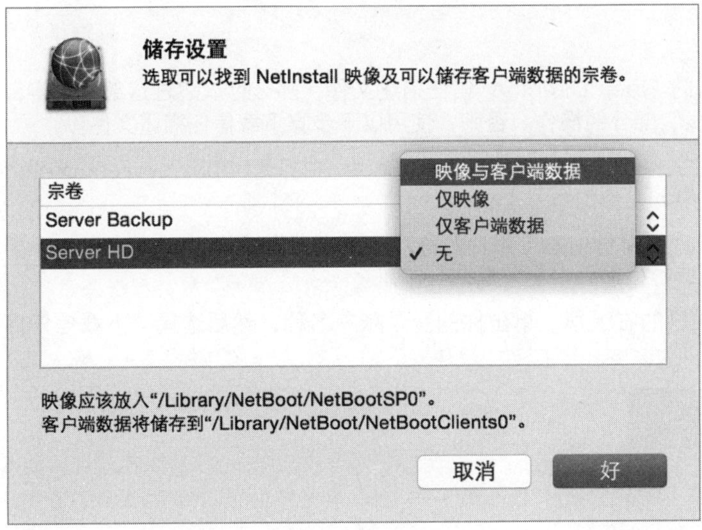

9 单击“好”按钮关闭“储存设置”面板。

在本练习中，指定了服务器的启动磁盘用于储存 NetInstall 映像和客户端数据，这会自动创建 /Library/NetBoot/NetBootSP0/ 和 /Library/NetBoot/NetBootClients0/ 目录。由于还没有创建任何的 NetInstall 映像，所以你还无法开启服务。

练习14.2
创建自定的 NetInstall 映像

▶ **前提条件**

- 完成“练习4.2　配置Open Directory 证书颁发机构”的操作。
- 完成“练习10.1　启用描述文件管理器”的操作。
- 完成“练习14.1　准备 NetInstall 服务”的操作。

在本练习中将创建一个 NetInstall 映像。在创建完映像后，在“练习14.4　通过 NetInstall 映像启动”中，将确认可以通过它来启动计算机，然后在“练习14.5　监视 NetInstall 服务”中，将确认可以监视客户端和服务的情况。

在实际应用中可以发现，使用 NetInstall 映像进行 OS X Yosemite 的安装，与“安装OS X Yosemite 应用程序”的 NetRestore 映像进行恢复相比，要花费更长的时间。在本课程中出于练习的目地，创建 NetInstall 映像比创建“安装OS X Yosemite 应用程序”的 NetRestore 映像要花费较少的时间，所以这里采用更加省时的方式。

虽然可以使用装有Yosemite 的 Mac 来创建 NetInstall、NetRestore 和 NetBoot 映像，但是在本练习中，将直接在服务器计算机上创建映像，这样就不需要花时间从其他 Mac 计算机上将映像复制到服务器计算机了。

在本练习中，将自定 NetInstall 映像，除了安装 OS X 外，还要为描述文件管理器服务安装信任描述文件。在管理员计算机上通过映像实际安装 OS X 已超出了本练习的操作范围，所以要检查做好的 NetInstall 映像并确认信任描述文件是被包含在内的。如果使用这个自定的 NetInstall 映像在 Mac 上安装 OS X，那么完成后可以将 Mac 交给用户使用。当用户打开 Mac 后，通过设置助理创建计算机账户，然后他就可以访问你服务器的描述文件管理器服务并进行注册了，注册的时候并不会收到 Safari 无法验证服务器身份的警告信息，因为信任描述文件会被自动安装。

NOTE ▶ 创建映像所花费的总时间取决于你磁盘的速度。通过固态驱动器（SSD）或是闪存盘创建 NetInstall 映像会花费较短的时间，使用物理转轮式磁盘则会花费较长的时间。

下载信任描述文件

如果你手边就有你服务器的 Open Directory 信任描述文件，那么可以跳过这部分内容，继续进行“创建自定 NetInstall 映像”部分的操作。否则，使用以下步骤下载信任描述文件：

1 在你的服务器上打开描述文件管理器网站程序，在 Safari 中打开https://server*n*.pretendco.com/profilemanager（其中 *n* 是你的学号）。

2 在“请登录”界面提供管理员身份信息（用户名称：ladmin，密码：ladminpw），不要选中“保持我的登录状态”复选框，然后单击“登录”按钮。

3 在描述文件管理器网站程序的右上角，单击你的登录账户名称，然后选择“下载信任描述文件”命令。

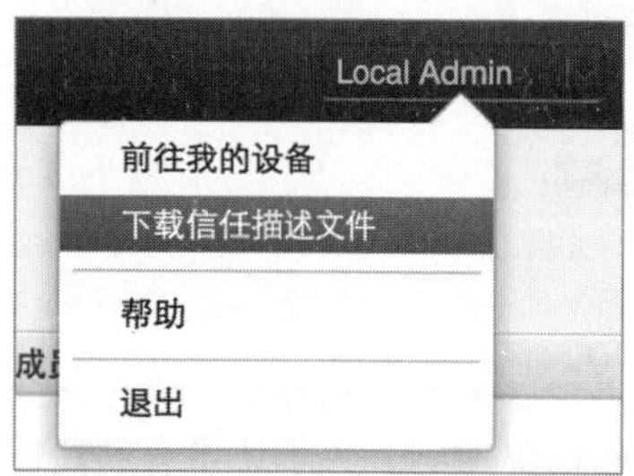

4 在对话框中单击“下载”按钮。

5 当打开描述文件偏好设置并询问是否要安装描述文件的时候，单击“取消”按钮。

6 退出系统偏好设置。

7 关闭显示描述文件管理器网站程序的 Safari 窗口。

信任描述文件现在已在你的“下载”文件夹中，你可以准备继续进行下面的操作了。

创建自定的 NetInstall 映像

1 在服务器计算机上进行操作，如果服务器的“应用程序”文件夹中没有“安装OS X Yosemite”应用程序，那么需要将该应用程序复制到“应用程序”文件夹中。

如果是在有教师指导的培训课堂环境下进行练习的，那么安装程序可以从 /Student Materials/Lesson14/ 文件夹中获得。如果是个人独立进行练习操作的，那么可以从 Mac App Store 下载安装程序。

2 通过Spotlight 打开 System Image Utility。

如果Spotlight 没能找到应用程序，那么在 Finder 中选择“前往”>“前往文件夹”命令，输入 /System/Library/CoreServices/Applications，单击“前往”按钮，然后从文件夹中打开 System Image Utility。

3 打开弹出式菜单，然后从菜单中选取“安装 OS X Yosemite”命令。

4 选择NetInstall Image单选按钮。

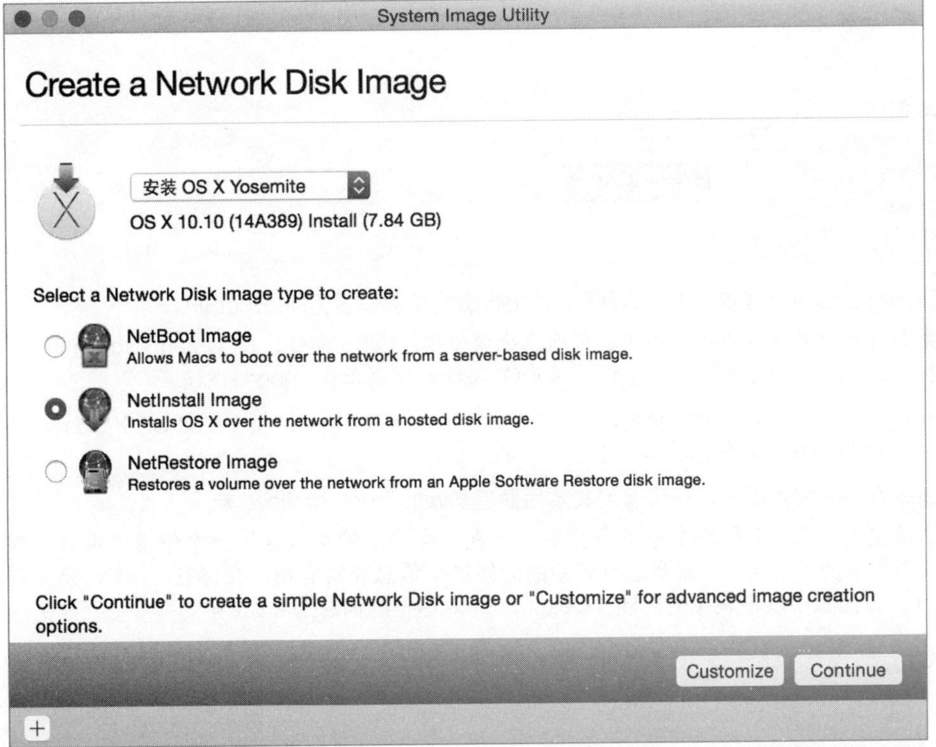

5 单击“Customize（自定）”按钮。

6 阅读软件许可协议，然后单击“同意”按钮。

7 在 System Image Utility 工作流程的第一步中，确认资源被设为“安装 OS X Yosemite”。

如果不是，那么单击“资源”弹出式菜单并选取“安装 OS X Yosemite”命令。

8 从 Automator 资源库窗口中，将Add Configuration Profiles拖至工作流程Define Image Source和Create Image操作步骤之间。

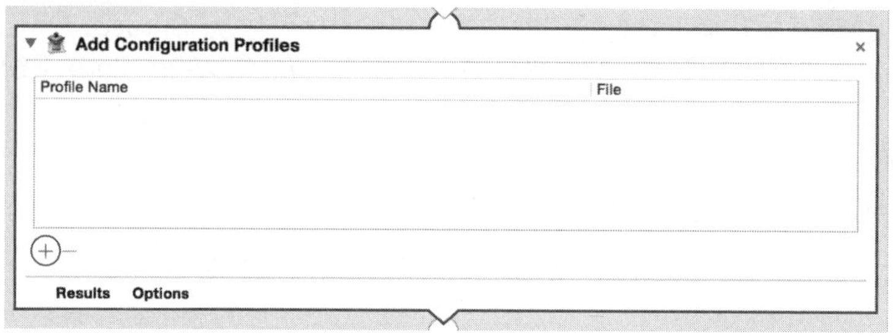

9 在Add Configuration Profiles流程步骤中，单击“添加”（ + ）按钮。

10 在打开的文件对话框的边栏中，选择“下载”选项，然后选取服务器的信任描述文件并单击“打开”按钮。

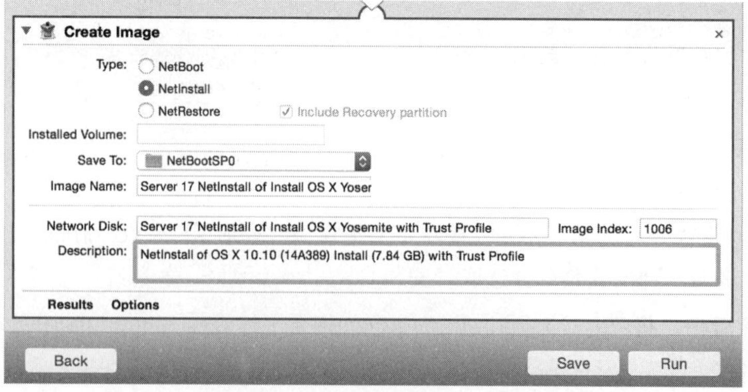

11 在Create Image流程步骤中，确认Save To弹出式菜被设置为NetBootSP0。

如果 NetBootSP0 并不在菜单中，那么选择菜单中的Other命令，按 Command-Shift-G 组合键，输入/Library/NetBoot/NetBootSP0/，单击Go按钮，然后单击Choose按钮。

12 在Image Name和Network Disk文本框中输入Server n NetInstall of Install OS X Yosemite with Trust Profile（其中 n 是你的学号）。

13 在Description文本框中，在现有的文本后面追加with Trust Profile文本。

默认情况下，OS 工程版本号信息会被包含在括号中。你可以通过这个信息来追查映像中包含的是哪个版本的 OS X，当需要进行更新的时候这个信息非常有用。当你在 Server 应用程序的 NetInstall 设置面板中双击映像的时候，Description对话框的信息是可见的。

14 单击Run按钮。

15 当出现提示的时候鉴定为 ladmin。

16 按 Command–L 组合键显示日志，然后滚动浏览它的内容。

```
with Trust Profile.nbi/NetInstall.dmg
pkgbuild: Adding top-level postinstall script
pkgbuild: Wrote package to /tmp/niutemp.svlYHk2Y/netInstallConfigurationProfiles.sh.inner.pkg
productbuild: Wrote product to /tmp/niutemp.svlYHk2Y/netInstallConfigurationProfiles.sh.pkg
chmod: /tmp/mnt.N78TGGfO/Packages/Extras/Setup: No such file or directory
"disk5" unmounted.
"disk5" ejected.
"disk4" unmounted.
"disk4" ejected.
```

当 System Image Utility 完成映像的创建后，可以看到以下内容：

- 在Create Image流程步骤的左下角有一个绿色的对钩。
- 右下角的按钮由Stop变为Run。
- 日志标注Workflow Finished并包含日期和时间（可以滚动到日志的顶部来查看工作流程时间，计算一下创建映像的总时间）。

存储工作流程

存储工作流程，这样当 OS X 安装程序被更新后，可以再次运行它。

1 单击Save按钮。

2 在Save As文本框中输入Server *n* NetInstall of Install OS X Yosemite with Trust Profile（其中 *n* 是你的学号）。

3 如果显示了Where弹出式菜单，那么打开菜单并选择“文稿”命令。否则，在“存储”对话框的边栏中选择“文稿”选项。

4 单击Save按钮。

5 退出 System Image Utility。

在以后的工作中，如果下载了更新的安装 OS X Yosemite 应用程序，你需要从/Library /NetBoot /NetBoot/NetBootSP0/ 中移除现有的 NetInstall 映像，然后打开工作流程文件，更新Description文本框中的工程版本号，并单击Run按钮创建更新后的 NetInstall 映像。

查看自定的 NetInstall 映像

在服务器上通过 Finder 确认信任描述文件被包含在刚刚创建的 NetInstall 映像中。

1 在你的服务器上进行操作，在 Finder 中，选择“前往”>“前往文件夹”命令。

2 输入 /Library/NetBoot/NetBootSP0/ 并单击“前往”按钮。

3 打开Server *n* NetInstall of Install OS X Yosemite with Trust Profile.nbi（其中 *n* 是你的学号）。

4 打开 NetInstall.dmg。

5 在 Finder 窗口的边栏中选择 NetInstall 宗卷。

6 打开 Packages 文件夹。

7 在 Finder 的工具栏中单击“分栏显示”图标。

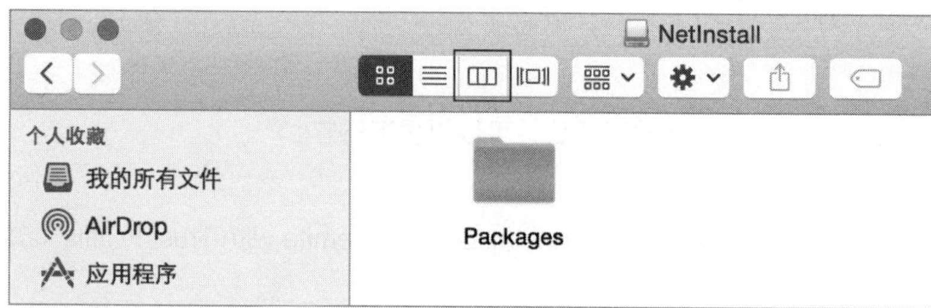

8 前往 /Packages/Extras/ConfigurationProfiles/ 文件夹。

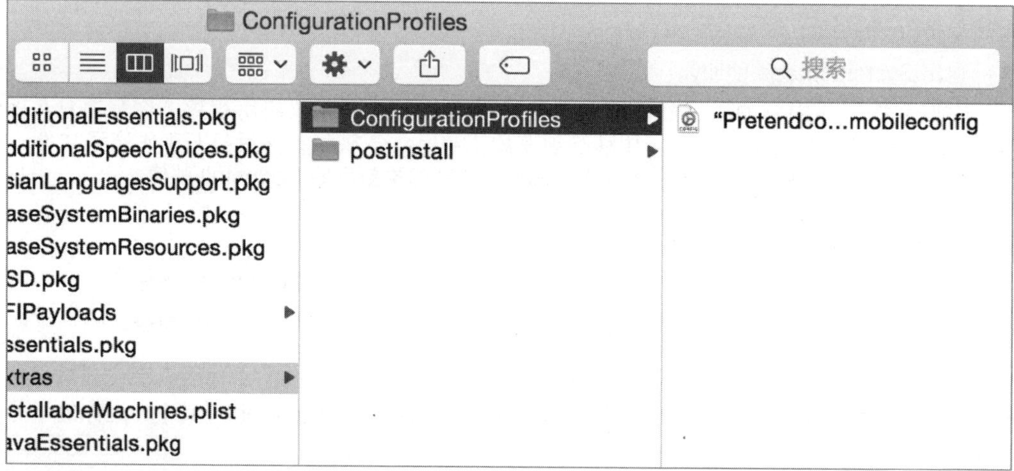

9 确认你服务器的信任描述文件是在ConfigurationProfiles文件夹中的。

10 在 Finder 窗口的边栏中，单击 NetInstall 宗卷旁边的“推出”按钮。

11 如果有其余打开的 Finder 窗口，那么关闭这些窗口。

当 Mac 计算机通过你自定的 NetInstall 映像启动的时候，会使用映像来安装 OS X，你服务器的信任描述文件也会被自动安装。

此时，已创建了一个OS X 安装程序的 NetInstall 映像，它带有你服务器的信任描述文件。

练习14.3 开启 NetInstall 服务

▶ 前提条件

- 完成“练习14.2　创建自定的 NetInstall 映像”的操作。

现在你已经有了一个可用的映像，对映像稍加配置后就可以开启 NetInstall 服务了。

对于每个映像来说，你可以指定用于提供映像的协议：NFS 或 HTTP。对于本练习来说，将配置映像通过 NFS 协议提供服务，而不是 HTTP。HTTP 是当前默认使用的协议，因为它可以直接提供磁盘映像服务，而不需要像允许 NFS 传输那样来重新配置你的防火墙。NetInstall 服务不需要开启网站服务就可以基于 HTTP 进行工作。

将配置你的 NetInstall 映像作为默认使用的映像。

最后，你将通过“文件共享”设置面板查看与 NetInstall 服务相关的文件夹。

配置 NetInstall 映像协议

首先配置你的 NetInstall 映像使用 NFS 协议提供服务，而不是 HTTP。

1 在你的管理员计算机上进行练习操作。如果在管理员计算机上尚未通过 Server 应用程序连接到你的服务器计算机，那么按照以下步骤进行连接：在管理员计算机上打开 Server 应用程序，选择“管理”>“连接服务器”命令，选取你的服务器，单击“继续”按钮，提供管理员身份信息（管理员名称：ladmin，管理员密码：ladminpw），取消选中“记住此密码”复选框，然后单击“连接”按钮。

2 如果前面的练习是在服务器上直接进行操作的，那么在服务器上的/Library/NetBoot/NetBootSP0/ 目录中已有一个 NetBoot 映像（NBI）。

如果是在其他计算机上创建的映像，那么需要将映像复制到你服务器的相应位置，在需要的时候提供本地管理员的身份信息。

3 在 NetInstall 设置面板中，单击“设置”选项卡，并选取你的 NetInstall 映像。

如果映像没有显示出来，那么选择“显示”>“刷新”命令。

4 双击 NetInstall 映像对其进行编辑。

5 注意在映像的名称下面，映像的描述信息被显示出来。

6 在“可用状态”下方单击弹出式菜单并选择NFS命令。

7 在“访问”下方单击弹出式菜单并选择“仅限某些 Mac 机型”命令。

8 滚动浏览列表内容，注意 Mac 计算机的各种机型。

9 单击“取消”按钮。

10 选中相应复选框限制访问。

11 单击“添加”（ + ）按钮。注意，你需要输入一个 MAC 地址。

12 单击“取消”按钮。

13 确认映像可基于 NFS 使用。

14 单击“好”按钮保存设置更改并返回到 NetInstall 主设置面板。

15 单击“开”按钮开启 NetInstall 服务。

你所做的唯一更改就是令映像可以基于 NFS 协议使用，而不是 HTTP。

指定默认映像

在 Server 应用程序中，“映像”设置框列出了服务器上可用的 NetInstall 映像，它最多可以托管25个不同的 NetInstall 映像。如果已取消选中“可通过以下方式获取”复选框，那么客户端就无法使用映像了。

如果你具有多个映像，那么可以指定其中的一个作为默认使用的映像，当一个NetInstall 客户端没有指定要使用的映像时，NetInstall 服务就会使用该映像提供服务。当你打开客户端计算机并按住 N 键启动的时候，如果 Mac 之前从未通过你的 NetInstall 服务启动过，那么服务器会向 Mac 提供默认使用的映像，并且这台 Mac 以后也会将这个映像作为默认使用的映像。不过在这台 Mac 上，你也可以按 Option–N 组合键来使用当前设为默认使用的映像，而不会考虑这台 Mac 首次使用你服务器 NetInstall 服务时的默认映像是哪个。

1 在 NetInstall 的设置面板中单击“设置”选项卡。

2 选取你的 NetInstall 映像。

3 从“操作”弹出式菜单中（齿轮图标）选择“用作默认的启动映像”命令。

在“设置”界面的右侧，该映像现在被标注为“（默认）”。

TIP 不要忘记，映像文件可能会非常大，会在服务器上占用大量的磁盘空间。所以可以考虑使用第二个宗卷来存储映像，从而让它们离开你服务器的启动宗卷。

查看与 NetInstall 服务相关的共享文件夹

你的 NetInstall 服务现在已经被配置好。通过“文件共享”设置面板来查看“文件共享”服务所提供的以下服务：

- 通过 AFP（Apple 归档协议）共享的 NetBootClients0，无盘客户端就可以用来存储 Shadow 文件了。
- 通过 NFS 共享的 NetBootSP0，客户端可以快速装载 NetInstall 映像了。

不要试图去修改这些已共享的目录，否则，可能会对使用 NetInstall 服务造成影响。

1 在 Server 应用程序的边栏中选择“文件共享”选项。

2 查看“共享文件夹”设置框。

3 双击 NetBootClientsn 共享文件夹。

4 确认选中 AFP 复选框。

5 单击“取消”按钮。

6 双击 NetBootSP0 共享文件夹。

7 确认取消选中 AFP、SMB 和 WebDAV 复选框。

名称：NetBootSP0
共享方式：SMB AFP WebDAV

这里并没有 NFS 复选框，NetInstall 服务会自动配置一个可通过 NFS 协议使用的共享文件夹。

8 单击“取消”按钮。

在本练习中，你配置了你的 NetInstall 映像通过 NFS 协议来提供服务，而不是 HTTP，你指定了默认使用的 NetInstall 映像，并查看了与 NetInstall 服务相关的共享文件夹。

练习14.4
通过 NetInstall 映像启动

▶ 前提条件

- 在你的网络上 DHCP 必须是可用的。
- 完成“练习14.3　开启 NetInstall 服务”的操作。
- 你的服务器计算机和管理员计算机都需要有线以太网连接。

只要你的客户端计算机具有最新版本的固件并且属于支持的客户端计算机，那么就不需要安装任何其他的专用软件。可扩展固件接口（EFI）（Intel）的启动代码包含了通过 NetInstall 映像来启动计算机的软件。

至少有 3 种方式可以令计算机使用 NetInstall 来启动：

- 按住 N 键，直到闪动的 NetInstall 地球图标出现在屏幕的中央。这种方法可以让你使用 NetInstall 来进行一次启动，之后的重新启动会将计算机恢复成之前的启动状态。你的客户端计算机会通过 NetInstall 服务器托管的默认 NetInstall 映像来进行启动。
- 在系统偏好设置中，通过启动磁盘设置项来选用所需的网络磁盘映像。“启动磁盘”设置项被包含在 OS X v10.2 及之后的版本中，显示了本地网络中所有可用的网络磁盘映像。注意，每类 NetInstall 映像都具有独特的图标，可以帮助用户在映像类别之间进行区分。当要使用的网络磁盘映像被选取后，你可以重新启动计算机。计算机后续的每次启动都会试图使用 NetInstall 服务。
- 在启动的时候按住 Option 键，这时会调用启动管理器，它会显示一个可用的系统文件夹列表，以及针对 NetInstall 的地球图标。单击地球图标并单击上箭头开始 NetInstall 启动过程。这个选项并不会让你去挑选要从哪个映像来启动。如同按住 N 键一样，你会使用默认的映像。

需要重点关注几个情况，这些情况会干扰到 NetInstall 的启动过程：

- 如果没有网络连接存在，那么 NetInstall 客户端最终会启动超时并试图通过本地驱动器来启动。你可以让本地硬盘不具有系统软件，并阻止用户物理访问到计算机上的以太网接口，这样他们就不能断开网络连接了。
- “参数随机存取存储器”（PRAM）的重置会重设已配置的启动磁盘，这就需要你在系统偏好设置的启动磁盘设置项中重新选取 NetInstall 宗卷。

下面尝试通过 NetInstall 来启动你的客户端计算机。

1 在你的管理员计算机上进行操作，退出 Server 应用程序。

2 在你的管理员计算机上打开系统偏好设置，然后打开“启动磁盘”偏好设置。

3 选取托管在你服务器上的 NetInstall 映像。

如果你是在有教师指导的课堂环境下进行练习的，那么将你的鼠标分别悬停在NetInstall 映像上，直到找到你服务器上的映像。

如果你是自己在一个独立的网络中进行练习的，那么你服务器的 NetInstall 映像应当是唯一出现的 NetInstall 映像。

4 单击“重新启动”按钮。

你的管理员计算机会通过刚刚创建和启用的 NetInstall 映像启动到 OS X 安装程序中。

5 不要在你的管理员计算机上重新安装 OS X，但是让你的管理员计算机保持在通过 NetInstall 映像启动的状态，这样就可以通过你服务器上的 NetInstall 服务了解监视选项的使用了。

练习14.5
监视 NetInstall 客户端

▶ **前提条件**

▶ 完成“练习14.4　通过 NetInstall 映像启动”的操作。

在本练习中，你将监视你的 NetInstall 客户端。“连接”设置面板提供了一个已通过服务器 NetInstall 服务托管的映像启动的客户端计算机列表。它会报告计算机的主机名称和 IP 地址、启动进度及它的状态。

查看 NetInstall 服务日志

1 在你的服务器上打开 Server 应用程序，如果没有连接到服务器，那么要先连接服务器。

2 在 Server 应用程序的边栏中选择“日志”选项。

3 单击弹出式菜单，在 NetInstall 部分选择“服务日志”命令。

4 在搜索输入框中输入 INFORM，然后按 Return 键。

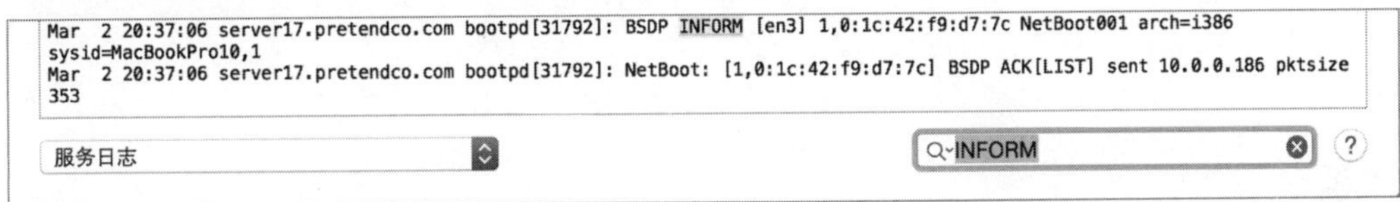

此时会从 NetInstall 服务发送一个 INFORM 数据包至 Mac，它包含了可用的 NetInstall 映像信息和服务信息。

使用 NetInstall的“连接”选项卡

一旦 NetInstall 客户端通过 NetInstall 映像成功启动，NetInstall 设置面板的“连接”选项卡中就会包含有关客户端的信息。

1 在 Server 应用程序的边栏中选择NetInstall。

2 单击“连接”选项卡。

3 注意你的管理员计算机已被列出并带有 NetInstall 的状态信息。

清理

通过管理员计算机平常使用的启动磁盘来重新启动计算机，并关闭 NetInstall 服务。

重新启动你的 Mac

1 在你的管理员计算机上进行操作，从苹果菜单中选择“启动磁盘”命令。

2 选择平常使用的启动宗卷（Macintosh HD，除非你更改了这个名称）。

3 单击“重新启动”按钮，并在操作确认对话框中单击“重新启动”按钮。

关闭 NetInstall 服务

1 在你的服务器计算机上进行操作，在 NetInstall 设置面板中单击“关”按钮来关闭 NetInstall 服务。

2 在 Server 应用程序的边栏中选择“文件共享”选项。
3 确认不再显示 NetBootClients0 和 NetBootSP0 共享文件夹。
4 退出 Server 应用程序。

至此，你已经学完了如何配置 NetInstall，并利用它来进行映像和启动操作。

课程15
缓存来自 Apple 的内容

目标

- 缓存服务介绍。
- 配置和维护缓存服务。
- 查看缓存服务客户端。
- 对比缓存服务与软件更新服务。
- 缓存服务的故障诊断。

对于由 Apple 发布的软件及其他内容，缓存服务可以加速它们的下载和分发速度。它会缓存那些由 Apple 发布的、首次下载的各个项目，以使本地网络中的设备和计算机可以使用这些项目。这意味着你可以将这些由 Apple 发布的项目以较快的下载速度提供给网络中的客户端。

这可以让你节省很多时间，并降低对互联网带宽的使用。

更多信息 ▶ 在OS X Server Yosemite 的缓存服务中，其中一大新功能是，虽然服务器具有可用的公共地址，并且它并未部署在NAT（网络地址转换）后面的情况下也可以被配置去工作。这会在本课程的配置部分进行介绍。

参考15.1
缓存服务介绍

对于符合要求的计算机和设备来说，缓存服务会透明地缓存很多项目，包括以下项目：

- 软件更新项目。
- 在App Store 购买并下载的项目。
- 在Mac App Store购买并下载的项目。
- 在iBooks Store 购买并下载的项目。
- iTunes U 项目。
- Internet 恢复系统。

缓存服务支持运行 OS X 10.8.2 或之后版本系统的 Mac 计算机，以及运行 iOS7或之后版本系统的设备。它还支持在Mac 和 Windows 计算机上安装的 iTunes 11.0.2 或之后版本的 iTunes 内容。

使用缓存服务的网络要求如下：

- 带有网络设备的以太网络通过网络地址转换（NAT）功能连接到互联网。
- NAT 设备连接互联网一端与缓存服务器的传出传输使用的是同一公共 IPv4 地址（简单来说，就是和 NAT 后面的服务器有着相同的公共 IP 地址）。
- 如果未部署在 NAT 后面（与使用同一公共 IPv4 地址的客户端不是在同一个私网中），那么可以配置一个 DNS（域名系统）TXT 记录来让客户端去找到它。

为了让 Mac App Store 能够利用缓存服务，Mac 必须：

- 具有10.8.2或之后版本的 OS X。
- 不要配置使用 OS X Server 的“软件更新”服务。

在最常用的配置中，关键是在 NAT 设备后面的客户端和缓存服务器必须共享相同的互联网连接，并且它们从你的网络到互联网的传输必须具有相同的IPv4 源地址（即使客户端与缓存服务器处于不同的子网中，但只要它们使用相同的公共 IPv4 源地址就可以）。通过 OS X Server

Yosemite，即便托管缓存服务的 OS X Server并未部署在 NAT 的后面，也是可以配置缓存服务并提供服务的。

符合要求的客户端会自动使用相应的缓存服务器。否则，客户端将使用由 Apple 运营的服务器，或者是分发内容的网络合作伙伴的服务器（就像缓存服务被引入之前的状态）。

在下图中，有一个提供 NAT 服务的网络设备，组织机构具有两个子网。在两个子网中的客户端和缓存服务器，虽然位于不同的子网中，但是在 NAT 设备的公共互联网一端则具有相同的公共 IPv4 源地址。在两个子网中的客户端，会自动使用组织机构网络中的一个缓存服务器（在图示中，有一个子网具有两台服务器，说明不需要在 NAT 后面的每个子网中都部署缓存服务）。当客户端脱离本地网络时，它们会自动使用由 Apple 控制管理的服务器。

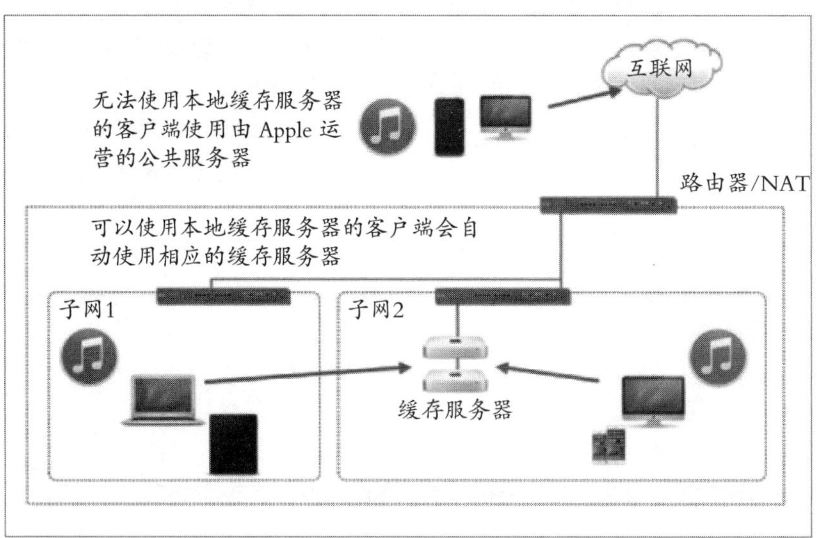

在下图中，缓存服务使用的是一个外网 IP 地址，它与客户端所用的外网地址并不相同。客户端也会被指向外部的缓存服务。

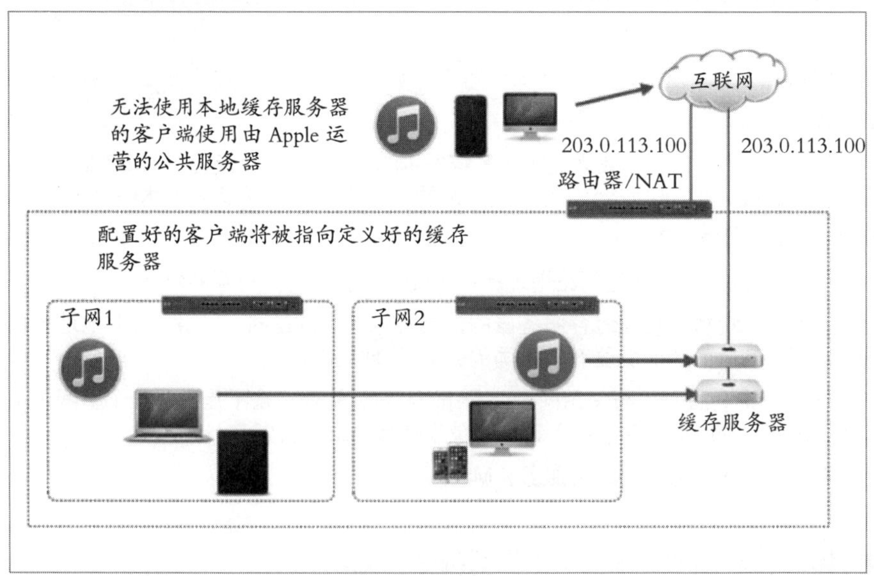

缓存服务器会自动通过 Apple 服务器注册它的公共 IPv4 地址及本地网络的信息。当客户端与 Apple 服务器进行通信要下载项目的时候，如果客户端的公共 IPv4 地址匹配你缓存服务器的公共 IPv4 地址，那么 Apple 服务器会令客户端从本地的缓存服务器上来获取内容。如果客户端不能与其本地的缓存服务器进行通信，那么它会自动从互联网上由 Apple 控制管理的服务器上来下载内容。

缓存服务只缓存那些在 Apple 控制管理下的服务器所分发的项目（包括通过内容分发网络合作伙伴所分发的项目），它并不缓存其他第三方的内容。

请务必阅读 Server 应用程序帮助中心中的“提供缓存服务器”主题，因为它是一个很有帮助的并且是最新的参考内容。单击“缓存”服务器设置面板中的超链接；或者是在 Server 应用程序中，在“帮助”菜单的搜索输入框中输入“提供缓存服务器”即可访问。

参考15.2
缓存服务的配置和维护

配置缓存服务非常简单，单击“开/关”按钮开启服务即完成了配置。

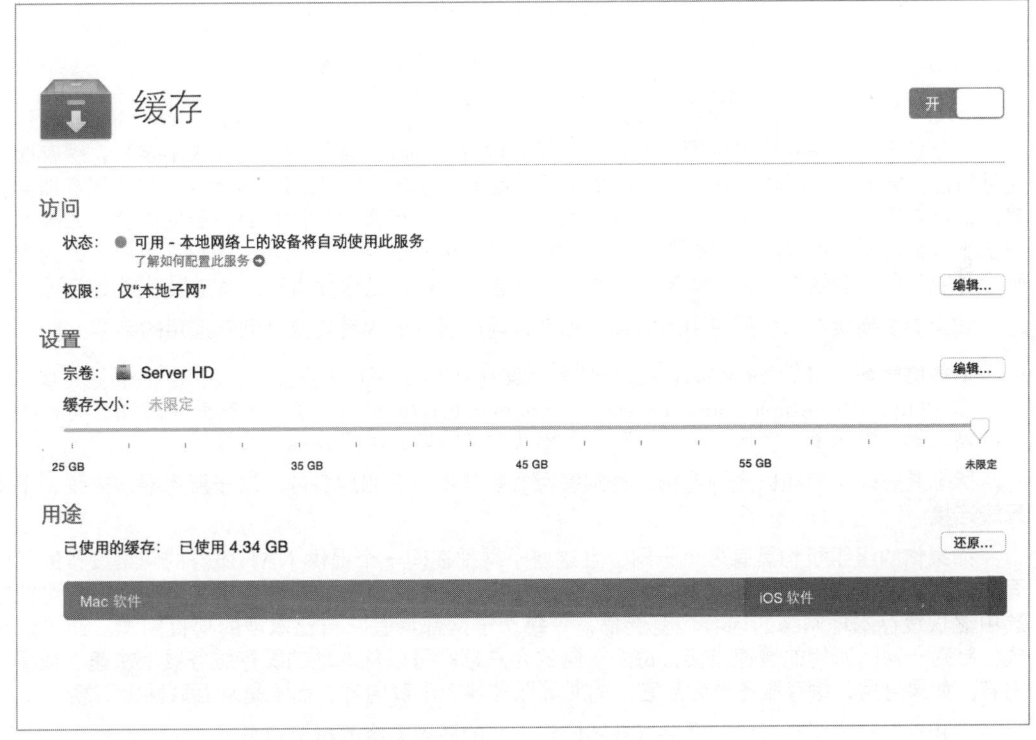

Server 应用程序还可以进行一些功能配置：

- 单击“状态”旁边的超链接可以学习有关配置该服务的更多内容。
- 单击“权限”选项可以设置哪个网段能够使用该服务。
- 单击“编辑”按钮可以为缓存选取宗卷。
- 通过滑块来设置缓存大小。
- 取消选中“仅缓存本地网络的内容”复选框，向没有直接连接到你服务器所在子网的客户端提供服务（针对复杂的网络）。
- 单击“还原”按钮抹掉现有的缓存内容。

你为缓存服务所选用的宗卷必须至少具有 50GB 的可用空间（即使将“高速缓存大小”滑块设置到 25GB 亦如此）。如果你选取的宗卷不具有足够的空间，那么 Server 应用程序会提示你，并且“选取”按钮会变为不可使用状态，那么你只能选取其他的宗卷。

默认情况下，缓存服务使用启动宗卷来缓存内容。即使将滑块设置为“未限定”，缓存服务也足够智能，并不会充满整个宗卷；当你用于缓存服务的宗卷只有 25GB 可用的时候，服务器会删除最近最不常用的缓存内容（并不一定是最旧的内容），从而腾出空间来缓存新的内容。如果你的用户要下载大量不同的内容，那么需要考虑使用一个足够大的宗卷，来为你缓存尽可能多的内容，否则缓存服务可能会经常删除一些最终需要再次下载的项目，删除后为新的请求项目腾出空间。

如果要更换缓存服务所使用的宗卷，那么目前已缓存的内容会复制到新选用的宗卷上。

更多信息▶参考“OS X Server高级管理”教材中“Configure advanced cache settings”部分的内容（https://help.apple.com/advancedserveradmin/mac/4.0/），可以获取更多高级选项的设置信息，例如对服务监听网络接口的限制，以及对当前客户端连接数量的限制。

除非具有一个有线以太网连接，否则缓存服务是不会开始服务的。对于服务器端来说，不支持无线连接。

如果你的组织机构具有多个子网，且这些子网都在同一个提供 NAT 服务的网络设备的后面，同时都共享使用相同的公共 IPv4 地址，但是内部子网之间具有较慢的连接速度，那么你可能需要选中“仅缓存本地网络的内容”复选框，令每个子网都具有它自己本地的项目副本。通过这种方式，针对子网间所用的慢速连接，每个子网的客户端都可以从本地的缓存服务器上快速下载缓存的内容。如果可用，缓存服务器会从它们的对等服务器上下载内容，而不是从互联网上下载。

“用途”设置面板显示了缓存服务器已经下载的各类内容的概览信息。

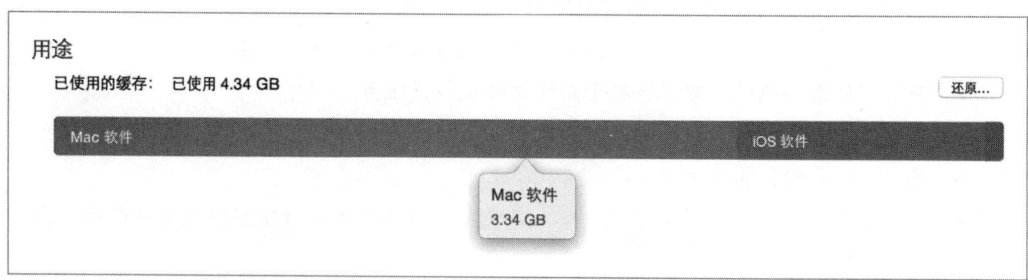

Server 应用程序的“统计数据”面板还有一个专用于缓存服务的图表。在 Server 应用程序的边栏中选择“统计数据”选项，在弹出式菜单中选择“已提供的字节数”命令作为查看活动类型，然后选取一个时间周期。图表会显示缓存服务有多少数据已从互联网上下载，以及有多少数据是从其他对等的服务器上下载的，并且还会显示向客户端已经提供了多少缓存内容。

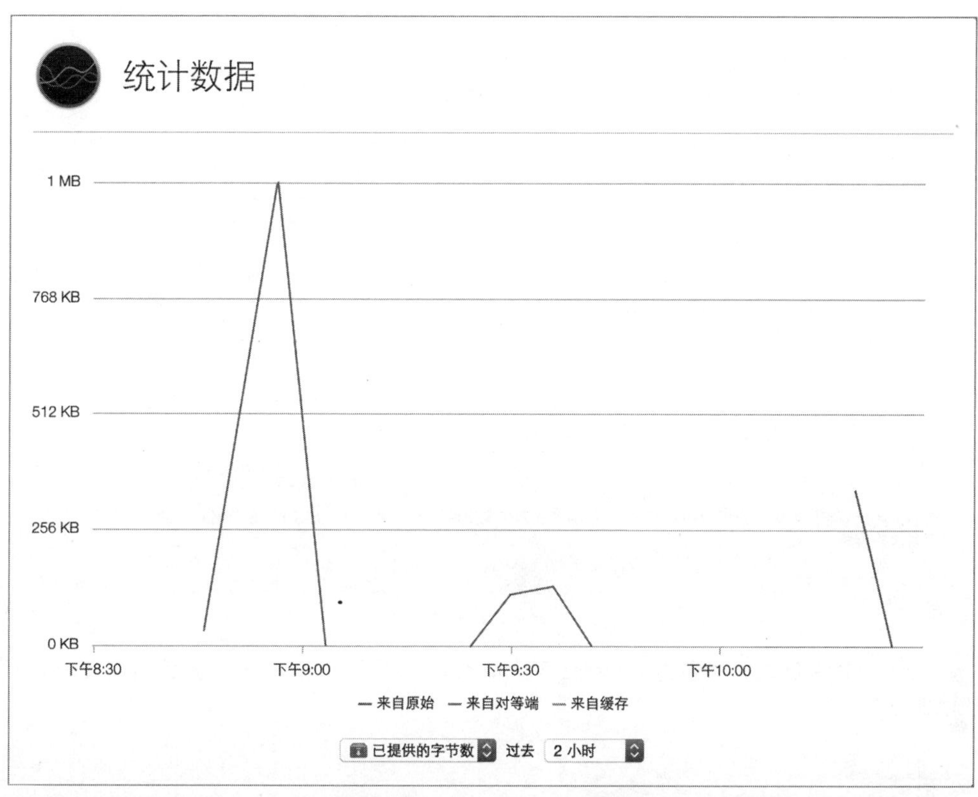

如果你需要配置使用公共 IP 地址的服务器，而不是部署在路由器后面使用局域网（LAN）IP 地址的服务器，那么需要进行额外的配置。在“权限”对话框中，设置所有网络都会有内容被缓存，并为其他网络上的客户端提供服务。定义一个新网络，为其命名并分配 IP 地址段。

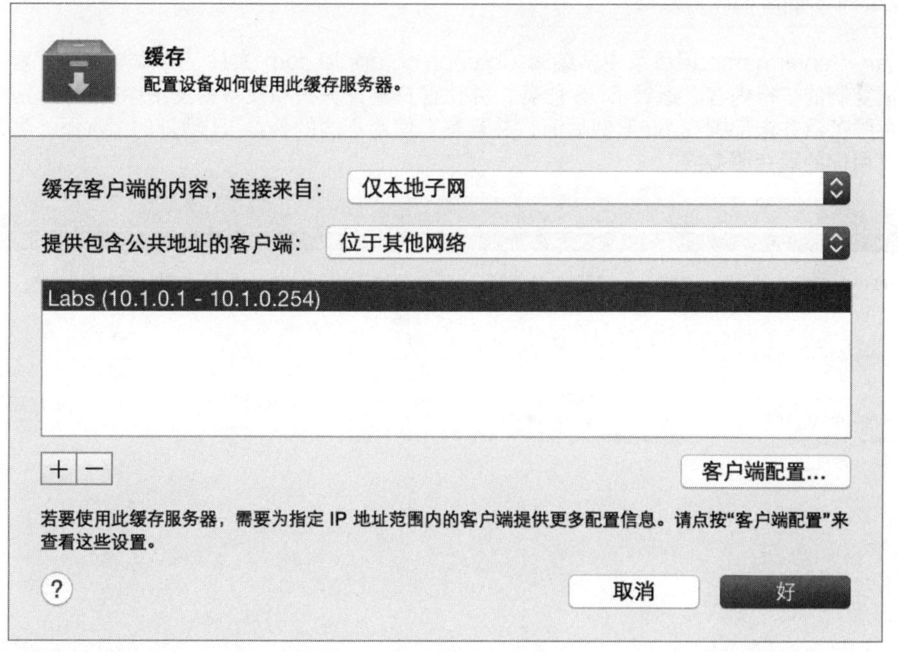

你需要单击“客户端配置”按钮，复制显示的内容并进行保存，以便用于 DNS 的手动配置。

复制下方的 TXT 记录，然后将其输入到网络 DNS 配置中。

_aaplcache._tcp 259200 IN TXT "prs=10.1.0.1-10.1.0.254"

? 完成

+ − 客户端配置…

若要使用此缓存服务器，需要为指定 IP 地址范围内的客户端提供更多配置信息。请点按“客户端配置”来查看这些设置。

? 取消 好

设置新的 DNS 区域，命名为 caching.apple.com，并为 www 创建一条机器记录，记录所带的 IP 地址为 127.0.0.1。

记录

首选区域：caching.apple.com
www.caching.apple.com 机器
www.caching.apple.com 名称服务器

在 /Library/Server/named/ 目录中，编辑 db.caching.apple.com 文件，并添加你从“客户端配置”对话框复制的一行内容。运行 DNS 服务，并让客户端计算机和设备都使用你的 DNS 服务，这样即使缓存服务器并未部署在 NAT 的后面，并且是在使用不同的公共 IP 地址的情况下，客户端设备也可以使用你的缓存服务器。

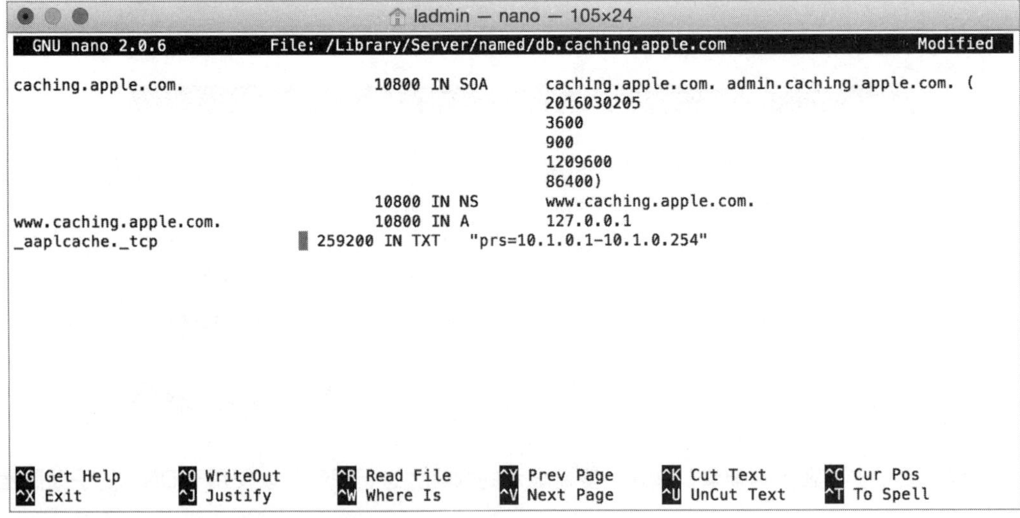

参考15.3
软件更新服务和缓存服务的比较

在当前及之前的 OS X Server 版本中都提供了软件更新服务（参见“课程16 软件更新服务的实施”），这个服务可以让你限制 Mac 客户端可用的软件更新。但是，由于 OS X 客户端不能同时使用 OS X Server 的软件更新服务和缓存服务，所以你必须选择一个更加符合你需求的服务来使用。

如果 Mac 已经配置使用了软件更新服务，那么它就不能使用缓存服务了；为了使用缓存服务器，你必须重新配置 Mac 不去使用软件更新服务。

两个服务的主要区别有：

- “缓存”服务可以缓存很多不同类别的内容，但是“软件更新”服务只缓存软件更新。
- 对于“缓存”服务来说，只有当首个客户端请求了一个项目后它才会去缓存该项目，而“软件更新”服务则在首台 Mac 客户端需要软件更新内容之前就可以自动下载这些内容。
- “缓存”服务会向客户端自动提供全部可用的项目，但是对于“软件更新”服务来说，你可以让客户端只能下载已验证过的更新（例如，当你需要确认每个软件更新与其他软件和工作流程的兼容性的时候）。
- 符合要求的 OS X 计算机会自动使用相应的缓存服务器，但是必须对 OS X 计算机进行配置，才可以让它使用指定的软件更新服务器。
- “缓存”服务无法对客户端所下载的内容进行管理，而“软件更新”服务可以进行管理。
- “缓存”服务非常适合移动客户端，无论它们是否在你的本地网络中。相比之下，如果一个客户端被配置使用服务器的“软件更新”服务，那么当客户端脱离本地网络后就不能使用软件更新服务器或是 Mac App Store 来安装软件更新了，直到它返回到本地网络中才可以。
- “软件更新”服务并不为 iOS 设备提供任何服务。

表15.1 总结了“缓存”服务和“软件更新”服务之间的区别。

表15.1 “缓存”服务与“软件更新”服务的区别

类别	缓存服务	软件更新服务
可缓存的内容种类	OS X 和 iOS 软件更新；App Store、Mac App Store 及 iBooks Store 项目；iTunes U 项目；互联网恢复系统；Apple TV 更新；Siri 语音和语言词典；GarageBand 内容（参考 Apple 技术支持文章 HT6018，“OS X Server：缓存服务支持的内容类型”可了解到详细情况）	只有 OS X 软件更新
指定要提供的内容	不适用	自动或手动
触发下载	客户端向 Apple 请求项目	即时或手动
客户端配置	不需要	Defaults 命令、受管理的偏好设置或是配置描述文件

虽然可以使用同一台服务器来提供“软件更新”服务和“缓存”服务，但是需要注意的是，这可能会占用大量的存储空间，并且同一个客户端不能同时使用这两个服务。

除非需要避免 Mac 客户端通过“软件更新”或是 Mac App Store 安装特定的软件更新，否则，建议使用“缓存”服务而不是“软件更新”服务。

参考15.4 缓存服务的故障诊断

缓存服务看上去是简单明了的，所以并没有太多必需的诊断工作。当客户端首次下载一个尚未缓存的项目时，初次下载并不会很快。但是同一项目的后续下载，无论是从同一客户端还是从其他的客户端，下载速度只限于客户端和服务器的磁盘速度，或是本地网络的带宽。

删除项目来测试缓存服务

要测试项目的下载，可以使用一台符合缓存服务要求的计算机，通过 iTunes（11.0.2或之后版本）、Mac App Store 或 App Store 下载一个项目，然后删除它并再次下载它（或者从多台符合要求的客户端下载同一项目），并确认后续的下载速度与本地下载项目的速度是相符的，而不是访问互联网的速度。

TIP 你可以使用运行着缓存服务的服务器来进行项目的首次下载，对于缓存服务的客户端和服务器来说，它都是自动的。

基本信息的确认

如果怀疑缓存服务存在问题，可以进行以下确认：

- 对于 iTunes，确认 iTunes 的版本是 11.0.2 或更新版本。在 Mac 上选择 iTunes > “关于 iTunes”命令。在 Windows PC 上的 iTunes 则选择“帮助”菜单，单击“关于 iTunes”按钮。
- 在 Server 应用程序中确认“缓存”服务已被开启。在服务开启后，在 Server 应用程序边栏的服务列表中，“缓存”服务的状态指示器是绿色的。
- 确认客户端和服务器在 NAT 设备的互联网一端使用的是同一公共 IPv4 源地址。如果缓存服务器并不在同一个私网中，那么确认客户端可以查询 DNS 服务器，该服务器带有定义了缓存服务器位置的 TXT 记录。
- 确认 Mac 客户端并没有被配置使用软件更新服务器。
- 确认 iOS 设备正在使用的是与缓存服务类型相同的网络。也就是说，确认 iOS 设备正在使用 Wi-Fi，而不只是在使用蜂窝网络。
- 检查“已使用的缓存”设置。如果值为“无”，那么可能是还没有符合条件的客户端下载过任何符合条件的内容。

使用活动监视器来确认服务器正在从互联网上下载项目并为客户端提供服务。在服务器上打开活动监视器，选择“显示”>“所有进程”命令，单击“网络”选项卡，将弹出式菜单设置为“数据”，并监视图表。当缓存服务从互联网上下载一个项目进行缓存的时候，会显示一个紫色的“收到的数据/秒”图行。当缓存服务将一个已缓存的项目发送给本地客户端的时候，会显示一个红色的“发出的数据/秒”图行。

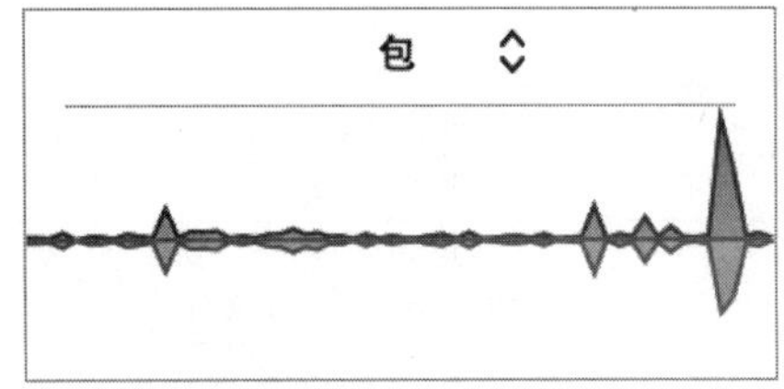

缓存服务日志的使用

你可以使用 Server 应用程序的日志面板来检查基本的服务日志。在“日志”弹出式菜单中，选择“缓存”下的“服务日志”命令。如果系统日志已作为日常系统维护任务的一部分被自动轮转使用，那么日志显示区域可能只会显示“没有可显示的内容”。这个视图会过滤掉常规系统日志中并不包含 AssetCache 字符串的任何日志行。

更多的详细信息可以在服务器上使用“控制台”应用程序进行查看。选择“文件” > “打开”命令，前往/资源库/Server/Caching/Logs，选取 Debug.log 并单击“打开”按钮。你可以在“控制台”应用程序的工具栏中单击“隐藏日志列表”按钮，从而腾出更多的空间来显示日志内容。

Debug.log 中的一些字符串可以帮助你了解发生了哪些情况，这包括：

- 当缓存服务从公共服务器上下载一个项目的时候会记录：Issuing outgoing full request。
- 当缓存服务已将一个项目缓存到本地的时候会记录：Data already cached for asset。

有些项目具有人们可识别的名称，而其他项目的名称看上去似乎是随机产生的。当进行故障诊断的时候，查看日志内容及上下文关联的内容，可以帮助你去分析那些未知的问题。

性能瓶颈的了解

单一一台缓存服务器可以同时处理几百台客户端，但会令千兆以太网接口趋于饱和。要确定你的服务器是否是瓶颈所在（而不是本地网络容量的问题），那么可以在你的服务器上打开“活动监视器”，单击“CPU”选项卡并监视 CPU 的负载图表。如果服务器的 CPU 负载接近它的最大值，那么可以考虑为缓存服务添加服务器。

缓存服务数据宗卷的转移

如果运行 Server 应用程序并连接到服务器，且将一个新的宗卷连接到服务器上后，那么为了选取新连接的宗卷作为缓存服务的目标宗卷，则需要选择“显示” > “刷新”命令（或者按 Command-R组合键）。在你选用了新位置后，Server 应用程序会自动将已缓存的内容转移到新的宗卷上。

课程16

软件更新服务的实施

在部署完计算机后，将会出现的问题是如何保持计算机上软件的更新。内建在 OS X Server 中的功能可以将 Apple 软件更新服务器上现有的 Apple 软件更新镜像到本地的服务器上。

目标

- 软件更新服务（SUS）的概念介绍。
- 配置服务器提供软件更新服务。
- 配置客户端使用软件更新服务。
- 配置要提供给客户端的更新内容。
- 学习诊断软件更新服务。

参考16.1 软件更新的管理

通过 OS X Server，你可以选择在本地服务器上镜像 Apple 软件更新服务器。这具有两个显著的优点。首先，可以节省互联网带宽的使用；其次，可以控制用户可用的更新。

只有 Apple 提供的软件，才可以通过更新服务提供软件更新。第三方软件或是修改过的 Apple 更新都不能被添加到服务中。可参考 Apple 技术支持文章 HT200117，“OS X Server：软件更新服务兼容性”。

当使用软件更新服务器的时候，所有客户端计算机都会从本地网络中的服务器上获取软件更新，而不是通过互联网，因此，对于用户来说会有较快的下载速度。你可以配置服务去自动下载更新并令更新自动可用，也可以通过手动方式来启用更新。

当软件更新与你正在使用的一些软件可能不兼容的时候，或者是更新还未通过工作环境测试的时候，手动控制哪些更新可以下载及哪些更新可以让用户去使用的操作就显得特别有用了。

如果你已设置服务去自动下载和启用更新，那么服务也会自动移除那些过时的更新。如果你设置服务以手动方式进行控制，那么就需要手动去剔除那些过时的更新。

你可以配置要使用更新服务的客户端，通过手动方式去更改偏好列表，通过受管理的偏好设置或是通过配置描述文件来使用更新服务。带有软件更新负载的配置描述文件只对设备和设备群组可用。

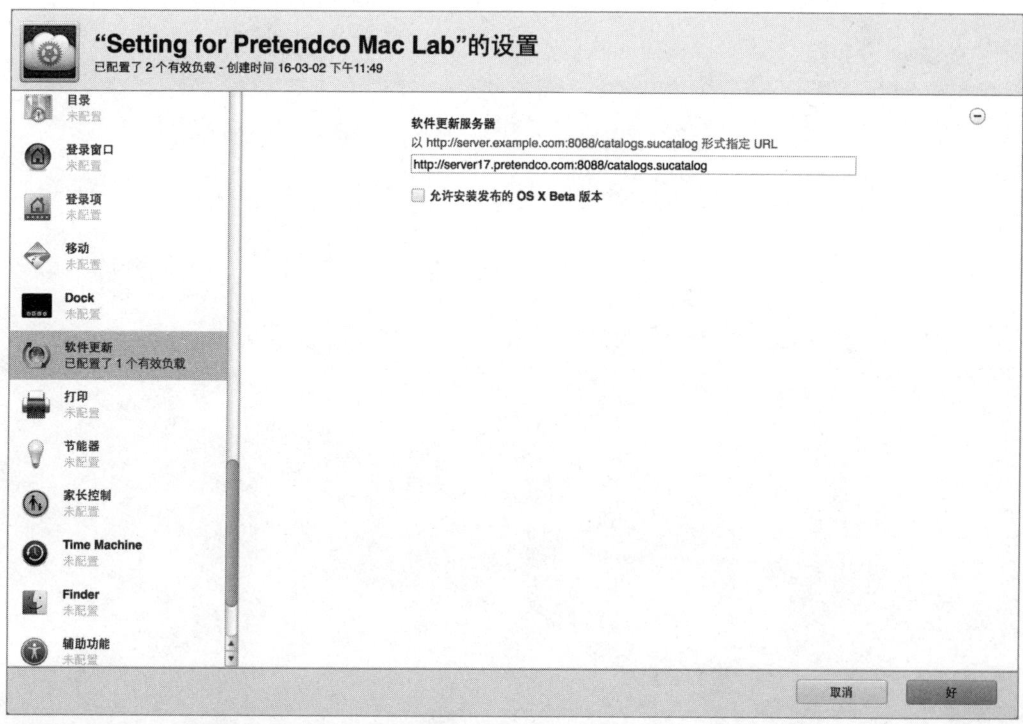

对于有多个软件更新服务实施使用的情况，例如均衡大量客户端计算机的访问负载，可以通过创建级联服务器来实现。创建一台主服务器，并让其他的服务器指向主服务器来获取更新。这可以避免多台软件更新服务器使用额外的网络带宽。可参阅 Apple 技术支持文章HT201962，"OS X Server： How to cascade Software Update Servers from a Central Software Update Server"（OS X Server：如何从中心软件更新服务来更新你的Mac客户端）。

参考16.2 软件更新服务的故障诊断

如果软件更新服务不能按照预期的方式工作，那么你可以从以下几个方面来进行排查，对问题进行故障诊断：

- 检查网络：客户端必须能够联络到软件更新服务器并能与其进行通信。服务所用的默认端口是 8088。
- 更新是否在 SUS 中被列了出来：如果更新还没有被下载，那么它们就无法提供给客户端设备使用。如果你正在使用需要进行鉴定的代理，那么软件更新服务是无法通过这样的代理来工作的。
- 服务器的磁盘上是否有可用的空间：日志会说明，如果服务器宗卷的可用空间小于其总存储容量的20%，那么软件更新将停止同步。
- 软件更新服务的描述文件是否已经安装到了设备上：如果计算机并不具备包含软件更新服务信息的描述文件，那么它就不知道去查找你的软件更新服务。
- 指定的更新是否被启用：检查更新列表。
- 查看软件更新日志（服务、访问和错误日志）。
- 客户端计算机是否具有将其指向正确的软件更新服务的描述文件。

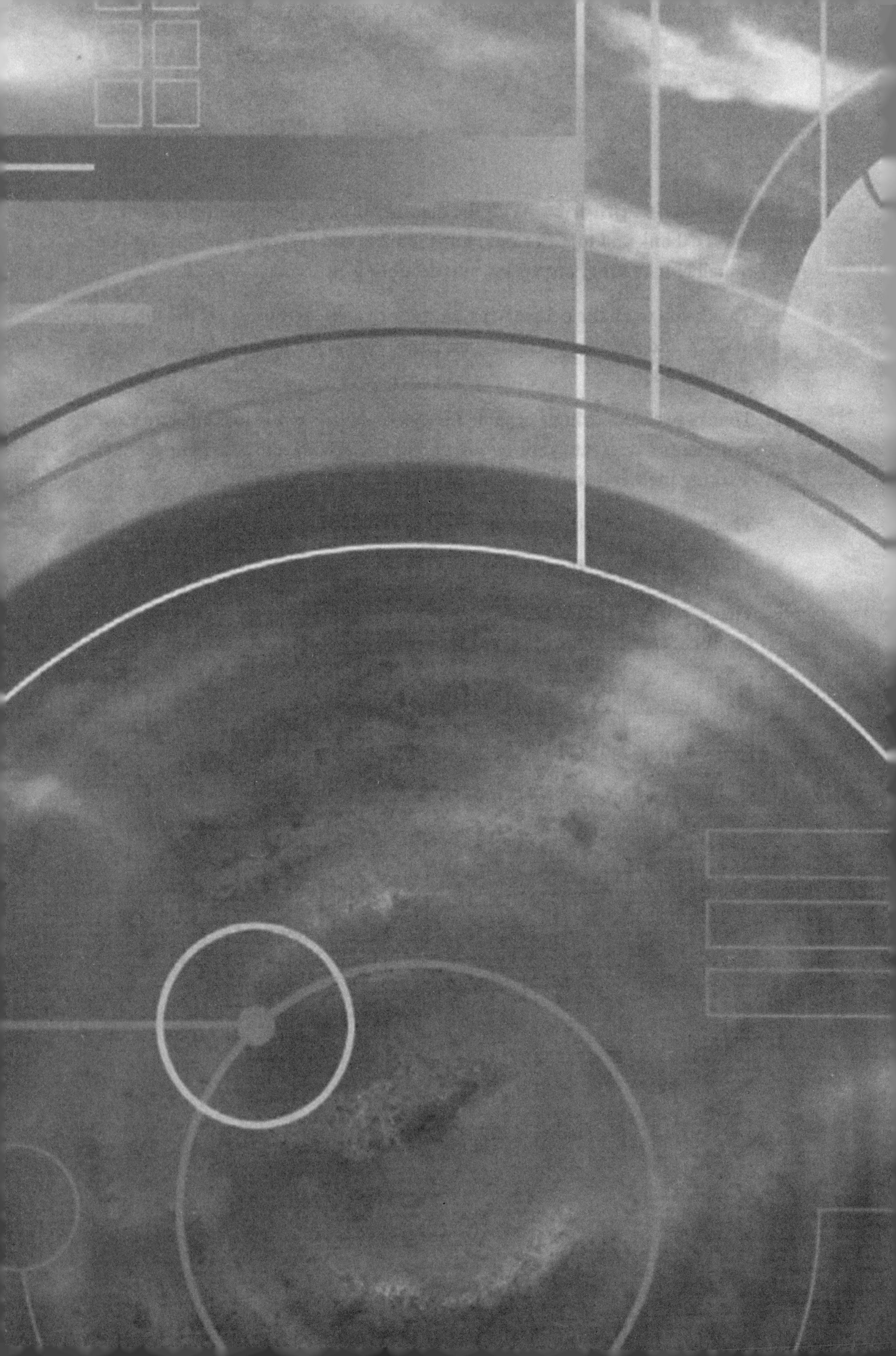

提供网络服务

课程17
提供 Time Machine 网络备份

> **目标**
> - 启用 Time Machine 服务。
> - 配置 OS X Server 提供 Time Machine 服务。

Time Machine 的一个强大功能是，它可以使用网络共享点来作为备份位置。你可以通过 OS X Server 来为备份提供一个集中管理的目的位置，并且还可以快速监视用户备份操作的情况，相关的信息包括：每个备份有多大、备份的进度，以及最后一次已成功完成的备份。

为了将服务器作为 Time Machine 备份的目的位置来使用，用户只需要从列表中选取服务器的 Time Machine 目的位置即可。服务器通过 Bonjour 来通知已共享的文件夹或是它为 Time Machine 服务提供的文件夹。这是一个很简单的工作流程。

参考17.1
将 Time Machine 配置为网络服务

Time Machine 是一项功能强大的备份和恢复服务， 对于 OS X 用户来说（OS X Yosemite、OS X Mavericks、OS X Mountain Lion、Mac OS X Lion、Mac OS X Snow Leopard 和Mac OS X Leopard）都可以使用这项服务。你可以使用 OS X Server 上的 Time Machine 服务来为 Time Machine 用户提供位于服务器上的备份目的位置。

现在你可以为每个客户端的备份配置一个大小限制，但是只有运行 OS X Mavericks 或更新版本系统的 Mac 才会遵循这个限制。脱离这个限制，Time Machine 会按照计划让备份文件最终填满整个目标宗卷，所以最好使用只用来存储 Time Machine 备份的宗卷。

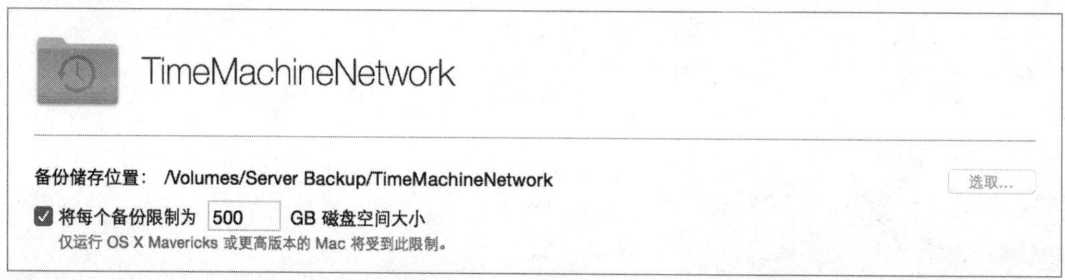

在要进行备份的计算机上，通过 Time Machine 的内容排除功能来限制要进行备份的数据总量，

以达到可管理的水平，也是一个不错的方式。你可以只备份用户的个人文件夹和文稿来节省空间。

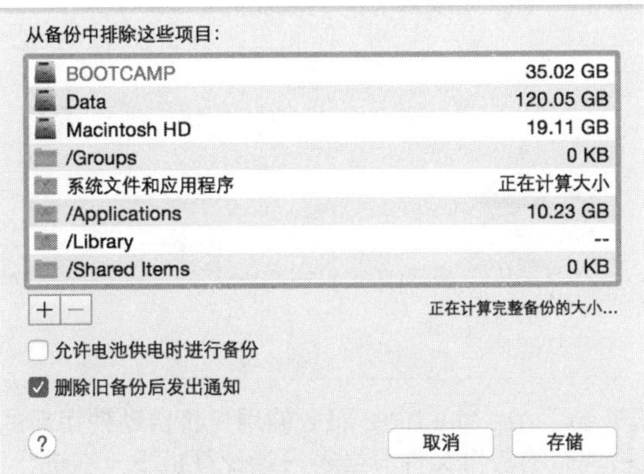

为了让客户端可以使用Time Machine 服务，必须开启文件共享服务。你在 Time Machine 服务中所指定的目的文件夹将作为共享点显示在“文件共享”面板的列表中。

TIP 如果你关闭了“文件共享”服务，Server 应用程序并不会提供任何警告信息，你将中断正在进行的Time Machine备份或是恢复操作。因此，如果你提供Time Machine 服务，一定不要关闭文件共享服务，直到你确认已没有客户端计算机正在使用 Time Machine 服务进行备份或恢复操作。

当你使用 Server 应用程序为 Time Machine 备份选取一个目的位置后，单击“开/关”按钮开启 Time Machine 服务。

在 Time Machine 目的位置中，每台客户端计算机都有它自己的稀疏磁盘映像（稀疏磁盘映像的大小可以增长），并会自动配置访问控制列表（ACL），以防止其他人访问或是删除稀疏磁盘映像中的 Time Machine 文件。“备份”面板显示了一个已完成备份的列表及它们的状态。

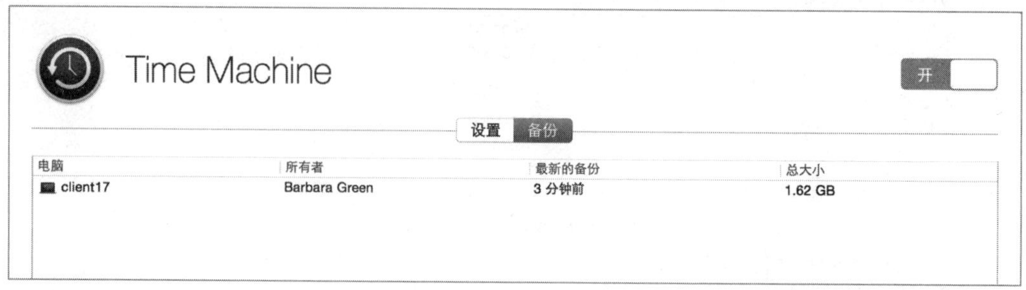

如果你之后更换了备份宗卷，那么使用服务器 Time Machine 服务的用户将自动使用新的宗卷进行备份。但是，OS X Server 并不会自动迁移现有的备份文件。当客户端计算机下一次进行 Time Machine备份操作的时候，用户会看到警告信息，说明自上次备份后备份磁盘已被更换。当用户同意使用磁盘后，OS X 通过 Time Machine 来备份所有未被排除的文件，而不仅仅是上次成功完成 Time Machine备份后又发生改变的那些文件，因此取决于有多少数据需要进行备份，这可能会花费较长的时间。

不要忘记，你还可以通过“权限”编辑功能来配置可以访问 Time Machine 服务的用户与群组。

练习17.1
配置并使用 Time Machine服务

▶ 前提条件

- 完成“练习9.1 创建和导入网络账户”的操作；或者创建一个全名为 Barbara Green、账户名称为 Barbara 、密码为 net 的用户。
- 你必须具有一个名为 Shared Items 的文件夹，所有者是 Local Admin 用户，并且位于启动磁盘的根目录；你可以参考练习12.1 中“为共享文件夹创建一个新位置”部分的内容来创建该文件夹并更改它的所有权。或者，如果你有一个可用的外部磁盘，也可以使用外部磁盘。

你将配置你的服务器成为 Time Machine 备份的网络目的位置，令客户端计算机可以将 Time Machine备份保存在一个集中的位置。

在实际工作环境中，你应当单独使用一块磁盘来作为 Time Machine 备份的目标磁盘，而不应该是你的启动磁盘。在本练习中，你将在启动磁盘上创建一个新文件夹用来进行测试。请务必在练习结束的时候按照说明来停止 Time Machine 服务，否则，你服务器的启动磁盘可能会被备份文件填满。

1 在你的管理员计算机上进行练习操作。如果在管理员计算机上尚未通过 Server 应用程序连接到你的服务器计算机，那么按照以下步骤进行连接：在管理员计算机上打开 Server 应用程序，选择“管理”>“连接服务器”命令，选取你的服务器，单击“继续”按钮，提供管理员身份信息（管理员名称：ladmin，管理员密码：ladminpw），取消选中“记住此密码”复选框，然后单击“连接”按钮。

2 在Server应用程序的边栏中选择Time Machine。

3 在“目的位置”设置框下单击“添加”（+）按钮。

4 单击“备份存储位置”旁边的“选取”按钮。

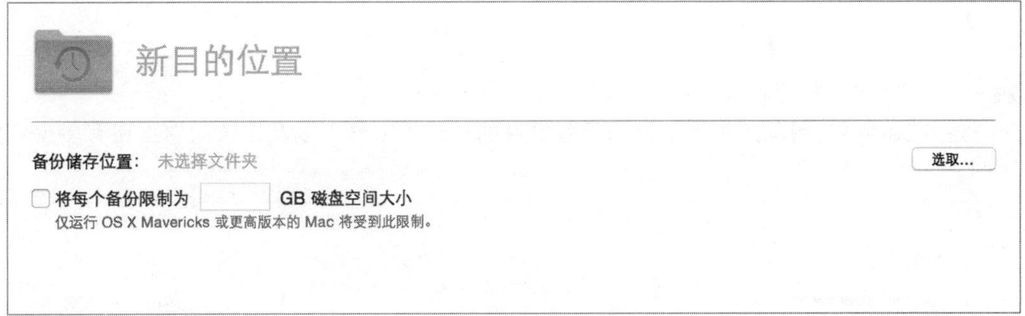

5 选择你的启动磁盘，然后选取 Shared Items 文件夹。

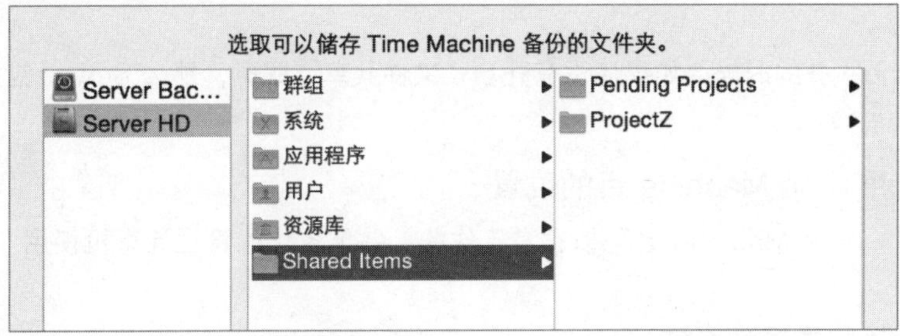

6 单击“新建文件夹”按钮。

7 输入名称 Time Machine Backups 并单击“创建”按钮来创建新的文件夹。

8 选择你刚刚创建的文件夹。

9 单击“选取”按钮。

10 确认你要创建的共享文件夹的详细信息。

11 单击“创建”按钮。

注意Server应用程序显示了被用于备份目的位置的宗卷，以及在该宗卷上还有多少可用的空间。

目的位置
Time Machine Backups
/Shared Items/Time Machine Backups
46.81 GB

12 单击“开”按钮开启服务。

当你开启 Time Machine服务的时候，如果还没有开启“文件共享”服务，那么 Server 应用程序会自动开启“文件共享”服务。

配置OS X计算机使用Time Machine 目的位置

下面将验证基于网络的 Time Machine 是可以正常工作的，并配置你的管理计算机使用 Time Machine 服务。

配置 Time Machine 排除大多数文件

由于这是一个教学环境，所以你可以排除你的“文稿”文件夹及系统文件，不对它们进行备份，例如系统应用程序和 UNIX 工具，从而削减 Time Machine 备份所需的空间。在设置 Time Machine 目的位置之前先对此进行配置，以确保对本练习中那些不必要的文件不去进行备份。

1 在你的管理员计算机上进行操作，打开系统偏好设置，然后打开 Time Machine 偏好设置。

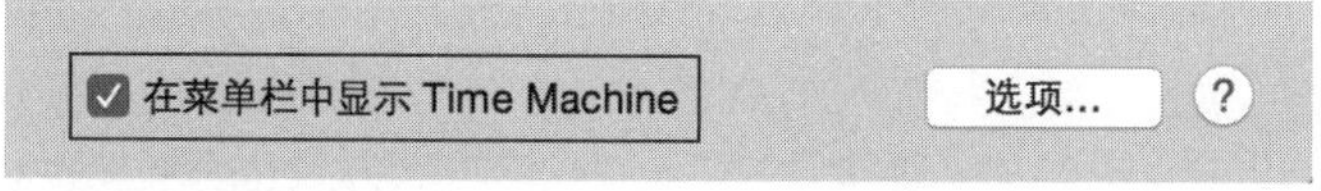

2. 选中“在菜单栏中显示 Time Machine”复选框。

3 单击“选项”按钮。

4 单击“添加”（ + ）按钮添加要排除的文件夹。

5 在边栏中选择“文稿”选项，然后单击“排除”按钮。

6 单击“添加”（ + ）按钮。

7 单击窗口顶部中间位置的弹出式菜单，并选取你的启动磁盘。

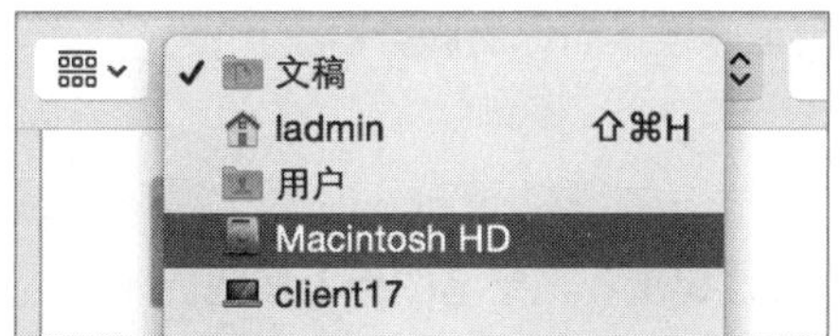

8 按住 Command 键并选取除“用户”文件夹以外的其他各个可见文件夹。

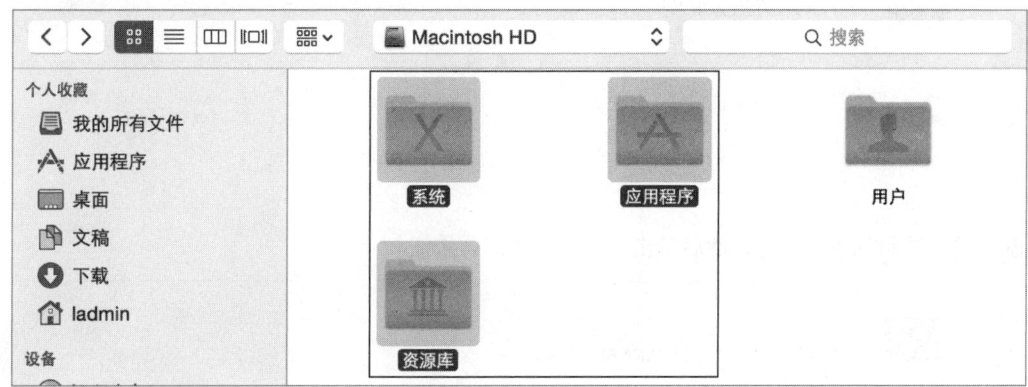

9 单击“排除”按钮。

10 当出现“你已选取排除系统文件夹”的提示时，单击“排除所有系统文件”按钮。

11 如果在你的管理员计算机上还有其他的磁盘或是宗卷，那么将它们添加到排除项目列表中。

12 确认排除列表。

注意“允许电池供电时进行备份”选项，只有便携式 Mac 计算机才会显示。

13 单击“存储”按钮。

配置 Time Machine 去使用你服务器上的 Time Machine 服务

现在，你已对管理员计算机的 Time Machine 偏好设置进行了设置，排除了大多数文件，接下来要选取你服务器上的 Time Machine 网络宗卷。

1 在 Time Machine 偏好设置中单击“选择备份磁盘”按钮。

NOTE ▶ 如果你是在培训教室环境中练习操作的，那么不要选取其他学员的服务器。因为当他们的 Time Machine 服务被停用后，会产生意外的结果。

2 选取带有你服务器计算机名称的名为 Time Machine Backups 的项目。

为了让这个练习的操作简单明了，保持取消选中“加密备份”复选框的状态。

3 单击“使用磁盘”按钮。

4 提供服务器上的用户身份信息并单击“连接”按钮。使用 Barbara Green 的用户名称（barbara）和密码（net）。

5 单击“连接”按钮。

Time Machine 偏好设置显示了服务器的名称、有多少可用的空间及相关的备份日期信息。

6 从 Time Machine 的状态菜单中选择“立即备份”命令。

7 当备份完成后，在通知中单击“关闭”按钮。

查看备份在服务器上的状态

Time Machine 服务可以让你监视备份的状态。

1 在你的管理员计算机上进行操作，通过 Server 应用程序连接到你的服务器。

2 在 Server 应用程序边栏中选择Time Machine。

3 单击“备份”选项卡。

4 双击你管理员计算机的备份条目，或者选取它并单击“编辑”（铅笔图标）按钮。

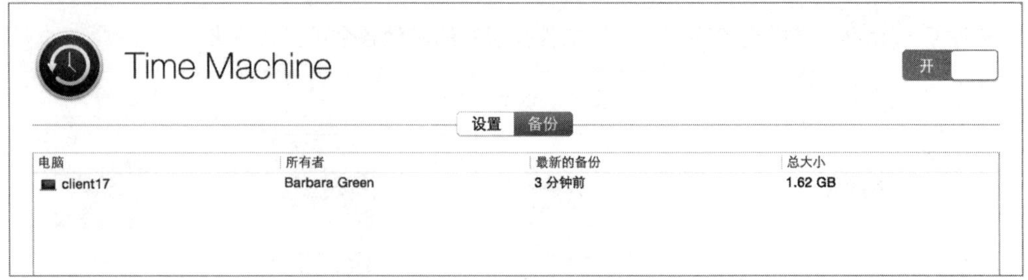

5 注意显示的所有信息，然后单击“显示共享点”按钮。

Server 应用程序会打开“文件共享”设置面板，并显示有关 Time Machine Backups 共享文件夹的详细情况。

名称: Time Machine Backups 查看文件
共享方式: SMB AFP WebDAV
设置: 加密连接
允许客人用户访问此共享点
通过此方式提供给个人目录: SMB
权限: Backup Service ACL 自定
Local Admin（所有者） 读与写
System Group（首选群组） 读与写
其他任何人 无访问权限

更多信息▶在“权限”设置框中，“其他任何人”的权限被设为“无访问权限”。如果一个用户账户是 com.apple.access_backup 群组的成员，那么该账户可以访问 Time Machine 服务。这个群组通常是不可见的，当你使用“用户”或“群组”设置面板来为账户管理服务访问的时候，会向这个群组添加成员。

6 单击“查看文件”按钮。

名称：Time Machine Backups 查看文件
共享方式：SMB AFP WebDAV

Server 应用程序打开 “存储容量”设置面板，磁盘映像的名称使用的是客户端计算机的名称。

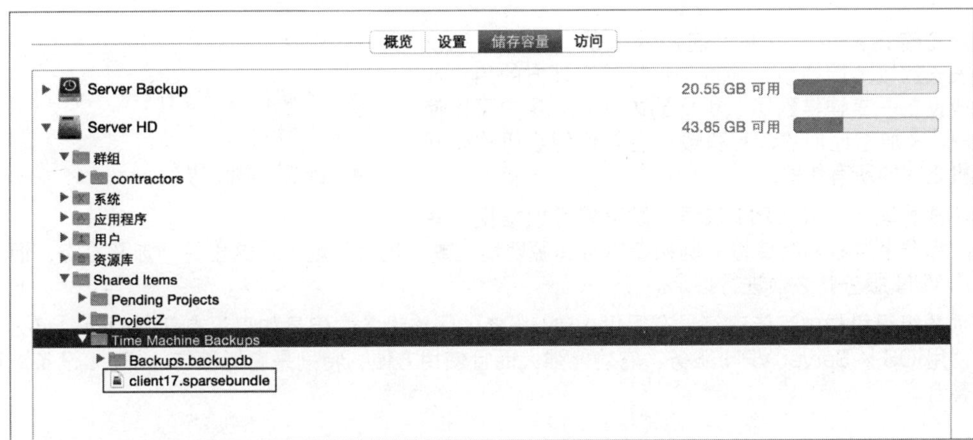

7 在 Server 应用程序的边栏中单击“文件共享”按钮。

8 注意被列出的 Time Machine目的位置共享文件夹上带有一个特殊的图标。

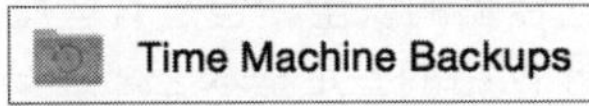

清理

由于这是一个测试环境，所以要停用服务器上的 Time Machine 服务。

1 在你的管理员计算机上进行操作，从 Time Machine 的状态菜单中选择“打开 Time Machine 偏好设置”命令。

2 单击“选择磁盘”按钮。

3 在备份磁盘下方选择你刚才使用的 Time Machine目的位置磁盘并单击“移除磁盘”按钮。

4 在询问你确实要进行这个操作的消息提示框中单击“停止使用此磁盘”按钮。

5 要停止自动备份，单击“关”按钮。

6 退出系统偏好设置。

配置 Time Machine 服务停止提供服务器的宗卷。

1 在 Server 应用程序的边栏中选择Time Machine。

2 单击“设置”选项卡。

3 在“目的位置”设置框中选择Time Machine Backups，然后单击“移除”（–）按钮。

4 在询问你确实要进行这个操作的消息提示框中单击“移除”按钮。

Server应用程序将自动关闭 Time Machine 服务（但是它并不会关闭“文件共享”服务）。

在本练习中，为实现 Time Machine 备份而将服务器配置为一个网络目的位置，这样客户端计算机就可以在一个集中管理的位置上进行 Time Machine 备份。此外，还进行了一个内容有限的备份，然后通过 Server 应用程序查看了相关的备份信息。在实际工作环境中，一定要定期测试，确认可以恢复通过 Time Machine 服务备份的项目。

课程18
通过 VPN 服务提供安全保障

目标

- ▶ 了解虚拟专用网络（VPN）的优势。
- ▶ 配置 VPN 服务。

虚拟专用网络（VPN）连接就像是一条不可思议的、长长的以太网线缆，将位于世界某个地方的用户计算机或设备一直连接到组织机构的内网中。用户可以使用 VPN 来加密他们的计算机或设备与你组织机构内网计算机之间的所有传输。

不要将防火墙和 VPN 搞混，防火墙可以根据一些不同的标准来屏蔽网络传输。例如端口号和源地址，或者是目的地址。这里并不涉及鉴定，而用户要使用 VPN 服务就必须进行鉴定。

你的组织机构中可能已经具有提供 VPN 服务的网络设备，但是如果没有部署的话，那么可以考虑使用 OS X Server VPN 服务，它功能强大而且使用方便，特别是它能够与 AirPort 设备进行紧密的整合。

参考18.1
VPN 介绍

虽然你的服务器可以提供很多服务，它们使用 SSL 来确保数据传输的安全，但是有些服务，例如 AFP，并不使用 SSL。通常，由 OS X Server 提供的服务，基于网络的鉴定基本上都是安全和被加密的，但是所负载的内容却并不一定是这样的。例如，当没有虚拟专用网络连接进行加密传输的时候，通过 AFP 传输的文件内容是不被加密的。所以，如果一名窃听者截获了未加密的网络传输，虽然他可能无法还原出身份信息，但是还是能还原出你可能不希望他去访问的内容信息的。

如果你的组织机构中没有专用的网络设备来提供 VPN 服务，那么可以使用 OS X Server 来提供 VPN 服务，它使用第二层隧道协议（L2TP）或者是点对点隧道协议（PPTP）。PPTP 被认为是安全性较差，但是可以更好地兼容旧版本的 Mac 和 Windows 操作系统。

无论使用哪种类型的虚拟专用网络，你都可以配置用户的计算机和设备去使用 VPN，这样，当这些计算机或设备位于你组织机构内网外部的时候，可以安全连接到你的内网。如果你为用户提供VPN 服务，可以使用防火墙来允许你提供给所有用户的服务通过，如网站和 Wiki 服务，但是要配置防火墙屏蔽外部对邮件和文件服务的访问。当用户在防火墙的另一端去访问你的服务器时，可以使用 VPN 服务去建立一条连接，就像他们在你的内网中一样，所以防火墙并不会对他们产生影响，他们可以访问所有的服务，就像他们没有处在远端位置一样。

建立 VPN 连接最难的部分已超出本教材学习的范围，你需要确保路由器可以通过从网络外部到你服务器的相应传输，这样 VPN 客户端才可以建立和保持 VPN 连接。参阅 Apple 技术支持文章 HT202944，“Apple 软件产品所使用的 TCP 和 UDP 端口”，来获取更多有关已知端口的信息。

参考18.2
Server 应用程序所带 VPN 服务的配置

VPN 服务已通过默认的选项设置进行了配置，并准备为你提供服务，只需单击“开启”按钮即可。本课程将对配置选项进行讲解说明。

如果你还有不兼容 L2TP 的旧客户端，那么单击“配置 VPN，用于”弹出式菜单，并选择“L2TP和PPTP”命令。

你可以单击“权限”右侧的“编辑”按钮，来指定允许来自哪里的传入 VPN 连接请求。

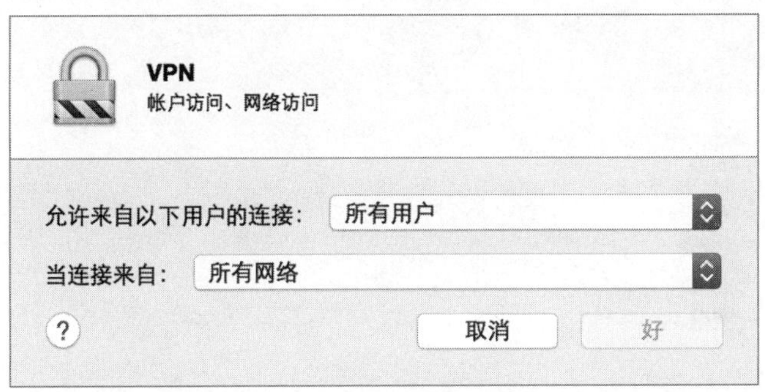

为了应用上的灵活性，能够让客户端使用一个可替代的 DNS 主机名来访问你服务器的 VPN 服务，你可以更改“VPN 主机名”文本框的设置。当你修改文本框中的信息时，如果服务器针对输入的主机名没有可用的 DNS 记录，那么文本框的状态指示器显示为红色，而如果状态指示器变为绿色，则表明 DNS 记录是存在的。记住，你在这里所指定的主机名也将提供给本地网络以外的用户使用，所以你指定的主机名在本地网络外部也应当具有可用的 DNS 记录。

例如，如果你的服务器是部署在提供 DHCP（动态主机配置协议）和 NAT（网络地址转换）的 AirPort 设备的后面，那么要确保你在“VPN 主机名”文本框中指定的主机名具有可公开访问的DNS记录，该记录要匹配 AirPort 设备的公共 IPv4 地址。下图是“AirPort 实用工具”的“网络”设置选项卡图示，如果你使用 Server 应用程序管理 AirPort 设备，并且可以使用 VPN 服务的话，那么在这里会显示出 VPN 服务。

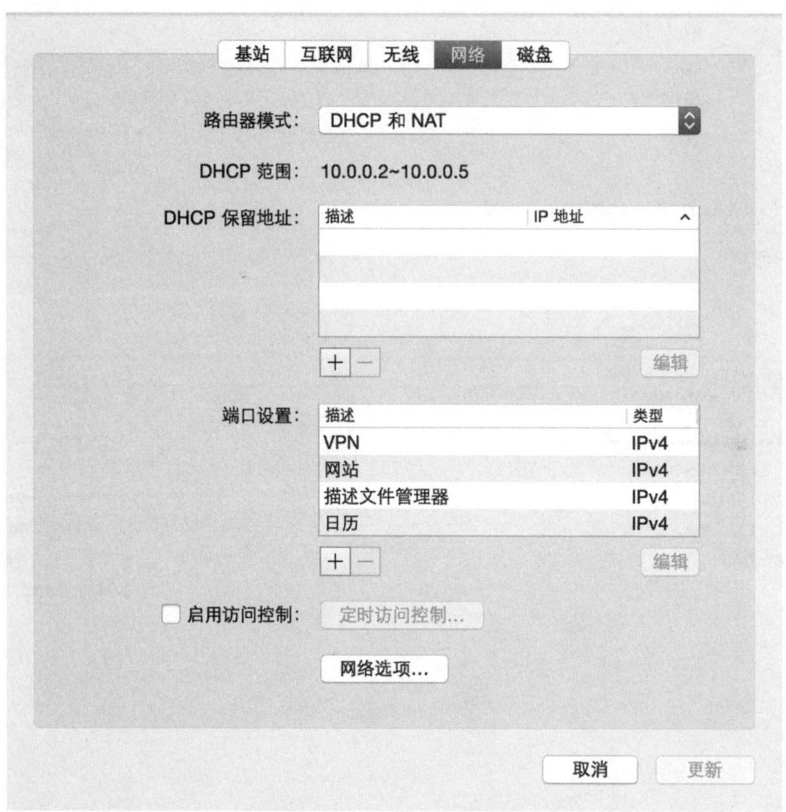

选择 VPN 条目并单击“编辑”按钮会进入到下图所示的界面，它显示了与 VPN 相关的公共 UDP（用户数据报协议）和 TCP（传输控制协议）端口，可以通过这些端口将数据发送到你的服务器。

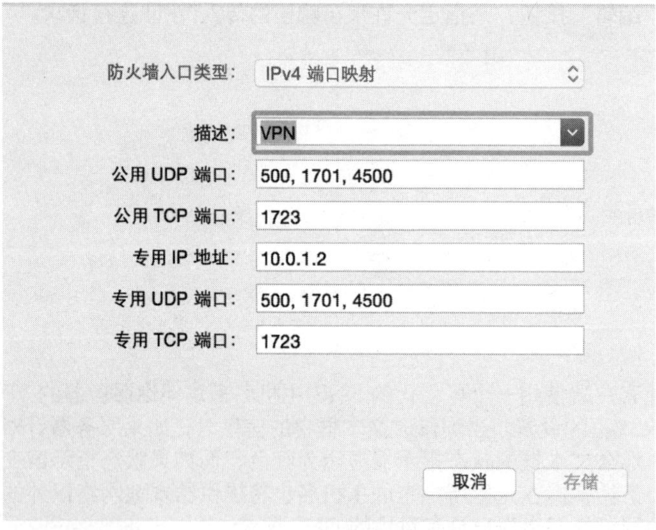

为了确保机密性、身份验证及通信的完整性，OS X Server VPN 服务和 VPN 客户端都必须使用相同的共享密钥，这就好比一个密码。为了建立 VPN 连接，用户还必须通过自己的用户名和密码进行鉴定。默认情况下，Server 应用程序会将共享密钥生成为随机的字符串。你可以将字符串更改为其他内容，但最好还是使用随机字符串。如果你创建一个配置描述文件分发给用户，那么这个共享密钥是被包含在其中的。如果你之后更改了共享密钥，那么每个用户都需要更新他们的 VPN 客户端配置。有一些方法可以完成这项操作：

- 再次存储配置描述文件，将它分发给你的用户，用户再去安装新的配置描述文件。
- 使用“描述文件管理器”服务去分发包含 VPN 配置的描述文件，当它被安装或是被重新安装后，会自动更新配置描述文件中的共享密钥。
- 指引你的用户在他们的 VPN 客户端中手动输入新的共享密钥。

设置
配置 VPN，用于：L2TP
VPN 主机名：server17.pretendco.com
使用描述文件来配置的客户端将使用此主机名或 IP 地址从互联网访问 VPN 服务。
共享密钥：zl^qr8.Hld-;T,Rlj0yV
显示共享密钥

高级配置选项的使用

不需要对这些高级选项进行配置你就可以直接开启 VPN 服务，但是如果在本地网络中还存在其他一些网络设备，那么你至少应当检查一下“客户端地址”的配置，确保本地客户端和 VPN 客户端不会被意外地分配到相同的 IPv4 地址。

“客户端地址”设置界面显示了 VPN 服务分发给 VPN 客户端的 IPv4 地址数量，单击“编辑”按钮可以配置地址范围。如果同时启用了 L2TP 和 PPTP，那么可以通过滑块来分配每个协议对客户端的可用地址数量。

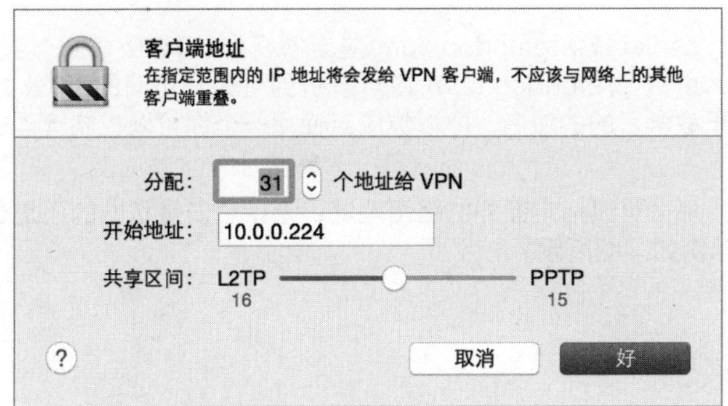

当将鼠标指针悬停在“开始地址”文本框上的时候，Server 应用程序会显示每个协议有效的 IPv4 地址范围，如下图所示。

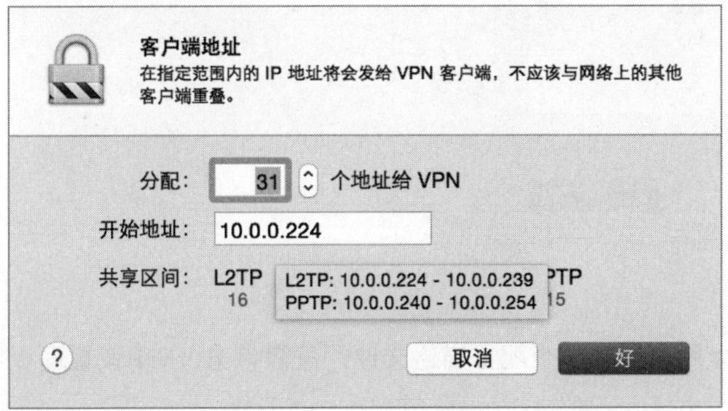

当 VPN 客户端成功连接到服务器的 VPN 服务时，VPN 服务会为客户端分配一个本地网络 IPv4 地址。确保本地网络中其他设备所使用的 IPv4 地址并不在 VPN 服务分发给客户端的地址范围内。你应当配置本地网络的 DHCP 服务不去提供同一范围内的 IPv4 地址，同时还要确保没有设备以手动方式分配了同一范围内的 IPv4 地址。

与内网中的客户端一样，你可以为 VPN 客户端分配一个或多个默认搜索域。

默认情况下，VPN 服务配置 VPN 客户端去使用服务器所用的同一 DNS 服务器和搜索域。这意味着 VPN 客户端可以访问到那些只供内网客户端使用的 DNS 记录。

单击“DNS 设置”旁边的“编辑”按钮，确认 DNS 设置是可用的。

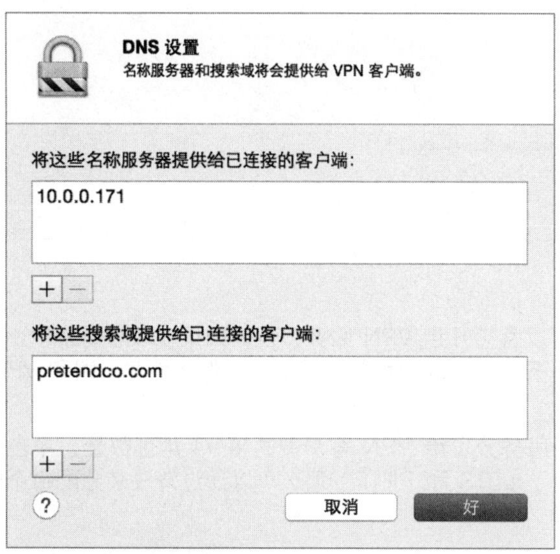

例如，对于本地网络客户端来说，server17.pretendco.com 应当解析到 10.0.0.171，但是对于不在本地网络中的客户端来说，server17.pretendco.com 应当解析到可公开访问的 IPv4 地址上。当然，pretendco.com 是一个用于教学目的的域名，所以你应当使用一个你可以控制管理的域名，而不是 pretendco.com 。

如果你具有一个复杂的网络配置，那么可以指定额外的路由地址，无论它们是私网的还是公网的都可以。一个具有多个私有子网的示例如下图所示。

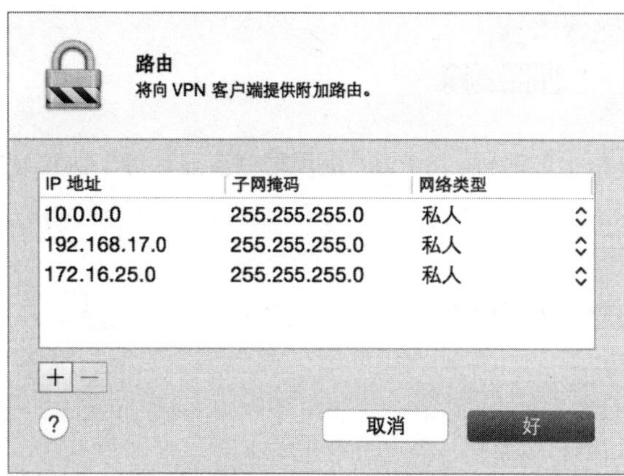

配置描述文件的存储

当你配置好 VPN 设置后，可以为用户创建一个配置描述文件，只需单击 VPN 设置面板中的“存储配置描述文件”按钮即可。

配置描述文件会使用到你在 Server 应用程序中、VPN 服务主配置面板中所指定的 VPN 主机名。

具有配置描述文件的计算机（装有 OS X v10.7 Lion 或更新版本系统的 Mac）或 iOS 设备可以很方便地设置 VPN 连接，用户只需提供用户名和密码即可，并不需要输入那些原本需要手动输入的信息，例如服务类型、VPN 服务器地址及共享密钥。默认情况下，配置描述文件的文件名带有 .mobileconfig 扩展名，可以在 Mac 计算机（OS X Lion 或之后版本的系统）和 iOS 设备上使用。

你还可以使用 OS X Server 的“描述文件管理器”服务来创建和分发包含 VPN 配置信息的配置描述文件。如果 VPN 服务被开启，它会自动包含在Settings for Everyone配置描述文件中。参阅“课程11　通过描述文件管理器进行管理”来获取更多信息。

参考18.3
故障诊断

VPN 服务将日志信息写入到 /private/var/log/ppp/vpnd.log 中，不过，当你使用 Server 应用程序来查看日志的时候，并不需要知道日志所在的位置，只需打开“日志”设置面板，并从弹出式菜单中选取 VPN 部分的“服务日志”即可。

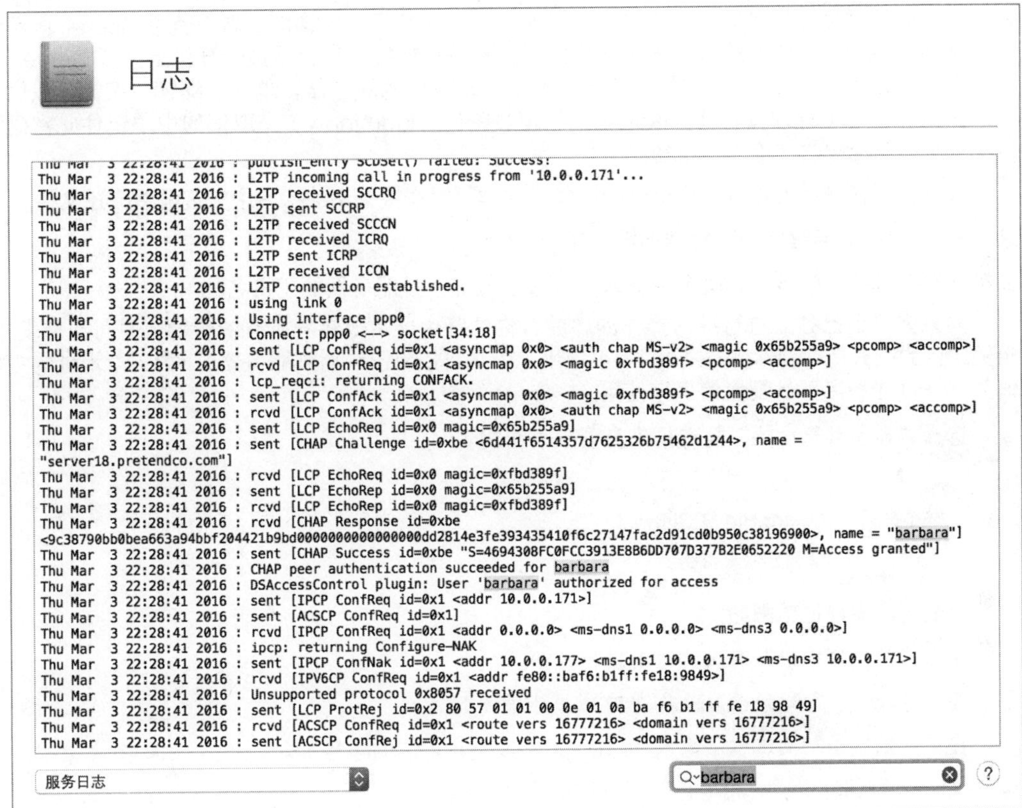

你可能并不理解所有的日志信息，但是却可以将无故障连接时的日志信息与遇到问题时的相关信息进行对比。通常情况下，一个不错的办法是保留“已知没有问题”的日志样本。这样，当你通过日志进行问题诊断的时候可以将它们作为参考。

练习18.1
配置 VPN 服务

▶ **前提条件**

- 完成“练习9.1　创建和导入网络账户”的练习操作；或者创建一个用户账户（全名：Barbara Green，账户名称：Barbara，密码：net）。

VPN 服务是非常容易配置和开启的。你将在服务器上配置 VPN 服务，存储一个带有配置信息的描述文件，在你的管理员计算机上安装描述文件并建立 VPN 连接。在有教师指导的培训环境中，教师无法配置教室的路由器来允许每位学员服务器上的 VPN 服务通过，所以你可以从教室网络的内部来建立 VPN 连接，这仍是有效的连接。

当 VPN 客户端进行连接并成功通过鉴定后，VPN 服务需要为客户端分配一个本地网络的 IPv4 地址。对于本练习来说，需要将地址配置在10.0.0.*n*6 和 10.0.0.*n*9 之间，其中 *n* 是你的学号。例如，学号为1的学生所配置的地址范围是 10.0.0.16 ~ 10.0.0.19，学号为16的学生所配置的地址范围是 10.0.0.166 ~ 10.0.0.169。

首先，使用管理员计算机创建 VPN 连接，然后通过 Server 应用程序的“日志”面板查看成功的连接都会有哪些信息被日志记录下来。

配置并开启 VPN 服务

1. 在你的管理员计算机上进行这些练习操作。如果在管理员计算机上尚未通过 Server 应用程序连接到你的服务器计算机，那么按照以下步骤进行连接：在管理员计算机上打开 Server 应用程序，选择“管理”>“连接服务器”命令，选取你的服务器，单击“继续”按钮，提供管理员身份信息（管理员名称：ladmin，管理员密码：ladminpw），取消选中“记住此密码”复选框，然后单击“连接”按钮。

   确认你正在使用管理员计算机进行操作，这样可以在接下来的练习中安装配置描述文件。

2. 在 Server 应用程序的边栏中选择 VPN。
3. 在有教师指导的培训环境中，确认“VPN 主机名”是服务器的主机名称。

如果你是自己独立进行练习操作的，并且你的路由器可以转发所有的传输或是可以转发 VPN 相关端口的所有传输到你服务器的 IPv4 地址，那么可以将已映射到服务器公网 IPv4 地址的主机名作为“VPN 主机名”的配置信息来使用。

4. 选择“显示共享密钥”复选框来查看共享密钥。

分配客户端地址范围。

1. 单击“客户端地址”旁边的“编辑”按钮。
2. 在“分配____个地址给 VPN”的文本框中输入4。
3. 在“开始地址”文本框中输入 10.0.0.*n*6（其中 *n* 是你的学号）。
4. 按 Tab 键保存对“开始地址”文本框的设置更改。
5. 将鼠标指针悬停在“开始地址”文本框上，直到出现 IP 地址范围。

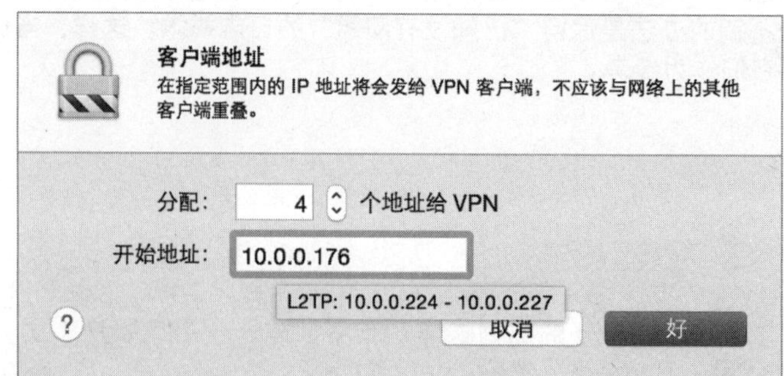

确认地址范围符合你的需求。

6 单击“好”按钮保存更改。

更新 DNS 设置。

1 单击 DNS 设置旁边的“编辑”按钮。

2 在第一个设置框中选取默认值（10.0.0.1）。

3 单击“移除”（–）按钮。

4 单击“添加”（+）按钮。

5 输入 10.0.0.*n*1（其中 *n* 是你的学号），然后按 Return 键保存设置更改。

6 确认你的设置，然后单击“好”按钮。

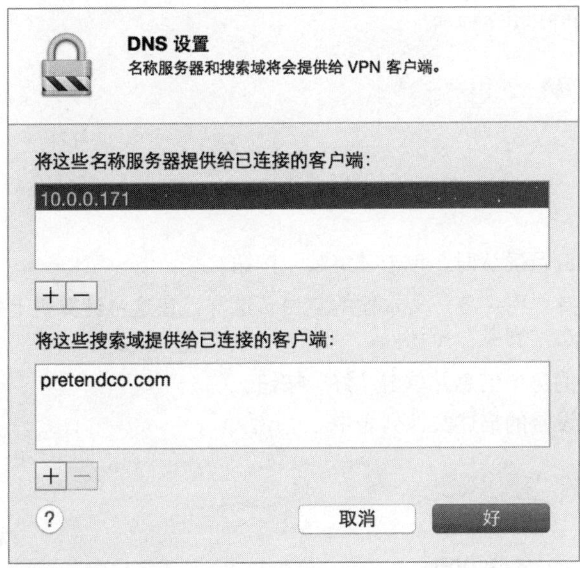

开启 VPN 服务。

单击“开”按钮开启服务。

存储配置描述文件。

1 单击“存储配置描述文件”按钮。

2 按 Command–D 组合键将存储目标文件夹改为你的桌面文件夹。

3 单击“存储”按钮。

VPN 共享密钥会被自动生成。除了用户身份信息外，VPN 客户端还要向 VPN 服务提供共享密钥，所以，如果你通过 Server 应用程序修改了共享密钥，那么就需要重新存储配置描述文件并重新分发给客户端，或者是客户端以手动方式去修改共享密钥。

参阅“课程11　通过描述文件管理器进行管理”来获取向计算机和设备分发配置描述文件的更多信息。

安装和使用 VPN 描述文件

在你的管理员计算机上打开并安装 VPN 配置描述文件，然后建立 VPN 连接。

1 在管理员计算机的桌面上，打开 mobileconfig 文件（默认的名称是 VPN.mobileconfig）。

2 当系统偏好设置打开 mobileconfig 文件的时候，单击“显示描述文件”按钮。

3 滚动浏览描述文件并查看它的设置。

在下图中有两个地方需要注意（为了不滚动窗口来显示全部信息，可以调整窗口的大小）。配置描述文件并不是经过签名的。并且，如果你在 Server 应用程序的“描述文件管理器”设置面板中，已配置服务器提供设备管理服务，那么在配置描述文件的“描述”中会显示你指定的组织机构名称，而不是服务器的主机名称。

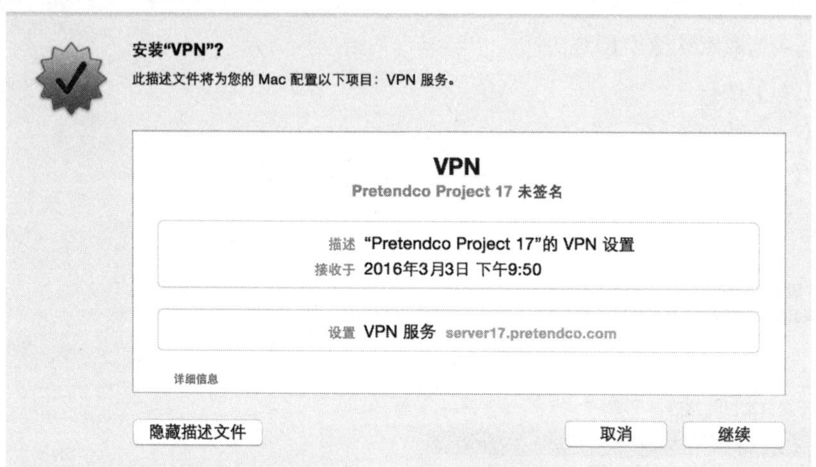

4 单击“继续”按钮。当要求你对操作进行确认时，单击“继续”按钮。

5 在“输入 VPN 的设置”界面中，保持“用户名”文本框的空白，这样，在这台计算机上的每个用户都需要输入自己的用户名，单击“安装”按钮。

6 当出现提示的时候，提供本地管理员的身份信息并单击“好”按钮。
描述文件会显示在“描述文件”偏好设置的描述文件列表中。

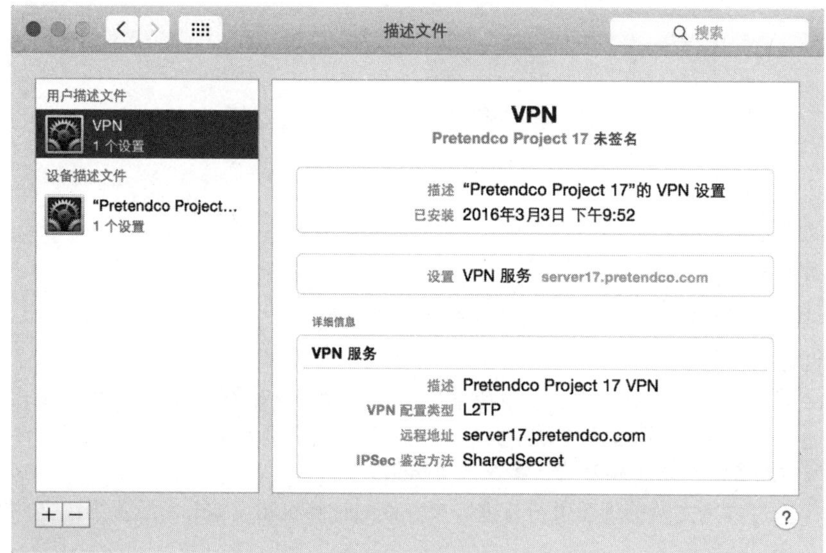

NOTE ▶ 如果你已完成了“练习8.1 检查你的 Open Directory 主服务器”的操作，那么“描述”中将包含“Pretendco Project *n* 的 VPN 设置”（其中 *n* 是你的学号）等字样。

通过配置将 VPN 图标显示在菜单栏中，这样用户不需要打开系统偏好设置就可以建立 VPN 连接了。

1 单击“全部显示”按钮返回到全部偏好设置列表。

2 打开“网络”偏好设置。

3 在接口列表中选择新安装的 VPN 项目。

4 选中“在菜单栏中显示 VPN 状态”复选框。

5 从 VPN 菜单项中单击“连接VPN”命令。

6 在“VPN 连接”界面中，提供服务器上的本地用户或是本地网络用户的身份信息，并单击“好”按钮。

你可以使用用户名 barbara 及密码 net 。

如果成功通过鉴定并建立 VPN 连接，会显示“已连接”状态，并且可以看到连接信息（连接时间、IP 地址及发送和接收数据的传输计量表）。在这里提醒一下，下图中“账户名称”文本框是空白的，所以使用这台 Mac 的每个用户都必须提供用户名称和密码。

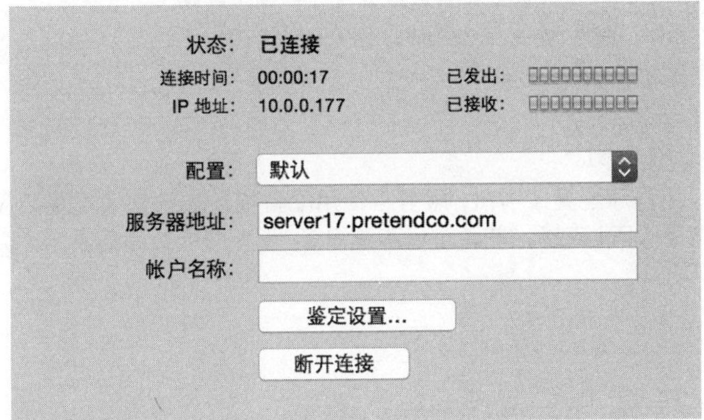

7 如果你并不是在有教师指导的培训环境中进行练习的，并且你的 Mac 计算机位于本地网络的外部，那么确认你可以访问到内网资源。例如，如果你服务器的网站服务还没有开启，那么在服务器计算机上通过 Server 应用程序的“网站”设置面板来开启服务。然后在管理员计算机上打开 Safari 并在地址栏中输入你服务器的私网 IPv4 地址，确认网页可以正常打开。

8 单击“断开连接”按钮。

检查日志

下面通过 Server 应用程序来检查与 VPN 服务相关的信息，并检查成功连接的信息。

1 在管理员计算机上进行操作，如果还未连接到服务器，那么打开 Server 应用程序，连接到你的服务器，并鉴定为本地管理员。

2 在 Server 应用程序的边栏中选择“日志”选项。

3 在弹出式菜单中选择“VPN”部分的“服务日志”命令。

4 在搜索输入框中输入barbara（这个名称是建立 VPN 连接时所使用的用户名称），然后按 Return 键。

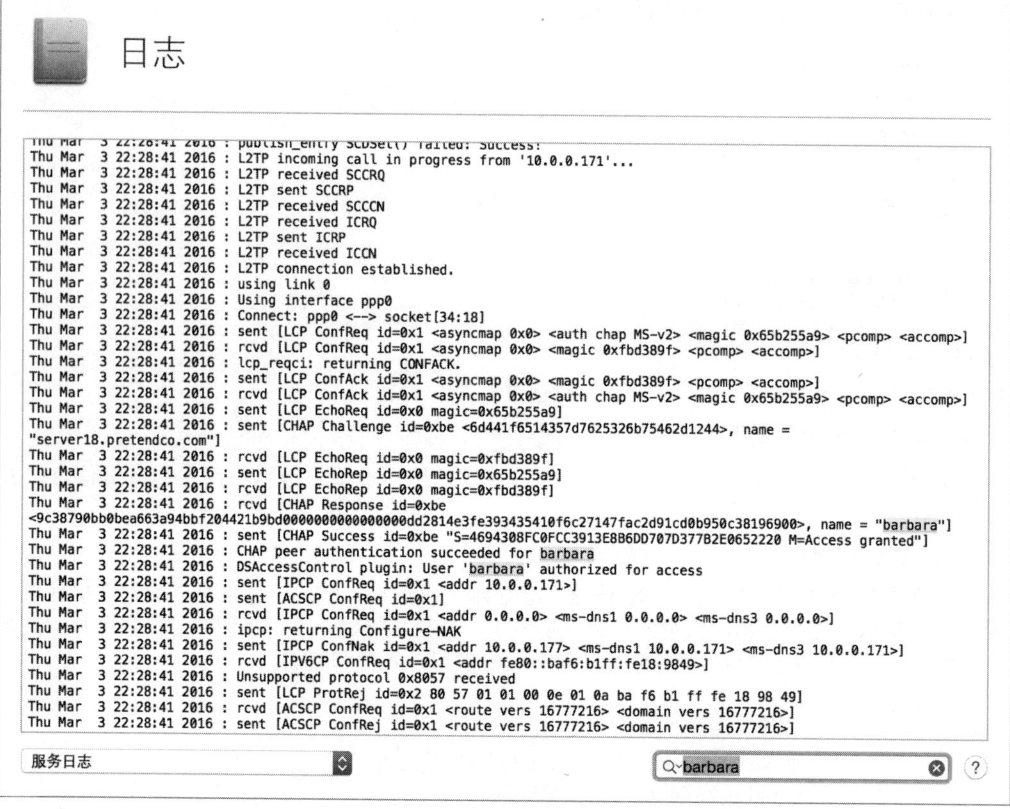

5 按 Return 键前往搜索字词的下一个实例。

在本练习中，你通过 Server 应用程序配置了 VPN 服务，使用配置描述文件快速配置了 VPN 客户端，使用系统偏好设置快速建立了 VPN 连接，并通过日志查看了 VPN 服务日志信息。

练习18.2
清理

在管理员计算机上移除 VPN 描述文件，准备进行其他的练习操作。

1 在网络偏好设置中，取消选中“在菜单栏中显示 VPN 状态”复选框。

2 单击“全部显示”按钮。

3 打开“描述文件”偏好设置。

4 选择 VPN 描述文件。

5 单击“移除”（－）按钮，然后再单击“移除”按钮来移除描述文件。

6 如果出现提示框，那么提供本地管理员的身份信息并单击“好”按钮。

注意，当这里不存在已安装的描述文件时，“描述文件”偏好设置将不显示在可用的偏好设置中。

7 退出系统偏好设置。

8 在 Server 应用程序中，单击“关”按钮将 VPN 服务关闭。

9 在 Finder 中，将 VPN.mobileconfig 拖到“废纸篓”中，选择 Finder > “清倒废纸篓”命令，然后再单击“清倒废纸篓”按钮。

课程19
DHCP 的配置

目标

-
DHCP 的功能及应用介绍。
-
使用 Server 应用程序来配置和管理 DHCP 服务。
-
静态地址及应用介绍。
-
识别 OS X Server DHCP 服务当前的客户端。
-
显示 DHCP 服务的日志文件。

你可以使用 OS X Server 的 DHCP（动态主机配置协议）服务为计算机和设备动态配置网络设置，这样就不需要对它们进行手动配置了。“动态主机配置协议”中的“主机”指的是 DHCP 客户端的计算机和设备。虽然很多网络现在都使用 DNS（域名系统）和 DHCP 服务来作为它们基础架构的一部分，但是你可能还是会希望使用 OS X Server 的 DHCP 服务，因为这与通过网络路由器的界面对 DHCP 进行管理相比较要更为容易和便捷。此外，你还可以让服务器的一个或多个网络接口来提供 DHCP、DNS 和 NetInstall 服务到一个孤立的或是专用的 NetInstall 子网（如“课程14　使用 NetInstall”介绍的，NetInstall 客户端为了能够通过网络映像成功启动，需要使用网络上的 DHCP 服务）。

警告：如果你网络的基础架构中已经提供了 DHCP 服务，那么就不要再开启 OS X Server 的 DHCP 服务了；否则，在本地网络中的客户端计算机就有可能无法正常工作（例如，它们可能通过你服务器的 DHCP 服务来获取一个 IPv4 地址，而这个地址在另一台 DHCP 服务器上已经被分配过，或者可能会去使用没有配置正确的 DNS 服务器）。在同一个网络中，不应当有多于一个的可用 DHCP 服务。当然，有多台 DHCP 服务器相互协调工作也是可以的，不过 OS X Server 的 DHCP 服务被设计成一个独立的服务。

参考19.1
DHCP 工作方式介绍

DHCP 服务器按照以下过程将一个地址分配给客户端。以这个顺序来进行交互：

1. 网络上的一台计算机或设备（主机）被配置要通过 DHCP 获得网络配置信息。所以它会在本地网络中广播一个请求，来看看是否有可用的 DHCP 服务。
2. 一台 DHCP 服务器接收到来自主机的请求并以相应的信息进行应答。在本例中，DHCP 服务器打算让主机使用IPv4 地址 172.16.16.5，同时还附带一些其他的网络设置，包括有效的子网掩码、路由器、DNS 服务器及默认搜索域。
3. 主机回复第一个对它进行应答的 DHCP。为提供给它的 IPv4 地址设置 172.16.16.5 发送一个请求，该设置是 DHCP 服务器要提供给它的。
4. DHCP 服务器正式承认主机可以使用它所请求的设置，这时，主机具有一个有效的 IPv4 地址，并可以开始使用网络。

在本示例中，DHCP 服务器所提供的一个主要优势是可以将配置信息分配到网络上的各个主机。这样就不需要在每台计算机或设备上来手动配置信息了。当 DHCP 服务器提供配置信息的时候，可以确保用户在配置他们的网络设置时不会输入错误的信息。如果网络已经被正确配置，那么新用户就可以打开一台新 Mac 的包装，连接到有线或无线网络，并通过相应的网络信息来自动配置计算机。之后用户就可以访问网络服务，而不需要进行任何手动干涉。通过这个功能提供了一种设置及管理计算机的简单工作方式。

DHCP 网络的应用

你可以通过 OS X Server 在多个网络接口上提供 DHCP 服务。在每个网络接口上可能会具有不同的网络设置，你可以根据 DHCP 客户端所在的网络来提供不同的设置信息。

OS X Server 使用术语“网络”来描述一组 DHCP 设置。一个“网络”包括要在哪个网络接口上提供 DHCP 服务、在该接口上要提供的 IPv4 地址范围及要提供的网络信息，这又包括租期、子网掩码、路由器、DNS 服务器及搜索域。为了清楚起见，本教材将这类网络称为 DHCP 网络。DHCP 网络是 OS X Server 中 DHCP 服务的基础。

如果要在每个网络接口上提供多个范围的 IPv4 地址，那么可以在每个网络接口上创建多个 DHCP 网络。

更多信息 ▶ 其他的 DHCP 服务使用“范围”一词来描述 DHCP 网络。

作为规划工作的一部分，你应当决定是否需要多个 DHCP 网络，还是需要一个单一的 DHCP 网络就足够使用了。

租期的指定

DHCP 服务器将一个 IPv4 地址租借给一个客户端所使用的一段时间称为租期。DHCP 服务可以确保 DHCP 客户端在租借期间内可以使用它所租用的 IPv4 地址。当租期过半后，主机会请求续租它的租期。当不再使用网络接口后，主机会放弃租借的地址，例如当计算机或设备被关闭的时候。如果其他主机需要使用，DHCP 服务可以将这个 IPv4 地址分配给其他主机使用。在 Server 应用程序中，可以将租借时间长度设置为1小时、1天、7天或是30天。

如果是移动计算机和设备使用你的网络，那么它们很有可能不会同时接入到网络中。所以根据接入时间的不同，通过 IPv4 地址的重复使用，租借方式可以让企业支持比可用 IPv4 地址数量更多的网络设备。如果是这种情况，那么在实施 DHCP 服务的时候，租期是要考虑的关键选项之一；如果网络设备往来得比较频繁，那么要考虑使用较短的租期，这样当网络设备离开网络的时候，它的 IPv4 地址就可以更快地应用于不同的网络设备。

即使可用的 IPv4 地址多于设备数量，对于主机来说也需要定期续租它们的 DHCP，这样，你可以对分发的 DHCP 信息进行更改，当主机续租它们的租期时，最终会接收到更新过的信息。如果改动很大，例如一套完全不同的网络设置，那么你可以通过重新启动客户端，或者是通过短暂断开网络连接再重新连接的方式来强制更新租期。

静态和动态地址分配的比较

你可以使用 DHCP 服务以动态方式或静态方式将一个 IPv4 地址分配到一台计算机或设备。每台计算机或设备的网络接口都有一个唯一的介质访问控制（Media Access Control，MAC）地址，这是一个不能轻易更改的物理属性，它可以唯一识别该网络接口。DHCP 服务将租期与 Mac 地址进行关联。MAC 地址也称为物理地址或网络地址，这是 MAC 地址的一个示例 c8:2a:14:34:92:10。下面了解一下动态地址和静态地址之间的区别。

- ▶ 动态地址：IPv4 地址被自动分配给网络上的计算机或设备。该地址通常被“租借”给计算机或设备使用一定的时间，之后，DHCP 服务器要么更新该计算机或设备对该地址的租期，要么令该地址可供网络上的其他计算机和设备来使用。
- ▶ 静态地址：将 IPv4 地址分配给网络上指定的计算机或设备，并且很少对其进行更改。静态地址可以通过手动方式应用到计算机或设备，或者是配置 DHCP 服务器每次都向一个 MAC 地址提供相同的 IPv4 地址，具有该 MAC 地址的计算机或设备每次连接到网络上都会分配到这个 IPv4 地址。这也被称为预约，从技术上来说它是动态分配的地址，但结果和静态分配是一样的。

可以在网络上将静态与动态分配地址的方式结合起来使用。其中一个决定性因素是：哪类地址最适合计算机或设备的使用。例如，如果计算机或设备是一台服务器、网络设备或是打印机，那么应当考虑使用一个静态地址，而经常在你网络中往来接入的移动计算机和设备，更适合为它们分配动态 IPv4 地址。

为多个子网提供服务

DHCP 服务器所处的位置对 DHCP 的实施有直接影响。当网络客户端请求 DHCP 服务的时候，它使用 BootP（Bootstrap）网络协议。默认情况下，大多数路由器并不转发超越网络边界的 BootP 传输，无论是物理划分的子网，还是以编程方式划分的虚拟局域网（VLAN）均如此。为了让网络客户端能够使用到 DHCP 服务，DHCP 服务器必须通过在该子网中的网络接口来提供 DHCP 服务，或者是配置路由器在子网间进行中继 BootP 传输，这有时也被称为配置辅助地址或是配置 DHCP 中继代理。

参考19.2
DHCP 服务的配置

本节内容将介绍使用 Server 应用程序来配置 OS X Server 的详细步骤。

NOTE ▶ 此时先不要开启 DHCP 服务；完整的操作说明请参见选做练习。

通过 Server 应用程序配置 DHCP 的过程涉及以下步骤：

1. 服务器网络接口的配置。
2. 网络的编辑和创建。
3. DHCP 服务的开启。
4. DHCP 服务的监控。

NOTE ▶ 为了选取 DHCP 服务，需要显示 Server 应用程序边栏的“高级”部分（或者从“显示”菜单中选择 DHCP）。

配置服务器的网络接口

在网络接口上提供任何服务前，都需要配置该网络接口并令它处于活跃状态。在你的服务器上使用“网络”偏好设置来配置要提供 DHCP 服务的网络接口。下图展示的一台 Mac 配有额外的 Apple Thunderbolt 至千兆以太网转接器和一个 USB 至以太网转接器，所以它可以在多个网络中提供 DHCP 服务。

子网的编辑

接下来需要编辑一个或多个子网。这个过程包括任何可选设置的配置，例如 DNS 信息。

默认情况下，当你在 Server 应用程序中打开 DHCP 设置面板的时候，“网络”设置会根据服务器的首选网络接口来显示一个 DHCP 网络。

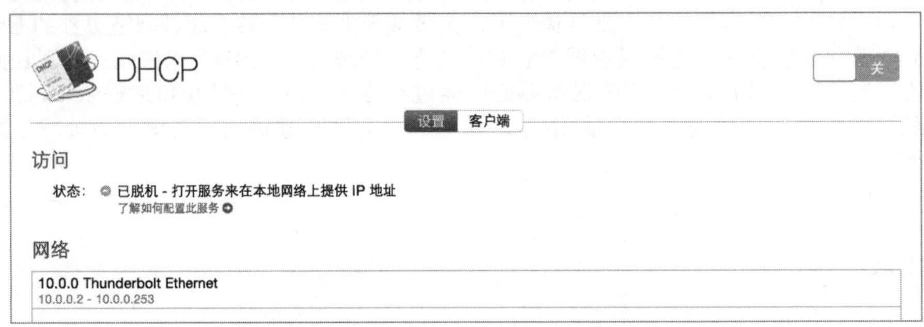

如果你双击这个默认的 DHCP 网络来进行编辑，会看到网络名称是按照服务器首选网络接口的 IPv4 地址来命名的，并且起始 IPv4 地址和结束 IPv4 地址都是网络的临界地址。你需要编辑 DHCP 服务所提供的 IPv4 地址范围，服务器自身使用的 IPv4 地址也包括在这个范围里，你肯定不希望将服务器的 IPv4 地址分发给客户端来使用。在下图中展示了一个默认的 DHCP 网络设置。

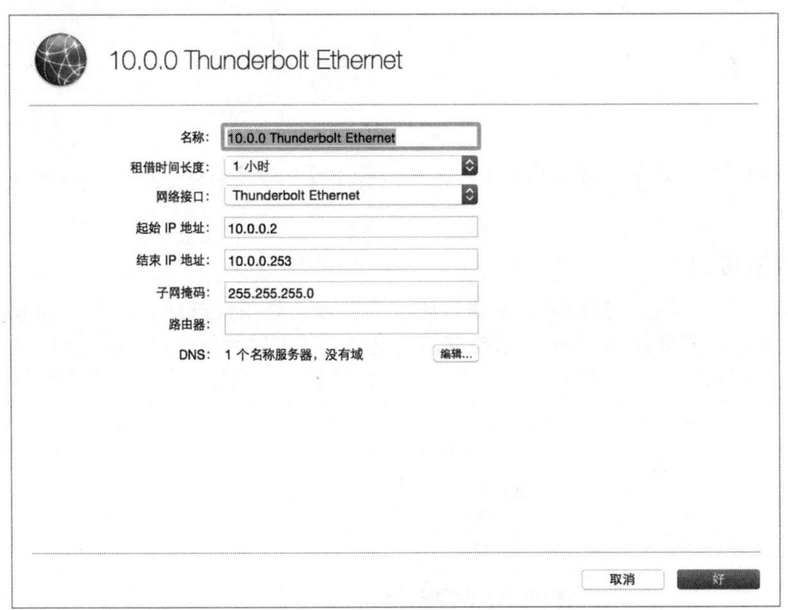

正如你所看到的，你可以为 DHCP 网络指定的信息包括以下项目：

- 名称。
- 租借时间长度。
- 网络接口。
- 起始 IP 地址。
- 结束 IP 地址。
- 子网掩码。
- 路由器。

此外，如果单击DNS旁边的“编辑”按钮，还可以指定以下设置：

- DNS名称服务器。
- 搜索域。

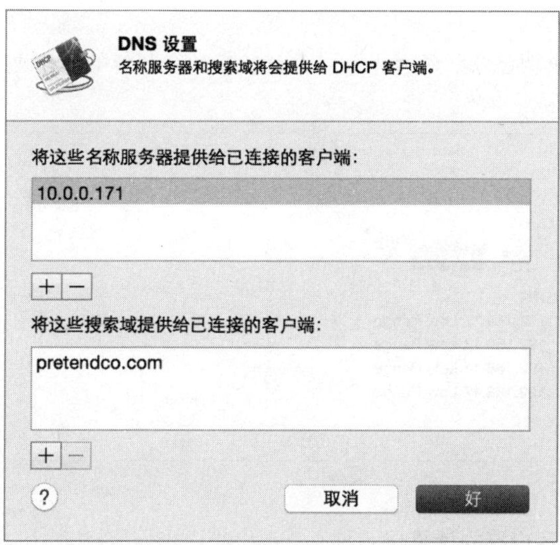

当你创建新的网络时，路由器、名称服务器及搜索域设置框都会被自动填充，填充的内容是新网络使用的网络接口的值。

NOTE ▶ 如果你指定服务器的 IPv4 地址作为名称服务器的值，那么就要配置 DNS 服务来为所有相应的网络实现查询功能。此外还需要注意，OS X Server 无法实现路由功能，它并不会将一个来自孤立网络的传输传递到互联网上。

在“网络”设置界面中，你可以配置多个子网范围。例如，你可以为现有网络接口上的第二个地址范围或不同网络接口上的地址范围来添加额外的子网范围。当你创建新的 DHCP 网络的时候，Server 应用程序不允许你设定其他 DHCP 网络已经包括的 IPv4 地址范围。

单击“添加”（ + ）按钮可以创建一个新的 DHCP 网络，单击“移除”（ – ）按钮可以移除一个现有的 DHCP 网络。下图中的 Server 应用程序示例显示了 3 个 DHCP 网络，其中有两个网络在同一个子网中。

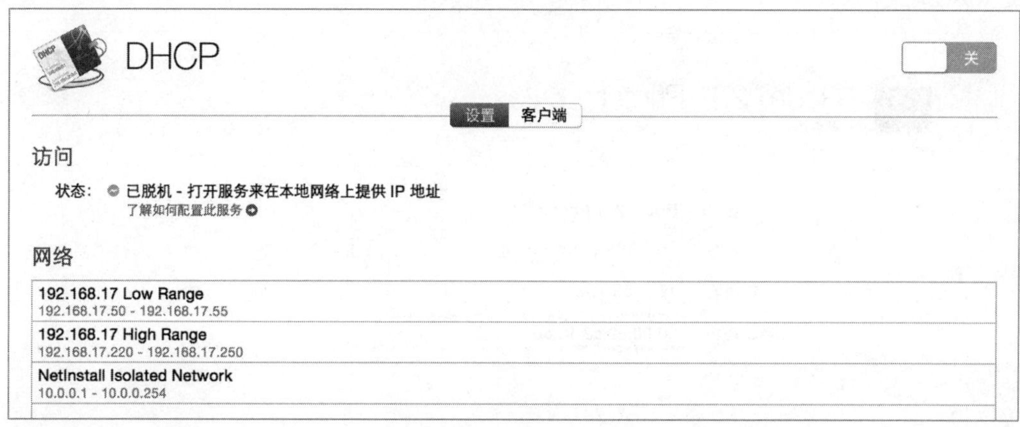

开启 DHCP 服务

要开启 DHCP 服务，单击“开”按钮来开启服务。

NOTE ▶ 现在先不要开启 DHCP 服务，完整的操作说明请参见选做练习。

DHCP 服务的监控与配置

你可以使用 Server 应用程序来查看与 DHCP 服务相关的 DHCP 客户端信息。要查看 DHCP 客户端信息，单击“客户端”选项卡。

TIP 你可以在 Server 应用程序的窗口中调整分栏的大小，以便让特定的分栏能够显示更多的信息。

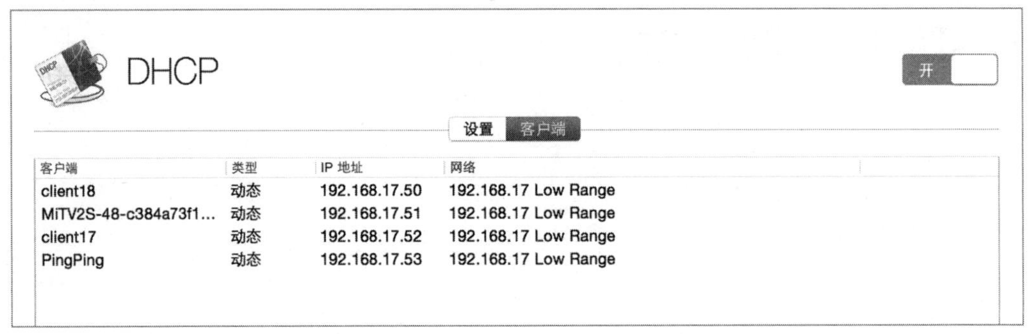

“客户端”面板显示了以下信息：

- 客户端（对于 Mac 来说，这里显示客户端的计算机名称）。
- 类型（动态或静态）。
- IP 地址。
- 网络（DHCP 网络）。

分配静态地址

在“客户端”面板中，DHCP 服务可以让你为某个客户端创建一个静态 IPv4 地址，Server 应用程序将其称为静态地址（有些其他的 DHCP 服务器将其称为保留地址）。在将静态 IPv4 地址分配到关键设备（例如服务器、打印机和网络交换机）的同时，会使用 DHCP 来自动配置诸如子网掩码和 DNS 服务器这样的网络设置。

如果你已知一台网络设备的 MAC 地址，那么为它创建一个静态地址是非常简单的。在“客户端”面板中单击“添加”（+）按钮，指定一个名称，选取 DHCP 网络，分配一个 IPv4 地址并设定 MAC 地址。

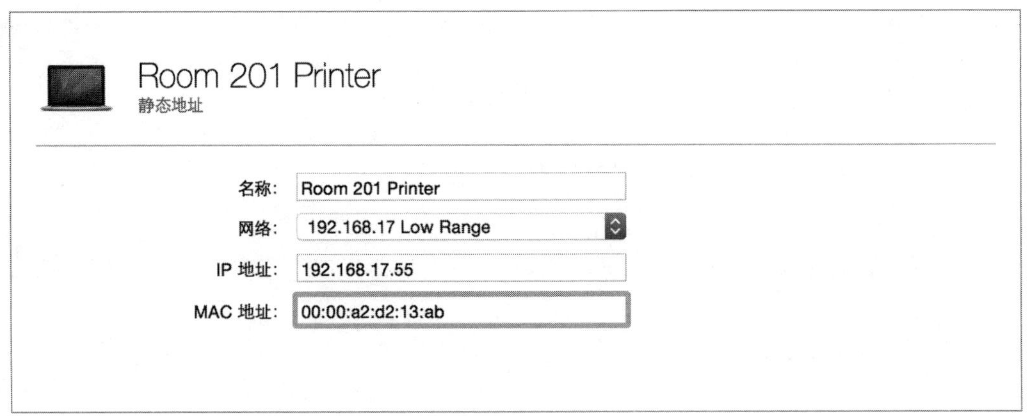

但如果你并不知道 MAC 地址，那么该怎么办呢？你可以为一个已租用地址的 DHCP 客户端来创建一个静态地址。在“客户端”面板中，在列表中选取客户端，单击“操作”弹出式菜单（齿轮图标）并选择“创建静态地址”命令。在下图中，pretendcos-airport-ex 条目是一台AirPort Extreme，我们希望能够将其设为一个已知的 IP 地址来进行管理。

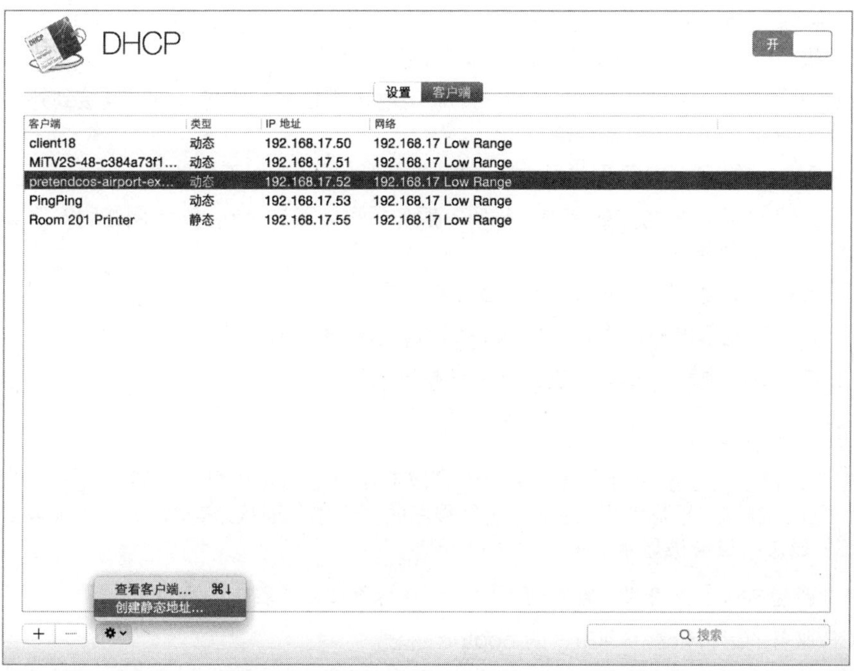

当你选择“创建静态地址”命令以后，可以设定名称、网络及 IP 地址，MAC 地址是被预先填写好的。

参考19.3
DHCP 的故障诊断

就像很多网络服务一样，有时很难准确地说出 DHCP 的问题所在。有时，错误的配置会出现在客户端系统中。而有些时候，网络设施的问题也会妨碍网络上的计算机和设备和 DHCP 服务器进行通信。而有时，当 DHCP 服务器并没有配置正确，或是并没有按照预期的方式进行操作的时候，也会出现问题。

为了清楚地了解诊断过程，假想一下网络上的某台计算机或设备无法从服务器上获得 DHCP 地址的情况。首先去诊断客户端，然后再去诊断服务器：

当你为 OS X 的 DHCP 问题进行故障诊断的时候，需要对以下问题进行确认：

- 在网络上的计算机或设备配置正确了吗？检查物理网络的问题，例如线缆、损坏的路由器或交换机及物理子网的限制，确认相应的网络接口是活跃的。
- 你可以建立任何网络连接吗？可以 ping 到另一台主机吗？你可以通过 Bonjour 看到其他的主机吗？
- 配置被正确设置了吗？你使用的是通过 DHCP 分配的动态地址，还是手动分配的静态地址？如果使用 DHCP 有问题，那么使用一个静态地址是否可以正常工作？

- 是通过 DHCP 分配的 IPv4 地址，还是自分配的地址（范围是169.254.x.x）？通过 IPv4 地址和主机名称能否 ping 通其他主机？你可以实现 DNS 查询吗？

在这个假想的状况中，如果你通过手动配置的、带有静态地址的网络接口可以连接到外部的网站，那么就可以得出结论，问题来自服务器。

当你为 OS X Server 的 DHCP 问题进行故障诊断的时候，需要对以下问题进行确认：

- 本地网络上的 DHCP 服务器配置得正确吗？服务器可以通过 ping 访问网络吗？服务器具有正确的 IPv4 地址吗？
- DHCP 服务配置正确了吗？DHCP 服务被开启了吗？
- Server 应用程序显示出预期的 DHCP 客户端的活动信息了吗？
- DHCP 日志条目与预期的 DHCP 客户端活动相符吗？

日志的查看

DHCP 日志条目包含在主系统日志文件中。你可以使用其他实用工具来查看系统日志，例如“控制台”应用程序，但是如果你使用 Server 应用程序的“日志”面板来查看 DHCP 服务日志，那么就只有 DHCP 日志条目会被显示出来。

TIP 你可以调整 Server 应用程序窗口的大小，将日志条目显示在一行中。

Apple DHCP 服务的运行依靠 BOOTP 的 bootpd 进程。

你可以在界面右下角的搜索框中输入特定的事件信息来查看具体事件。注意特定的 DHCP 条目和 DHCP 事件的一般流程信息如下：

- DHCP DISCOVER：DHCP 客户端发送检测消息，查找 DHCP 服务器。
- OFFER：DHCP 服务器响应客户端的 DHCP DISCOVER 消息。
- DHCP REQUEST：DHCP 客户端从 DHCP 服务器请求 DHCP 配置信息。
- ACK：DHCP 服务器以 DHCP 配置信息来回应 DHCP 客户端。

你可以通过缩写 DORA 来记住这一连串的事件过程：Discover、Offer、Request、Acknowledge。

你还可以通过 DHCP 服务器来判断一台客户端是否已接收到一个可用的 IPv4 地址。如果 DHCP 服务器已用完可用的网络地址，或者没有 DHCP 服务可用，那么客户端会自动生成一个自分配的本地链路地址。本地链路地址总是在 169.254.x.x 这样的 IPv4 地址范围内，并且具有子网掩码 255.255.0.0 。网络客户端会自动生成一个随机的本地链路地址，然后检测本地网络，确保其他网络设备没有正在使用这个地址。当一个唯一的本地链路地址被建立后，该网络客户端只能与本地网络上的其他网络设备去建立连接。

练习19.1
配置 DHCP 服务（选做）

▶ **前提条件**

- 一个附加的孤立网络。
- 服务器上具有一个额外的网络接口。
- 管理员计算机上具有一个额外的网络接口。

NOTE ▶ 如果你并不具备其他孤立的网络及额外的网络接口，或者是不能为本教材所需要的孤立网络来停用路由器上的 DHCP 服务，那么请跳过本练习的操作。

不要在已具有 DHCP 服务的网络上再启用 DHCP 服务。

按照本练习中的操作步骤，在你的服务器计算机上配置额外的网络接口，停用默认的 DHCP 网络，并为附加的孤立网络创建一个新的 DHCP 网络。

你将使用你的管理员计算机作为孤立网络中的 DHCP 客户端。

下面从确认额外孤立网络的准备工作开始。

1. 如果你具有带有多个以太网接口的 Mac Pro 计算机，那么可以直接使用空闲的以太网接口。否则，需要将 Apple USB 至以太网转接器、或是 Apple Thunderbolt至千兆以太网转接器连接到你的服务器计算机上。
2. 使用以太网线缆将以太网转接器（或者是你服务器的网络接口）连接到孤立网络所用的以太网交换机上。

服务器计算机的以太网接口已连接到以太网交换机，现在对该网络接口进行配置。

1. 在服务器计算机上，如果还没有以本地管理员的身份登录系统，那么现在使用本地管理员的身份登录。
2. 打开系统偏好设置，然后打开“网络”偏好设置。
3. 选择新添加的或是未配置的网络接口。

4 单击“配置 IPv4”菜单并选择“手动”命令。

5 输入以下信息：

IP 地址：192.168.*n*.1（其中 *n* 是你的学号）。

子网掩码：255.255.255.0。

路由器：192.168.*n*.1（其中 *n* 是你的学号）。

6 单击“高级”选项卡设置 DNS 服务器和搜索域。

7 单击“DNS”选项卡。

8 在 DNS 服务器设置框中单击“添加”（+）按钮并输入 192.168.*n*.1（其中 *n* 是你的学号）。

9 在“搜索域”设置框中单击“添加”（+）按钮并输入 pretendco.com 。

10 单击“好”按钮返回到“网络”偏好设置。

11 检查你的设置。

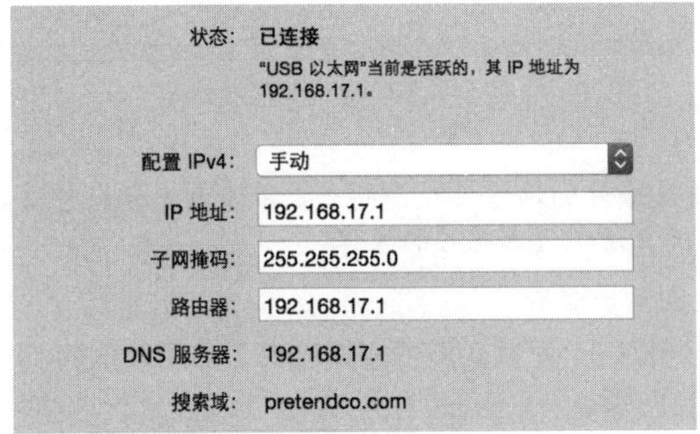

12 单击“应用”按钮。

下面配置 DHCP 服务。

1 在 Server 应用程序的边栏中选择 DHCP。如果在 Server 应用程序的边栏中并没有显示“高级”服务，那么将鼠标指针悬停在“高级”文字上面，然后单击“显示”按钮。

2 选择默认的 DHCP 网络，它是根据服务器首选网络接口来创建的。

3 单击“删除”（-）按钮，然后单击“删除”按钮。

4 单击“添加”（+）按钮来创建新的 DHCP 网络。

5 在“名称”文本框中输入 Extra Net。

6 单击“租借时间长度”弹出式菜单并选择“1小时”命令。

7 单击“网络接口”弹出式菜单并选择你在本练习开始部分刚刚配置过的网络接口。

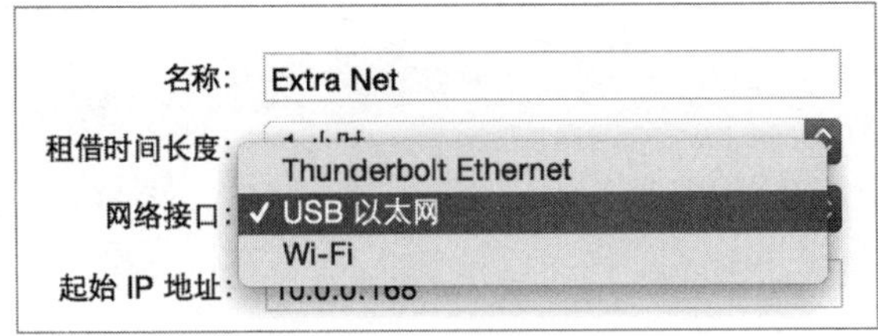

8 输入以下信息：

起始 IP 地址：192.168.*n*.50（其中 *n* 是你的学号）。

结束 IP 地址：192.168.*n*.55（其中 *n* 是你的学号）。

9 如果需要，输入以下信息：

子网掩码：255.255.255.0。

路由器：192.168.*n*.1（其中 *n* 是你的学号）。

10 对于 DNS 的设置，单击“编辑”按钮并输入以下信息：

将这些名称服务器提供给已连接的客户端：192.168.*n*.1（其中 *n* 是你的学号）。

将这些搜索域提供给已连接的客户端：pretendco.com。

11 单击“好”按钮关闭 DNS 设置面板。

12 检查设置。

13 单击“创建”按钮来保存更改。

下面开启 DHCP 服务。

单击“开”按钮开启 DHCP 服务。

通过以下步骤将你的管理员计算机连接到附加的孤立网络，并允许它获取 DHCP 地址。创建一个新的网络位置，让你的管理员计算机可以使用 DHCP 并准备切换网络。一个网络位置是全部网络接口的所有设置集合，在网络位置之间进行切换可以让你快速更换网络设置。参阅《*Apple Pro Training Series: OS X Support Essentials 10.10*》教材的“课程21 高级网络配置”，来获取有关网络位置的更多信息。

1 在管理员计算机上退出 Server 应用程序。

2 在 Finder 中按 Command-N 组合键打开一个新的 Finder 窗口。

3 如果在 Finder 窗口的边栏中存在带有“推出”图标的网络宗卷，那么单击“推出”图标推出所有网络宗卷。

4 将管理员计算机的以太网线缆连接到孤立网络所用的以太网交换机上。

保存好你当前的网络位置以便可以快速切换回这个位置。

1 在管理员计算机上打开系统偏好设置。

2 选择“显示”>“网络”命令。

3 如果当前的网络位置已经具有相应的名称，那么跳转到后面的操作步骤。

如果你当前的网络位置仍被命名为“自动”，那么单击“位置”弹出式菜单，选择“编辑位置”命令，双击“自动”，输入 Server Essentials，按 Return 键保存名称的更改，单击“完成”按钮，然后再单击“应用”按钮。

下面创建一个新的网络位置。

1 单击“位置”弹出式菜单并选择“编辑位置”命令。

2 单击“添加”（+）按钮。

3 输入 DHCP Exercise 作为新位置的名称，然后单击“完成”按钮。

4 在“位置”弹出式菜单中选择名为 DHCP 的位置。

5 确认“位置”弹出式菜单被设置为 DHCP。

6 单击“应用”按钮。

7 选择已连接到孤立网络以太网交换机的以太网连接，显示它的详细信息。

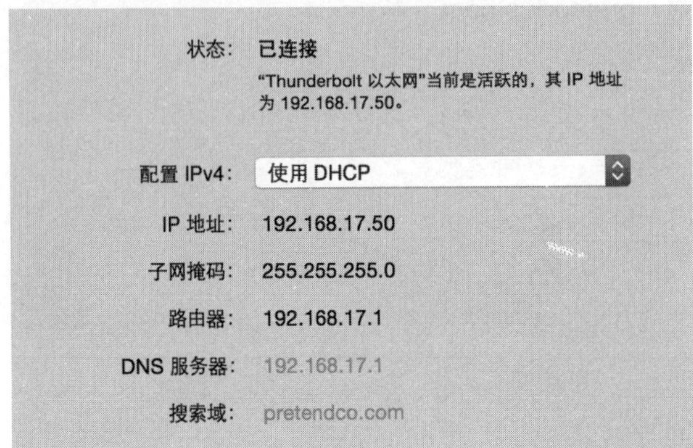

8 保持“网络”设置面板处于打开状态，这样在本练习结束的时候方便你再次更换位置。

新位置没有进行过任何配置，它的各个网络接口都被设置使用 DHCP。等待管理员计算机的以太网接口接收到 DHCP 分配的新的 IPv4 地址。

下面介绍监视服务并查看日志的操作步骤。

1 在服务器计算机上进行操作，在 DHCP 设置面板中，单击“客户端”选项卡。

2 从“显示”菜单中选择“刷新”命令（或按 Command-R 组合键）。

确认你的管理员计算机被列出。

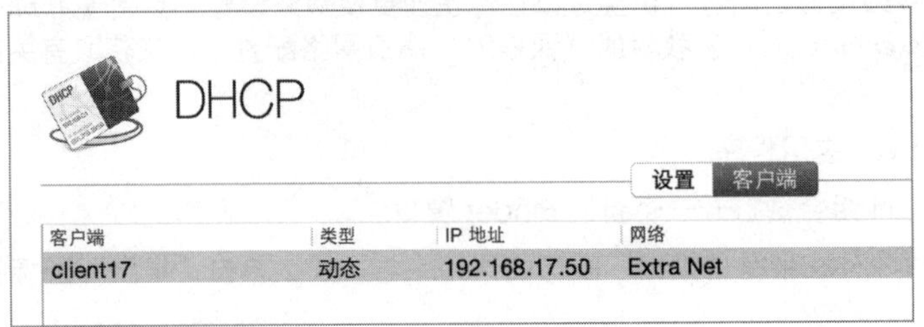

3 在 Server 应用程序的边栏中选择“日志”选项。

4 单击“日志”弹出式菜单并选择 DHCP 部分的“服务日志”。

日志

```
Mar  4 13:47:38 server17.pretendco.com bootpd[5081]: dhcp: re-reading lease list
Mar  4 13:47:38 server17.pretendco.com bootpd[5081]: bsdpd: re-reading configuration
Mar  4 13:47:38 server17.pretendco.com bootpd[5081]: bsdpd: shadow file size will be set to 48 megabytes
Mar  4 13:47:38 server17.pretendco.com bootpd[5081]: bsdpd: age time 00:15:00
Mar  4 13:47:38 server17.pretendco.com bootpd[5081]: bsdpd: no NetBoot images found
Mar  4 13:47:38 server17.pretendco.com bootpd[5081]: bootpd: NetBoot service turned off
Mar  4 13:47:38 server17.pretendco.com bootpd[5081]: DHCP DISCOVER [en0]: 1,b8:f6:b1:18:98:49 <client17>
Mar  4 13:47:38 server17.pretendco.com bootpd[5081]: OFFER sent <no hostname> 192.168.17.50 pktsize 306
Mar  4 13:47:40 server17.pretendco.com bootpd[5081]: DHCP REQUEST [en0]: 1,b8:f6:b1:18:98:49 <client17>
Mar  4 13:47:40 server17.pretendco.com bootpd[5081]: ACK sent <no hostname> 192.168.17.50 pktsize 306
Mar  4 13:47:42 server17.pretendco.com bootpd[5081]: DHCP REQUEST [en0]: 1,bc:30:7e:b2:11:3c <MiTV2S-48-c384a73f1cec11bd>
Mar  4 13:47:42 server17.pretendco.com bootpd[5081]: DHCP REQUEST [en0]: 1,b8:f6:b1:18:98:49 <client17>
Mar  4 13:47:42 server17.pretendco.com bootpd[5081]: ACK sent server17 192.168.17.50 pktsize 306
```

确认你可以看到 Discover、Offer、Request 和 Acknowledge（Ack）的日志信息。

清理

更换回管理员计算机的网络位置，重新连接到练习网络以便进行剩余的练习操作，并关闭 DHCP 服务。

1 在管理员计算机上，单击“位置”弹出式菜单并选择 Server Essentials。

2 单击“应用”按钮，然后退出系统偏好设置。

3 将管理员计算机的以太网线缆从孤立网络所用的交换机上断开。

4 将管理员计算机的以太网线缆连接到本课程之前使用的网络交换机上。

5 在 Server 应用程序的边栏中选择DHCP，并单击“关”按钮关闭服务。

在 Server 应用程序的边栏中，确认 DHCP 旁边的状态指示器不再显示。

6 在服务器上打开系统偏好设置，然后打开“网络”偏好设置。

7 选取曾经提供过 DHCP 服务的以太网接口，单击“操作”弹出式菜单（齿轮图标），并选择“停用服务”命令。

8 单击“应用”按钮，然后退出系统偏好设置。

在本练习中，你在已连接到孤立网络的网络接口上启用了 DHCP 服务。确认了客户端（你的管理员计算机）可以通过你服务器的 DHCP 服务来获取 IPv4 地址，并且还查看了 DHCP 的服务日志。

课程20
网站托管

OS X Server 为网站托管服务提供了一个简洁的界面。它基于开源的、流行的、众所周知的 Apache 引擎，OS X Server 的托管工具甚至可以让一名新手管理员将网站配置上线。

目标

- OS X Server 的 Web 引擎。
- 介绍如何管理网站服务。
- 控制对网站的访问。
- 配置多个网站及站点文件位置。
- 查看网站日志文件。
- 确定网站位置和为网站使用安全证书。

参考20.1
了解 Web 服务软件

本课程帮助你去了解、管理及安全保护Apple 网站服务的各个方面，包括管理高带宽连接、共享文件及对访问日志、查看日志和故障诊断日志文件的定位。

即使网站服务没有运行，你也能够访问由 OS X Server 托管的网页。这是由于提供网页服务的 httpd 进程正在运行，因为该进程被用于“描述文件管理器”的管理控制台，被 NetInstall 用于托管映像，以及被用于“日历”和“通讯录”服务。如果这些服务是在运行的，那么 httpd 也会运行。

OS X Server 网站服务是基于 Apache 引擎的，这个开源软件通常被用在各种操作系统中。它是一个被广泛使用和众所周知的网站服务器，互联网上有超过 50% 的网站都通过它来提供服务。

在编写本教材的时候，OS X Server 所安装的 Apache 版本是 Apache 2.4.9。

如果要在互联网上提供可供用户使用的网站主机，那么外部主机的 DNS 记录必须被注册，并且 OS X Server 必须通过 DMZ（隔离区）开放给互联网，DMZ 功能也称为外围网络或端口转发。

参考20.2
基本网站架构介绍

在你管理网站之前，最重要的是要知道Apache 关键文件及站点文件被存储的位置。网站服务常用的 Apache 和 Apple 配置文件位于 /Library/Server/Web 。

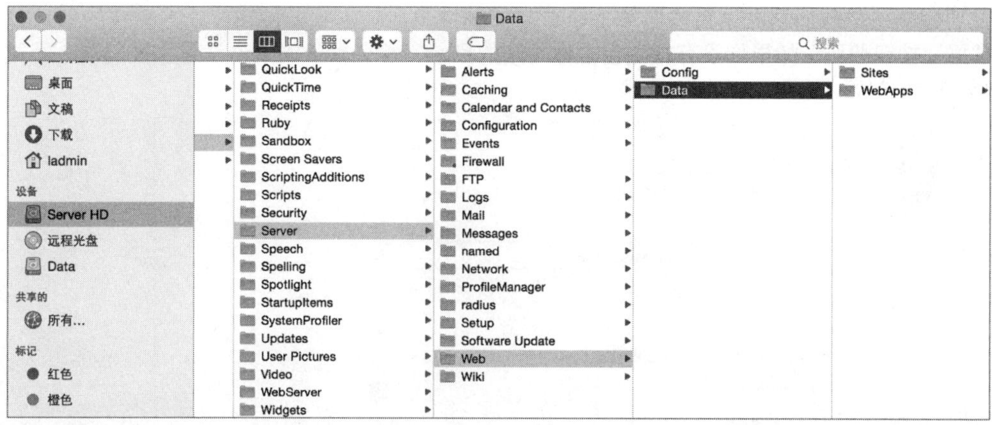

配置文件仍旧存储在 /private/etc/apache2/，这个位置在 Finder 视图中通常是隐藏的，而且它们不应当被操作。Apache 组件——包括 Apple 特定组件（在 Apache 中实现 Apple 特定功能的代码段）——都位于 /usr/libexec/apache2/，这个位置在 Finder 视图中通常也是隐藏的。在本教材中并不会介绍 Apache 组件，但是在其他的 Apache 文档中可以获得更多的信息。OS X Server 站点的默认位置是在 /Library/Server/Web/Data/Sites/。

所有站点文件和文件夹所在的位置对于 Everybody 或是 _www 用户或群组来说必须至少具有只读访问权限；否则，当用户访问网站的时候，就不能通过他们的浏览器去访问这些文件了。

网站的启用和停用

当在 OS X Server 上管理网站的时候，可以使用 Server 应用程序。你还可以使用 Server 应用程序来管理文件和文件夹权限，从而允许或限制对Web 浏览器可见文件夹的访问，例如 Safari 浏览器。

由于 OS X Server 已针对默认站点预先配置了网站服务，所以你需要做的全部工作就是开启站点服务。

要创建一个新的站点，只需要单击窗口底部的“添加”（+）按钮，输入相应的信息，并单击“好”按钮即可。如果你没有指定包含你网站的目录，那么默认的文件设置将被创建，同时确认DNS 被正确配置。

要停用一个站点，只需要在 Server 应用程序中从网站列表中将它移除即可。这并不会删除站点文件，只是在站点服务的配置文件中移除了该站点的信息。

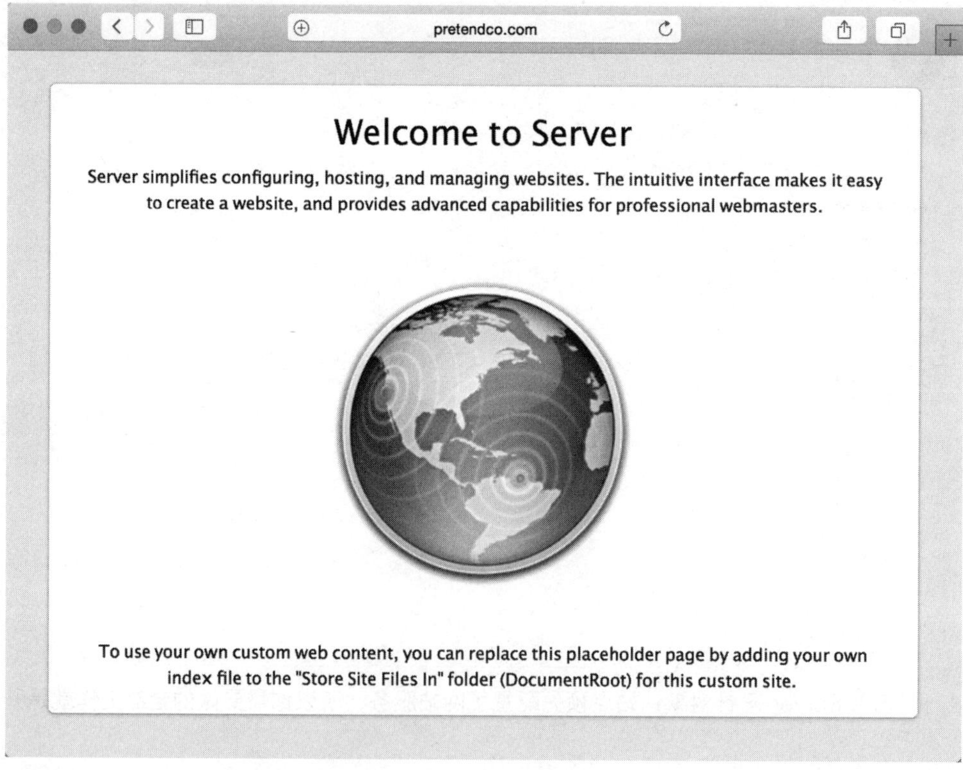

管理网站

要在一台服务器上托管多个站点，需要通过域名、IP 地址及端口来区分各个站点。

例如，你可以在同一 IP 地址上具有两个站点，只要它们所用的端口号不同即可。你也可以具有两个 IP 地址相同但域名不同的两个站点。通过编辑并确认这3个参数各项都是唯一的，你就可以从逻辑上区分你的网站。访问服务器网页的URL（统一资源定位符）可以是它的IP地址或是完整域名（FQDN），例如：

- http://10.0.0.171 。
- http://server17.pretendco.com。

这也可以通过附加定义的端口号来进行修改，例如：

- http://server17.pretendco.com:8080。
- http://server17.pretendco.com:16080。

为了让用户去访问站点，访问该网站的用户需要被告知端口号。端口80（http://）和443（https://）是大多数浏览器已知的端口，所以在输入地址的时候并不需要增加额外的输入。

你可以设定站点使用安全套接层（SSL）证书，来保护请求客户端与你服务器之间的数据传输。

确认证书中所使用的常用名称匹配站点的域名。

你可以设定访问站点服务的全局权限和针对单个站点的权限。全局权限是基于请求的网络来进行设置的。

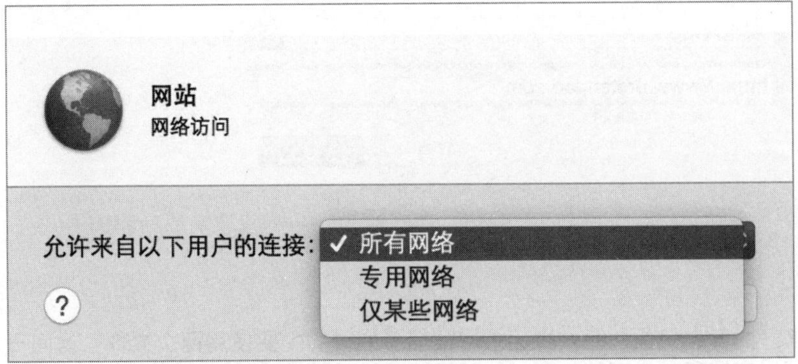

单个站点权限是通过定义你允许哪些群组可以访问站点来进行设置的。

有权访问的用户：特定群组
访问群组：Contr
Contractors
更多域：

如果你希望你的网站可以通过备用域名来进行应答，那么可以在“更多域名”设置界面中进行设定。

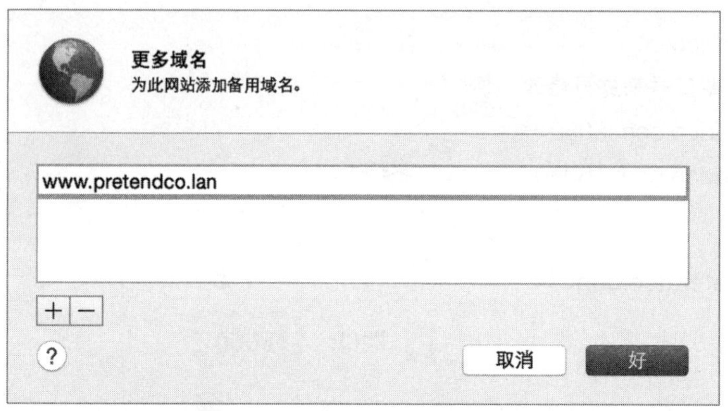

你可以使用替身功能来显示文件夹的内容。

如果用户访问：匹配以下路径的 URL
/documents
显示其中的内容：WebDocs
取消 好

你可以设置重定向功能将用户指向所需的位置或是其他站点。如果你需要保护数据，并要求强制使用受 SSL 保护的站点，那么这是一个非常有用的工具。你可以令标准的 HTTP（超文本传输协议）站点重定向到 SSL 站点，这样用户就不需要记住带有 https 的站点地址前缀了。当设置 Wiki 或是其他受密码保护的站点时，这个功能非常有用。

如果用户访问：此网站
将他们重定向到：其他网站...
https://www.pretendco.com
取消 好

参考20.3
网站服务的监控

Apache 具有非常好的日志记录功能，当记录网站信息的时候主要使用两个文件：访问日志和错误日志。日志文件可以存储所有类型的信息，例如发出请求的计算机地址、已发送的数据量、记录的日期时间、访问者请求的页面，以及 Web 服务器的响应代码。

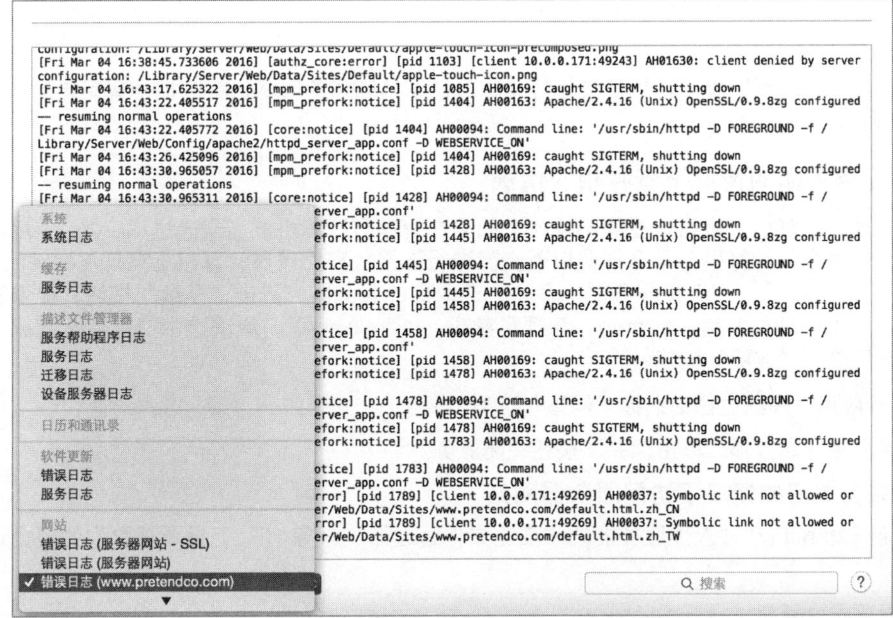

名为 access_log 和 error_log 的日志文件，位于 /var/log/apache2/ 目录中，可以通过 Server 应用程序来查看。Apache 日志被分解为针对每个站点的访问日志和错误日志。Apache 日志在“控制台”应用程序中也可以查看，但是日志信息并没有被分开显示，所以需要针对特定的站点进行筛选才能找到相应的日志条目。

参考20.4 故障诊断

对网站服务进行故障诊断，有助于了解服务是如何进行工作的，以及哪方面的服务是由哪个部分来控制的。下面是一些需要进行检查的地方：

- 检查网站服务是否正在运行，这可以在 Server 应用程序中通过服务旁边显示的绿色状态指示器来进行验证。
- 检查网站所指向的、网站文件被存储的位置。
- 确认网站文件和目录可以被 _www 用户或群组或是 Everybody 群组读取。
- 检查是否存在设置谁可以访问站点的站点限制。
- 检查相应的网络端口并没有屏蔽掉对服务器的访问（http是80端口，https是443端口，还包括针对特定网站所指定的任何其他端口）。
- 检查是否已为网站设置了相应的 IP 地址。
- 使用“网络实用工具”进行检查，可以对网站的全称域名（FQDN）进行正确的 DNS 解析。

练习20.1 开启网站服务

▶ 前提条件

- 完成“练习2.1　创建 DNS 区域和记录”的操作。
- 完成“练习9.1　创建和导入网络账户”的操作。

在本练习中，你将在网站服务关闭的情况下，通过网页浏览器打开你服务器的默认站点，看看会发生什么状况。

然后你将开启“站点”服务，确认当你打开服务器默认站点的时候，会被自动重定向到 HTTP 安全站点（HTTPS）。

在网站服务关闭的情况下查看相应情况

1 在你的管理员计算机上进行这些练习操作。如果在管理员计算机上尚未通过 Server 应用程序连接到你的服务器计算机，那么按照以下步骤进行连接：在管理员计算机上打开 Server 应用程序，选择“管理” > “连接服务器”命令，选取你的服务器，单击“继续”按钮，提供管理员身份信息（管理员名称：ladmin，管理员密码：ladminpw），取消选中“记住此密码”复选框，然后单击“连接”按钮。

2 在 Server 应用程序的边栏中选择“网站”选项。

3 如果服务已经开启，那么单击“关”按钮关闭服务。

在网站服务关闭的情况下访问服务器网站

为了避免 Safari 自动进入你服务器的“描述文件管理器”服务 URL，需要清除你的历史记录和站点数据。

1 在你的管理员计算机上打开 Safari。

2 选择 Safari > “清除历史记录和网站数据”命令。

3 单击“清除”弹出式菜单，选择“所有历史记录”命令，并单击“清除历史记录”按钮。

4 在地址和搜索栏中输入 http://server*n*.pretendco.com（其中 n 是你的学号），然后按 Return 键。

5 确认你可以看到一个提示“网站已关闭”的页面。

网站已关闭。
管理员可以使用 Server 应用程序来打开这些网站。

6 关闭 Safari 窗口。

查看默认网站参数

默认网站被命名为“服务器网站”，可以自动重定向到默认的受安全套接层（SSL）保护的默认站点。

1 在“网站”设置面板中选择默认网站（服务器网站）。

2 单击“网站”设置框下的“编辑”按钮（铅笔图标）。

3 注意 Server 应用程序显示的文件夹路径，它包含了网站文件（/Library/Server/Web/Data/Sites/Default/）。

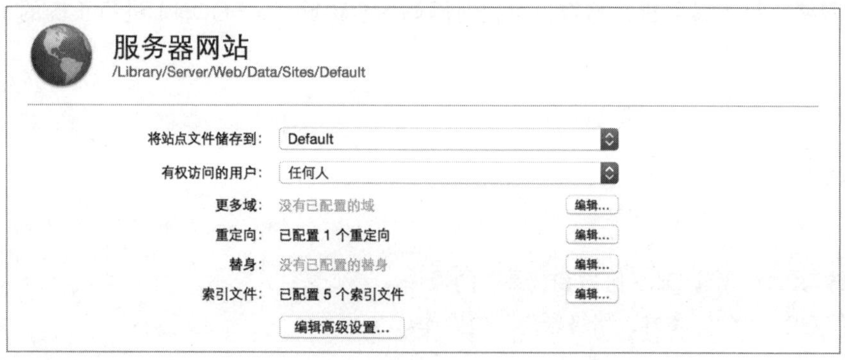

4 注意你可以编辑的信息，包括以下项目：

- 将站点文件存储到所选站点文件的存储位置。当你在服务器上使用 Server 应用程序的时候，在弹出式菜单的旁边会显示一个箭头图标，通过它可以打开一个 Finder 窗口，窗口中显示了站点文件被存储的位置。
- 有权访问的用户：可以让站点需要经过鉴定才可以访问。
- 更多域：站点备用的域名。
- 重定向：将请求重定向到其他 URL。
- 替身：令文件夹可通过多个 URL 进行访问。
- 索引文件：当请求访问的是文件夹而不是文件的时候，索引文件会被使用。
- 编辑高级设置：可以访问网站高级设置，包括 CGI 和 Web 应用程序。

5 单击“重定向”旁边的“编辑”按钮。

6 注意现有的重定向设置，会自动将这个网站的所有访问请求重定向到 https://%{SERVER_NAME}，%{SERVER_NAME}是一个替代你服务器名称的变量。

7 单击“取消”按钮关闭“重定向”设置面板。

8 单击“取消”按钮返回到网站列表。

了解默认网站

当你开启服务器的“网站”服务时，两个网站会被自动创建。第一个默认站点响应所有的 HTTP（超文本传输协议）请求，它使用你服务器的 IP地址和主机名称通过端口 80 进行请求。另一个默认站点响应所有 HTTP 的安全请求（HTTPS），它使用你服务器的 IP地址和主机名称通过端口 443 进行请求。

开启“网站”服务，打开默认网站，确认你被自动重定向到安全网站。

开启网站服务

要使用网站服务，你必须在 Server 应用程序中先开启这个服务。

1 在你的管理员计算机上进行操作，在“网站”设置面板中，单击“开”按钮开启服务。

2 等待“状态”信息框显示绿色状态指示器。

3 注意“权限”信息框说明了谁可以访问网站服务。

查看自动重定向设置

1 单击“网站”设置面板底部的“查看服务器网站”超链接。

2 确认在 Safari 地址和搜索栏中，在服务器主机名称前面有一个小锁图标。

这表明这个信息是通过 HTTPS 发送的，而不是通过 HTTP。

3 单击锁形图标。

4 单击“显示证书”按钮。

5 确认表单显示了你服务器 SSL 证书的信息，这个证书是由你的 Open Directory 中级证书颁发机构（CA）签发的。

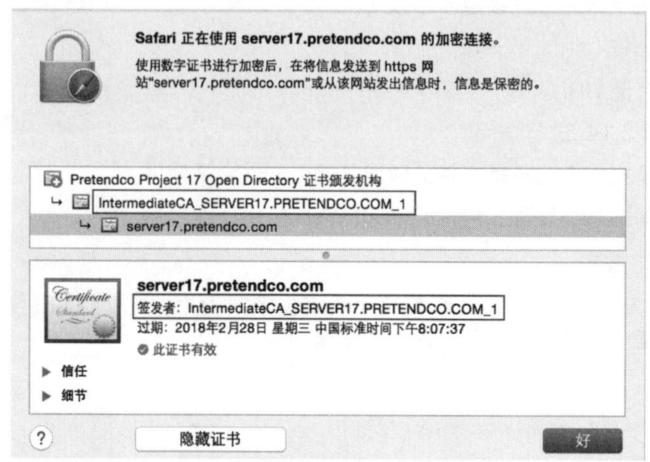

6 单击“好”按钮关闭证书信息面板。

NOTE ▶ 要了解更改密码服务，可参考本教材可下载的课程文件中“练习20.1 Supplement”部分的内容。

在本练习中，你在“网站”服务关闭的情况下，使用浏览器打开了服务器的默认网站，查看了服务器返回的页面。你开启了“网站”服务，确认了可以被自动重定向到安全网站。

练习20.2 修改默认网站

▶ 前提条件

- 完成“练习20.1 开启网站服务”的操作。

在本练习中，你将更改默认网站的内容，然后创建一个使用不同主机名称和 IPv4（互联网协议第4版）地址的新网站。

自定默认网站的内容

默认网站包含了 OS X Server 的基本信息，并提供了连接到你服务器描述文件管理器、Xcode、Wiki 及更改密码服务的超链接，不过你可能希望为你网站的访客提供不同的信息。

不要试图移除默认网站，而是要采用以下一种操作：

- 将新的索引文件和内容增加到默认文件夹中。
- 更改默认网站使用的文件夹。

在本练习中，你将指定一个不同的文件夹，通过“文件共享”服务共享该文件夹，令其对 Contractors 群组成员带有读/写访问权限，以 Barbara Green 的身份创建一个文件共享连接，然后将新网站的文件从你的管理员计算机复制到新的文件夹中。

更改默认网站使用的文件夹

1 在你的管理员计算机上进行操作，如果尚未连接到你的服务器，那么打开 Server 应用程序，连接到你的服务器，并鉴定为本地管理员身份。

2 如果需要，在 Server 应用程序的边栏中选择“网站”选项。

3 在“网站”设置面板中，双击“服务器网站”。

4 单击“将站点文件储存到”弹出式菜单，并选择“其他”命令。

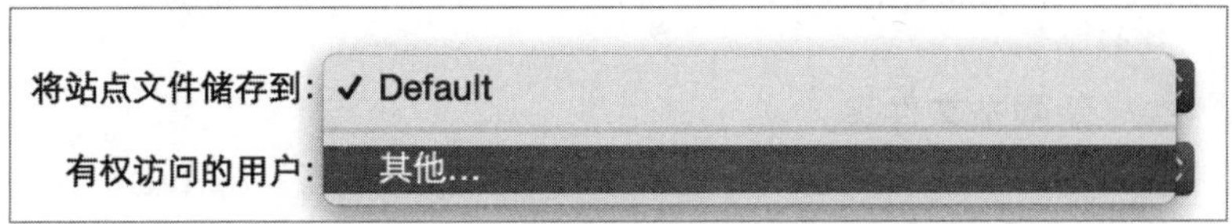

5 选取你服务器的启动磁盘，然后前往 /Library/Server/Web/Data/Sites/ 。

6 单击“新建文件夹”按钮。

7 在“新建文件夹”对话框中输入 server*n*.pretendco.com（其中 *n* 是你的学号），然后单击“创建”按钮。

8 选择你刚刚创建的文件夹，然后单击“选取”按钮。

9 确认“服务器网站”标题下面的路径已被更新。

如果路径是 /Library/Server/Web/Data/Sites/，而不是 /Library/Server/Web/Data/Sites/server*n*.pretendco.com（其中 *n* 是你的学号），那么单击“取消”按钮，并从步骤1开始再次进行操作。

更改默认安全网站使用的文件夹

你可能希望你的非 SSL 网站和 SSL网站都显示非默认的内容，但是对默认网站文件夹的更改并不会自动更改 SSL 网站所使用的文件夹，因此要更新网站“服务器网站（SSL）”所使用的文件夹。

1 双击“服务器网站（SSL）”。

2 单击“将站点文件储存到”弹出式菜单，并选择“其他”命令。

3 选取你服务器的启动磁盘，然后前往 /Library/Server/Web/Data/Sites/ 。

4 选取 server*n*.pretendco.com（其中 *n* 是你的学号）文件夹，并单击“选取”按钮。

5 单击“好”按钮保存更改。

NOTE ▶ 虽然你更换成了不带超链接的页面，例如更改密码或描述文件管理器的超链接，但是你仍然可以使用这些服务（只要这些服务是可用的）。例如，更改密码功能的 URL 是 https://server*n*.pretendco.com/changepassword，用户门户网站是 https://server*n*.pretendco.com/mydevices（其中 *n* 是你的学号）。

通过“文件共享”共享新网站文件夹

共享新网站的文件夹，Contractors 群组的成员就可以更新网站的内容了，然后确认 Everyone 群组可以读取内容。

当你通过 SMB（服务器信息块）或 AFP（Apple 归档协议）将文件复制到网络宗卷的时候，这些文件会自动继承目的位置父级文件夹的访问控制列表（ACL）。

1 在 Server 应用程序的边栏中选择“文件共享”选项。

2 单击“添加”（+）按钮。

3 选取你服务器的启动磁盘，然后前往 /Library/Server/Web/Data/Sites/。

4 选取你最近创建的新文件夹（server*n*.pretendco.com，其中 *n* 是你的学号）。

5 单击“选取”按钮。

6 双击 server*n*.pretendco.com（其中 *n* 是你的学号）共享文件夹。

7 按 Command-B 组合键显示账户浏览器。

8 将 Contractors 拖到“权限”设置框中。

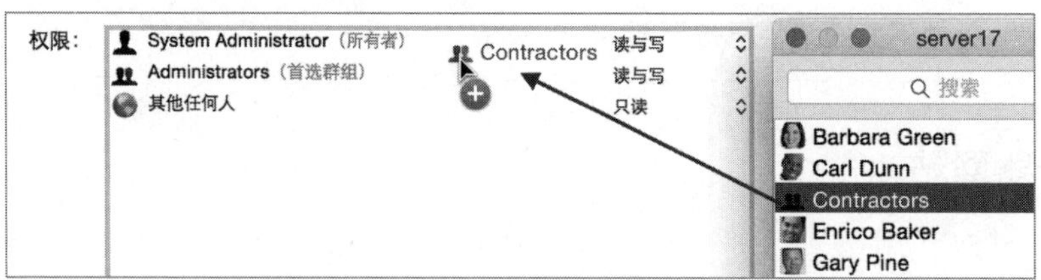

9 按 Command-B 组合键隐藏账户浏览器。

10 确认“其他任何人”的权限设置是“只读”，Contractors 的权限设置是“读与写”。

11 保持其他权限的默认设置。

12 单击“好”按钮。

13 如果“文件共享”服务还没有开启，那么单击“开”按钮开启“文件共享”服务，然后等到绿色状态指示器被显示出来。

将新的内容复制到新网站文件夹

1 在你的管理员计算机上进行操作，在 Finder 中按Command-N组合键打开一个新的 Finder 窗口。

2 在 Finder 窗口的边栏中选择“文稿”选项，然后前往 StudentMaterials 文件夹中的 Lesson20 文件夹。

3 打开 Lesson20 文件夹。

4 将显示 Lesson20 内容的 Finder 窗口拖到你屏幕的左边。

5 按 Command-N 组合键打开第二个新的 Finder 窗口。

6 将第二个 Finder 窗口拖到屏幕的右边。

7 在屏幕右边的 Finder 窗口中，在 Finder 的边栏中选取你的服务器（如果 Finder 边栏“共享的”部分显示了过多的条目，未显示你的服务器，那么单击“所有”按钮，然后双击你的服务器）。

8 单击“连接身份”按钮。

9 在“连接”对话框中，输入以下信息，然后单击“连接”按钮：

- 名称：barbara。
- 密码：net。

10 打开 server*n*.pretendco.com（其中 *n* 是你的学号）文件夹。

注意，Server 应用程序已自动添加了一些文件，包括各种语言的默认 index.html 文件替身。你可以忽略现有的文件。

11 单击打开了 Lesson20 文件夹的 Finder 窗口，并按 Command-A 组合键选取所有文件。

12 将已选取的文件拖到 server*n*.pretendco.com（其中 *n* 是你的学号）文件夹。

13 在 Finder 的边栏中，单击你服务器旁边的“推出”按钮。

14 关闭剩余的仍处于打开状态的 Finder 窗口。

确认默认网站使用了新的内容

1 在 Server 应用程序的边栏中选择“网站”选项。

2 在“网站”设置面板中，单击“网站”设置面板底部的“查看服务器网站”超链接。

3 确认 Safari 显示了新的内容。

如果新内容没有显示出来，按 Command-R 组合键刷新内容。

4 在 Safari 搜索和地址栏中单击你服务器的地址，确认该 URL 是以https://开头的，这说明你被自动重定向到了受 SSL 保护的网站。

5 关闭 Safari 窗口。

停止通过“文件共享”共享网站

为了避免以后在操作上产生冲突，需要停止网站文件夹的共享。

1 在 Server 应用程序的边栏中选择“文件共享”选项。

2 选择 server*n*.pretendco.com（其中 *n* 是你的学号）共享文件夹。

3 单击“移除”（－）按钮。

4 在操作确认对话框中，单击“移除”按钮。

在本练习中，你为默认网站创建并使用了一个不同的文件夹，通过“文件共享”服务共享了该文件夹，并使用 SMB 协议将新文件复制到该文件夹中；你使用 Server 应用程序确认了文件具有正确的权限设置，可以让万维网服务器用户或群组去读取文件；你确认了“网站”服务使用了新的内容。

练习20.3
创建和移除新网站

▶ **前提条件**

- ▶ 完成“练习20.1　开启网站服务”的操作。
- ▶ 完成“练习4.2　配置Open Directory 证书颁发机构”的操作。

你可以创建很多其他的网站，只要各个新网站具有以下属性的唯一组合即可：

- ▶ 主机名称。
- ▶ IPv4地址。
- ▶ 端口号。

这可以让你在有限的硬件设备上具备极大的应用灵活性。

你可以使用其他的端口，例如8080，而不是80。你可以具有使用同一文件夹内容的多个网站。

NOTE ▶ 如果你要配置你的服务器提供“日历”或是“通讯录”服务，那么就不要创建使用 8008 或是 8443 端口的网站。

在本场景中，你的组织机构需要托管一个网站，其主机名称是 new*n*.pretendco.com，IPv4地址是 10.0.0.*n*4（其中 *n* 是你的学号），而你的服务器需要临时托管该网站。

在本练习中，你将创建一个新的 DNS（域名系统）记录。你可以配置同一物理网络接口使用多个 IPv4 地址，所以你将配置你的服务器使用附加的 10.0.0.*n*4（其中 *n* 是你的学号）接口。为了提升新网站的安全性，你将使用你的Open Directory（OD）中级 CA 来为网站签发一个证书。

创建新的 DNS 记录

1. 在你的管理员计算机上进行操作，在 Server 应用程序的边栏中选择 DNS。
2. 单击“操作”弹出式菜单（齿轮图标）。
3. 如果“显示所有记录”选项上显示了一个对钩，那么单击“显示所有记录”选项移除对钩标记。
4. 单击“添加”（+）按钮。
5. 在“主机名称”文本框中输入 new*n*.pretendco.com（其中 *n* 是你的学号）。
6. 在“IP 地址”文本框中输入 10.0.0.*n*4（其中 *n* 是你的学号）。

主机名称：new17.pretendco.com

IP 地址：10.0.0.174

7. 单击“创建”按钮。
8. 退出 Server 应用程序。

配置你的服务器使用附加的 IPv4 地址

1. 在你的服务器上打开系统偏好设置，然后打开“网络”偏好设置。

2 选取你的首选网络接口。

3 单击“操作”弹出式菜单（齿轮图标），并选择“复制服务”命令。

4 在“名称”文本框中输入Interface for extra website。

5 单击“复制”按钮。

6 选取新的接口，单击“配置 IPv4”弹出式菜单，并选择“手动”命令。

7 在“IPv4 地址”文本框中输入 10.0.0.*n*4（其中 *n* 是你的学号）。

8 保持其他设置的默认设置，然后单击“应用”按钮。

9 退出系统偏好设置。

签发新的 SSL 证书

由于在你管理员计算机上的系统钥匙串中并不具备所需的信息，所以你必须在你的服务器计算机上进行以下操作步骤：

1 在你的服务器上打开 Server 应用程序，选取你的服务器，单击“继续”按钮，提供管理员身份信息（管理员名称：ladmin，管理员密码：ladminpw），取消选中“记住此密码”复选框，然后单击“连接”按钮。

2 在 Server 应用程序的边栏中选择“证书”选项。

3 单击“操作”弹出式菜单（齿轮图标）。

4 如果“显示所有证书”选项上并没有显示对钩标记，那么单击“显示所有证书”以选中该复选框。

5 单击“添加”（+）按钮，并选择“创建证书身份”命令。

6 在“名称”文本框中输入 new*n*.pretendco.com（其中 *n* 是你的学号）。

7 单击“身份类型”弹出式菜单，并选择“叶证书”命令。

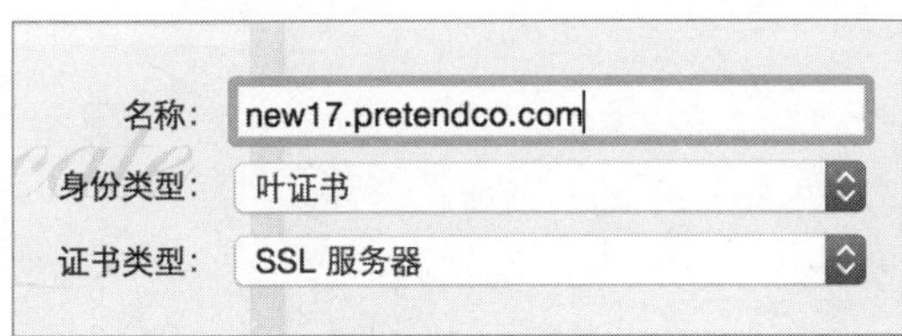

8 单击“创建”按钮。

9 在“选取签发者”设置框中，在“身份”一栏中选择你的中级 CA。

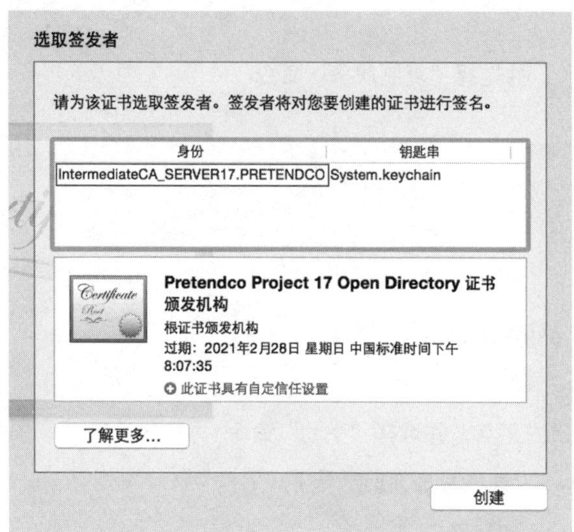

10 确认你的中级 OD CA 被显示在两个对话框中。

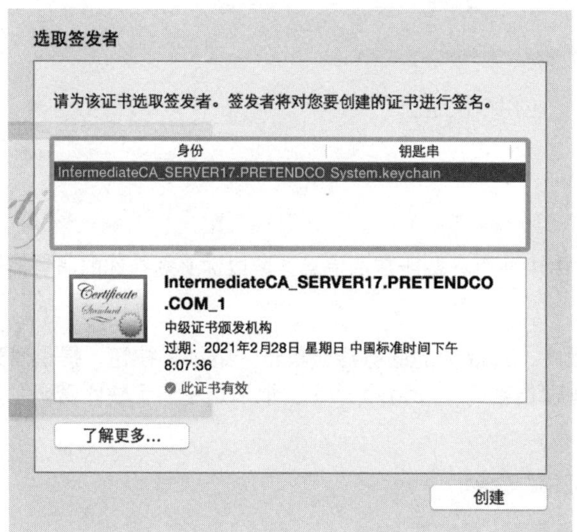

11 单击“创建”按钮。

12 如果提示允许使用系统钥匙串，那么提供本地管理员的身份信息，然后单击“允许”按钮。

13 在“结论”面板中单击“完成”按钮。

14 这样 Server 应用程序就可以将证书添加到你的系统钥匙串中了，输入你本地管理员的身份信息并单击“允许”按钮。

15 确认新的证书出现在“证书”列表中。

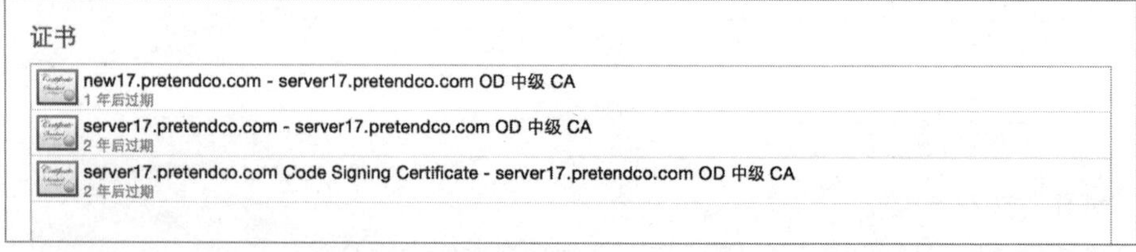

16 退出 Server 应用程序。

创建新网站

1 如果在管理员计算机上尚未通过 Server 应用程序连接到你的服务器计算机，那么按照以下步骤进行连接：在管理员计算机上打开 Server 应用程序，选择“管理”>“连接服务器”命令，选取你的服务器，单击“继续”按钮，提供管理员身份信息（管理员名称：ladmin，管理员密码：ladminpw），取消选中“记住此密码”复选框，然后单击“连接”按钮。

2 在 Server 应用程序的边栏中选择“网站”选项。

3 单击“添加”（+）按钮创建新网站。

4 在“域名”文本框中输入 new*n*.pretendco.com（其中 *n* 是你的学号）。

5 单击“IP 地址”弹出式菜单，并选择 10.0.0.*n*4（其中 *n* 是你的学号）。

6 单击“SSL 证书”弹出式菜单，并选择 new*n*.pretendco.com（其中 *n* 是你的学号）。

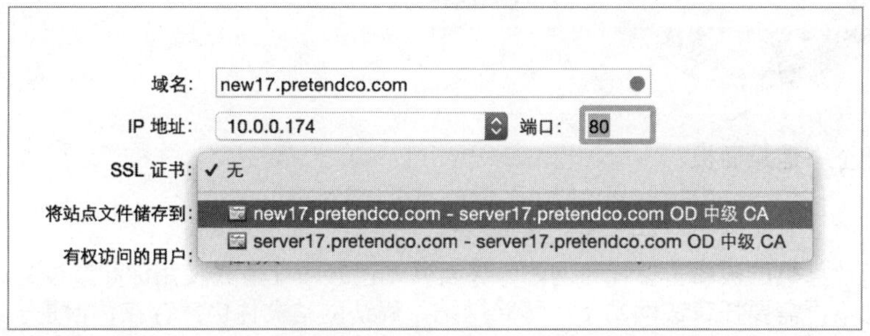

7 确认“端口”文本框被自动变更为 443。

8 保持“将站点文件存储到”的设置为“自动创建新文件夹”。

9 单击“创建”按钮。

检查服务证书

1 在 Server 应用程序的边栏中选择“证书”选项。

2 单击“安全服务使用”弹出式菜单，并选择“自定”命令。

3 确认列出的新网站使用的是新证书。

服务	证书
日历和通讯录	server17.pretendco.co...endco.com OD 中级 CA
网站 (new17.pretendco.com)	new17.pretendco.com...endco.com OD 中级 CA
网站（服务器网站 - SSL）	server17.pretendco.co...endco.com OD 中级 CA

4 不做任何更改，单击“取消”按钮关闭“服务证书”设置面板。

确认新网站是可用的

你不需要向新网站文件夹中添加文件，Server 应用程序会自动添加占位文件。之前已经介绍了如何将新文件复制到网站文件夹中，所以对于本练习来说，使用这些占位文件就可以了。

1 在你的管理员计算机上进行操作，在 Safari 的地址和搜索栏中输入http://new*n*.pretendco.com（其中 *n* 是你的学号），并按 Return 键访问网站。

注意，不需要使用https://，你会被自动重定向到安全网站。

2 在地址和搜索栏中单击锁形图标，然后单击“显示证书”按钮。

3 确认证书是由你服务器的中级 OD CA 签发的。

4 单击“好”按钮关闭证书信息面板。

移除网站

在本场景中，一台新计算机已被部署去托管网站，并且网站已经被配置去使用你配置过的 IPv4 地址，所以你的服务器就不再需要托管该网站了。移除网站，确认网站文件仍然存在，但是已不再被用于服务，然后移除附加的 IPv4 地址。

这里并没有一个按钮或是复选框用于关闭一个网站。所以你必须从“网站”服务中移除网站，不过当你移除网站的时候，会在原来的位置保留网站文件。

1 打开你的管理员计算机，并在“网站”设置面板中选取 new*n*.pretendco.com（其中 *n* 是你的学号）网站。

2 单击设置面板底部的“删除”（–）按钮。

3 单击“删除”按钮确认进行该操作。

确认已被移除网站的网站文件仍然存在

1 在你的管理员计算机上进行操作，在 Server 应用程序的边栏中选择你的服务器。

2 单击“存储容量”按钮，打开设置面板。

3 选取你服务器的启动宗卷，然后前往 /Library/Server/Web/Data/Sites/。

4 确认文件夹 new*n*.pretendco.com（其中 *n* 是你的学号）仍然存在。

5 打开文件夹 new*n*.pretendco.com（其中 *n* 是你的学号）。

6 确认文件仍然在文件夹中。

确认网站已不再可用

由于你的服务器已经被配置为默认网站，所以仍然可以响应所有接口上的请求，所以也会响应针对 10.0.0.*n*4（其中 *n* 是你的学号）的请求。

1 在管理员计算机上打开 Safari。

2 选择 Safari >“清除历史记录和网站数据”命令。

3 将“清除”弹出式菜单设置为“所有历史记录”，并单击“清除历史记录”按钮。

4 在地址和搜索栏中输入http://new*n*.pretendco.com（其中 *n* 是你的学号），并按 Return 键访问网站。

5 在证书信息中单击“显示证书”按钮。

6 确认网页使用的是带有你服务器主机名称的证书，然后单击“继续”按钮。

7 确认 Safari 显示的是默认网站的内容。

8 退出 Safari。

移除附加的 IPv4 地址

你不再需要服务器去使用附加的 IPv4 地址，所以现在可以将它移除。

NOTE ▶ 需要小心删除相应的网络接口。当你使用“网络”偏好设置去删除网络接口的时候，这里不会对删除操作进行确认。不过，如果你移除了错误的接口，那么可以单击“复原”按钮进行恢复，而不是单击“应用”按钮。

1 在服务器上打开系统偏好设置。

2 打开“网络”偏好设置。

3 选择 Interface for extra website。

4 单击“删除”（ – ）按钮。

5 单击“应用”按钮。

6 退出系统偏好设置。

在本练习中，你创建并移除了一个新网站。虽然你可以使用主机名称、IPv4 地址和端口的任意组合，但是在本练习场景中，你配置你的服务器临时使用了一个不同的 IPv4 地址和主机名称。为了满足练习需求，你创建了一条新的 DNS 记录，使用你的 OD CA 签发了一个 SSL 证书，并配置你的服务器去临时使用新的 IPv4 地址。

练习20.4 限制访问网站

▶ **前提条件**

▸ 完成“练习20.2　修改默认网站”的操作。

在本练习中，将限制群组去访问网站的某个部分。

管理网站访问

OS X Server 提供了一个可对整个网站或是让网站的一部分只供某些用户或群组来访问的控制机制。

当处理对包含敏感信息网站的访问或是令站点的一部分只让某个人或是某个群组进行访问时，访问控制功能就显得极为有用了。例如，你可以设置一个只让特定群组中的用户可以访问的站点，你还可以设置站点的某个部分只让某个部门去访问其中的网页。通常情况下，都是在创建了用户和群组之后再去设置访问限制，因为对某些网站目录的访问都是基于用户、群组或是两者同时来进行设置的。

配置你的网站需要具有 Contractors 群组中某个人的身份信息，才可以访问网站中某个部分的信息。

限制访问默认网站和服务器网站（SSL）

1. 在你的管理员计算机上进行操作，如果没有在 Server 应用程序的边栏中选择“网站”，那么应先选择“网站”选项。
2. 双击“服务器网站”。
3. 单击“有权访问的用户”弹出式菜单并选择“按文件夹限制访问”命令。
4. 选择 new_product。
5. 双击 new_product 的“群组”栏。
6. 开始输入 Contractors，然后从出现的列表中选择 Contractors。
7. 单击“好”按钮。

下面对 SSL 网站进行重复的操作。

1. 双击“服务器网站（SSL）”。
2. 单击“有权访问的用户”弹出式菜单并选择“按文件夹限制访问”命令。
3. 选择 new_product。
4. 双击 new_product 的“群组”栏。
5. 开始输入 Contractors，然后从出现的列表中选择 Contractors。
6. 单击“好”按钮。

确认访问是受限的

1. 在你的管理员计算机上进行操作，打开 Safari，在地址和搜索栏中输入 http://server*n*.pretendco.com/new_product（其中 *n* 是你的学号），然后按 Return 键。

   注意，此时会提示必须进行登录。Safari 显示了一个自动生成的 Realm ID。

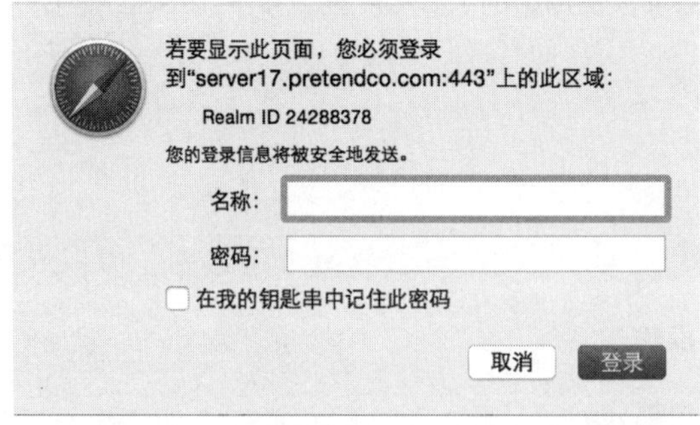

2. 在“名称”文本框中输入 barbara，并在“密码”文本框中输入 net。
3. 单击“登录”按钮。

4 确认 Safari 可以显示页面。

5 退出 Safari。

在本练习中，只有用户通过鉴定才可以访问网站某个部分的内容。

练习20.5
监视网站服务

▶ 前提条件

- ▶ 完成“练习20.1 开启网站服务”的操作。

OS X Server 保留了两个与“网站”服务相关的日志（access_log 和 error_log，位于/var/log/apache2/），Server 应用程序对这些日志进行了分析，令它们可以在“日志”面板中进行查看。

在本练习中，将使用“日志”面板来检查在“练习20.1 开启网站服务”中与更改密码相关的日志信息，然后去请求一个并不存在的页面，并在日志中搜索该请求信息。

查看服务器网站的访问日志

使用 Safari 去请求一个并不存在的网站，然后在访问日志中查看请求信息。默认网站将请求重定向到 SSL 网站，所以请求信息会出现在“服务器网站”和“服务器网站 – SSL”的日志视图中。

1 在你的管理员计算机上进行操作，在 Server 应用程序的边栏中选择“日志”选项。

2 单击弹出式菜单，并滚动到“网站”命令。

3 选择“访问日志（服务器网站 – SSL）”命令。

4 在搜索输入框中输入 new_product 并按 Return 键。

日志会显示正在搜索的词条，并以黄色高亮显示搜索词条的所有实例。

5 在搜索输入框的左边，单击下箭头图标并选择“过滤”选项。

这一操作会过滤掉并不包含搜索词条的日志条目。

请求并不存在的页面

使用 Safari 请求一个并不存在的页面，这样方便以后在日志中查找这个信息。

1 在你的管理员计算机上进行操作，打开 Safari，在地址和搜索栏中输入http://server*n*.pretendco.com/bogus.html（其中 *n* 是你的学号），然后按 Return 键。

这个 URL 并不存在，所以“网站”服务会通知你的浏览器返回 404 代码，并且 Safari 会显示 Not Found页面。

2 退出 Safari。

在日志中查找请求信息

1 在 Server 应用程序中，在搜索输入框中输入 bogus 并按 Return 键。

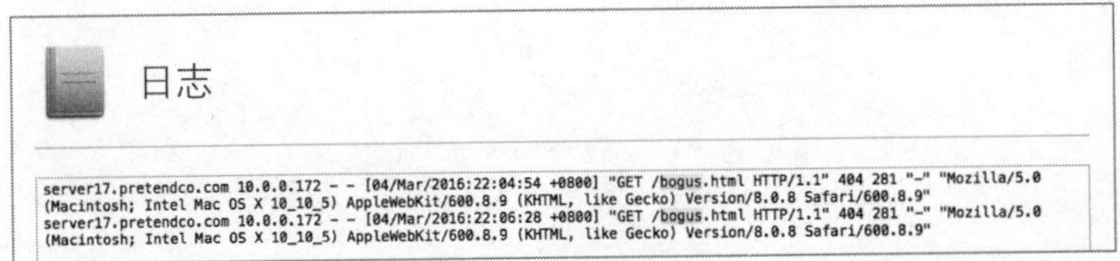

日志会显示正在搜索的词条，并以黄色高亮显示搜索词条的所有实例。

在本练习中，使用的是“日志”面板检查与“网站”服务相关的日志。

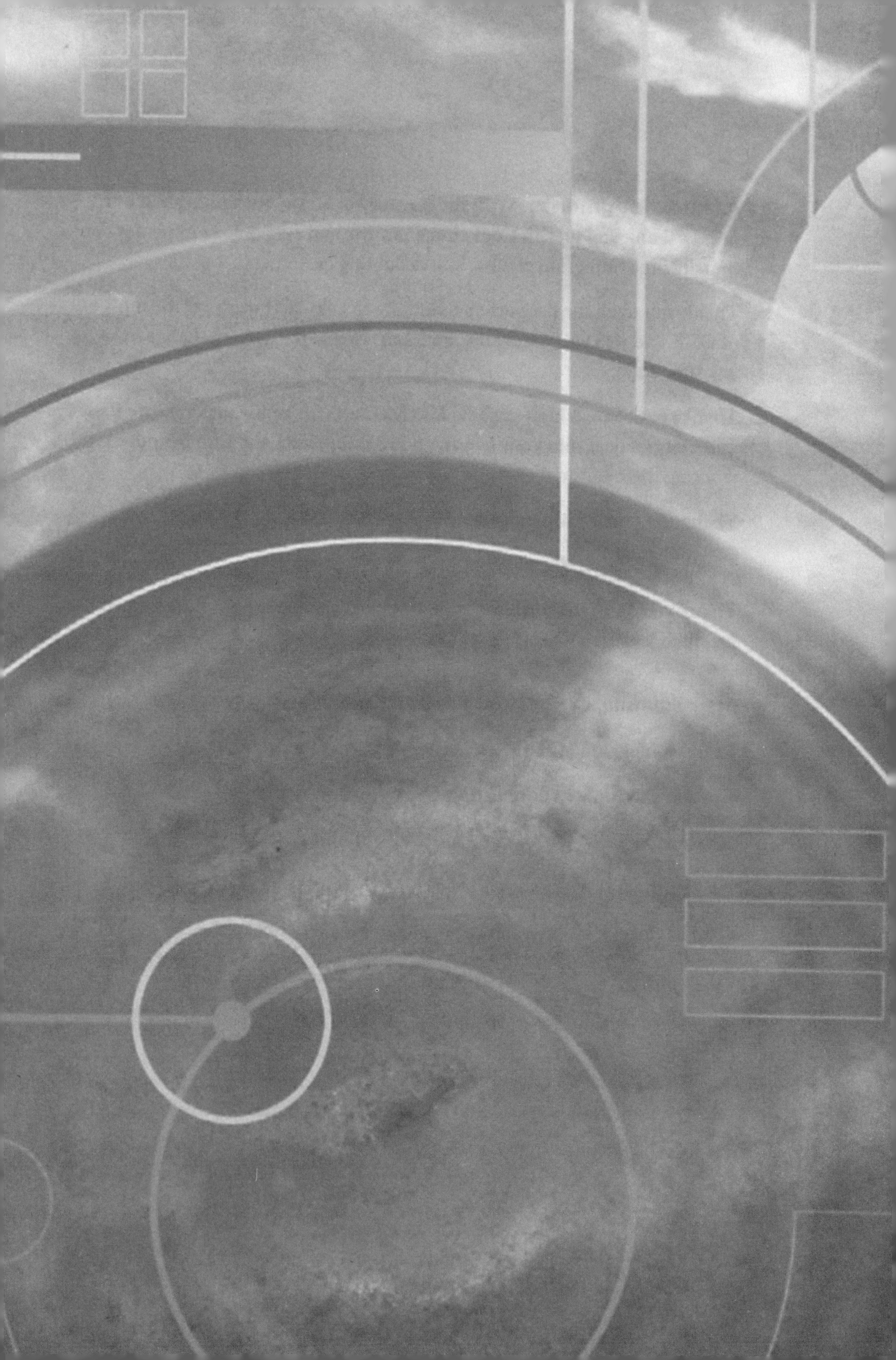

协作服务的使用

课程21

邮件服务的提供

OS X Server提供了一个简洁的界面，可以设置标准的邮件服务。在 OS X Server Yosemite中，这项服务的配置已经得到了简化，但仍可以对深层次的细节设置进行管理。

目标

- 设置邮件服务。
- 为用户配置邮件账户。
- 过滤病毒及垃圾邮件。

参考21.1 邮件服务的托管

邮件是互联网上的一项基础服务。OS X Server 包含了功能丰富的邮件服务，你可以使用这项服务来为你的组织机构发送、接收和存储邮件。托管邮件服务器除了可以使用户具有互联网身份这一明显的理由外，其他一些因素也使得托管自己的邮件服务具有优势。如果你有一个带有慢速互联网连接的小型办公室，那么你可能会发现，保持所有邮件在内部使用，要比使用外部的邮件服务器更能有效地利用你的网络带宽，当组织机构内部的消息带有较大附件的时候更是如此。此外，很多组织机构出于管理或是竞争的原因，都要求确保邮件消息的安全性。在内部托管自己的邮件服务器可以确保机密数据不会落入不适当的人员手中。你可能还会发现，很多第三方的邮件服务都无法为你提供所需的周到服务。而通过运行你自己的邮件服务器，你可以定制符合你组织机构需求的各种功能选项。

OS X Server 中的“邮件”服务基于两个开源邮件软件包：

- Postfix 处理个体消息的接收和传送。
- Dovecot 接受来自个体用户的连接，将他们的消息下载到他们的邮件客户端。Dovecot 是 Cyrus 的替代者，Cyrus 在 OS X Server v10.5及更早的版本中使用。

除了这些程序外，OS X Server 中的“邮件”服务还使用了其他一些软件包来提供相应的功能，例如垃圾和病毒邮件的扫描。邮件的推送通知利用了 Apple 推送通知服务（APNs）。它们都会在本课程中进行讨论，但是你必须先要学习邮件是如何工作的。

了解邮件服务

虽然邮件是互联网上最悠久和最简单的系统之一，但它也是由一些不同的协议来组成的。主要的协议是简单邮件传输协议（SMTP），它负责消息的传递，从发送者那里传递到发送者所属的邮件服务器，然后在邮件服务器之间进行传递。当消息被发送的时候，发件服务器首先通过 DNS 查找目的地的邮件交换（MX）服务器。一个互联网域可以有多台 MX 服务器，用于均衡负载并提供冗余服务。每台 MX 服务器被分配一个优先级。具有最高优先级的服务器被分配最小的编号，当通过 SMTP 传递邮件的时候会被首先尝试使用。在下图中，记录类型的后面，向右侧延伸显示的是优先级编号（例如，第一条 MX 记录的优先级编号是10）。

要查看有关域的 MX 服务器信息，可以在“终端”应用程序中输入 dig –t MX <DOMAIN> 。

```
ladmin — bash — 125×58
Last login: Sat Mar  5 18:05:59 on console
server17:~ ladmin$ dig -t MX apple.com

; <<>> DiG 9.8.3-P1 <<>> -t MX apple.com
;; global options: +cmd
;; Got answer:
;; ->>HEADER<<- opcode: QUERY, status: NXDOMAIN, id: 27382
;; flags: qr rd ra; QUERY: 1, ANSWER: 0, AUTHORITY: 1, ADDITIONAL: 0

;; QUESTION SECTION:
;\226\128\147t.                 IN      MX

;; AUTHORITY SECTION:
.                       10800   IN      SOA     a.root-servers.net. nstld.verisign-grs.com. 2016030401 1800 900 604800 86400

;; Query time: 4631 msec
;; SERVER: 127.0.0.1#53(127.0.0.1)
;; WHEN: Sat Mar  5 18:09:17 2016
;; MSG SIZE  rcvd: 97

;; Got answer:
;; ->>HEADER<<- opcode: QUERY, status: NOERROR, id: 13722
;; flags: qr rd ra; QUERY: 1, ANSWER: 3, AUTHORITY: 8, ADDITIONAL: 8

;; QUESTION SECTION:
;apple.com.                     IN      A

;; ANSWER SECTION:
apple.com.              3474    IN      A       17.142.160.59
apple.com.              3474    IN      A       17.178.96.59
apple.com.              3474    IN      A       17.172.224.47

;; AUTHORITY SECTION:
apple.com.              86277   IN      NS      nserver5.apple.com.
apple.com.              86277   IN      NS      adns2.apple.com.
apple.com.              86277   IN      NS      nserver3.apple.com.
apple.com.              86277   IN      NS      nserver6.apple.com.
apple.com.              86277   IN      NS      nserver4.apple.com.
apple.com.              86277   IN      NS      nserver2.apple.com.
apple.com.              86277   IN      NS      nserver.apple.com.
apple.com.              86277   IN      NS      adns1.apple.com.

;; ADDITIONAL SECTION:
adns1.apple.com.        172674  IN      A       17.151.0.151
adns2.apple.com.        172674  IN      A       17.151.0.152
nserver.apple.com.      172674  IN      A       17.254.0.50
nserver2.apple.com.     172674  IN      A       17.254.0.59
nserver3.apple.com.     172674  IN      A       17.112.144.50
nserver4.apple.com.     172674  IN      A       17.112.144.59
nserver5.apple.com.     172674  IN      A       17.171.63.30
nserver6.apple.com.     172674  IN      A       17.171.63.40

;; Query time: 0 msec
;; SERVER: 127.0.0.1#53(127.0.0.1)
;; WHEN: Sat Mar  5 18:09:17 2016
;; MSG SIZE  rcvd: 380

server17:~ ladmin$
```

一封邮件消息可能需要经过多台服务器的线路才能到达它的最终目的地。邮件所经过的每台服务器都会为它标记上服务器的名称及它被处理的时间。这样操作可以为邮件提供一个它都曾经被哪些服务器处理过的历史记录。要使用“邮件”应用程序去查看这个踪迹，在查看邮件的时候可以选择“显示”>“邮件”>“所有标头”命令。

```
Received: from mail-out.apple.com (crispin.apple.com. [17.151.62.50]) by mx.google.com with ESMTPS id
eb3si12237084pbd.77.2014.01.27.09.23.28 for <multiple recipients> (version=TLSv1 cipher=RC4-MD5 bits=128/128); Mon,
27 Jan 2014 09:23:29 -0800 (PST)
Received: from relay3.apple.com ([17.128.113.83]) by mail-out.apple.com (Oracle Communications Messaging Server
7u4-23.01 (7.0.4.23.0) 64bit (built Aug 10 2011)) with ESMTP id <0N0200JRSLMQ1DX0@mail-out.apple.com>; Mon, 27 Jan
2014 09:23:28 -0800 (PST)
Received: from [17.153.63.134] (Unknown_Domain [17.153.63.134]) (using TLS with cipher AES128-SHA (128/128 bits))
(Client did not present a certificate)  by relay3.apple.com (Apple SCV relay) with SMTP id 48.C1.29227.F0696E25; Mon, 27
Jan 2014 09:23:27 -0800 (PST)
X-Received: by 10.68.245.162 with SMTP id xp2mr4354884pbc.69.1390843409666; Mon, 27 Jan 2014 09:23:29 -0800
(PST)
```

当邮件消息被传递到接收人所属的邮件服务器时，它会被存储在服务器上，接收人无论使用以下两个可用协议中的哪一个都可以接收邮件：

- 邮局协议（POP）是邮件服务器上常用的邮件接收协议，在邮件服务器上，对磁盘空间和网络连接的要求都是很高的。在这种环境下，之所以优先选用 POP 是因为邮件客户端会连接到服务器、下载邮件、从服务器上移除邮件，并且很快就会断开连接。虽然这种方式对服务器很好，但是 POP 邮件服务器在使用上通常不太方便，因为它们并不支持服务器端的文件夹，并且当用户通过多台设备进行连接时可能会造成麻烦。随着时间的推移，

POP 的使用一直呈下降趋势，因为人们需要在多台设备上都能够同样地去访问他们的邮件，而 POP 则不能实现这一目标。

- 互联网邮件访问协议（IMAP）是邮件服务常用的协议，可以为用户提供更多的功能。IMAP 可以在服务器上存储所有的邮件和邮件文件夹，在那里它们可以进行备份。此外，邮件客户端通常会在用户会话期间保持对邮件服务器的连接。这样可以更快地获取新消息的通知。而使用 IMAP 的劣势在于，它会对邮件服务器资源产生过多的负载。当用户具有多台设备，需要在多台设备上查看他们的邮件时，IMAP是最现实的选择。

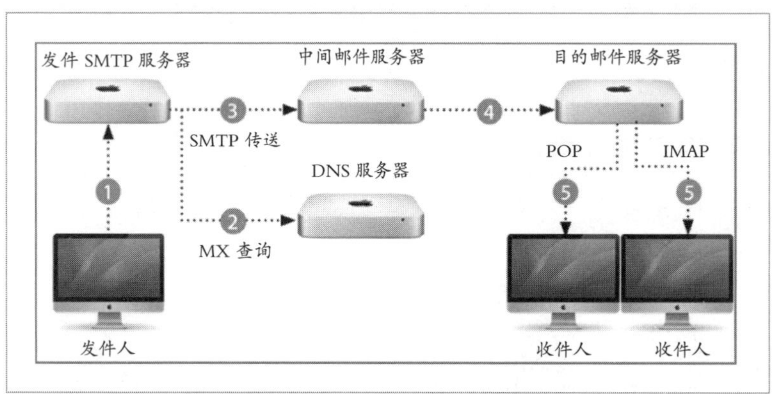

针对邮件的 DNS 配置

当你发送邮件的时候，需要确保为你使用的域配置 DNS（域名系统），这样邮件才可以被传送到正确的地址。DNS 可以通过 DNS 托管服务商来提供，或者也可以使用你自己的 DNS 服务器。虽然这里的示例是依靠OS X Server 提供基本的 DNS 服务，但是对于一个可从互联网访问的“现实世界”邮件服务器设置来说，可能需要其他的 DNS 服务支持。

具体来说，你需要为域设置一个 MX 记录。MX 记录可以让发送邮件的服务器知道邮件该往哪里发送。你可以设置带有不同优先级的多个 MX 记录。越小的优先级编号，使用的优先级越高。带有 10 优先级的 MX 记录会在带有20优先级的 MX 记录之前被使用，除非带有 10 优先级的邮件服务器没有响应。

如果没有 MX 记录，服务器就会使用所列域名的 A 记录来进行发送。考虑到邮件服务器与托管域名的网站服务器通常是不同的服务器，所以这或许不是一个很好的情况，因为邮件可能会被传送到错误的位置。

访问权限和鉴定方法的配置

你可以基于用户和他们正在访问的网络来限制谁可以连接到邮件服务。你可以指定单个用户或是群组用户。网络访问是通过定义允许访问的网络范围来进行授权的。注意，这与黑名单、灰名单或是垃圾邮件或病毒的过滤不同，它是通过客户端设备所用的网络来进行控制的。

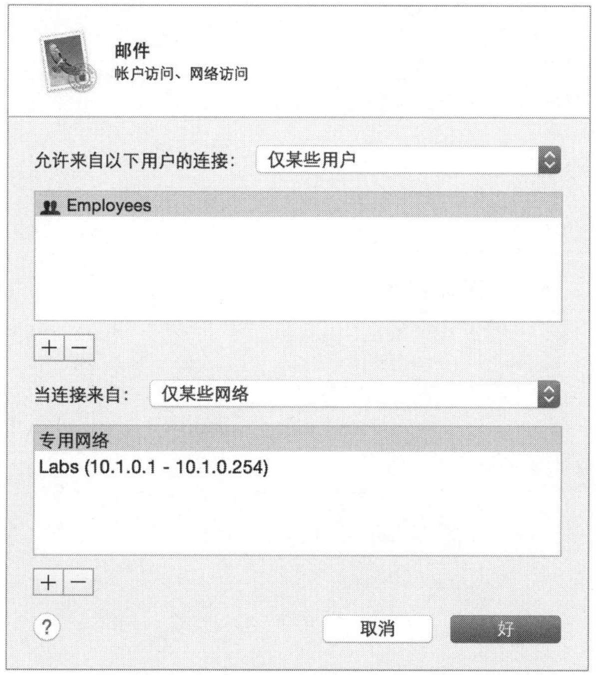

你可以指定鉴定方法，客户端设备和服务器会自动检查可用的鉴定方法，并使用共同具有的一种方法。你也可以基于本地和网络目录服务来指定特定的鉴定方法，或者是定义标准邮件鉴定选择的自定配置。

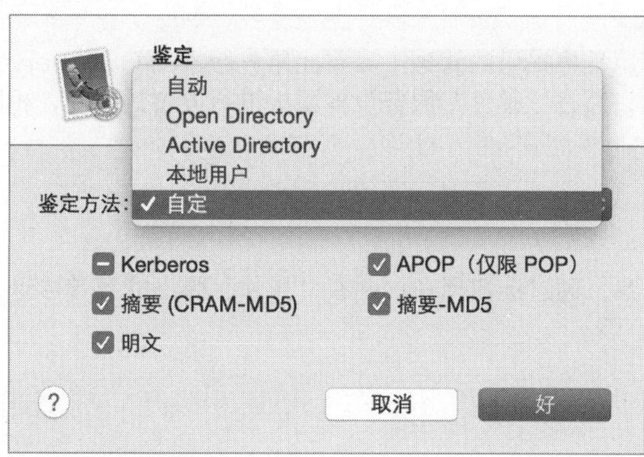

外发邮件的中转

OS X Server 邮件服务具有通过其他 SMTP 服务器中转发送邮件的设置选项。如果由于黑名单的问题而令你不想运行自己的 SMTP 服务，或者是你使用的 ISP 并不允许你托管自己的 SMTP 服务器，那么这项功能就变得比较重要了。

很有可能需要提供用户身份信息才允许你连接到 ISP 的 SMTP 服务器。如果你的 ISP 允许不经过鉴定就可以连接到 SMTP 服务器，那么它很可能会被标记为一个开放式转发服务器而被归到黑名单中。如果你的 ISP 不需要提供身份信息就允许连接，那么最好选用一个新的 SMTP 服务，以免以后出现问题。

通过设置中转，你的服务器可以向外发送提醒邮件，而且很少会被垃圾邮件过滤器捕获。在这种情况下，只需要配置中转就可以了。如果你不使用全部邮件服务功能的话，那么不需要开启服务了。

为用户启用邮件配额设置

要为用户启用邮件存储配额，Server 应用程序提供的管理工具要比早先版本的 OS X Server 所提供的更为简洁。与 OS X Server 不同的是，当在“邮件”服务设置面板进行设置的时候，相同的配额会被应用到所有用户。

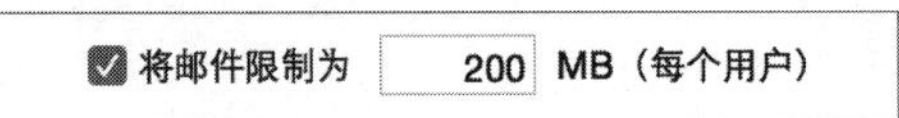

单个用户也可以为他们指定邮件配额设置，通过选取用户，并在“操作”弹出式菜单中选用邮件选项就可以设置配额。

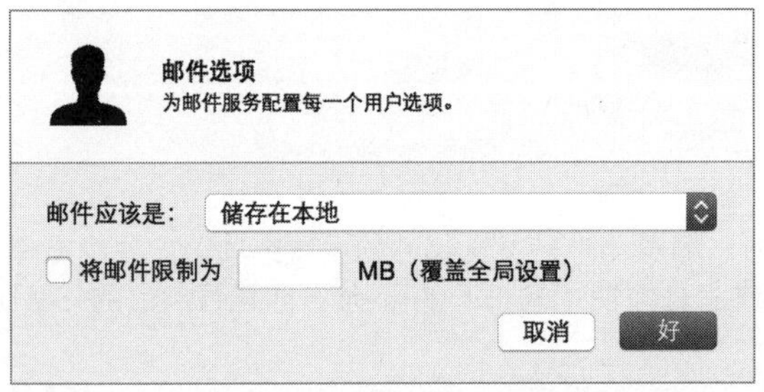

配额有助于管理可存留在邮件服务器上的邮件用户数量，但也会对它们进行限制，如果超过了配额限制，那么会因为邮箱充满错误而错过邮件的接收。

为接收邮件启用病毒扫描、邮件黑名单、灰名单和垃圾邮件过滤

当运行邮件服务器的时候，通常要关注的问题是如何保护你的用户不受病毒的损害。OS X 邮件服务使用 ClamAV 病毒扫描软件包来预防病毒。病毒定义库使用名为 freshclam 的进程来定期进行更新。已被确定为含有病毒的任何邮件被存储在 /资源库/Server/Mail/Data/scanner/virusmails/

文件夹中，并且会在一段时间内被删除。在病毒扫描功能被启用，并且邮件服务被开启的情况下，virusmails 文件夹被创建。通过 Server 应用程序发出警告通知，警告信息会被发送给指定的收件人。

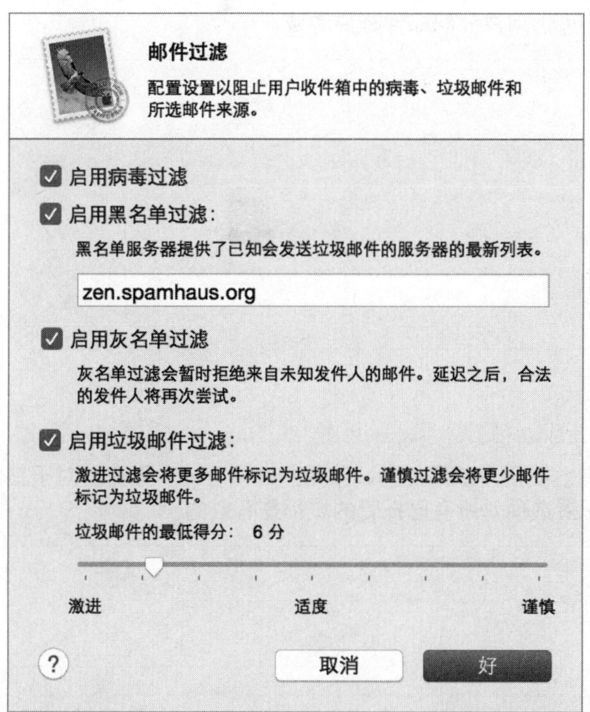

黑名单是一些已知域的列表，这些域托管着垃圾邮件服务器或是其他不希望使用的邮件服务器。通过使用黑名单，你的邮件服务器会扫描接收进来的邮件，对将其发送过来的 IP 地址进行比对，根据是不是被列在黑名单列表中的主机 IP 来确定是否允许它通过。默认情况下，OS X Server 邮件服务使用 Spamhaus Project 托管的黑名单，不过你也可以将其更改为其他的黑名单。

使用黑名单的风险在于，一些没有问题的主机也会被列到黑名单中，因此正常的、希望接收到的邮件也会被屏蔽掉，从而无法传送给你的用户。黑名单的使用可能会有些令人生畏，有丢失邮件的可能。

灰名单是控制垃圾邮件的一种方法，它会将发送者向邮件服务器发送邮件的最初发送尝试丢弃。一个真正的邮件发送者会尝试再次发送消息，而一个垃圾邮件的制造者通常只会尝试发送一次。

OS X Server 邮件服务使用 SpamAssassin 软件包来扫描接收进来的邮件，并对邮件是否是垃圾邮件的可能性进行评估。消息的文字内容通过一个复杂的算法进行分析，最终给定一个数字来反映出它是垃圾邮件的可能性有多大。这个评估还是比较准确的，除非邮件中包含垃圾邮件常用的术语和词汇。为了解决这个问题，你可以调整被视作垃圾邮件的评估分数。某些类型的组织机构，例如学校，可能会采用较高的分数，而对于其他的机构，例如医疗办公室，可能会采用相对较低的分数。

评分级别如下：

- 激进：过滤器只容忍极少的垃圾邮件标记。
- 适度：过滤器可以容忍少量垃圾邮件标记。
- 谨慎：过滤器可容忍较多的垃圾邮件标记。

被标记为垃圾邮件的消息，其标题行会被加上 ***JUNK MAIL***，并且会发送给接收人。接收人收到邮件后可以选择删除、打开或者是在邮件客户端中配置过滤器将它转移到垃圾邮件文件夹中。

邮件域

“邮件”服务可以托管多个域的邮件。如果一个组织机构使用两个或是多个互联网域名，那么就会有这种情况出现。在下图中，有两个可供用户分配邮件账户的域。

设置是很简单的，指定域并添加用户。在用户被添加前，该用户必须有一个账户。对于其他的域，可以采用同样重复的操作。其余的配置选项对所有已托管的域都是有效的。

参考21.2
邮件服务故障诊断

要对 OS X Server 提供的“邮件”服务进行故障诊断，很好地了解邮件通常是如何进行工作的会很有帮助。回顾前面的内容，确认对每部分的工作情况都已理解。

这里有一些常见的问题及解决这些问题的建议：

- DNS 问题。如果域并不具备与其相关联的 MX 记录，那么其他邮件服务器就无法定位你的邮件服务器来传送消息。你可以通过“网络实用工具”来为你的域进行 DNS 查询检测。
- 服务问题。在 Server 应用程序中，通过“日志”选项卡来查看邮件日志，从中查找服务没有启用或是没有正常工作的线索。
- 无法发送或接收邮件。对于用户不能发送邮件的问题，查看 SMTP 日志，对于用户不能接收邮件的问题，查看 POP 和 IMAP 日志。
- 有过多的垃圾邮件被发送给用户。在 Server 应用程序的“邮件”服务过滤设置中，提高垃圾邮件的过滤评级。
- 有过多的正常邮件被标记为垃圾邮件。在 Server 应用程序的邮件服务过滤设置中，降低垃圾邮件的过滤评级。

练习21.1 启用邮件服务

▶ 前提条件

- 完成“练习2.1　创建 DNS 区域和记录”的操作。
- 完成“练习9.1　创建和导入网络账户” 的操作。

OS X Server 邮件服务使用 Server 应用程序进行配置是很简单的。在本练习中，将开启服务，检查配置选项，创建两个域，为用户和群组账户启用“邮件”服务，并且设置配额。

开启和配置邮件服务

先开启“邮件”服务，这样可以开始下载病毒定义库，然后再继续配置“邮件”服务。

开启“邮件”服务开始下载病毒定义库

1 在你的管理员计算机上进行这些练习操作。如果在管理员计算机上尚未通过 Server 应用程序连接到你的服务器计算机，那么按照以下步骤进行连接：在管理员计算机上打开 Server 应用程序，选择“管理”>“连接服务器”命令，选取你的服务器，单击“继续”按钮，提供管理员凭证信息（管理员名称：ladmin，管理员密码：ladminpw），取消选中“记住此密码”复选框，然后单击“连接”按钮。

2 在 Server 应用程序的边栏中选择“邮件”选项。

3 单击“开”按钮开启“邮件”服务。

4 确认“状态”信息栏中显示“正在下载病毒定义库”。

5 在 Server 应用程序的边栏中选择“日志”选项。

6 单击弹出式菜单，并选择“防病毒数据库更新日志”命令。

有一些病毒定义库文件需要下载，这包括 main.cvd、daily.cvd 和 bytecode.cvd。

7 单击弹出式菜单，并选择“防病毒服务日志”命令。

注意日志开始部分的条目信息，显示了它正在等待前面提到的文件进行下载。

8 在 Server 应用程序的边栏中选择“邮件”选项。

9 在“权限”设置框中，注意用户和网络都是被允许访问的。

确认 SSL 证书

1 在 Server 应用程序的边栏中选择“证书”选项。

2 如果“安全服务使用”弹出式菜单被设置为“自定配置”，那么单击弹出式菜单，选择“自定”命令，确认“邮件”的两个项目使用的证书是server$n$.pretendco.com – servern.pretendco.com OD Intermediate CA（其中 n 是你的学号），然后单击“取消”按钮。

如果“安全服务使用”弹出式菜单被设置为server$n$.pretendco.com – servern.pretendco.com OD Intermediate CA（其中 n 是你的学号），那么你服务器的所有服务都会使用这个证书。

TIP 当你在实际工作环境中提供“邮件”服务的时候，要确保用于保护“邮件”服务的 SSL 证书的“常用名称（CN）”，与你服务器的完整域名（主机名称）相匹配。

检查鉴定方法

1 在 Server 应用程序的边栏中选择“邮件”选项。

2 单击“鉴定”设置项旁边的“编辑”按钮。

3 单击弹出式菜单，注意各个可用的选项。

4 保持弹出式菜单的“自动”设置。

5 单击“取消”按钮。

配置过滤选项

1 单击“过滤”设置项旁边的“编辑”按钮。

2 保持选中“启用病毒过滤”复选框。

3 选中“启用黑名单过滤”复选框，并保持“黑名单服务器”文本框的默认值。

4 保持选中“启用灰名单过滤”复选框，因为你将使用你服务器的“邮件”服务，通过你管理员计算机上的“邮件”应用程序来发送邮件，而灰名单过滤会拒绝初次的传递尝试。

5 保持选中“启用垃圾邮件过滤”复选框，并保持滑块的默认设置。

6 单击“好”按钮。

检查转发选项

1 选中“通过 ISP 中转发送邮件”复选框。

2 注意，你可以指定其他服务器的主机名称或 IPv4 地址，从你服务器的邮件服务来转发邮件。

3 注意，你可以选中“启用 SMTP 中转鉴定”复选框，并提供用户名称和密码。

4 如果你有可用的 SMTP 服务器和身份信息用于本练习，那么现在可以输入并单击“好”按钮。否则，单击“取消”按钮返回到主“邮件”设置面板。

设置邮件配额

为所有用户设置 200MB 的默认配额，但是允许 Barbara Green 在服务器上保留 700MB 的邮件。对这些限制的验证已超出本教材的学习范围。

1 选中“将邮件限制为”复选框。

☑ 将邮件限制为 200 MB（每个用户）

2 注意默认值是 200MB。

3 在 Server 应用程序的边栏中选择“用户”选项。

4 单击弹出式菜单并选择“本地网络用户”命令。

5 选择 Barbara Green，单击“操作”弹出式菜单（齿轮图标），并选择“编辑邮件选项”命令。

6 选中“将邮件限制为”复选框。

7 选取目前的限制200，并输入 700 替换原来的值。

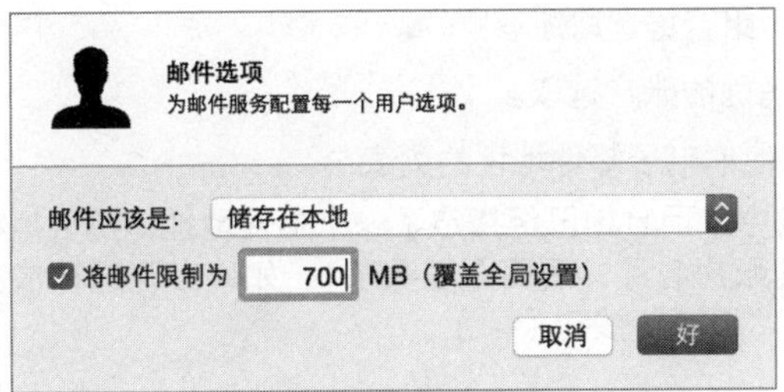

8 单击“好”按钮。

为域和账户启用邮件

默认情况下，“邮件”服务并不接收任何人的邮件，直到你至少添加一个域并为该域指定一个邮件地址才可以。

添加邮件域

1 在 Server 应用程序的边栏中选择“邮件”选项。

2 单击“添加”（ + ）按钮添加一个新域。

3 在“域”文本框中输入 server*n*.pretendco.com（其中 *n* 是你的学号）。

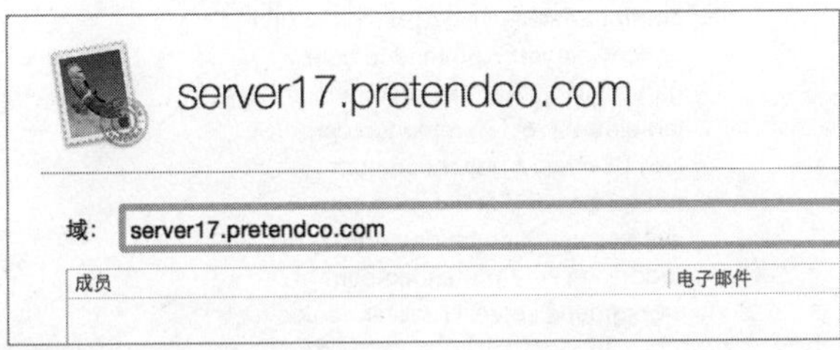

4 单击“创建”按钮。

为你的每个本地网络账户指定邮件地址

当你开启“邮件”服务并为一个域启用邮件服务后，在你使用“用户”设置面板去创建新用户的时候，Server 应用程序会为新用户自动填充“电子邮件地址”文本框，地址是基于用户的账户名称和你服务器上为邮件服务启用的域来填充的。

由于在“邮件”服务配置前已创建了用户，所以你需要手动为用户指定电子邮件地址。先为一个用户配置一个邮件地址，然后演示使用快捷方式来为多个用户和群组进行配置。

1 双击你的域。

2 单击“添加”（ + ）按钮创建一个新的邮件地址。

3 开始输入 Barbara Green ，然后选取 Barbara Green。

4 注意“电子邮件”文本框是被相应的电子邮件地址自动填充的，地址基于Barbara Green的账户名称barbara: barbara@server*n*.pretendco.com（其中 *n* 是你的学号）。

5 如果账户浏览器没有显示，那么选择“窗口”>“显示账户浏览器”命令。

6 如果你看到了系统账户，那么选择“显示” > “隐藏系统账户”命令。

7 单击账户浏览器窗口，然后按 Command-A 组合键选取所有账户。

8 按住Command键单击 Barbara Green，取消她的账户选取。

9 将用户和群组账户从账户浏览器拖到成员和他们电子邮件地址的列表中。

如果你意外地将 Barbara Green 拖到了列表中，而且她已经指定了一个邮件地址，那么她将获得一个额外的电子邮件地址，这个地址基于她的账户名称，后面跟随数字1。如果出现这种情况，你可以选取这个额外的电子邮件地址，然后单击“移除”按钮（ – ）。

10 按 Command-B 组合键隐藏账户浏览器。

11 确认你本地网络用户和群组都已被分配了相应的电子邮件地址；电子邮件地址的左半部分是账户名称，右半部分是 server*n*.pretendco.com（其中 *n* 是你的学号）。

12 单击“好”按钮保存更改并返回到主“邮件”设置面板。

配置另一个电子邮件域

之前你创建了一个域，然后反过来为该域添加了电子邮件地址。现在你将创建一个域并同时添加电子邮件地址。

在实际工作环境中，你不应当有多台装有 OS X Server 的 Mac 计算机去托管相同的域。你将配置你的服务器在server*n*.pretendco.com（其中 *n* 是你的学号）域以外，再去托管 pretendco.com域，而这仅仅是出于演示的目的。在有讲师辅导的培训环境中，你可以使用以 @server*x*.pretendco.com（其中 *x* 是你同学的学号）结尾的邮件地址，向另一名学员服务器上的用户发送邮件。如果你发送邮件到以 @pretendco.com 结尾的地址，那么 MX 记录会确定你邮件客户端试图递送消息的服务器。

1 单击“添加”（ + ）按钮添加另一个域。

2 在“域”文本框中输入 pretendco.com。

3 按 Command-B 组合键显示账户浏览器。

4 单击账户浏览器窗口，然后按 Command-A 组合键选取所有账户。

5 将账户拖到成员和他们电子邮件地址的列表中。

6 按 Command-B 组合键隐藏账户浏览器。

7 确认各个电子邮件地址已经被自动配置，这些地址是基于账户名称进行配置的，并且以 @pretendco.com 结尾。

8 单击“创建”按钮。

检查用户账户

1 在 Server 应用程序的边栏中选择“用户”选项。

2 双击 Barbara Green。

3 确认在“电子邮件地址”文本框中有两个电子邮件地址。

全名：Barbara Green
帐户名称：barbara
电子邮件地址：barbara@server17.pretendco.com
barbara@pretendco.com

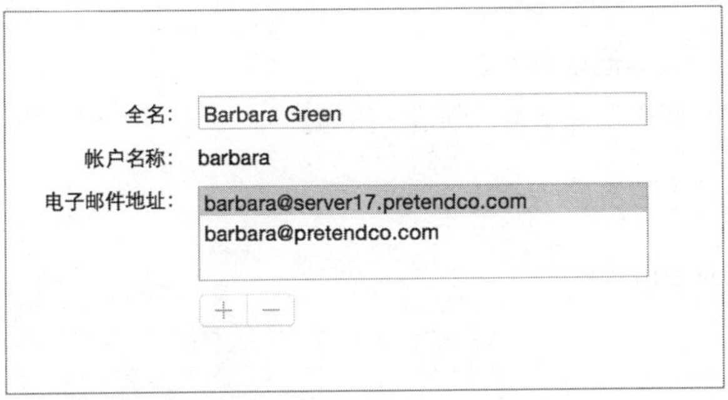

4 单击“取消”按钮。

检查群组账户

1 在 Server 应用程序的边栏中选择“群组”选项。

2 双击 Contractors。

3 确认在“邮件列表”文本框中有两个电子邮件地址。

4 注意，如果保持取消选中“允许群组外的成员的邮件”复选框，那么除非邮件是来自群组成员的，否则“邮件”服务将不为群组的邮件列表接收邮件。假设 Todd 是 Contractors 群组的成员，如果你配置邮件客户端地址为 todd@pretendco.com，那么你发送到 contractors@servern.pretendco.com 的邮件将被拒绝。类似的，从 todd@server*n*.pretendco.com 发往 contractors@pretendco.com 的邮件也将被拒绝（其中 *n* 是你的学号）。

5 单击“取消”按钮，不做任何更改。

确认邮件服务是运行的

1 在 Server 应用程序的边栏中选择“邮件”选项。

2 确认“状态”信息栏显示的状态是“在 server*n*.local 中的本地网络上可用”（其中 *n* 是你的学号）。

在本练习中，你配置“邮件”服务具有两个域，server*n*.pretendco.com（其中 *n* 是你的学号）和 pretendco.com。而仅仅添加一个域是不够的，所以你还添加了用户和群组账户到各个域，并且看到了 Server 应用程序为各个账户自动创建了对应的电子邮件地址。

练习21.2
发送和接收邮件

▶ **前提条件**

▶ 完成“练习21.1 启用邮件服务”的操作。

在本练习中，你将在你管理员计算机上使用“互联网账户”偏好设置来为 Todd Porter 配置“邮件”应用程序，由于你没有其他的 Mac 客户端计算机，所以你将使用你的服务器为 Sue Wu 配置邮件。你会看到发送和回复邮件是多么的容易。

通过“互联网账户”偏好设置配置“邮件”应用程序

在你的管理员计算机上，你将使用“互联网账户”偏好设置为 Todd Porter 配置 @pretendco.com 域账户。在你的服务器上，你将为 Sue Wu 进行同样的设置操作。

在你的管理员计算机上为 Todd Porter 设置邮件

1 在你的管理员计算机上打开系统偏好设置。

2 打开“互联网账户”偏好设置。

3 在右侧的界面中向下滚动，并选择“添加其他账户”选项。

4 在账户类型设置面板中选择“添加邮件账户”并单击“创建”按钮。

5 输入以下信息：

- 全名：Todd Porter。
- 电子邮件地址：todd@pretendco.com。
- 密码：net。

6 单击“创建”按钮。

7 在“账户必须进行手动配置”的消息界面中单击“下一步”按钮。

8 在“收件服务器信息”设置界面，使用以下信息进行设置：

- 账户类型：IMAP。
- 邮件服务器：server*n*.pretendco.com（其中 *n* 是你的学号）。
- 用户名：todd（这是通过前面的界面自动输入的）。
- 密码：net（这是通过前面的界面自动输入的）。

9 单击“下一步”按钮。

10 如果你收到一个警告信息，提示你的服务器无法被验证，那么单击“显示证书”按钮，选中“总是信任”复选框，单击“继续”按钮，提供你本地管理员的身份信息，并单击更新设置。

11 在“发件服务器信息”设置界面输入以下信息，然后单击“创建”按钮：

- SMTP 服务器：server*n*.pretendco.com（其中 *n* 是你的学号）。
- 用户名：todd。
- 密码：net。

12 单击“创建”按钮。

13 确认 todd@pretendco.com 出现在“互联网账户”偏好设置的左侧竖栏中。

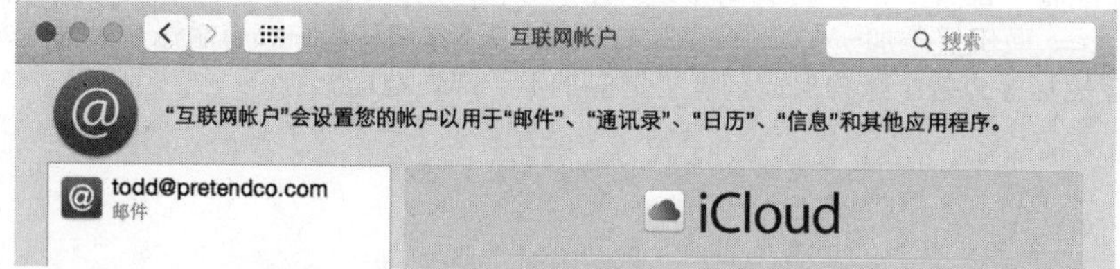

14 退出系统偏好设置。

在你的服务器计算机上为 Sue Wu 设置邮件

1 在你的服务器计算机上打开系统偏好设置。

2 打开“互联网账户”偏好设置。

3 在右侧的界面中向下滚动，并选择“添加其他账户”。

4 在账户类型设置面板中选择“添加邮件账户”并单击“创建”按钮。

5 输入以下信息：

- 全名：Sue Wu。
- 电子邮件地址：sue@pretendco.com。
- 密码：net。

6 单击“创建”按钮。

7 在“账户必须进行手动配置”的消息界面中单击“下一步”按钮。

8 在“收件服务器信息”设置界面，使用以下信息进行设置：

- 账户类型：IMAP。
- 邮件服务器：server*n*.pretendco.com（其中 *n* 是你的学号）。
- 用户名：sue（这是通过前面的界面自动输入的）。
- 密码：net（这是通过前面的界面自动输入的）。

9 单击“下一步”按钮。

10 在“发件服务器信息”设置界面输入以下信息，然后单击“创建”按钮：

- SMTP 服务器：server*n*.pretendco.com（其中 *n* 是你的学号）。
- 用户名：sue。
- 密码：net。

11 确认sue@pretendco.com 出现在“互联网账户”偏好设置的左侧竖栏中。

12 退出系统偏好设置。

以 Todd Porter 的身份向群组发送邮件

以 Todd Porter 的身份使用“邮件”应用程序向 Contractors 群组发送邮件。不要忘记，你已配置 Todd Porter 使用 pretendco.com 域，所以你必须对群组消息也使用 pretendco.com 域。

1 在管理员计算机上，单击 Dock 中的“邮件”按钮，打开该应用程序。

2 在工具栏中单击“编写新邮件”按钮（铅笔和纸张图标）。

3 在“收件人”文本框中输入 Contractors@pretendco.com。

4 在“主题”文本框中输入Looking forward to this next project。

5 在邮件主窗口中输入类似下图所示的文本。

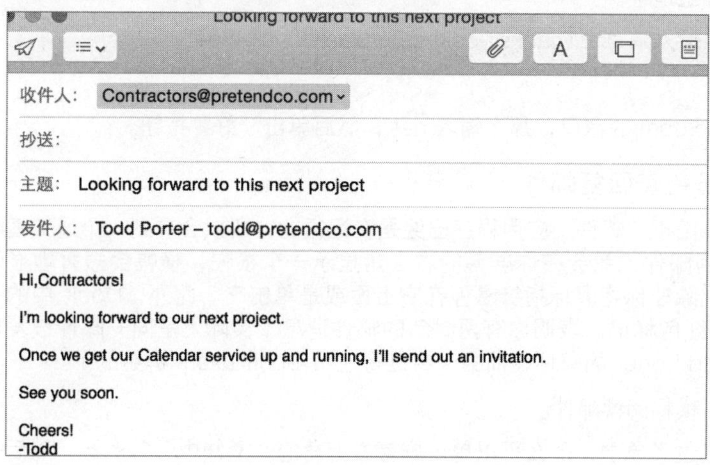

6 单击消息窗口左上角的“发送邮件”按钮。

7 如果询问 todd@pretendco.com 的密码，那么输入 net ，然后单击“好”按钮。

8 关闭主邮件窗口，但是保持“邮件”应用程序的运行。

以 Sue Wu 的身份回复邮件

以 Sue Wu 的身份使用“邮件”应用程序，读取并回复来自 Todd Porter 的邮件。

确认邮件已经过病毒扫描

1 在服务器计算机上，单击 Dock 中的“邮件”按钮，打开该应用程序。

2 确认收件箱中已收到来自 Todd 的邮件。

3 选择来自 Todd 的邮件。

注意新邮件的标题栏是以方括号括起的群组名称开始的，后面跟随原始邮件标题。

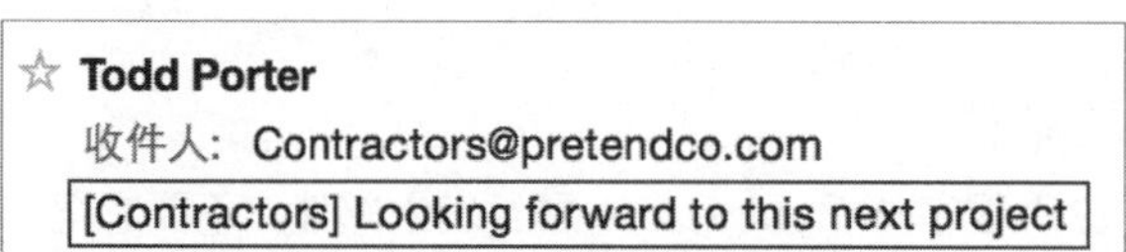

4 选择“显示” > “邮件” > “所有标头”（或按 Shift-Command-H组合键）命令。

5 确认其中的一个标头信息是X-Virus-Scanned: amavisd-new at server*n*.pretendco.com，其中 *n* 是你的学号。

回复邮件

1 仍然选取来自 Todd 的邮件，选择“邮件” > “全部回复”命令。

2 注意这会回复发件人和群组地址。

3 在邮件的主体内容窗口中输入消息“Thanks, looking forward to it! –Sue”。

4 单击“发送邮件”按钮。

5 如果询问 sue@pretendco.com 的密码，那么输入 net ，然后单击“好”按钮。

以 Todd Porter 的身份检查回复邮件

在你的管理员计算机上，由于“邮件”应用程序已经是在运行的，所以会看到一个通知横幅。只要“邮件”应用程序接收到邮件，就会在你屏幕的右上角显示一个横幅，横幅会短暂地显示一段时间，然后向右划出屏幕，除非你将鼠标指针悬停在它上面或是单击它。此外，Dock 中的“邮件”图标会显示一个带有2的红色标记，表明你有两封新的邮件消息（实际上是同一邮件被发送了两遍，一封是直接发送给 Todd Porter 的邮件，而另一封是寄送给 Contractors 群组的）。

1 在管理员计算机上，单击横幅阅读邮件。

2 如果在横幅划出屏幕前错过了单击，那么可以单击屏幕右上角的“通知中心”图标，然后单击

“通知”选项卡，最后选取消息。

在你的管理员计算机上注销系统，并以 Local Admin 的身份登录回系统。

你也可以单击 Dock 中的“邮件”按钮，然后选取新邮件进行读取。

测试垃圾邮件过滤

发送一个带有附件的邮件，附件包含 GTUBE 文本（它表示对“未经请求的大批量电子邮件的一般测试”），确认它被标记为垃圾邮件。

发送一个样本邮件

1 在你的管理员计算机上，单击“邮件”工具栏中的“编写新邮件”按钮（铅笔和纸张图标）。
2 在“收件人”文本框中输入sue@pretendco.com。
3 在“主题”文本框中输入Just a test。
4 在工具栏中单击“附件”按钮（曲别针图标）。
5 在打开的文件对话框中，选取边栏中的“文稿”，然后打开 /StudentMaterials/Lesson21/。
6 选取 Sample A 文本文件。
7 按空格键预览内容。

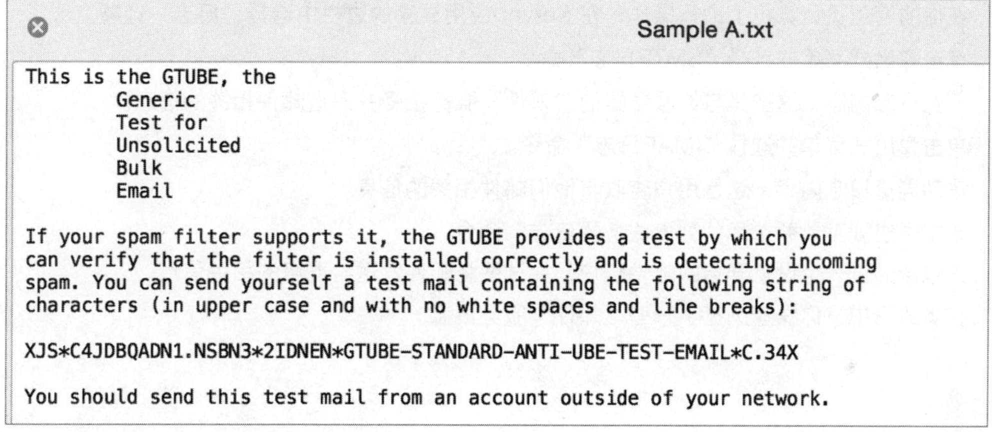
Sample A.txt

```
This is the GTUBE, the
        Generic
        Test for
        Unsolicited
        Bulk
        Email

If your spam filter supports it, the GTUBE provides a test by which you
can verify that the filter is installed correctly and is detecting incoming
spam. You can send yourself a test mail containing the following string of
characters (in upper case and with no white spaces and line breaks):

XJS*C4JDBQADN1.NSBN3*2IDNEN*GTUBE-STANDARD-ANTI-UBE-TEST-EMAIL*C.34X

You should send this test mail from an account outside of your network.
```

8 再次按空格键关闭预览窗口。
9 单击“选取文件”按钮。
10 单击“发送邮件”按钮。
11 退出“邮件”应用程序。

确认邮件被标记为垃圾邮件

1 在你的服务器计算机上，选取新的邮件。
2 确认“***JUNK MAIL***”被自动添加到标题的起始部分。

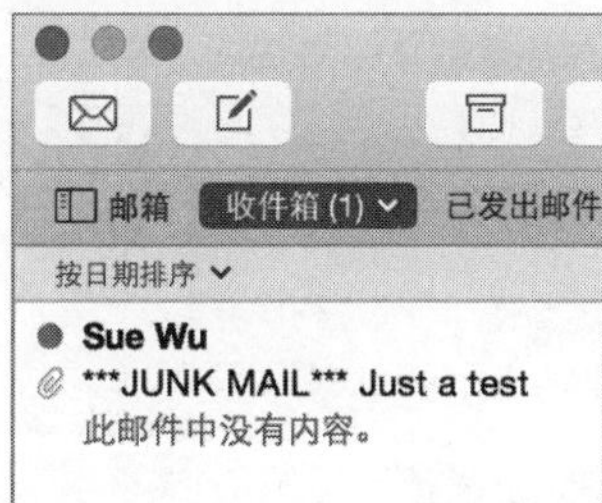

3 选取“Just a test”邮件。

4 选择“显示”>“邮件”>“所有标头”（或按 Shift-Command-H组合键）命令。

5 确认其中的一个标头信息是X-Spam-Flag：YES。

6 退出“邮件”应用程序。

在本练习中，确认了你可以使用“邮件”服务给个人和群组发送邮件消息，并且也可以回复消息。此外，你还确认了垃圾邮件过滤功能可以成功检测到接收的样本垃圾邮件。

练习21.3 检查邮件服务日志

▶ **前提条件**

▶ 完成“练习21.2　发送和接收邮件”的操作。

在本练习中，你将快速浏览与你服务器“邮件”服务相关的日志信息。关于使用日志中的信息去诊断问题的详情已超出本教材的学习范围。

检查“邮件”服务日志

1 在你的管理员计算机上进行操作，在 Server 应用程序的边栏中选择“日志”选项。

2 单击弹出式菜单并选择“SMTP日志”命令。

3 浏览日志内容，这些是与你服务器的“邮件”服务接受并递送邮件相关的信息。

4 单击弹出式菜单并选择“IMAP日志”命令。

5 滚动浏览日志内容，这是用户查收与他们邮件相关的信息。

6 单击弹出式菜单并选择“列出服务器日志”命令。

这包含通过一个设置开启的邮件账户，并试图将邮件发送给群组的相关信息。

在本练习中，你快速浏览了一些“邮件”服务日志。

课程22
Wiki 服务的配置

OS X Server提供了一个简洁的Wiki 服务配置界面。Wiki 正变得越来越流行，因为它们通过一个易于使用、跨平台的方式来向多名用户共享信息。

目标

- ▶ 设置 Wiki 服务。
- ▶ 允许用户和群组去管理 Wiki。

参考22.1
Wiki 的配置和管理

Wiki 是一个基于 Web 的协作工具，允许组织机构内的用户和群组以某种方式来发布信息帖子，从而促进一个想法、项目、主题或是其他讨论焦点的合理发展。

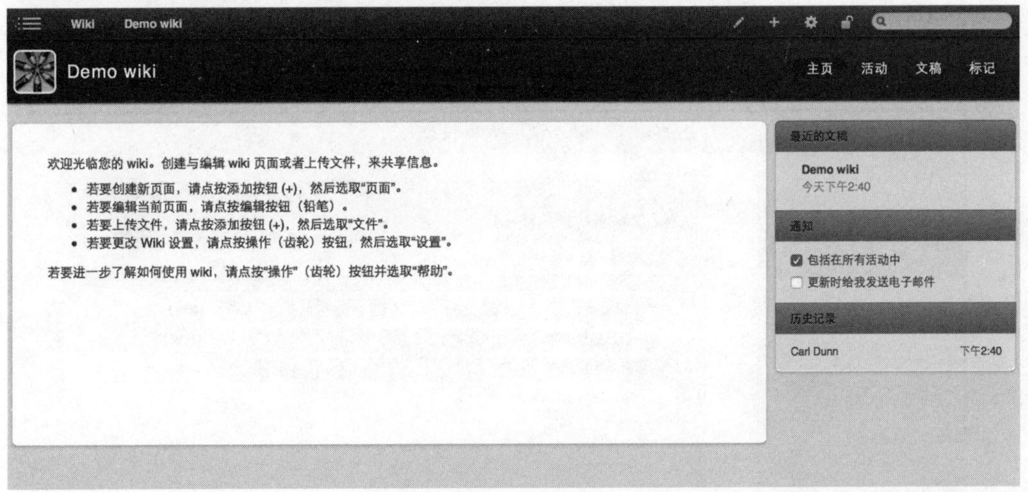

Wiki 是对一个指定群组中所有用户想法的集中，群组中的所有用户可以发布、编辑和查看信息资料，并对它们进行讨论，而不会让其他的群组或部门介入。这对于托管着保密项目或是敏感信息的群组 Wiki 来说是非常有益的。OS X Server Wiki 还保留了群组发帖的详细历史信息，所以如果需要，你可以找回以前的信息。

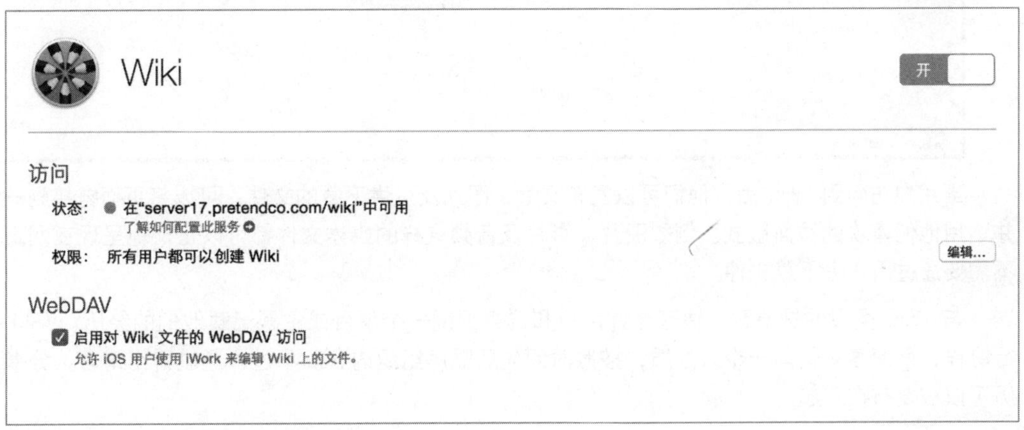

Wiki 具有一些访问控制层。你可以控制管理允许创建 Wiki 的用户和群组。当用户创建了 Wiki 以后，她可以指定谁可以读取它及谁可以编辑它，这一切都不需要管理员进行干预。

创建 Wiki 的用户成为该 Wiki 的默认管理员。然后该用户可以分配管理权到其他非服务器管理员用户。现有的服务器管理员已具备管理权。

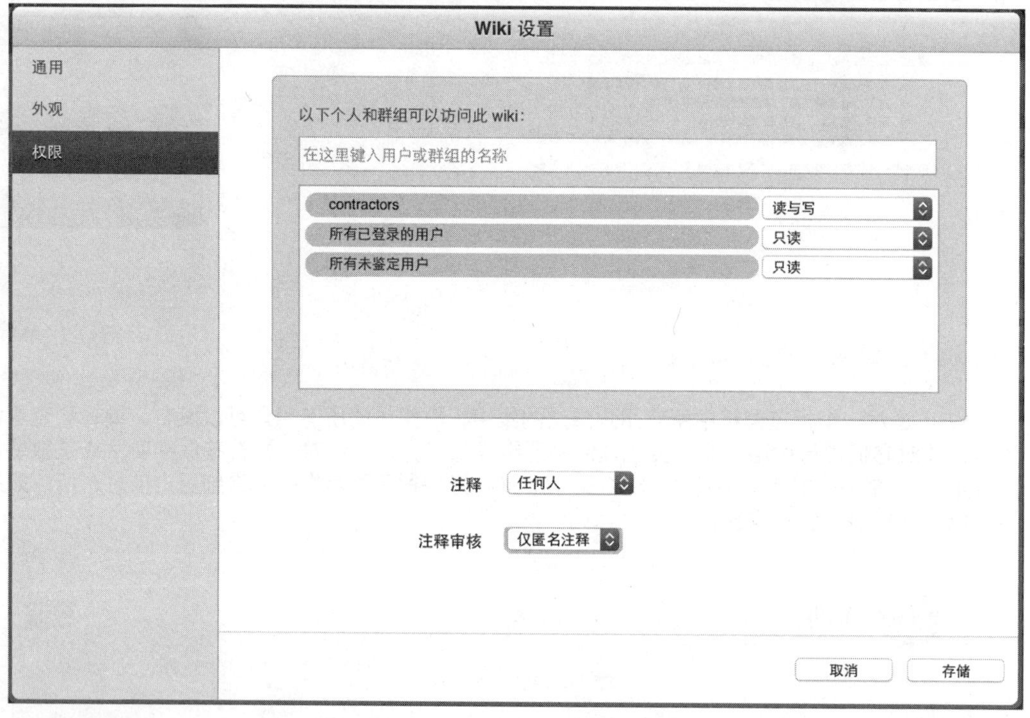

当用户访问到 Wiki 后，他们可以发布文章、图片及可供下载的文件，可以将页面链接到一起，并选用他们喜欢的页面版式。例如图片、影片及音频这样的媒体文件都可以正常地呈现在网页上，不需要通过用户去下载文件。

与 Wiki 类似的是博客。博客允许用户和群组围绕一个项目或主题记载他们的经历。Wiki 是进行协作，而博客更倾向于个人性质，按照时间先后顺序组织内容。不过，通过群组博客，分享的经历可以被发布在一起。

Wiki 服务的文件被存储在 /资源库/Server/Wiki 目录下。

Wiki 日历功能依赖于“日历”服务的运行。如果你计划使用群组日历，那么要确保“日历”服务是运行的。

由于 Wiki 是一项 Web 服务，并且可以通过互联网来使用，所以通过 SSL 来保护 Wiki 站点是一个明智的做法。当它通过网络进行通信的时候，可以避免内容被别人读取。

iOS 用户可以通过在 iWork 中使用的 WebDAV，去获准访问 Wiki 中的文件。

托管在 Wiki 或博客中的文件，通过 OS X Server 的快速查看功能，可以被 Wiki 用户在 Wiki 中直接查看。这是非常方便的，因为对于所有用户来说，在他们的计算机上并不一定都安装了相应的应用程序来查看文件。

参考22.2 Wiki 服务的故障诊断

这里是一些与 Wiki 服务相关的常见问题，以及建议的解决办法：

- 如果你的用户无法连接到 Wiki 服务，那么检查客户端所用的 DNS（域名系统）服务器可以正确解析服务器的域名。
- 如果用户无法连接到 Wiki 网站，那么检查80和443端口对服务器是否是开放的。另外，检查 Wiki 服务是否是正在运行的。
- 如果用户无法通过鉴定去访问 Wiki 服务，那么检查用户是否使用了正确的密码信息。如果需要，可以重设密码。根据服务访问控制的设置，确认允许该用户去访问这个服务。

对于网站问题的故障诊断，要了解其他信息可参阅“课程20　托管网站”。

练习22.1 开启 Wiki 服务

▶ 前提条件

- 完成“练习2.1　创建 DNS 区域和记录”的操作。
- 完成“练习9.1　创建和导入网络账户”的操作，或者使用 Server 应用程序创建一个用户，全名 Carl Dunn，账户名称 carl，密码为 net。他是 Contractors 群组的成员。

Wiki服务的大多数配置都是通过网页浏览器由 Wiki 自身完成的。你可以使用 Server 应用程序进行以下操作：

- 开启和停止 Wiki 服务。

- 配置可以访问 Wiki 服务的用户列表。
- 对 Wiki 文件开启和停用 WebDAV 访问（主要针对 iOS 设备）。

在本练习中，你将启用 Wiki 服务，然后限制都有谁可以创建 Wiki。你还将确认你的站点是通过 SSL 进行保护的。

使用 Server 应用程序开启并配置 Wiki 服务

1 在你的管理员计算机上进行这些练习操作。如果在管理员计算机上尚未通过 Server 应用程序连接到你的服务器计算机，那么按照以下步骤进行连接：在管理员计算机上打开 Server 应用程序，选择“管理”>“连接服务器”命令，选取你的服务器，单击“继续”按钮，提供管理员身份信息（管理员名称：ladmin ；管理员密码：ladminpw），取消选中“记住此密码”复选框，然后单击“连接”按钮。

2 在 Server 应用程序的边栏中选择Wiki选项。

3 单击“开”按钮开启服务。

4 确认“状态”信息栏显示了绿色的状态指示器，并带有可以使用服务的提示信息。

配置谁可以创建 Wiki

默认情况下，只要你开启Wiki服务，在你服务器上设定的任何用户都可以创建 Wiki。

通过对谁可以创建 Wiki 的控制，来进一步熟悉 Wiki 的使用，限制 Contractors 群组成员可以创建 Wiki。

1 单击“权限”设置项旁边的“编辑”按钮。

2 单击“允许创建 Wiki 用于”弹出式菜单，并选择“仅某些用户”命令。

3 按 Command-B 组合键显示账户浏览器。

4 将 Contractors 从账户浏览器拖到账户列表中。

5 单击“好”按钮保存更改。

6 确认“权限”设置项显示“两个群组可以创建 Wiki”。

为 iOS 用户使用 iWork 启用 WebDAV

虽然对装有 iWork 的 iOS 设备的使用已超出本教材的学习范围，但是如果你具有一台装有 iWork 的 iOS 设备，那么你自己可以随意测试一下这个功能。

选中“启用对 Wiki 文件的 WebDAV 访问”复选框。

创建 Wiki

你已授权能够创建 Wiki 的用户，现在可以开始 Wiki 的创建过程了。Wiki 是基于网页的，所以你可以在任何平台上使用任何浏览器去鉴定用户，开始 Wiki 的创建过程。

在本练习中，你将以 Carl Dunn 的身份（Contractors 群组的成员）创建一个 Wiki，并在创建的时候对其进行配置，这样 Contractors 群组的成员就可以读取和编写 Wiki 了，其他已登录的用户可以读取 Wiki，未通过鉴定的用户不能访问 Wiki。

1 在 Server 应用程序中的 Wiki 设置面板的底部，单击“查看 Wiki”超链接。

2 在 Safari 窗口的右上角单击“登录”按钮。

3 在“请登录”面板中，在“用户名”文本框中输入 carl，并在“密码”文本框中输入 net。

4 单击“登录”按钮。

5 注意，当你成功登录后，“退出”按钮（解开的锁形图标）会显示在右上角。

6 按照页面上的说明，单击“添加”（ + ）按钮并选择“新建 Wiki”选项。

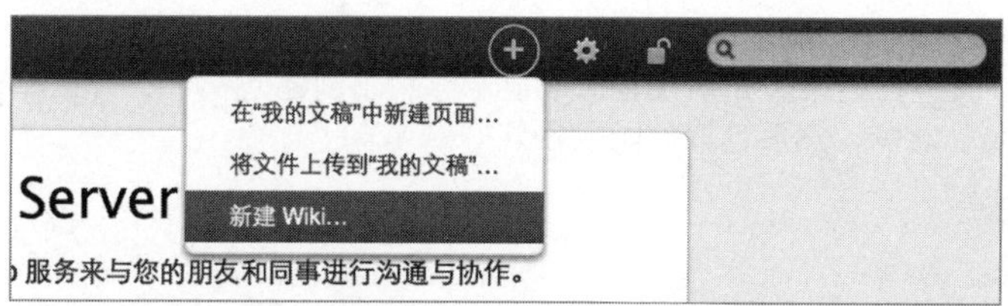

7 为 Wiki 起个名字，例如 Demo Wiki，并提供 Wiki 的描述信息，例如Just testing things out。

8 单击“继续”按钮。

9 在“设定权限”界面中，在“权限”文本框中开始输入 Contractors，并从显示的列表中选择 Contractors。

10 对于 Contractors 群组，单击弹出式菜单，并选择“读与写”命令。

11 对于“所有已登录的用户”，将其权限设置为“只读”。

12 对于“所有未鉴定用户”，保持权限为“无访问权限”。

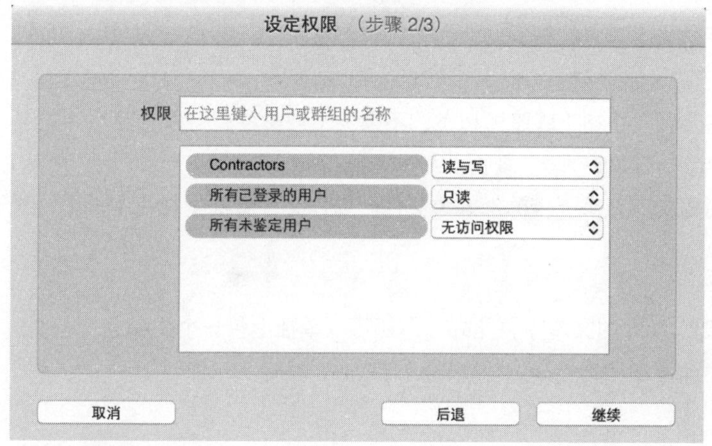

13 单击“继续”按钮。

14 在“设定外观”界面中，选取一个颜色方案。

15 单击“创建”按钮。

16 在“设置完成”界面单击“前往 Wiki”按钮。

17 注意 Wiki 提供了一些欢迎文本，并带有如何编辑 Wiki 的说明。查看 Wiki 中的各项菜单、按钮及超链接，熟悉界面的使用。

在本练习中，你使用 Server 应用程序对 Wiki 服务进行了初始配置，然后使用 Safari 进行登录并创建了一个 Wiki。

练习22.2 编辑 Wiki

▶ **前提条件**

▶ 完成“练习22.1 开启 Wiki 服务”的操作。

现在你已经创建了一个 Wiki，你可以对其进行编辑和配置。在本练习中，你将使用网络用户身份去编辑 Wiki、附加文件、管理对 Wiki 的访问、配置 Wiki 提供博客服务、创建一些内容，然后删除 Wiki。

编辑 Wiki 文本并上传文稿

1 你应当仍然以 Carl Dunn 的身份登录 Wiki，并且查看的是你刚刚创建的 Wiki。使用他的身份信息，按照前面的练习操作步骤进行登录。如果没有自动显示你刚刚创建的 Wiki，那么单击左上角的图标，选择“所有 Wiki”命令，然后选取你刚刚创建好的 Wiki。

2 单击“编辑”（铅笔图标）按钮。

3 注意这时会变更可用的工具集。

4 在现有文本的末尾按 Return 键另起一行，然后单击左上角的“附件”图标（曲别针图标）。

5 单击“选取文件”按钮，选取边栏中的“文稿”文件夹，然后前往 /StudentMaterials/Lesson22/目录。

6 选择 Planets.numbers，然后单击“选取”按钮。

7 单击“上传”按钮附加文件。

8 单击“存储”按钮来保存对页面内容的编辑。

9 查看编辑结果。

10 单击文件名旁边的“快速查看”按钮（眼睛图标），不需要下载文件就可以查看附件内容。

11 单击“关闭”按钮（X）关闭“快速查看”窗口。

用户可以使用工具栏中的相应按钮来上传添加媒体文件。媒体文件会被呈现在网页上，对于用户的使用并不需要去下载。

上传文稿到 Wiki

你刚才是将一个文稿添加到 Wiki 的文本中，此外，你还可以单独上传一个文稿。

1 单击“添加”（+）按钮并选择“将文件上传到 Demo Wiki”选项。

2 单击“选取文件”按钮。

3 在 Lesson22 文件夹中，选择 Sample Pages 文稿。

4 单击“选取”按钮。

5 在“上传文件”对话框中单击“上传”按钮。

6 单击工具栏中的“文稿”。

7 确认文稿列表包含 Demo wiki 页面和 Sample Pages 文稿。

配置 Wiki 设置

为Wiki添加一个博客，查看Wiki的外观选项，并为Wiki更新权限，令未经鉴定的用户也可以访问Wiki。

1 单击“操作”弹出式菜单（齿轮图标）并选择“Wiki 设置”命令。

2 在查看 Wiki 设置的时候，已在边栏中选取了“通用”选项，选中“博客”复选框。

3 在“Wiki 设置”的边栏中选取“外观”选项，然后查看可用的外观选项。

4 在“Wiki 设置”的边栏中选取“权限”选项，单击“所有未鉴定用户”的权限菜单，并选择“只读”选项。

5 单击“存储”按钮。

为 Wiki 添加博客

1 单击“添加”（ + ）按钮，并选择“在 Demo Wiki 中新建博客文章”选项。

2 给你的博客文章起一个名字，例如 Demo blog post，并单击“添加”按钮。

3 注意博客文章的默认文本内容包含了编辑它的相关信息。

4 单击博客的文本内容，按 Command-A 组合键选取全部文本，然后按 Delete 键。

5 输入一些文本，例如 Learned about the Wiki service today。

6 单击“存储”按钮。

以匿名用户的身份查看 Wiki

1 单击“退出”按钮（解开的锁形图标），然后在“退出”面板中单击“退出”按钮。

2 虽然你不再通过鉴定访问 Wiki，但是由于你已配置 Wiki 允许未经鉴定的用户去读取内容，所以你仍然可以看到博客条目。

登录并删除 Wiki

由于这个 Wiki 只是用于测试，所以可以删除它。

1 单击工具栏中的“登录”按钮（锁形图标）。

2 在“请登录”面板中，提供身份信息（用户名：carl，密码：net），并单击“登录”按钮。

3 如果你没有看到 Wiki 界面，那么单击工具栏中的 Wiki 按钮，然后选取 Wiki。

4 单击“操作”弹出式菜单（齿轮图标）并选择“删除主页面”命令。

如果你没有上传过任何文件，那么单击“删除 Wiki”按钮。

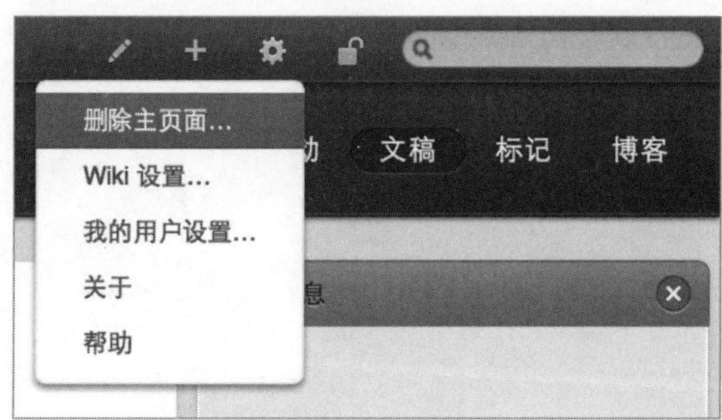

5 在操作确认对话框中单击“删除”按钮。

6 在工具栏中单击“退出”按钮（解开的锁形图标）。

7 在“退出”面板中单击“退出”按钮，然后退出 Safari。

在本练习中，你使用 Safari 编辑了 Wiki 的设置，并且还编辑了 Wiki 的内容。

课程23
日历服务的实施

> 目标
> - 日历服务功能的实施。
> - 学习服务的使用。
> - 服务的基本进程介绍。

日历服务是协作服务的一项核心服务，它为任务及所用资源的日程安排提供了一套标准的方法。

参考23.1
日历服务数据存储位置介绍

与大多数其他的服务类似，日历服务的数据被存储在/资源库/Server目录下。在该目录中，有一个专门包含日历服务数据的文件夹，即/资源库/Server/Calendar and Contacts/。

在该文件夹中有一个 Config 文件夹，它包含主要的配置文件，其中有针对 caldav 守护进程的配置文件 caldavd-system.plist。

日志被存储在 /Library/Server/Calendar and Contacts/目录下，对于以前的版本来说，这个有一些改变。

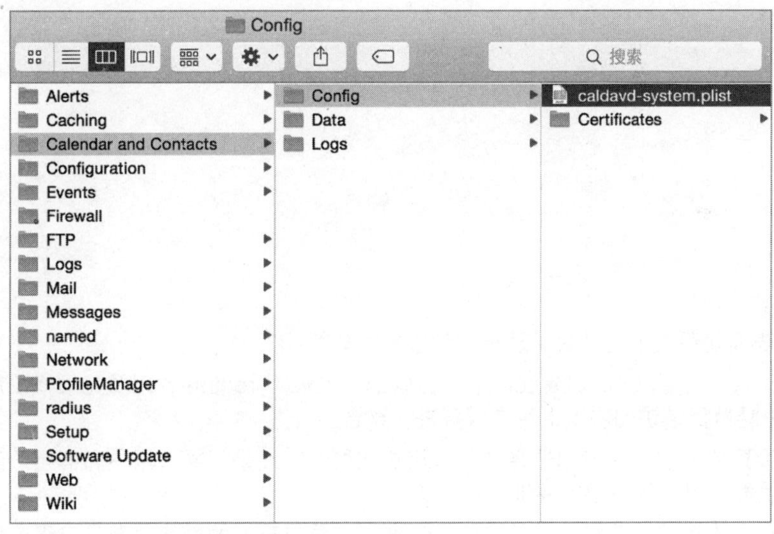

参考23.2
日历服务的使用

OS X Server 包含的日历服务基于一些开源项目，主要是 WebDAV 的日历服务器扩展（CalDAV）日历协议。日历服务使用 HTTP（超文本传输协议）和 HTTPS（HTTP 安全）来访问它的所有文件。要使用日历服务的用户可以利用它的一些便利功能：

- 安排房间或是可以被签出的项目，例如投影仪。
- 为日程安排启用访问控制并限制对日历的查看。
- 允许每个用户具有多个日历。
- 允许对事件添加附件文件。

- 对事件发送邀请，而不用考虑接收人是否是日历服务器上的用户。
- 针对特定的事件，对人员是否可以参与或是会议地点是否可用进行检查。
- 通过评论对事件进行私有化注释，该评论只有发布评论的人和事件的组织者才能访问。
- 使用推送通知来为计算机和移动设备提供信息更新的即时提醒。

此外，还有一些在表面功能之下的、令管理员感到欣喜的功能：

- 可以与 OS X Server 中的 Open Directory 、微软的 Active Directory，以及无须修改用户记录的 LDAP（轻量目录访问协议）目录服务进行整合。
- 在服务器初始设置的过程中，当你选择“创建用户和群组”或是“导入用户和群组”的时候，服务发现功能可以让用户很容易地设置日历。
- 服务器端的日程安排可以释放客户端的资源，让客户端具有更好的性能，而且日程安排的结果会更加一致。

当日历服务被开启后，用户可以通过“日历”（4.0或更高版本）、iPhone 和 iPod touch版本的“日历”，以及 Wiki 的日历页面来创建和调整他们的事件及日程安排。很多第三方的应用程序也可以通过日历服务进行工作，你可以在网上搜索 CalDAV 支持来找到这些应用程序。

你可以基于用户、群组及他们进行连接的网络来设置权限，与其他服务的应用方式类似。在“日历”服务设置面板的“访问”设置界面，通过“权限”进行配置。

当允许进行电子邮件邀请的时候，可以设定一个电子邮件账户去处理这些工作，但是通常只是采用最简单的办法，使用由 Server 应用程序创建的默认本地电子邮件账户。无论怎样，它需要被当作专用账户来使用，而不能用于其他任何用途。它还会配置本地邮件服务器的设置去应用这个邮件地址。

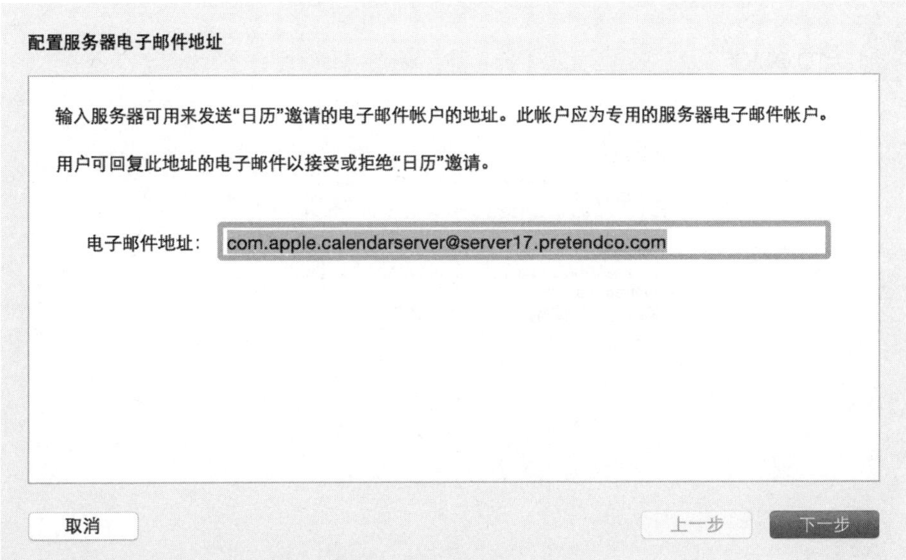

日历服务提供了一种创建和使用资源（例如投影仪或是一组扬声器），以及位置（例如建筑物或是会议室）的方式。你可以通过 Server 应用程序中的“日历”设置面板来添加位置和资源。如果没有设置授权用户，当位置或资源是空闲的并且空闲/正忙设置信息对用户是可用的时候，日历服务会自动接受相应的邀请。你也可以指定一个授权人员来管理可用的资源或位置。一个很有用的功能是地址的自动查询和地图上的图钉位置。

根据你设置的是“自动”还是“需要授权用户的批准”，授权用户可以具有两项功能。如果你设置的是“自动”，那么资源将自动接受邀请，不过授权用户可以查看和修改资源的日历。如果选用的是“需要授权用户的批准”，那么授权用户必须进行接受或拒绝邀请的操作。授权用户也可以查看和修改资源日历。

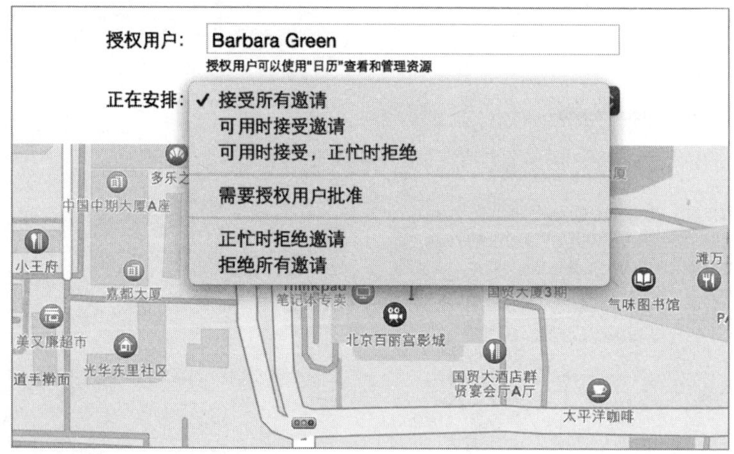

参考23.3
日历服务的故障诊断

要对 OS X Server 提供的“日历”服务进行故障诊断，很好地了解“日历”服务通常是如何进行工作的会很有帮助。回顾前面各部分的内容，确认了解各个部分的工作情况。

这里有一些常见的问题及解决这些问题的建议：

- 如果用户无法连接到服务器上的日历服务，那么检查客户端所用的 DNS（域名系统）服务器，确认它可以对服务器的名称进行正确的解析。
- 如果用户无法连接日历服务，那么检查8008和8443端口对服务器是否是开放的。
- 如果用户无法通过鉴定访问日历服务，那么检查用户是否使用了正确的密码信息。如果需要的话，可以重设密码。根据服务访问控制的设置，确认已允许该用户去访问这个服务。

练习23.1
配置并开启日历服务

▶ 前提条件

- 完成“练习2.1　创建 DNS 区域和记录”的操作。
- 完成“练习9.1　创建和导入网络账户”的操作。
- 完成“练习21.1　启用邮件服务”的操作。

你可以使用 Server 应用程序来启用和管理日历服务。你可以调整的参数是有限的，如下：

- 安全套接层（SSL）证书（在 Server 应用程序的“证书”设置面板）。
- 启用或停用电子邮件邀请以及相关的各项设置。
- 位置和资源。

通过 Server 应用程序开启日历服务是非常简单的，但是如果你要使用电子邮件邀请功能，那么需要收集有关邮件服务器的信息。

审查证书

请确认日历服务使用 SSL 证书保护自身及其与客户端之间的通信。

1 在你的管理员计算机上进行这些练习操作。如果在管理员计算机上尚未通过 Server 应用程序连接到你的服务器计算机，那么按照以下步骤进行连接：在管理员计算机上打开 Server 应用程序，选择“管理”>“连接服务器”命令，选取你的服务器，单击“继续”按钮，提供管理员身份信息（管理员名称：ladmin；管理员密码：ladminpw），取消选中“记住此密码”复选框，然后单击“连接”按钮。

2 在 Server 应用程序的边栏中选择“证书”选项。

3 如果所有服务都使用同一证书，那么证书会被显示在“安全服务使用”的旁边。

否则，单击弹出式菜单，选取“自定”命令，确认“日历和通讯录”被设置使用证书，然后单击“好”按钮关闭证书设置面板。

检查邮件邀请设置

NOTE ▶ 确保你使用的邮件账户是专门用于日历服务的。下面的步骤演示了一个邮件账户如何被自动创建，以供你使用。

1 在 Server 应用程序的边栏中选择“日历”选项。

2 选中“启用电子邮件邀请”复选框。

在“电子邮件”文本框中应当已填写了一个电子邮件地址com.apple.calendarserver@server*n*.pretendco.com。为你填写的是系统用户账户 com.apple.calendarserver 的默认电子邮件账户。如果你愿意，也可以使用其他的账户，但是不要使用已用于日常邮件处理的邮件账户。不过还是建议你使用默认的电子邮件账户。

3 单击“下一步”按钮。

4 收件服务器信息应当已为你填好，如果没有填写，那么为你前一步所填写的账户输入相应的邮件服务器信息并单击“下一步”按钮。

配置服务器电子邮件地址

输入接收邮件帐户的帐户信息。

邮件服务器类型：IMAP
收件服务器：server17.pretendco.com
端口：993 使用 SSL
用户名称：com.apple.calendarserver
密码：••••••••••••••••

取消 上一步 下一步

5 发件服务器信息应当已为你填好，如果没有填写，那么为你在第4步所填写的账户输入相应的邮件服务器信息并单击“下一步”按钮。

配置服务器电子邮件地址

输入发送邮件帐户的帐户信息。

发件服务器：server17.pretendco.com
端口：587 使用 SSL
鉴定类型：登录
用户名称：com.apple.calendarserver
密码：••••••••••••••••

6 检查“邮件账户摘要”界面，如果应用所做的更改，那么单击“完成”按钮；否则，单击“取消”按钮。

开启日历服务

1 单击“开”按钮开启日历服务。

2 确认“状态”信息框显示了绿色的状态指示器，并且带有相关的服务可以使用的信息。

3 查看“权限”设置项。

在本练习中，你检查了服务使用的 SSL 证书，设置了与“启用电子邮件邀请”相关的选项，并且开启了服务。

练习23.2
使用 Server 应用程序添加资源和位置

▶ **前提条件**

▶ 完成“练习23.1 配置并开启日历服务”的操作。

在本练习场景中，为了避免为同一事项重复预定位置和资源，你的组织机构决定让机构中的每位成员都去使用日历服务。在本练习中，你将创建一个位置记录和一个资源记录，并对各项记录进行配置，如果尚未被安排，那么自动接受邀请；如果已经被安排，那么拒绝邀请。你将安排 Enrico

Baker 作为授权用户，这样他就可以查看和修改各项资源的安排了。

创建位置

基于你的组织机构创建一个位置记录，可以对空闲/正忙状态进行控制，例如会议室。对它进行配置，这样授权用户 Enrico Baker 就可以查看和编辑日历中的位置记录了。

1 在 Server 应用程序的边栏中选择“日历”服务。

2 在“位置和资源”设置部分的下方单击“添加”（+）按钮。

3 从弹出式菜单中选择“位置”命令。

4 在“名称”文本框中输入Conference Room A。

5 在本练习中，保持“地址”文本框的空白。

在实际工作环境中，你可以输入真实的位置地址，然后可以从显示的列表中选择它。

6 在“授权用户”文本框中开始输入 Enrico Baker，然后选取 Enrico Baker。

7 保持“正在安排”菜单设置为“可用时接受，正忙时拒绝”。

8 保持“接受群组”文本框的空白。

9 单击“创建”按钮。

你已经添加了一个位置记录，可以在由日历服务托管的日历事件中使用它。

创建资源

资源记录的创建与位置记录的创建类似。为组织机构的 3D 打印机创建一个资源记录，并添加 Enrico Baker 作为授权用户。

1 单击“添加”（+）按钮，然后从弹出式菜单中选择“资源”命令。

2 在“名称”文本框中输入 3D Printer 1。

3 在“授权用户”文本框中开始输入 Enrico Baker，然后选取 Enrico Baker。

4 保持“正在安排”菜单设置为“可用时接受，正忙时拒绝”。

5 保持“接受群组”文本框的空白。

6 单击“创建”按钮。

7 确认新的资源显示在“位置和资源”列表中。

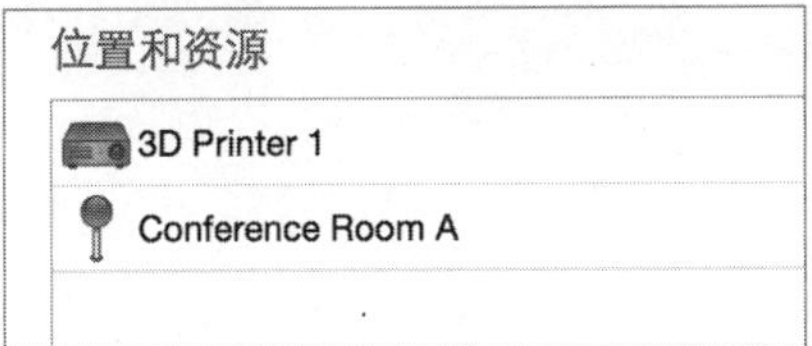

你刚刚创建了位置和资源记录，并配置 Enrico Baker 作为它们的授权用户。在接下来的练习中，你将使用这些记录。

练习23.3
使用日历服务

▶ **前提条件**

- 完成“练习23.2　使用 Server 应用程序添加资源和位置”的操作。
- 完成“练习21.2　发送和接收邮件”的操作。

用户可以通过“日历”应用程序、网页浏览器和移动设备来创建和修改事件记录。在本练习中，你将使用“日历”应用程序来创建一个事件邀请。在你的服务器计算机上，你将以 Sue Wu 的身份使用“日历”应用程序去接受邀请。

配置“日历”应用程序并发送邀请

从使用“互联网账户”偏好设置添加 CalDAV 账户开始。

添加 CalDAV 账户

在你的管理员计算机上，为 Gary Pine 配置“日历”应用程序。

1. 在你的管理员计算机上打开系统偏好设置。
2. 打开“互联网账户”偏好设置。

3. 在左侧的竖栏中可能会有其他账户，在本练习中可以忽略这些账户。
4. 在右侧竖栏中，滚动到列表的底部，并选取“添加其他账户”选项。
5. 选择“添加 CalDAV 账户”选项。
6. 单击“创建”按钮。
7. 输入以下设置信息：
   - 账户类型：自动。
   - 电子邮件地址：gary@server*n*.pretendco.com（其中 *n* 是你的学号）。
   - 密码：net。
8. 单击“创建”按钮来添加账户。
9. 如果在你的管理员计算机上的用户账户没有被配置去信任你服务器的 Open Directory（OD）证书颁发机构（CA），那么会显示消息说“日历”无法验证服务器的身份，单击“显示证书”按钮，选取你服务器的 OD CA，选择“总是信任”复选框，单击“继续”按钮，提供当前已登录用户的身份信息并单击“更新设置”按钮。
10. 在“互联网账户”的左侧竖栏中，选取新的日历条目。

11. 在右侧竖栏中，确认“描述”文本框被设置为你服务器的主机名称。

    如果是对 OS X Server 进行的设置，那么在“描述”文本框中输入 server*n*.pretendco.com（其中 *n* 是你的学号）。

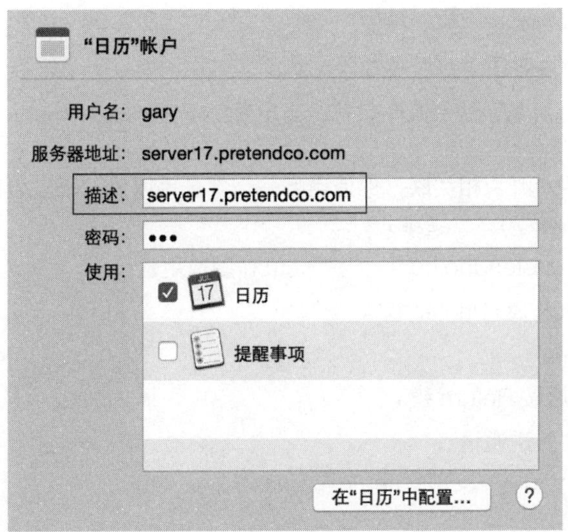

12 单击“在‘日历’中配置”按钮。

这时会打开“日历”应用程序，并打开“日历”应用程序的“账户”偏好设置。

13 确认“描述”文本框被设置为你服务器的主机名称。

14 关闭“‘日历’账户”窗口。

发送邀请

发送一个邀请，这个邀请涉及一个位置、一个资源及另一个本地网络用户。本练习中提到的“明天”，对于本部分的各个图示来说，显示为2014年11月3日。当然，你所指定的事件日期应该不会和这个日期一样。

1 选择“文件” > “新建事件”命令，或者单击“创建事件”（ + ）按钮，创建快速事件。

2 输入事件名称、日期和事件，例如 Project update tomorrow at 9，并按 Return 键选取自动选择的建议。

3 单击“添加位置”按钮，然后等待片刻。

4 在提示日历要使用你当前位置的对话框中单击“好”按钮。

NOTE ▶ 日历权限也会请求几次要使用你的当前位置，每次都单击“好”按钮。

5 在“添加位置”文本框中开始输入 Conference Room A 的前几个字符。当该位置选项出现后选取 Conference Room A，然后按 Return 键。

6 在提示日历要使用你当前位置的对话框中单击“好”按钮。

7 在提示日历要使用你当前位置的对话框中单击“好”按钮。

8 单击“添加被邀请人”，然后只输入 Sue Wu 的前几个字符，当出现Sue Wu <sue@server17.pretendco.com>选项时选取该选项。

Sue Wu 有多个电子邮件账户与她的用户账户相关联，你使用哪一个都是可以的，所以如果显示的是 sue@pretendco.com，那么你也可以选用这个地址。

9 选取列表中的Sue Wu <sue@server17.pretendco.com>，按 Return 键选用它。

10 仍然在“被邀请人”文本框中，开始输入 3D Printer 1。

注意，你至少要输入名称的前3个字母。

11 从显示的列表中选择 3D Printer 1，然后按 Return 键。

12 单击“发送”按钮保存对事件的更改并发送邀请。

日历服务已发送邀请到 Conference Room A、3D Printer 1 和 Sue Wu。

13 双击你刚刚创建的事件。

如果你已配置的 Conference Room A 和 3D Printer 1 是空闲的，那么会自动接受邀请，所以在片刻之后，日历服务自动确认位置和资源的邀请。

14 等待片刻，直到位置和资源旁边的对钩由黑色变为绿色。

15 选择“文件”>“关闭”命令，关闭事件的详细信息窗口（或是在日历中的其他地方单击一下）。

16 在你的管理员计算机上退出“日历”应用程序。

回复邀请

使用你的服务器计算机来模拟在 Sue Wu 的 Mac 计算机上使用“日历”服务。

在你的服务器上为 Sue Wu 配置日历

你可以使用“互联网账户”偏好设置或是“日历”应用程序的偏好设置来添加 CalDAV 账户。在你的管理员计算机上，你已使用了“互联网账户”偏好设置，所以对于这部分的练习操作，将在你的服务器上使用“日历”应用程序的偏好设置。

1 在你的服务器上，打开“日历”应用程序。

2 在你的管理员计算机上，打开“日历”应用程序。

3 选择“日历”>“添加账户”命令。

4 选择“添加 CalDAV 账户”并单击“继续”按钮。

5 使用以下设置：

- 账户类型：自动。
- 电子邮件地址：sue@server$n$.pretendco.com（其中 n 是你的学号）。
- 密码：net。

6 单击“创建”按钮添加账户。

7 关闭账户窗口。

回复邀请

1 注意通知按钮显示了这里有一个你尚未回复的邀请。

2 单击“通知”按钮。

3 单击接受 9 AM 邀请。

4 退出你服务器上的“日历”应用程序。

NOTE ▶ 要了解如何解决日程冲突及日历服务的网页界面情况，可以参考本教材可下载的课程文件中的“Exercise 23.3 Supplement”内容。

更多信息 ▶ 你也可以将日历添加到 Wiki 中：以具有 Wiki所有者权限的用户身份登录到 Wiki，单击“操作”弹出式菜单（齿轮图标），选择“Wiki 设置”命令，然后在“通用”设置中选中“日历”复选框。

由于日历服务依靠 HTTP 或 HTTPS 在服务器与客户端之间传输数据，所以可以使用标准的网络诊断技术，例如检查开放的和可用的网络端口。在客户端上，“日历”应用程序通过 DNS 查找来发现“日历”服务器，所以 DNS 问题也会影响到日历的正常工作。

在本练习中，你使用的是 Mac 计算机，而“日历”服务也可以通过 iOS 设备上的“日历”应用程序进行工作（选择“设置”>“邮件、通讯录、日历”>“添加账户”>“其他”>“添加 CalDAV 账户”命令）。

课程24
通讯录服务的管理

通过 OS X Server 可以很容易地使用通讯录服务。通讯录可以集中存储信息，并且让很多客户端使用。

目标

- 配置通讯录服务。
- 了解相关的协议。
- 连接到通讯录服务。

参考24.1
通讯录服务介绍

通讯录服务可以让用户将联系人信息存储在服务器上，并通过多台计算机和设备来访问这些联系人信息。除了能够使用 CardDAV 的应用程序外，以下 Apple 应用程序都兼容通讯录服务：

- 通讯录和地址簿。
- 邮件。
- 信息。

你可以设置通讯录服务为你的用户提供集中管理的地址簿。通过这种方式，你的用户可以访问到同一联系人信息池。你也可以设置通讯录服务提供目录服务器的 LDAP 搜索功能，你可以将你的服务器与目录服务器进行绑定，这样用户就不需要配置他们的“通讯录”偏好设置去包含 LDAP 服务器的设置了。

NOTE ▶ 如果你的服务器没有绑定到其他的目录服务器，那么这个选项是无法进行配置的。

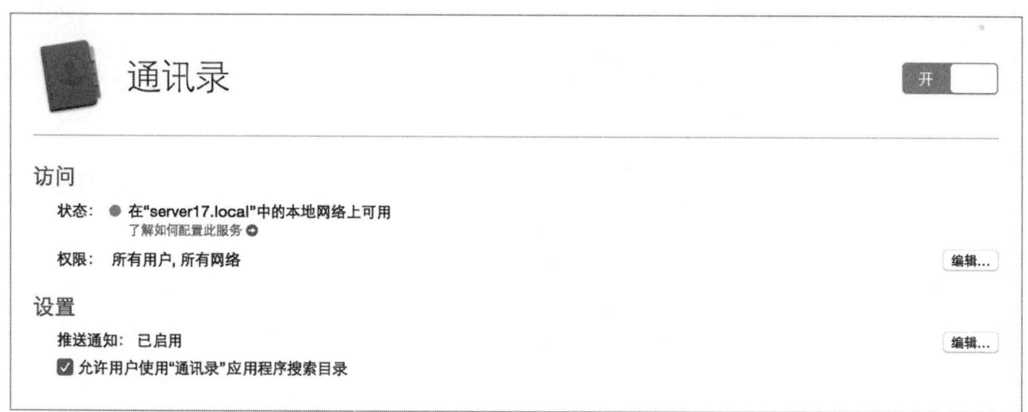

通讯录服务使用的是开源技术，包括 CardDAV（WebDAV 的扩展）、HTTP（超文本传输协议）与 HTTPS（HTTP 安全），以及Card（联系人信息的文件格式）。

通讯录服务的数据存储在/资源库/Server/目录下。在这个目录中，专门针对通讯录服务的文件夹是/资源库/Server/Calendar and Contacts/。

你可以基于用户、群组及他们进行连接的网络来设置权限，与其他服务的应用方式类似。在“通讯录”服务设置面板的“访问”设置中，通过“权限”进行配置。

当你通过通讯录服务来创建联系人信息的时候，使用 CardDAV 将更改复制到服务器，而不是 LDAP。

参考24.2
通讯录服务的故障诊断

这里有一些常见的问题及解决这些问题的建议：

- 如果你的用户无法连接到服务器上的通讯录服务，那么检查客户端所用的 DNS 服务器能够正确解析服务器的域名。
- 如果用户无法连接到通讯录服务，那么检查8800和8843端口对服务器是否是开放的。
- 如果用户无法通过鉴定去访问通讯录服务，那么检查用户是否使用了正确的密码信息。如果需要，可以重设密码。根据服务访问控制的设置，确认已允许该用户去访问这个服务。

练习24.1
配置通讯录服务

▶ 前提条件

- 完成“练习2.1 创建 DNS 区域和记录”的操作。
- 完成“练习9.1 创建和导入网络账户”的操作。

在通讯录服务中可以进行配置的项目非常少。Server 应用程序允许你进行以下配置：

- 开启或关闭服务。
- 设置搜索目录联系人信息功能。

在你开启通讯录服务前，需要确认服务使用了安全套接层（SSL）证书。

确认 SSL 证书

1. 在你的管理员计算机上进行这些练习操作。如果在管理员计算机上尚未通过 Server 应用程序连接到你的服务器计算机，那么按照以下步骤进行连接：在管理员计算机上打开 Server 应用程序，选择“管理”>“连接服务器”命令，选取你的服务器，单击“继续”按钮，提供管理员凭证信息（管理员名称：ladmin，管理员密码：ladminpw），取消选中“记住此密码”复选框，然后单击“连接”按钮。
2. 在 Server 应用程序的边栏中选择“证书”选项。
3. 如果所有服务都使用同一证书，那么证书会被显示在“安全服务使用”的旁边。确认证书是由 Open Directory（OD）证书颁发机构（CA）签发的证书，然后跳转到接下来的练习。
4. 如果弹出式菜单被设置为“自定配置”，那么单击弹出式菜单并选择“自定”命令。
5. 确认“日历和通讯录”项目被设置使用由你服务器的 OD 中级 CA 签发的证书，然后单击“取消”按钮返回到“证书”设置面板。

配置通讯录服务

1. 在 Server 应用程序中选择“通讯录”服务。
2. 选中“允许用户使用‘通讯录’应用程序搜索目录”复选框。

NOTE ▶ 如果服务器没有被绑定到其他的目录服务，或者它不是 Open Directory 主服务器，那么“允许用户使用‘通讯录’应用程序搜索目录”复选框是无法使用的。虽然该复选框是无法设置的，但是你仍然可以使用“通讯录”服务去存储联系人信息，并在你的多台计算机和设备上使用。

3 单击“开”按钮开启“通讯录”服务。

4 确认在“状态”信息栏中显示了绿色的状态指示器。

5 检查服务的权限设置。

练习24.2
配置 OS X 使用通讯录服务

▶ **前提条件**

- ▶ 完成“练习24.1 配置通讯录服务”的操作。

OS X 的“通讯录”应用程序和 iOS 的“通讯录”应用程序支持使用 CardDAV 或 LDAP 的服务，这包括 OS X Server 提供的“通讯录”服务。

在本练习中，你将配置“通讯录”应用程序去访问“通讯录”服务，创建一个新的联系人，并确认在另一台 Mac 计算机上可通过“通讯录”应用程序去访问。你还将确认你可以通过“通讯录”应用程序去搜索该应用程序正在使用的服务器目录。

确认“通讯录”应用程序可以访问“通讯录”服务

在你的管理员计算机上使用“通讯录”应用程序。

在你的管理员计算机上设置“通讯录”去访问你的 CardDAV

你可以使用“互联网账户”偏好设置或是“通讯录”应用程序偏好设置去添加 CardDAV 账户。对于本练习来说，将使用“通讯录”应用程序来添加。

1 在你的管理员计算机上打开“通讯录”应用程序，该应用程序默认是在 Dock 中的。

2 选择“通讯录”>“偏好设置”命令（或按 Command-逗号组合键）。

3 在“通讯录”偏好设置的工具栏中选择“账户”选项。

4 单击“添加”（+）按钮，选择“其他通讯录账户”并单击“继续”按钮。

5 保持账户类型是 CardDAV，因为“通讯录”服务通过 CardDAV 来工作。

6 在“用户名”文本框中输入 gary。
你必须使用用户的账户名称（而不是他们的全名）。

7 在“密码”文本框中输入相应的密码net。

8 在“服务器地址”文本框中输入 server*n*.pretendco.com（其中 *n* 是你的学号）

9 单击“创建”按钮。

10 选择“通用”选项卡。

11 确认“默认账户”被设置为你的服务器（而不是“我的 Mac 上”），这样你创建的新联系人信息就会被存储到“通讯录”服务中。

12 关闭“通用”设置面板。

13 注意边栏由 4 个部分组成：

- ▶ 所有联系人。
- ▶ server*n*.pretendco.com（其中 *n* 是你的学号），因为你刚刚添加了 CardDAV 账户。
- ▶ 在“我的 Mac 上”。
- ▶ 目录（因为你选用了在搜索中包含目录联系人）。

创建新的联系人

1 在边栏中选择“所有联系人”选项。

2 单击“添加”（+）按钮并选择“新联系人”选项。

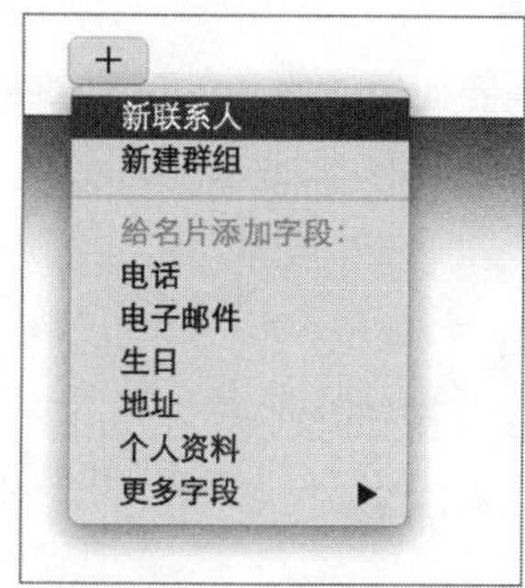

3 为用户输入示例名称信息，如下面所示：

- 姓氏：Yuri。
- 名字：Ishikura。
- 手机：773-555-1212。
- 家庭（电子邮件）：yuri@example.com。

4 单击“完成”按钮保存更改。

你刚刚创建的联系人被存储到你的OS X 计算机上供离线使用，并且它还通过“通讯录”服务进行存储，这样你就可以在其他的计算机和设备上进行访问了。

5 在边栏中选择“所有 server*n*.pretendco.com（其中 *n* 是你的学号）”选项。

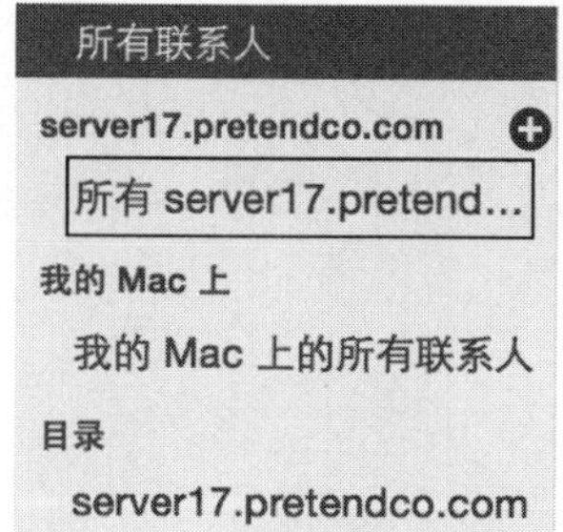

6 确认你的新联系人信息出现在中间的分栏中，这是你当前通过 CardDAV 账户存储的唯一联系人信息。

只要你配置“通讯录”应用程序使用“通讯录”服务账户，那么你通过“通讯录”服务账户创建的联系人信息在其他的 OS X 计算机和 iOS 设备上都是可用的。你也可以通过使用 CardDAV 的应用程序来访问你的联系人信息。

确认你的联系人信息可在多台设备上访问

要确认“通讯录”服务是否可以让你从多台设备上访问信息，需要在一台 Mac 计算机上创建一个联系人，然后确认你可以从另一台 Mac 计算机上访问该信息。

在第二台 Mac 计算机上设置通讯录

要模拟在另一台 Mac 计算机上使用通讯录的情形，在本练习中需要使用你的 Server 计算机。

1 在服务器上打开“通讯录”应用程序。

2 选择“通讯录” > “偏好设置”命令。

3 在“通讯录”偏好设置中选择“账户”。

4 单击“添加”（+）按钮，选择“其他通讯录账户”并单击“继续”按钮。

5 保持账户类型是 CardDAV，因为“通讯录”服务通过 CardDAV 来工作。

6 在“用户名”文本框中输入 gary。

你必须使用用户的账户名称（而不是他们的全名）。

7 在“密码”文本框中输入相应的密码net。

8 在“服务器地址”文本框中输入 server*n*.pretendco.com（其中 *n* 是你的学号）

9 单击“创建”按钮。

10 如果账户窗口没有自动关闭，应关闭该窗口。

11 在“通讯录”应用程序的边栏中选择“所有 server*n*.pretendco.com（其中 *n* 是你的学号）”选项。

12 确认你创建的联系人信息出现在中间的分栏中。

13 在你的服务器上退出“通讯录”应用程序。

确认目录搜索功能

NOTE ▶ 在编写本教材的时候，“通讯录”应用程序并不返回具有多个邮件地址的联系人记录的功能。

创建一个新的本地网络账户

在已共享目录中创建一个新的本地网络账户，这样你就可以通过“通讯录”应用程序来搜索它，从而验证你的“通讯录”服务可以让用户去搜索目录。

1 在 Server 应用程序的边栏中选择“用户”选项。

2 单击弹出式菜单，并选择“本地网络用户”命令。

3 如果“用户”设置面板底部的锁形图标是被锁定的，那么单击它进行鉴定。

4 取消选中“在我的钥匙串中记住此密码”复选框。

5 如果需要，输入你目录管理员的身份信息（管理员名称：diradmin，管理员密码：diradminpw）。

6 保持取消选中“在我的钥匙串中记住此密码”复选框的状态。

7 单击“鉴定”按钮。

8 单击“添加”（+）按钮。

9 保持“类型”设置框的设置为“本地网络用户”。

NOTE ▶ 对于接下来的操作步骤，先配置“账户名称”设置项，因为输入“全名”会被用于自动生成建议使用的账户名称和“电子邮件地址”使用的设置。

10 在“账户名称”输入框中输入 trudy。

类型：本地网络用户
全名：
帐户名称：trudy

11 在“全名”文本框中输入 Trudy Phan，然后按 Tab 键。

12 在“电子邮件地址”设置框中选择 trudy@pretendco.com。

13 单击“移除”（–）按钮。

14 如果“电子邮件地址”设置框中无 trudy@server$n$.pretendco.com（其中 n 是你的学号），那么单击“添加”（+）按钮并输入该地址。

15 在“密码”和“验证”文本框中输入 net。

16 单击“创建”按钮。

搜索本地网络用户

1 在“通讯录”应用程序的边栏中，在“所有联系人”的“目录”下选取 server$n$.pretendco.com（其中 n 是你的学号）。

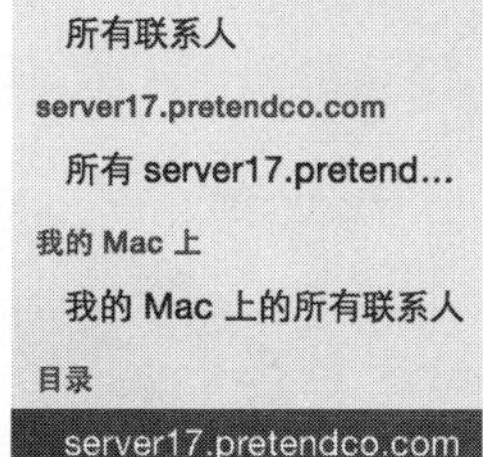

2 在搜索输入框中输入 trudy。

在搜索结果条目中，Trudy Phan 被自动选取。

3 确认你为 Trudy Phan 配置的电子邮件地址显示在右侧竖栏中。

4 在你的管理员计算机上退出“通讯录”应用程序。

在本练习中，已创建并通过服务器“通讯录”服务存储的联系人信息可以从多台设备上访问，此外，可以使用“通讯录”应用程序去搜索你的本地网络用户目录。

课程25
信息服务的提供

信息服务是一项常用的协作服务，它提供了一套标准的通信方法，可以与一名或多名用户进行通信。

目标

- 信息功能介绍。
- 学习服务的使用。
- 了解基本的服务进程。

参考25.1
信息服务的管理

信息服务，以前称为 iChat，允许用户进行实时的协作通信。用户可以使用“信息”的以下功能来快速分享信息，而不会像邮件消息和 Wiki 帖子那样会有延时：

- 即刻交换文本消息。
- 相互发送文件。
- 设置一个即时音频会议（可以使用很多 Mac 计算机内置的麦克风或是一个外部设备）。
- 使用摄像头（包括 iSight 或是在很多 Mac 计算机和 iOS 设备中内置的 FaceTime摄像头）来发起一个面对面的视频会议。
- 允许其他信息用户控制 Mac（使用屏幕共享）。
- 使用可持久的聊天功能（称为聊天室），令一组用户可以保持持续的谈话过程。

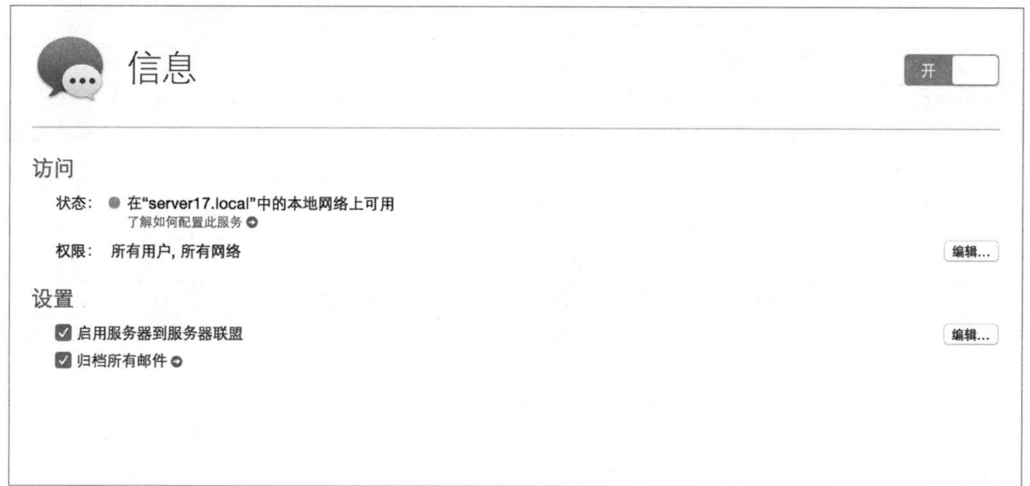

不像电话呼叫那样，让你必须立即接听或是转到语音信箱，而是可以接收即时文本消息，并在准备好处理它的时候再进行回复。

你可以基于用户、群组及他们进行连接的网络来设置权限，与其他服务的应用方式类似。在“信息”服务设置面板的“访问”设置中，通过“权限”进行配置。

通过运行你自己的信息服务，可以利用这些优势，例如可以增加聊天记录归档并保持所有信息的安全与私密。

能够使用信息服务相互交谈的用户可以令交谈会话在组织机构内部进行。与 OS X Server 上的其他服务类似，信息服务可以被限制到特定的用户或群组使用，令交谈是私密和可控的。交谈信息可以通过加密来确保安全，也可以被记录以便日后进行查找。信息服务是基于开源的 Jabber 项目。所用协议的技术名称是可扩展消息处理现场协议（XMPP）。

信息服务用户的配置

在“信息”服务被设置好以后，你可以让用户加入“信息”服务（在“信息”应用程序的界面中被称为 Jabber）。一个完整的“信息”服务账户由以下几个部分组成：

- 用户的账户名称（也称为短名称）。
- @符号。
- “信息”服务的主机域名。

例如，在 server17.pretendco.com 上有一个全名为 Chat User1 、账户名称为 chatuser1 的用户，会配置“信息”应用程序使用 chatuser1@server17.pretendco.com 作为 Jabber 账户名称。

至少有3种方式来配置“信息”应用程序，包括以下方式：

- 使用配置描述文件。
- 使用“互联网账户”偏好设置，并选择“添加 OS X Server 账户”。
- 在“信息”应用程序中指定 Jabber 账户。

信息网络端口的定义

根据信息服务是在网络内部使用还是对其他网络公开使用，会有各种端口被信息服务所使用。有关端口的使用信息请参考表25.1。

表25.1 “信息”使用的端口

端口	描述
1080	用于文件传输的 SOCKS5 协议
5060	iChat 会话启动协议（SIP），用于音/视频通信
5190	只有基本的即时通信（IM）需要使用
5222 TCP	如果使用了安全套接层（SSL）证书，那么只用于 TLS（安全传输层协议） 连接。如果不使用 SSL 证书，那么这个端口用于非加密的连接。TLS 加密被传统的 SSL 连接优先使用，因为它更加安全
5223 TCP	当使用 SSL 证书的时候，用于传统的 SSL 连接
5269 TCP	用于加密服务器到服务器的 TLS 连接，也会用于非加密的连接。LS 加密被传统的 SSL 连接优先使用，因为它更加安全
5678	“信息”应用程序用于确定用户外部 IP 地址的 UDP 端口
5297，5298	早于Mac OS X 10.5版本的“信息”应用程序用于 Bonjour IM。Mac OS X 10.5和之后的版本会使用动态端口
7777	服务器文件传输代理的 Jabber Proxy65 组件所用的端口
16402	在 Mac OS X 10.5 和之后的版本中，被会话初始协议（SIP）信令使用的端口
16384–16403	Mac OS X 10.4以及更早的版本中，被使用实时传输协议（RTP） 和实时传输控制协（RTCP）的音视频通信所使用的端口。传输被交换到 .Mac（MobileMe）来确定用户的外部端口信息

信息记录说明

有可能是出于审查或管理的目的，信息服务需要满足对会话归档进行查看的需求。除了归档所有的信息，任何用户都可以配置“信息”应用程序来归档他们的个人聊天记录，以便日后查看。

即使“信息”用户之间的通信是被加密的，归档也会以明文的方式来保存。信息服务并不对音视频内容或是通过服务传输的文件进行归档。

信息服务可以记录所有的聊天信息。存储归档的默认文件夹在服务数据的存储宗卷上/Library/Server/Messages/Data/message_archives/。归档文件是 jabberd_user_messages.log，它包含用户通过服务器的信息服务已进行过交换的所有信息。

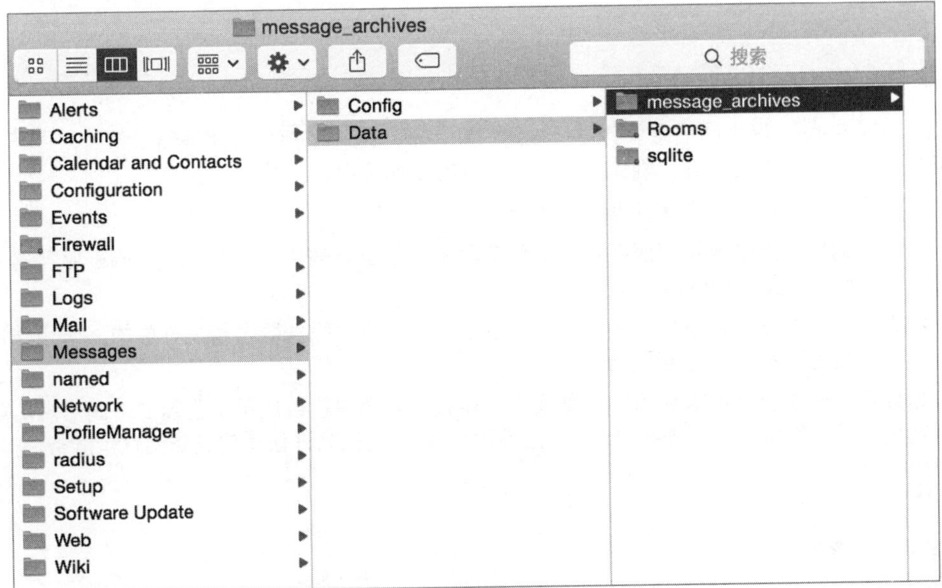

jabberd_user_messages.log 文件的所有权和权限仅允许一个隐藏的服务账户（名为 _jabberd）或是 root 用户可以访问它的内容。

虽然可以对 message_archives 文件夹及它所包含的日志文件来更改权限，从而可以让你通过一个图形用户界面（GUI）的文本编辑器来查看文件，但是更为安全的方式是在“终端”应用程序中使用命令行工具来查看文件。在“终端”应用程序中你可以使用 sudo 命令来获得临时的 root 访问，去访问你需要查看的文件内容。如果你要使用 GUI 编辑器，那么像 Pages 这样的应用程序，都可以被用于处理解析分隔符文件。

信息联盟的配置

你的组织机构中可能有多台运行 OS X Server 的计算机。如果这些服务器都使用信息服务，那么可以将它们联结到一起，让这些 Open Directory 主服务器中的用户和群组可以彼此进行即时通信。将不同的“信息”服务服务器联结到一起的过程称为联盟。联盟不仅可以让两台运行“信息”服务的服务器联结到一起，还可以联结其他的 XMPP 聊天服务，例如加入 Google Talk。“信息”服务联盟默认是被启用的。

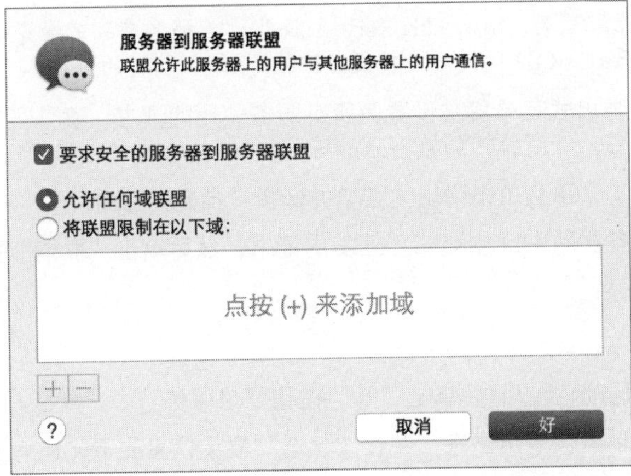

NOTE ▶ 如果你已使用了 SSL 证书，那么你可以为联盟启用安全加密，这会强制服务器之间的所有通信都被加密，这与使用证书的时候，对信息应用程序和信息服务器之间的通信进行加密的方式类似。为了进行归档，信息在服务器上总是被解密的。

参考25.2
信息服务的故障诊断

要对 OS X Server 提供的信息服务进行故障诊断，很好地去了解信息服务通常是如何进行工作的会很有帮助。回顾前面的内容，确认了解各个部分的工作情况。

这里有一些常见的问题及解决这些问题的建议：

- 如果你的用户无法连接到服务器上的信息服务，那么检查客户端所用的 DNS 服务器是否可以正确解析服务器的域名。
- 如果用户无法连接到信息服务，那么检查相应的端口对服务器是否是开放的，所用端口在本节前面的表25.1 中已经列出。
- 如果用户无法通过鉴定去访问信息服务，那么检查用户是否使用了正确的密码信息。如果需要，可以重设密码。根据服务访问控制的设置，确认允许该用户去访问这个服务。

练习25.1
设置信息服务

▶ 前提条件

- 完成“练习2.1　创建 DNS 区域和记录”的操作。
- 完成“练习9.1　创建和导入网络账户”的操作。

使用 Server 应用程序开启“信息”服务与启用 OS X Server 上的其他服务非常类似。当你开启服务后，管理该服务的方式与其他服务非常类似。

确认 SSL 证书

1. 在你的管理员计算机上进行这些练习操作。如果在管理员计算机上尚未通过 Server 应用程序连接到你的服务器计算机，那么按照以下步骤进行连接：在管理员计算机上打开 Server 应用程序，选择“管理” > “连接服务器”命令，选取你的服务器，单击“继续”按钮，提供管理员身份信息（管理员名称：ladmin，管理员密码：ladminpw），取消选中“记住此密码”复选框，然后单击“连接”按钮。
2. 在 Server 应用程序的边栏中选择“证书”选项，确认“信息”已被配置使用 SSL。

   NOTE ▶ 如果你还没有将你的服务器配置为 Open Directory 主服务器，那么看到的会是自签名的 SSL 证书，而不是由 Open Directory（OD）中级证书颁发机构（CA）签发的证书。
3. 如果所有服务都使用同一证书，那么弹出式菜单将被设置为所有服务使用的证书；确认证书是由你服务器的 OD 中级 CA 签发的证书，然后跳转到接下来的练习。
4. 如果弹出式菜单被设置为“自定配置”，那么单击弹出式菜单并选择“自定”命令。
5. 确认“信息”项目被设置使用由你服务器的 OD 中级 CA 签发的证书，然后单击“取消”按钮返回到“证书”设置面板。

开启信息服务

1. 在 Server 应用程序中选择“信息”服务选项，然后单击“开”按钮开启服务。
2. 当服务被开启后，确认绿色的状态指示器被显示出来，并在“状态”显示信息的下方还有一个指向信息服务帮助中心的超链接。

3 注意“权限”设置项的内容。

启用信息服务归档

你将启用信息服务的记录功能。

1 选中“归档所有邮件”复选框。

2 要查看信息归档的位置，可以单击“归档所有邮件”复选框旁边的超链接。

☑ 归档所有邮件

此时会打开服务器的“存储容量”设置面板并显示对应的文件夹，该文件夹包含以明文记录的文本文件jabberd_user_messages.log。

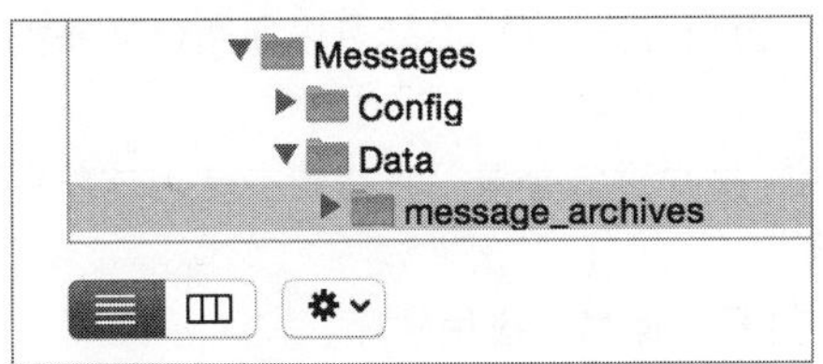

NOTE ▶ 当你在服务器上使用 Server 应用程序的时候，单击了“归档所有邮件”复选框旁边的超链接，而不是在管理员计算机上进行操作，那么这个操作并不会在“存储容量”面板中打开这个文件夹，而是在一个新的 Finder 窗口中打开。

在本练习中，你开启了信息服务并配置了它归档所有消息。在接下来的练习中，你将使用服务并查看记录的消息。

练习25.2
使用信息服务

▶ 前提条件

▶ 完成“练习25.1 设置信息服务”的操作。

现在，对于已经设置的服务，将使用你的管理员计算机去访问该服务，然后查看记录的消息。

在你的管理员计算机上配置“信息”应用程序

确认你可以连接到服务。

你将启用一个“信息”账户去使用信息服务（Jabber）。

1 在管理员计算机上单击 Dock 中的“信息”图标，打开“信息”应用程序。

2 在iMessage的“设置”面板中单击“以后”按钮，然后在操作确认对话框中单击“跳过”按钮。打开“信息”窗口，然后显示一个“账户设置”面板。

3 在“账户设置”面板中，从菜单中选择“其他信息账户”并单击“继续”按钮。

4 在“账户类型”菜单中选择 Jabber。

5 在“账户名称”文本框中输入 sue@server*n*.pretendco.com（其中 *n* 是你的学号）。

NOTE ▶ 在编写本教材的时候，当你在“账户名称”文本框中输入信息后，按 Tab 键并不会前进到下一个文本框中，需要单击“密码”文本框，在“密码”文本框中输入相应的信息。

6 单击“密码”文本框，并输入密码 net。

7 在“服务器选项”部分，保持“服务器”和“端口”文本框的空白，以及复选框的未选中状态。“信息”应用程序会自动使用相应的服务器和端口。

8 单击“创建”按钮。

Sue We 的“信息”服务（Jabber）“好友”窗口会自动打开。

更多信息▶在“好友”窗口顶部的标题栏中，“信息”应用程序显示了已登录到 OS X 的用户全名，而不是你用于通过“信息”服务鉴定的账户全名。你可以打开“通讯录”应用程序，选择“名片”>“前往我的名片”命令，并编辑全名。

TIP 如果你关闭了“好友”窗口，那么你可以选择“窗口”>“好友”命令（或按Command-1组合键）来重新显示该窗口。

在你的服务器计算机上配置“信息”应用程序

在你的管理员计算机上已使用 Sue Wu 用户账户配置了“信息”应用程序，现在在你的服务器计算机上，使用另一个账户 Carl Dunn 来配置“信息”应用程序，这样你就可以在两台计算机之间使用“信息”应用程序进行通信了。

1 在你的服务器计算机上，如果还未使用 Local Admin 账户进行登录，那么现在使用该账户登录（名称：Local Admin，密码：ladminpw）。

2 在服务器计算机上单击 Dock 中的“信息”图标，打开“信息”应用程序。

3 在 iMessage 的“设置”面板中单击“以后”按钮，然后在操作确认对话框中单击“跳过”按钮。

4 在“账户设置”面板中选择“其他信息账户”并单击“继续”按钮。

5 在“账户类型”菜单中选择 Jabber。

6 输入以下信息：

- 账户名称：carl@server*n*.pretendco.com（其中 *n* 是你的学号）。
- 密码：net。

7 在“服务器选项”部分，保持“服务器”和“端口”文本框的空白，以及复选框的未选中状态。“信息”应用程序会自动使用相应的服务器和端口。

8 单击“创建”按钮。

Carl Dunn 的“信息”服务（Jabber）“好友”窗口会自动打开。

更多信息▶你可以通过你的好友列表去查看 AIM、Jabber、Google Talk 或是 Yahoo! 好友的可用状态。iMessage 并不支持好友列表。当你添加 Jabber 或 Google Talk 好友到你的好友列表时，你的好友会收到一个授权提醒，并且你的好友被临时添加到好友列表的“离线”区域，其状态是未知的，被标注为“等待授权”。如果你的好友单击了“拒绝”按钮，那么该好友在列表中就会被标为“未得到授权”，如果你的好友单击了“接受”按钮，那么你就可以看到你好友的状态信息了。

从一台 Mac 向另一台 Mac 发送信息

1 在你的管理员计算机上，在“信息”窗口中，在“收件人”文本框中输入 carl@server*n*.pretendco.com（其中 *n* 是你的学号）。

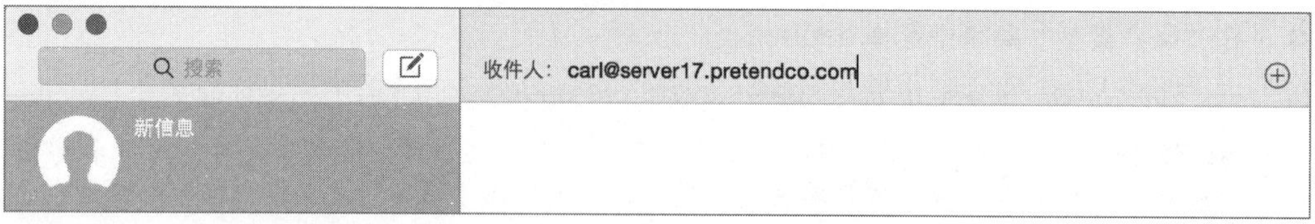

2 在 Jabber 消息输入框中输入一些文本，例如“Hello, Carl!”

3 按 Return 键发送消息。

4 在你的服务器上，在“信息”窗口的边栏中选择来自 Sue 的新消息。

5 在你的服务器上，确认“信息”窗口的右边包含了你刚刚从管理员计算机发送的消息。

6 在你的服务器上，输入一些用于回复的文本，例如“Hi, Sue!”然后按 Return 键发送消息。

7 在你的管理员计算机上，确认你看到了来自 Carl 的回复消息。

请求授权

注意在“信息”的边栏中，仍然被列为离线的用户。在你的“好友”窗口中无法看到他们的状态信息，直到你请求进行授权。

1 在你的管理员计算机上，在“好友”窗口中，单击“添加”（+）按钮并选择“添加好友”选项。

2 在“账户名称”文本框中输入 carl。

你不需要输入 Carl 的完整 Jabber 地址 carl@server*n*.pretendco.com（其中 *n* 是你的学号）。

3 单击“添加”按钮。

4 在你的服务器上，单击显示的 Jabber 授权窗口，然后单击“接受”按钮。

5 在你的管理员计算机上，确认“好友”窗口中显示的用户 carl 带有绿色的状态指示器。

6 确认“信息”窗口的边栏中，对于用户 carl 的消息不再带有“离线”字样。

限制使用“信息”服务的用户

你可以通过服务访问控制来限制谁可以使用“信息”服务。与很多其他服务一样，你可以通过 Server 应用程序来限制用户的访问。

要限制用户 Sue Wu 与“信息”服务上的其他用户进行聊天，可以按照以下步骤进行操作：

1 管理员计算机上，在 Server 应用程序的边栏中选择“用户”选项。

2 选择 Sue Wu，然后单击“操作”弹出式菜单（齿轮图标）并选择“编辑服务访问”命令。

3 取消选中“信息”复选框，禁止用户访问“信息”服务。

4 单击“好”按钮保存更改。

5 如果看到“你要手动管理‘信息’的服务访问吗？”消息单击“管理”按钮。

6 在 Server 应用程序的边栏中选择“信息”选项。

7 确认“权限”设置项显示了新的权限设置（如果你在前面的练习中没有创建新的本地网络用户，那么“权限”设置项将显示“9个用户”，而不是“10个用户”）。

访问

状态： 在“server17.local”中的本地网络上可用
了解如何配置此服务

权限： 10 个用户，所有网络

断开连接并尝试以受限用户的身份重新连接

现在，你已经限制 Sue Wu 去访问“信息”服务，将她从“信息”服务断开，然后尝试再次连接到“信息”服务。

1 断开 Sue Wu 的连接。在你的管理员计算机上，在“信息”窗口的左下角，单击“在线”弹出式菜单，然后选择“离线”命令（或按 Control–Command–O 组合键）。

2 在你的管理员计算机上退出“信息”应用程序。

3 在重新连接之前等待1分钟。

4 在你的管理员计算机上打开“信息”应用程序。

5 将 Sue Wu重新连接到“信息”服务。在你的管理员计算机上，在“信息”窗口的左下角，单击“离线”弹出式菜单，然后选择“在线”命令（或按 Control–Command–A）。

如果是自动重新连接的，那么再次断开连接，并在等待一分钟后尝试重新连接。

6 在提示要输入 Sue Wu 的密码时，输入 net 并单击“登录”按钮。

即使提供了有效的密码，你仍无法以 Sue Wu 的身份进行登录，因为你取消了她访问“信息”服务的权利。

7 由于需要关闭所有的鉴定对话框，所以要单击几次“取消”按钮。

重新允许 Sue Wu 可以访问“信息”服务，并以 Sue Wu 的身份再次连接到“信息”服务。

1 在管理员计算机上，在 Server 应用程序的边栏中选择“用户”选项。

2 选择 Sue Wu，然后单击“操作”弹出式菜单（齿轮图标）并选择“编辑服务访问”命令。

3 选中“信息”复选框，允许她访问“信息”服务。

4 将 Sue Wu重新连接到“信息”服务。在你的管理员计算机上，在“信息”窗口的左下角，单击“离线”弹出式菜单，然后选择“在线”命令（或按 Control–Command–A 组合键）。

如果提示需要输入密码，那么单击“取消”按钮，等待片刻后再次进行尝试。

5 确认你又可以在两台计算机之间进行交谈了。

为“信息”服务移除自定的访问规则

当为 Sue Wu 移除访问“信息”服务的权限，并对提示信息“你要手动管理‘信息’的服务访问吗？”选择“管理”时，会为“信息”服务自动创建一个自定的访问规则。现在需要移除自定的访问规则。

1 在管理员计算机上，在 Server 应用程序的边栏中选择你的服务器。

2 单击“访问”选项卡。

3 在“自定访问”设置中，选择“信息”规则。

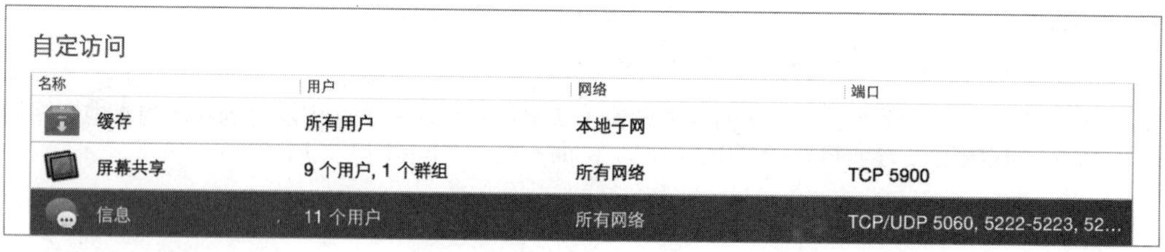

自定访问

名称	用户	网络	端口
缓存	所有用户	本地子网	
屏幕共享	9 个用户, 1 个群组	所有网络	TCP 5900
信息	11 个用户	所有网络	TCP/UDP 5060, 5222-5223, 52...

4 单击“移除”按钮。

5 在确认操作对话框中单击“移除”按钮。

限制消息联盟

默认情况下，联盟并不允许联结运行在其他服务器或其他 Jabber 服务器上的“信息”服务。

但是，你可以启用联盟，然后限制“信息”服务只针对许可的“信息”服务器建立联盟。

1 在管理员服务器上，在 Server 应用程序的边栏中选择“信息”服务。

2 确认选中“启用服务器到服务器联盟”复选框，然后单击“编辑”按钮。

3 选择“将联盟限制在以下域”选项，并单击“添加”（+）按钮，只添加那些要加入到联盟中的域。

4 作为示例，输入假想的一台服务器 server18.pretendco.com。对于本练习来说，这台服务器不在线是没有关系的。

5 单击“好”按钮。

6 要确保已联结的服务器之间的通信安全，保持选中“要求安全的服务器到服务器联盟”复选框。如果配置你的“信息”服务不使用 SSL 证书，那么这个选项是无法设置的。

7 单击“好”按钮关闭该对话框。

查看“信息”服务和交谈日志

要查看“信息”服务的连接日志，将使用 Server 应用程序。然后，在“终端”命令行中使用 sudo more 命令去查看信息归档。

使用“日志”面板

1 在你的管理员计算机上，在 Server 应用程序中选择“日志”选项。

2 单击弹出式菜单，并选择“信息”下的“服务日志”命令。

3 浏览服务日志的内容。

4 在搜索输入框中输入 session started，然后按 Return 键。

这时会显示日期、Jabber 账户名称及开始新 Jabber 会话的计算机名称。

5 每按一次 Return 键，“日志”面板都会显示另一个搜索到的项目。

在系统日志中的“信息”服务报告还记录了可能出现的任何错误，此时可以通过工具栏中的搜索输入框来对它们进行搜索。

6 单击搜索输入框中的X，抹掉输入框中的内容，在搜索输入框中输入 authorized，然后按 Return 键。

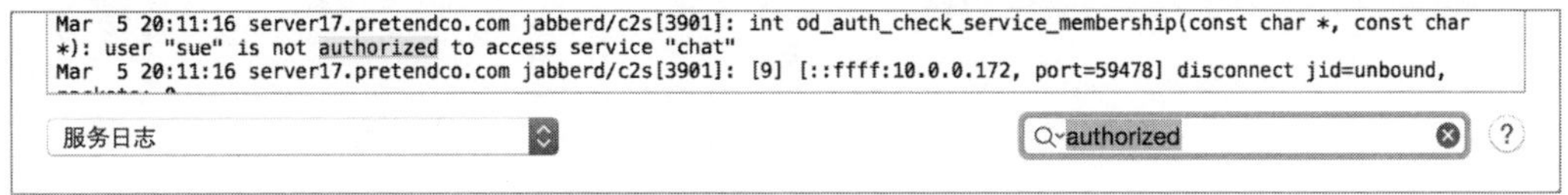

这时会显示你为 Sue Wu 临时移除“信息”服务使用授权的时间。

在 Server 应用程序的“日志”部分还有其他两个日志可以查看。

查看归档

1 要查看交谈记录，在服务器计算机上打开“终端”应用程序（单击 LaunchPad，选择“其他”>“终端”选项）。

2 为了提升输入的命令及命令执行结果的可读性，需要调整“终端”窗口的大小。

在“终端”的工具栏中显示了“终端”窗口的宽高尺寸。

向右拖动“终端”窗口的右边框，直到宽度尺寸显示为 126 或更大。

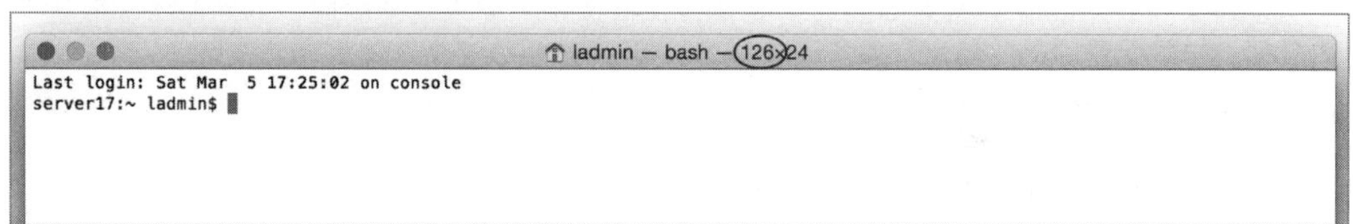

3 在终端窗口中输入以下命令，所有内容都在同一行中输入：

sudo more /Library/Server/Messages/Data/message_archives/jabberd_user_messages.log

然后按 Return 键执行命令。

Sudo 命令可以为跟随在它后面的命令赋予 root 执行权限。

more 命令显示文件的内容，一次显示一屏长度的内容；如果文件有多于一整屏的文本内容，那么按空格键来查看接下来的一整屏文本内容，或者按 Q 键退出 more 命令。

4 此时会提示输入当前已登录用户的密码，输入 ladminpw 并按 Return 键。

这时会显示出交谈记录内容，可以查看 Carl 和 Sue 已进行过的谈话。

```
ladmin — ssh — 126×24
server17:~ ladmin$ sudo more /Library/Server/Messages/Data/message_archives/jabberd_user_messages.log
Password:
# This message log is created by the jabberd router.
# See router.xml for logging options.
# Format: (Date)<tab>(From JID)<tab>(To JID)<tab>(Message Body)<line end>
Sat Mar  5 19:49:20 2016	sue@server17.pretendco.com/client17	carl@server17.pretendco.com	Hello, Carl!
Sat Mar  5 19:51:02 2016	carl@server17.pretendco.com/server17	sue@server17.pretendco.com/client17	Hi,sue!
server17:~ ladmin$
```

TIP 你可以使用电子表格应用程序，例如 Numbers，来提升记录的可读性。

5 为了更好地进行阅读，你可以向右拖动“终端”窗口的右边框。

6 退出“终端”应用程序。

在本练习中，你使用两台 Mac 计算机访问了“信息”服务。首先限制用户去访问服务，然后又恢复了访问（通过“访问”设置面板为“信息”服务移除了自定的访问规则）。除此之外，还使用 Server 应用程序的“日志”面板查看了服务日志，并通过“终端”查看了已归档的消息。

附录A
课程复习题及解答

课程复习题总结了每个课程所介绍的内容，从而帮助你准备 Apple 认证考试。

课程1 复习

OS X Server 的安装

1. 安装 OS X Server 的最小 RAM 和磁盘需求是什么？
2. 使用什么工具来进行 OS X Server 的安装和初始配置？
3. 如果在 Mac 上安装 OS X Server，在安装前应当进行哪个配置步骤？
4. 在 Server 应用程序中，哪两类名称需要为服务器进行配置，它们的用途是什么？
5. 如何在管理员计算机上安装 Server 应用程序？
6. 列举两个可以显示服务器计算机名称的服务。
7. new-test-server.local 是哪类名称？
8. server17.pretendco.com 是哪类名称？

答案

1. OS X Server 的最小 RAM 和磁盘需求是：

   2GB RAM（运行多项服务的服务器需要更高的需求）

   10GB 可用磁盘空间（使用缓存服务需要 50GB 可用磁盘空间）
2. 使用 Server 应用程序来进行 OS X Server 的安装及初始配置。
3. 将装有 OS X 的 Mac 配置使用一个手动分配的 IPv4 地址。
4. 可以使用 Server 应用程序配置以下两个名称：

   计算机名称：如果服务器提供文件共享或是屏幕共享等服务，那么这个名称会显示在其他 Mac 计算机的 Finder 边栏中。

   主机名称：通过使用服务器的 DNS 主机名称，计算机和设备可以访问服务器提供的服务，即使它们并不在本地网络中，只要主机名称对应的 IPv4 地址可以访问并且没有被防火墙屏蔽掉就可以访问到这些服务。
5. 使用 Mac App Store 下载 OS X Server，或者将 Server 应用程序从服务器复制到你的管理员计算机。
6. 如果服务器上的文件共享或屏幕共享服务被启用，那么服务器的计算机名称会出现在 Finder 窗口的边栏中。它还会出现在 AirDrop、Apple Remote Desktop 中。
7. new-test-server.local 是一个本地主机名称的示例。
8. server17.pretendco.com 是一个主机名称的示例。

课程2 复习

DNS 记录的提供

1. DNS 的用途是什么?
2. 当配置 OS X Server 的时候，如果没有为服务器指定 DNS 服务器，那么服务器将如何为它自己提供 DNS 服务?
3. 如果使用外部 DNS 服务器来为你的服务器提供 DNS 服务，那么在配置服务器之前又应当如何操作?
4. 你认为在什么情况下，保持服务器上已自动配置的 DNS 服务设置，并且不对其进行更改的运行是可以满足使用需求的?
5. 在什么情况下，你希望自己已安装了 OS X Server 的服务器去使用通过手动方式配置的 DNS 服务?

答案

1. DNS 可以将主机名称转换为 IP 地址，以及将 IP 地址转换为主机名。
2. 如果“更改主机名”配置工具被启用，并且在询问你是否设置 DNS 的时候选择了肯定的回答，那么基本的 DNS 服务会被自动配置并开启。
3. 应当检测 DNS 服务器已为你服务器的主机名称和 IPv4 地址配置了正确的正向和逆向 DNS 信息。
4. 在只有一台服务器，并且所有计算机和设备都在同一网络中的简单网络环境下是可以的。
5. 当你要为多台计算机和其他设备配置记录的时候，例如打印机，并且你无法配置组织机构的其他 DNS 服务器，或是根本不存在其他的 DNS 服务器的时候，可以这样进行配置。

课程3 复习

Server 应用程序的探究

1. 通过已装有 Server 应用程序的管理员计算机，如何使用 Server 应用程序来管理远端的服务器?
2. 为了让其他的 Mac 可以管理你的服务器，需要选中哪个复选框，这个复选框在什么位置?
3. “工具”菜单可以让你快速打开什么工具?
4. 要控制你服务器的键盘和鼠标，需要安装额外的软件吗?
5. 如果你使用 Server 应用程序，选取已装载的宗卷 /Volumes/Data 作为不同的服务数据宗卷使用，那么哪个文件夹将包含服务数据?
6. 在使用 Server 应用程序更改你的服务数据宗卷前，需要停止所有的服务吗?
7. 在 Server 应用程序的边栏中，如何显示高级服务列表?

答案

1. 打开 Server 应用程序，选择“管理” > “连接服务器”命令，从列表中选取你的远端服务器（或者选择“其他 Mac”，然后提供远端服务器的主机名称或地址），并提供本地管理员的身份信息。
2. 在 Server 应用程序的边栏中选择你的服务器（在“服务器”界面），单击“设置”选项卡，然后选择“允许使用服务器进行远程管理”选项。
3. “工具”菜单可以让你访问以下应用程序：

   目录实用工具、屏幕共享、System Image Utility。

4. 不需要，在你的服务器计算机上，打开 Server 应用程序并在边栏中选择你的服务器（在“服务器”界面）。单击“设置”选项卡，选中“启用屏幕共享和远程管理”复选框，然后在你的管理员计算机上使用“屏幕共享”来控制你服务器计算机的键盘。
5. 在这种情况下，你的服务数据将被存储在 /Volumes/Data/Library/Server/ 中。
6. 不需要，在将服务数据迁移到新的服务数据宗卷前，Server 应用程序会自动停止相应的服务。
7. 在 Server 应用程序的边栏中，将鼠标指针悬停在“高级”上面，然后单击“显示”按钮。

课程4 复习

SSL 证书的配置

1. 根 CA 与中级 CA 有什么区别?
2. 只使用自签名的 SSL 证书会产生什么问题?
3. 使用什么工具来创建新的自签名 SSL 证书或是 CSR ?
4. 使用什么工具来为你的证书和专用密钥创建一个安全归档?
5. 不同的服务可以使用不同的证书吗? 服务器上的所有服务可以使用相同的证书吗?

答案

1. 中级 CA 的证书是由其他 CA 签发的。根 CA 的证书是由他自己签发的。注意，这里有一组 OS X 信任的根 CA 和中级 CA。
2. 计算机和设备访问使用自签名 SSL 证书的服务会看到 SSL 证书不受信任的消息。让用户去信任任何会产生警告信息的 SSL 证书是一个安全风险。
3. 使用 Server 应用程序来创建新的自签名 SSL 证书或是 CSR。
4. 在服务器上使用“钥匙串访问”应用程序来为证书和私钥创建安全归档。确认在存储对话框的文件格式菜单中选取“个人信息交换（.p12）”，并在给出提示的时候提供一个安全密码。
5. 每项服务可以使用不同的证书，你也可以让所有的服务使用相同的证书。

课程5

状态及通知功能的使用

1. 提醒功能的用途是什么?
2. 提醒通知被传送的两种途径是什么?
3. 如果要使用推送通知，首先要进行的操作步骤是什么?
4. 如果通知的详细内容中提示要更新服务，那么正确的操作应当如何进行?
5. 在 Server 应用程序的“存储容量”选项卡中哪些宗卷会被显示?

答案:

1. 提醒功能提供了一种方式，当 OS X Server 出现各种状况时提醒管理员。
2. 提醒通知可以通过电子邮件传送，并且也可以被推送到 Server 应用程序上。
3. 为你要使用推送通知的服务器配置“Apple 推送通知”服务。
4. 在做任何的配置更改前，先了解通知及要修正的问题情况，因为它们有可能是不一定要进行的操作。
5. 在服务器上所有可见的且已装载的宗卷都会出现在 Server 应用程序的“存储容量”选项卡中。

课程6

OS X Server 的备份

1. 为什么要使用 Time Machine 对 OS X Server 进行备份?
2. 哪些文件并不通过 Time Machine 进行备份，但是对服务器的系统管理员来说又是非常重要的?
3. 哪些类型的备份目标磁盘可供 Time Machine 使用?
4. 如果你希望保持更加久远的历史备份，那么应当怎么做?
5. 通过哪三种方式可以从 Time Machine 备份中恢复数据?

答案

1. Time Machine 提供的备份系统可以对 OS X Server 进行备份，并且可以恢复它的服务。
2. /Library/Logs/ 以及其他被列在 /System/Library/CoreServices/backupd.bundle/Contents/Resources/StdExclusions.plist 中的项目内容不会被备份。
3. 本地已连接的宗卷、OS X Server Time Machine服务提供的 AFP 文件共享点，以及 Time Capsule 可以使用。
4. 不要让备份目标磁盘宗卷填满，否则最旧的备份会被丢弃。
5. 通过 Time Machine 的图形界面进行恢复、通过 Finder 直接从备份宗卷上进行恢复，以及在恢复宗卷中通过 Time Machine 备份进行恢复。

课程7 复习

本地用户的管理

1. 描述鉴定与授权之间的区别，并各举一个实例。
2. OS X Server 中普通用户账户与管理员账户之间的区别是什么?
3. 哪些应用程序可以用来配置 OS X Server 的本地用户和群组设置?
4. 什么工具可以用来导入和导出用户账户?
5. 通过 Server 应用程序可以使用哪两种格式的文件来导入用户?
6. 如果决定要手动管理服务访问，那么在服务访问列表中都包含哪些服务?
7. 当你授权用户去访问“文件共享”服务时，会为用户启用哪些文件共享协议?
8. 当单击“管理服务访问”按钮的时候，这个操作会妨碍以后被创建的用户对 OS X Server 服务的访问吗?

答案:

1. 鉴定是在允许你访问到特定账户资源前，系统要求你提供相关信息的过程，例如，当连接到“文件共享”服务时需要输入名称和密码。授权是指当用户成功通过鉴定后，通过权限来控制用户对特定资源的访问过程，例如，文件和已共享的文件夹。
2. 普通用户账户可以对计算机或服务器进行基本的访问，而管理员账户允许一位用户对计算机进行管理。在 OS X Server 上，管理员账户通常被用于更改服务器计算机的设置，一般通过 Server 应用程序来进行操作。
3. 可以使用“用户与群组”偏好设置和 Server 应用程序来创建和配置本地用户和群组。
4. 可以使用 Server 应用程序来导入用户账户。此外，当你鉴定为目录管理员后，还可以使用 Server 应用程序来导入本地网络用户。

5. 可以使用 Server 应用程序来导入带有用户信息的、通过字符分隔的文本文件，但是需要通过标题行来定义文件中所包含的信息特征，也可以导入在文件的开始部分具有标题行、定义了文件内容的文本文件。
6. 服务包括：日历、通讯录、文件共享、FTP、邮件、信息、描述文件管理器、Time Machine 及 VPN 。
7. 授权使用“文件共享”服务会包括 AFP 和 SMB 协议。
8. 不会。当你选择手动管理服务访问后，通过 Server 应用程序创建的新用户会自动获得访问服务的授权。当然，你也可以编辑用户账户，移除该用户访问服务的授权。

课程8 复习

Open Directory 服务的配置

1. 目录服务的主要功能是什么?
2. 使用什么标准去访问 Open Directory 数据? 该标准的版本是什么，支持什么级别的访问?
3. 对 Open Directory 来说，OS X Server 可担任哪4种角色?
4. 什么准则决定了与 OS X Open Directory 客户端相关联的 Open Directory 区域设置?
5. 什么日志可以显示试图鉴定到密码服务的成功和失败操作?

答案：

1. 目录服务提供了一个集中的信息资源库，这些信息是组织机构中有关计算机、应用程序和用户的信息，所有设备都可以访问。
2. Open Directory 使用 OpenLDAP 和 LDAP 标准来为目录访问提供一个通用语言。Open Directory 使用 LDAPv3 来提供对目录数据的读写访问。
3. OS X Server 支持的 Open Directory 角色包括 Open Directory 主服务器、孤立服务器、连接到一个目录系统，以及 Open Directory 备份服务器。
4. 如果 Mac 所具有的 IPv4 地址在与 Open Directory 区域设置相关联的子网范围中，那么这台 Mac 将使用与该区域设置相关联的 Open Directory 服务器。如果没有区域被配置，那么它会使用默认的区域设置。
5. Password Service Server 日志，位于 /Library/Logs/PasswordService/ApplePasswordServer.log 中，可以显示成功与失败的鉴定操作。

课程 9 复习

本地网络账户的管理

1. 使用什么工具来检测获取 Kerberos 票据的功能?
2. 如何通过带有相应标题行格式的文本文件来导入本地网络用户?
3. 客户端计算机无法使用 Kerberos 鉴定去访问服务的原因都有哪些?
4. 当设置全局密码策略的时候，为什么要小心操作?
5. 如何停用本地网络用户账户，令他无法被用于服务的访问，或是在绑定的 Mac 上进行登录?
6. 可以应用到用户，在下次更改他们密码的时候可以生效的全局密码策略都有哪些?
7. 用户可以配置的当特定的事件发生后，可停用登录的全局密码策略有哪些?
8. 如何停用用户账户?

答案：

1. “票据显示程序”位于 /系统/资源库/CoreServices 中，你可以通过该程序来确认获取 Kerberos 票据的功能。
2. 选择“管理”>“从文件导入账户”命令，选取文本文件，在弹出式菜单中选择本地网络账户，提供目录管理员的身份信息并单击“导入”按钮。
3. 客户端计算机可能没有与提供 Kerberos 功能的目录服务进行绑定；客户端计算机和服务器计算机之间的系统时钟可能存在超过5分钟的时差；可能存在 DNS 配置问题；或者是服务没有被配置使用 Kerberos。
4. 全局密码策略会影响到管理员账户，可能会将他们锁定在服务器之外。
5. 在 Server 应用程序的“用户”设置面板中，双击要进行编辑的用户，并取消选中“允许用户登录”复选框。
6. 相应的全局密码策略有：密码必须有别于账户名称，至少包含一个字母，同时包含大小写字母，至少包含一个数字字符，包含的某个字符不是字母或数字，至少包含给定数量的字符或者是有别于最近多少个用过的密码。
7. 可停用登录的全局密码策略有：于特定日期停用、使用时间达到给定天数后停用、不活跃的时间达到给定天数后停用或者是用户尝试失败次数达到给定次数后停用。
8. 在用户账户的编辑界面中，取消选中“允许用户”旁边的“登录”复选框。

课程10 复习

配置 OS X Server 提供设备管理服务

1. 用于创建描述文件的工具是什么?
2. 为什么配置描述文件要被签名?
3. 什么是配置描述文件? 什么是注册描述文件?
4. 开启“描述文件管理器”服务都涉及哪些操作步骤?
5. 要对配置描述文件进行签名，都涉及哪些具体的步骤?
6. “描述文件管理器”管理工具是由哪3个部分组成的?
7. “描述文件管理器”包含的3项主要功能是什么?

答案：

1. “描述文件管理器”网页应用程序可用来创建描述文件。
2. 配置描述文件应当被签名，这样对于接收文件的设备来说可以验证描述文件的内容。
3. 配置描述文件包含可对用户使用体验进行管理的设置和首选项，它们应用于受控的设备中。注册描述文件可以被安装在远端设备上，对设备进行远程控制，例如实现远程抹掉和锁定任务，以及通过 Apple 推送通知服务，对配置描述文件进行基于无线网络的安装。
4. 在 Server 应用程序的“描述文件管理器”设置面板中只需单击“开”按钮就可以开启“描述文件管理器”服务，但是要启用设备管理（也称为移动设备管理），需要单击“设备管理”旁边的“配置”按钮，选用一个有效的 SSL 证书，并指定一个已验证过的 Apple ID 来获取 Apple 推送通知服务证书。
5. 在 Server 应用程序的“描述文件管理器”设置面板中，选中“给配置描述文件签名”复选框，然后选用一个有效的代码签名证书。当通过“描述文件管理器”的网页应用程序创建描述文件的时候，描述文件会自动被签名。

6. “描述文件管理器”包括：“描述文件管理器”网页应用程序、用户门户网站及 MDM 服务。
7. “描述文件管理器”的主要功能包括：iOS 和 OS X 设备基于无线的配置、移动设备管理，以及应用程序和图书的分发。

课程11 复习

通过描述文件管理器进行管理

1. 客户端可通过哪些级别来进行管理?
2. 列举出描述文件可被分发的3种方式名称。
3. 推送通知依赖于什么服务?
4. 如何从 OS X 计算机上移除描述文件? 如何从 iOS 设备上移除描述文件?
5. 如何查看描述文件的内容?

答案：

1. 可通过用户、用户群组、设备及设备群组来进行管理。
2. 通过用户门户网站分发；通过手动方式分发（例如电子邮件）；或是通过网页分发，例如组织机构的内网或 Wiki。“描述文件管理器”的移动设备管理功能还可以将描述文件推送到已注册的设备上。
3. 推送通知依靠 Apple 推送通知服务。
4. 描述文件在“描述文件”偏好设置中进行管理和移除。只有当描述文件被安装后，“描述文件”偏好设置面板才可见。在 iOS 设备上，前往设置/通用/描述文件/目录可以查看和移除已安装的描述文件。与 OS X 一样，在 iOS 中，只有当描述文件被安装后，“描述文件”选项才可见。
5. 你可以使用任何文本编辑器来查看描述文件的内容。描述文件所包含的文本内容，可以是直接显示的 XML 内容，如果经过签名，也可以是一些带有二进制数据的 XML 内容。

课程12 复习

文件共享服务的配置

1. 列举 OS X Server“文件共享”设置面板所支持的3类文件共享协议，以及它们所面向的主要客户端。
2. 使用 FTP 服务需要考虑的一个问题是什么?
3. OS X Server 如何支持对 Windows 客户端的浏览?
4. 如何为共享点启用客人访问?
5. 在什么位置可以快速查看当前有多少连接到你服务器的 AFP 和 SMB 连接?
6. 如何配置一个共享点能够让 iOS 设备上的应用程序访问?
7. 在哪里可以查看有关 AFP 服务的错误信息?
8. 如何创建一个新的共享点?
9. 对于刚刚创建的共享点来说，默认会启用什么文件共享协议?
10. 为了提供 WebDAV 服务，需要开启“网站”服务吗?

答案：

1. OS X Server 支持3类文件共享协议：AFP 面向装有 OS X v10.9 Mavericks 或更早版本系统的 Mac 计算机；SMB 面向装有 OS X 10.9 Mavericks、OS X 10.10 Yosemite 和 Windows 系统的客户端；WebDAV 面向 iOS 设备。
2. 对于使用用户名和密码的 FTP 服务，所有网络传输通常是不被加密的。
3. OS X Server 使用 NetBIOS 来告知 Windows 客户端它的存在；Windwos 用户可以在网络、他们的网络邻居或者是我的网络位置中查看到服务器。
4. 编辑共享点设置，选中“允许客人用户访问此共享点”复选框。
5. “已连接的用户”选项卡显示了 AFP 和 SMB 的连接数量；可能需要选择“显示”>“刷新”命令（或者按 Command-R 组合键）来刷新显示的数量。
6. 编辑共享点设置，选中“通过 WebDAV 共享”复选框。
7. 在 Server 应用程序的“日志”面板，或是“控制台”应用程序的日志界面显示了 AFP 错误日志，它显示了日志文件 /Library/Logs/AppleFileService/AppleFileServiceError.Log 的内容。
8. 在共享点的“文件共享”列表中单击“添加”（ + ）按钮，然后选取现有的文件夹或是创建一个新的文件夹并选取该文件夹。
9. 对于新创建的共享点来说，AFP 和 SMB 会被默认启用。
10. 不需要。要通过 WebDAV 来提供文件共享服务，并不需要运行“网站”服务（当然，“文件共享”服务必须是运行的）。

课程 13 复习

文件访问的定义

1. 当对一个文件夹的 ACL 添加 ACE 的时候，ACE 会传播到文件夹中的项目上吗?
2. 在 Server 应用程序的“文件共享”设置面板中，可以为 ACE 选用什么权限?
3. 在 Server 应用程序“存储容量”设置面板的“权限”设置框中，可以为 ACE 指定什么权限?
4. 在 Server 应用程序“存储容量”设置面板的“权限”设置框中，可以对一个 ACE 应用哪4项继承规则?
5. 如何移除继承的 ACE?
6. 在 ACL 中，如果看到一个 GUID 而不是用户名称，这意味着什么?

答案：

1. 如果对 ACE 应用了继承设置项，那么文件夹 ACL 的 ACE 会被传播到在该文件夹中创建的新项目上，或是传播到从其他宗卷复制到该文件夹中的项目上。此外，管理员可以在 Server 应用程序的“存储容量”设置面板中选择一个文件夹，然后从“操作”弹出式菜单（齿轮图标）中选择“传播权限”命令，选中“访问控制列表”复选框并单击“好”按钮。最后，如果使用“文件共享”设置面板去修改共享点的 POSIX 权限或 ACL，那么 ACL 会被自动传播。
2. 在 Server 应用程序的“文件共享”设置面板中，当编辑 ACE 的时候，可以选择“读与写”“读取”或是“写入”权限。
3. 在 Server 应用程序的“存储容量”设置面板中，当编辑 ACE 的时候，有13种权限复选框可供选用。分类包括：“管理”“读取”和“写入”。继承是与权限相关的操作，其自身并不属于权限。
4. 4项规则如下：“应用到此文件夹”“应用到子文件夹”“应用到子文件”，以及“应用到所有子节点”。

5. 在 Server 应用程序的“存储容量”设置面板中，前往具有 ACL 的项目，单击“操作”弹出式菜单（齿轮图标），选择“编辑权限”命令，单击“操作”弹出式菜单（齿轮图标）并选择“移除继承的条目”命令。
6. 如果在 ACL 中看到的是 GUID 而不是用户名称，那么这意味着你已从服务器上删除了该用户或群组账户，ACE 之所以显示用户或群组的 GUID，是因为它无法将 GUID 映射到用户或群组账户上。

课程 14 复习

使用 NetInstall

1. 使用 NetInstall 的优势是什么？
2. 配置使用网络启动磁盘的3种方式是什么？
3. 在 NetInstall 的启动过程中会用到哪些网络协议？每个协议都会传递哪些信息？
4. 什么是与 NetInstall 相关的 shadow 文件？
5. NetBoot、NetInstall 及 NetRestore 映像之间的主要区别是什么？

答案：

1. 由于 NetInstall可以统一和集中管理 NetBoot 客户端所使用、安装或映像的系统软件，所以可以将软件配置及维护工作削减到最小。
2. 客户端可以通过系统偏好设置的“启动磁盘”设置界面来选用网络磁盘映像，可以在计算机启动的时候按住 N 键，或者是通过 Option 键进入“启动管理器”，使用默认的 NetInstall 映像。
3. 在 NetInstall 客户端启动的过程中，NetInstall 使用了 DHCP、TFTP、NFS 和 HTTP 协议。DHCP 提供 IP 地址，TFTP 传递引导 ROM（“booter”）文件，NFS 或 HTTP 被用于传送网络磁盘映像。
4. 由于 NetBoot 启动映像是只读的，所以客户端计算机要写入宗卷的任何数据都会被缓存到 shadow 文件中。这样可以让用户对启动宗卷进行改动，包括偏好设置和文件存储。不过，当计算机被重新启动的时候，所有的更改都会被抹掉。
5. NetBoot 可以让多台计算机启动到相同的系统环境。NetInstall 提供了一种便捷的方式，可以将操作系统和软件包安装到多台计算机上。NetRestore 提供了将现有映像克隆到多台计算机上的方法。

课程15 复习

缓存来自 Apple 的内容

1. 要让 Mac 通过“缓存”服务来使用 Mac App Store，需要使用什么版本的 OS X？要让 Mac 计算机和 PC 使用“缓存”服务，需要什么版本的 iTunes？要让 iOS 设备使用“缓存”服务，需要什么版本的 iOS 系统？
2. 符合系统要求的 OS X 计算机和 iOS 设备要使用“缓存”服务，需要进行哪些额外的配置？
3. 如果你的服务器使用一个公网 IPv4 地址（而不是 NAT 后面的私网 IPv4 地址），并且你的客户端使用的是 NAT 后面的一个私网 IPv4 地址，那么你的客户端能够使用服务器的“缓存”服务吗？
4. 如果你具有多台开启了“缓存”服务的服务器，那么你需要进行什么配置吗？
5. 一台 Mac 计算机可同时使用“软件更新”服务和“缓存”服务吗？
6. 如果你更改了“缓存”服务所使用的宗卷，那么已缓存的内容会迁移到新的宗卷吗？

7. “缓存”服务会让缓存下来的内容填充满宗卷吗?
8. 为了让“缓存”服务使用一个宗卷来缓存内容，那么该宗卷上需要有多少可用的磁盘空间?

答案:

1. 对于 Mac App Store，需要 OS X 10.8.2 或更新版本的系统；对于 Mac 计算机和 PC 所用的 iTunes，需要 iTunes 11.0.2 或更新的版本；装有 iOS 7或更新版本系统的 iOS 设备会自动使用一个可用的“缓存”服务。
2. 对于使用 OS X 10.8.2 或更新版本系统的计算机、或使用 iOS 7 或更新版本系统的设备来说，并不需要进行额外的配置工作。
3. 不像“缓存”服务的旧版本那样，要求你的客户端和服务器都必须使用 NAT 设备后面的私网 IPv4 地址，通过该 NAT 设备，使用同一公网 IPv4 地址来转发外发的传输（发送到互联网）。在 OS X Server Yosemite 中的“缓存”服务版本，可以配置服务器使用公网地址，客户端去使用 NAT 后面的私网地址。
4. 你不需要进行任何的额外配置工作，符合条件的客户端会自动使用相应的“缓存”服务器。
5. 不可以，对于 Mac 计算机来说，要么使用软件更新服务，要么使用缓存服务。
6. 会的，如果你为“缓存”服务更换了存储宗卷，Server 应用程序会自动将已缓存的内容迁移到新的宗卷中。
7. 不会，在宗卷只剩 25GB 的可用空间后，“缓存”服务会自动移除最近最不常用的已下载项目，来为新的内容腾出空间。
8. 在将一个宗卷应用于“缓存”服务前，Server 应用程序要求该宗卷具有 50GB 的可用空间。

课程16 复习

软件更新服务的实施

1. 使用软件更新服务具有哪些优势?
2. 可用于监控该服务的日志是什么?
3. 如何配置客户端去使用软件更新服务?
4. 该服务使用的默认端口是哪个?
5. 在“描述文件管理器”中，软件更新服务可被应用到哪个级别的管理中?

答案:

1. 你可以更好地管理对客户端的更新，避免可访问到 Apple 更新服务器的客户端为此而占用较高的带宽，从而确保你网络的正常传输。
2. 服务日志和错误日志是可以使用的。
3. 通过 defaults 命令来修改软件更新 plist 文件，或者使用配置描述文件来进行配置。
4. 默认端口是8088。这很重要，虽然它没有显示在 Server 应用程序的配置界面中，但是它需要被定义在目录 URL 中。
5. “软件更新”可以被应用到设备和设备群组的管理中。

课程17 复习

提供 Time Machine 网络备份

1. 为了让 Time Machine 可以使用网络备份目标位置，必须运行什么服务?
2. 如果你更换了 Time Machine 用于备份的宗卷，那么在客户端一侧会发生什么状况?

3. 为什么要从备份中排除某些文件夹不进行备份?
4. 你可以通过 Time Machine 来恢复“废纸篓”中的项目吗?

答案:

1. 必须运行“文件共享”和 Time Machine 服务。开启 Time Machine 服务会自动开启“文件共享”服务。
2. 会进行完整备份，而不只是对上次备份后发生变化的项目进行备份。
3. 为了节省磁盘空间，或是避免备份那些不必要的素材。
4. 不可以。Time Machine 并不对“废纸篓”中的内容进行备份。

课程18 复习

通过 VPN 服务提供安全保障

1. 什么样的用户能够从 VPN 服务的应用中受益?
2. 有什么便捷的办法可以帮助使用 OS X 的用户快速配置计算机，以使用你服务器提供的 VPN 服务?
3. OS X Server 的 VPN 服务支持的两类服务协议是什么?
4. 支持的两类 VPN 协议，它们之间有什么区别?
5. 在 L2TP 应用场景中，如果已共享的密钥被别人获取了，那么这是否意味着任何人都可以使用你服务器的 VPN 服务了?
6. 如果决定要更换共享密钥，那么需要进行哪些工作?

答案:

1. 经常离开本地网络的用户可以通过 VPN 服务来安全访问你本地网络中的可用资源。
2. 在 Server 应用程序的边栏中选择 VPN ，单击“存储配置描述文件”按钮，然后将获得的 mobileconfig 文件分发给你的用户。当用户打开 mobileconfig 文件时，“描述文件”偏好设置会自动打开并提示用户安装配置描述文件。你也可以将 mobileconfig 文件分发给使用 iOS 设备的用户。
3. L2TP 和 PPTP 是被支持的协议。
4. L2TP 更加安全，但是 PPTP 可以兼容老旧的 VPN 客户端软件。
5. 不会。即使共享的密钥被公开，用户仍需要使用账户名称和密码进行鉴定才能建立 VPN 连接。
6. 如果你更换了共享密钥，那么所有的 VPN 服务用户都必须改他们 VPN 配置中的共享密钥。你可以存储一个新的配置描述文件，并将新的 mobileconfig 文件分发给你的用户来进行更改。

课程19 复习

DHCP 的配置

1. 一台计算机主机或设备在一个其他客户端可以接收到 DHCP 地址的活跃网络中，为什么这台计算机或设备有可能无法获取 IPv4 地址?
2. 如何确定一台主机所具有的是可路由的 IPv4 地址还是一个本地链路地址?
3. 将一个 IPv4 地址静态映射到一台指定的客户端设备，在你为客户端设备创建静态地址之前，必须知道客户端设备的什么信息?

4. 在哪里可以看到只与 DHCP 服务相关的日志信息?

答案

1. 如果其他计算机和设备在这个网络中可以获得 DHCP 地址，那么很可能是该服务器已经用完了可租用的 DHCP 地址。
2. 由于本地链路地址肯定在 169.254.x.x 地址范围内，所以检查客户端当前的 IPv4 地址就可以确定结果。
3. 必须知道客户端设备的 MAC 地址。如果客户端已经具有 DHCP 租用地址，那么在“客户端”设置界面中，可直接通过显示的客户端条目来为该客户端创建静态地址。
4. 在 Server 应用程序的“日志”设置面板中，通过 DHCP 部分的服务日志可看到只与 DHCP 服务相关的日志条目。

课程20 复习

网站托管

1. OS X Server的“网站”服务是基于什么软件来提供服务的?
2. 要确保能够让访问站点的访客可以访问到网页，对于网站文件夹来说哪个权限是必须具备的?
3. 什么是访问控制?
4. Apache 日志文件的默认存储位置是哪里?
5. 网站使用 SSL 有什么好处?

答案

1. “网站”服务基于 Apache 软件，它是一个开源的网站服务器软件。
2. Everyone 群组或是 _www 用户或群组对网站文件必须具有读取访问权限。
3. 访问控制是文件夹的路径，该文件夹可以基于群组账户来限制访问。
4. Apache 日志文件的默认存储位置是 /var/log/apache2/access_log 和 /var/log/apache2/error_log 。
5. SSL 通过数据加密来保护网站的来往数据传输。

课程21 复习

邮件服务的提供

1. 邮件服务都使用哪些协议?
2. 实际应用中的邮件服务器为一个域发送和接收电子邮件，应当设置哪类 DNS 记录?
3. “邮件”服务的过滤功能都采用了哪些工具?

答案

1. “邮件”服务使用 POP、IMAP 和 SMTP 协议。
2. 应当设置 MX 记录。
3. SpamAssassin 用来过滤垃圾邮件；ClamAV 提供病毒扫描功能；还可以设置外部的黑名单服务器，用于对垃圾邮件的过滤；灰名单的设置也有助于减少垃圾邮件的收取。

课程22 复习

Wiki 服务的配置

1. 什么是 Wiki? 什么是博客?
2. 管理员使用什么工具来指定允许创建 Wiki 的用户?
3. 网络用户如何指定可以对 Wiki 进行编辑的用户和群组?

答案

1. Wiki 可以让多人阅读和编辑内容，并且内容是被自由组织的。博客可以让多人阅读内容，但只能由一个人来创建内容，并且内容是按照时间顺序被组织起来的。
2. 在 Server 应用程序中，管理员可以在 Wiki 服务设置中使用“权限”列表来指定可以创建 Wiki 的用户。
3. 当通过网页浏览器创建 Wiki 的时候，用户可以为要访问和编辑 Wiki 的用户和群组来指定权限。

课程23 复习

日历服务的实施

1. “日历”服务使用什么协议?
2. 用户如何指定其他用户可以编辑和查看他的日历?
3. “日历”服务的传输协议是什么，它对服务的故障诊断有什么影响?

答案

1. 日历使用 CalDAV，它是 WebDAV 的一个扩展应用。
2. 在“日历”应用程序的偏好设置中，可以设定授权及相应的权限。
3. CalDAV 和 WebDAV 通过 HTTP 进行传输，因此，对服务的故障诊断类似于对网站服务的故障诊断。你需要确认 DNS 设置正确并且相应的端口是开放的。

课程24 复习

通讯录服务的管理

1. 通讯录服务基于什么协议?
2. 对于已做过绑定设置的目录服务器，如何让包含在目录服务中的信息包含在联系人搜索结果中?
3. 在什么位置可以配置“通讯录”服务使用 SSL?

答案

1. OS X Server 的“通讯录”服务基于 CardDAV（WebDAV 的扩展）、HTTP、HTTPS 及 vCard（联系人信息的文件格式）协议。
2. 确认在“通讯录”服务的设置中选中“允许用户使用‘通讯录’应用程序搜索目录”复选框。
3. 在 Server 应用程序的“证书”设置面板的“设置”界面中对 SSL 进行配置。

课程25 复习

信息服务的提供

1. “信息”服务使用什么协议?
2. 在 OS X Server 上如何限制对“信息”服务的访问?
3. 在 server17.pretendco.com 上应当如何为用户 Jet Dogg（短名称：jet）输入“信息”账户名称?

答案

1. “信息”服务使用可扩展消息处理现场协议（XMPP）。
2. 在 Server 应用程序中，通过对每个可用的用户或群组账户进行“编辑服务访问”设置来限制访问。
3. 用户 Jet Dogg 的“信息”账户名称格式为 jet@server17.pretendco.com。

附录 B
其他资源

本附录包含与每个课程相关的 Apple 技术支持文章及建议阅读的相关主题。Apple 技术支持网站是一个免费的在线资源网站，包含 Apple 所有软硬件产品的最新技术信息。你可以访问 https://www.apple.com/support/ 来检查新发布及最新更新的 Apple 技术支持文章。我们强烈建议你去阅读推荐的文档，并在遇到问题的时候能够搜索 Apple 技术支持网站来解决问题。

针对 OS X Server 的更多资源可访问 https://www.apple.com/support/ osxserver/ 和 https://www.apple.com/osx/server/specs/。

你可以访问 https://help.apple.com/serverapp/mac/4.0/ 来查看 Server 的帮助信息，还可以访问 https://help.apple.com/advancedserveradmin/mac/4.0/ 来查看 OS X Server 高级管理教材。

课程1 参考资源

OS X Server 的安装

Apple 技术支持文章：

Apple 技术支持文章：HT1310，“如何在 Mac 上选取启动磁盘”

Apple 技术支持文章：HT201639，“使用‘磁盘工具’验证或修复磁盘”

Apple 技术支持文章：HT4718，“OS X：关于 OS X 恢复功能”

Apple 技术支持文章：HT200207，“OS X Server：从先前的版本升级网站服务”

Apple 技术支持文章：HT200259，“OS X Server：如何启用自适应防火墙”

Apple 技术支持文章：HT201339，“OS X Server：升级或迁移 Open Directory 数据库前要执行的步骤”

Apple 技术支持文章：HT201541，“如何获取 Mac 的软件更新”

Apple 技术支持文章：HT202279，“如何使用 Server App 远程管理 OS X Server”

Apple 技术支持文章：HT202307，“如何使用软件 RAID 宗卷在 Mac mini 上安装 OS X Server”

Apple 技术支持文章：HT202542，“OS X Server：设置远程服务器”

Apple 技术支持文章：HT202554，“OS X Server：关于防火墙服务”

Apple 技术支持文章：HT202848，“OS X Server：从 Mavericks 或 Mountain Lion 升级和迁移”

课程2 参考资源

DNS 记录的提供

Apple 技术支持文章：

Apple 技术支持文章：PH15453，“Mavericks Server Admin: About DNS spoofing”

URL：

OS X Yosemite Server 和 dnsconfig：http://krypted.com/mac-security/os-x-yosemite-server-and-dnsconfig/

课程3 参考资源

Server 应用程序的探究

Apple 技术支持文章：

Apple 技术支持文章：HT201651，“OS X Server：管理工具兼容性信息”

Apple 技术支持文章：HT202279，“如何使用 Server App 远程管理 OS X Server”

Apple 技术支持文章：HT202333，“OS X Server：更改服务数据存储位置”

Apple 技术支持文章：PH18484，“OS X Yosemite：找不到你正在查找的服务器”

课程4 参考资源

SSL 证书的配置

Apple 技术支持文章：

Apple 技术支持文章：HT201339，“OS X Server：升级或迁移 Open Directory 数据库前要执行的步骤”

Apple 技术支持文章：HT202271，“OS X Server：为 Active Directory 账户配置 WebDAV 共享”

Apple 技术支持文章：HT202285，“OS X Server：与 Active Directory 或第三方 LDAP 服务配合使用描述文件管理器或 Wiki 服务”

Apple 技术支持文章：HT202523，“OS X Server：如何将描述文件管理器的设置还原为其原始状态”

Apple 技术支持文章：HT202529，“OS X Server：续订描述文件管理器的代码签名证书”

Apple 技术支持文章：HT202552，“OS X Server：关于 RADIUS 服务”

URL：

添加新的受信任的根证书到 System.keychain：https://derflounder.wordpress.com/2011/03/13/adding-new-trusted-root-certificates-to-system-keychain/

Apple PKI：https://www.apple.com/certificateauthority/

Apple 根证书计划（Apple Root Certificate Program）：https://www.apple.com/certificateauthority/ca_program.html

CSR 解码（CSR Decoder）: https://www.sslshopper.com/csr-decoder.html

课程5 参考资源

状态及通知功能的使用

Apple 技术支持文章：

Apple 技术支持文章：HT201671，“OS X Server：评估性能”

课程6 参考资源

OS X Server 的备份

Apple 技术支持文章：

Apple 技术支持文章：HT202301，“关于 Time Machine 本地快照”

Apple 技术支持文章：HT202380，“Time Machine：如何将备份从当前备份驱动器传输到新的备份驱动器”

Apple 技术支持文章：HT202406，“从 Time Machine 备份恢复 OS X Server”

Apple 技术支持文章：HT203322，“OS X：无法在 Time Machine 用于备份的宗卷上进行安装”

课程7 参考资源

本地用户的管理

Apple 技术支持文章：

Apple 技术支持文章：HT201651，“OS X Server：管理工具兼容性信息”

课程8 参考资源

Open Directory 服务的配置

Apple 技术支持文章：

Apple 技术支持文章：HT3745，“Open Directory：启用 Open Directory 和备份服务器的 SSL”

Apple 技术支持文章：HT200143，“OS X Server：Disable slapd fullsync mode to decrease import time for Open Directory”（OS X Server：停用 slapd 全同步模式来缩短 Open Directory 的导入时间）

Apple 技术支持文章：HT200148，“Mac OS X Server：How to reset the Open Directory administrator password”（Mac OS X Server：如何重设 Open Directory 管理员密码）

Apple 技术支持文章：HT201339，“OS X Server：升级或迁移 Open Directory 数据库前要执行的步骤”

Apple 技术支持文章：HT201885，“OS X：验证 Active Directory 绑定的 DNS 一致性”

Apple 技术支持文章：HT202242，“OS X Server：更改 opendirectoryd 记录级别”

Apple 技术支持文章：HT202251，“OS X Server：Packet encryption via SSL for Active Directory clients”（OS X Server：通过 SSL 为 Active Directory 客户端进行数据包加密）

Apple 技术支持文章：HT202269，“使用 Active Directory 工具管理群组成员资格”

Apple 技术支持文章：HT202271，“OS X Server：为 Active Directory 账户配置 WebDAV 共享”

Apple 技术支持文章：HT202285，“OS X Server：与 Active Directory 或第三方 LDAP 服务配合使用描述文件管理器或 Wiki 服务”

Apple 技术支持文章：HT202311，“OS X：如何为共享打印机启用 Kerberos 鉴定”

Apple 技术支持文章：HT203193，“OS X：Active Directory 绑定时的命名注意事项”

Apple 技术支持文章：TS4462，“Open Directory 的数据复制功能可能无法正常工作；‘slapd.log’中出现‘已超出大小限制’”

参考书：

Carter, Gerald. LDAP System Administration（O’Reilly Media, Inc., 2003）

Garman, Jason. Kerberos：The Definitive Guide（O’Reilly Media, Inc., 2003）

URL：

Heimdal：The Heimdal Kerberos 5, PKIX, CMS, GSS-API, SPNEGO, NTLM, Digest- MD5 和 SASL 的实施：www.h5l.org

OpenLDAP：公众开发的 LDAP 软件：www.openldap.org

Lightweight Directory Access Protocol（v3）：技术规格：www.rfc-editor.org/rfc/rfc3377.txt

课程9 参考资源

本地网络账户的管理

Apple 文档：

User_Management_v10.6.pdf http://manuals.info.apple.com/en_US/UserMgmt_v10.6.pdf

Apple 技术支持文章：

Apple 技术支持文章：HT200222，“OS X Server：在 Server.app 中加快新账户的创建”

Apple 技术支持文章：HT200143，“OS X Server：Disable slapd fullsync mode to decrease import time for Open Directory”（OS X Server：停用 slapd 全同步模式来缩短 Open Directory 的导入时间）

Apple 技术支持文章：HT202242，“OS X Server：更改 opendirectoryd 记录级别”

课程10 参考资源

配置 OS X Server 提供设备管理服务

Apple 技术支持文章：

Apple 技术支持文章：HT202487，“OS X Server：描述文件管理器使用的端口”

Apple 技术支持文章：HT202523，“OS X Server：如何将描述文件管理器的设置还原为其原始状态”

课程11 参考资源

通过描述文件管理器进行管理

Apple 技术支持文章：

Apple 技术支持文章：HT202268，“描述文件管理器 2：可扩展性”

Apple 技术支持文章：HT202944，“Apple 软件产品所使用的 TCP 和 UDP 端口”

Apple 技术支持文章：HT203572，“OS X Server：安装需要用户交互操作的描述文件”

技术说明 TN2265，“Troubleshooting Push Notifications”（推动通知故障诊断）

课程12 参考资源

文件共享服务的配置

Apple 技术支持文章：

Apple 技术支持文章：HT200160，“连接到旧 AFP 服务”

Apple 技术支持文章：HT200257，“OS X Server：创建投件箱文件夹以便与 WebDAV 文件共享配合使用”

Apple 技术支持文章：HT201416，“无法存储到允许享有写入权限的 Mac OS X Server 共享点”

Apple 技术支持文章：HT202088，“iWork（iOS 版）：使用 WebDAV 服务”

Apple 技术支持文章：HT202243，“OS X Server：如何配置 NFS exports”

Apple 技术支持文章：HT202271，“OS X Server：为 Active Directory 账户配置 WebDAV 共享”

Apple 技术支持文章：HT203574，“OS X Server：When saving files on SMB shares, the permissions might be changed so that only the owner can read or write”（ OS X Server：当在 SMB 共享上存储文件的时候，权限可能被更改，导致只有所有者才可以读或写）。

Apple 技术支持文章：HT203598，“OS X Server：文稿‘文件名’所在的宗卷不支持永久性的版本储存警告”

Apple 技术支持文章：PH3496，“Keynote for iOS （iPad）：使用 WebDAV 服务器共享演示文稿”

Apple 技术支持文章：PH3535，“Keynote for iOS（iPhone，iPod touch）：使用 WebDAV 服务器共享演示文稿”

Apple 技术支持文章：PH3566，“Pages for iOS（iPad）：使用 WebDAV 服务器共享文稿”

Apple 技术支持文章：PH3597，“Pages for iOS（iPhone，iPod touch）：使用 WebDAV 服务器共享文稿”

Apple 技术支持文章：PH18043，“Numbers for iOS（iPad）：使用 WebDAV 服务器储存电子表格”

Apple 技术支持文章：PH18240，“Numbers for iOS（iPhone，iPod touch）：使用 WebDAV 服务器储存电子表格”

Apple 技术支持文章：PH18514，“OS X Yosemite：连接到 WebDAV 服务器”

Apple 技术支持文章：PH18718，“OS X Yosemite：连接到网络上共享的计算机和文件服务器”

Apple 技术支持文章：PH18725，“OS X Yosemite： 有多少台计算机可以连接到你的 Mac? ”

URL：

欢迎访问 WebDAV 资源：www.webdav.org

Microsoft TechNet：常用互联网文件系统：technet.microsoft.com/en-us/library/cc939973.aspx

微软开放规范支持团队博客：SMB3中的加密：blogs.msdn.com/b/openspecification/archive/2012/06/08/encryption-in-smb3.aspx

[MS-SMB2]：服务器信息块（SMB）协议版本 2 和 3：msdn.microsoft.com/en-us/library/cc246482.aspx

NFS Manager：www.bresink.com/osx/NFSManager.html

Missing Server.app 针对 AFP 的设置：krypted.com/mac-os-x/missing-server-app-settings-for-afp/

课程13 参考资源

文件访问的定义

Apple 技术支持文章：

Apple 技术支持文章：HT201416，“无法存储到允许享有写入权限的 Mac OS X Server 共享点”

Apple 技术支持文章：PH8029，“Lion Server：标准权限”

Apple 技术支持文章：PH15493，“Mavericks Server Admin：Permissions in practice”（ Mavericks Server Admin：实际应用中的权限）

Apple 技术支持文章：PH15766，“Mavericks Server Admin：Sort an ACL canonically”（ Mavericks Server Admin：ACL 规范排序）

URL：

欢迎访问 WebDAV 资源：www.webdav.org

Microsoft 开放规范：Workgroup Server Protocol Program：www.microsoft.com/openspecifications/en/us/programs/wspp/default.aspx

课程14 参考资源

使用 NetInstall

Apple 技术支持文章：

Apple 技术支持文章：HT1159，“计算机的 Mac OS X 版本（版号）”

Apple 技术支持文章：HT202059，“OS X Server：如何在子网上使用 NetBoot”

Apple 技术支持文章：HT202061，“创建支持多个 Mac 机型的 NetBoot、NetInstall 或 NetRestore 映像”

Apple 技术支持文章：HT202544，“OS X Server：系统映像实用工具需要 Recovery HD 分区才能创建 NetRestore 映像”

Apple 技术支持文章：HT202770，“从命令行创建 NetBoot、NetInstall 或 NetRestore 映像”

Apple 技术支持文章：HT203437，“Mac OS X Server：NetBoot 客户端无法从服务器启动（NetBoot 故障诊断）”

URL：

Apple System-Imaging 讨论列表：https://lists.apple.com/mailman/listinfo/system-imaging

课程15 参考资源

缓存来自 Apple 的内容

Apple 技术支持文章：

Apple 技术支持文章：HT6018，“OS X Server：缓存服务支持的内容类型”

Apple 技术支持文章：HT201521，“iTunes：如何查找你所使用的版本”

Apple 技术支持文章：HT202657，“OS X Server（Mountain Lion）：缓存服务的高级配置”

课程16 参考资源

软件更新服务的实施

Apple 技术支持文章：

Apple 技术支持文章：HT200117，“OS X Server：软件更新服务兼容性”

Apple 技术支持文章：HT200149，“Requirements for Software Update Service”（软件更新服务需求）

Apple 技术支持文章：HT201962，“OS X Server：How to cascade Software Update Servers from a Central Software Update Server”（OS X Server：如何从中心软件更新服务器级联软件更新服务器）

Apple 技术支持文章：HT202030，“如何在 OS X Server 中使用软件更新服务来更新你的 Mac 客户端”

Apple 技术支持文章：HT202333，“OS X Server：更改服务数据存储位置”

Apple 技术支持文章：HT202537，“OS X Server：关于软件更新服务”

课程17 参考资源

提供 Time Machine 网络备份

Apple 技术支持文章：

Apple 技术支持文章：HT201250，“使用 Time Machine 备份或恢复 Mac”

Apple 技术支持文章：HT202406，“从 Time Machine 备份恢复 OS X Server”

Apple 技术支持文章：HT202538，“OS X Server：从 Lion Server 或 Snow Leopard Server 升级和迁移”

Apple 技术支持文章：HT202848，“OS X Server：从 Mavericks 或 Mountain Lion 升级和迁移”

Apple 技术支持文章：PH14111，“OS X Mavericks：恢复使用 Time Machine 备份的项目”

Apple 技术支持文章：PH18849，“OS X Yosemite：关于从备份中排除系统文件”

课程18 参考资源

通过 VPN 服务提供安全保障

Apple 技术支持文章：

Apple 技术支持文章：HT201550，“iOS：设置 VPN”

Apple 技术支持文章：HT202002，“AirPort：无法通过 AirPort 实用工具将 NAT 端口映射到专用地址上的 L2TP VPN 服务器”

Apple 技术支持文章：HT202384，“OS X Server：如何从 Windows 连接到 VPN 服务”

Apple 技术支持文章：HT202944，“Apple 软件产品所使用的 TCP 和 UDP 端口”

Apple 技术支持文章：PH18496，“OS X Yosemite：设定高级 VPN 选项”

Apple 技术支持文章：PH18516，“OS X Yosemite：连接到虚拟专用网络”

课程19 参考资源

DHCP 的配置

Apple 技术支持文章：

Apple 技术支持文章：HT202555，“OS X Server：关于 DHCP 服务”

RFC 文档：

访问 RFC（注解请求）文档 https://datatracker.ietf.org/doc/rfc#/（其中#是 RFC 编号）

RFC 2131，“Dynamic Host Configuration Protocol”（动态主机配置协议）

RFC 1632，“The IP Network Address Translator（NAT）”（IP网络地址转换）

RFC 3022，“Traditional IP Network Address Translator（Traditional NAT）”（传统IP网络地址转换）

课程20 参考资源

网站托管

Apple 技术支持文章：

Apple 技术支持文章：HT200207，“OS X Server：从先前的版本升级网站服务”

Apple 技术支持文章：HT201448，“OS X Server（Mavericks）：Xcode 和 Wiki 基于 Web

的服务优先于网站”

Apple 技术支持文章：HT202285，“OS X Server：与 Active Directory 或第三方 LDAP 服务配合使用描述文件管理器或 Wiki 服务”

URL：

Apache软件基金会网站：http://httpd.apache.org

Apache 日志格式信息：http://httpd.apache.org/docs/2.2/logs.html

Apache 组件mod_log_config：http://httpd.apache.org/docs/2.2/mod/mod_log_config.html

课程21 参考资源

邮件服务的提供

Apple 技术支持文章：

Apple 技术支持文章：HT5627，“OS X Server：调整邮件服务的邮件大小限制”

Apple 技术支持文章：HT202270，“OS X Server：连接到 Active Directory 服务器时为邮件服务启用 Kerberos 鉴定”

Apple 技术支持文章：HT202360，“OS X Server：启用和停用电子邮件自动转发”

Apple 技术支持文章：PH19115，“Mail（Yosemite）：减少收件箱中的垃圾邮件”

Apple 技术支持文章：PH19184，“Mail（Yosemite）：如果不能发送邮件”

Apple 技术支持文章：PH19185，“Mail（Yosemite）：如果“邮件”不能验证服务器的证书”

Apple 技术支持文章：PH19207，“Mail（Yosemite）：“垃圾邮件”偏好设置”

Apple 技术支持文章：PH19212，“Mail（Yosemite）：垃圾邮件高级设置”

课程22 参考资源

Wiki 服务的配置

Apple 技术支持文章：

Apple 技术支持文章：HT201448，“OS X Server（Mavericks）：Xcode 和 Wiki 基于 Web 的服务优先于网站”

Apple 技术支持文章：HT202462，“OS X Server：Allowing custom URL protocols in links via wiki service”（在 Wiki 服务中允许在链接中自定 URL 协议）

URL：

Apple Wiki-server 讨论列表：https://lists.apple.com/mailman/listinfo/wiki-server

课程23 参考资源

日历服务的实施

Apple 技术支持文章：

Apple 技术支持文章：PH18644，“OS X Yosemite：‘安全性与隐私’偏好设置的“隐私”面板”

Apple 技术支持文章：HT200171，“OS X Server：iCalendar 基于邮件的互操作协议（iMIP）支持”

Apple 技术支持文章：HT201942，“OS X Server：为 Active Directory 或第三方 LDAP 服务

器用户启用日历服务访问权限”

URL：

Apple iCal-server 讨论列表：https://lists.apple.com/mailman/listinfo/ical-server

CalDAV 资源：http://caldav.calconnect.org

日历和通讯录服务器： https://trac.calendarserver.org

课程24 参考资源

通讯录服务的管理

Apple 技术支持文章：

Apple 技术支持文章：HT200138，“OS X Server：Enabling Calendar and Contacts service access for users of Active Directory or third-party LDAP servers”（ OS X Server：为 Active Directory 或第三方 LDAP 服务器用户启用日历和通讯录服务访问）

URL：

日历和通讯录服务器：https://trac.calendarserver.org

CardDAV 资源：http://carddav.calconnect.org

课程25 参考资源

信息服务的提供

Apple 技术支持文章：

Apple 技术支持文章：HT202944，“Apple 软件产品所使用的 TCP 和 UDP 端口”

Apple 技术支持文章：PH15016，“Messages（Mavericks）：管理 Jabber 和 Google Talk 好友授权”

Apple 技术支持文章：PH15017，“Messages（Mavericks）：AIM、Jabber、Google Talk 和 Yahoo! 的账户偏好设置中的账户信息面板”

URL：

XMPP 标准基金会网站：http://xmpp.org

反侵权盗版声明

举报电话：（010）88254396；（010）88258888

传　真：（010）88254397

E-mail：　dbqq@phei.com.cn

通信地址：北京市万寿路173信箱

电子工业出版社总编办公室

邮　编：100036